U0556487

心理咨询与治疗丛书

助人技术

领悟 探索 行动
三阶段模式

第 5 版

[美] 克拉拉·E. 希尔　著
(CLARA E. HILL)

朱旭　尹娜　杨雪　等译

HELPING
SKILLS

FACILITATING EXPLORATION,
INSIGHT, AND ACTION, 5E

中国人民大学出版社
·北京·

中文版序

我很荣幸为《助人技术》(第5版)的中文版作序。在中国看到人们对助人技术有如此浓厚的兴趣,真是令人激动。我目睹了许多中国人对学习助人技术的开放态度。

助人技术的起源可以追溯到卡尔·罗杰斯与当事人中心疗法。在20世纪40年代的早期著作中,罗杰斯提出治疗师通过向当事人反映他们听到的内容成为一面镜子。通过这种方式,当事人能够听到自己在说什么。罗杰斯假定,通过治疗师非评判的共情理解以及这种转述所传递的接纳,当事人能够开始接纳与理解自己。他们开放地体验自己的感受,并做出更好的决定。

许多助人技术项目都是基于罗杰斯的理论设计的。我在研究生院的第一年就接受过这样的训练。因为这种模型适合我,并帮助我成为一名更好的治疗师,所以在我的职业生涯中我一直专注于此。我每年至少在本科生和研究生的学期课程中教授一次该模型。随着我临床经验的增加、对心理治疗过程的研究,以及在课堂上听取学生的反馈和疑问,我一直在不断修改这个模型。尤其是,我已经开始将技术和助长条件整合起来,同时添加了与文化和个案概念化相关的材料,以进一步丰富助人技术模型。

值得注意的是,这种助人者的技术模型诞生于美国,因此反映了西方的偏见。该模型以个人为中心,强调情感表达、责任、清晰开放的沟通、对自己的行为负责以及在生活中做出改变。因此,正如我在中国、韩国和日本教授该模型时所学到的,将该模型应用于亚洲文化是一个挑战。因此,亚洲读者需要做出一些调整,以适应他们的文化。以下是根据我的经验和与中国的段昌明等(Duan et al.,2012,2015,2022)、韩国的朱恩善等(Joo et al.,2019)进行的研究提出的一些建议。

在亚洲,探索阶段似乎相对容易。亚洲当事人似乎特别愿意谈论他们的想法,尽管许多人更不愿意关注自己的感受。助人者通常会对提问和重述当事人的话感到舒服。探索相对而言没有威胁和侵入性。

领悟阶段往往给亚洲助人者和当事人带来更多焦虑。超越当事人所说的内容、挑战和提供不同的观点可能会让助人者和当事人感到有侵入性。此外,考虑到亚洲文化中的人际沟通往往是间接的,即时化也许是最困难的技术,因为它要求助人者和当事人公开、直接地讨论他们的关系。也就是说,这些领悟技术在亚洲文化中可能是有用的,但助人者可能需要教育当事人使用它们的理由，并且温和地、试探性地展示这些技术。同样重要的是，助人者要特别留心当事人的反应，如果当事人变得非常安静、没有反应或者似乎不接受，就需要尝试不同的方法。

对亚洲治疗师和当事人而言，行动阶段也许是三个阶段中最舒服的，因为当事人经常向治疗师寻求建议。然而，有趣的是，行动在亚洲文化中的含义可能与在美国文化中的不同（参见 Duan et al.，2012，2015，2022）。亚洲文化中的助人者不是非常直接地告诉当事人做什么，而是更间接地采取行动、间接地提出建议，让当事人主导，而不是给他们强加太多的结构。

总的来说，考虑到技术在不同文化中的不同含义，我对于建议亚洲治疗师完全按我们在美国的方式使用技术持谨慎态度。我能给出的最好的建议是，尝试这些技术，看它们如何起作用，并修改这些技术以满足你和特定当事人的需要。这些年来，我越来越相信，助人、咨询和心理治疗不存在"唯一正确"的方法，而是我们需要调整我们的实践来满足当事人的需要（在我们作为助人者感到舒适的范围内）。

无论你是受训者还是培训者，我都希望你们每个人都可以像我一样在训练中获得快乐。亲眼见到受训者的成长与发展，从训练前的缺乏信心到训练后的自信，并开始有效地促进探索、领悟和行动，是非常令人激动的。

我也希望你们每个人都能像我一样，发现帮助他人会带来成就感和意义。有机会帮助他人成长、改变、实现潜能，真是世界上最美好的感觉之一。热烈欢迎来到《助人技术》（第 5 版）！

克拉拉·E. 希尔
2023 年 9 月 9 日

参考文献

Duan, C., Hill, C. E., Jiang, G., Hu, B., Chui, H., Hui, K., Liu, J., & Yu, L. (2012). Therapist directives: Use and outcomes in China. *Psychotherapy Research*, 22, 442–457. doi:10.1080/10503307.2012.664292

Duan, C., Hill, C. E. Jiang, G., Hu, B., Lei, Y., Chen, J., & Yu, L. (2015). The counselor perspective on the use of directives in counseling in China: Are directives different in China as in the United States? *Counselling Psychology Quarterly*, 28, 57–77. doi:10.1080/09515070.g2014.965659

Duan, C., Hill, C. E., Jiang, G., Li, S., Duan, X., Li, F., Hu, B., & Yu, L. (2022). Client views of counselor directives: A qualitative study in China. *Counselling Psychology Quarterly*, 35(2), 303–325. https://doi.org/10.1080/09515070.2020.1768049

Joo, E. S., Hill, C. E., & Kim, Y. H. (2019). Using helping skills with Korean clients: The perspectives of Korean counselors. *Psychotherapy Research*, 29, 812–823. doi:10.1080/10503307.2017.1397795

前　言

我对培训助人者的兴趣始于我在第一年给研究生培训的第一门助人技术课程。这门课程改变了我的人生方向，给了我帮助他人的信心，从那时起我就一直教授助人技巧。

起初上这门课时，我愁于找不到一本好教材——一本既能体现我自己的助人理念，又能满足学生对这门课程需要的教材。当时，能够将人在改变过程中的情感、认知、行为三者的重要性统合起来讲解的教材凤毛麟角。有些教材太关注情感，却忽视了挑战和行动在促进当事人关键性转变中所起到的作用；另有一些突出了领悟的地位，但以忽略情感探索和行为转变为代价。当时，"问题解决"取向的教材颇为流行。而这一取向对帮助当事人学会表达、理解领悟和转变其对自身生活不满的重要作用重视不够。一些教材没有提供助人技术所必需的理论基础和实证研究成果。还有一些没有强调自我觉察、临床直觉和概念化当事人的必要性。考虑到现有教材存在的诸多局限，我将自己多年来作为学生、教师、咨询师、督导师，以及研究者的经验加以整理，完成了这本书。它旨在教授助人者如何协助当事人探索他们的情感和想法，进而获得其对自身问题的新的领悟，并使行为朝着积极的方向转变。

三阶段模型概述

本书将介绍一种构筑在实践、理论和实证研究基础上的整合的助人模型。立足于实践和理论是非常重要的，这意味着此模型是从那些成就卓著的临床心理学家和理论心理学家的理论中发展而来的，是以他们卓越的工作成果为基础的。罗杰斯（Rogers）、弗洛伊德（Freud）、鲍尔比（Bowlby）、埃里克森（Erikson）、马勒（Mahler）、斯金纳（Skinner）、艾利斯（Ellis）、贝克（Beck）以及其他一些临床心理学家已经对人类的本质、心理咨询和心理治疗中改变发生的机制，以及协助个体发挥潜能、实现目标的技术有了深入的洞见。而我将要介绍的这种包括三个阶段的助人模型正是基于这些睿智的理论家的贡献，读者们可以借此模型来了解他们的理论精髓。

该模型包括三个阶段：探索阶段、领悟阶段、行动阶段。探索阶段以当事人中心理论为基础（例如：Rogers，1942，1951，1957，1959）；领悟阶段以精神分析理论和人际理论（例如：Freud，1940/1949；Teyber，2006；Yalom，1980）为基础；行动阶段的理论则来自行为治疗理论（例如：Goldfried & Davison，1994；Kazdin，2013；Watson & Tharp，2013）。之所以把这些主要理论整合在此三阶段模型中，是因为有实际证据表明它们是有效的（参见 Wampold & Imel，2015）。我认为，对这些理论进行排序比选择一种单一的理论更重要。

助人过程可看作一个不断变化的互动事件序列（Hill，1992）。一般来说，对于如何帮助当事人，助人者会逐渐形成一套自己的设想。助人者的设想来源于他们对当事人状况的了解以及他们与当事人共同商定的在特定时限内要达成的目标。设想一旦形成，助人者则开始运用言语和非言语的技术对当事人进行干预。同时，当事人以自己的方式来回应助人者施予的干预。当事人的个人特点决定了他们会用什么样的行为与助人者互动。如此来说，助人过程不仅涉及外显的行为，还涉及助人者与当事人的认知过程（例如，助人者的设想和当事人的反应）。意识到自己的助人设想和意图，有助于助人者选择有效的干预措施；而留意当事人对干预措施的反应，能帮助助人者设计后续的干预。

本书的目标

我希望本书能达到以下目标：第一，使读者能够清晰地阐述三阶段助人模型的原理以及它的理论和实证研究基础；第二，使读者能够掌握助人过程的互动事件序列，包括助人者的干预意图、与意图相应的助人技术、当事人可能的反应及行为表现，以及助人者评估干预措施的方法；第三，使读者对成长为一名助人者的过程有更深入的理解，包括他们对助人事业的想法、自身的特长，以及有待提高的方面；第四，能够为读者学习助人注入热情——助人确实是一个能为你提供无尽挑战和贯穿一生的回报的职业。

本书的目标读者

本书已在本科和研究生阶段的课程中广泛使用。本科阶段的大多数学生都是心理学或教育类的，并且大多数将继续从事心理健康专业（例如，社会工作、心理学）、医学专业（例如，医生、护士）、法律、商业和神职类的学习与工作。在博士阶段，大多数学生从事的是咨询、临床心理学或社会工作方面的硕士或博士项目。本书还被用于朋辈辅导和住院医师的培训，在世界范围内被广泛翻译和使用，因此可以适应许多情境、文化和职业。我的很多学生都说，每个人都应该学习助人技术（尤其是探索技术）来建立更好的人际关系，所以这些技术不仅仅是用于助人情境。我们知道，大多数人寻求帮助的对象首先是朋友、家人和神职人员，所以广泛地教授这些技术似乎也很重要。

当硕士、博士或医学生使用这本书时，我建议用其他初级读物来作为补充。学生可以通过这种方式获得更深层的理论和应用知识。另外，我强烈建议学生进行个人治疗，更多地了解自己，这同样有助于更好地帮助他人。

本书未涉及的方面

我想我应该澄清本书没有关注的一些论题。书中没有涉及为儿童、家庭，以及有严重情感和心理障碍的当事人提供咨询的信息。尽管书中介绍的助人技术对于服务上述当事人是至关重要的，也是针对上述当事人工作的基础，但是作为助人者，在取得在此背景下工作的资格前，仍需要接受更多、更专业的训练。

再者，我没有涉及心理问题诊断或心理病理特征识别的内容。这是两个相当重要的课题，需要学习者有更广泛的额外训练。我鼓励助人者在掌握基本助人技术后，继续接受心理病理评估方面的训练。我相信，所有的助人者，即使是那些服务于健康群体的助人者，也应该具备识别严重心理障碍的能力。

这个层面的知识有助于助人者了解如何做转介，并且只和在自己受训范围内的当事人打交道。

第 5 版中的变化

随着教学和研究经验的积累，我不断地对此模型进行修订。我还广泛地从学生那里获得了他们认为会有所帮助的反馈。我一直寻找改进它的方法，这个模型就像是有生命一样。本书的第 5 版与前 4 版相比，有以下改变：

- 我在探索、领悟和行动阶段的整合章节中增加了更多关于个案概念化的信息，强调助人者在决定使用哪种干预之前需要先概念化当事人的动力（第 9、14 和 17 章）。
- 为涵盖各种各样的助人者和当事人，我更新了示例。请注意，本书中的所有示例要么基于真实人物（更改姓名以保护其身份），要么完全是虚构的。
- 我增加了很多有关文化的内容。尽管没有太多有关文化和个人助人技术的研究，但我们对不同文化及其对人的总体影响有了更多了解，因此我在这部分纳入了更多内容。
- 我重写了自我觉察和文化觉察的章节（第 3 章和第 4 章）。
- 为使学生尽可能早地了解伦理，我将关于伦理的部分移至第 1 章。
- 第 8 章中的情感词汇清单已完全重新设计，以使其对使用者更加友好并保证与时俱进。
- 在对三个阶段技术的总结概述章节（即第 9、14 和 17 章）中，我提供了更多特定困难的应对策略。
- 关于专注的章节（第 6 章）做了修改，更多地强调这些技术是为了提供支持。
- 关于促进领悟的技术的章节（第 12 章）更多地强调这些是解释性技能（因为挑战和即时化也用于促进领悟的获得）。
- 我更新了全书的参考文献，添加了更多当前的经验证据。
- 我尝试对学生的反馈做出回应。

资源

与前几版一样，《助人技术》（第 5 版）提供了一个"教师和学生资源指南"的网页（http：//pubs.apa.org/books/supp/hill5），其中，学生资源部分提供了十多个附录①，以帮助学生评估他们的助人技术以及助人者-当事人会谈。该网站还包括一份情感词汇清单（见第 8 章）。学生们发现，在助人者-当事人关系的探索阶段，将这份表打印出来放在手边很有帮助。此外，助人技术网站提供的学生资源部分包括各个章节的实验室活动，以及书中每个章节的实践练习。②

此外，还提供了三张演示助人模型的 DVD。③《实践中的帮助技能：三阶段模型》演示了利用三阶段模型来对一个与童年、饮食及自尊相关的问题做斗争的当事人的工作。《实践中的梦的工作》演示了对一个反复做噩梦的当事人的三个阶段的工作。《生命中的意义：一个个案研究》说明了如何从三阶段模型的视角开展生命意义的工作。这三张 DVD

---

① 已翻译成中文，见本书附录。——译者注
② 部分实验室活动和实践练习已翻译成中文放在相应的章节后。——译者注
③ 本书未提供 DVD，相关资源见网站。——译者注

都可以从美国心理学会（https：//www.apa.org/pubs/videos/index）的网站上获得。

我想写一本书，既为学生发展成为一名助人者提供支持，又为促进助人技术的发展提供挑战。成为一名有效的助人者是一个令人兴奋和富有挑战性的过程。对一些人来说，这项事业可以改变他们的生活。许多学生对成为助人者的过程很感兴趣，在努力学习助人技术的过程中，他们会提出深思熟虑的问题，在助人能力上培养信心，并了解自己。这本书的重点是助人者（而不是当事人），所以我提出了许多与助人者的发展以及随之而来的感受和想法有关的问题。

致　谢

　　我非常感谢那些读过我的书的同人们，无论是选读其中的几章，还是全书，甚至全部版本，他们都提出了宝贵的建议。他们是：

　　奥因达莫拉·阿德佩（Oyindamola Adedipe），里贝卡·亚当斯（Rebecca Adams），莉迪娅·阿恩（Lydia Ahn），玛格丽特·巴罗特（Margaret Barott），凯瑟琳·卡拉布雷泽（Katherine Calabrese），科琳·凯斯（Colleen Case），凯文·克拉默（Kevin Cramer），珍妮弗·达门（Jennifer Dahmen），伊丽莎白·多谢克（Elizabeth Doschek），杰茜卡·英格兰（Jessica England），丽莎·弗洛里斯（Lisa Flores），诺姆·弗里德伦德（Norm Friedlander），苏珊·弗里德曼（Suzanne Friedman），朱迪·格斯滕布利斯（Judy Gerstenblith），梅利莎·戈特（Melissa Goates），朱莉·戈尔德贝格（Julie Goldberg），吉姆·戈马利（Jim Gormally），艾利森·格罗尔尼克（Allison Grolnick），凯莉·亨尼西（Kelly Hennessey），贝特·哈弗坎普（Beth Haverkamp），杰夫·海斯（Jeff Hayes），黛比·赫本尼克（Debby Herbenick），帕梅拉·海伦（Pamela Highlen），劳拉·希普尔（Laura Hipple），莫里斯·霍林沃思（Merris Hollingworth），格洛丽亚·赫（Gloria Huh），萨米哈·伊斯拉姆（Samiha Islam），斯凯勒·杰克逊（Skyler Jackson），珍妮弗·杰弗里（Jennifer Jeffery），伊恩·凯勒姆斯（Ian Kellems），亚历山德拉·欣达尔（Alexandra Kindahl），沙克纳·金（Shakeena King），凯瑟琳·克兰（Kathryn Kline），萨拉·诺克斯（Sarah Knox），米斯蒂·科尔查奇安（Misty Kolchakian），吉姆·利希滕贝格（Jim Lichtenberg），雷纳·马金（Rayna Markin），莫妮克·麦金太尔（Monique McIntyre），凯瑟琳·莫拉莱斯（Katherine Morales），约翰·诺克罗斯（John Norcross），凯西·奥布莱恩（Kathy O'Brien），希特·帕特尔（Sheetal Patel），戴维·彼得森（David Petersen），珍妮弗·鲁滨逊（Jennifer Robinson），米西·罗夫曼（Missy Roffman），凯瑟琳·罗斯（Katherine Ross），尼娜·舍恩（Nina Shen），帕特·斯潘格勒（Pat Spangler），艾瑞克·斯皮格尔（Eric Spiegel），杰茜卡·斯塔尔（Jessica Stahl），芭芭拉·汤普森（Barbara Thompson），琳达·蒂普顿（Linda Tipton），特里·特蕾西（Terry Tracey），妮科尔·泰勒（Nicole Taylor），科林·韦尔奈（Collin Vernay），乔纳

森·沃克（Jonathan Walker），希瑟·瓦尔顿（Heather Walton），丹尼尔·韦斯利（Daniel Wesley），伊丽莎白·纳特·威廉姆斯（Elizabeth Nutt Williams），舒平·扬（Shuping Yang）和斯蒂芬妮·伊（Stephanie Yee）。

我还要感谢为美国心理学会阅读和审阅本书并提供宝贵反馈意见的众多匿名审稿人。

我大大受益于美国心理学会书籍出版部的编辑乔·阿尔布雷克特（Joe Albrecht）、戴维·贝克尔（David Becker）、贝丝·拜塞尔（Beth Beisel）、丹·布兰奇斯特（Dan Brachtesende）、伊丽莎白·巴德（Elizabeth Budd）、埃米·克拉克（Amy Clarke）、埃莉丝·弗雷泽（Elise Frasier）、贝丝·哈奇（Beth Hatch）、蓬·休恩（Phuong Huynh）、琳达·马尔纳西·麦卡特（Linda Malnasi McCarter）、埃德·迈登鲍尔（Ed Meidenbauer）、彼得·帕瓦尼（Peter Pavilionis）、苏珊·雷诺（Susan Reynolds）和龙·蒂特（Ron Teeter）对本书不同版本的反馈、指导以及对我的鼓励。

我尤其感谢多年来教授过的助人技术课程的本科生和研究生们，是他们的学习热情不断挑战我的观点，是他们不断为我提供成长为助人者的真知灼见，是他们为本书提供了大量生动的示例，是他们使我学会了如何传授助人技术！也是在他们的实习课堂上，我提前检验了章后所附的实践练习的效果。带着深深的感激之情，我特别要提到我的治疗师、我的教授以及我的督导师们，他们为我运用助人技术树立了绝好的榜样，并在我成长为一名助人者的过程中给了我极大的鼓励。我要特别感谢比尔·安东尼（Bill Anthony）先生［他曾经师从罗伯特·卡库夫（Robert Carkhuff）］，他是多年前我读研究生时第一位引领我学习助人技术的导师。至今我仍能清晰地回忆起那段令人激动的时光。正是在那段日子里，我渐渐确立了这个信念：如果学会运用助人技术，就可以帮到当事人。我还要特别感谢我的同事查利·杰尔索（Charlie Gelso），多年来，与他的合作和友谊对帮助我发展我的想法至关重要。最重要的是，我要感谢我的丈夫吉姆·戈马利（Jim Gormally），我们一起参加了第一次助人技术课程，这些年来他一直在倾听并对我的想法进行补充。

目 录

第一篇 概 观

第 1 章 助人导引 / 3

什么是助人? / 4

心理治疗是有效的吗? / 5

助人的促进作用 / 6

助人的疑问之处 / 7

人们什么时候会向他人寻求帮助? / 8

成为一名助人者 / 9

学习成为一名助人者的过程 / 11

伦理 / 15

本书概观 / 17

结语 / 18

你的想法 / 18

关键术语 / 19

研究概要 / 19

第 2 章 助人过程模型 / 21

我的人格发展理论 / 21

我关于人如何改变的理论 / 23

助人过程的背景变量 / 24

　　　　三阶段模型：探索、领悟和行动　/　28
　　　　即时互动序列　/　31
　　　　会谈之外　/　34
　　　　对当事人的帮助效果　/　35
　　　　结语　/　36
　　　　你的想法　/　37
　　　　关键术语　/　37
　　　　研究概要　/　37

第 3 章　自我觉察　/　**39**

　　　　自我认识和自我领悟　/　40
　　　　增加自我认识和自我觉察的策略　/　43
　　　　促进自我觉察的练习　/　46
　　　　你的想法　/　47
　　　　关键术语　/　47
　　　　研究概要　/　47

第 4 章　文化觉察　/　**50**

　　　　文化的定义　/　50
　　　　文化的维度　/　51
　　　　助人过程中的文化问题　/　53
　　　　关于少数群体身份的表露　/　55
　　　　与文化和助人相关的伦理行为　/　56
　　　　将多元文化知识、技术和态度融入助人风格　/　58
　　　　助人者关于文化议题的困难　/　59
　　　　我自己的文化经历　/　61
　　　　你的想法　/　62
　　　　关键术语　/　62
　　　　研究概要　/　63
　　　　实验室活动：自我觉察　/　64

第二篇　探索阶段

第 5 章　探索阶段概述　/　**69**

　　　　理论背景：罗杰斯的当事人中心理论　/　69
　　　　探索阶段的目标　/　76

探索前教育　/　78
　　结语　/　79
　　你的想法　/　80
　　关键术语　/　80
　　研究概要　/　80
　　实验室活动：首次会谈　/　82

第 6 章　提供支持的技术　/　84

　　专注和倾听概述　/　84
　　非言语交流的文化规则　/　86
　　促进专注的非言语行为　/　87
　　促进专注的副言语行为　/　92
　　促进当事人探索的轻微言语行为　/　92
　　专注和倾听的例子　/　97
　　放松、自然但专业　/　98
　　结语　/　99
　　你的想法　/　99
　　关键术语　/　99
　　研究概要　/　99
　　实验室活动：专注与倾听　/　100

第 7 章　探索非情感内容、想法、叙述和故事的技术　/　103

　　探索非情感内容、想法、叙述和故事的理据　/　103
　　重述和概述　/　104
　　针对想法的开放式提问和追问　/　109
　　针对信息或事实的封闭式提问　/　114
　　开放式提问与封闭式提问的区别　/　116
　　探索非情感内容、想法、叙述和故事技术的比较　/　116
　　你的想法　/　117
　　关键术语　/　117
　　研究概要　/　117
　　实践练习　/　118
　　实验室活动：探索想法的技术　/　119

第 8 章　探索情感的技术　/　121

　　探索情感的理据　/　121
　　对情感进行工作的文化考量　/　123

情感反映 / 124
情感表露 / 137
针对情感的开放式提问和追问 / 138
情感探索技术比较 / 140
结语 / 140
你的想法 / 140
关键术语 / 141
研究概要 / 141
实践练习 / 142
实验室活动：情感探索技术 / 143

第9章 探索阶段的技术整合 / **145**

探索阶段的个案概念化 / 146
选择目标和意图促进探索 / 147
选择与目标和意图相匹配的技术 / 148
运用探索阶段的技术 / 149
如何开展探索阶段的会谈 / 150
探索阶段困难情境的处理 / 152
实施探索阶段的困难 / 153
探索阶段应对困难的策略 / 158
探索阶段示例 / 161
什么时候进入领悟阶段 / 163
你的想法 / 163
关键术语 / 164
研究概要 / 164
实验室活动：探索技术整合 / 165

第三篇　领悟阶段

第10章 领悟阶段概述 / **169**

什么是领悟？ / 170
为什么领悟是必要的？ / 170
理智的领悟与情感的领悟 / 171
准备好领悟的标志 / 172
理论背景：精神分析和存在主义理论 / 172
设定领悟阶段的期望 / 180

　　　　领悟阶段的目标和技术　/　180
　　　　结语　/　181
　　　　你的想法　/　182
　　　　关键术语　/　182
　　　　研究概要　/　183

第 11 章　促进觉察的技术　/　**185**
　　　　使用挑战的理据　/　185
　　　　有关挑战的理论观点　/　188
　　　　准备好觉察的标志　/　189
　　　　挑战的类型　/　190
　　　　如何挑战的一般原则　/　196
　　　　运用挑战的困难　/　199
　　　　结语　/　200
　　　　你的想法　/　200
　　　　关键术语　/　200
　　　　研究概要　/　200
　　　　实践练习　/　201
　　　　实验室活动：挑战不一致　/　202

第 12 章　解释的技术　/　**204**
　　　　使用解释技术的理据　/　204
　　　　针对领悟的开放式提问和追问　/　204
　　　　如何做针对领悟的开放式提问和追问　/　205
　　　　解释　/　206
　　　　领悟性自我表露　/　218
　　　　你的想法　/　222
　　　　关键术语　/　222
　　　　研究概要　/　222
　　　　实践练习　/　223
　　　　实验室活动：促进当事人的领悟　/　224

第 13 章　处理治疗关系的技术　/　**227**
　　　　运用即时化技术的理据　/　229
　　　　准备处理关系的标志　/　231
　　　　处理关系的当事人标志　/　231
　　　　处理关系的助人者标志　/　231

即时化技术的类型 / 232
运用即时化技术指南 / 233
即时化技术运用示例 / 235
运用即时化技术的困难 / 236
你的想法 / 237
关键术语 / 237
研究概要 / 237
实践练习 / 238
实验室活动：即时化 / 239

第 14 章　领悟阶段的技术整合 / 242

领悟阶段的个案概念化 / 243
领悟阶段技术的实施 / 246
关于运用领悟技术的提示 / 248
助人者在领悟阶段可能经历的困难 / 248
克服领悟阶段困难的策略 / 252
领悟阶段互动示例 / 253
你的想法 / 255
关键术语 / 255
研究概要 / 255
实验室活动：整合探索与领悟技术 / 256

第四篇　行动阶段

第 15 章　行动阶段概述 / 261

行动阶段的理据 / 261
行动的阻碍 / 262
哲学基础 / 263
进入行动阶段的标志 / 264
理论背景：行为和认知理论 / 265
行动阶段的目标 / 269
行动阶段的技术 / 269
结语 / 284
你的想法 / 284
关键术语 / 285
研究概要 / 285

第 16 章　完成四项行动任务的步骤　/ **287**

　　行动任务的理据　/ 287
　　放松　/ 288
　　行为改变　/ 291
　　行为演练　/ 302
　　决策　/ 308
　　你的想法　/ 312
　　关键术语　/ 313
　　研究概要　/ 313
　　实验室活动：行动阶段的步骤　/ 314

第 17 章　行动阶段的技术整合　/ **316**

　　行动阶段的个案概念化　/ 317
　　运用行动技术　/ 318
　　助人者在行动阶段可能经历的困难　/ 319
　　克服行动阶段困难的策略　/ 323
　　你的想法　/ 323
　　关键术语　/ 323
　　研究概要　/ 323

第五篇　整　合

第 18 章　综合运用：使用三阶段模型与当事人工作　/ **327**

　　接案　/ 327
　　助人者在两次会谈间的工作　/ 328
　　后续会谈　/ 329
　　结束　/ 331
　　对困难当事人及临床情况的处理　/ 333
　　三阶段模型的示例　/ 338
　　结语　/ 342
　　你的想法　/ 342
　　关键术语　/ 343
　　研究概要　/ 343
　　实验室活动：整合探索、领悟和行动阶段的技术　/ 344

术语表　/　347
附录 A　会谈回顾表　/　353
附录 B　督导师或同伴的探索技术评价表　/　355
附录 C　会谈记录样表　/　356
附录 D　助人者意图清单　/　358
附录 E　助人技术系统表　/　360
附录 F　使用《助人技术系统表》进行研究　/　365
附录 G　当事人反应系统表　/　373
附录 H　当事人行为系统表　/　375
附录 I　会谈过程和效果问卷　/　376
附录 J　自我觉察与管理策略问卷　/　378
附录 K　咨询活动自我效能感量表　/　380
附录 L　过程记录　/　383
参考文献　/　385
译后记　/　411

第一篇
概 观

第 1 章　助人导引

第 2 章　助人过程模型

第 3 章　自我觉察

第 4 章　文化觉察

第 1 章
助人导引

没有努力，不担风险，未遍尝苦厄，人生将一事无成。
——埃里希·弗洛姆（Erich Fromm）

> 安吉妮是一名出色的学生，也是一名运动员。她在高中时担任班长，并被东部一所名牌大学录取。以任何标准来看，她都是一名出类拔萃、天赋异禀的学生，前途大有希望。然而，在进入大学之后，安吉妮的情绪开始变得低落，她的家人、老师和朋友们对此都很惊讶。安吉妮变得不愿意与人接触、不愿意去教室上课、不愿意参加田径训练。她的田径教练鼓励她与一位助人者会面。这位助人者帮助安吉妮探索她的感受，并对潜藏在她悲伤和倦怠表现之下的真正问题获得领悟。安吉妮感受到了助人者的支持和关心。这种助人关系使她能够尝试着去表达、去理解、去斗争，从而克服了离家求学以来的自卑感、孤独感和失落感。

看完安吉妮的故事，想象一下如果你是这位助人者会是什么样子？你也许会有矛盾的想法和感受。你可能对帮助安吉妮这样的人感到十分自信，因为你倾听过许多亲友的类似心声并提出过建议。但同时，你也可能对如何帮她探索情感、获得领悟并重塑自信感到棘手。

如果你有兴趣学习更多助人技术，使你能够更好地帮助像安吉妮这样的人，那么本书将是你明智的选择。本书的首要目的，是提供一个理论框架，帮你了解助人的过程。第二个目的，是传授与当事人会谈的专门技术，以帮助他们探索、获得领悟，并在生活中做出改变。第三个目的，就是让你开始从做一名助人者的角度审视自己。第四个目的，则是帮助你觉察自己的想法、感受和行为，并且意识到它们如何影响着你的当事人。

本章首先介绍了助人的定义，接下来讲述了促进助人效果的因素和造成助人无效的原因。我将谈到是什么原因让人们去寻求专业帮助，这自然会引发关于从事助人事业的人的健康和不健康的动机的讨论。然后介绍如何学习助人技术。我会讨论关于成为一名更好的助人者练习助人技术的重要性；同时也包括伦理的部分，以强调遵守伦理和专业的助人行为的重要性。最后，我会描述全书的结构，就如何充分利用这本书进行讨论。

欢迎加入我们！希望你能和我一样享受学习助人技术的过程。

什么是助人？

助人（helping）是个宽泛的专业术语，包括各色人等（如朋友、家人、咨询师、精神分析师以及社会事业服务人员）为他人所提供的帮助。本书提供了许多种助人技术（例如，开车送某人去机场这样的工具性帮助），但我们关注的技巧主要是与当事人及其情感有关的倾听和鼓励探索这类言语帮助。

我使用"助人"这个宽泛的术语，是因为"助人"这一动作能够由很多人发出（例如，朋友、搭档、同事、咨询师、心理治疗师）。助人的框架是广泛的，咨询和心理治疗则是其中较为狭窄的领域，后者旨在为那些接受继续教育以及认证成为专业心理健康工作者的人保留准入渠道。无独有偶，瓦姆波尔德和艾梅儿（Wampold & Imel，2015）将**心理治疗**（psychotherapy）定义为：

> 一种以人际关系为主的治疗方法，其中包含四个方面：（a）基于心理学原则；（b）涉及训练有素的治疗师和由于精神障碍、困扰或抱怨而寻求帮助的当事人双方；（c）治疗师旨在对当事人的障碍、困扰或抱怨进行治疗；（d）适用于或针对特定当事人及其障碍、困扰或抱怨。(p.37)

因此，在本书中，"**助人者**"（helper）指那些为他人提供帮助的人，"**当事人**"（client）指接受支持和帮助的人。我们将"助人"定义为：一个人帮助另一个人探索情感、获得领悟，并使他在生活中做出改变。助人者和当事人共同合作以达到上述目标，其中助人者引导整个进程，当事人决定做什么改变、何时以及如何改变。请注意，这个过程并不像一个病人去找医生，希望被医生治好，而是一个人（当事人——当事人是他们自己的专家，有选择改变的权利）与另一个人（助人者——一个选择倾听并给予帮助的人）之间的**合作**（collaboration），双方就生活中的某一个问题进行咨询。

当我在书中谈及正在学习助人技术的学习者时，我把他们相互间的模拟练习，或者给志愿的当事人所做的练习，称为"助人"（helping）；而在谈论当事人向经过训练且持有资格证的专业人员寻求帮助时，则用"**咨询**"（counseling）[或"**咨询师**"（counselor）]和"**心理治疗**"（psychotherapy）[或"**治疗师**"（therapist）、"**心理治疗师**"（psychotherapist）]。

学生经常会问及咨询和治疗之间的差异。咨询师往往是通过硕士级别培养并获得资格证的人；而心理治疗师往往是通过博士级别培养并获得资格证的人，如临床、咨询或学校心理学家。咨询和心理治疗有时也会因治疗时间的长短而有所区别，例如咨询的次数往往比心理治疗的次数少。当事人有时也会有所不同，因为咨询更多服务于相对健康的、有适应问题的个人，心理治疗则服务于那些有更严重的病理或未解决的冲突的人。我需要强调的是，研究并没有发现咨询效果会因学位类型或训练水平不同而有显著差异（Wampold & Imel，2015），所以这些术语和不一致的地方通常与领域之争有关，而非强调彼此的能力差异。

然而，助人确实和与朋友的日常交谈有所不同。理想情况下，与朋友的交谈包括双方平等地分享并倾听各自的问题（50-50），助人则更多的是一个人分享问题，另一个人给予倾听和支持（更像是 80-20）。但有趣的是，我们早年从朋友和家人那里学习到的许多沟通技巧都转移到了助人关系上。所以，我们可以在从早期关系中学到的技巧的基础上建立和完善我们自己的技能，更清楚地意识到其中的影响，这样就可以更有效地帮助他人。

心理治疗是有效的吗？

据我所知，没有任何文献对上文所定义的助人有效性做过解释。在接下来的章节中，我将根据相关数据来解释心理治疗的有效性。研究者已经得出了非常可靠的结论：心理治疗总体上是有效的。大多数的当事人在治疗结束时症状都有所改善。瓦姆波尔德和艾梅儿（Wampold & Imel, 2015）在他们的文献综述中指出，接受过心理治疗的当事人比 79% 未接受过心理治疗的人拥有更健康的心理（实验组随机选取治疗对象进行治疗，对照组未接受治疗）。有趣的是，最近的神经成像研究证实了心理治疗（心理动力学、人际关系和认知行为治疗）对大脑功能存在影响（Barsaglini, Sartori, Benetti, Pettersson-Yeo & Mechelli, 2014）。

瓦姆波尔德和艾梅儿总结道："心理治疗是相当有效的，这一点无可争议。"（p.82）

研究者还检验了不同疗法的相对效果。到目前为止，数百项研究对不同的疗法进行了比较（例如，当事人中心疗法、精神分析疗法、认知行为疗法、体验疗法），结果没有发现任何一种疗法比其他疗法更有效。但瓦姆波尔德和艾梅儿指出，这一结论是基于对那些普遍认可的疗法的研究，而不包括一些非主流的疗法，所以这些结论可能不适用于未被主流认可的治疗方法。同样，在个人治疗与团体治疗之间也没有发现差异（Piper, 2008; Smith, Glass & Miller, 1980）。这个研究领域的结论可以幽默地引用《爱丽丝漫游奇境》（*Alice's Adventures in Wonderland*）里渡渡鸟的话来总结："每个人都是赢家，所以人人都应该获奖。"（Carroll, 1865/1962, p.412）

如此千差万别的疗法竟然能得到同样的治疗效果，听起来的确有些匪夷所思。对于各治疗流派间疗效无差别的现象，研究者提出了很多不同的原因假设。目前最流行的解释是，所有主流疗法中包含的基本因素（即共同因素）都有积极的治疗效果。弗兰克父女（Frank & Frank, 1991）讨论了心理治疗中的六个共同因素：治疗关系、希望注入、新的学习体验、情绪唤起、自我效能感的提升，以及实践的机会。因此，尽管不同方向的治疗师信奉不同的哲学、使用不同的技能，但最重要的因素可能是治疗师在治疗中做的事情是一致的。

另一种对于疗效无差异的解释是当事人因素和治疗师因素比治疗派别更能解释差异性（参见 Wampold, 2015; 也参见 Castonguay & Hill, 2017）。因此，治疗师和当事人本人可能是比治疗方法更重要的因素（例如，治疗师能不能共情？当事人是否有治疗动机？）。

另一种解释是，因为精神和身体是完全交织在一起的，从一个层次开始的变化（如情绪）会延伸到其他层次（如行为）。因此，无论改变是从情绪、思想还是行为开始，都不会有太大的不同。例如，体验疗法可能通过更深入的情感探索体验，引导当事人改变观念和行为。相反，认知行为疗法会从改变观念和行为开始，然后导致情绪的变化。

然而还有一种解释（也是我个人更倾向的一种解释）是我们的研究尚处于初级阶段，我们用来检验治疗过程与结果的工具还没有精确到能够分辨出疗法之间（或经验水平和培训类型之间）的差别。

理想的情况是，改进我们的方法，以便能够更充分地研究导致不同当事人发生改变的机制，这将帮助我们开发更好的治疗方法。

不同的治疗师和当事人可能会依据他们的世界观和人格特征而偏好不同的方法。所以，当事人和咨询师及其偏好的方法的契合度可能是一个重要的变量。

助人的促进作用

助人能够使当事人体验到和他人之间的一种健康、无害和亲密的关系。有时，助人过程能给当事人提供一种矫正性的关系体验（就像重新获得父母的呵护一样），在这种关系体验中，在助人者的关爱下，当事人来自早期生活中与重要他人（例如，父母）互动而产生的受伤害和不健康的体验得以释放和减轻（Huang & Hill, 2016）。例如，肯佳来咨询的原因是她感到抑郁，感到自己的人生缺乏方向。她认为妈妈从她幼年时就不想要她，当她看到别的母女关系十分亲密、彼此深爱着对方时，她就会忍不住伤心。肯佳在一系列的亲密关系里都感到被忽视、孤独、不被关爱和无足轻重。而在助人过程中，她感受到了助人者的无条件接纳、积极倾听和真诚关怀。与助人者形成的这种支持性关系帮助肯佳治愈了过去形成的伤口，减少了她旨在麻痹感受的酗酒行为，并且建立了健康的人际关系。在这种关系里，她获得了足够的自我价值感，从而使她能够满足自己的需要。

对于那些沉浸在痛苦情绪中的人，助人行为能提供支持并缓解压力。例如，约瑟夫最近和交往了 8 个月的女友分手了，他感到非常愤怒，又很悲伤。朋友们不鼓励他表达自己的感受，于是他向心理咨询师寻求帮助。心理咨询师认可他的情绪，帮助他搞清楚自己为何如此心烦意乱，这反过来改善了他的情绪，帮助他提升了幸福感。

在助人过程中，当事人还可以获得领悟，这样一来，他们可以通过全新的方式了解自身。例如，克拉夫特（Kraft, 2007）在一本关于在伊拉克开展心理治疗的书中，描述了对一名无法走路（即患有转换性癔症）的士兵的治疗过程。当时，医生认为这名士兵不能走路没有任何生理上的原因。在医生和这名士兵建立了良好的治疗关系之后，士兵最终开口告诉医生，他的一个朋友在战争中如何为了掩护他而死去。这使得士兵领悟到其症状出现的真正原因。而后，这名士兵又能够再次走路了。有趣的是，我们注意到弗洛伊德的很多初诊病人同样患有转换性癔症，并通过宣泄和领悟痊愈。

另外，助人能够帮助他人解除关于个人生存的疑虑（例如，"我是谁""我要往哪里去""我要从生活中获得什么"；Hill, 2018）。就如苏格拉底所说："未经检验的生活是不值得过的。"

助人活动能够使人们积极提出、思考并回答这些问题。例如，伊佐拉是一所大学的大四学生。她的成绩很好，人际关系也不错，但她对自己的生涯目标并不确定，在是想等到毕业后再结婚生子，还是先成家再回学校完成学业两者之间犹豫不决。助人者帮助伊佐拉探索她的价值观，以及她如何从社会和学术的角度来定义自己。他们就伊佐拉在生活之外想要什么，以及什么能带给她目标感谈论了很多。伊佐拉这才意识到她需要仔细思考自己的目标和抱负，以及如何将工作和家庭结合起来。

此外，当事人可以学到一些技能，让生活变得更有效率，并激发他们的潜能。这些技能包括学习如何与别人沟通、练习解决冲突的方法、变得更加坚强自信、明确做决定的策略、更有效率地学习、学会放松或改变不良习惯（例如，很少参加锻炼、滥交友等）等。通常，这些技能能够减轻个体不能直接表达自己情绪的无力感，并能够帮助当事人更充分地投入生活。例如，一个当事人在与室友的相处中变得更加自信，另一个当事人的学习技能也得到了提高。

助人还能够帮助人们制定人生规划。最有效的助人者能够帮助他人制定与他们的梦想、价值观念以及自身能力相一致的目标。例如，迈莉来咨询是因为她在犹豫是否应该搬走，远离家人，并结束与现任男友的关系。她描述了她的近况，并希望助人者告诉她该如何选择。由于助人者没有直接提供答案，所以她开始感到愤怒和沮丧。在助人者帮助她处理了这些情绪后，迈莉能够开始探索她不愿为自己的人生规划承担责任，以及她不愿意着手解决当前折磨她的问题的原因。她看出自己对于采取行动和做出错误决定的恐惧，并把它们跟孩童时期就体验过的那种无助感联系起来——她是一个饱受苦难的女人的孩子。随后，更为深入的思想、情感和行动的探索让她有了做出一些小的决定的渴望（在助人者的支持和鼓励下）。很快，迈莉又能做出更富有挑战性的决定（例如，结束了恋爱关系；为了试验自己的独立性并更好地了解自己，她从美国的一边搬到了另一边）。

助人的另一个促进作用是助人者会给当事人提供反馈。从这些反馈中，当事人可以了解自己在他人眼中的印象（这样的信息，外人一般是不会直接提供的）。例如，一名人际交往困难的当事人可能会（从助人者那里）得知自己在会谈过程中表现出明显的依赖和可怜的样子。他极有可能在其他人际关系中也表现出类似行为。有时候，如果助人者以一种委婉的方式给予真诚的反馈，在促进当事人发生改变方面是非常有帮助的。

有效的助人过程还可以教会当事人对自己负责。就像孩子长大后离开父母的过程一样，咨询过程结束之后，当事人同样需要与助人者分离。

可能你们中的有些人有教人"溜冰"的经验：开始的时候，你牵着他，他也会紧紧地抓着你的手。但迟早，这个人会开始自己滑。学习者取得的每一点进步，都不仅归功于他自己，也归功于作为老师的你。助人活动也是一样：最有效的做法是提供起步时的支持并且传授技术，让当事人去消化所学，依靠自己"滑行"。

助人的疑问之处

虽然助人通常是有益的，但仍然有一些潜在的疑问之处。有时，助人能够减轻痛苦而让人停留在适应不良的情景或关系之中。例如，受虐妇女庇护所为遭受虐待的妇女及她们的孩子提供了所需要的安全和保障。然而，一些庇护所的工作人员发现，有时候他们提供的帮助却让那些女性重新回到受虐的环境中。当其中一家庇护所的工作人员对这种"帮助"提出质疑，并和庇护所里的暂住者讨论这些行为时，有些受虐女性看出了她们自己的一种行为模式：她们在被虐待时找到庇护所，以得到暂时的保护；而在关系好的时候，又搬回家住。幸亏有了这个领悟，助人活动才得以帮助这些女性打破这种潜在的死循环。

另一个潜在的问题是，有时助人会导致依赖：当事人过分依赖他们的助人者，认为如果没有助人者的帮助，自己就无法探索情感，无法做出生活上的改变。例如，凯瑟琳的新男友很自然地邀请她去科德角（Cape Cod）与其家人度假一周，凯瑟琳差点就谢绝了，因为她的助人者正在度假，无法给她提供意见。助人者有时会通过给当事人提供问题的"答案"来助长当事人的依赖性（例如，助人者告诉凯瑟琳，让她不要去科德角）。有效的助人者明白，提供答案并不能真正帮助当事人；在改变过程中，当事人需要积极参与到解决问题的过程中来，这样他们可以获得新的领悟，懂得哪些行动对他们来说是好的、哪些是不好的。这一策略之所以有效，是因为只有当事人才真正全面了解自己的处境，体验到相关的情绪感受，拥有对当前问题的最佳答案。除此之外，当提供的解决方法并不是当事人真正想要或需要的时候，给予他们建议可能会导致其他问题。例如，一名助人者建议一位当事人远离她的前男友，因为和他在一起对她没好处。虽然当事人那一刻渴望听到的是她的前男友有多么不好，但当她和前男友重归于好之后，她又会对助人者当时批评她的爱人感到愤恨。

助人者的个人问题有时也会带来麻烦，例如他们会鼓励受助者加深对他们的依赖。对一名孤独的助人者来说，当事人的依赖能够满足他在别处无法满足的个人需要。那些缺乏良好的社会支持（social support）与个人关系的助人者尤其可能鼓励当事人过分地依赖他们。

助人过程存在的另一个问题是助人者不恰当地将个人或社会的价值观强加给当事人（McWhirter, 1994）。虽然我们所有人都有自己的价值观，但助人的目标应该是鼓励当事人去探索和决定他们自己的价值观。不恰当影响的例子有：一名专业的助人者企图改变同性恋或双性恋当事人的性取向（Haldeman, 2002）；建议父母在某一宗教氛围下养育他们的孩子，原因是助人者相信家庭的问题源于孩子没有一种坚定的宗教基础；宣称女性不应该外出工作，原因是她们抢了那些养家糊口的男人的饭碗；将个体主义文化的价值观强加给来自集体主义文化的人（例如，主张达到上大学年龄的孩子应该自己搬出去）。这些都是助人者企图把他或她的个人价值观强加给当事人的例子。

价值观干预也会以一种微妙的方式出现。在一项关于卡尔·罗杰斯的心理治疗方法的研究中，特拉克斯（Truax, 1966）发现在当事人表达领悟时，罗杰斯会用更多的共情同感和温暖回应，但如果当事人的话语含糊不清、模棱两可，罗杰斯的共情同感和温暖就会少一些。换句话说，就连竭尽全力做到接纳和共情同感的罗杰斯，也会强化当事人的某些行为。的确，我们很难将个人主观偏见完全抛开。

还有一个问题是，当事人往往无法负担获得帮助所需的费用和时间。心理健康服务往往花费高，这使边缘化人群难以得到心理援助。

人们什么时候会向他人寻求帮助？

求助动机通常包含两个要素（Gross & McMullen, 1983）。第一，人们应该已经意识到自己正处在痛苦当中或者正面临着一个艰难的处境，并且他们必须感知到这种痛苦或者处境的恶化。显而易见的是，对痛苦的感知人各不同；对一个人来说是无法忍受的事情，另一个人却可能轻易承受甚至可以忽略不计。第二，这种痛苦应该超越个体思想上对于寻求帮助的阻碍和畏难。有时这些思想阻碍涉及现实的考虑，比如获得帮助所需要的时间或金钱；但通常的阻碍是情绪方面的，包括害怕深入探讨问题，或者在意他人对自己求助行为的歧视。

很多人不愿意寻求专业帮助（Gross & McMullen, 1983），是因为他们对于寻求帮助感到尴尬或羞耻，或者认为寻求帮助意味着情感脆弱或不成熟（Shapiro, 1984）。例如，很多美国人相信人应该依靠自己，所有的问题都应该靠个人的力量来解决。许多男性不想去寻求帮助，是因为他们认为这不符合性别规范刻板印象（gender-norm stereotypes, Pederson & Vogel, 2007）。所以，大量研究发现，因为存在这些信念，大多数求助者首先是寻求亲友们的帮助，最后才是寻求专业帮助（Snyder, Hill & Derksen, 1972; Tinsley, de St. Aubin & Brown, 1982; Webster & Fretz, 1978）。

有些人很害怕与别人交谈，因为他们感到没有人可以理解他们的处境（例如，托马斯认为没有一个人可以理解他在邪教中的成长经历）；其他的人害怕自己的想法、情感或行为会招来惩罚的回应或价值观的评判（例如，坎德丝觉得她会因为两次堕胎而被指责）。另外，还有些人可能担心他们会被贴上"精神病"的标签，因为这样一来会产生很多与这一标签相伴随的负面评价和刻板印象（Hill et al., 2012; Sue, Sue & Sue, 1994）。有些当事人对求助很犹豫，可能是因为他们依靠保险公司支付治疗费用，担心接受治疗会成为一个污点，继而对获得保险或今后求职产生不利的影响。

例如，桑妮前来进行初次会谈，因为她正经历着多重压力：她妈妈3年前自杀了，她姐姐被诊断为患有抑郁症，她的所有课程都不及格（之前她曾是每门功课都拿A的好学生），她的初恋男友向她提出分手。有时，桑妮认为她应该靠自己的力量解决问题，因为她害怕别人知道她需要心理治疗时会怎么看待她。另外，她手头拮据，也不愿为治疗花钱。然而，桑妮感到，她再也无法独自面对这些问题。她的哥哥曾经看过心理医生，并且感觉有所改善。最终，她还是想向心理医生寻求帮助，因为她很痛苦，相信心理治疗潜在的益处（例如，情感支持、帮助应对）要大于她所付出的成本（例如，经济支出、羞辱感）。处于相当程度痛苦中的人如果能承认他们需要心理帮助，就已经朝着他们想达到的目标迈进了一大步。

有时，来自亲友的支持可以增加这些人寻求专业帮助的勇气（Gourash, 1978）。例如，乔40岁的妻子去世后，他并不愿意寻求专业帮助。他的朋友和孩子鼓励他参加专门为丧偶成人举办的团体小组。虽然最初感到很勉强，但乔对于妻子的离世感到十分难过，因此他同意在女儿的陪同下参加小组会谈。是家人和朋友的支持让乔能够接受他所需要的帮助。

助人者可以努力改变社会对寻求专业心理帮助这一行为的消极态度。我们可以从自己寻求帮助开始，鼓励他人在需要时去寻求帮助。我们也可以发起和支持为心理卫生福利立法的行动。除此之外，我们可以通过宣传心理健康的相关信息来教育公众。我们还可以通过科学研究更多地使人们了解助人行为的过程和结果，并及时公布研究成果以起到宣传教育的作用。

成为一名助人者

成为一名有效助人者的要素

我在《助人技术》（第5版）中提出了一个模型，该模型描述了成为一名有效的助人者必备的三个要素：能够使用助人技术，能自我觉察，以及具备助长态度。这三个要素之间的关系见图 1.1。要成为一名有效的助人者，必须同时具备这三个方面的要素。

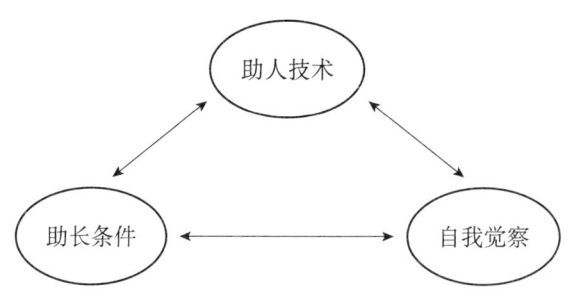

图 1.1 成为有效的助人者的要素

（图示：助人技术、助长条件、自我觉察三者相互关联）

我认为，想要成为助人者的人，在早年就有助人的倾向。在童年，他们就经常扮演助人者的角色。他们能够很好地倾听他人，因此朋友和家人会向他们寻求帮助。他们不但有高情商，而且乐于助人。在帮助他人的过程中，他们学会了一些沟通技巧，这让他们易于得到他人的信任。因此，早期经历是成为一名优秀助人者的起点。

这种天然的倾向会随着学习和练习而增强，直到成为我们自身不可或缺的一部分，虽然一开始那些行为会让我们感到尴尬和不自然。不少有效的助人者都有一些关于他们最初尝试帮助他人的故事。例如，当塞恩格刚刚开始学习助人行为时，她父亲刚做了心脏手术。于是，她每天与父亲交谈，询问他感受如何。持续数周后，她父亲问她是否真的想知道他的感受。"总算来了，"她想，"他愿意和我分享他最隐秘的感受！"但她父亲告诉她，他更喜欢她学习助人技术之前的样子。

在你开始学习助人技术后，你的朋友和家人可能也有类似的反应。最初这可能是令人沮丧的，但它能帮助我们了解到，最有效的助人者都是经过多年的实践之后才能将助人技术轻松地整合到与当事人的互动中。

事实上，有些助人者发现，在成为助人者的过程中，他们的助人技能和自信心会在提高之前有一个降低的过程。这种波动模式是有意义的，它表明助人者了解到他们以前的沟通方式并不都能见效，他们暂时地感到无措，新的模式最终得以融入他们的个人风格之中。同样，戈德菲尔德（Goldfried，2012）说过，学习一种新行为，人们需要从无意识的不胜任（unconscious incompetence，即他们不知道自己没有相关知识或不能习得该行为）过渡到有意识的不胜任（conscious incompetence，即他们意识到自己并不擅长，从而导致信心下降），再到有意识的胜任（conscious competence，即他们掌握了技能，但是行为仍需要自我意识控制），最后到无意识的胜任（unconscious competence，即技能不再需要意识控制，变得自动化，他们的自我效能感增强）。

除了具备天然的倾向和助人技术，助人者还必须有内省的意愿，努力获取他们给其他人印象的自我觉察。自我觉察的一个子集是文化觉察，比如我们能意识到自己存在基于文化价值观和经验的偏见和期望。第 3 章同时将自我觉察描述为一种特质（即对一般人格特征或动机的自我知识和自我洞察）和一种状态（即对一个人正在感受和感知的即时理解）。自我觉察是至关重要的，这样助人者才能知道自己的内心是如何想的，进而才能分辨出自己对当事人的反应。否则，助人者可能会无意识地表现出他们的冲动和反应，无意中伤害当事人。因此，自我觉察似乎是进行有效干预的基础。

同样，具备助长态度是提供有效帮助的必要基础。助长态度包括共情、温暖、真诚、同情和不评判（这些在第 2 章中会有更详细的定义）。这些助长条件并不是助人者一般拥有的，而是在助人过程中面对特定的人时即时感受到的。这些助长条件会在助人过程中自然地波动。

因此，有些人比其他人更适合成为助人者。这些人在工作中能够获得对自己身为普通人和身为助人者的自我认知，而这又使他们的助人技能更上一层楼。随后，在与当事人的会谈中，他们尝试去觉察、去感受，进而培养助长态度。

换句话说，仅仅知道助人技术是不够的，因为如果没有自我觉察和助长态度，助人技术并没有用，且会对当事人造成伤害。同样，只有自我觉察和助人态度可能还不错，但助人者也需要具备与当事人沟通并对其进行干预的技术。因此，助人者要能够自我觉察，以避免只顾自己、鲁莽行事而伤害到当事人，还要真正地关心当事人，能够表达共情，并具备帮助当事人的技能。

学习成为一名助人者的过程

有相当多的证据表明助人技能培训在提高学生的助人技能和帮助学生成为更好的助人者方面是有效的（Hill & Knox，2013；Hill & Lent，2006）（例子见本章末尾的研究概要）。既然我们知道了培训是有效的，找出其中的有效成分就很重要了。这一领域的研究依赖于班杜拉的理论（Bandura，1969，1997），该理论认为有四种要素能够帮助人们学习技能：讲授（instruction）、模仿（modeling）、练习（practice）和反馈（feedback）。因此，如果想要学习助人技术，需要具备一些关于助人技巧的知识，以便知道技术是什么及其所依靠的理论（讲授），观察他人的有效助人行为（模仿），在不同的场景下尝试这些技巧（练习），获得行为反馈，看看如何才能做得更好。事实上，在一篇助人技能训练的文献综述中，希尔和伦特（Hill & Lent，2006）发现了大量证据能够支持这四种要素。更具体地说，在一系列关于助人技术的研究中（Chui et al.，2014；Hill, Spangler, Chui, & Jackson，2014；Hill, Spangler, Jackson, & Chui，2014；Jackson et al.，2014；Spangler et al.，2014），研究者发现，学生们觉得阅读本书、听相关的讲座、观察治疗师使用这些技巧的治疗过程、练习技巧以及获得反馈都是有用的，但他们一致认为，练习是最有益的。所以，我们应该多关注练习过程。

助人技术训练

许多学生说，在阅读时，助人技术听起来很简单，但当他们尝试使用这些技术时，就会发现要有效地应用是多么困难。学习大量有关助人的知识固然很重要（请务必阅读这本书！），但这只是帮助他人的第一步。所以，学习助人技术的最好方法可能就是先阅读和学习本书的内容，然后在练习中应用所学到的知识。

所以，认真练习是很重要的。一名博士生和我说，在她读硕士的时候，上助人技术课程也需要学习和练习，但学生们并没有把练习当回事。有很多笑声，学生们觉得尴尬，老师也没有监督他们以确保他们进行有效的练习。显然，这不是有效的练习（在有效的练习中，当事人要谈及真正困扰他们的问题，助人者也要认真倾听并给予帮助）。

在练习之后，反思从练习中学到了什么是很重要的。例如，在使用这些技术时，你的感受是怎样的？当事人的反应如何？起作用的是哪些技术？哪些技术并没有用？下次怎样做才能更好？下面的章节将会教你如何使用这本书，从而在最大程度上帮助你成为一名助人者。

个人实践练习

实践练习可以让助人者在实验室活动之前，有机会思考和准备对假设的当事人情境的反应。针对每个情境，先写下你的干预反应，然后把你的答案和可能的反应建议进行比较（记住这只是建议）。

团体实践练习

和同学一起练习助人技术是一种非常有效的方式。初学者可以组成两人或多人小组练习助人技术。这些实验室活动，我已经在助人技术本科课程班和研究生课程班使用了多年，因此它们的有效性已得到很好的检验（尽管如此，老师仍然可以放心地修改这些活动，以适合自己的喜好和实际情况）。

在实验室活动中，要求助人者练习技术，由同伴来扮演当事人的角色，提供真实的或角色扮演的问题情境。观察者要仔细地做记录，注意助人者提供特定技术的能力，以便给助人者提供反馈。这样，每个人在每项技术上都有机会体会作为助人者、当事人和观察员角色的感受。在每次实验室活动的个人反思环节，要求学生们思考自己在作为助人者过程中所取得的进步。

实验室活动中的自我表露

成功的实验室活动取决于参与者愿意表露个人信息的程度。参与者如果能够将个人问题拿出来讨论，价值会比较大。原因有二：第一，如果当事人的反应不真实，助人者很难弄明白怎样做是有效的；第二，如果讨论的不是真实的问题，当事人就不能提供有效反馈给咨询师——他们觉得什么技术是有帮助的，助人者的干预令他们产生什么样的感受，因为如果把更多的心思花在如何扮演好"当事人"这一角色上，就难以让自己沉浸在当下的体验中。

然而，作为当事人，学生们仅需要表露一些容易、安全的话题即可。即使他们对自我表露感觉良好，也不应该袒露太深入的话题。这是因为，其他学生会觉得对此提供帮助是不太舒服的，并且这样会让咨询师的关注点落在咨询师的焦虑以及帮助当事人解决问题上，而不是集中于学习助人技术。有时，学生们会从一个他们认为安全的话题开始交谈，但谈着谈着又不舒服起来。这可能是因为话题越来越深入，也可能是因为他们在助人者面前感觉不舒服。我强调，学生们始终有权（没有危险或损害）提出中断深入探索某一个话题。

在这个问题上，看看《心理学工作者的伦理准则和行为规范》是有帮助的（美国心理学会，2017a，第 7 条第 4 款）：

> 心理学家不要求学生或接受督导者在课堂活动或有关项目中以口头或书面形式表露个人信息，包括性经历、被虐待经历、参与心理治疗经历，以及和父母、同事、配偶或其他重要他人的关系。以下情况除外：(1) 在项目或培训的协议或材料中明确说明学员需要一定的自我表露；(2) 为了帮助那些因个人问题妨碍正常参与专业培训或相关活动的学生，或为了预防对学生自身或他人造成威胁而获取这些信息。(p.9)

制定这一准则是为了让人们认识到要求他人做自我表露的危险性。因此，虽然我建议适度表露，因为它通常能推动培训过程的进行，但我强烈建议老师和学生都要警惕可能的负面效果。如果学生不愿意表露个人信息，他们可以扮演假想的当事人。在这样的案例中，他们不必说明所述问题是真实的还是假想的——这样没有人会知道他们是真的自我表露还是角色扮演，从而遵从了**保密性**（confidentiality）。

专栏 1.1 提供了我们课堂里的学生讨论过的话题。这些话题虽然对于很多人来说可能是安全的，但也可能会让有些人不舒服，因此受训者必须仔细考虑他们想要讨论的内容。

专栏 1.1　实验室活动中志愿者当事人可谈论的话题

理想的话题	可能的话题	需要避免的话题
学习助人技术的焦虑	轻微的家庭问题	药物滥用
学习问题（如学习、考试焦虑）	自主-独立的矛盾	害怕变得疯狂
职业规划	轻微的关系问题	创伤（例如，性虐待或躯体虐待、强暴、受害经历、儿童虐待）
选择专业或攻读研究生	高中经历	严重的健康问题
宠物	关于酗酒和吸毒的个人观点	恋爱关系中的严重问题
工作中的问题	个人的存在性问题（例如，我是谁？生命和死亡的意义是什么？）	羞耻感
当众发言的焦虑	道德两难困境	严重的家庭纷争
室友问题	经济困难	性
恋爱关系	身体外貌	自杀观念
助人技术相关的问题		蓄意谋杀的念头
快乐的童年记忆		精神折磨
爱好		政治
不严重的身体健康问题		

在整个学期课程的实验环节，学生可以参考这张清单来决定他们的讨论话题。

实验室活动中的保密性

虽然从某种程度上说会谈练习是虚构的，但分享的信息仍然是个人化的，因而应该做保密处理。这一点很重要，助人者不能在未经当事人允许的情况下，将会谈练习中分享的信息泄露出去。具体来说，助人者只能和他们的督导师及同学讨论助人会谈中呈现的材料，并且只有在与发展助人技术有关的时候才允许讨论。只有尊重当事人，他们才会分享个人信息，并深入挖掘他们的思维和情感作为回应。对分享的信息保密是展开互相尊重的互动的基础（另请参阅本章关于保密的伦理问题的进一步讨论）。

充当志愿者当事人的好处

实验室活动首要关注的是助人者对助人技术的学习。然而，学生们通常报告扮演当事人角色对自己很有好处，能亲自体会到作为当事人接受各种助人技术时的感觉。另外，学生在体会过作为一名当事人的感受后，能够更好地学习与当事人共情同感。充当"当事人"可让学生们体会助人的"另一面"。在当事人勇敢地在助人者面前展现并分享与自己有关的信息时，助人者应对他们表示尊重。除此之外，一些初学者通常报告，观察他们自己的咨询师使用助人技术，能够教会他们区分哪些是有效的、哪些是无效的。

我仍然要强调，在助人会谈练习中充当当事人，不能取代真正的心理咨询或治疗。如果学生遇到个人问题，应该寻求有执业资格的咨询师或治疗师的帮助。高校的心理咨询中心或健康服务机构通常会为大学生提供心理咨询服务，并且收费低廉或免费，为学生提供了相当好的机会来了解自己、解决自己的问题。

与朋友练习助人技术的问题

另一个重要的问题是以朋友或熟人为对象练习助人技术会发生的问题。有一个好的做法，是在对朋友的帮助会谈中，助人者装作对朋友一无所知，仅就会谈过程中当事人实际表露的信息作回应。我课堂上的学生发现，虽然将信息"打折扣"颇不容易，但如果他们只考虑助人会谈练习中提供的信息，那么实验室活动的练习会更容易。例如，南茜正和她的朋友凯特拉进行助人技术的练习，凯特拉抱怨她的男朋友两个星期没有联系她了。

虽然南茜知道凯特拉的男朋友不联系她是因为凯特拉已经开始和别人约会，南茜仍然只把注意力放在凯特拉所表达的与男友失去联系的感受上（当然，需要注意的是，在常规的会谈中，我们会使用所有可用的信息）。

向同伴提供反馈

提供反馈是训练中的必要环节。学员一般更乐意听到积极的反馈，毕竟学习助人技术是件相当不易的事情。在他们做得不错时，他们也乐意得到鼓励。但是，他们还需要也想要得到那些可以帮助他们改变和提高助人技术的反馈。我们需要具体的建议来提高助人技术。学生如果总是仅仅得到积极反馈，会有被欺骗的感觉；当然，如果总是得到批评的反馈，他们也会感到受伤。

克雷伯等（Claiborn, Goodyear & Horner, 2002）建议先提供积极反馈，然后只提供一条建设性的反馈，或者提供"积极—消极—积极"的三明治反馈。如果你觉得自己做得很好，改变就会更容易。而且在每次实验室活动中，聚焦做出一个改变会压力小些，也更为可行，而不应试图立即解决所有问题。此外，反馈应在陈述行为的基础上进行（例如，你总是东张西望、玩弄头发），而不应是泛泛之词（例如，你没有和当事人进行互动）。清晰、明确的建议能帮助助人者做出具体的改变。例如，观察者可以说：

> 你很好地运用了专注和倾听技术，我尤其欣赏你稳定的眼神交流。当你倾听时，你身体前倾，并没有打断谈话。但我注意到一点，你可能需要思考一下，就是你在一个谈话轮中问了很多的问题，当事人很难知道要回答哪一个。

反馈的最佳来源就是亲历助人者干预的当事人，无论这些干预是否有帮助。其次就是会谈练习中的观察者，他们从旁观者的角度审视正在发生的事情。对助人者来说，听取不同人对同一次干预的不同回应是很有好处的，这表明世界上并没有完全正确的干预方法。

一名学生在助人技术实验室的经历

在申请研究生时的个人陈述中，一名学生写了她在助人技术实验室的经历。她允许我在这里讲述她的故事，因为这个故事能够很好地展现实验室中的经历：

> 在马里兰大学上"助人技术基础"课程的时候，我对自己在心理健康领域的兴趣进行了深入的探索。"助人技术基础"是一门高年级的心理学课程，探讨咨询和治疗领域的理论和研究。每周，我们都会训练新的能力，比如进行开放式提问、发展领悟和探索技能，以及整合文化意识。在实验室活动中，我们将把课程理论付诸实践，轮流扮演"治疗师"或"当事人"，一名学生会呈现一个他正面临的困难情境，小组的其他成员会轮流指导这名学生完成治疗过程。
>
> 当我不断练习这些会谈技术时，我理解了形成一个强大的治疗联盟所需要的信任和脆弱性，即使是在那些教导的、非正式的会谈中也是如此。助人技术在我人生的关键时刻出现：我的祖父在我上大学时去世了，父亲因为健康问题辞掉了工作，我的成绩也开始下滑。当轮到我做焦点成员时，我沉浸在大家给予我的温暖之中，流露脆弱和宣泄所有的情绪是多么值得的事。在那次经历之后，我完全沉浸在我们的模拟会谈中，把每个人都当作一起接受治疗的人，而不是上同一门课的本科生。在本学期后面的一次实验室会谈中，一名学生深入探索了他与虐待自己的母亲之间的关系，以及他在平衡学校、工作和承担起父亲的责任照顾弟弟妹妹方面面临的困难。当我倾听他的故事并做出回应时，我感觉自己处于一种流动状态，感受到了我们作为一个团队所拥有的不可思议的团队合作和共情的力量。突然，他大哭起来，并解释说，此前他从来没有感受到这样的接纳和支持。助人技术使我能够分析自己并从中成长，我们的话让同学能够宣泄情绪，也使我相信我所做的是正确的。我决定帮助他人探索他们的内在自我并减少痛苦，这是一条适合我的能力和性格的路。

伦理

在开始学习和练习助人技术之前，我们要关注伦理（ethics）问题。心理健康专业人员非常关注伦理问题，因为伦理问题有可能造成伤害。大多数助人行业（例如，咨询、医学、护理、心理学、社会工作）都推出了自己的伦理守则，以保护执业者和服务对象。这些守则描述了专业人员在做决定时需要遵守的基本伦理原则，特别是需要用一种负责任的态度，保证当事人得到高质量的照顾，以此增进社会福祉。这是一些思考的原则，而不是"现成答案"，它们为助人者做出负责任的行为和解决伦理困境提供了一个指南。当然，伦理守则也涉及一些具体的行为准则，限定专业人员该做什么（例如，谈论保密问题）和不该做什么（例如，和当事人发生性关系）。

伦理是一些原则和标准，旨在保证专业人员能提供优质服务，并尊重其服务对象的权利。伦理行为还包括遵守法律和职业的相关规范。

因此，伦理原则是该行业的执业人员一致同意的行为指南。相反，行业准则（章程和规范)则是经由相关组织或协会以处罚或谴责的手段来保障执行。还要说明的是,职业伦理原则和准则与个人道德(例如,支持或者反对堕胎的权利)是不同的。

虽然助人初学者还不属于专业人员,并因此没有义务遵从职业原则和规范,但我们希望所有的助人者都能够勉励自己尽量遵循专业规范,使自己在会谈中的行为符合专业上和治疗上的法度,避免造成伤害。

助人技术课堂上的教师则不同,他们是专业人员,对课堂上和相关的助人会谈中发生的事情负有责任。因此,教师有责任觉察伦理问题并向学生进行讲解。对教师来说,在课程的早期(以及整个课程期间)就一些问题向学生做出交代是明智的,这些问题包括:在会谈中什么话题应该表露(见专栏 1.1)、知情同意(informed consent)、保密,以及其他可能的伦理问题。另外,因为不同的立法机构和不同的州有不同的法律法规,所以指导者需要了解并且教学生了解本地的有关要求。

一般伦理原则

很多伦理守则都强调下列六项基本原则(Beauchamp & Childress,1994;Kitchener,1984;Meara,Schmidt & Day,1996):

- **自主**(autonomy)是指(当事人和助人者)在结果不会损害他人的前提下,做出选择和采取行动的权利。这项原则保证个人有根据自己的信仰采取行动的自由。例如,夏奇拉正在帮助当事人独立做职业决策,不理会其父母要她上法学院的期望。突然,当事人宣称她要终止咨询,放弃她目前的奖学金去追求她喜欢的事业:做一名乡村音乐歌手。夏奇拉可能会建议当事人对此决定三思,认真考虑做乡村歌手的利与弊。然而,自主性原则使当事人有权利自己做决定,只要这个决定不会伤害到其他人。因此,在这个例子里,夏奇拉会支持当事人上大学,同时也追求成为音乐家的梦想。
- **善行**(beneficence)是指助人的意图就是通过提供帮助促进当事人成长,做对他们有益的事情。这项原则清楚地表明了助人者必须站在有利于当事人成长和发展的立场上,力求为当事人提供最好的服务(有实证研究支持的)。那些仅仅为了赚钱而见当事人的助人者,就违反了这项重要原则。
- **无害**(nonmaleficence)可以描述为"最重要的是不要造成伤害"。专业人员有义务保证他们的干预和行动不会因为疏忽而对当事人造成伤害。助人者一方的疏忽(甚至是无意的)可能造成很大的问题。例如,弗雷德里克正在修助人课程,他和朋友们一起出去喝酒,在这期间谈到了当天练习课的会谈内容。之后,他发现那个与他合作的当事人就在他隔壁桌上,而且可能偶然听到他与朋友谈论她的问题。虽然助人者可能没有提到当事人的姓名或者故意伤害她,但是他要对他将此信息告诉他的朋友而无意造成对当事人的伤害负责任。
- **公正**(justice)可以被描述成公平或者保证所有人有平等的机会和资源。我们可以这样理解:助人者承担着道义上的责任去纠正助人服务不公平的分配状态,让更多没有支付能力的人享受到他们的服务。举个例子,助人者可以通过去非营利机构做志愿者(例如,在受虐妇女庇护所工作、为艾滋病感染者做咨询),为建立一个公平的社会做贡献。另一个增强公正的办法是试图影响立法或公共政策来保证心理健康服务可以提供给那些需要帮助的人，而不受其支付能力、地域、语言偏好或残疾状况的影响。
- **诚信**（fidelity）是指遵守承诺和在与他人的关系中守信用。诚信是助人者和当事人关系的关键成分。如果当事人缺乏对助人者会遵守会谈协议的信任，那么助人很难取得进展。例如，助人者和当事人之间的协议通常包括双方在某一个时间进行规定次数的会谈。如果助人者每次会谈都迟到 20 分钟，就破坏了当事人在预定的时间获得服务的承诺。违反这类承诺会给治疗关系的发展带来破坏性的影响。
- **诚实**（veracity）是指实话实说，它在助人情景中是有很大影响和必需的原则。当事人通常会期望他们的助人者能就他们在会谈中的互动提供诚实的反馈。一位与助人者一起工作了几个月的 21 岁的当事人塔基莎，在最近几次会谈中没有多少进展，她要求助人者对她在咨询过程中的表现给予反馈。助人者给了一些积极的评价，同时指出，有时候塔基莎显得是将自己问题的责任推卸给别人，而不是让自己更有力量。虽然塔基莎听到这个反馈的时候有些难过，但她还是感谢助人者的诚实，并明白了正是她对承担责任的迟疑犹豫阻碍了她在生活中做出必要的行为改变。

本书概观

本书结构

本书第一部分的第 2 章提供了助人过程三阶段模式的概述和助人要素的描述。第 3 章讨论了助人者的自我觉察（包括与自我有关的知识和当下的即时觉察）。第 4 章介绍了一些与文化意识相关的重要话题。

第三部分和第四部分分别介绍了助人过程中探索、领悟和行动阶段。在每一部分，综述章节都强调了理论基础和阶段性目标，随后的几章重点关注完成阶段性特定目标的相关技术。每一部分的末尾章节，讲授了这一阶段的技术整合，并提出了本阶段在临床实践过程中的一些注意事项。第五部分将三阶段全部技术整合，用以指导与当事人的会谈，并讨论了在会谈中出现的问题（例如，开始会谈、终止会谈）。末尾的术语表为正文中介绍的术语提供了定义。

请注意，本书举了很多例子使知识点变得更加生动。有些例子基于真实的案例（为保护有关当事人的隐私，均使用化名）；其他例子均为虚构，目的是对某个观点进行说明。

你的想法

每一章末尾附有一些问题，以激发你对本章内容的思考。我强烈地感到，对学生来说，围绕由阅读而生的问题进行辩论非常重要，不要盲目照本宣科地接受。世界上几乎没有关于助人技术的固定"真理"或原则，很多问题关系到个人喜好、风格或艺术，学员也需要考虑一下，自己究竟希望如何成为一名助人者。我鼓励你们仔细考虑每个问题并将答案与同学讨论。

研究概要

在每一章的结尾，都介绍了一个相关研究的结果，以说明如何研究这些技术。我鼓励读者仔细阅读这些研究总结，并思考其中的证据。此外，鉴于助人技术和助人技术训练的实证基础还处于起步阶段，我强烈建议读者在这些研究的基础上进行自己的研究，这样我们就能有更多关于如何改进心理治疗和培训的证据。

结语

你们即将踏上一段令人兴奋、充满挑战的旅程，在这次旅行中，你们将成为助人者！虽然学习助人技术需要时间、知识和大量的实践，但它们能够滋养你的个人和专业素养，这一回报也是足够丰厚的。我希望，通过提供助人行为的理论和研究基础，通过提供书中的练习和实践，通过聚焦于助人技术的训练，本书最终能够协助你实现学习助人技术的目标。

有效的助人需要实践，即使是富有经验的助人者也常常需要温习基础更新技术。要想成为优秀的助人者，在课程结束后你们需要继续练习。要成为专业的咨询师或治疗师需要很多年的时间（参见 Orlinsky & Ronnestad, 2005; Skovholt & Jennings, 2004），所以我鼓励你们继续接受专业培训，练习，练习，再练习。

借用一个韩国学生用过的比喻，这本书好比韩国的石锅拌饭（一种用各种腌菜、调味蔬菜、肉类和米饭做成的食物），每个人围坐在桌子旁，创作自己的美味。每个人在餐桌上制作的石锅拌饭可能略有不同，但都可能是美味可口的。同样地，当你浏览这本书的每一章时，你会把不同的技术和想法放进你的"石锅拌饭"里。你可能更赞同某些技术和想法，所以你会在你的"碗"（理论）里多加些这些技术和想法，而暂时放弃那些你不喜欢的"食材"（等到你想要修改你的理论时再考虑它们）。把所有的原料混合在一起，你就有了一个完整助人理论的开端。

我希望这本书能对你们学习助人技术有所帮助，并帮助你们探索你们的潜力和兴趣，从而成为有效的助人者。祝大家旅途愉快！

你的想法

- 回想一个你曾经感觉被人帮到了的时刻。那个人做了什么，让你觉得对你是有帮助的？
- 现在回忆一个你需要帮助的时刻，你求助的那个人却一点儿忙也没帮上，他或她做了什么？
- 描述一下社会对那些寻求专业帮助的人的看法。你如何帮助消除社会中那些前来求助的人的羞耻感？
- 写一份简短的关于助人者的工作描述，包括个人特征、所需培训、工作职责，再把你自己跟你所列出的描述对比一下，评价一下自己。
- 设想你要去寻求专业帮助，你或许能收获什么、付出什么？

- 你认为人们为什么要成为助人者?
- 找出几种你当前生活的境况,在这些境况下助人技术派得上用场。
- 你认为一名有效的助人者最应具备的性格特征有哪些?列出前三个。

关键术语

自主 autonomy　　　　善行 beneficience　　　　当事人 client
合作 collaboration　　　保密性 confidentiality
咨询(咨询师)counseling(or counselor)　　伦理 ethics
诚信 fidelity　　　　助人者 helper　　　　助人 helping
知情同意 informed consent　　　　公正 justice
无害 nonmaleficence
心理治疗(心理治疗师)psychotherapy(or therapist or psychotherapist)
技术 skills　　　　社会支持 social support　　　诚实 veracity

研究概要

助人技术训练的效果

文献出处:Hill,C. E.,Roffman,M.,Stahl,J.,Friedman,S.,Hummel,A.,& Wallace,C. (2008). Helping skills training for undergraduates:Outcomes and predictors of outcomes. *Journal of Counseling Psychology*,55,359 – 370. http://dx.doi.org/10.1037/0022 – 0167.55.3.359

理论依据:我们需要知道助人技术训练是否有效。学生们真的学到了这些技术吗?如何能够预测谁从培训中获益最多?

方法:对象是参加了3个学期的助人技术课程的本科生(包括每周2小时的讲授/技能演示以及每周2小时的实验室技能练习)。学生们在课程开始时完成了能力测试(包括共情自评、完美主义自评和平均绩点),这样我们就可以将这些作为预测谁将从训练中受益的指标。在每周的实验室练习之后,测量学生们对有效使用助人技术的信心。在学期的开始以及过去2/3时,学生们要和同学完成20分钟的助人技术会谈,结束后评估这些会谈是否有帮助。在学期结束时,学生们要报告他们目前的自我效能感,以及他们在学期开始时使用助人技术的自我效能感。

有趣的发现:
- 学生们报告说,尽管在学习领悟技术时他们的信心有所下降,但整个过程中使用助人技术的信心是增加的。
- 作为助人者,学生们更多地使用了探索技术(例如,重述、情感反应),并且相比学期开始时的第一次助人会谈,觉得自己在第二次助人会谈中表现更好。
- 同样地,作为志愿者当事人,学生们认为,相比第一次会谈,在第二次会谈中助人者使用的探索技术较多。学生们对会谈质量的评价也更高,认为助人者更能与他们共情。

- 通过对会谈逐字稿进行编码，发现与第一次会谈相比，助人者在第二次会谈中使用的探索技术更多，说的话则较少。
- 在学期结束时，助人者认为，相比学期刚开始的时候，他们使用助人技术的自我效能感更强了。
- 共情自评、完美主义自评和平均绩点与练习效果无关。

结论：
- 助人技术训练在学生学习探索技术、提升共情能力、在会谈中说更少的话、开展更好的会谈以及使用助人技术的自我效能感方面是有促进作用的。
- 学习领悟技术比探索和行动技术更具有挑战性。
- 我们无法根据自我报告的结果来预测谁最能从训练中受益。基于表现的测量（例如，在类似助人情境中对助人者的行为进行评定）可能是更好的预测指标。

对训练的启示：
- 用这种助人技术模型来训练学生是可行的。

第 2 章

助人过程模型

> 我们应该重视自己对他人的影响。我们可以根据自己的经验知道他人是如何影响我们的，因此要记住，我们对他人同样有重要影响。
>
> ——乔治·艾略特（George Eliot）

在第一次与志愿者当事人进行助人会谈之前，乔治感到很焦虑。但他提醒自己已经练习了很多助人技巧，能够与当事人共情。当事人起初比较沉默。面对沉默，乔治开始有点不安，但是又想到沉默也是可以的，他需要做的就是紧跟着当事人的步伐走。他的初衷是为当事人提供支持并帮助探索感受，所以他选择问一个关于感受的开放性问题："你今天在这儿感觉怎么样？"当事人不再沉默了，开始轻轻抽泣，说她真的非常需要与人谈论她关于她爸爸生病的一些感受。乔治感知到当事人很好地回应了他的开放性问题，所以继续反映她的感受："听起来你现在真的很难过。"当事人回应道："是的，我很难过，但是也有一点愤怒，因为我的妈妈只会感到崩溃，却并不能把爸爸照顾得很好。"对于这一点，乔治忘记了应该使用什么具体的助人技巧来回应，只是轻轻地询问能不能多说说发生了什么。

本章提供了助人过程的概述。首先介绍了我关于人们如何发展和改变的理论。然后简要地讲述了助人过程的三个阶段（探索、领悟和行动）。为了更多了解会谈过程中的细节，接下来根据助人者的意图和使用的技术描述会谈中的实时互动，助人者的意图和技术会引发当事人的反应和行为，进而影响会谈之外发生的事情，最终产生助人效果。

我的人格发展理论

一个人对人性的看法决定了他如何处理助人过程，所以首先阐述我对于人性的看法十分重要，因为这能帮助你理解助人三阶段模型是从何而来的。接下来，我将介绍我关于人们如何发展以及如何改变的理论。

我们与生俱来的

我相信人天生在心理、智力、体能、气质以及人际等领域都具有不同的潜能。某些人生来就比其他人更聪明、更有魅力、更强壮、更健康、更活泼、更善言辞、动手能力更强。就气质而言，有人生来更活泼，也有人更冷漠或者慢热（天生外向或内向）。我相信婴儿有很强的生存和成长的倾向，天生就要依恋他人。就道德品行而言，我不认可罗杰斯人性本善的说法，也不认可弗洛伊德的人生而为本能冲动所掌控的观点。我认为，人生而具有某些生物和遗传的素质，并且有一种倾向要去实现这些潜能。但这类倾向如何发展则主要依赖于环境，这点我将在下面阐述。

环境的影响

健康的环境能够满足基本的生理需要（例如，食物和居所）和情感需要（例如，具备接纳、依恋、爱、支持、鼓励、认可与适度挑战的人际关系）。没有十全十美的环境，但需要"足够好"的环境让儿童得以成长。反之，环境中消极事件的发生会阻挠儿童的发展。成长于战争或恐怖袭击背景下的儿童，他们的人生观与生活在和平环境中的儿童截然不同。此外，创伤也会对大脑产生持续的影响。因此，过度的满足和过多的剥夺也阻挠儿童的发展。充分足够的支持可以让儿童顺其自然地成长并实现自己的潜能。所以，人的复原力（适应能力）是由生物因素和环境因素共同决定的。

早期经历

早期经历，特别是与照料者的依恋关系对人格形成是非常重要的。婴儿需要一个细心的看护者，这样有利于良好人际关系的建立和自尊的形成。如果这些依恋需求没有被满足，儿童很容易产生焦虑或社交退缩（Bowlby，1969，1988）。虽然同龄人和老师对儿童也有重要影响，但家庭对一个人的影响贯穿一生。家庭动力始终是我们的一部分，是我们看待这个世界的镜头。

文化也对我们的生活产生着重要影响。实际上，文化的影响十分普遍，除非了解了另外一种文化，否则很难注意到所处的文化带来的影响。在美国，人们特别强调个人主义和自主决定权，这对那些无法掌控自己生活的人们来说是有害的。因此，当我听到诸如努力就可以成功这类话时，我会感到不安。我在心理学领域工作这么多年，我知道大部分人都会因为某些生理、家庭和环境因素的限制而不能变得富有、美丽或成功。我们可以很努力，但由于内在因素和外在因素的限制，我们并非总是能得偿所愿。

虽然我对早期经历的影响坚信不疑，但我也相信我们对未来的期许决定了我们想从生活中得到什么，所以我们才会产生一些关于存在的问题，比如生命的意义是什么，如何与死亡焦虑共处，以及我们终其一生到底想达成什么。

人们为了应对焦虑而不断发展自我防御的方法，特别是在童年时期，因为那个时候儿童对其生活处境的掌控微乎其微（例如，一个孩子可能为了抵御控制型家长而学会了逃避）。适当的防御是可取的，它是人应对生活的一种策略。但当个体不能分辨如何恰当运用防御时，防御就会成为问题。例如，一个受过父母虐待的孩子回避所有的成年人，他就不能与那些不会虐待他的成年人建立爱与被爱的关系。

我相信人在一定程度上可以掌控自己的生活，可以支配自己的行动。在一定限度内，人可以做出改变自己生活的自由选择。例如，虽然友谊受个性（例如，内向与外向）以及此前与人交往经验的影响，一个人在新环境中仍可以选择如何与他人交往。因此，决定论是由自由意志来平衡的，自由意志可以在个体对自己的背景、需求和欲望有所领悟时得到增强。理解和领悟可以让个体对命运有更多的掌控。我们永远无法完全掌控命运，但是通过觉察和有意识的努力会产生一些影响。

我认为，情绪、认知和行为是紧密结合、相互影响的。同样，心和身是不能分割的。认知会影响情绪和行为（例如，如果萨翁内认为有人想抓她，那么别人接近时她会感到害怕而躲开）。同样，情绪也会影响认知和行为（例如，如果胡安觉得很开心，他很可能会去寻找其他人并且认为他们会喜欢他）。行为也会影响认知和情绪（例如，如果西斯勒达努力学习获得了好成绩，那么她会认为自己是能干的并且拥有高自尊）。

我关于人如何改变的理论

我相信，人们在一定的限度内是能够改变的。他们无法丢弃过去所学或是生理素质，但是他们可以逐渐理解和接纳自己，有更多的自我关怀。他们可以探索更多适应性的行为、认知和情绪。人们可以根据自己的内在潜力做出调整，充分利用自己拥有的，在遗传、过往经验和外部环境的限制下选择如何过自己想要的生活。因此，我对改变的可能性持有一种乐观且谨慎的态度。

那么，哪些因素可以帮助人们改变？我认为矫正性情感和关系体验至关重要（Castonguay & Hill，2012）。我同意罗杰斯（Rogers，1957）的观点，即：如果一位重要他人接纳我们，那么我们也可以逐渐接纳自己。这位重要他人可以是老师、朋友，或者就是这里说的一位助人者。所以，支持性的治疗关系是很治愈的，因为如果助人者可以接纳他们的当事人，当事人也可以开始接纳自己。在很多方面，助人关系就像再次养育的过程，为当事人提供一种积极的关系，这种关系是许多当事人无法从父母那里获得的（或是失去的）。积极的治疗关系还能够为当事人提供和他人建立关系的机会。而且，助人者可以提供新的视角、挑战当事人的假设、提供行为反馈、教授技巧以及扮演当事人的教练。助人的过程因助人者和当事人而异，他们又相互影响。助人者不是专家，而是当事人成长路途中的伙伴。助人者努力自我觉察并帮助当事人。

除了治疗关系以外，我认为领悟也是至关重要的。人们需要分析自己来了解某些行为产生的原因，构建生活的意义。我同意苏格拉底的观点："未经审视的人生不值得活。"领悟来自探索和反思。

我也认为领悟应该导向行动，因为在生活中做出改变，过上更加满意的生活是很重要的。仅仅做到理解是远远不够的，人们必须在理解之后采取行动。人们需要为自己的行为负责，至少是在环境限制的程度之内负责。

需要强调的是，我的哲学和理论取向受到我的家庭和文化的影响。假如我出生、成长于另一个家庭、另一种文化背景下，我很可能会强调其他方面。

来自其他文化背景的读者应当意识到我的一些偏见，并且仔细思考模型中的成分是否适合他们所处的文化背景。

我鼓励读者构建他们自己关于人格如何发展以及如何发生变化的观点。基于我们自身的家庭背景、文化背景、受教育程度以及经验，我们每个人都有一些内在的想法，而在学习他人的理论之前清晰表达自己的这些想法是很有用的。我相信我们每个人都会为符合自己所在文化背景的理论取向所吸引，所以一开始就明确这些是很有帮助的。

助人过程的背景变量

每位助人者和当事人都把他们独特地看待世界的方式带入了助人过程。他们的人格、信念、对世界的假设、价值观、经验以及文化和人口特征等，都对助人过程有影响。同样，就像之前提到过的，当事人的动机、参与度以及能动性也会促成这一过程。而且，助人者还会在助人过程中用到他们的**理论取向**（theoretical orientation；关于人格如何发展以及如何发生变化的信念），还有他们之前的助人经验（正式的和非正式的经验）。此外，助人者对不同的当事人会有偏好和偏见，也会影响到助人者的行为。在第3章，我们会讨论助人者的自我觉察和自我关照。

当事人对助人过程的作用

当事人对治疗关系有很大的影响，研究表明当事人对治疗效果的影响比咨询师的技术还大（分别为40%和15%）（Lambert，2013）。许多学者从动机、参与度以及能动性等方面讨论当事人的作用。当事人才是那个需要在生活中做出改变的人，所以当事人的动机是至关重要的。积极投入助人过程中各项任务的参与度也是必要的。需要记住的是，对于当事人的改变而言，当事人的能动性比咨询师的专业技能更重要。

有些当事人不愿意参与任何形式的帮助，有些当事人则非常渴望能更多地了解自己，还有些当事人已经做好准备去改变自己的行为了。普罗切斯卡等（Prochaska，Norcross & DiClemente，1994，2005）总结了改变的五个阶段。

- 前沉思阶段。在此阶段，当事人没有意识到需要改变，或者缺乏改变的意愿。此阶段的当事人缺少对自己问题的了解，忙于否认自己的问题，并经常责备他人和社会造成了自己的问题。这个阶段的当事人给旁人造成的烦扰通常胜过他们自己体验到的烦扰。
- 沉思阶段。此阶段的当事人意识到自己的问题并承认自己要对问题负责。他们开始考虑要改变，但还没有积极地做出改变的决定。当事人因为害怕失败而滞留在这个阶段，并花费很多时间思考导致问题的原因以及改变的后果。
- 准备阶段。当事人承诺改变并为改变做准备。一些当事人甚至公开宣称自己要改变（例如，"我计划减掉30磅①"）；一些当事人做好了自己的生活将与以前不同的心理准备（例如，"当我减肥后，我感觉更健康、更有魅力，会更容易锻炼身体"）。
- 行动阶段。当事人开始积极地改变他们的行为和他们周围的环境。他们可能会戒烟，开始在固定的时间规律地学习，给自己留出更多时间或者决定结婚。在沉思和

---

① 1磅≈0.45千克。——译者注

准备阶段所做的承诺和准备工作对这一阶段的成功起着关键作用，因为准备好的当事人更清楚他们将要努力做些什么以及为什么要这么做。
- **维持阶段**。当事人已经改变并尝试巩固改变，防止半途而废。改变过程并不是随行动阶段一起结束的，当事人需要几个星期或几年时间去改变并将它融入自己的生活方式中，当事人也可能退回到改变过程的早期阶段，这说明改变顽固的过去是不容易的。这个阶段具有挑战性，因为永久性的改变是困难的，这往往需要改变以往的生活方式。

当事人很少是按顺序经历这些阶段的。他们可能在这些阶段间来回跳跃（例如，某一天当事人可能有很多领悟，但是害怕的时候又后退到前沉思阶段）。此外，当事人可能在面对一个问题时处于一个阶段，而面对其他问题时又在不同的阶段（例如，当事人可能处于戒烟的维持阶段，但同时又处于解决精神问题的前沉思阶段）。

和处于前沉思阶段的当事人相处可能会很棘手（但不是说不可能与之合作），因为他们经常是被迫寻求帮助（例如，法院转介），而不是因为他们真的想改变。有人将与处于前沉思阶段的当事人相处比作推方形车轮的手推车：推方轮的手推车要比推圆轮的难。相比之下，在后期阶段与当事人相处往往会更容易，因为这些时期的当事人更渴望了解自己。当当事人对改变感兴趣而不是对改变反感时，咨询过程会更好地进行。

助人者对助人过程的作用

当然，助人者也能够影响助人过程。比起当事人的作用，我们更加关注的是助人者，因为这本书是给助人者准备的。

助人者通过恰当地使用助人技术、体现助长条件来促进治疗关系。所以，助人者不仅要熟练使用这些技术，还要体现助长条件。

当然，助长条件并不只属于助人者，而是关系因素。除非有当事人接受共情，否则助人者不可能产生共情。如果当事人没有感受到助人者的共情，那么也不存在共情。我在这里只强调几个和助长条件相关的概念：共情；同情；无条件积极关注和保持非评价；真诚、真实以及在场。

共情

最近的社会心理学研究发现，**共情**（empathy）对于建立一段关系来说非常重要（Morelli，Ong，Makati，Jackson，& Zaki，2017）。所以助人者需要尽可能地去理解当事人，从而建立融洽的关系，同时承认几乎不可能完全理解另一个人。共情包括从两个水平上理解当事人：认知水平（即想法和表达），情感水平（即感受）（Duan & Hill，1996）。共情是指真诚地关爱当事人，不带评判地接受当事人，能够预知当事人的反应，并且敏感、准确地将体验传递给当事人。博哈特等（Bohart，Elliott，Greenberg，& Watson，2002）指出共情是有效的，因为它可以创造一段正向的关系，提供矫正性情感体验，促进探索，还能支持当事人自我治愈。

助人者通常在当事人描述他们的情绪时感受到这些情绪。换句话说，如果当事人很难过，助人者也会感到难过；但这更像是社会感染而不是共情。相反，共情要求助人者识别出痛苦、愤怒、挫败感、喜悦或其他的情绪是属于当事人的，而不是助人者自己的。共情有时会与某种回应当事人的特定方式（例如，情感反映）相混淆，但是共情不是一种特定的回应类型或技术，它更像是一种真诚关怀、不带评价的回应态度或方式。这种共情态度是通过各种助人技术来实现的，取决于当事人在特定时间的需求。

共情不同于同情（怜悯），同情掺杂着对某人的不幸感到怜悯或悲伤。如果你对某人感到怜悯，你是很难和他产生联结的，也很难体会到他与你的相似之处。

同情

同情（compassion）指不带评价地觉察并且接受痛苦（Vivino，Thompson，Hill，& Ladany，2009）。同情超越了共情和理解，它能够真正让自己感受到痛苦并渴望减轻痛苦。另一种理解同情的方式是慈爱，真诚地关心他人，关心他们这个人，而不是看他们是否值得关心。我们通常会评价自己和他人，努力获得同情可以帮助我们转换到一种对自己和他人更加开放和关怀的态度。

我认为，同情是对他人的深切关怀，并在充分意识到他们的弱点和人性时接纳他们。因此，同情不仅是感受他人的感受，还指能理解他们整个人。当我很难和当事人产生联结时，我会试着同情他们，去接纳和理解他们为什么是这样的。除了共情，培养同情心也是有帮助的，因为它可使助人者深刻地了解当事人正在经历的事情。

无条件积极关注和保持非评价

我们的目标是无条件地关爱当事人，不带评价地倾听当事人，保持热情，展现关怀。对当事人要持有理解而不是评价的态度。作为助人者，我们争取达成这些目标，同时也要意识到做到无条件和不评价是一件很难的事，因为我们也希望当事人允许我们帮助他们，坦率地讨论他们面临的问题，而不是对我们生气。不幸的是，我们很难意识到我们所有的个人问题以及我们对当事人施加的条件，但我们可以更加努力地去觉察自己。要意识到我们作为助人者也是有瑕疵的，也要意识到我们的职责不是评判当事人而是想办法帮助他们。

保持真诚、真实以及在场

当助人者是真诚和真实的时候，他们能够做自己，做到透明、诚实和在场（能够提供情感支持）。助人者不会透露大量的个人信息，而是对当下的真诚感到舒服。对于新手助人者来说，一个主要的问题是假装喜欢当事人，有时还会因为觉得负性情绪是不好的，而隐藏自己的真实感受。确实，有些当事人不那么招人喜欢，所以做到真诚不容易。但是，我们可以对当事人是如何变成这样的感到有兴趣和好奇。我们的任务不是和当事人做朋友，而是给予他们帮助。

助长条件可以教吗？

尽管助长条件是助人过程的关键部分，但对于是否可以教授这些条件人们仍存疑。我认为助长条件来源于如何恰当运用助人技巧，以及助人者对待当事人的态度。作为助人者，我们知道如何运用言语和非言语技巧，知道我们在使用这些干预措施时会遇到什么情况，了解我们采用不同措施的意图，并了解当事人对这些措施的反应。然而，我们不能总是控制会谈的结果。我们可以努力实现共情和合作，但是大多数情况下难以如愿，因为这在很大程度上取决于当事人，以及我们与当事人"匹配"或"默契"的程度。即便如此，借助知识、自我觉察，以及对理解、尊重和合作的真诚渴望，共情协作是会出现在助人过程中的，当事人也会体验到我们给予的共情。

治疗关系

杰尔索和卡特（Gelso & Carter，1985）**将治疗关系**（therapeutic relationship）定义为"咨询双方对对方的态度和感受，以及表达这些感受的方式"（p.159）。心理咨询研究一致发现治疗关系是治疗效果的最好预测因子（见 Gelso & Carter，1985，1994；Flückiger，Del Re，Wampold，& Horvath，2018）。对于某些当事人来说，治疗关系本身就足以治愈了，并不需要助人者额外做些什么。其他的当事人则需要在治疗关系的基础上再采取其他干预措施。

我们可以将治疗关系分成三个部分（Gelso & Carter，1985，1994）。**真实关系**（real relationship）是助人者和当事人之间真诚、不失真的联系。这部分关系就像你日常生活中和其他人之间的关系。例如，助人者和当事人可能真的很喜欢和对方待在一起，因为双方都有与众不同的幽默感。**工作（或治疗）同盟**（working or therapeutic alliance）是治疗关系中聚焦于治疗工作的部分，它由"联系"（即助人者与当事人之间的联结）、"目标一致"（双方对当事人要做出的改变一致认可）和"任务一致"（双方对于为达成目标需要做什么有一致认识）组成。有趣的是，不同种类的工作同盟适合不同类型的当事人。巴彻勒（Bachelor，1995）研究发现，有些当事人喜欢热情、支持的助人者，而另一些人不太习惯过分热情，他们更喜欢客观而有条理的助人者。例如，助人者和当事人合作非常顺利，因为他们共同认为当事人应该在来访前做好解决问题的准备。**移情**（transference）和**反移情**（countertransference）涉及对先前重要关系的歪曲。移情涉及当事人对助人者的歪曲，反移情涉及助人者对当事人的歪曲。移情和反移情就像滤镜或过滤器一样，人们透过它们来看世界。例如，一位女性当事人可能会觉得助人者认为她很无聊，因为她的父母经常忽视她（移情）。同样，助人者可能无法回应当事人的愤怒，因为这类情绪在助人者的家庭里是不被接受的（反移情）。

我认为助人者可以通过这些方式来建立良好的治疗关系：在场和认真地倾听当事人；在正确的时间使用恰当的助人技巧；根据当事人的个人需求来对待当事人；了解当事人的感受和局限性；了解当事人对干预措施的反应；持有开放的态度接受当事人的反馈并且愿意做出改变（Hill，2005b）。当事人经常感觉没有人在倾听或关心他们。助人者会照顾他们的当事人，并表示对当事人的感受和经历的理解。助人者做到共情，不带评判地接纳当事人，当事人就能感到足够安全，可以表达内心深处的情感。助人者熟练地采取干预措施帮助当事人探索、领悟、做决策，从而帮助当事人建立治愈的信心。

在助人关系的背景下，当事人开始感到，既然助人者能够接受他们真实的样子，他们一定是没有问题的。当事人也会慢慢发现，不是所有人都像那些他们之前经历困难时遇到的人。

助人者无法和所有当事人都建立关系，即使我们都觉得我们可以。有些当事人和助人者就是无法"对上"。有些当事人则是缺乏求助的动机或没有做好被帮助的准备。例如，一个小女孩被父母逼迫去求助而实际上自己却不想去。再如，一些当事人因受到很大的伤害而对他人缺乏信任，以至于无法从助人关系中获得帮助。在人际交往中受过沉重打击的当事人一般也很难与治疗师建立良好的治疗关系。然而，问题有时出在助人者身上，他们的成长背景（例如，功能不全的家庭）和个人问题给他们带来了局限。

此外，助人者与当事人之间的不匹配也会导致不能建立积极的治疗关系。例如，一名最近遭强奸的女性当事人不可能跟一位男性助人者谈话，不管这位助人者多么和蔼可亲，因为她对所有男人充满恐惧。一个酒精成瘾的人很难跟一位从不喝酒的助人者交流，因为他担心助人者不能理解他想要保持清醒时那种内心的挣扎。同样，没有处理好自己的性创伤或身体虐待经历的助人者无法倾听当事人讲述自己的受虐经历，因为这种倾听会唤起助人者强烈的情绪反应，使其为自己的伤痛而分神。

三阶段模型：探索、领悟和行动

我在本书中提出的理论基础是基于当事人中心疗法、心理动力学疗法以及行为主义疗法这三种主要疗法的整合。鉴于主要的理论取向在治疗效果上并不存在差异（参见 Wampold & Imel，2015），而且每种方法都有其价值，因此我以符合我个人风格和价值观的哲学上一致的方式整合了其中的精华。

因此，我提出的三阶段模型包括：**探索**（exploration；基于当事人中心疗法）、**领悟**（insight；基于心理动力学疗法）、**行动**（action；基于行为主义疗法）。助人过程包括让当事人"沉下去"了解自己，再"浮上来"进入现实世界，更好地处理问题（Carkhuff，1969；Carkhuff & Anthony，1979）。专栏 2.1 展示了每个阶段使用的技术和需要达到的目标。图 2.1 描绘了助人过程是以探索阶段为起点，经过领悟阶段，最后达到行动阶段。

专栏 2.1　三阶段的目标和技术

阶段	目标	相关技术
探索	支持（专注、观察、倾听） 探索想法 探索情感	非言语行为、轻微的言语行为 重述、针对想法的开放式提问和追问 情感反映、情感表露、针对情感的开放式提问和追问
领悟	促进觉察 促进领悟 促进治疗关系的领悟	挑战 针对领悟的开放式提问、解释、领悟性自我表露 即时化
行动	促进行动	针对行动的开放式提问、提供信息、过程建议、直接指导、策略性自我表露

探索阶段 ⇒ 领悟阶段 ⇒ 行动阶段

图 2.1　助人的三阶段模型

探索阶段

探索阶段（exploration stage）的目标是帮助当事人谈论与他们关心的问题相关的想法和感受。

为了实现这个目标，我们以非言语的技术专注于当事人并倾听他所说的一切。同样，我们鼓励当事人探索自己的想法。然后，我们希望自己沉浸在他们的感受中，以便他们意识到与他们所关心的事情有关的内在体验。在探索阶段，让当事人有思考和表达的机会，并最终能够接受自己本来的样子，这是至关重要的。助人者扮演回音壁和镜子的角色通常是有帮助的，因为这样当事人就可以更加开放自己；一个人感觉到有另一个人在真诚积极地倾听自己时，就更容易表达自己的顾虑。

探索阶段也给助人者提供了深入了解当事人的机会。即使助人者和当事人年龄、性别、种族、宗教信仰或性取向等方面都相仿，也不能主观地认为自己就可以了解当事人的情感和问题。例如，詹妮弗与她的助人者在年龄、种族和性别上都相仿，她表露说自己最近刚刚订婚。詹妮弗的助人者刚好最近结婚，正沉浸在幸福之中，就认为詹妮弗跟她感受一样并祝贺她。然而，詹妮弗却泪流满面，跑出了房间。幸运的是，助人者意识到了自己的错误，打电话给詹妮弗向她道歉，并请她继续下次的会谈。原来，詹妮弗对订婚这件事感觉颇有压力。事实上，她对这段恋爱关系感受相当矛盾。如果助人者不是主观臆断，她本可以准确了解詹妮弗的真实感受。

领悟阶段

领悟阶段（insight stage）的第一个目标是促进当事人的**觉察**（awareness）。一旦当事人对他们在人际关系中遇到的情况或对一些不合理的、有问题的事情有了一些了解，我们的目标就是促进领悟，加深对想法、感受和行为原因的理解。领悟很重要，因为它可以帮助当事人以崭新的视角看待事物，教会他们承担适当的责任并对问题有所掌控。例如，西蒙娜明白了自己对母亲的愤怒与童年时被误解和被忽视有关。得益于与助人者的修复性关系，她开始更加信任自己的感受。

与探索阶段纯粹以当事人为中心的立场相比，在领悟阶段，助人者与当事人更加积极地合作，共同思考和构建意义。这样，助人者可以将他们对当事人的了解整合到个案的概念化中，然后找出能够促进当事人领悟的最好方式。

行动阶段

行动阶段（action stage）的总目标是关注改变。当事人和助人者一起探索"改变"这个概念，看看当事人是否想要改变，并且讨论如何改变。有些情况下，助人者会教授当事人一些改变的方法。此外，助人者帮助当事人发展一些新的行为策略，并从治疗关系外的其他人那里寻求反馈。与前两个阶段一样，这个阶段也是合作关系。助人者不断询问当事人关于改变的感受。助人者不是专家，但可以辅助当事人探索关于行动、在生活中做出积极改变的想法和感受。

三阶段之间的关系

探索阶段为当事人理解自己的动机、承担改变的责任奠定基础。在设计行动计划前，助人者和当事人要了解问题的范围和严重程度。我们不能像电视和电台的脱口秀节目一样，只是听了当事人三两句话就给出建议。助人者需要耐心而专注地倾听，探索当事人的问题，让他们自己获得新的领悟。所以，探索阶段为当事人获得领悟打下基础，深层次的领悟则为行动决策铺好了路。

此外，对一个问题做出改变可以鼓励当事人开始探索其他的问题。

需要强调的是，这些阶段的顺序不是一成不变的，在实际情况下是很灵活的，助人者可以在各阶段间来回切换。例如，助人者通常停留在探索阶段，偶尔会进入领悟阶段和行动阶段。或一旦当事人获得一些领悟，助人者便会引导当事人重新进行探索，询问他们有了新的领悟后的感受。然而，出于培训目的，将三个阶段视为连续的是很有用的。三阶段模型是一个有用的哲学框架，可用于理解整个过程的目标，但是助人者在实际过程中不必严格遵守此三阶段结构。

虽然从探索到领悟再到行动，似乎是直线前进的，但和真实当事人工作的过程很少有这么顺利，三个阶段并不总是像描述的那样可以截然分开，也不一定按序进行（图2.2展示了基本模型的一些变式）。在助人过程中，助人者和当事人有时候会转回前一阶段或跳跃到下个阶段。例如，在领悟和行动阶段可能会跳回到探索阶段，去探索新发生的与当事人问题有关的事件。另外，获得领悟要求当事人重新探索新出现的想法和情感。如果意识到当事人在行动阶段不愿意改变，则需要对改变的障碍进行更多探索和领悟。

1. 三阶段的理论模型

探索 ➡ 行动 ➡ 领悟

2. 助人者根据当事人的需求做反应的模型

探索 ➡ 领悟 ➡ 探索 ➡ 领悟 ➡

行动 ➡ 探索 ➡ 行动

3. 助人者根据当事人的需求做反应的另一个模型

行动 ➡ 探索 ➡ 领悟

图 2.2　助人三阶段模型的变式路径

有时在简单快速地探索之后就需要采取行动了。例如，一位当事人可能正在经历某种危机并且立即需要特定的帮助（例如，讨论接下来 24 小时的计划，获得热线电话的号码）；或是一位由厌食症引发身体疾病的当事人首先需要培养正确的饮食习惯，然后过一段时间才可能去探索导致厌食的动机。

有时，当事人只有先放松才能开始自我探索。另外一些当事人不能应付领悟，不愿让人"在他们脑袋里搜查"，他们只想要关于特定问题的指导。对这样的当事人，助人者可能需要尽快进入行动阶段。不过，我提醒助人者，在"冲向"行动计划前，一定要有足够的探索，以确定当前情形如何、以前采取过什么行动、需要采取什么行动，并确保这是当事人的需要，而不是让助人者舒服或喜欢。

所有技术都能在三个阶段使用，但程度不同。图 2.3 显示，探索技术几乎是探索阶段使用的唯一技术，但在其他两个阶段也经常使用，因为其他两个阶段的目标仍然是帮助当事人进行更深层次的探索。领悟和行动技术主要在它们对应的阶段使用，但有时也在其他阶段使用。

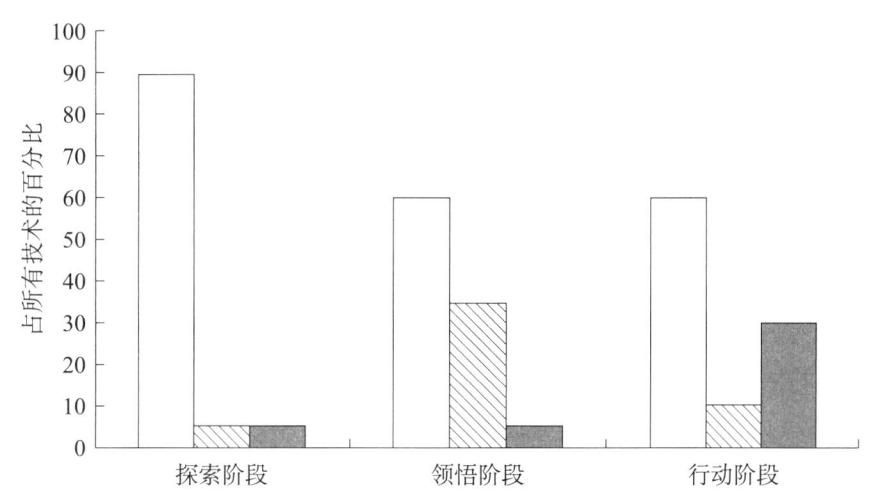

□ 探索技术（支持性重述，情感反映，情感表露，针对想法和情感的开放式提问）
▨ 领悟技术（挑战，解释，即时化，针对领悟的开放式提问，领悟性表露）
■ 行动技术（提供信息，直接指导，过程建议，反馈，针对行动的开放式提问，策略表露）

图 2.3　模型每个阶段使用技术的大致数量

总之，三阶段模型为助人过程提供了一个路线图，但助人者在任一时刻考虑该作何反应前，必须先关注当事人的个人化需求以及环境的压力。本书并不是一本简单的"菜谱"或操作手册，告诉你在助人的某个特定时刻做什么。鉴于不同的助人者和当事人可能出现的助人情景千差万别，要编写这样一本手册是不可能的。相反，助人者需要考虑在助人过程中的每一个节点自己想要做的事情，能熟练运用各种技术，然后观察当事人的反应以便为当事人提供更合适的干预。

即时互动序列

在助人过程中发生的许多情况往往很复杂，以至于任何人，尤其是新手助人者，通常都很难完全了解这个过程。而且，助人过程发生在许多层面（例如，有意识的觉察，无意识的加工），一闪而过，助人者根本没有时间去仔细考虑互动中的细节和决策。助人者要学会快速反应，因为当事人总是不断呈现新需求，提出新挑战。

通过观察助人过程的组成部分和结果，助人者开始理解在不同情况下自己的反应，以及当事人面对干预措施可能会出现的反应。把助人过程和结果拆解开来，逐一细致分析，一开始会让人感到不舒服和烦琐，因为初学者不习惯这么做。而且，大多数初学者不习惯思考他们做事情的理由，也不习惯检查他人的反应。但是，新手们会觉得分解并分析助人过程越来越轻松，并且还能够将不同部分整合起来，从而使会谈更为有效。图 2.4 描绘了这个助人过程。

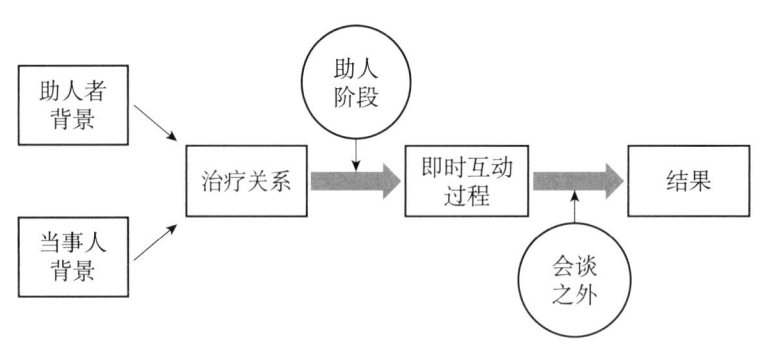

图 2.4　助人过程

了解了助人过程和治疗关系的大致情况后，助人者会产生一些**意图**（intentions）：我想达成什么？我会用到哪些助人技术？反过来，当事人则会对助人者的干预做出反应，重新评估他们在后续的互动中能得到什么，从而决定如何表现。然后，助人者再反应并评估接下来该做什么。

这个过程持续进行，每个人都公开地和秘密地做出反应，试图确定对方的意图，然后决定如何采取行动。现在，让我们停下来看看每个部分。

助人者的意图

助人者基于他们当下的全部所知以及对下一步的计划，设想出干预意图（即目标、计划）。希尔和奥格雷迪（Hill and O'Grady, 1985）通过询问助人者做出某些行为的原因，制订了一张助人者意图清单。和探索有关的意图包括设限、支持、聚焦、澄清、灌输希望、鼓励宣泄、辨别适应不良的认知、辨别适应不良的行为以及辨别并强化感受。和领悟有关的意图包括促进领悟、处理阻抗、挑战以及处理治疗关系。和行动有关的意图包括促进改变、强化改变、设限、获得信息、提供信息以及鼓励自我控制。此外，还有一个非治疗性的意图：满足助人者的需求（例如，助人者有时会为了让自己感觉好点而无意间自我表露，这对当事人并没有帮助）。这些意图的定义见附录 D。

事实上，助人者并不总能意识到自己干预背后的意图是什么（Fuller & Hill, 1985）。回顾会谈录像或者录音，思考并写下每一次干预的意图，是一种很好的练习方法，可以提高了解自己意图的意识。最好在 24 小时内回顾会谈录音，回想当时在会谈中你的感受和反应，而不是现在对当时干预的反思（容易自我批评）。通过拆分助人过程，查看每一个部分，助人者可以发现情感、思维和行为的不同层面。通过听录音，助人者也可以更加了解自己在会谈中的意图。

助人者的技术

对于每一个意图，助人者都有几项助人技术可以用（见附录 E《助人技术系统表》）。例如，要想使当事人谈论自己的情感，助人者可以进行情感反映、情感表露、情感追问等，所有这些技术可能都是合适的，但却会微妙地把当事人引向不同的方向。

使用技术的方式也很重要。如果一位助人者用一种支持性的、温柔的语气说"你看起来很焦虑",另一位则是运用批评的语调,当事人很可能会有不同的反应。所以,重要的并不只有技术,还有技术本身的质量、使用技术的方式,以及使用技术的场合、对象和使用者。

当事人的反应

助人者的干预会引出一个或多个**当事人反应**(client reactions;参见《当事人反应系统表》,见附录 G)(Hill, Helms, Spiegel, & Tichenor, 1988)。在理想的情况下,当事人的反应和助人者的意图以及助人技术是一致的。例如,如果助人者的意图是提供情感支持,并且使用了轻微鼓励(例如,"我理解你正在经受着什么"),当事人应该感受到被理解和被支持。但是,如果助人者的意图是提供情感支持,却使用挑战技术(特别是以一种批判性的方式),当事人就会感到不被理解。

当事人有时候能够觉察到自己对助人者的反应,但另一些时候却觉察不到。此外,当事人难以承认自己有负性情绪或社会难以接受的行为(如感到愤怒),特别是当他们尊重并且依赖助人者时。例如,一个当事人可能因为助人者说了与自己父母一样的话而产生了负性情绪,但她可能因为担心伤害助人者而不表达出来,反而是礼貌地保持微笑,同时心里却感到疏远、心不在焉,她自己都可能不知道为什么会这样。研究显示,当事人之所以要对助人者隐藏负面情绪,可能是因为害怕助人者回击,或是顺从于助人者的权威(例如, Blanchard & Farber, 2016; Hill, Thompson, Cogar, & Denman, 1993; Hill, Thompson, & Corbett, 1992; Rennie, 1994)。例如,那些感到愤怒或被助人者误解的当事人如果在治疗关系中有不安全感,就不会表露自己的感受。

首先,当事人的反应受他们当时需求的影响。例如,危机中的当事人会接受任何干预,因为他们特别需要帮助。与之形成对照的是,状态良好的当事人更需要助人者有足够的能力和知识来帮助他们。

其次,当事人的反应受治疗关系的影响。在积极的关系中,当事人可能会忍受助人者的某些错误,因为他们觉得助人者在真诚地帮助自己。如果治疗关系有问题或者很不稳定,那么助人者所做的任何事情都有可能引发当事人的消极反应和不满。

最后,当事人的反应也受到他对助人者意图理解的影响。例如,如果当事人认为助人者的言行只是为了满足自己的需要而不是为了满足当事人的需要(无论助人者实际的意图是什么),那么他们的反应就会很消极。例如,如果乔治认为助人者延长治疗只是为了挣更多的钱,而不是因为他需要更多的治疗,乔治就会变得愤怒和不配合。相反,如果胡安认为他的助人者是一名正在学习如何助人的初学者,胡安就会同情助人者并积极配合。

当事人的行为

当事人根据自己想要对助人者施加的影响来采取特定的行为(如抵制、同意、提出一个恰当的要求、详细地叙述、进行认知-行为的或情感的探索、获得领悟或者讨论治疗带来的变化;参见《当事人行为系统表》,见附录 H)。当事人的行为不仅仅取决于助人过程,同样也取决于他们的沟通能力、对需求的觉知、病情严重程度以及人格结构。例如,一个当事人可以清晰描述他的痛苦,另一个当事人却无法觉察潜在的感受,因此也无法表达情感。

助人者对当事人反应和助人意图的再评估

助人者也在通过**观察**（observing）当事人的行为来评估当事人对干预的反应（例如，当事人是感到被支持和理解，还是感到迷惑和被误解）。不幸的是，助人者在评估当事人的反应时并不总是正确的，特别是在当事人隐藏负性情绪的情况下。实际上，研究表明助人者对当事人对于干预的消极反应往往难以察觉，他们对当事人正面反应的知觉要准确一些（Hill et al.，1992）。

在当事人有消极反应时，助人者可能不愿意承认。例如，很多助人者难以面对当事人对他们的愤怒，因为这感觉像是一种个人拒绝（Hill, Kellems et al.，2003）。助人者希望获得当事人的喜爱，当事人对他们发火会让他们感到害怕和难过。还有一些助人者很难允许当事人沮丧和哭泣，因为他们觉得有责任让一切变好并让当事人开心。

基于对当事人反应的知觉（不管准确与否）和外显行为的观察，助人者得以重新评估他们想要完成的事情，从而形成新的会谈意图以及相应的干预技巧。假如卡特里娜认为关注当事人的悲伤情绪是有帮助的，她可能会继续关注其他相关情绪或者深入探究悲伤情绪。如果卡特里娜认为对这种感受的探索已经很深入了，她或许会决定是时候关注有关悲伤的记忆了，然后进入有关悲伤的领悟阶段。相反，如果卡特里娜认为对感受的关注并没有被当事人很好地接受，她可能会尝试一些完全不同的方式，例如直接进入行动阶段。

既然当事人的反应是判断助人者干预效果最重要的标准（例如，在恰当的干预下当事人能够更深入地探索），助人者就需要监控当事人的反应以确定干预是否有效，并在当事人做出消极反应时做出必要的调整。我把助人者看作研究人的科学家，他检查每一次干预的效果，测试哪些有用、哪些没用，并决定下一步该怎么做。

会谈之外

助人不是发生在真空中。相反，外部世界对会谈的影响甚至可能比助人会谈对会谈之外的影响还要大。我们分别来看看这些对助人者和当事人有影响的外部力量。

当事人在会谈外的生活

一般来说，助人会谈一个星期只有一小时，而当事人在会谈以外的生活则会持续167小时。作为助人者，我们希望当事人能够将在助人会谈中所学的东西应用于"现实生活"。有时助人者会布置家庭作业，但更多时候助人者希望当事人可以在会谈之外、在没有具体指示的情况下继续处理他们的问题。希尔（Hill，1989）举了一个**短程心理治疗**（brief psychotherapy）的案例，助人者面质当事人说，他觉得当事人好像不需要他或听他说任何话。当事人很惊讶，因为她并没有这么想过。她无论是在会谈中还是在生活中都很努力地处理自己的问题。她与自己的朋友讨论了这个问题，她的朋友跟助人者的感觉一样，认为她看起来很自立，好像不需要从其他人那里获得帮助。朋友和助人者的反馈使得当事人开始反省自己的行为，她通过朋友的反馈确认了她在治疗中的收获。

在深入的心理治疗中，当事人心中会产生治疗师的形象或者可以说是一种**内部表征**（internal representations），这种表征会提醒当事人即使在会谈外他们也与助人者在一起（Farber & Geller, 1994; Geller, Cooley, & Hartley, 1981; Geller & Farber, 1993; Knox, Goldberg, Woodhouse, & Hill, 1999; Orlinsky & Geller, 1993）。例如，有的当事人会想他们的治疗师会说什么，然后以此作为指导，或者用这种方式在会谈之外安慰自己。这些内部表征经常可以帮助当事人在会谈外处理问题。

外部世界的另一个重要影响是社会支持，这方面已经有很多文献（如 Cobb, 1976）。更重要的是，当事人如果拥有良好的社会支持系统就会更容易治愈（Mallinckrodt, 2000）。拥有朋友的当事人很少过分依赖助人者，他们有些话可以同朋友讲，这也说明他们有足够的社交技能来发展友谊。

然而，外部世界中的关系也会对治疗造成阻碍。也许最明显的例子是当事人的改变威胁到家庭生活的现状，导致家庭成员阻碍当事人的改变。例如，一个肥胖男人减肥可能会威胁夫妻关系：他的妻子担心他会因身材变好吸引其他女人，而丧失对她的兴趣。所以，她会将饭做得更好吃，增加食品热量，让丈夫恢复体重以稳定夫妻关系。

这些行为不一定是有意识的，常常是不顾一切地试图维持关系的稳定（参见 Watzlawick, Weakland, & Fisch, 1974）。

因此，助人者不能只关注助人过程中发生的事情，他们也需要意识到外界现实对助人过程的影响。他们需要鼓励当事人谈论生活中出现的问题。

助人者在会谈外的生活

就像当事人内心有助人者的内部表征一样，助人者内心也有当事人的内部表征（参见 Knox, Cook, Knowlton, & Hill, 2018）。助人者会时常想起他们的当事人，尝试去理解他们，然后思考在接下来的会谈中该怎么办。

此外，外部力量同样也会影响助人者。如果助人者在自己的生活中面临许多压力和冲突，那么他很难将这些放到一边并将注意力全部放在当事人身上。影响新手的一种特殊压力是焦虑：助人者对自己在会谈中的表现越焦虑，就越不能够关注当事人并与之共情。当助人者感到他们为当事人付出一切、筋疲力尽时，助人者可能会面临的另一种压力是**耗竭**（burnout）或是共情疲劳。我强烈建议咨询师最好先自己接受心理咨询以解决个人问题，然后在督导师的帮助下解决专业问题，之后才可以更好地为当事人服务。此外，助人者要注意**自我照顾**（self-care），确保饮食适当、时常锻炼、拥有充实的个人生活并获得足够的社会支持。

对当事人的帮助效果

前面讨论的所有变量（助人者和当事人的背景、情境因素、即时互动序列，以及外部世界）相互作用，决定着助人过程对当事人产生的**效果**（outcome）。因此，助人效果受很多变量影响，而个体对助人过程不同方面的反应又是千差万别的。

有一种对效果分类的方法，涉及三个方面：（1）**恢复活力**（remoralization），或幸福感提高；(2) **修正**（remediation），或症状缓解；(3) **康复**（rehabilitation），或影响家庭和工作功能的问题及不适应行为减少。调查结果显示，恢复活力最先也最容易在治疗过程中发生；接下来是修正，这个过程慢一些；而康复需要最长的时间（Grissom, Lyons, & Lutz, 2002；Howard, Lueger, Maling, & Martinovich, 1993）。因此，当事人在几次会谈之后就会产生希望，但是需要较长时间当事人的焦虑和压抑才渐渐减少；若要在人际关系或工作中出现新的行为方式，则需要更长的时间。

另一种概念化效果的方法是从个人内部、人际和社会角色表现三个方面来看（Lambert & Hill, 1994）。**内部改变**（intrapersonal changes）指当事人内在发生的变化（如症状减少、自尊增强、问题解决能力提高、更加自信、主观幸福感增强）。**人际改变**（interpersonal changes）发生于当事人的亲密关系中（如沟通得以改善、婚姻满意度提高、关系更为健康）。**社会角色表现**（social role performance）指当事人在社会中承担责任的能力（如工作业绩提高、积极参与社区活动、在学校适应良好、反社会行为减少）。例如，一位女性当事人在这三个领域都获得好的效果，她就会对自我的感觉更好，有一种更清晰的自我意识，觉得生活更有意义，与丈夫和孩子的关系更好，在工作中有更强的生产力和更少的病假。

需要强调的是，治疗不等于治愈。在我看来，没有所谓的完美功能，因为人都有对存在性问题固有的感受，例如孤独、对责任和自由的害怕以及死亡焦虑。有时，治疗可能加重与存在性问题做斗争的当事人的焦虑（Yalom, 1980）。然而在有效的助人过程中，当事人通常会开始正常生活，肯定自己，更加接受自己的现状。

助人者、当事人和当事人生活中的重要他人经常对助人过程的效果有不同的感觉（参见 Strupp & Hadley, 1977）。例如，一名助人者可能对自己在帮助杰克的过程中的表现感到很满意，并觉得杰克在助人过程中收获很大，因为杰克说自己已经决定换工作。但杰克认为他只是为了取悦父母才来咨询的；在会谈中，他有礼貌地听，顺从地做出回应，以此来安抚助人者，但在离开后他马上就忘了助人者所有的建议。杰克的父母感到很伤心，因为他们的儿子并没有选择他们希望他所从事的职业，而是辞了职，就连助人者也没有帮助他们改善和孩子之间的关系。因此，不同的人对助人效果的感受会是截然不同的。

结语

整个助人过程，特别是对初学者来说，毫无疑问是难以置信的复杂。打个比方，刚学开车的人感觉开车很难，慢慢熟悉了之后，会觉得开车变得很容易，甚至都不用想每一个步骤（如转弯需要如何打方向盘）。另一个比方是学习成为一名助人者就好像学跳舞：一开始你很注重舞步，一旦你学会了，你就会忘掉步伐，跟随你的舞伴翩翩起舞。

对助人模型有一个全面的了解可以为你提供一个框架来理解助人的意图和技术。然后，你需要练习这些技术，直到你牢牢掌握如何识别和使用它们。接着，你需要整合何时及如何使用各种技术。最后，一旦你开始掌握这些技术，目标就是将它们放在一边，凭直觉回应当事人。

你的想法

- 你对人性及其改变的可能性的看法如何?
- 辩论:一个完整的助人过程是否三个阶段都需要?
- 讨论共情的合作在助人中的作用。
- 讨论助长条件是态度还是技术。
- 你是否同意助人过程很复杂这一看法?
- 哪些成分被排除在助人过程的模型之外?模型中的哪些成分似乎不是必需的?
- 助人过程中的哪些部分是潜意识的(即没有被觉察)?
- 为什么助人者和当事人对相同的互动有不同的体验?
- 辩论:在当事人的改变中,是技术更重要,还是关系更重要?
- 辩论:在当事人的种族、性别、宗教信仰、性取向和助人者不同时,助人者的共情反应会不同吗?

关键术语

行动 action　　　　　　行动阶段 action stage　　　　觉察 awareness
短程心理治疗 brief psychotherapy　　　　耗竭 burnout
当事人的反应 client reactions　　　　同情 compassion
反移情 countertransference　　　　共情 empathy
探索 exploration　　　探索阶段 exploration stage
领悟 insight　　　　　领悟阶段 insight stage　　　　意图 intentions
内部表征 internal representations　　　　人际改变 interpersonal changes
内部改变 intrapersonal changes　　　　观察 observing
效果 outcome　　　　真实关系 real relationship　　　　康复 rehabilitation
修正 remediation　　　恢复活力 remoralization　　　　自我照顾 self-care
社会角色表现 social role performance
理论取向 theoretical orientation　　　　治疗关系 therapeutic relationship
移情 transference　　无条件积极关注 unconditional positive regard
工作(治疗)同盟 working (or therapeutic) alliance

研究概要

助人过程的一个中介模型

文献出处:Kivlighan, D. M., Hill, C. E., Ross, K., Kline, K., Fuhrmann, A., & Sauber, E. (2018). Testing a mediation model of psychotherapy process and outcome in psychodynamic psychotherapy: Previous client distress, psychodynamic techniques, dyadic working alliance, and current client distress. *Psychotherapy Research*, 29(5), 518-593. https://doi.

org/10.1080/10503307.2017.1420923

理论依据：心理治疗通常被认为是一个复杂的过程，涉及许多不同的当事人和治疗师变量。这个复杂的过程很难进行实证检验。这项研究尝试研究几个变量之间的交互作用，这些变量包括治疗开始时当事人的困扰程度、治疗师使用的心理动力学技术的数量、治疗师与当事人之间建立的工作联盟，以及治疗结束时当事人的困扰程度。

方法：在治疗之前和每八次会谈之后，成年当事人要完成《效果问卷》和《人际关系问题量表》，以便我们评估其心理功能。每次会谈之后，当事人和治疗师都要填写《工作同盟量表》，以便我们确定他们之间的关系质量。研究对象为41例个体心理动力疗法的个案（会谈次数从8次到106次），评分者分别对每个个案早期、中期和后期的一次会谈中使用的心理动力治疗技术的数量进行评定（团队之间高度一致）。

有趣的发现：
- 治疗师在与这些当事人的会谈中主要使用共同要素、以人为中心和心理动力的干预方法。
- 当事人在治疗前的困扰程度越高，治疗过程中与治疗师形成的工作同盟就越强。
- 如果治疗师可以建立良好的工作同盟，当事人的困扰就会减少。
- 使用的心理动力技术越多，工作同盟得分越高。
- 工作同盟的评分越高，当事人自我报告的心理困扰减少得越多。
- 治疗师使用心理动力学技术改善了工作同盟，进而导致更高的心理功能水平。

结论：
- 这些结果显示，这些变量是互相交织在一起的，并且互相影响；同时也说明心理治疗是一个非常复杂的过程。

对治疗的启示：
- 仅仅形成一段良好的治疗关系是不够的，助人者还需要熟练掌握技术并且时刻关注当事人的反应。

第 3 章

自我觉察

> 助人就是助己，助己就是助人。
> ——拉姆·达斯（Ram Dass）

艾玛的服务对象是那些被要求参加心理治疗的艾滋病患者。如果这些患者不想来，听不进她说的话，或者有恐同态度，艾玛就发现自己不喜欢这些当事人，而面对他们时会很生气。与此相反，如果当事人愿意听她讲话，会问很多问题，并且非常投入，艾玛就觉得和他们在一起很开心，感觉自己真的帮助了他们。但是，艾玛必须反思这对于当事人而言是否公平，因为当事人可能真的很需要她的帮助，只不过是不知道如何接受她的帮助而已。

对于伦理实践而言，自我觉察是一种内在的、积极的、必要的条件；对于助人技术而言，自我觉察也是关键条件（Williams, Hayes, & Fauth, 2008）。大多数人都赞同助人者需要做到自我觉察，因为助人者影响着咨询的进程。例如，当事人可能对一个高大、威严、健壮的男人和一个瘦小、没有压迫感、有魅力的女人有不同的反应。因此，助人者需要了解当事人是如何看待他们的。此外，助人者会根据他们对当事人的反应来衡量其他人会如何对当事人进行反应，所以助人者需要觉察他们对当事人的反应如何受自己的问题影响，并与其他人会如何看待这个当事人进行对比。

情绪状态也会影响助人者在治疗过程中的感受和行为，如饥饿、困倦，和伴侣吵架后导致注意力不集中，等等。

那么，什么是自我觉察呢？威廉姆斯等（Williams et al., 2008）认为，**自我觉察**（self-awareness）既可以看作一种稳定的特征（即自我认识或自我领悟），也可以看作一种高度自我关注的状态（即对当下的敏感性）。第一类与"我是谁"有关，第二类则与"我此刻感觉如何"有关。对于那些有兴趣帮助别人的人来说，这两点都很重要。

我们再来看两种当下的自我觉察（Williams, Judge, Hill, & Hoffman, 1997）。第一种是促进性的自我觉察（即当想法和感觉出现时，给予注意并接受它们）。第二种是妨碍性或干扰的自我觉察，可能是对自己的技术或录像感到焦虑，或是由对错误的反刍引起的。不足为奇的是，妨碍性的自我觉察与治疗师对自己在治疗过程中表现的消极感受相关（Williams et al., 2008）。有时候，新手助人者会被一些想法（我接下来要说什么）干扰而分心，不能认真倾听当事人。所以，要增强助人者的促进性自我觉察（将注意力完全放在当下，将情感放在当事人身上），而减少妨碍性的自我觉察（排除分心和消极的自我对话的干扰）。

自我觉察的许多方面都是无意识的，但作为助人者，我们要不断地审视自己，能够意识到自己的反应。然而，在本章的开头，我想强调的是，自我觉察是一种追求，是我们一生都在为之努力的东西，而不是可以随意获得、永远拥有的东西。我建议大家在刚开始学习助人技术时阅读本章内容，等几年之后自己有了助人的经验，成长了、改变了，再回过头来看看这些内容，你会对自我觉察有不同的看法。

自我认识和自我领悟

在接下来的章节中，我将重点讨论助人者的典型特征、想要成为助人者的动机以及助人者的潜在偏见。当你阅读每一部分的时候，你可以自己思考一下，看看这些说法与你是否相符。

助人者的特征

对于许多人而言，帮助他人似乎是一种天然倾向（Stahl & Hill，2008）。这些人可能会发现自己有倾听和支持他人的特殊天赋。选修助人技术课程的很多学生说，因为他们善于倾听，朋友和家人经常找他们倾诉。

助人者往往有些共同的特征。他们会认真地倾听、有同理心、不做评判、乐于接受新的体验和观点、平易近人、友好、喜欢倾听（Hill et al.，2013）。萨默斯和巴伯（Summers and Barber，2010）补充道，助人者需要心怀希望、爱心、善良，要具有社交智慧、灵活性、好奇心、创造力、毅力、谦逊而幽默，所有这些都有助于助人者和当事人建立一种自然、开放、反思的关系。

但是，一些特点会让助人者难以进行自我觉察。完美主义、对模棱两可的说法不够容忍，会让助人者很难面对这样一个事实：在助人过程中几乎没有正确的答案。此外，防御和缺乏探索诸如性吸引、愤怒和偏见等困难话题的意愿会使探索痛苦或禁忌的感受变得困难。当然，许多执业治疗师都是完美主义者，缺乏对模糊性的忍受力，也有防御性，所以具有这些特征并不意味着不能成为助人者。相反，我提到的这些是有抱负的助人者应该在自己身上寻找的特征，并且这些助人者应思考这些特征对助人能力的潜在影响。

助人的动机

从你开始学习成为助人者的那一刻起，思考自己为什么想要帮助他人是很重要的，因为帮助他人的原因会影响你如何进行帮助的过程。例如，如果你的动机纯粹是利他主义的，你的行为可能会考虑到当事人的最大利益；而如果你的动机是满足自己的需求或让当事人依赖你，那么你可能会伤害当事人。希尔等（Hill et al.，2013）在一项针对向往成为心理治疗师的本科生的研究中发现，这些学生对帮助他人和回馈他人充满热情，并且在助人活动方面有很多经验。学生们相信，他们在帮助他人方面有优势（例如，共情），但也会遇到挑战（例如，回避人际冲突），并担心作为治疗师可能遇到的问题（例如，过于投入情感）。最有趣的是，这些学生既有以他人为导向的动机（帮助他人和回馈社会），也有以自我为导向的动机（感觉良好，让自己的生活更有意义）。

他人导向的动机

通常，助人者想要成为助人者是因为他人导向。他们想改变人们的生活。例如，助人者可能想为有需要的人提供帮助，比如在收容所为无家可归的妇女做志愿服务，或者与养老院的老年病人成为朋友。有些助人者选择指导或辅导年轻学生，利用他们的助人技能来和孩子们建立良好的关系，以改变孩子们的生活。还有些助人者希望让那些处于困境中的人的生活少一些痛苦。例如，助人者可以帮助那些认为自己可能是同性恋并且害怕受到家人和朋友惩罚的青少年。

此外，有些人渴望成为助人者，是因为他们自己也有过痛苦的经历，并且接受过心理治疗，因此，他们想帮助别人，这样别人就不必像他们那样经历那么多的痛苦。他们可能也会感激治疗师帮助他们渡过难关，因此想要回报和奉献社会。例如，肯德拉 12 岁的时候，她的母亲去世了，肯德拉不得不承担起母亲的角色照顾 5 个兄弟姐妹。失去亲人，又肩负着新的责任，她开始看心理医生以应对这些压力。现在，肯德拉渴望帮助那些失去亲人的孩子。另一个例子涉及强奸幸存者，她们在接受支持性咨询帮助她们解决与强奸有关的问题后成为危机顾问。同样，一些克服了药物滥用的人也想要帮助面临类似问题的人。

从事助人工作也能促进社会变革。助人不仅可以改变个人的生活，还可以对社会政策产生影响。助人者可以起草立法、为反歧视（例如，性骚扰）政策代言、鼓励政府为社会服务（例如，儿童保育）提供资金，或做一些可以支持新政策的研究（例如，证明反对家庭暴力政策的有效性）。

自我导向的动机

很多人可能都听过这样的故事：主修心理学的学生是如何治愈自己（或他们的家人或朋友）的。的确，许多人进入助人领域是为了解决个人问题，或者改变那些曾让他们感到痛苦的经历（例如，不幸的童年）。

对许多人来说，助人的工作环境也是有吸引力的，因为他们可以和那些努力追求实现自我潜能的当事人一起工作。此外，助人者常常因为自己在当事人的生活改变中起到作用而兴奋，而且当事人的努力和成长也让他们充满动力。一位治疗师告诉我，世界上没有比帮助别人并且看着他们慢慢成长起来并学会理解自己更好的工作了。同样，助人这一职业可能会吸引很多人，因为助人者有机会与聪明、有能力的同事一起工作，他们都重视个人成长，期望帮助他人。这些助人者可能会得到同事的支持，能够积极审视自己的问题，并不断提升自己，以确保自己能够继续担当起助人者的角色。

另一个自我导向的动机是，帮助他人在智力上具有挑战性。人类复杂又独特，尝试理解他们并进行干预以帮助他们改变是很有趣的。此外，助人者在帮助他人的过程中也会更了解他人。

助人者还可以替代性体验其他人的生活方式，就像旅行、阅读小说或看电影一样。聆听来访者挑战自己可以反过来促使助人者检查自己。通过这种方式，做一名助人者也可以促进个人成长。一位治疗师说，她成为治疗师的动机之一就是她看重自我反省、个人成长和持续学习。作为一位治疗师，她很重视自己的身心健康。学习助人技术的许多学生也认为助人是很值得的，助人可以给生活带来满足感、目标感，或者说是意义感，让他们的生活大不一样。

当然，一些以自我为导向的动机并不那么积极或健康（Bugental，1965）。有些人想要帮助他人是因为他们自己也需要帮助，并把帮助他人视为一种建立人际关系和满足人际需求的方式。这些人可能在亲密关系上存在困难，因此寻求一种安全的方式接近他人。此外，有些人把自己想象成救世主，或是充满智慧、知识和建议的授道者，认为进入助人行业、帮助他人、拯救他人是他们的使命。另一些人可能会在助人过程中将自己与那些不幸的人做比较，从而使自己感觉良好。对有些人来说，帮助别人会让他们觉得自己比他们帮助的人更优越；另一些人则喜欢帮助受苦的人时体验到的权力感或权威感。这些动机可能是危险的，特别是如果助人者没有意识到这些动机，却在助人过程中依此行动。例如，当助人者要让当事人改善自己以建立自尊时，他们往往不能允许当事人进行探索并做出自己的选择（例如，选择不去改变）。在接受一名傲慢、苛刻或强势的助人者的治疗后，当事人甚至可能会感觉更糟。

有些人想成为治疗师是因为他们渴望成就、财富、非凡、出名、声望和荣耀。这样的动机可能不太现实。虽然从事助人职业的人一般都受过良好教育，在自己的行业中有良好的信誉和声誉，其中一些人确实因为学术工作而出名，也有些人确实变得富有，但治疗师通常是从帮助他人而不是财富或声望中获得满足感。对于那些想要或需要名气和荣耀的人来说，治疗行业可能并不是最好的选择。

偏见的觉察

我们都对他人有偏见，这种偏见来源于刻板印象。这可能是人类所具有的一种关于内群体和外群体的基本的但可悲的倾向，即认为那些不属于我们这一群体的人从本质上就与我们不同，这加剧了我们对其共情的难度。事实上，一些神经科学的研究表明，我们可能天生就更容易被与自己种族相似的人吸引（Ito & Batholow，2009）。

我将这些偏见称作助人者的**敏感问题**（hot buttons），因为它们反映了在助人环境中可能被触发或引爆的问题。能够意识到敏感问题是很重要的，因为这样我们就不会在无意中伤害到当事人。

一些典型的敏感议题是基于文化因素的（参见第 4 章），特别是当我们与来自其他文化的人接触有限时。我们要能够意识到这些文化偏见，这样在与来自不同文化的当事人打交道时，我们就不会固守成见，也不会有微歧视。休等（2007）描述了白人咨询师和有色人种当事人工作时的轻微冒犯是如何损害治疗关系发展的（例如，一名生涯咨询师询问一名黑人或拉丁裔高中生是否准备好上大学，或将一名在美国出生的拉丁裔学生转介给一名说西班牙语的咨询师）（参见 Nadal，2018）。另一个常见的敏感问题是，多年以来学习助人技术的学生们都承认（也见 Hill et all.，2013），他们很难想象给那些曾经实施虐待、强奸、谋杀、犯罪或经常违法的当事人做咨询。学生们担心他们无法对这些当事人保持开放、不评判和共情。由于他们对这些冒犯行为感到生气和愤怒，他们无法想象自己会同情这些人的遭遇，也不会好奇这些人是如何做出这些行为的。学生们也经常担心给那些对助人者表达敌意、愤怒、蔑视或不尊重的当事人做咨询。助人者通常都很有同理心，没有攻击性，希望别人喜欢他们，所以，如果他们觉得当事人不喜欢他们，甚至可能想要伤害他们，他们就会感觉受到威胁和害怕。

个人背景不同，也都有不同的偏见，这可能会表现为反移情。例如，一位助人者可能会发现，她本能地就不喜欢吵闹的男性当事人，因为他们会让她想起自己嗓门大、盛气凌人的父亲。另一位助人者可能会对依赖性很强的当事人感到恼火，因为她小时候没有得到足够的照顾。反移情的内容在第10章和第14章中会讨论更多。

一般来说，新手助人者通常与在一些重要方面与自己不同的当事人工作存在困难。例如，一位新手助人者可能很难想象给一个比他大得多的当事人做咨询。在给与自己价值观不同（如有关政治、性别平等、刻板印象、种族歧视等）的当事人做咨询时，助人者也会遇到困难。同样可以理解的是，当事人也很难相信与自己不同的助人者能够理解自己。

此外，很少有人承认，助人者在给与自己太相似的当事人做咨询时也会遇到麻烦。助人者往往认为这些当事人在各个方面都和自己一模一样，而忘记了帮助当事人探索；他们也可能会把当事人当作朋友，开始和他们聊天和倾诉。例如，一个当事人是女大学生，她谈论室友的问题时，新手助人者（女大学生）可能会觉得当事人和她一样面临同样的困扰，甚至会开始透露她与室友之间的问题。在这种情况下，当事人可能会不再谈论自己，也不再进一步探索自己的感受。

增加自我认识和自我觉察的策略

照顾好我们自己，我们就可能更好地帮助当事人，避免向他们提出不恰当的要求。在这一节中，我将讨论几种增强自我觉察的策略。

心理治疗

对于新手助人者来说，了解自己的理想方式就是通过他们自己的个人心理治疗。我建议想要成为助人者的人去接受心理治疗，这不仅是为了解决个人问题，也是为了更多地了解自己以及自己想成为助人者的动机。关于我自己在治疗方面的宝贵经验，请参阅 Hill（2005a）。

接受心理治疗可以使助人者认识到那些可能会影响他们助人能力的个人问题。此外，心理治疗可以使助人者自身得到成长，增进自我理解。身为助人者，一项职业风险就是助人过程会唤起个人问题，本来这些问题可能处于潜伏状态。例如，如果助人者自身并没有解决其酗酒问题，而当事人又恰好谈到酗酒问题，助人者就可能关注自己的痛苦，而难以关注当事人的痛苦。助人者也可能会淡化当事人的问题，因为他自己的问题已经被忽视了。

此外，进行心理治疗，体验当事人的角色，可以帮助助人者了解助人过程。这可以让助人者体会当事人的感受，了解什么是有帮助的、什么是没有帮助的，体会到敞开心扉和表露让自己痛苦的信息是多么困难。充当当事人，对于理解助人过程中的焦虑、依恋、挣扎和回报是有帮助的。

如果助人者自己需要帮助，但却拒绝寻求帮助，反而想要去帮助别人，这是有问题的。那些认为只有弱者或有缺陷的人才会寻求帮助的助人者，可能会无意中传达出这种态度，会让当事人也为寻求帮助而感到羞愧。

自我反思

我建议助人者留出时间进行自我反思。记日志(也就是写下你的想法和感受)是一种自我反思的方式。同样,瑜伽可以使你放慢脚步,专注当下。

同学们也可以通过内隐态度测验(Implicit Attitudes Test, Greenwald & Banaji, 1995)来了解自己的偏见。该测验应用广泛,可以通过网络获得(https://implicit.harvard.edu)。

正念(mindfulness)是指专注于当下体验的每一方面,也是有帮助的(Kabat-Zinn, 2003; Shapiro & Carlson, 2017)。相对于四处奔波和一心多用,正念是通过不加评判地观察身体知觉、感觉、情绪和想法来集中注意力。无论体验是积极的还是消极的,我们都应该对其抱有温暖、好奇和接纳的态度。例如,正念可能包括在你吃东西时关注每种味道和感觉,或者坐在户外的阳光下,觉察各种情绪涌现,而不去否认它们。在这种状态下,你感受并探索每一种体验,而不是试图以任何方式修复或改变这种体验。实质上,就是一种想法或感觉进入你的头脑,你对它进行观察和体验,然后任其消失。正念练习有助于不加评判地集中注意力倾听当事人,关注他们所说的话和感受,而把自己的事项和先入为主的想法放在一边。

要有意识地努力让自己保持觉察的状态。找一个安静的地方,关掉所有的机器。深呼吸,将注意力集中在你的身体上(例如,你的头、脖子、胃有没有紧张的感觉?)。关注你的呼吸,觉察任何进入头脑的想法,然后任它们消失。这也可以用于练习正念、冥想和放松(关于这种自我照顾练习的详细指导,参见 S. Geller, 2017)。

试着去了解你的感觉从何而来(当然,心理治疗对此很有帮助)。特别是可以回想一下你的童年以及你是如何长大的。同时,想想你生活中的重大事件,无论是积极的还是消极的,想想它们是如何影响你的。然后想想你过去几天的经历,想想自己最近遇到了什么。你可以问自己以下这些问题:

- 我以前什么时候有过这种感觉?
- 我以前对谁有过这种感觉?
- 我以前有这种感觉的时候是处于什么情境?
- 我为什么会有这样的感觉?

一旦你对你的感觉从何而来有了一些了解,你就能清楚该怎么做。你肯定会受到你的过去和你的现状的影响,但你可以做出选择,可以做出一些改变。

增加自我关怀

对自己有同情心,或者换句话说,爱真实的自己是很重要的。身为人类,我们都有自己的问题,所以重要的是要有自我觉察并改变你的生活,但不要对自己太苛刻。

接受不完美但正在努力的自己,我们都有积极和消极的感受,都有积极的和消极的动机、偏见和评价,都有自己喜欢和不喜欢的方面,这就是**自我关怀**(self-compassion)。我推荐你阅读内夫(Neff, 2011)关于自我关怀的书。

与当事人会谈时使用的策略

当你进行会谈时，突然出现了妨碍性的自我觉察（例如，你觉得自己想要批评当事人，感到无能为力、焦虑、受到阻碍、难以倾听、不能共情，或者发现自己在摆弄笔、屏住呼吸、身体来回晃或抖动），这时你可以先停下来，深呼吸，将注意力集中在呼吸上，给自己一点思考时间，而不必立即回应。你可以说"嗯"或者"让我想一下"，从而放慢这个过程。另外，接受自己的不完美，对自己抱有同情之心。此时，积极的自我对话会有所帮助。之后，将注意力重新放回到当事人身上。我们经常被自己的感觉淹没，或者为试图实施一项无效的任务所困。这时，把注意力放在当事人身上是很有用的，也许可以问问他们感觉如何或回应他们的感受。这些建议都得到了研究结果的支持（例如，Williams, Hayes, & Fauth, 2008），即治疗师可以使用基本的助人技术来控制妨碍性的自我关注，并将他们的注意力转到当事人身上。

一位同事说，当她在会谈中产生了强烈的感觉，而自己又不能立即理解时（例如，她生气了，不能对当事人共情），她会在心里记下这种感觉，然后顺其自然地继续会谈。在会谈结束之后，她再关注这种感觉并试图理解它，思考其来源。这种反思有助于她更好地计划后续与当事人的会谈。此处重要的是，给自己时间和空间，而不是给自己施加压力去理解这种感觉。你也可以说："对不起，我一时注意力不集中。你能重复一下你说的话吗？"

我还想强调关注身体感觉的重要性。你可以问一问自己："我的身体告诉了我什么？"如果你有一种你无法识别的感觉，可以做一个身体扫描：你是否感到累了，是否后背疼了，是否急着要去卫生间？你的身体和身体的生理反应是情绪状态的宝贵信息来源。

督导

检查这些问题的理想方式是接受**督导**（supervision；即咨询受过训练的专业人士）。在一位有经验的督导师的帮助下，助人者可以识别出哪些感觉来自个人问题，哪些是由当事人激发的，哪些是由个人问题和当事人的行为二者共同引起的。

会谈回顾

回放会谈的录音并思考你每时每刻的想法和感受是很有帮助的。思考一下你的意图和当事人的反应也会有所帮助。同样，学生们发现偶尔转录一次会谈有助于放慢进程，这样你就可以真的尝试去看看和理解发生了什么。

健康的生活方式

让自己做好充分准备投入与当事人的工作中的一个重要方法是进行自我照顾。这些建议得到了大量研究的支持，因此并不奇怪。我们需要在生理上照顾好自己，这是最基本的。这需要充足的睡眠（大多数人每晚至少需要 8 小时的睡眠），有健康的饮食习惯（少吃垃圾食品，多吃水果和蔬菜），运动（我们的身体是一台机器，每天至少需要 30 分钟的运动），并有良好的人际关系（一个强有力的支持网络是至关重要的）。保持平衡是关键。弗洛伊德说过，我们的生活既需要爱又需要工作。工作太多或娱乐太多都不好。

总而言之，尽管自我觉察存在困难，但在会谈之中和会谈之外都有很多策略可以帮助我们进行自我觉察。充分地活在当下不但有利于我们成为助人者，而且是一个很好的生活目标。

促进自我觉察的练习

设想自己处于以下几种情况：
- 这是你第一次见当事人。
- 有个当事人迟到了25分钟。
- 会谈结束后，你马上要去参加考试。
- 你昨晚没睡好。
- 你感觉到当事人对你的干预反应不佳。
- 你觉得你的干预很高明。
- 你在会谈前和别人吵架了。

当想象这些情况时，你有什么反应？有没有哪个场景比其他场景更能激发你的情绪？

当要帮助当事人时，我们大多数人首先想到的是当事人的类型。我们会遇到抑郁或焦虑的人吗？这个人是男是女，是老是少？但我们经常忽略的是，我们作为助人者，自己的感觉如何（除了我们开始会觉得焦虑和缺乏自我效能感之外）。当当事人谈论各种经历、想法或感受时，我们自己会触发哪些问题？当我们坐在当事人对面时，我们对他们有什么反应？这些反应如何影响我们与当事人的关系？

助人者可以根据自己的经验来理解在助人过程中发生了什么。通过觉察自己的反应，助人者可以更好地做出关于如何干预的决定，减小在助人情境中付诸行动的可能性（Williams, Hurley, O'Brien, & DeGregorio, 2003）。此外，助人者的反应可以为了解其他人会如何对当事人进行反应提供有价值的线索。例如，当助人者用单调的声音说话时，如果助人者感到厌烦，那么很可能在当事人的生活中也有一些人会因为当事人用这种方式说话而感到厌烦。因此，助人者可以得到一些当事人如何与其他人交流的一手信息。有趣的是，如果助人者有一个反应，这可能是因为当事人，也可能是因为助人者自己。假设助人者对当事人很生气，这到底是由于当事人的言语或非言语行为，还是由于助人者自身的问题呢？确定这一点的一个方法是，如果你对很多当事人（或你生活中的人）都有同样的感觉，那就可能是你而不是当事人（或其他人）的原因。

此外，我们都是有需求和愿望的人，我们的个人问题经常无意识地影响助人过程。事实上，正如前面提到的，正是这种人际关系帮助当事人改变、成长、实现他们的所有潜能。但是，我们要避免通过助人过程来满足我们自己的需求，因为这可能会伤害到当事人。我们还希望为当事人建立健康的互动关系，让他们在没有被利用的情况下，能够在我们面前自由真诚地行动。但真诚很重要。正如麦卡洛等（McCullough et al., 2003）所说，开心时能笑、难过时能哭是很重要的。助人者不是雕像，而是有真情实感的人。

然而，当助人者真的有与当事人截然相反的感觉时，困难在所难免。比如，当唐说到自己如何吸毒并爱上毒品时，你会有一种强烈的本能反应，有一种发自内心的冲动告诉唐吸毒是不健康的。在这种情况下，有自己的感觉和反应，并思考它们，是很重要的，但也要考虑你在助人过程中的目标和意图。为了帮助唐进行探索，你可能需要放弃你的即时反应，稍后再关注它们，并试着理解它们从何而来。

一位经验丰富的同事说，在会谈期间，她的脑子里有两条轨道：她既注意到当事人说的话，也能够意识到自己的反应。她说过了很多年，才能够轻松地做到这一点。当这位同事找不到感觉时，她会做一个身体扫描，以了解自己生理上的感受（是否下巴紧绷、眉头紧锁、双腿交叉）。这位同事还谈到将个人事件放在一边，而去关注当事人的必要性。经验丰富的治疗师通常会在治疗过程中把个人问题放在一边，除非他们正在经历重大危机，而在这种情况下，他们通常会意识到自己不应该进行治疗。

最危险的是治疗师没有意识到或低估了由个人问题引起的压力，因而无法将其排除。一位助人者说，她有一个十几岁的儿子，儿子不断挑战她的界限，这让她难以帮助那些挑战边界的青少年当事人。她不能保持自己的**界限**（boundaries）和恪守助人关系的基本规则与限制，这使得她很难不带评价地与这些当事人共情。

你的想法

- 自我关怀真的很重要吗？
- 如果你明显不关心自己（例如，你来参加会谈时感冒了或看起来非常疲倦），你会向当事人传递什么信息？
- 自我觉察是一种特质，还是可以发展的？什么会干扰自我觉察？
- 变得更能自我觉察对每个人来说是可能的吗？你认为成为助人者的不太积极的动机对助人过程有什么影响？它们有可能帮上忙吗？你的自我觉察程度如何？
- 你认为个人心理治疗和自我反思是必要的或有帮助的吗？
- 人们可以改变吗？他们有自由意志吗？

关键术语

| 界限 boundaries | 敏感问题 hot buttons | 正念 mindfulness |
| 自我觉察 self-awareness | 自我关怀 self-compassion | 督导 supervision |

研究概要

写日志来增强觉察

文献出处：Hill, C. E., Sullivan, C, Knox, S., & Schlosser, L. Z. (2007). Becoming psychotherapists: Experiences of novice trainees in a beginning graduate class. *Psychotherapy: Theory, Research, Practice, Training*, 44, 434–449. http://dx.doi.org/10.1037/0033-3204.44.4.434

理论依据：我们需要对培训对象在培训中经历了什么有所了解，特别是他们学到了什么、在哪里遇到了困难。在之前的一项研究中，研究者在与志愿者当事人会谈后立即收集问卷数据，威廉斯、贾奇、希尔和霍夫曼（Williams, Judge, Hill and Hoffman, 1997）

发现，研究生新手非常关心他们的治疗技术、表现、和当事人建立关系的能力、焦虑、自我效能感、治疗师的角色、和当事人的相似和不同之处、对当事人有问题的反应。应对策略包括关注当事人和积极的自我对话。希尔等（Hill et al.，2007）希望通过让学生写日志，记录他们在第一学期培训中的经历，来扩展这项研究。

方法： 在研究生训练的第一学期，学生们（之前没有接受过任何训练）根据本书中的模型参加助人技能训练，和志愿者当事人进行 10 次会谈，每次会谈 1 小时，阅读和讨论几本关于心理治疗理论的书；每周参加个体督导，督导师会现场观看他们的会谈；写一篇自我评估报告，转录和分析其中一次会谈的数据。此外，学生们每周要写 2~4 页日志，内容涉及以下任意一个主题：助人技术、胜任力、反移情、焦虑、自我效能感、督导、学习治疗、文化问题、伦理、成为治疗师的过程、对课堂的反应，或其他任何相关的话题。在期末论文中，学生们要反思他们整个学期的改变。教授和一名前一年修过这门课程的研究生研究助理要阅读每一份报告，并给学生们反馈，通常会提供支持和鼓励，但也会质疑不太合适的地方，并要求学生详细阐述重要的主题。学生要在随后的日志中对反馈做出回应。日志数据通过质性研究方法进行分析。

有趣的发现：
- 学生们报告了许多挑战：自我批评、对见当事人感到焦虑、对身为治疗师要做"正确的事情"感到有压力、很难意识到自己的感受、难以在会谈过程中做到完全在场、被想法和担忧分散注意力。他们也担心自己的治疗能力，对治疗师的角色感到有些不适应。
- 学生们经常对当事人不认同（关注差异）或过度认同（关注相似点）。如果当事人在会谈中的行为表现不符合学生们的预期（例如，不想深入探索）、涉及太多心理学的专业知识（例如，谈论移情）或看起来很不安，学生们就会感到不舒服。学生们经常会觉得脱离了以当事人为中心的角色，相反，他们会纠正当事人、给出建议、不适当地自我表露、安抚当事人或者和当事人一起哭泣。
- 在学习助人技术方面，学生们关注如何准确使用探索技术，以使当事人深入探索，而不是生硬套用或重复那些开放式问题。另外，他们担心不能准确而恰当地运用领悟技术，觉得要掌握领悟技术尤其困难。他们很少提及学习或使用行动技术或跨阶段整合技术方面存在的困难。
- 学生们提到了会谈组织管理方面的困难，包括招募当事人，以及在当事人没来或取消会谈时该如何处理。
- 学生们报告说，本学期他们在成为治疗师方面取得了重大进步。他们变得不那么自我批评，更能与当事人联结，更善于使用探索和领悟技术，对自己的治疗师角色更有信心，对见当事人不那么焦虑，更有自我效能感，能更好地与当事人沟通。
- 学生们觉得他们可以通过督导来帮助应对焦虑和困难。他们发现，如果督导师提供指导，扮演积极的指导角色，提供支持，促进探索与成为治疗师相关的担忧，或探索影响他们与当事人合作的个人问题，对他们提出挑战，并为他们的行为提供具体的反馈，这些都是很有帮助的。大多数学生对督导的反应都很积极，但也有少数学生表现出中立甚至消极的反应（如对督导缺乏明确的期望、难以与督导师建立良好的关系）。

- 应对策略包括积极的自我对话、关注应对焦虑的助人技术、将注意力转向当事人而不是自己。在两次会谈的间隙，学生们要为会谈工作做准备（例如，练习自我介绍、写记录），以便会谈进行得更顺利。

结论：
- 主要的挑战是自我批评、管理对当事人的反应、学习和使用助人技术，以及会谈管理。
- 收获主要体现在学习和使用助人技术、减少自我批评以及与当事人建立联结方面。
- 督导是有帮助的，虽然督导关系偶尔会出现破裂。
- 学生们在会谈中（积极的自我对话）和会谈外（为会谈做准备）都使用过应对焦虑的方法。

对训练的启示：
- 写日志是觉察焦虑和成长的好方法。
- 学生需要用超过一个学期的时间才能熟练使用三个阶段的助人技术。探索技术相对容易掌握，但领悟技术需要更多的练习。
- 个体督导是助人技术训练的有益补充。督导能够提供个人化的指导，也可以讨论与成为助人者有关的挑战。
- 会谈之外的准备有助于处理与当事人会谈时遇到的挑战。
- 在会谈中，治疗师在场并能够觉察到自己的感受和反应是很重要的。当自我觉察阻碍了助人过程时，学员可以重新关注当事人，并使用探索技巧（情感反映、重述、开放式提问和追问）。
- 教师可以帮助学生觉察他们的敏感问题和对当事人的反应。

第 4 章

文化觉察

如果我们要实现更丰富的文化，具有多样的价值观，我们就必须对人类潜能有全域的认识，构建出一种不那么专制的社会结构，让每一种不同的人类天赋都能在其中找到合适的位置。

——玛格丽特·米德（Margaret Mead）

> 露丝，一位 24 岁欧裔美国女性，正在帮助乔治——一位毒品成瘾的 55 岁非裔美国男性。露丝觉得自己的助人工作做得很不错，直到她读了乔治写的剧本。乔治对毒品文化的生动描述使露丝意识到，她对他的世界一无所知。这种意识激发了露丝对非裔美国人以及毒品文化的兴趣。她了解了更多之后，就能更好地询问关于乔治背景和生活的问题。

文化觉察是自我觉察的一个特定方面，对助人至关重要。文化已渗透到我们的思考方式和行为模式的方方面面，我们需要在文化层面了解自己是谁，我们的当事人又是谁，以及双方在助人过程中带入了什么。

我在本章的目标是让你开始思考文化。我希望帮助你更多地了解自己的文化和世界观，对拥有其他文化背景的人更有同理心，思考文化在助人过程中的重要作用，并思考你的文化偏见如何影响助人过程。

了解一种文化的历史和一般特征，才能更好地理解个体的背景和世界观（例如，参见 McGoldrick, Giordano, & Garcia-Preto, 2005；Muran, 2007）。对当事人文化背景的误解会增加治疗师与当事人之间的距离感以及脱落的可能性，从而对治疗关系产生负面影响。同样重要的是，不要假设某种族群中的每个人都是相同的（例如，并不是所有的爱尔兰人都爱开玩笑、爱讲故事和爱做梦），因为你可能会做出错误的假设。实际上，群体内部的差异通常要比群体之间的差异大（D. R. Atkinson, Morten, & Sue, 1998；Pedersen, 1997）。例如，你会发现女性之间的差异比女性和男性之间的差异更大。

文化的定义

文化（culture）可以定义为一群人在特定的历史时间内所共有的习俗、价值观、态度、信仰、特征以及行为（Skovholt & Rivers, 2003）。此外，文化也可以被看作"一种共享的约束，它以一种不同于其他群体的方式，限制了某个文化群体成员可获得的全套行为"（Poortinga，1990，p.6）。它还可以被看作"代代相传的知识、技能和态度的方便标签。因此，这种文化传播发生在特定地点、时间和刺激具有特殊意义的物理环境中"（Segall，1979，p.91）。文化群体的一个更广泛的定义是"基于某些共同目的、需求或相似背景而相互认同或联结的任何群体"（Axelson，1999，p.3）。

我特别喜欢我在研究生命意义时发现的文化定义。乔和凯西比尔（Chao & Kesebir，2013）将文化定义为"在一组相互联系的个体之间产生、分配和再生产的共享意义网络"（p.317）。这种意义网络包括体现在文化习俗和实践中的规范、价值和信念（例如，童话、建筑、艺术）。实际上，乔和凯西比尔得出结论：意义和文化是相互交织的，因为"文化基于意义，而意义存在于文化并在文化中传播"（p.317）。因此，我们了解生活的方式基于我们的文化，同时我们通过文化的视角来看待世界。

文化的维度

文化包括种族/民族、性别、年龄、意识形态、宗教信仰、社会经济地位、性取向、残疾状态、职业以及饮食偏好（Pedersen，1991，1997）。人们从小就将这些文化维度内化，所以通常无法意识到这些文化维度给自己带来的影响，直至遇到具有不同文化期望的群体。

当文化期望被打破时，人们或许难以意识到为什么会不舒服，但可能会觉得非常不安。同样，助人者或许也无法理解为什么当事人不分享他们的价值观。

海斯（2016）提出的 ADDRESSING 记忆法可能有助于我们记住文化的主要组成成分（这份清单没有包括所有组成成分，但是不妨碍该记忆法是一种很好的记忆方法）：

- A＝年龄和代际的影响（age and generational influence）
- D/D＝发育或其他残疾（developmental or other disability）
- R＝信仰和精神取向（religion and spiritual orientation）
- E＝民族和种族认同（ethnic and racial identity）
- S＝社会经济地位（socioeconomic status）
- S＝性取向（sexual orientation）
- I＝本地传统（indigenous heritage）
- N＝国籍（national origin）
- G＝性别（gender）

我们每个人都拥有多种文化背景，其中任何一种都可能因人、地点或情境而在特定时间变得突出（Pedersen & Ivey，1993）。有些文化背景需要入门许可（例如，一个人必须上学并通过考试才能成为心理学家），其他一些则是由生理特点决定的（例如，年龄）；另一些则是个人的选择，尽管也受到环境因素的影响（例如，宗教、素食主义）。我们的社交活动会形成复杂的文化影响网络，因此某些文化身份可能比其他文化身份更有分量（例如，对于特定的人而言，宗教可能比性取向更为重要）。

交叉性（intersectionality）一词已被用于描述系统性压迫的多重身份（例如，种族主义、性别歧视）的相互作用。它最初被用来概念化黑人女性的独特经历，这些经历通常被女权主义理论和反种族主义政治忽略（Crenshaw，1993）。例如，遭受家庭暴力的黑人女性通常会受到种族、阶级和性别的交叉影响（Sokoloff & Dupont，2005），因为担心她们的黑人男性伴侣会在刑事司法系统中受到种族主义对待，所以她们可能不愿报告虐待行为（Richie，2001；West，2004）。

种族/民族（race/ethnicity）。当提到人与人之间的差异时，许多人首先想到的是种族，而且我们通常认为种族是生物学层面的。实际上，在 DNA 层面上不同"种族"的人之间没有区别。相反，种族是一种社会建构的观念，有人推测是为了证明奴役人群的正当性而发明的。因此，当我们真正提到文化时，我们是根据一些身体特征（例如，肤色、头发类型）对人进行分类的。

种族认同（racial identity），或个体如何认同自己的种族或民族文化（Fouad & Brown，2000；Helms，1990；Helms & Cook，1999），通常比种族/民族更重要，因为认同更能说明人们是如何定义自己的。当然，一个人的种族认同会随着时间而改变（Helms & Cook，1999）。例如在美国，少数族裔群体的成员经常从贬低自己的种族/民族或文化转向更欣赏的角度。相反，多数群体希望从无知和权力的角度转变为理解其身份固有的特权，从而开始倡导社会正义。

性别认同（sexual identity）。卡斯（Cass，1979）描述了性别认同发展的六个阶段：性别混淆、性别比较、性别容忍、性别接受、性别自豪和性别综合。各阶段根据对行为的看法和由此产生的行动而有所不同。该模型假定人们在获得同性恋身份方面扮演着主动的角色，并且假定人们可以接受同性恋作为一种被积极评价的身份。该模型对于与 LGBTQIA（女同性恋、男同性恋、双性恋、跨性别者、性别存疑者、间性人和无性恋）当事人的工作非常有用。

对于从一种文化环境迁移到另一种文化环境的人来说（例如，当一个人从越南移民到美国时），文化保留和文化适应也是重要的考虑因素。**文化保留**（enculturation）是指保留一个人的本土文化规范，而**文化适应**（acculturation）是指适应主流文化规范（Kim & Abreu，2001）。需要注意的是，这种文化适应过程可以培养个人的双文化体验，在这种体验中，两种截然不同的文化会同时被视为其身份的重要组成部分（如 Berry，1997）。但是，从另一个国家来到美国的成年人（第一代）通常与离开家乡时家乡的文化方式保持着紧密联系，而他们的孩子（第二代）很快就能适应美国的文化方式。这种文化价值观的差异经常会给家庭带来麻烦，父母会感到不安，因为他们的孩子没有保留传统的文化价值观和衣着方式，而是按照不同的文化规范行事。当孩子文化适应的速度比父母快，并且使用新语言的能力比父母强时，它还会导致家庭张力（文化适应压力）并有损父母的权威。孩子通常不得不担任老师的翻译，并且无法获得父母在家庭作业方面的帮助，这都会干扰传统的家庭等级制度。同化是个人希望与新文化互动，而不是维持自己的文化。分离是指个人想坚持自己的文化而不与新文化互动。整合是个人既想保持自己的文化又想与新文化互动。边缘化是个人不想维持自己的文化并且对与其他文化互动不感兴趣（Berry，1997）。

个人主义（individualism）与**集体主义**（collectivism）指个人对比群体的相对重要性（McLeod & McLeod，2011）。某些文化（例如，美国文化）更加注重个人权利，并倾向于将人们视为独立自主的人。其他文化（例如，韩国文化）则更多地关注家庭，并将人们视为相互依存的。一位中国学生谈到了为家庭牺牲自我的责任，并认为权威人物有正确答案。

一位咨询师同行说，他与西班牙裔当事人会谈时，通常从询问家庭而不是个人开始，因为在家庭背景下当事人往往会更放松。另一个例子是，拥有集体主义文化背景的人可能更关心家人的幸福度，而不是自己的幸福度。他们可能会感到痛苦，因为他们认为自己没有给予家人足够的回报或没有在家人身上花足够的时间。此外，比父母更个人主义的孩子可能会对服从感到有压力。

有趣的是，最近的研究表明，美国可能不像以前想象的那么带有个人主义色彩，尤其是考虑到背景因素和少数族裔群体的文化价值观时（Bianchi，2016；Oyserman，Coon，& Kemmelmeier，2002）。同样，许多文化（例如，韩国文化）正变得更加个人主义。因此，重要的是不要对个人形成刻板印象。

平等主义（egalitarianism）是指考虑了多少权力和权威，一些文化平等地评价每个人，另一些文化则具有更多的等级权力结构（McLeod & McLeod，2011）。例如，在一次助人会谈中，拥有等级文化背景的当事人可能希望助人者成为权威并告诉他们该做什么，而拥有平等文化背景的当事人可能希望助人者更多地扮演顾问或朋友的角色。

理性-灵性（rationality-spirituality）指某种文化是基于理性科学的观点还是基于神秘灵性的观点（McLeod & McLeod，2011）。因此，有些当事人可能希望助人者援引研究证据来支持其主张，而另一些当事人可能更喜欢灵性的解释和方法。

文化也会在**性别与性别取向的差异化**（gender and gender orientation differentiation）方面有所不同，有些文化有男人和女人必须遵循的明确定义的社会角色，另外一些文化则在角色定义方面更为宽松（McLeod & McLeod，2011）。例如在中东文化中，不同于男性，女性能够扮演的角色是有限的；而在美国文化中，关于男女角色的定义通常更为灵活。在墨西哥文化中，男人要坚强，有支配力，要表现出"男子气概"，以至于男人在别人面前哭泣被认为是可耻的，谈论生活中遇到的问题被认为是弱小的。因此，许多墨西哥男人可能会感到需要时刻保持警惕，显得强大、坚忍或控制，不展现任何脆弱，即使是对暴力攻击的反应也是如此（Arcineiga & Anderson，2008；Fragoso & Kashubeck，2000；D. W. Sue & Sue，2016）。

另一个有趣的方面涉及文化是**严格还是宽松**（tight or loose；Gelfand，2018）。严格的文化是有很多规则和限制但相对较安全的文化（例如，德国、日本的文化）。宽松的文化是具有更多自由和个性但又比较混乱的文化（例如，巴西、荷兰的文化）。有趣的是，盖尔芬德（Gelfand，2018）将这个维度扩展到美国各州和社会阶层：某些州较严格（例如，亚拉巴马州、密西西比州），其他州则比较宽松（例如，纽约州、马里兰州）；较低的阶层"更严格"，而较高的阶层"更宽松"。

盖尔芬德解释了其中一些文化差异，指出："更严格"的文化通常不得不应对更多的自然灾害和苦难，因此必须制定严格的规则；"更宽松"的文化则拥有更优越的条件，因此可以允许更多自由。

助人过程中的文化问题

在助人过程中，助人者需要对文化差异保持觉察和敏感。作为助人者，我们不会总是

"正确"，也不指望如此。重要的是，当我们意识到文化问题时，我们如何处理。

斯科夫霍尔特和里弗斯（Skovholt and Rivers，2003）提出，助人者需要考虑：(a) 当事人文化群体的一般经历、特征和需求；(b) 当事人的个人经历、特征和需求；(c) 基本人类需求——所有人共有的需求（例如，食物、住所、尊严、尊重）。一般文化特征的知识可以提供影响当事人的各种社会力量的一些背景信息，但是助人者还需要从当事人那里了解当事人。例如，助人者要确定哪些助人技术对于哪些当事人是最有效的。同样，助人者需要意识到自己的文化价值观，知道这些文化价值观如何影响他们并塑造他们看待世界的方式，如何影响他们与来自不同文化的人互动的方式。

跨文化互动中可能出现的一个问题是，助人者缺乏对群体差异的了解。例如，拉丁裔助人者可能不了解美国原住民当事人的文化背景，因此会做出毫无根据的假设。另一个相关的问题是权力差异。一个例子是，白人基督教助人者对阿拉伯穆斯林当事人猜测、轻视或者区别对待时，因为觉得声望或权力地位比助人者低，当事人很难质对助人者。同样，少数群体的助人者（例如，一位年轻的、贫穷的同性恋非裔美国助人者）与多数群体的当事人（例如，一位年长的、富有的异性恋欧裔美国当事人）配对时可能会感到不舒服，因为这与"助人者应当在咨询会谈的双方中拥有更高的社会地位"的文化刻板印象不符。例如，一位同事告诉我，一位年长的女性在第一次会谈中告诉这位同事，她担心治疗师太年轻而无法理解她。我的同事温柔地建议，她们在会谈中一起努力，看看她们是否适合。在第一次会谈之后，当事人告诉我的同事，她认为继续与治疗师合作开展治疗对她很有帮助。

微歧视

助人者有时也会存在**微歧视**（microaggressions）。微歧视是指针对目标对象的有意或无意的言语、非言语（包括环境上）的轻视、怠慢，或带有敌意、贬低的冒犯或负面信息，仅仅是基于对方边缘化群体成员的身份。

有些例子是助人者自动假设黑人当事人是贫穷的，询问华裔当事人她来自哪里（暗指她不可能是美国人），或不建议拉丁裔当事人考虑申请研究生项目。微歧视会造成当事人的困扰，而且影响是累积的（Nadal，2018；D. W. Sue et al.，2007）。

当大多数新手开始了解文化时，他们不想以任何方式向当事人展示种族主义倾向、性别歧视、仇外心理或偏见，因此他们变得焦虑且封闭，有时试图成为"色盲"（即表现得好像肤色问题不存在或无关紧要）。但重要的是要意识到，我们至少都带有一点偏见，最好是谈论它并觉察这些反应，这样我们才能成长和改变。我们每个人都可以意识到自己的特权，意识到自己的偏见和刻板印象，并在我们犯错和存在微歧视时道歉。研究表明，在与少数族裔的当事人打交道方面，一些治疗师比其他治疗师做得更好（Hayes, Owen, & Bieschke, 2015；Morales, Keum, Kivlighan, Hill, & Gelso, 2018；Owen, Imel, Adelson, & Rodolfa, 2012），我们都可以追求这一目标。

在助人过程中讨论文化差异

汤普森和亚历山大（Thompson and Alexander，2006）发现，治疗师是否在第一次咨询会谈中发起种族问题的讨论不会影响治疗结果，这表明讨论种族问题的需求因当事人而异。然而，日藤等（Day-Vines et al.，2007）强调，在咨询过程中引入种族、民族和文化的话题有时是至关重要的。他们表示，在咨询过程中确认文化因素可以提高治疗师的可信度、当事人的满意度、当事人自我表露的程度以及当事人下次再来咨询的意愿。根据他们的说法，引入相关话题包含持一种开放的态度和真诚的承诺，不断邀请当事人探索与多样性有关的问题。他们指出，发起有关文化的对话是助人者而不是当事人的责任，否则由于讨论文化的禁忌，这类对话很可能不会被提及。尽管他们认识到并非所有助人问题都与文化有关，但他们还是建议，当文化问题与当事人所提出的问题有关时，助人者在道德上有责任帮助当事人解决这些问题。

关于少数群体身份的表露

一些文化身份（例如，种族、性别、某些残疾）是公开且难以隐藏的，而其他一些文化身份（例如，性取向、宗教信仰、某些残疾）则更为隐蔽。对于公开的身份，助人者可以选择是否公开提出并讨论他们与当事人之间明显的相似之处和不同之处。相比之下，对于隐蔽的身份，助人者必须决定透露多少自己的身份。

在本节中，我以性少数群体助人者为例，他们必须决定是否向当事人进行自我表露。性少数群体指的是一个范围广泛且多元化的人群，他们不完全是异性恋，可能被认定为男同性恋、女同性恋、双性恋、性别存疑者、泛性恋、无性恋或其他身份。我们可能认为了解助人者是否属于性少数群体或助人者是否对性少数群体持友好态度对于某些当事人来说很重要。的确，利德尔（Liddle，1997）发现，大约 2/3 的同性恋者预先筛选了潜在的治疗师，以确保后者至少对性少数群体持肯定态度，其中 41% 选择了本身就属于性少数群体的治疗师。这说明性少数群体的当事人希望治疗师能够理解他们，并且不会对他们做出负面评价。

如何表露是具有挑战性的。许多异性恋助人者通过展示重要他人的照片或顺便提及丈夫或妻子，无意中给出他们性身份的信号（Shelton & Delgado-Romero，2013）。助人者可以通过显示"盟友"符号，例如性别平等主题的彩虹贴纸、安全空间海报、关于性少数群体问题的文献，或使用性别中立的语言，更有意识地操纵环境线索。

一些研究表明，性少数群体当事人与公开自己性少数群体身份的治疗师有更积极的交流（D. R. Atkinson，Brady，& Casas，1981）。因此，助人者必须决定是否以及何时明确表露自己的性取向，首先要注意确保表露是为了当事人的需求而不是为了自身的需求。在不适当的时间进行表露的危险在于，这可能导致当事人的"他者化"（othering）或病态化，并偏离他们真正的主诉问题，尤其是当他们没有为性少数群体相关问题寻求帮助时。表露的目的是承认差异，并在必要时留出空间讨论这些差异。因此，助人者可以引入这个话题，但如果当事人不关心，则不要坚持讨论该主题。例如，异性恋助人者可能会对男同性恋当事人说：

> 你知道吗，这次谈话让我意识到，由于我是异性恋，你的某些经历我可能永远无法亲身体验到。我想了解你作为男同性恋所面临的独特经历，显然你才是这些经历的专家。知道我们在性取向上的不同之后，我想知道你对谈论这些问题有何感想？

当事人对此会有各种各样的反应，而助人者应专心倾听并做出回应。性少数群体的当事人很可能已经花了多年时间与异性恋者进行互动，并且可能感觉与他们更相似而不是不同，但是以开放的态度来讨论这些差异可能对助人过程意味着什么是有价值的。因此，如果当事人回答"没问题"，助人者可能会说："任何时候如果我不完全理解你的同性恋身份，请让我知道，我承诺接受此类反馈。"相反，如果当事人说自己担心与助人者之间的差异，助人者可能会鼓励当事人进行更多的探索，并再次表达与当事人一起工作的意愿。假如当事人仍然表达对这些差异的担忧，助人者可以考虑转介。

与性少数群体当事人工作的性少数群体助人者面临的挑战略有不同。尽管当事人和助人者有一些相似之处，但不是完全一样。与前面的示例一样，性少数群体助人者可以让当事人了解他们之间的相似点和不同点，并鼓励讨论，以便助人者可以更充分地了解当事人的独特视角。

当然，当事人同样要决定是否向助人者表露他们是异性恋或属于性少数群体。一项研究发现，性少数群体几乎每天都会面临是否要表露身份的决定，他们在大约 1/3 的场合选择不表露，原因和较低的积极情感、自尊和生活满意度有关（Beals，Peplau，& Gable，2009）。因此，性少数群体当事人必须有意识地决定向他们的助人者表露自己属于性少数群体是否安全。

虽然我们在这里关注的是性少数群体当事人，但来自其他边缘化群体的当事人在信任来自更有特权群体的助人者时也常常会遇到类似的困难。例如，正在因为滥用毒品而苦苦挣扎的当事人可能难以信任从未与成瘾做过斗争的助人者。为性少数群体当事人提供的类似建议也适用于其他群体，助人者尝试尽可能多地了解其他群体，愿意谈论群体间的差异，并对当事人的回应保持敏感。

与文化和助人相关的伦理行为

正如在第 1 章提到的，助人者需要留意个体之间的差异，运用能够体现对当事人理解的技术。初学者不应该假定助人技术可以超越文化和个人。例如，我们通常认为保持目光接触是一种开放、感兴趣和愿意参与会议的标志。然而在一些文化中，避免眼神接触表示对权威人物的尊重，因此我们不应按照通常的社会规范来理解（参见第 6 章）。

有时，与来自不同文化的当事人一起工作时，助人者在提供干预时要么忽视、要么过于看重当事人的文化。助人者要意识到，以传统的方式帮助这些当事人可能可以，也可能不够。所以，异性恋助人者在帮助性少数群体当事人时，应该查阅帮助这些当事人的文献，除了了解性少数群体所面对的与异性恋一样的问题，还要了解性少数群体当事人可能面对的特殊困难。例如，肖恩来大学咨询中心寻求帮助，因为他感到抑郁和无望。他的助人者假定这是因为肖恩是一个男同性恋，他的抑郁源于同性恋在校园中受到歧视。助人者告诉肖恩，他理解在一个异性恋占大多数的大学校园里，作为同性恋是多么痛苦。肖恩觉得很吃惊，也对助人者很生气：他来寻求帮助是因为他的姐姐最近在车祸中丧生，他没有办法处理丧亲的悲伤，并不是因为他的性取向问题。所以，助人者一方面要了解当事人的文化深刻地影响着当事人，另一方面切忌想当然地假定当事人的文化背景和相关经历是他们寻求帮助的主要原因。

此外，与不同文化背景的当事人一起工作的助人者不应假定当事人的目标就是融入

（或不融入）主流文化。例如，梅伊是从其他国家移民到美国的，她因为职业选择的问题来寻求帮助。她告诉助人者，她的父母想让她去学医，但她的理科课程学得不好。助人者错误地假定梅伊不想从事医学职业，因此指导她根据自己的兴趣、价值观和能力选择一个不同的职业（因为根据个人的需求和能力选择职业对很多美国人来说是一种文化价值观）。然而，如果助人者认真倾听，他会发现梅伊因无法满足父母的期望和梦想而感到沮丧，因为她的文化背景重视家庭和睦与父母的认可。在另一种情况下，当事人可能不会觉得他们拥有和助人者不一样的文化背景。例如，一位西班牙裔当事人就读于历史悠久的黑人学校，可能会觉得相比西班牙裔助人者，和一位黑人助人者工作会更自在，因为他不认同西班牙裔社群。因此，助人者不能仅仅根据当事人的肤色做出假设。

对当事人的文化表现出兴趣是重要的，但助人者不应该期望当事人对他们进行文化教育。例如，一位在受虐妇女庇护所工作的非裔美国当事人表示沮丧，不仅因为自己是美国社会中权力较小的一群人，还因为被要求培训和教育欧裔美国助人者了解她的文化。

助人者可以通过多种方式对自己进行文化教育，例如，和拥有不同文化背景的人交谈、旅行、品尝不同地方的食物、看电影和读小说。除此之外，可能最好的办法是阅读文化相关的专业文献。一些优秀的著作为多元文化咨询和特定人群的咨询提供了进一步的信息（D. R. Atkinson & Hackett, 1998; Helms & Cook, 1999; McGoldrick, 1998; Pedersen, Draguns, Lonner, & Trimble, 2002; D. W. Sue & Sue, 2016）。然而请记住，专业文献或大众媒体中许多对文化的描述都延续了对该群体的刻板印象或一般概括。尽管这些刻板印象总的来说可能是准确的，但其可能不适用于特定文化中的个人。因此，助人者不仅要了解相关文化的刻板印象，还要了解当事人个体是如何受到他们所属文化影响的。

我们都需要进行认真的自我反省，以发现我们的文化价值观、信仰以及偏见。觉察我们的文化信念（例如，看重独立、自主、宗教信仰和家庭）很重要，不但可以让我们意识到我们重视什么，而且可以让我们不会自动地假定这些价值观对其他人都是正确的。了解我们的偏见，我们才不会损害治疗关系或无意中冒犯与我们文化不同的当事人。

我们所有人都被社会化形成了什么是好、什么是坏的信念，这些信念构成了我们的世界观。我们对这些信念深信不疑，往往没有意识到这些信念实际上是偏见，当我们没有觉察时，它们可能会显露出来。自我觉察是关键。如何传达我们对这些偏见的觉察通常会让当事人知道他们是否可以信任我们并与我们交流。

有时，我们对这些感受已经习以为常，而不会质疑它们的正确性。想想你的"敏感议题"，或是你对不同当事人的反应。如果你对某些类型的当事人（例如，女性当事人、犹太当事人）有一致的反应，你或许可以退后一步并尝试理解这些反应。

同样重要的是考虑当事人由于各种原因对助人者可能会有什么偏见（例如，个人的歧视经历或意识到这个国家的历史是对非白人种族群体的歧视）。例如，一个非裔美国当事人可能会自动地不信任一位白人助人者。为当事人提供一个安全的空间，并对探索当事人的这些偏见持开放态度，对加强治疗联盟是有帮助的。另外，非裔美国当事人可能习惯了白人环境，和白人助人者工作没有问题。此外，重要的是考虑整个人而不是只考虑一个方面，如种族/民族。一个中产阶级的非裔美国人可能和一位中产阶级的白人助人者有很多共同的价值观。

另外，伦理行为不仅限于觉察个人和文化差异，还包括承诺在工作中消除偏见和歧视。这种承诺可能包括积极审视我们的偏见、质对有歧视行为的同事、为处于弱势的人辩护以及推动社会改良。例如，一些助人者为处于社会边缘的当事人提供支持小组。另一位助人者可能会利用她作为咨询师、老师和研究者的经验，写一本如何通过咨询过程赋能当事人的书（McWhirter，1994）。

将多元文化知识、技术和态度融入助人风格

我希望我们都能同意将多元文化知识、技术和态度融入我们的助人风格是值得做的、合乎伦理的和正确的事情。关于这一融合到底是什么样的仍然存在争论。一种观点是我们应该变得有文化胜任力。另一种观点是倡导文化谦逊。还有观点认为我们应该提高我们的批判意识。我认为所有这些都很重要，我在此简要介绍下这些观点。

文化胜任力

D. W. 休和休（D. W. Sue and Sue，2016）断言成为一位具有文化胜任力的助人者是一个积极主动、永无止境的过程。这才是助人者追求和努力的目标，而不应该是助人者自满地看待一切。美国心理学会（APA，2017b）提供了多元文化胜任力（multicultural competence）的指南：咨询师应当反思自己对某些文化群体有问题的、无意识的信念和态度；咨询师在伦理上有责任尽可能多地了解不同文化群体的价值观、社会规范和期望；咨询师面临发展与来自不同文化群体当事人有效工作的技能的挑战。以下是具有文化敏感性的助人者的一些特征（Arredondo et al.，1996；Skovholt & Rivers，2003；D. W. Sue & Sue，2016）：

- 他们尽力去了解自己的文化及文化对自己助人工作的影响。
- 他们尽力去理解文化对自己助人的信念（如助人风格、理论取向、对助人的定义）有何影响。
- 他们诚实地挑战自己的偏见和歧视行为，努力将它们从助人过程中清除。
- 他们有着广泛的助人技能并且灵活地运用，以满足不同文化当事人的需要。
- 他们了解当事人的文化。
- 他们理解歧视和压迫对当事人生活的深刻影响，并将此理解运用于解决当事人的问题。
- 他们承认自己和当事人在文化上的不同，但仍然愿意提供帮助。
- 他们在有必要的时候会寻求督导或转介。

文化谦逊

鉴于难以获得有关所有不同文化的知识以及依赖刻板印象和忽视文化细微差别的危险，研究者对文化胜任力的概念提出了批评（Weinrach & Thomas，2004）。**文化谦逊**（cultural humility）被提出来作为处理文化差异的替代概念（Hayes，Owen，& Nissen-Lie，2013；Hook，Davis，Owen，Worthington，& Utsey，2013）。文化谦逊涉及对治

疗关系的承诺，是一个人不断地进行自我反思和自我批评，同时考虑到文化的主观性和复杂性的谦逊态度。在理解他人的文化经历时，文化谦逊包括对自我及其局限性的准确认识。了解当事人的文化背景时，助人者会持开放的态度，而不会表现出傲慢、优越感或刻板印象。因此，文化谦逊包括以开放的态度了解当事人、与当事人合作，而不是想当然。研究发现，文化谦逊不同于文化胜任力，并且与积极的治疗过程和效果相关（Hook et al.，2013；Owen et al.，2016）。

批判意识

批判意识（critical consciousness）是指一个人认识到存在社会、政治和经济上的不平等，并采取行动消除系统性压迫（Diemer，Rapa，Voight，& McWhirter，2016；Freire，2000）。批判意识是一个人随着时间的推移而觉察到的，它可以帮助来自边缘化群体的人们从不平等的条件中解放出来（Duran，Firehammer，& Gonzalez，2008）。来自边缘化群体的人们（例如，美国的有色人种女性）通常比拥有更多特权的群体成员（例如，美国白人男性）对社会权力分配有更多批判（Gutierrez & Lewis，1999）。帮助人们形成批判精神是帮助边缘化群体理解社会和经济等级，并在社会中获得权力的一种方式。他们开始认识到，社会不平等通常来自结构性、制度化的力量，而不只是来自个人特征（Godfrey & Wolf，2016）。批判意识可以作为对自尊产生负面影响的歧视和污名化的缓冲。

助人者关于文化议题的困难

你可能会想以种族/民族、性别、性取向等匹配助人者和当事人是不是会更好。但没有太多的证据表明这样的匹配会有什么不同。实际上，海斯（Hays，2016）指出文化价值观（例如，之前提到的平等主义相关的价值观）的匹配比种族/民族的匹配更重要。根据我的经验，对于有些当事人来说，匹配人口统计学变量极为重要。例如，一些女性当事人拒绝见男性助人者，一些性少数群体当事人一般不会与认为同性恋有罪的助人者配对，一些有宗教信仰的当事人担心被世俗的助人者误解。

新手助人者也常常担心他们需要成为所有文化的专家才能成为有效的助人者。但他们不可能成为所有文化的专家，因为每个人都是独立的个体，来自不同的文化。但是，你可以在各种文化中进行自我教育，了解自己的文化偏见，并乐于了解当事人的文化。一位新手助人者回忆曾遇到一位来自亚洲国家的第一代当事人。因为她知道自己有一些与移民相关的敏感问题，所以她去搜索了移民相关的文献，之后她也询问了当事人的文化背景。

你可能还会问，在其他文化背景下应用三阶段模型（以及其他西方模型）是否合适？换句话说，我们的模型和理论是通用的还是仅适用于特定文化？例如，西方理论，特别是当事人中心和精神分析理论，最近已被引入中国。然而，这些西方理论在许多方面都与中国的文化价值观相冲突。在我们在中国进行的研究中（Duan et al.，2012，2013），我们检验了使用指导的效果（即提供建议或布置家庭作业）。在中国的等级文化中，专家（例如，老师或咨询师）提供建议是很常见的。但是，当事人中心和精神分析理论避免使用建议，这使接受西方理论训练的中国助人者陷入了矛盾，因为他们的当事人希望获得建议。

初学者可能还会担心何时可以向当事人询问他们的文化背景，何时不应该期望当事人对自己进行文化教育。我建议询问当事人的个人情况、家庭成长经历、同伴关系和生活经历以了解当事人及其独特的经历。但是，希望当事人就有关人群的一般特征和刻板印象对助人者进行文化教育是不合适的。

我们大多数关于身份和多样性的真实想法和感受都潜伏在无意识水平。我们许多人在主流文化中已经被培养为"色盲"（例如，不注意差异、假装每个人都是平等的）。我们中的一些人带着偏见长大；有些人为自己的偏见而深感羞愧，担心别人发现他们无意识的感受；其他人则没有意识到这些偏见，而是相信它们没有问题。由于这些想法和感受通常是无意识的，因此很难区分基于刻板印象的偏见和现实的感受（例如，特定的当事人可能不是很聪明或行为不当）。我们需要意识到我们的特权并承认它们。

许多少数族裔的当事人不得不面对歧视和社会压迫。他们也经常被社会化以应对歧视（例如，非裔美国家庭经常主动教育他们的小男孩和警察顶嘴要小心）。不足为奇，在助人情境中面对来自多数群体的助人者时，来自少数群体的当事人可能会有一些焦虑。

我听当时的马里兰大学首席多元化官肖特-古登（Kumea Shorter-Gooden）博士谈到大学的多元化和包容性（2013年4月15日）。她说在2013年明显的性别歧视或种族主义或其他主义事件的发生频率比以往要低，因为大多数人，至少在学术界，都看重公平和平等，并希望不带偏见。更有问题的是那些我们无法意识、悄悄泄露的内隐偏见。她注意到意图和效果的不一致，例如，一个人出发点是好的，但说出来的话或做出来的事带有偏见（微歧视）。当被指出时，人们常常觉得非常尴尬和羞愧，因为他们认为自己是公平、平等和公正的。她指出，我们都在与我们的偏见做斗争，需要不断更新以保持良好状态。

大多数与文化有关的例子都是设想困难是因为助人者和当事人之间的身份不同（例如，性少数群体和异性恋之间、身体残疾者和身体健全者之间）而产生的。但同样重要的是，与同属我们文化群体的当事人工作也会出现困难（例如，两位女同性恋者之间、两位老年人之间），因为助人者匹配的身份变得更加突出了，而这可能引发复杂的情绪（例如，愤怒、嫉妒、失望、自豪）。例如，如果助人者和当事人都属于多数群体，则助人者可能不会觉得当事人关于特权的想法有问题，因为助人者潜意识里也觉得这是很正常的。

对所有人而言，多样性工作都是艰辛而令人畏惧的。当我们有带有偏见的想法和行为时，我们大多数人都会感到羞愧，并尝试让自己做到包容。可以公正地说，我们都会做出错误的文化假设。考虑到与当事人工作时文化错误是不可避免的，因此更大的问题是学会识别这些错误并及时纠正。承认错误的助人者更有可能通过确认当事人的感受、承诺更有文化敏感性来加强治疗同盟。一个常见的陷阱是，助人者太害怕搞砸了，以至于他们从未与不同种族/民族背景的当事人探讨过种族/民族问题。而另一个极端是，助人者可能非常想展现包容和政治正确，以至于他们不断提出文化议题，并将此当作看待一切的滤镜。助人者需要觉察到自己的内疚、恐惧、羞耻、排斥和愤怒的感觉，意识到这些感觉的根源，然后有意识地选择要追求的态度和要实施的行为。每次我们出错时，我们都可以利用这些机会重新审视自己并加深我们的治疗关系。

我自己的文化经历

我要感谢多年来帮助我了解文化在助人技术中的作用的那些人。我痛苦地意识到我的理解受到我的经验限制和扭曲。我仍然在学习，还有一段路要走。作为探索文化自我觉察的一个例子，让我描述下我自己的文化背景，以及我认为它可能给我作为一名助人者带来的影响。

我，一位白人异性恋女性，1948年出生于密西西比州的乡村。那时正值第二次世界大战刚结束，当时的美国与其他文化非常隔绝，价值观保守且带有偏见，种族之间有明显的区别。我的父母刚从伊利诺伊州搬到了密西西比州，但作为北方人并不太受欢迎。我记得我的母亲提到她因为邀请黑人朋友来家里喝咖啡而被白人邻居排斥。尽管我的母亲成长于一个富裕的家庭，但我自己的家庭却很贫穷。我的父亲曾尝试当牧师和教师，但都失败了，最终搬回伊利诺伊州北部，在一家工厂工作来养活四个孩子。

我的父母是欧裔美国人（主要是英格兰人、爱尔兰人和德国人的混血儿）。在我20多岁之前，我几乎没有接触过来自不同文化的人。尽管我的父母善良、关心他人、乐于助人，但他们是他们那个时代的产物，持有我们现在认为的种族主义和性别歧视态度。他们非常虔诚，我父亲接受过浸信会牧师的培训，所以我和我的兄弟姐妹从小就被培养成善良和有道德的人，要回馈社会，将大多数令人愉快的事情视为有罪的，并尝试改变他人接受我们的信仰。另一个主要的文化重点是只吃健康食品，这在当时被认为是反文化的，使我们与其他人截然不同。在我（四个孩子里最小的一个，还有一个在婴儿时就夭折的妹妹）上小学后，我的母亲开始从事社工的工作（尽管她没有学位）。因为我的父母无法提供任何经济支持，我不得不勤工俭学读完大学。

在我的家庭里，交流不是公开和直接的；相反，人们在背后议论他人。但每个人都对动力学感兴趣并且试图了解自己和他人。我们都对阅读感兴趣，特别是关于其他人生活的作品。另一个重要的因素是，在十几岁的时候，我强烈反抗家庭的宗教信仰，并开始质疑与生活方式有关的一切。尽管在很多方面功能不健全，但我的家庭充满爱，我也没有经历过重大创伤。

在这样的背景下，我上大学时选择心理学专业也就不足为奇了。当我获得博士学位并成为一名心理学家时，我从一个有宗教背景的中下阶层人士转变为一个专业的、无宗教背景的中上阶层人士，所有这些都是一种文化冲击［和万斯 Vance 在 2016 年出版的《乡下人的悲歌》（*Hillbilly Elegy*）里的描写有点相似］。此外，我的整个成年都在相对受保护但竞争激烈的学术界度过。我已婚，有两个成年子女和三个孙辈人，我认为家庭和工作同样重要。同时，世界发生了变化，美国变得难以置信的多元化，以至于我有来自世界各地的邻居、同事和学生。

因为我是白人、美国人、异性恋，受过良好教育，没有残疾，而且现在拥有良好的社会经济地位，所以我会有很多特权。我会因为自己的性别而受到歧视，但也会因为我的女性身份而享受优待。我小时候经历过贫困，不得不努力工作。我在很多方面都非常幸运，取得了学术上和经济上的成功，我很幸运能在一个重视多元化和平等的大学和社区工作。

显然，所有这些都会影响我作为助人者的身份。当有人和我不一样时（大多数人都和我在某些维度上不一样），我需要努力工作以确保我不会将我的信仰和世界观投射到他们身上。我必须有意识地试着去理解他们的观点。我需要觉察那些自动激活的偏见和刻板印象。我关注我有关当事人的梦，我也会在一个同辈督导小组中讨论我的个案。

我知道我有一些敏感议题，并愿意表露。首先，我对来自不同种族背景的人既感兴趣又有点小心翼翼，我不确定是否能理解他们。其次，我愿意及时了解与性少数群体相关的变化。我痛苦地意识到，每次听到这方面新的发展（例如，同性婚姻、新的代词），我会立即产生一种保守的反应，然后我需要仔细思考我的真实感受，直到我能有一种更加公正、开放的态度。我确实认为随着年龄的增长，我越来越难以对变化做出如此迅速且开放的反应，所以在大学里和年轻人在一起是一件幸运的事，在那里我被迫挑战自己的想法。此外，在拥有富裕背景、接受过精英教育的杰出人士面前我会感到不安，我立刻就变得结结巴巴，觉得自己像个穷孩子。我同样无法理解那些对深度探索和领悟不感兴趣的人，我很难与那些不具备心理学头脑的人共情。显然，我还有许多工作要做，需要努力觉察自身的偏见和假设，而且我知道我经常失败。

我希望你能以类似的方式思考自己的背景和偏见。尽管承认这些弱点很困难并令人痛苦，但了解这些偏见可能对你的当事人产生什么影响至关重要。

你的想法

- 你如何定义文化？
- 讨论文化在助人中的作用。
- 许多战争都是因为文化和宗教冲突。讨论这样一个概念：我们是通过感觉与我们的群体（内群体）相似并且比其他人（外群体）更好来定义自己的。可以做些什么来减少宗教战争？
- 在你对文化的思考中，你会强调相似性还是多样性？

关键术语

文化适应 acculturation　　集体主义 collectivism　　批判意识 critical consciousness
文化谦逊 cultural humility　　　　　　　　　　　文化 culture
平等主义 egalitarianism　　　　　　　　　　　　文化保留 enculturation
性别与性别取向的差异化 gender and gender orientation differentiation
个人主义 individualism　　交叉性 intersectionality　　微歧视 microaggressions
多元文化（或文化）胜任力 multicultural（or cultural）competence
种族/民族 race/ethnicity　　　　　　　　　　　种族认同 racial identity
理性-灵性 rationality-spirituality　　　　　　　　性别认同 sexual identity
严格或宽松（文化）tight or loose（cultures）

研究概要

和 LGBT 当事人工作

文献出处：Israel, T., Gorcheva, R., Burnes, T. R., & Walther, W. A. (2008). Helpful and unhelpful therapy experiences of LGBT clients. *Psychotherapy Research*, 18, 294-305. http://dx.doi.org/10.1080/10503300701506920

理论依据：女同性恋（lesbian）、男同性恋（gay）、双性恋（bisexual）和跨性别者（transgender）（LGBT）当事人通常会面临污名化、偏见以及歧视，因此他们患有心理疾病和寻求心理健康服务的比例都比相应的异性恋人群更高。不幸的是，心理健康专家对LGBT 当事人的回应并不总是治疗性的，这可能会加重他们的问题。作者的研究目标是确定 LGBT 当事人对治疗中有帮助和无帮助事件的描述，以使未来的治疗师能够为性少数群体当事人提供更好的治疗。

方法：对正在接受咨询的 LGBT 当事人进行访谈，询问他们觉得在咨询中什么是有帮助的和无帮助的（当事人平均进行了 4.6 次咨询会谈，2/3 的当事人都在咨询中获得了积极的体验）。使用"民族志内容分析"（一种质性方法）分析数据。

有趣的发现：
- 有帮助的情境是：治疗师的温暖、尊重、不评判的态度、值得信赖、保密、关怀和倾听。治疗师被描述为在处理性取向或性别认同方面具备相关知识、有帮助且持肯定的态度。当治疗师帮助当事人获得领悟、缓解症状、提供结构、教授技能、在会谈外提供帮助、灌输希望和乐观情绪、使人安心、帮助获得药物治疗并适当地关注当事人的需求时，也被认为是有帮助的。
- 无帮助的情境是：治疗师冷漠、不尊重、不投入、疏远或不关心当事人。一些无益的干预措施包括冥想、询问"为什么"的问题、过多的自我表露、过度沉默和拒绝反馈。此外，治疗师有时会将自己的价值观、判断和决策强加于当事人；没有关注当事人想要关注的内容；用药不当；破坏了当事人的信任或保密性；迫使当事人过多地探索或表露；无法联系；性侵犯当事人。

结论：
- 对于 LGBT 当事人来说，显然有些事情是有帮助的，有些则是无帮助的。
- 关爱的关系和基本的助人技术对 LGBT 当事人都很重要。

对治疗的启示：
- 治疗师需要热情并接纳 LGBT 当事人。
- 治疗师与 LGBT 当事人的工作需要特殊训练。
- 与 LGBT 当事人工作时，治疗师需要评估自己的价值观。
- 治疗师需要记住，性取向和性别认同不是 LGBT 当事人在治疗中要讨论的唯一问题。
- 治疗师不应对当事人的性取向或性别认同做预设，因为当事人经常处于性别认同发展的早期阶段。

实验室活动：自我觉察

目标：帮助初学者对自己的文化价值观有更多的认识，学会理解、欣赏其他的文化，变得更为敏锐。

练习1：文化意识

1. 寻找与你在种族/民族、社会经济地位、性取向、性别或宗教信仰方面不同的一个人组成搭档。每个人应该至少讲5分钟关于他或她在孩童时期的一些文化经历（例如，节日风俗，一个可以让人立即意识到自己的文化的时刻）。另一个人应该倾听，不插话，除非需要鼓励谈话继续。

2. 重新组合为大组。每个人都可以向其他人介绍自己的搭档，并且就刚才听到的内容谈一谈对搭档的文化的认识。

练习2：敏感议题

1. 想象你分别面对以下每一位当事人坐着，花一分钟想想你会有什么感受、会如何反应。有什么"敏感议题"（激烈的内部反应）被引出来了？在每一行找出你觉得与其相处最自如的人和与其相处令你最不舒服的人，分别画个圈或打个叉（例如，你可能圈出女同性恋，而在双性恋当事人上画个×）。请真诚地面对自己——觉察是自我理解和改变的第一步。

- 种族/民族（非洲人、亚洲人、白种人、西班牙人、原住民）
- 性别（女性/男性）
- 性取向（双性恋、男同性恋、异性恋、女同性恋、变性者、不确定者）
- 宗教信仰（无神论/不可知论、佛教、基督教、印度教、伊斯兰教、犹太教）
- 年龄（6~17岁、18~30岁、31~60岁、61~100岁或以上）
- 社会经济阶层（穷人、中产阶级、富人）
- 心理状况（药物滥用、抑郁、焦虑、精神病、轻度困扰）

2. 同另一个人谈谈你认为自己的表单暴露了自己什么问题。你最自豪的是什么？你想要发扬光大的成长点在哪儿？

练习3：正念

这个练习的目的是学习观察你的想法并检查它们，但不要因为它们而自责。这是自我觉察的第一步，也是我们通篇要谈论的话题。

1. 选择舒服的坐姿坐在椅子上，双脚着地，移去大腿上的东西。闭上你的眼睛，深呼吸并逐渐放松。清空意识中的杂念。

2. 想象你成为一名助人者。让一种想法进入你的意识，仔细想一想它，然后让它离开。例如，当你想成为一名助人者时，你感受到了一丝焦虑。停在那儿想一分钟。感到焦虑是什么样的一种情形？你身体的哪个部位感受到了它？想象坐在当事人对面的感觉，然后让那个念头离开。深呼吸。然后，让另一种想法进入你的意识。也许你想到助人工作正是你一直想要做的，完全沉浸在这种想法当中。想象你能够帮到别人的那种自豪感，想象通过助人你的生命获得了意义，然后让这种想法离开。再一次深呼吸。让一些其他的想法进入你的脑海当中。如此反复，持续 5 分钟。

3. 在整个学期里都自觉地练习正念。

个人反思：

- 你对自己有哪些新认识？
- 你对于某种不同的文化有哪些新认识？
- 你对你所发现的"敏感议题"有何感想？
- 对于你的"敏感议题"，你觉得可以怎样处理？
- 你在正念练习中的感受是什么？你能够让那些感受离开吗？

第二篇
探索阶段

第 5 章　探索阶段概述

第 6 章　提供支持的技术

第 7 章　探索非情感内容、想法、叙述和故事的技术

第 8 章　探索情感的技术

第 9 章　探索阶段的技术整合

第 5 章

探索阶段概述

> 当一个人倾诉心声后，他就会感觉更轻松。
> ——犹太谚语

自从波里瓦不久前搬到了美国，他一直感到痛苦、孤单和没有价值。他极度地渴望有一个亲密的朋友能够听他诉说内心的感受。他的父母很关心他并且建议他去寻求专业帮助。在他与助人者的第一次会谈中，波里瓦说他感觉似乎快要因这种孤独感而"崩溃"了。自从他搬到美国，他没有跟父母之外的任何人交流过。他犹豫要不要告诉父母他的感觉有多么糟糕，因为他害怕父母会更加担心，而且他觉得父母也无法提供帮助。助人者仔细地倾听，并对波里瓦孤独、悲伤和被拒绝的感受做了情感反应。波里瓦开始哭泣，并谈到自己因为来自另一种文化而感觉与别的孩子有多么不同。助人者让他诉说和表达自己的感受。她接纳了波里瓦并不带任何评判地倾听他的讲述，极力去理解他的体验。在会谈结束时，波里瓦告诉助人者他感觉好多了，而且恢复了结识朋友的力量。与一个关怀、善解人意的人交谈，帮助波里瓦卸下了心理负担，并且感觉好受一些。

在探索阶段，助人者致力于建立融洽的关系，并鼓励当事人谈论他们内心的想法和感受。他们通过专心和不加评判地倾听，与当事人共情，将自己置身于当事人的主观现实中，并使用适当的非语言和语言技巧（重述、情感反映以及针对想法和情感的开放式提问）来做到这一点。本章作为这一篇的概述，将介绍探索阶段的理论背景以及主要目标。第 6 章到第 8 章将系统地讲述达到探索阶段目标所使用的主要技术。第 9 章将讨论新手助人者在此阶段解决临床问题时如何整合这些技能。

理论背景：罗杰斯的当事人中心理论

探索阶段是以罗杰斯**当事人中心理论**（client-centered theory）的人格发展和心理改变理论为基础的（参见 Rogers，1942，1951，1957，1959，1967；Rogers & Dymond，1954）。罗杰斯以其乐观、积极的人性观在心理学领域有着深远的影响，他认为每个人都有朝向健康和创造性成长的潜能。他的当事人中心取向源于现象学，现象学非常注重当事人的体验、感受、价值观和内部活动。罗杰斯认为，个人对现实的知觉是有差异的，主观体验指导着行为，个人是受内在体验而非外在现实的导引。同样，他认为理解个体的唯一途径是进入个体的内部世界并理解个体的内在参照系。换而言之，想要理解一个人就需要搁置评判并尽力站在他的角度来看待事情。

在罗杰斯看来，人的基本动机是趋向自我实现的，这种自我实现的趋向促使人们去成为他们想要成为的人。他相信每个人都可以实现自己固有的"**蓝图**"（blueprint）和发掘出一系列潜能。正如植物和动物的成长不需要有意识地去努力，只需提供让它们成长的最佳条件就够了。罗杰斯相信人具有内在的能力来发掘出他们的潜能。而且，罗杰斯还相信，由于这种先天的成长潜能，人们能够承受困境，并从困境中恢复。

罗杰斯的人格发展理论

按照罗杰斯（Rogers，1942，1951，1967）的观点，婴儿具有与生俱来的机体评价过程（organismic valuing process，OVP），使他们能够根据自己的感受去评价每种经历，因此婴儿会评价每种经历是否让他们感到更好或是更糟。比如，如果一种经历（例如，被喂食、肌肤相亲）让他们感受很好，婴儿就会惬意而满足。

然而，如果一些经历让他们感受不好（例如，饥饿、感觉热、受凉或者穿着脏的尿片），婴儿就会不开心并大哭。婴儿对事物的评价源于他们真实的感受，而不是别人告诉他们该如何感受。他们可以准确地感知体验而不会扭曲它们。在机体评价过程中，每一种经历就是经历本身，没有价值高低的区别。因此，机体评价过程是每个人生而具有的内在向导，如果遵循此内在向导，它会引导人们去相信自己并最终趋向自我实现。

但问题之所以出现，是因为父母的教养模式对孩子有决定性作用。用罗杰斯的话来说，他们还有获得无条件积极关注的需要（例如，接纳、尊重、温暖和无价值条件的爱）。也就是说，他们需要因他们自己被爱，而不是因为他们符合某些标准或满足某些要求。当儿童感受到被重要他人珍视、接纳、理解时，他们开始体验自爱和自我接纳，并发展健康的自我概念（即自我意识），伴随很少或没有内部冲突。被珍视的孩子能够专注于自身的机体评价过程并依据自身的内在体验做出适宜的选择。

但是，重要他人经常给孩子设置价值条件，要求孩子需要满足一定的要求才能被爱。例如，父母可能会给孩子传达这样的信息，诸如"你要做个'好女孩'，我才爱你"、"如果你不把你的房间收拾干净，我就不爱你了"、"你必须足够聪明才能赢得我的爱"或者"你一定要是异性恋，否则我会为你感到羞耻"。由于父母（通过言语或行为）向孩子们传达了只有当他们符合父母强加的标准时他们才能被爱、被接纳，孩子们开始相信他们必须按照这种方式行动才能获得父母的爱。

基于对爱的需求，价值条件而非机体评价过程成为儿童组织他们经验的向导。换言之，儿童往往以牺牲他们的机体评价过程为代价来获得父母的爱（例如，儿童会放弃自发的、顽皮的状态，通过"得体地"坐着、表现"好"来取悦父母）。当一个孩子内化了父母的价值条件时，这些条件就会成为他自我概念的一部分。

价值条件越多，自身真实经验被歪曲的程度就越高。比如，一个母亲可能传递给一个小女孩这样的信息：她对弟弟的讨厌是不被接受的。这个女孩可能觉得为得到母亲的爱，她必须做一个好女孩，所以，她可能会否认自己对弟弟的这种讨厌。因此，她学到的是

"她的感受是不被接受的",而不是"她可以讨厌弟弟,但不能伤害他"。另一个例子是父母会因为孩子受到伤害或是面对困难感到无助时的哭泣而惩罚或嘲笑他们。儿童可能会压抑自己被伤害和想要依赖的感受,变得极其独立,以便能够维持父母对自己的赞赏。还有一个例子是,父母可能会为孩子的穿着不符合出生的性别而感到羞耻,孩子因此知道这种偏好是不合适的。这些例子说明了在儿童成长过程中外在强加的价值条件是如何取代机体评价过程的。

当厌恶、渴望依赖和性取向的感受被唤起时,这些孩子必须压抑或否认这些感受,也因此失去了与自身内在体验的联系。

对儿童来说,只有当自我经验同他人之间的反馈一致时,他们才会体验到积极的自尊(例如,一个孩子觉得自己有拉小提琴的天赋,而周围的人也告诉她她确实有这样的天赋)。自我价值感的形成依赖于与重要他人互动时习得的价值条件。一个有太多价值条件的孩子不能对自己的经验保持开放、接受自己的感受、活在当下、自由地做出决定、拥有信任、同时拥有敌对和喜爱的感受、拥有创造力。他们的自我感受是矛盾的。

显然,儿童需要完成社会化的过程,以适应家庭和社会的生活。很多时候,他们不能按照自己所有的内部需求来行动,或是让需求立即获得满足,因为世界并不是完美的,而且,自身的需求往往也会与其他人的需求相冲突。比如,父母不可能随时随地满足婴儿的需求,因为他们有时会有自己其他的需求。此外,父母也不能允许孩子伤害兄弟姐妹或是其他的孩子。因此,在帮助儿童社会化的过程中,父母所采用的方式是至关重要的。例如,父母可以试着去理解孩子的感受,但同时也可以设定限制(例如,"我知道你对弟弟很生气,但是你不能伤害他")。孩子可能会感到沮丧,但不会否认自己的感受。同时,他们能够学会体验自己的感受并以一种更能被社会接受的方式来处理它们。反之,如果父母羞辱孩子(例如,"真正的男子汉是不哭的""闭嘴,否则我会让你哭得更厉害")或者否认孩子的感受(例如,"你并不讨厌你的老师""你根本就不伤心"),那么孩子将会对自己的感受感到困惑。这是因为,孩子可能正在感到悲伤或愤恨,可父母却说这些感受并不存在。如此一来,他们应该信任什么呢——是自己内在的体验,还是父母告诉自己的体验?如果孩子不去在意父母的话,他们就会面临失去父母赞赏和爱的风险。如果孩子不去在意自己的内在体验,而是努力地取悦他人或是听从于价值条件,那么他们将丧失自身的感受。我们很容易发现儿童是如何变得不再信任自己的内在体验的。儿童必须要生存,所以,他们通常会选择父母的关注和"爱",而不是自己的内在体验。

当价值条件无处不在时,机体评价过程也就丧失了功能,对自我的觉察被削弱,从而不能够体验或识别属于自我的感受。比如,人们甚至不会意识到在被伴侣进行言语和身体虐待时愤怒和受伤的感受,因为他们认为这是自己应得的。当人们不能允许自己拥有自己的感受时,他们通常会感觉到空虚、虚伪或者缺乏真诚。缺乏个人感受上的真诚会导致理想自我和现实自我之间的分裂或不一致。这便是焦虑、抑郁和防御性关系的根源。

有大量证据支持罗杰斯的发展理论。比如,不顾孩子情绪的反应(例如,大喊大叫)会阻碍情绪的自我反省并阻碍情绪知识的获得(Denham,Mitchell-Copeland,Strandberg,Auberbach,& Blair,1997)。

相反,父母对孩子情绪的支持预示着更多的情绪知识(McElwain,Halberstadt,& Volling,2007)。那些参与"情绪交流",专注于帮助孩子标记和表达情感、理解为什么他们会体验到特定的情感的父母会培养出更富有情感知识的孩子（Denham & Kochanoff，2002）。当母亲们解释情绪、表现出积极的情绪并对她们处于学龄前期的孩子的情绪给予积极反应时，她们的孩子能更好地理解情绪（Denham，Zoller，& Couchoud，1994）。

防御

罗杰斯（Rogers，1957）提出，当一个人是谁和他认为自己应该成为谁之间不一致时（罗杰斯称之为真实自我和理想自我之间的分裂），个体就会感到受到威胁。例如，假装愉悦和快乐（"微笑！"）但实际上感到愤怒和抑郁的人有失去与内在自我联系的危险。如果他们能够准确地知觉到自己的抑郁，他们就会意识到他们的自我将受到威胁，因为他们已经构建了一个总是快乐着的自我形象。当人们觉察到这种威胁时，他们通常会表现出焦虑，这正是自我处于危险中的信号。人们通过激活**防御**（defenses）来减少体验和自我认知之间的不一致，从而减轻焦虑。

一种主要的防御措施是知觉的歪曲，即一个人通过修改或曲解自己真实的体验，使它与自我概念相协调。通过歪曲知觉体验，当事人避免去处理那些不愉快的感受和问题，从而维持自身的观念。比如，一个男人可能认为自己的体重处于平均水平，即使他已经超重很多以至于连椅子都快坐不下了。他可能会对自己说："我吃得并不比别人多。"再如，一个感觉自己没有价值的人在工作中得到了晋升，她可能会曲解自己升职的原因，以便与她消极的自我感受相一致。她可能会说自己获得晋升是因为"老板不得不这样做"或者"没有其他人想要这项职务"。

另一种防御措施是否认，包括忽视或抨击现实。在这种情况下，人们拒绝承认那些与他们的自我认知不相符的体验。通过否认体验，当事人避免了焦虑。比如，一位女士在工作中受到不公平的对待，她可能会否认自己对老板的愤怒，因为她内化了父母的信念——愤怒是不好的，并且，一旦她表达了愤怒，她就会失去爱。她不允许自己体验愤怒，而是认为自己在工作中不够努力，或者不够聪明。

防御的作用是阻止不一致的体验进入意识，使自我感受到的威胁最小化，这样，自我便可以发挥功能来应对问题。

一定水平的防御对于应对问题是十分必要的，但是，过度使用防御会导致自我至少付出以下三方面的代价。第一，主观现实（一个人允许自己体验的）会与外部现实（外在的世界）变得不一致。在某种程度上，当一个人无法再去歪曲和否认自己的体验时，威胁和焦虑将会变得势不可挡，自我也会发生解体。比如说，一个孩子可能努力维持一种父母关系很好的错觉，尽管他们每晚都要打架。然而，当他的母亲在没有任何预兆的情况下离开时，这个男孩可能因为无法承受这种丧失而不去上学，也不再跟其他人交谈。再如，一个人可能会将自己不想接受的那一部分进行隔离并将它排除在意识之外（例如，否认自己曾遭受性虐待）。第二，个体可能会在那些必须保证现实不被觉察的领域发展出僵化的认知。比如，一位女士可能执拗地相信一种治疗癌症的偏方，却不去关注任何能够证明这种方法无效的证据，从而导致她一直得不到有效的方法来治疗她的癌症。第三，真实自我可能与理想自我不一致。这意味着一个人在现实中的样子与自身希望的样子之间有差别。一位女士可能只有中等智力，但她感觉自己需要更聪明点（特别是当她内化了父母认为她必须足够聪明的价值条件时）。如果现实和理想之间的差异太大，个体就会感受到不满并产生心理失调（如抑郁、焦虑）。

重新整合

依照罗杰斯（Rogers，1957）的观点，个体要克服这种真实自我和理想自我之间的分离、僵化和差异，就必须对歪曲和否认的体验有所觉察。换言之，个体要允许体验发生并且能够准确觉察。对于前面描述的那位女士，她需要承认并接受自己智力一般这个事实，并且学会尊重自己，而不是歪曲和否认自己的感觉。

罗杰斯指出，为了进行再整合，个体需要：（a）减少价值条件；（b）通过从他人那里获得无条件的积极关注来增加积极的自我评价。当一个人本真的一面得到他人接纳时，价值条件就会失去意义，无法再指导行为。最终，个体重新启动机体评价过程，开始相信内部自我，对体验和感受也变得更加开放。

如果自我仅仅是感受到微弱的威胁，而且自我和真实体验之间的差别也不大，在这种情况下，个体可以在没有来自他人的无条件积极关注的情况下实现重新整合。但是，通常个体年复一年地按照强加在他们身上的价值条件去反应，变得越来越具有防御性。防御机制一旦发展起来就很难再丢掉。这是因为，人总是担忧会再次受伤。实际上，防御机制是帮助儿童来应对、适应环境的，但恐惧和习惯使得防御一旦形成便很难消除，即便已经不再需要这些防御。

助人关系的重要作用就是帮助个体战胜他们的防御，重新信任他们的机体评价过程。助人关系通过自我实现趋向来使个体突破那些通过价值条件而内化的限制。在助人关系中，助人者试图进入当事人的主观世界，并理解当事人的内在参考框架。助人者同样努力给当事人提供一种不附带任何价值条件的被接纳和被关心的体验。因此，助人者的真诚接纳让当事人开始接纳自己。助人关系并非一定从专业助人者那里获得，事实上，人们经常也能够从生活中支持他们的人（例如，朋友、亲人、拉比、牧师、神父或伊玛目）那里获得这种关系。

罗杰斯（Rogers，1951）认为助人关系本身就能够促进当事人的成长："我将自己投入治疗关系中，怀着一种假设，或者一种信念，那就是我的热情、我的信心以及我对他人内心世界的理解，都将导致有意义过程的发生"（p. 267）。罗杰斯学派的助人者相信大多数当事人能够在被倾听、被理解和被接纳中获益。这种关系的力量具有极强的治疗性和建设性。在罗杰斯学派看来，助人者应当以促进当事人成长的态度投入治疗关系中，这种态度具体指一致（真诚）、无条件积极关注和共情同感。

罗杰斯（Rogers，1957）还提出了六个改变发生的充分必要条件。

1. 当事人和助人者有心理上的接触。助人者和当事人之间的治疗关系和心理接触是当事人改变的基础。

2. 当事人处于一种不一致状态。当事人的自我和经验之间存在着不一致，这种不一致导致当事人陷入脆弱和焦虑。如果当事人感受不到焦虑，其就不会有足够的动机投入助人过程之中。

3. 助人者在此关系中是一致（真诚）或整合的。助人者对自己的经验保持开放，并且真诚地为当事人提供帮助。助人者不能在治疗关系中假装。

4. 助人者体验到对当事人的无条件积极关注。助人者需要给予当事人无条件的积极关注。助人者必须要重视当事人所有的感受（尽管不必关注所有的行为），并且对当事人的感受不做任何评价。重要的是试图理解当事人的感受和体验，而不是评判"应该"或"不应该"，或者是"对"或"错"。

5. 助人者需要与当事人共情同感。助人者应试图让自己进入当事人的情感世界并理解当事人的内心体验。

这种理解来自助人者对当事人感受的体验，以当事人的内部心理过程作为参考系。助人者不但需要体验当事人的感受，而且需要对当事人的感受做出反应；助人者需要能够在超越言语的层面去理解当事人那些未说出的感受（Meador & Rogers，1973）。助人者通过将自己视作当事人，身临其境地进入当事人的生活中，去体验当事人的感受，同时，又没有丧失作为独立个体的意识。助人者应试图去觉察和发现那些由于极具威胁性而没有被当事人意识到的感受。罗杰斯强调，共情同感并不是消极被动的，它需要反思、敏感性和理解的能力。他是这样来描述共情同感的：

> 共情同感（empathy）意味着进入另一个人的私人世界并且完全地沉浸其中。时刻保持着敏感，跟随着这个人，感受其情感变化的意义，感受他所感受到的一切：恐惧、愤怒、温柔和困惑，以及其他任何他所体验到的东西。这意味着暂时地进入了另一个人的世界，缓缓移动并不做任何评价。（Rogers，1980，p. 142）

6. 当事人需要体验到助人者的真诚、无条件积极关注和共情同感。如果当事人无法体验到这些助长条件，所有的实践目标对于当事人而言就都是不存在的。因此，助人者必须体验助长条件，将其传达给当事人，使当事人也体验到助长条件。共情同感的缺乏可能是由以下任一步骤中的问题引起的（助人者没有感受到助长条件，也没有传达助长条件，或者当事人没有体验到助长条件）。

罗杰斯（Rogers，1951）认为，助长态度（真诚、无条件积极关注、共情同感）对助人者来说，是帮助当事人过程中最有用的部分。他认为，助人技术固然重要，但助长态度是助人技术的基础。根据罗杰斯的观点，缺乏助长态度的助人技术不但没有帮助，而且可能是有害的。

总之，罗杰斯假设，如果助人者能够接纳当事人，当事人就能够自我接纳。如果当事人能够自我接纳，他们就可以允许自己体验自己真实的感受，并接受这些感受是来自他们自身。一旦妨碍机体评价过程的障碍被清除，当事人就会对自己的体验更加开放。当事人能够开始体验到爱、渴望、敌意、嫉妒、喜悦、竞争、愤怒、自豪和其他感受，并接纳这些感受，进而接纳自己。接纳自己的感受和决定如何处理感受是截然不同的，清楚这一点尤为重要。允许一个人有这些感受为他决定如何行动提供了更坚实的基础。这是因为，只有这样，行动才会立足于个体内部的感受，而不是所谓的"应该"如何去做。

其他人本主义和存在主义理论家也非常重视助人者的真实性（参见 Cooper，2015；Yalom，1980）。例如，布伯（Buber，1958）鼓励"我-你"关系，在这种关系中，助人者将他们的全部自我投入治疗中，对当事人没有任何隐瞒。

布伯鼓励助人者将自己的方方面面——包括他们的脆弱、优势、认知、情感、智慧和幽默——融入他们的工作中。布伯也认为治疗是通过治疗关系来实现的，他强烈支持保持真诚，以"人"而不是专家或专业人士的身份与当事人互动。

当事人中心疗法的现状

元分析研究的结果显示，当事人中心疗法和人本主义疗法都是有效的，并且与其他心理治疗流派的效果是一样的（Elliott，Greenberg，Watson，Timulak，& Freire，2013）。此外，对实证研究的综述也证实了助长条件，尤其是共情同感在产生积极的治疗效果中的重要性（例如，Elliott，Bohar，Watson，& Murphy，2019）。研究显示，助长条件的重要性在于使当事人感受到安全和支持，帮助当事人获得积极的关系体验，促进探索，并支持当事人自我治愈的努力。

罗杰斯的理论与助人技术模型的关系

罗杰斯的理论是助人技术模型探索阶段的基础，同时，也影响着领悟阶段和行动阶段。我同意罗杰斯的观点，助人者应该在三阶段坚持共情同感的、以当事人为中心的立场，尽可能完整地、非评判地、不带任何先入之见地去理解当事人的经验。共情同感、同情和治疗关系可以有效地帮助当事人接纳自己和信任自己的经验。我也同意罗杰斯关于当事人体验和觉察这些体验的重要性的观点，这也是为什么我们如此重视探索阶段，以促进当事人觉察和接受被压抑的情感、想法和记忆。

罗杰斯主张，助长态度比特定技术更重要。与罗杰斯不同，我相信助长态度与技术是不可分割的（Hill，2005b，2007）。技术用于表达助长态度，助长态度也需要表现为技术。此外，如第 3 章和第 4 章所述，觉察（包括自我觉察、当下觉察和文化觉察）也很重要，因为在没有觉察的情况下，助人者的无意识冲动很可能以伤害当事人的方式表现出来。当事人的投入也很重要，因为除非当事人有意愿并且有动力去做，否则什么都是枉然。而且当事人的投入可以使助人者变得更加有效能，提供更多助长条件。因此，助长态度、自我觉察、技术和投入的当事人是助人过程的重要组成部分。

罗杰斯认为，对于一些当事人来说，只要理解并鼓励他们表达自己的感受就足以帮助他们回到自愈的模式中，并且能够重新发挥功能，做出所需的改变。我赞同这一看法。然而，其他当事人则需要更多帮助来学习如何处理感受和体验，这些感受和体验对他们来说很可能是全新的。还有一些当事人，他们需要协助才能获得领悟并采取行动。因此，除了体验和传达助长条件之外，我认为助人者还需要能够在当事人准备就绪时促进他们领悟和行动。在后面的章节会介绍一些其他的理论（精神分析理论、认知理论、行为理论），帮助当事人不只是停留在对想法和感受的探索。

此外，罗杰斯认为，人性本善并趋向于自我实现。关于这一点，我不是完全赞同。我的看法是人生而无所谓好与坏，个体的发展依赖于先天气质、遗传、环境、抚养方式和早期经历（见本书第 2 章）。尽管我和罗杰斯在人的本性、遗传和生物学因素对个体发展的影响上持有不同的信念，但我十分赞同罗杰斯的观点——助长条件在建立治疗关系、帮助当事人探索其问题并实现自我接纳的过程中是十分重要的。我同意当事人是可以自我治愈的并且是改变的推动者的观点（Bohart & Tallman，1999）。

最后，罗杰斯的理论并没有密切关注文化因素，这可能是因为当时的美国并不像现在那么多样化。但是，文化当然符合罗杰斯的理论，因为真正的共情同感和同情体现了对人的兴趣、对人的认识以及对人的接纳。因此，我认为多元文化意识对成为真正的罗杰斯理论者很重要。

探索阶段的目标

探索阶段的目标包括建立融洽和信任的关系、专注和倾听、帮助当事人探索他们的想法和叙述、促进情感以及了解当事人。在这里，我对这些目标进行了概述。但在本书第二篇的其他章节中，我对这些目标进行了更详细的介绍（也见专栏5.1）。

专栏5.1　促进探索阶段目标的技术

目标	技术
专注和倾听	目光接触
	面部表情
	点头
	身体姿态
	肢体运动
	空间距离
	语言风格
	沉默
	轻微打断
	轻微身体接触
	认可
	相似性的自我揭露
帮助当事人探索想法和叙述	重述
	针对想法的开放式提问或追问
鼓励当事人体验和表达情感	情感反映
	情感表露
	针对情感的开放式提问或追问

建立融洽的氛围并发展治疗关系

助人者与当事人建立融洽的氛围（即一种理解和尊重的氛围）会使当事人在探索时感觉到安全。融洽的氛围为治疗关系的发展搭建了平台，这种治疗关系对于助人是非常重要的（更多有关治疗关系的信息参见第2章）。当事人在与助人者互动过程中，通常希望感觉到安全、被支持、被尊重、被照顾、被看重、被赞许、被作为个体来接纳，以及被倾听。

在日常关系中，人们通常不会充分倾听他人。因此，对当事人来说，助人者专注地倾听而不是急着说什么（例如，像朋友常做的那样，讲一个自己的故事），本身就是一种馈赠。

在探索阶段，助人者试图站在当事人的角度去理解他们，就好像"穿着当事人的鞋子走路"并且通过当事人的眼睛看这个世界。助人者努力理解当事人的想法和感受而不把自己的想法和价值观强加给当事人。助人者不是去评判当事人和妄断当事人是"对的"还是"该受到谴责的"，而是试图理解当事人怎么会变成现在这样，以及他们对自己有什么样的感受。助人者尽力让自己与当事人同调（例如，尝试感受当事人的感受），以便理解当事人。

如果助人者能够协助当事人渐渐意识到他们内在的体验，当事人就会开始信任并治愈自己。罗杰斯（Rogers，1957）认为当事人首先需要被别人接纳和欣赏，然后才能开始接受自己并认为自己是有价值的。为了实现这个目标，助人者需要尽可能地接纳当事人并为他们提供助长条件，如共情同感、无条件积极关注以及真诚。助人者需要倾听、理解当事人而不去评判他们。此外，拥有助人技术的知识、自如地运用这些技术并且觉察自己的感受和动机，可以帮助助人者保持理智、在场和治疗的态度。

助人者不应该简单地认为建立治疗关系只是开始阶段的短期任务。他们应该意识到维持治疗关系是贯穿整个助人过程的需要。无论进行到什么阶段，关系都有可能破裂并且需要修复（参见 Hill, Nutt-Williams, Heaton, Thompson & Rhodes, 1996; Rhodes, Hill, Thompson & Elliott, 1994; Safran, Muran, Samstag & Stevens, 2002）。实际上，经历过破裂和修复之后的关系通常会更牢固。在第 13 章中，我们花了大量篇幅讨论如何解决治疗关系中的问题。

初学者经常担心自己可能不喜欢某类当事人或不能与当事人建立融洽的关系。比如，许多初学者认为他们不可能给强奸犯或虐待儿童的人做辅导，因为他们可能会排斥和害怕那些人。然而，成为助人者的目标并不是要与当事人交朋友。助人者并不需要像喜欢自己的好朋友一样去"喜欢"当事人。助人者有责任去理解和帮助当事人，不论他们的表现如何，都怀着一份对人类的同情。通常如果一名助人者能够深入洞悉当事人是怎样走到他现在的处境的，他就能开始对他的当事人抱有同情心了。

比如，对于某位助人者来说，最大的挑战是为监狱中的女犯人提供辅导。这些女犯人所犯的罪行使得该助人者很难真正地共情同感或尊重她们。然而，在深入了解这些女犯人和她们的生活境遇后，她开始意识到她们的相似之处（例如，被爱的渴望、被拒绝时受到的伤害）。即使助人者并没有经历过与囚犯同样的生活事件，他们也体验过很多同样的情感；因此，即使不认同当事人的行为，他们也可以体会到当事人的感受。我们通常喜欢把那些使我们焦虑和防御的人（例如，囚徒、独裁者）视作邪恶的和"他者"，是与我们不同的物种，这样我们不必面对自己的消极冲动。但实际上，重要的是要记住，我们都是人，有相似的情感。

专注和倾听

作为助人者，与当事人建立融洽的氛围和治疗关系的主要途径是专注和倾听。助人者需要将自己定位于话少的一方，要能够接纳地倾听当事人，专心地倾听当事人所说的，而不是去臆断。助人者还应仔细地去观察他们对会谈中发生的一切是如何感受和反应的。

另外，助人者要如第2章和第3章中所述那样监视他们对当事人的反应。助人者需要了解与当事人合作时内部发生了什么，并确定这些反应是由于自己的问题引起的、当事人诱发的或是两者的结合。

探索前教育

与不重视三阶段模型文化的当事人一起工作的助人者可能需要花一些时间对当事人进行有关模型的教育，确保他们认可参与这种类型的助人过程（Joo，Hill，& Kim，出版中）。例如，朱等人（Joo et al.，出版中）发现韩国的治疗师修改了希尔的模型，首先塑造当事人对于助人过程的期望。许多韩国人从小就不会表达自己的感受和反应，他们需要有理由相信探索想法和感受是恰当的，否则助人过程将无效。

帮助当事人探索非情感内容、想法、叙述和故事

当事人需要有机会谈论他们的问题。用语言谈出内心正发生的一切是很有用的。通常，人们并不习惯对他们的问题进行深入探索。正如弗兰克父女（Frank & Frank，1991）指出的，"直到我听到我所说的，我才知道我所想的"（p.200）。有一个地方去表达自己的想法能让当事人听到并思考他们所说的内容。当事人需要认识到他们在想什么，并且有机会去表达这些想法。这种谈话类似于讲述一个人的故事或**叙述**（narrative）。

此外，通过认识到自己在想什么，一个人就有机会看到矛盾和逻辑错误。谈论一个人的想法为当事人提供了机会去思考他是否真正相信自己所说的，特别是在当事人知道某个人正在倾听的时候。另外，与助人者讨论问题的过程本身就是有用的，因为这个过程允许当事人去思考、检视自己的问题，将想法转变成言语，并得到另一个人的回应。然后，在领悟阶段，当事人可以重新评估他们的想法，重写脚本，或许还可以改变叙述方式。

鼓励当事人体验和表达情感

情感是助人过程中的一个关键成分，因为情感体现了人基本的体验，并且同认知和行为整体地联结在一起。事实上，心理健康可以定义为一个人允许自己拥有所有的感受并且以一种合适的方式来表达这些感受（例如，开心时大笑，悲伤时哭泣）。

对助人者来说，探索阶段的一个主要目标就是帮助当事人体验他们早年生活中压抑的感受。许多当事人在小时候就学会了压抑自己的情感。当事人经常不得不歪曲或否认他们的真实感受以获得生存机会，并赢得他们父母或者其他重要他人的认可，所以许多当事人无法察觉到他们自己的感受。举个例子，如果当事人不允许自己去感受伤害，他们就会限制情感体验，就有可能感觉心里很空。

一些当事人感觉他们的"内核"腐烂了或不存在。当事人可能会不知道自己是谁而需要依赖他人来告诉自己应该如何感受。在重要关系中，他们可能也会不知缘由地漠视自己的感受并感觉疏远。因此，能够觉察自己真实的感受并且用言语表达出来对当事人来说是一种解脱，也可以帮助他们建立一种更清晰明了的自我认识。

有时，当事人所说的内容没有他们说话时的感受重要，特别是当所说内容和情感间存在不一致时。助人者需要听"弦外之音"（如隐晦的信息）。所以，助人者需要努力倾听当

事人表达的内容和理解内容背后的情感。

此外，需要帮助当事人去关注当下的感受。去体验当下的感受通常是不舒服的，所以当事人可能想要逃离或回避他们的感受。通过助人者的支持和鼓励，当事人通常能够忍受这种焦虑和不舒服而去探索当下的感受。举例来说，尤尔花费大量的会谈时间告诉助人者在一周里发生的事情。当助人者很温和地鼓励他去探索此刻他对于那些过去事件的感受时（例如，"你现在对这个事情有什么感觉？"），尤尔谈论了他的感受，会谈变得比先前更紧凑和有效。

助人者有时需要打断当事人的发言并询问当事人没有讨论到的感受。例如，当事人可能需要被邀请才能谈论像羞愧、抑郁或自杀倾向这些复杂感受。在朋友关系中，人们通常不会探测朋友表露之外的内容，因为这样会让人感觉逾越了心照不宣的界限。在治疗关系里恰恰相反，助人者鼓励当事人去探索那些难以表达的痛苦感受。但同时也需要尊重当事人不愿意探索得更深的权利。助人者要在邀请当事人表露情感和不强迫他们表露之间把握好分寸。

鼓励当事人去感受的另一个理由是，情绪唤起对于改变的发生是必要的（Frank & Frank, 1991）。没有情绪唤起，当事人一般不会卷入治疗过程中，同时也不会有动机去改变。许多时候，人们否认或防范他们的情感，那是因为他们还不想处理他们情感中压抑或痛苦的一面。相反，如果当事人经历强烈的情绪唤起（例如，狂怒、绝望），他们能够觉察到这些感受并且更愿意去改变。

结语

探索阶段之所以重要，是因为它能促进治疗关系的发展，给当事人一个机会来探索其问题并沉浸于当下的体验，而且也为助人者提供一个机会去了解当事人的问题并且对自己所能提供的帮助予以评估。

对于罗杰斯学派而言，探索阶段就是助人所需的全部过程。罗杰斯学派相信共情同感、无条件积极关注、真诚这些助长态度足以让当事人开始接纳自己，释放他们内心的体验并且排除自我实现潜能的障碍。事实上，一些当事人需要的也仅仅是一只倾听的耳朵来帮助他们回归自我治愈的过程。因此，我一般建议助人者在探索阶段多花一些时间，以确保当事人感到被倾听并有机会去体验和表达自己的想法和感受。

但是，由于许多当事人不能仅靠探索阶段来取得所需的进展，领悟和行动阶段就成为帮助他们改变所必需的。也就是说，探索为下面所有其他的工作提供了平台。即使在助人者进入领悟和行动阶段后，他们也继续使用探索技术帮助当事人在面对新的状况时感到安全和促进探索。

贯穿探索阶段（包括其他助人阶段）的一个重要的告诫就是没有绝对"正确"的干预措施可以使用。尽管有些一般性的准则，但没有可能提供一本手册来精确地告诉助人者在不同的情境、面对不同的当事人如何提供帮助。而且，同一个个案在不同的时期向助人者提出的要求也会不同。对助人者来说，最迫切的是通过关注当事人的反应和反馈来判断什么样的干预措施是建设性的、什么是无效的（参见第 2 章）。我们练习个人技术是为了能够更好地掌握这些技术，然后准备好在任何有需要的时候使用。我将在第 9 章中介绍如何整合这些技术。

你的想法

- 罗杰斯的理论因对于人性的过分乐观而遭到批评，也被作为20世纪中叶美国文化的一种反映（与欧洲弗洛伊德悲观主义的观点相比较）。请就罗杰斯的观点是否过于简单化和乐观进行辩论。
- 对罗杰斯六个条件中的任何一个的价值进行辩论。
- 你认为，治疗师提供的助长条件、助人者与当事人之间的关系、治疗师对自己需求和动机的觉察及当事人的投入中哪个对探索阶段的成功更为关键？
- 探索阶段的任务在多大程度上符合你的个人风格？
- 就建立治疗关系更多依靠的是助长态度还是助人技术的实施进行讨论。
- 请描述与一个你认为做了可怕和卑劣事情的人（例如，强奸犯、杀人犯）发展关系时面临的挑战。
- 你相信让当事人"讲述他们的故事"是必要的吗？

关键术语

蓝图 blueprint
当事人中心理论 client-centered theory
防御（防御机制）defenses (or defense mechanisms)
情绪聚焦疗法 emotion-focused therapy
空椅技术 chair work
叙述 narrative

研究概要

治疗师技术和新异时刻

文献出处：Cunha, C., Gonçalves, M. M., Hill, C. E., Mendes, I., Ribiero, A. p., Sousa, I., ... Greenberg, L. S. (2012). Therapist interventions and client innovative moments in emotion-focused therapy for depression. *Psychotherapy*, 49, 536–548. http://dx.doi.org/10.1037/a0028259

理论依据：叙事理论家认为，当事人在治疗中的主要改变在于他们如何谈论或讲述他们的故事。他们通过确定当事人讲话中的新异时刻（innovative moments，IMs）来衡量这种变化。已经确定了五种类型的新异时刻：行动（当事人以与问题故事不符的方式行事）、反思（破坏问题故事主导性的新理解）、反抗（挑战问题故事）、重新概念化（两个位置之间的转换和转换过程）和实施改变（由于改变而可能出现的新活动或新体验）。已有研究发现，成功的治疗中会有更多的新异时刻，尤其是重新概念化和行动。库尼亚等人（Cunha et al., 2012）想知道特定的治疗师技术是否有助于新异时刻的产生。治疗师技术被概念化为探索技术（包括认可、封闭式提问、开放式问题和追问、重述、情感反映）、领悟技术（包括挑战、解释、自我表露和即时化）和行动技术（包括传递信息和直接指导）。

方法：基于对多种效果指标的考查，选择用**情绪聚焦疗法**（emotion-focused therapy）治疗抑郁症效果好和效果不好的个案各三个。分别对这六个个案的前两次会谈、中间两次会谈以及最后两次会谈中的治疗师技术和当事人新异时刻进行编码。

有趣的发现：
- 在治疗的三个阶段中，与效果不好的个案相比，效果好的个案中探索技术使用更多，领悟技术使用更少。
- 在初始阶段，行动技术在效果好的个案中更常使用；在结束阶段，则在效果不好的个案中更常使用。
- 在效果好的个案中，新异时刻更常伴随技术产生。在效果好的个案中，技术和新异时刻的相关在治疗的初始阶段到中间阶段上升，并在结束阶段保持。在效果不好的个案中，技术和新异时刻的相关在初始阶段到中间阶段上升，但在结束阶段下降。
- 在效果好的个案的初始阶段和中间阶段，与更高级的新异时刻（重新概念化、实施改变）相比，所有助人技术与更容易的新异时刻（行动、反思、反抗）更相关。在效果好的个案的结束阶段，与更高级的新异时刻相比，探索技术和领悟技术与更容易的新异时刻更相关。在效果不好的个案的结束阶段，所有技术都与更容易的新异时刻更相关。

结论：
- 在效果好的案例中，治疗师更有效地使用了助人技术（即：在效果好的案例中，三种类型的技术都导致了更多的新异时刻）。
- 有经验的治疗师常用探索技术，符合当事人中心的理论观点。但是，探索技术并不比领悟技术带来更多的新异时刻。
- 领悟技术在效果不好的案例中使用得更多。作者推测，当治疗师首选的探索技术不起作用时，他们试图用这种方式吸引当事人。
- 在治疗的初始和中间阶段，探索和领悟技术常导致更容易的新异时刻；而在治疗后期则主要导致更高级的新异时刻。似乎在治疗中必须先打好基础，要先有容易的新异时刻在前，复杂的新异时刻才能出现。
- 行动技术更多地在效果好的案例的开始和中间阶段使用，作者推测这是因为治疗师正在进行会谈中的体验活动，例如**空椅技术**（chair work）。他们推测最后阶段使用行动技术较少是由于这个阶段治疗师致力于帮助当事人巩固所得。相比之下，在效果不好的案例中，各个阶段的行动技术逐步增加，可能是因为即使治疗任务没有起作用，治疗师也试图继续让当事人实施。行动技术带来了更多容易的新异时刻。

对治疗的启示：
- 治疗师应该观察其干预措施的即时效果。

- 治疗师可以使用探索和领悟技术在治疗的早期和中期促成更容易的新异时刻，在治疗的结束阶段促成更复杂的新异时刻。
- 治疗师可以使用行动技术（记住通常是会谈中的指导）来促成整个治疗过程中的容易的新异时刻。

实验室活动：首次会谈

目标：在此练习中，利用 20 分钟的会谈获得一个运用助人技术的基线。这个基线可以帮助学生检查培训中的变化。

助人者和当事人在助人互动中的任务：

1. 在 20 分钟的会谈中，同学们轮流做助人者、当事人和观察者。

2. 会谈中，助人者要携带《会谈回顾表》（附录 A）、《助人者意图清单》（附录 D）、《当事人反应系统表》（附录 G）和《会谈过程和效果问卷》（附录 I）。观察者要携带《督导师或同伴的探索技术评价表》（附录 B）。

3. 助人者自备录音录像设备（提前检查，确保可用）及录音录像带，在会谈开始时打开。

4. 助人者自我介绍，告知当事人保密原则。

5. 每位助人者与其当事人进行 20 分钟的会谈，尽量做到对当事人有帮助。当事人可选择一个容易的话题（见第 1 章的专栏 1.1）。观察者记录他们认为助人者所做的最有帮助和最没有帮助的干预。

6. 在观察的同时，观察者完成《督导师或同伴的探索技术评价表》。

7. 助人者与当事人完成《会谈过程和效果问卷》。

8. 观察者与当事人为助人者提供反馈。

助人者与当事人在会谈后回顾录音录像中的任务：

1. 会谈之后，每名助人者重听他和当事人会谈的录音（需要 40~60 分钟）。助人者在每一次干预之后暂停（除去一些简单的应答如"嗯""是的"）。助人者要在《会谈回顾表》上写下关键词（录音录像的关键点就会被定位，有助于撰写会谈记录）。

2. 助人者评价每个干预的有用程度，并且记下该干预的意图，不超过三个（用《助人者意图清单》），根据在会谈中的感受来写，而不是听会谈录音时的感受。助人者应完整地参考帮助性量表，写出尽可能多的意图。在做这项工作时不要与当事人合作。

3. 当事人评价每个干预的有用程度，并且写下自己的反应，不超过三个。当事人要根据自己在会谈中的感受来回答。当事人应尝试完整地参考帮助性量表，写出尽可能多的《当事人反应系统表》上的条目（助人者从诚实的反馈中学到的东西比从不真实的"好"陈述中学到的更多）。当事人在做这项工作时不要与助人者合作。

实验报告：

1. 助人者应该打出 20 分钟的会谈记录（参见《会谈记录样表》，见附录 C）。除去一些简单的应答（如"好的""你知道""嗯""是的"）。

2. 将助人者的讲话分成反应单元（见附录 F）。

3. 运用《助人技术系统表》（见附录 E），确定逐字稿中每个回应单元（即语法句子）使用的技术。

4. 删除录音或录像资料。确保记录中没有透露个人信息。

5. 将助人者和当事人在《助人技术量表》《关系量表》《会谈评估量表》中的分数与其他同学的比较（见附录 I；所有这些量表均包含于《会谈过程和效果问卷》）。

个人反思：
- 你对自己有哪些新的认识？
- 作为助人者，你有何感受？
- 作为当事人，你有何感受？

第 6 章
提供支持的技术

> 倾听，方能理解。
> ——非洲（JABO）谚语

一个班的学生被预先安排好通过非言语反应来操控他们教授的行为。无论何时，只要教授走向右边，他们立刻抬起头，全神贯注地听课并报以鼓励性的微笑。只要教授移向左侧，他们就向下看，把纸弄出沙沙声，咳嗽并窃窃私语。教授就很快向右边移动，而且越来越远，结果他从讲台上掉了下来。这一例子展示了专注技术的力量。

我们在这一章里所涵盖的技术很少呈现在助人会谈的记录中，因为它们大多数是非言语的。它们被称为沟通的"秘密通道"（back channel），类似于可以使机器平稳运转的润滑油或者是将各部分拼接在一起的胶水。助人者通过专注和倾听当事人来提供支持。这些专注技术帮助当事人感到安全和舒适，有助于当事人加深对想法和情感的探索。助人者通常是无意识地使用这些技术的，但是它们会对当事人产生重大的影响。

专注和倾听概述

专注（attending）是指助人者以身体姿态表现出心向当事人。对助人者而言，专注的目的是告诉当事人自己正在注意他们，以使他们感到安全并开放地谈论自己的想法和感受。实际上，专注为语言干预的实施奠定了基础。当助人者专注于当事人时，当事人感觉自己是有价值的并且是值得倾听的。专注可以鼓励当事人说出他们的想法和感受，因为他们会感觉到助人者对他们所说的东西感兴趣。此外，专注行为本身可以促进当事人积极地投入会谈之中。

大多数时候，专注是通过非言语和副言语（即：怎么说）行为来交流的，非言语行为能传递出助人者想要表达的和不打算表达的（或者可能是试图掩盖的）东西。比如，尽管助人者可能很努力地共情同感并且看起来很关心当事人，但是他真实的感受可能是认为当事人无趣或感到恼火，这些可能通过敲打脚或打呵欠表现出来。

专注可以通过助人者将身体倾向当事人来体现，但是倾听就不仅仅是从肢体上来体现对当事人的专注了。**倾听**（listening）指获取并理解当事人传达的信息（Egan，1994）。

倾听包括努力去听并理解当事人所说的话。瑞克（Reik，1984）谈到用第三只耳朵倾听，试图去听当事人真正想表达的，而不仅仅是公开表达的。实际上，助人者需要综合理解言语和非言语的信息，去听懂当事人深层次的所思所感。

专注行为为助人者的倾听奠定了基础，但专注并不能确保倾听。助人者可以从肢体上体现出专注，但他们却不一定是在倾听（例如，助人者也许在想当天的晚餐，没有听到当事人正在说什么）。

倾听可以为助人者发展言语和非言语的干预措施提供原材料，但倾听不能混同于实施干预的能力。助人者也许倾听了但不会起什么作用；但若要起作用，就离不开倾听。因此，从一旁观察会谈也许不能帮助分辨助人者是否在倾听，但可以根据助人者是否能够对听到的东西做准确的陈述来推断他们是否在倾听。

很明显，专注和倾听技术有很多重叠之处，这也是它们共同在这一章呈现的原因。作为一名助人者，你要学会利用所有这些技术建构你与当事人之间的关系。专栏 6.1 列出了本章介绍的专注和倾听技术，以及有关何时使用和避免常见错误的指南。

专栏 6.1　有助于加强专注和倾听的助人行为

总的提醒：具体取决于当事人

行为	恰当使用	不恰当使用
目光接触	在交流中保持目光接触来传达共情同感	太多会让人觉得强势，太少显得不感兴趣
面部表情	最好自然、平静，对当事人专注	表情过于生动会使注意力从当事人身上转移到助人者身上，太少会显得僵硬和不自然
微笑	偶尔微笑可以支持和强化当事人	太多笑容可能显得虚伪，还会妨碍当事人谈论负性情绪；太少会显得冷漠和有距离
点头	能够传达理解和认同	太多有干扰性，太少会显得冷漠和有距离
身体姿势	以自然的姿势微微倾向当事人	过分前倾会使当事人远离，以懒散的姿势后靠会显得不感兴趣
肢体运动	和言语陈述结合使用会很有用	太多有干扰性，太少会显得助人者僵硬
空间距离	座椅之间 45～55 英寸①的距离是理想的，助人者和当事人之间最好不要有桌子	太近会侵犯个人空间，太远容易尴尬
身体接触	在文化上合适，除开始时的握手外避免其他身体接触	身体接触可能会引起误解，所以最好避免
音调	柔和的、缓慢的、邀请性的；和当事人匹配	与当事人过于不同；过于强硬；过于柔和

---

① 1 英寸约合 2.547 厘米。——译者注

续表

行为	恰当使用	不恰当使用
语言风格	自然，但与当事人相似	太多行业术语；语言和当事人过于不同
轻微鼓励	通常在短语或句子的结尾示意当事人继续	太多轻微鼓励会传达出缺乏真诚的感觉；太少会造成谈话不自然，当事人也不知道助人者是否在听
认可-安慰	偶尔，在当事人需要特定支持的时候	太多会弱化当事人的感受，太少会缺乏支持
相似性表露	偶尔，在当事人需要特定支持和需要觉得别人也有类似情况的时候	太多会弱化当事人的体验，太少会让当事人觉得孤独
打断	一般避免打断，让当事人有说话的空间；如果当事人滔滔不绝，并且根本不允许助人者说话，助人者可以温和地打断	说服当事人、不给当事人时间思考是有问题的
沉默	可以让当事人有时间思考	如果当事人很焦虑，可能不合适

非言语交流的文化规则

每一种文化都发展了自己非言语交流的规则（Harper, Wiens, & Matarazzo, 1978）。其中的一个例子就是人们打招呼的方式，这个过程的发生可能不到 1/3 秒。这个过程包括看到他人、微笑、扬起眉毛和点头。

这些行为也可以引出对方同样的反应。另一个例子是谈话的转换：一个人讲话后，采用非言语示意轮到另一个人讲话了。

非言语规则一般是无意识的。大多数人可能不能清楚地描述他们文化中的这些规则，因为他们还是小孩子的时候就学会这些规则了；掌握这些规则是通过社会互动和榜样学习，而非言语教导。

适合一种文化的非言语行为不一定适合另一种文化。有一些机构就专门教授外交人员和旅行者们掌握其他文化中的非言语规则。比如，在亚洲，人们一般不表扬自己而是表现得很谦虚（Maki & Kitano, 2002）。所以，一个自夸的美国人在亚洲国家也许是不受欢迎的。

如果在人际交往中，别人没有按照你的非言语规则对你做出反应，你也许会感到不舒服。你可能不能理解或者很难说清楚为什么会感觉不舒服，但是你可能知道有些东西不对劲。比如说，如果某人盯着你看，你可能觉得不舒服，因为在你的文化中盯着一个人看很长时间是不合适的。如果某人与你站得太近或在你说话时拉住你的手臂，你可能警觉地想要离得远点，因为这个人已经侵犯了你的个人空间。

助人者需要调整自己来适应当事人的非言语风格，而不是要当事人来适应助人者。助人者可以通过当事人的行为线索来了解让他们感觉舒服的方式。例如，如果当事人显得对过多的目光接触紧张不安,则助人者可以将视线移开并且观察当事人的反应是否有所不同。我们不能刻板地认为来自某些文化的当事人会以特定的方式行事;相反,我们必须观察每个当事人是如何反应的。

当来自另一种文化的当事人在非言语行为上与助人者的习惯不同(例如,使用目光接触不同)时,一些助人者会根据自己的文化标准来评判当事人。觉察到这种倾向并且尝试不以自己的文化标准来评判当事人十分重要。

我想再次强调,没有"正确"的非言语行为。关键是弄清楚什么能够帮助当事人放松和探索。在看起来专业的范围内,每名助人者都需要确定使用哪些专注行为令人更舒适和自然。例如,以一种不舒服但技术上正确的咨询师姿势坐着传达给当事人的可能不是专业精神而是不舒服。

促进专注的非言语行为

助人者一般通过非言语行为来传递大部分的专注和倾听。实际上,一些研究者(例如,Archer & Akert,1977;Haase & Tepper,1972)已经提出人们在表达真实感受时,更多的是通过非言语而不是言语,并且在言语和非言语行为间出现不一致时,非言语行为能够更可信地反映真实情感。

在我看来,没有足够的实证来表明言语和非言语行为哪个相对更重要;然而,已有足够的证据表明助人者应该给予他们自己和当事人的非言语交流和言语交流同等的关注。

所以,让我们一起来检视一下不同种类的非言语行为。**身体语言学**(kinesics)指的是肢体运动(手臂和腿的移动、点头)与交流的关系。肢体运动可以分为好几类,每一类都有不同的功能(Ekman & Friesen,1969)。**象征**(emblems)就是替代言语(例如,挥手就是一种普遍的问候方式)。**说明**(illustrators)伴随着说话(例如,用手比画出一条鱼的大小)。**调节**(regulators)(例如,点头、姿势的变化)控制着会谈的走向。**小动作**(adaptors)就是那些意识之外的、没有什么交流目的的习惯性动作(例如,挠头、舔嘴唇、玩笔)。

助人者需要伴随着言语信息使用象征、说明、调节等非言语行为,但要避免使用小动作。小动作会转移当事人的注意力,从而降低助人的有效性(例如,如果治疗师动来动去、玩铅笔或玩头发,当事人可能会分心)。太多的小动作或不恰当地使用象征、说明、调节会造成"非言语泄露"(例如,一个人试图去隐藏或不想交流,但是这些感受却通过非言语渠道泄露出来)。

在接下来的几个部分,我回顾了几种对帮助助人者专注于当事人比较重要的非言语行为。显然,这些非言语行为会同时发生,有的时候一种非言语行为可以对另一种有补偿作用,我将分别描述每一种是怎样发生的。重要的是,对于任何特定的助人者和当事人,这些行为的使用都可能过多或过少。通常,助人者和当事人之间必须协商得到使用非言语行为的最优水平,但这常常是隐晦的。

目光接触

做一项练习,尝试和另一个人保持**目光接触**(eye contact)。看一看持续多久你会感到很不舒服。或者，尝试保持目光接触 2 分钟，然后看一下会有什么感觉。思考什么条件会使它更舒适或是更不舒服。

注视和目光转移往往起到发起、维持或回避交流的作用。通过注视，可以传达亲昵、兴趣、顺从或控制（Kleinke，1986）。目光可以用来控制谈话、提供反馈、表示理解、调节谈话轮次（Harper et al.，1978）。所以，人们会说，我们通过眼神与他人相会，或者"眼睛是心灵的窗户"。相反，**注视回避**（gaze avoidance）或中断目光接触通常是焦虑、不舒服或不想再与别人交流的信号。总而言之，一个违反目光交流规则的人与他人交流会有困难。

在一般的互动中，人们有 28%~70% 的目光接触（即相互注视）（Kendon，1967），虽然通常每次都不超过 1 秒钟。

双方通常会通过目光协商他们什么时候看对方、看多长时间，尽管这不是一种有意识的协商，而且它发生在非言语的水平上。

当目光接触良好且适当时，人们彼此之间也感到舒适。当目光接触过多或过少时，人们即使无法总是发现问题，也会隐约感到不舒服和焦虑。太少的目光接触会让一个人觉得听者对会谈没有兴趣并且是在回避参与。相反，太多的目光接触则会使另一个人感觉被侵犯、被支配、被控制，甚至是被吞没。同样，长时间盯着看也会让人觉得粗鲁、无礼并且具有威胁性。

目光接触的规则因文化不同而不同。在北美白人中产阶级里，人们倾向于在倾听时保持目光接触而说话时移开目光，并不时地移回目光以获得反馈；对一些美国原住民来说，持续的目光接触被视为冒犯的或不尊敬的标志，特别是当一个年轻人盯着一个年长的人时（Brammer & MacDonald，1996）。许多文化群体（一些美国原住民部落）倾向于回避目光接触，特别是当讨论一些严肃的话题时（Ivey，1994）。同时，正如在本书第 4 章里提到的，较少的目光接触可能意味着对权威人物的尊重。

面部表情

达尔文（Darwin，1987）推测，史前人类在拥有语言之前，是通过**面部表情**（facial expressions）来传达威胁、问候和服从的。他认为，这些共享的遗传解释了为什么所有人类通过相似的面部表情来表达基本的情绪。他写道：

> 面部表情和肢体动作的发展，无论它们的根源是什么，它们对于我们的幸福都十分重要。它们是母婴之间最初的交流方式：她微笑赞同或是皱眉不赞同，来鼓励她的孩子走上正确的轨道。这些表情的发展为我们的语言增加了生机和能量。用表情和肢体动作所表达出来的想法和意图比言语更真实，言语有时还可以伪造……这些结果，部分来自这样的事实：几乎所有情绪与其外在表现之间都存在密切的联系。（p. 366）

面部可能是做出非言语交流最多的部分，因为人们可以通过他们的面部表情表达很多的情绪和信息（Ekman，1993）。人们将大量的注意力放在面部表情上，因为它们能为理解言语信息的意义提供线索。在莎士比亚（Shakespeare，1623/1980）的作品《麦克白》中，麦克白夫人对她丈夫说："我的领主，你的脸是一本书，人们能从那上面读到奇怪的

内容。"（第5场第1出，p.17）

依据纳伦伯格和凯莱诺（Nirenberg & Calero，1971）的研究，下面是一些常见的面部表情和可能传达的意义（记住，这些只是可能的意义）：

- 皱眉头可能表示不高兴或困惑。
- 一道眉毛上扬可能意味着嫉妒或怀疑。
- 眨眼可能暗示着亲密或一些私人化的内容。
- 收紧下巴肌肉可能反映敌意。
- 眼睛斜视可能反映敌意。
- 向上转动眼睛可能表示不信任或恼怒。
- 两道眉毛同时上扬可能表示疑惑或疑问。

艾克曼和弗里森（Ekman & Friesen，1984）展示了全世界不同的人的一些面部表情的照片，他们发现大多数的面部表情具有跨文化的一致性。全世界的人悲痛的时候都会哭，表示不屑时会摇头，高兴时会微笑。甚至那些从来没有看到过脸的失明的孩子，他们也像看见过的人那样运用同样的面部表情来表达自己的感受（Eibl-Eibesfeldt，1971）。此外，害怕和愤怒多是通过眼睛来表达，而快乐多是通过嘴来表达（Kestenbaum，1992）。

尽管不同文化的人分享着共同的面部语言，但是他们在表达感受的方式和深度上是有差异的。比如，情绪表露在西方文化中比在其他文化中更强烈也更持久一些。亚洲人经常表达同情、尊重、害羞这些情感，但很少展现可能会影响到公众感受的自我炫耀或负面的情绪（Markus & Kitayama，1991；Matsumoto，Kudoh，Sherer & Wallbott，1988）。

即使是在美国文化中，我们也从很小的时候就开始学习控制自己的面部表情。想象一下，在小学教室里表现出你对老师所说的话不感兴趣。不，我们要学会把这些感受藏在心里，有时甚至强迫自己不去觉察这些感受。有些人发挥面无表情的优势，如拥有一张"扑克脸"，能够不被人看穿。

用于助人的一个重要的面部特征是微笑和笑声（见 Gupta，Hill，& Kivlighan，2018），这似乎已经成为一种生存策略。想象一下带孩子的年轻父母因缺乏睡眠而感到沮丧。婴儿的不同笑声形成了强有力的纽带，帮助父母感受到联结。一些关于笑声的研究表明，笑声很少私下发生，而是人与人之间的一种交流方式（Provine，1993，2001）。

尽管微笑使人看起来很友好，而且能够鼓励探索，但助人者笑得太多，可能被认为是讨好或不适宜于当事人的严肃话题。助人者过度微笑也可能被看作不够真诚，似乎是在嘲笑当事人问题的深度，或者是不够投入。

点头

恰当地使用**点头**（head nods），特别是在一句话结束时，可以让当事人感受到助人者正在倾听并且跟随着他所说的。事实上，言语信息有时候是不必要的，因为助人者通过点头向当事人传达他们正和当事人"在一起"，这样当事人就会继续讲下去。太少的点头可能让当事人感觉焦虑，因为他们可能认为助人者并没有集中注意力；太多的点头也可能让人分心。

身体姿势

经常推荐给助人者的一个**身体姿势**（body posture）就是向当事人倾斜，并且保持胳膊和腿都不交叉的开放的身体姿势（Egan，1994）。这种前倾、开放的身体姿势经常能够有效地传递助人者正专注于当事人的信息，尽管助人者可能因长时间保持这个姿势而显得僵硬。同样，如果开放、前倾的姿势不舒服了，助人者也很难专心地与当事人会谈。

肢体运动

肢体运动可以为我们提供从言语和面部表情中不能获得的信息。正如弗洛伊德（Freud，1905/1953a）生动地描述的，"只要一个人用眼睛去看、用耳朵去听，他就会确信，没有哪个凡人能保守住秘密。如果他的嘴唇是沉默的，他的指尖也会喋喋不休，甚至每一个毛孔都会背叛他，并泄露他的秘密"（p. 94）。范德斯达克、莱特和乔德（Van den Stock, Righart, & Gelder, 2007）发现，除了面部表情和声音之外，肢体运动在帮助反应者识别情感方面显得尤为重要。同样，贝蒂和夏威登（Beattie & Shovelton, 2005）指出，自发的手势使人们能够对自己表达的信息更清楚。

艾克曼和弗里森（Ekman & Friesen, 1969）注意到，腿和脚的动作是非言语泄露线索的最可能的来源，因为它们都很少受制于有意识的觉察和抑制。手势和面部表情是非言语泄露线索的第二来源。因此，如果一名助人者发现自己反复地轻轻跺脚，就很有必要思考一下自己当下的感受。

姿势（gestures）通常是有意义的，特别是当它们与言语活动联系起来时。依据迈克戈夫（McGough, 1975）的研究，以下就是一些姿势的可能意义（再一次提醒，这些都只是可能的意义）：

- 手势变成尖塔状可以显示这个人感觉有信心、得意或傲慢。
- 碰触或摩擦鼻子倾向于表达一种负性反应。
- 把手放在嘴上经常发生在一个人脱口而出某些不该说的话的时候。
- 摇晃手指或是指指点点意味着训斥或指责。
- 拽住领口表明这个人感觉被逼入绝境了。
- 捏鼻梁暗示一个人正陷入深思。
- 两手互抱或是腿交叉可能是一种防御或批评的姿势。
- 紧握拳头有时是一种防卫或敌对的姿态。
- 用手捂住眼睛可能是一种回避的姿态。
- 向后靠向椅子并把双手放到头后可能传达了一种信心或优越感。

此外，治疗师和当事人之间的身体运动的同步似乎与关系质量和治疗效果有关（Ramseyer & Tschacher, 2011）。

我怀疑这是在无意识层面发生的，因为治疗师很少模仿当事人的非言语行为。确切地讲，它表明了当彼此协调时，治疗师和当事人之间存在某种镜像。

空间距离

空间关系学（proxemics）这个术语指人们在互动中如何使用空间距离。霍尔（Hall,

1966）描绘了美国中产阶级四种距离分区：亲密距离（0~18 英寸）、个人距离（1.5~4 英尺①）、社交距离（4~12 英尺）、公共距离（12 英尺及以上）。如果这种距离规则没有被遵守的话，人们就会觉得很不舒服，尽管他们可能经常觉察不到是什么使他们不安。霍尔注意到，人们一旦习得这种空间模式，就会下意识地去执行。一般来说，尽管个人感觉舒适的距离千差万别，但个人到社交的距离适用于助人关系中座位的安排。一些助人者把两个座位挨在一起，相反还有一些助人者让座位离得很远。一些助人者会在他们的办公室里放很多椅子，这样就可以让他们的当事人来选他们要坐在哪里；当事人选择坐在哪里本身就提供了信息，助人者可以在之后用来推测当事人的需要（例如，太近或太远）。

空间距离在不同文化中的使用是非常不同的（Hall，1963）。美国人和英国人都偏好与别人保持一个相对远的距离而且很少触碰。相反，西班牙人与中东人一般更喜欢近一点的距离。比如说，阿拉伯人和以色列人经常站得很近，相互接触，大声说话，专注地看着对方。通过对工作环境文献的回顾，绫子和哈特（Ayoko & Hartel，2003）发现，有一致的证据表明拥有不同文化背景的人因空间上的冒犯会产生冲突。此外，诺曼（Norman，1982）注意到空间距离是文化的特定产物。他声称空间反映了地位、权力和人格表现。因此，助人者需要考虑到文化因素，而不是对一些使用不同空间距离的人采取下意识的反应。

避免身体接触

当助人者想对当事人表达支持时，身体接触是一种自然的倾向。事实上，一些身体接触会让当事人感到被理解，并感觉自己正置身于一种关系之中（Hunter & Struve，1998）。蒙塔古（Montagu，1971）认为，身体接触是人类一种自然的需要，一些人渴望触摸，那是因为他们没有得到足够的身体接触。

然而，有时候身体接触也会有负面的效果。当事人可能会因此感到他们的个人空间被侵犯。如果身体接触不是当事人希望的，或者当事人有过非自愿的身体接触的经历，这种接触会吓到当事人，让他感到不安全。

一项对实习心理治疗师的调查显示，90%的治疗师从不或很少在会谈中和当事人有身体接触（Stenzel & Rupert，2004）。唯一一种使用得比较多的身体接触就是握手，主要发生在会谈开始和结束时。

然而，一些治疗师甚至连握手也不会去做，因为他们顾虑任何身体接触都可能被错误地理解为与性有关，从而导致自己受到伤害或引发法律诉讼。而且，治疗师表示，他们更愿意被动地接受拥抱或握手，而不是主动发起这些行为。

考虑到身体接触可能的好处和与之相关的误解与伤害，很显然需要对在何时运用身体接触进行临床判断。对一名初学者来说，节制自己与当事人的身体接触来避免可能引起的临床和伦理问题可能更加明智。对有经验的助人者来说，凯尔陶伊和莱维莱（Kertay & Reviere，1998）及史密斯（E. W. L. Smith，1998）提出了如何运用身体接触的一般性指导原则。

- 在与当事人接触之前先获取同意；

---

① 1 英尺约合 0.304 8 米。——译者注

- 向当事人解释为什么要接触;
- 身体接触后与当事人分享接触的体会。

促进专注的副言语行为

除了非言语行为外,干预还伴随着副言语行为。换句话说,助人者说话的方式也会带来不同。这里,我们考虑音调和语言风格。

音调

想想当某个人用温柔、和蔼、邀请式的**音调**(tone of voice)与你讲话时你感觉怎样,也想想一个人用大声、无礼、命令的口吻时又会怎样。你可能会基于不同的言语举止对这两名助人者产生强烈的反应。同样,相比大声要求,助人者轻声说话时当事人更有可能探索。

此外,助人者在一定程度上与当事人的讲话节奏保持一致也很有帮助。实际上,艾梅尔等人(Imel et al,2014)发现,声调同步与治疗师的共情同感有关。因此,当事人语速慢时,助人者也要放慢说话的速度;而当事人讲话快时,助人者也可加快语速。但是,如果一个当事人说话速度过快,助人者要使用慢一点的语速来鼓励当事人也放慢节奏。

语言风格

另一种助人者向当事人传达专注的方式是配合当事人的**语言风格**(grammatical style)。语言必须适应当事人特定的文化经历和教育水平,这样助人者才能与当事人建立真正的联系。如果一个当事人说:"大爷我才不会费心找小妮子呢。"作为助人者,更好的回答可能是"你在关心找女朋友的问题",而不是"你的自卑情结妨碍了你与一个合适的对象建立恋爱关系"。

后一个陈述听起来与当事人的语言有太大的差异。助人者不必使用让自己不舒服的语言风格,但是可以调整自己的风格以和当事人的风格更接近。我们每个人的行为都有一个舒适范围,助人者需要在这个范围里找到与当事人也契合的点。

促进当事人探索的轻微言语行为

有五种轻微的言语行为可以促进当事人进行探索:轻微鼓励、认可-安慰、相似性表露、避免打断和沉默。

轻微鼓励

助人者可以通过没有实际意义的声音、插入语或简单的言语回应如"嗯""是的""哦"来鼓励当事人一直谈下去。助人者可以使用轻微鼓励来确认当事人说的话、表达专注、提供非侵入性的支持、引导会谈的走向以及鼓励当事人说下去。**轻微鼓励**(minimal encouragers)通常与点头一同使用,目的也是相同的。

轻微鼓励太少会产生距离感,太多则会令当事人分心或厌烦。我建议助人者应该在当事人的话或谈话轮（即当事人在助人者两次介入之间所说的话）结束时使用轻微鼓励和确认，来鼓励当事人继续谈下去（假定他们正在积极地探索）。对于当事人来说，轻微鼓励表明助人者放弃自己说话的机会，而希望当事人能够继续讲下去。然而，给予轻微鼓励却打断当事人也可能会使当事人分心，所以，助人者一定要注意使用的时机。

认可-安慰

认可-安慰（approval-reassurance）是一种偶尔（在这里，我要特别强调是"偶尔"）使用的助人技术。认可-安慰可以为当事人提供情感上的支持和保证，表达助人者对当事人的共情同感，或者让当事人知道他的感觉是正常的，并且是可预料的。使用认可-安慰的重点是促进探索，让当事人感觉足够安全去谈论他们深层次的问题。对大多数当事人而言，帮助他们明白自己的问题是很常见的，他们的感受并不是独有的。可以增强当事人的力量，并帮助他们进一步探索自己的问题。下面是一些在某些情境下有帮助的认可-安慰的例子：

- 那确实很难对付。
- 那真是种毁灭性的状况。
- 太可怕了！
- 哦！那真是个难得的机会！
- 很好的尝试！
- 你能对他表达出你的感受真是太好了！
- 我也有这样的感觉。
- 是，我知道你经历了什么。
- 我也曾经那样。

认可-安慰可以起到强化的作用，表明助人者重视当事人所说或所做的事情，并鼓励当事人继续努力改变。有一些当事人需要得到支持，或是对他们做得好的事情的认可。此外，认可、安慰和强化都可以帮助当事人坚持探索，因为他们知道有人在倾听并理解他们，这对于探索艰难或痛苦的主题尤为重要。

当使用认可-安慰时，有一点很重要：助人者要贴近当事人，对当事人足够了解，从而知道当事人哪些行为是可以被认可的。比如，贝丝致力于成为果敢自信的人，她在会谈中告诉助人者，她终于告诉老板她想更多地自己安排日程。助人者说："哦！太好了，你终于能够为自己说话了。"当事人的眼泪夺眶而出，她说自己已经被炒鱿鱼了。作为一名助人者，此时更好的助人方式不是默认当事人的体验是积极的然后贸然给予认可，而是询问当事人："后来情况怎么样？"

如果通过认可-安慰来弱化或否认当事人的情感（例如，"别担心""每个人都这么认为"），则尤其不合适。当以这种方式使用时，认可-安慰往往会阻止当事人的自我探索，妨碍他们接纳自己的感受。这些说法会使当事人觉得自己好像无权有这样的感受。有时，助人者使用这些干预误导性地向当事人保证一切都很好。不幸的是，问题并不会因为弱化和否认而消失。我们很多人都听过这些古老的说法："交给时间来处理"或"时间可以抚平一切创伤"。不是"时间"让感受消失，事实上，当感受被控制或被否认时，问题会更加恶化。在一定程度上，觉察、接受和表达感受能够帮助解决那些痛苦的情感问题。需要重申的是，我们作为助人者的目标是帮助当事人识别、增强和表达感受而不是弱化和否认它们。

另外，认可-安慰如果被过度、过早或者不真诚地使用，就会听起来很假。如果这种技术被用来表达助人者的偏见（例如，"我认为你对堕胎感到内疚是对的"），那么同样也是有问题的，因为它会中止当事人的探索，并让当事人感觉自己是在被迫同意或遵从。

有时，助人者会使用认可-安慰来获得当事人的喜爱，这当然会适得其反，也反映了助人者的不安全感。或者，助人者可能会因为让当事人体验到负性情绪而感到不舒服，或者觉得无法处理负性情绪，把安慰作为将当事人带出这种情绪的一种方式。

助人者需要保持觉察，为什么他们想要安慰或赞扬当事人。

总之，如果明智而审慎地使用认可-安慰，可以促进当事人对想法、感受和体验的探索。然而，认可-安慰不应该被用来消除感受、否认体验、阻碍探索，或是提供道德判断。当助人者发现他们在以一种起相反作用的方式使用认可-安慰时，他们可以想想自己的生活中发生了什么。

下面是一个建设性地使用认可-安慰技术（见楷体字）的例子：

当事人：我刚刚得知我妹妹需要做一个肾脏移植手术。她近来越来越虚弱，而且没有好起来的迹象。

助人者：噢，你感觉怎么样？

当事人：我很为她感到难过。她才21岁，而且她一直很活泼，这对她真是一个打击。我感觉很内疚，她遭受了这么可怕的疾病而我却很健康。

助人者：*是啊，听起来你很受打击。*

当事人：是的，我想了很多。我的意思是，为什么我依然健康？这似乎不公平。

助人者：*感觉有些内疚是很正常的。*

当事人：真的吗？我很高兴你这么说。我正在努力为她多做点事，我正考虑建立一个组织来寻找捐赠者，并为治疗筹集更多的钱。因为她的血型很不寻常，所以很难找到合适的人，这将需要花费很多的钱。

助人者：这对你来说怎么样？

当事人：我感觉那是我仅能做的一点事。很有意思的是，在我应该去做和想做的事情之间也存在一些问题。（当事人继续探索。）

相似性表露

在**相似性表露**（disclosures of similarities）中，助人者会透露有关他们与当事人相似之处的个人信息。相似性表露一般是为了让当事人感到不那么孤单或与众不同，和认可-安慰一样能够提供普遍性的感觉。普遍性是一种重要的改变机制，因为它能够使当事人感到他们不是唯一经历类似情境的人（Yalom & Leszcz, 2005）。在这部分接下来的章节中，我还会介绍其他几种类型的表露（包括情感表露、领悟性表露和策略表露），它们更适用于其他目的而不是提供支持。

人本主义治疗师（Bugental, 1965; Jourard, 1971; Robitschek & McCarthy, 1991; Rogers, 1957; Truax & Carkhuff, 1967）长期以来一直重视治疗师的表露。

他们重视治疗关系中的透明、真实和真诚，他们认为助人者的表露会对治疗产生积极影响。人本主义者认为个性化和透明的干预方式对治疗过程和结果都有益，因为这让当事人将助人者视为也会出现问题的真实的人，当作人生旅途中的同行者。此外，人本主义者相信，当助人者自我表露时，当事人不再是唯一的弱者，治疗关系中的控制权会更平衡。人本主义者还认为，表露可以使关系更为融洽，因为当事人会对表露自己的助人者感到更友好和信任。有趣的是，人本主义者认为，助人者直接和诚实的表露能够帮助纠正误解，并及时消除误解。人本主义者还称，表露的其他益处是助人者能够更加自发和真实，并借此示范适当的表露。此外，助人者的表露能够促进当事人的表露并修复治疗关系中的裂痕。事实上，人本主义者认为，助人者的表露会促进助人者和当事人之间形成一种诚实和理解的氛围，从而促进更牢固和友善的治疗关系形成。

对助人者一个主要的告诫就是，明确表露是出于自己的需要还是当事人的需要。同样重要的是，要做简短的表露，把焦点放回到当事人身上。表露的基调应该是"我们都是人，而且都是不完美的"，而不是"你认为你的情况糟糕，让我来告诉你我的经历"。对助人者而言，只表露相对来说解决了的问题而不是当下正在经历的也很重要（参见 Hill & Knox，2002）。例如，如果一个当事人诉说只有她难以适应大学生活，助人者可以说"我刚上大学的时候也遇到了困难"，然后焦点回到当事人，说"告诉我更多关于你的经历吧"。

避免大多数的打断

打断（interruptions）是助人者的一种特别分散注意力的行为。在当事人进行富有成效的探索（比如，谈到内心深处的想法和感受）时，助人者不要打断他们。通常，在探索阶段助人者应该只是专注和倾听当事人，置身其外，这样可以让当事人有机会继续表达。马塔拉佐、菲利普斯、威恩斯和萨洛（Matarazzo, Phillips, Wiens, & Saslow, 1965）强调助人者不应打断当事人，并且要在当事人的陈述结束之后延迟几秒钟再开口。这种停顿（不打断）可以让当事人在没有来自助人者的压力的情况下继续思考和表达。马塔拉佐等发现，没有经验的助人者与有经验的助人者相比更容易打断当事人。

然而，打断偶尔也是有帮助的。在当事人卡壳，想不出要说些什么，或者滔滔不绝，而不是深入探索的时候（如以平淡的口吻讲故事），助人者就需要使用探索技术（如重述、情感反映，或者是针对想法或情感的开放式提问）打断当事人，以帮助当事人回到轨道上来。

在这种情况下，助人者可以抬起手（作为停止信号），并说"我很抱歉打断你，但我想确认一下我理解了你的意思"，"我想确认我回答了你的问题"，或者"我想确保我们在交流你对咨询的感受"。

在不冒犯当事人的情况下进行打断很难，尤其是如果当事人年龄较大，拥有等级文化背景，并且习惯于讲话不被打断。一位经验丰富的治疗师难以进行打断时会观看自己会谈的录像，在打断有帮助的时候暂停，然后角色扮演如何进行有效的打断，直到他感到自己可以在与当事人的下一次会谈中自然地打断。

沉默

沉默（silence）就是当助人者和当事人都不说话时的一个停顿。沉默可能发生在当事人陈述之后、当事人的陈述之中，或当事人简单地表示接受助人者的陈述之后。举例来说，在当事人说了诸如"我只是感觉很混乱并且很生气，但是我不知道要怎么说"之后，助人者可以停顿下来，让当事人有时间来对这些情感进行反映，并看看当事人是否还有新的内容要增加。如果当事人在说这一事情时停下来并且显然在处理情感，助人者要保持沉默以便不让当事人的思考被打断。如果当事人对助人者所说有很少的反应，助人者可以沉默，看看当事人是否还有其他的东西想说。需要注意的是，什么也不说并不意味着什么都没做。如果助人者是专心的、支持的，他们就可以听的时候什么都不说。事实上，很多时候助人者做的最有用的事情就是不说什么。

沉默可以用来传递共情同感、温暖、尊重，并给予当事人时间和空间来说话（Hill et al.，2018；Hill, Thompson, & Ladany, 2003；Ladany, Hill, Thompson, & O'Brien, 2004）。沉默也可以让当事人在没有被打扰的情况下有机会来反省或思考他们想说什么。一些当事人停顿很长时间，因为他们思考的速度很慢并且思考得很透彻，或者因为他们正处在思考之中并且需要时间去触摸他们的想法和感受。"此时无声胜有声"，因为它为当事人提供思考的空间而不会为非得说些什么产生压力。温暖的、共情同感式的沉默可以给当事人时间来表达他们的情感。通过给予当事人空间，助人者可以鼓励当事人表达那些可能转瞬即逝的感受。沉默可以给当事人一个感觉：助人者是有耐心的、不急切的，有足够的时间来听自己想说的任何东西。在这种共情同感式的沉默里，当当事人深深地陷入思考和感受中时，助人者可以关切地坐着，全身心地与当事人在一起。

因此，我建议助人者避免打断当事人，并且在当事人说完后给他几秒钟的时间，看看他是否还有其他要说的。同样，一些实证研究的证据也表明，当治疗师延缓说话时当事人会说得更多（Matarazzo et al.，1965）。

沉默也时常被助人者出于一些负性的或不恰当的原因无意使用（Hill, Thompson, & Ladany, 2003；Ladany et al.，2004）。一些助人者会因为自己焦虑、生气、烦闷或者是走神而沉默。许多初学者对沉默感觉很不舒服。他们不知道怎么去做，并且十分关心当事人是怎么看待他们的。助人者可以深呼吸，然后放松，思考一下当事人以及当事人可能正在经历的内在体验。换句话说，助人者应该努力在沉默时与当事人建构一种共情同感的联结，而不是专注于他们自己。如果沉默持续的时间太长（即超过30秒），或者当事人明显地感觉不舒服，助人者就应该考虑打破沉默并询问当事人的感受。

同其他技术一样，对沉默的接受度也是因文化而异的。休等人（Sue & Sue, 1999）注意到，在日本和中国文化中，沉默是一个人提出自己的观点之后希望谈话继续下去的标志。相反，欧裔美国人在沉默的时候会觉得不舒服，常常急着去填补空白。

我经常建议初学者使用短暂的沉默，因为这能给他们一个机会去倾听当事人，而不需要做出即刻的反应。当当事人停顿时，助人者可以仔细思考如何对之前听到的内容做反应，当然，同时一直保持对当事人的专注。通常，初学者会很惊讶地发现当事人会一直说，似乎表明他们只需要被允许讲话并且有人倾听就够了。但是，很多初学者在沉默中感到焦虑，因为他们还没有习惯使用沉默。同样，这项技术也是需要练习的。

下面是一个在当事人积极探索和投入治疗过程中时如何应用沉默的例子。

当事人： 我的狗山姆刚刚死了。我真的非常心烦意乱。我很小的时候就和它在一起了，它是陪着我长大的。

助人者：（沉默了约 10 秒）你感觉怎么样？
当事人：我只是在回忆我是怎么得到这只狗的。我当时恳求父母给我一只狗。我说我会很好地照顾它。当然，刚刚开始的时候，我做得并不好，但是后来我确实做得不错。山姆就像喜剧里的那个瑞德·罗维（Red Rover）——会在公交车站等我，我们曾经一块儿探险。我能告诉山姆任何事情。（当事人陷入沉思。）
助人者：（30 秒的沉默。）
当事人：山姆帮助我从我父母离婚的阴影中走出来。我觉得它是我唯一的依靠。我好像失去了我最好的朋友——我们一起经历了那么多痛苦。当我离家去上大学不能带它跟我一起走时，我觉得可怕极了。它看起来也很悲伤，我甚至都没有与它道别。

专注和倾听的例子

接下来会有一些例子来说明专注和倾听行为在初学者的会谈中是什么样的。第一个例子是这些行为不恰当的使用，第二个例子不那么糟糕但依然不恰当，第三个例子是恰当使用（依然谨记，这些都因人而异）。

非常不恰当的专注和倾听的例子

在下面的例子中，初学者因其他事情分心，无法专注于当事人。
助人者：（身体向后靠，双手环抱，看着天花板）那么，你今天为什么来这里呢？
当事人：（很低的声音）我不确定，我只是最近感觉不怎么好。但是，我不知道你是否能帮我。
助人者：（向前移动了一下，专注地看着当事人）嗯，到底发生了什么？
当事人：（长时间停顿）我只是不知道要怎么……
助人者：（不耐烦地打断）只用告诉我问题是什么。
当事人：（长时间停顿）我想我真的不知道有什么能说的。很抱歉耽误您的时间了。

不好的专注和倾听的例子

在这个例子中，初学者试图与当事人产生共情，但并没有注意到当事人的言语和非言语信息。
助人者：（身体向后靠，双手环抱）你好，你想谈些什么呢？
当事人：（很低的声音）我不确定，我只是最近感觉不怎么好。但是，我不知道你是否能帮我。
助人者：噢，是的，我理解。我第一次去一位助人者那里时也这样觉得。你可能是对和一个男人交谈感到焦虑。
当事人：（停顿）呃，事实上不是。我只是不确定我是否应该来……
助人者：（打断）我很高兴你能和我谈一谈。这需要时间，很快你就会感到放松一些。
当事人：我猜是的（沉默）。

恰当的专注和倾听的例子

在这个例子中，初学者完全和当事人在一起，能够专注和倾听当事人，并观察当事人身上发生了什么。

助人者： 你好，我叫黛比。今天我们有一些时间来交谈，这样我可以练习我的助人技术。你想谈些什么呢？

当事人： （很低的声音）我不确定，我只是最近感觉不怎么好。但是，我不知道你是否能帮我。

助人者： （配合当事人很低的声音）哦，听起来你有点害怕。能告诉我一些你最近的情况吗？

当事人： 我最近很消沉。我不能入睡，吃得也少了。我每件事情都拖拉，并且我也没有精力做作业。

助人者： （停顿了一下，轻柔地说）听起来感觉你像被压垮了。

当事人： （轻轻地叹息）是的，那的确是我的感觉。看起来，似乎我的大一充满了压力。

助人者： 嗯（点头）。

当事人： （继续说）……

放松、自然但专业

重要的是，不仅要表现得放松，而且要真的放松。很多初始的助人者总是刻意让自己保持一个专注的姿势，但却给当事人矫揉造作的印象。他们展现出所有的"正确"行为，结果是表现得过分专注，这让当事人觉得自己被严密地审视着。助人者面临的最难的任务之一就是放松和做回自己。然而，当助人者将专注和倾听行为整合进他们个人的风格中时，当事人通常就能探索自己的问题。

当你不能放松时，退回一步尝试去了解在你心里发生了什么可能会有帮助。比如，如果你感觉你的肌肉紧绷，或者注意到你的身体正在远离你的当事人，你可能需要问问自己，那一刻你怎么了。觉察是控制局势的关键（见第3章）。一旦你了解了自己的感受，你就有可能对你该如何表现做出一个合理的决定，而不是任由自己做出"露马脚"的反应。

专注于身体的反应会提供关于当事人的数量惊人的信息。如果你感觉无聊、焦虑或者被当事人吸引、排斥，那么可能其他人对当事人的感觉也是这样的。

助人者可以通过专注技术进入倾听的状态（如"嗯"、前倾、给予目光接触），将他们的注意力从干扰中释放出来，深呼吸并集中于当事人。助人者可以想象他们处在当事人的位置上，这样他们就可以通过倾听来寻求从当事人而不是自己的角度来理解当事人的体验。例如，一位青春期的当事人凯瑟琳抱怨说她感觉自己非常糟糕、毫无价值，因为她从来没有被邀请去参加舞会。从助人者——一名35岁的已婚女性的观点来看，没有被邀请参加舞会不是什么了不起的事情。然而，如果认真倾听凯瑟琳并观察她的非言语行为（语调缓慢，低垂着眼），助人者就能理解凯瑟琳感到多么糟糕。

对助人者来说，倾听的重点在于专注于当事人，而非构想下一步的反应。极为常见的是，人们由于在思考接下来说什么而只能听进去别人说的一半。其实，最好是只倾听而不说什么（尤其是当事人正在进行建设性的探索时），因为插话会打断当事人的探索。

结语

专注行为为助人者倾听当事人和当事人知道自己正在被倾听创造了条件。助人者还需要仔细倾听当事人的言语和非言语行为，听当事人在说什么，观察和抓住有关当事人潜在的想法和感受的线索。除此之外，专注和倾听为本书提到的其他所有技术奠定了基础，因此助人者要特别注意学习这些技术。

你的想法

- 专注和倾听之间有什么不同？
- 在你所处的文化中，非言语行为的规则是什么？
- 非言语行为的规则是怎么建立的？
- 这些规则能够改变吗？
- 你怎么看待文化在专注和倾听中所扮演的角色？
- 你对于助人时操控自己的非言语行为以求达到想要的目标有什么想法？
- 在交流中，言语和非言语各自所占比例是多少？
- 讨论对不同类型的当事人使用沉默的优点。
- 身体接触会怎样帮助或者阻碍助人进程？

关键术语

小动作 adaptors　　　　　　认可-安慰 approval-reassurance　　专注 attending
身体姿势 body posture　　　事实表露 disclosure of fact
相似性表露 disclosure of similarities　　　　　　　　　　　象征 emblems
目光接触 eye contact　　　面部表情 facial expressions　　　注视回避 gaze avoidance
姿势 gestures　　　　　　　语言风格 grammatical style　　　点头 head nods
说明 illustrators　　　　　打断 interruptions　　　　　　　身体语言学 kinesics
倾听 listening　　　　　　 轻微鼓励 minimal encouragers　　空间关系学 proxemics
调节 regulators　　　　　　沉默 silence　　　　　　　　　　音调 tone of voice

研究概要

治疗师的自我表露

文献出处：Knox, S., Hess, S. A., Petersen, D. A., & Hill, C. E. (1997). A qualitative analysis of client perceptions of the effects of helpful therapist self-disclosure in long-term therapy. *Journal of Counseling Psychology*, 44, 274-283. http://dx.doi.org/10.1037/0022-0167.44.3.274

理论依据：理论文献中对治疗师自我表露的使用是有争议的，精神分析治疗师警告不要这样做，人本主义治疗师则提倡这样做。先前的一项研究（Hill, Helms, Spiegel, & Tichenor, 1988）发现，尽管自我表露不常使用，当事人仍认为自我表露是最有帮助的治疗和干预方式。诺克斯等人（Knox et al., 1997）想知道当事人对治疗师的自我表露有何感受。

方法：访谈当前正接受长期治疗的当事人关于治疗师自我表露的经历［将其定义为"治疗师在互动中透露有关其自己的个人信息和/或揭露在会谈中出现的对当事人的反应"（p.275）］，包括一般情况和一个具体的有帮助的表露例子。采用质性方法对转录的采访资料进行分析。

有趣的发现：
- 当事人通常认为治疗师的表露是为了正常化他们的经历或使他们放心。
- 治疗师有帮助的表露主要是**事实表露**（disclosure of fact；在本书中也是情感表露、领悟性表露和行动表露）。表露的内容主要是过去发生的事件，有关家庭、休闲活动或类似的经历。这些表露都不是直接和治疗关系相关的（在本书中，我们称其为**即时化**）。
- 表露通常会带来积极的后果。更具体地说，当事人说他们获得了觉察或新的观点；认为他们的治疗师更加真实和人性化，从而改善了他们之间的关系；感觉更好，因为他们感到正常化并获得了安慰；并可以将治疗师作为榜样。
- 虽然不常见，但当事人偶尔会对治疗师的表露有消极或中性的反应（他们对治疗师有戒心或害怕因此导致更亲密）。

结论：
- 如果助人者在适当的语境谨慎地使用表露，并通过表露相似之处让当事人相信他们是正常的，这样可能会有所帮助。重要的是，这些表露是有关过去已解决的事件。
- 表露也有一些消极影响，尤其是当事人对于治疗师越界想要拉近关系感到紧张时。

对治疗的启示：
- 偶尔在合适的时机（例如，当当事人深入地谈论困扰个人的想法时）使用表露能够帮助当事人确定他们是正常的、帮助当事人获得更好的领悟、使治疗关系更牢固，并且可以给当事人树立一个表露有益的榜样。
- 助人者需要警惕不要基于自己的需求去表露。

实验室活动：专注与倾听

请注意，最初的几项实验室活动可能多少给人有些造作的感觉，因为每一种助人技术都是单独练习的。在实际的助人会谈里，一次可能不只使用一种技术，但是掌握这些助人技术最好的方法是在尝试将它们整合之前，先集中注意力专注地、单独地学习每一种技术。

此外，一些学生在练习时感觉有压力是因为他们担心不能全部记住他们"应该"记住的每一件事。你不必记住每一件事。在能够使用每一种你所学的技术之前，你需要大量的练习。试着放松一点，尽你所能——你不需要完美。投入其中并努力练习，看看发生了什么。这些练习就是为你能够在一种相对安全的环境中实践这些技术提供机会。

练习1：专注

目标：

1. 让助人者有机会仅仅通过专注行为来表达共情同感；
2. 让助人者能够习惯于助人者的角色。

助人者与当事人在互动中的任务：

1. 学生们组对，交替扮演助人者和当事人。
2. 当事人选择一个简单的话题（见第1章专栏1.1），助人者对当事人使用恰当的专注行为。助人者传达共情同感而不说任何话。
3. 持续3分钟。交换角色。

练习2：倾听

目标：

1. 让助人者能够习惯于助人者的角色；
2. 让助人者有机会去尝试不同的专注行为，来看看哪一种是最舒服和最适合的；
3. 为助人者的专注行为提供反馈；
4. 提供助人者观察和学习当事人非言语行为意义的机会；
5. 给助人者提供机会练习倾听技术，不打断、不评判当事人所说，或思考他们应该说什么。

助人者与当事人在互动中的任务：

1. 三人一组，每个人轮换角色，让每个人都至少有一次机会体验每一个角色（助人者、当事人、观察者）。
2. 助人者可以放松，使用恰当的专注技术，介绍自己，并询问当事人想谈些什么。
3. 当事人应当就一个容易的话题简短地说一两句话。
4. 助人者应该首先停顿下来思考并且逐字复述（除了把"我"替换成"你"）当事人所说的。逐字复述让很多助人者感觉很尴尬，但是这能够让助人者仔细地倾听并且确保他们听到当事人所说的。确保注意力集中在这一任务上而不是一般性地谈论生活。
5. 持续8~10个谈话轮。即使有难度（特别是第一次），也要保持在助人者和当事人的角色上。

观察者在互动中的任务：

1. 记下你观察到的助人者准确复述当事人话语的能力。记下一种正性的或负性的专注行为。
2. 鼓励助人者和当事人停留在任务中。

会谈完成后：

1. 助人者首先讨论哪种专注行为感觉比较舒服，以及复述当事人的话有什么感受。
2. 当事人对助人者的专注和倾听技术给予反馈。

3. 观察者给助人者提供正性或负性的反馈。

个人反思：
- 在第一项练习中，你沉默时有什么感受？
- 你充当助人者、当事人和观察者的体验是什么？
- 你发现作为助人者最有用的专注行为是什么？你发现作为当事人最有用的专注行为是什么？
- 逐字逐句地复述每句话时，你有什么感觉？
- 在你的组对中出现了什么样的多元文化问题（例如，性别、民族、种族、年龄）？

第 7 章
探索非情感内容、想法、叙述和故事的技术

> 构成世界的不是原子，是故事。
> ——缪丽尔·鲁凯泽（Muriel Rukeyser）

贾森在助人会谈中讲述了一个很长而且混乱的故事——关于他朋友身上发生的一起事故。他的助人者支持性地倾听他，给予他适当的鼓励和专注，并不时重述他的话（例如，"你仍然在试着理解到底发生了什么""你不确定发生了什么"），同时提出开放式问题帮助贾森澄清自己的想法（"第二天发生了什么？""这类事故让你想起了什么？"）。看到有人只是倾听而不评价自己，贾森离开时感觉好多了，并且谈论这件事帮助贾森更清楚地了解发生了什么。

探索非情感内容、想法、叙述和故事的理据

当事人需要反思（即谈论他们的想法）以更清楚地了解他们在想什么。想法往往杂乱无章，即使是经过深入思考探索后，也很难把它们连贯起来。

另外，助人者需要不加评判地倾听当事人的想法和问题、他们如何讲述自己的故事以及他们对自己的问题如何解释。一旦我们理解了他们的故事，我们就可以进入领悟阶段，开始帮助当事人重新审视他们的想法并重写他们的故事。

叙事疗法（narrative therapy；Madigan，2011；White，2007）是最近发展起来的一种新疗法，它的基本假设是：人是会讲故事的生物。在每一种文化中，人们讲述的故事塑造了他们是谁以及他们如何看待自己。只有讲出这些故事并检查它们，人们才能开始重塑自己的形象和对自己的看法。叙事常常被糟糕地定义或很僵化，因此需要重新进行评估。从长远来看，小的改变意义重大，因为它会改变叙事的方式和其他所有叙事。

我并不是说当事人会讲故事来娱乐我们。助人的目的并不是助人者获得娱乐，而是帮助当事人深入思考他们的问题。而且我指的并不是沉迷于问题，听当事人无休止地抱怨。一项研究发现，青少年阶段的女孩喜欢一起"咀嚼"烦恼（Rose，Carlson，& Waller，2007），或是无休止地纠缠于自身的忧虑，结果相互影响，一起陷入坏情绪。反刍显然是毫无帮助的，只是重复同样的故事罢了。相反，助人者想了解是什么造成了当事人的困

扰。助人者希望当事人放慢进程,思考自身的状况,有机会在支持性、非评判的环境中谈论问题的不同部分。通过向他人解释自己的情况,当事人经常能从新的角度理解自己。

当我在课堂上讲到这种不同时,一个学生问我:"怎样判断当事人真是在探索,还是在'咀嚼'忧虑,抑或是讲故事娱乐助人者?"这是一个好问题!如果当事人在讲故事(起码他是个很会讲故事的人),那么必然会有斧凿的痕迹——故事的开头、高潮、结局都会清楚可辨,讲述者的目的是表演,因此其注意力集中在吸引其他人的注意力上。假如当事人在"咀嚼"忧虑,他的语调必然是平稳的——以一种单调无趣的音调在谈论。相反,在当事人真正进入内心,探索自己的想法时,他会经常停顿,考虑怎样把一件事情表述清楚;而且,声调会富于变化,好像是在探究一件新奇事物。这好像是一个发现的过程,探索者的目标是思考、评估、考虑、反思和看到新的方面。

在本章中,我主要关注当事人叙述中的非情感内容(想法和故事),在第 8 章则关注情感内容。显然,想法和情感没有办法分开,但是我在这两章中分开强调以突出它们本身的重要性,因为关注它们的意图不同,结果也不同。

帮助当事人探索想法和叙述的首要助人技术是重述和概述。重述和概述能够使当事人感觉到自己正在被倾听,从而能够鼓励他们继续谈下去,并且能够帮助当事人聚焦于问题最重要的方面。

针对当事人的想法进行开放式提问和追问也是有帮助的,尤其是不过度使用并与重述和概述交叉使用的时候。封闭式提问偶尔也会有帮助,不过一般用得很少。

有趣的是,尽管初学者通常更注重针对情感工作,而不是想法,但是当事人大部分时间都在谈论想法和事情,有些人不喜欢或无法在情感层面工作,因此能够与当事人在想法层面工作很重要。一项研究发现,受过训练的博士生治疗师在单次会谈的探索阶段所使用的技术中,64%聚焦于想法(29%为重述,35%为针对想法的开放式提问),只有 24%集中于情感(16%为情感反映,8%为针对情感的开放式提问)(Goates-Jones, Hill, Stahl, & Doschek, 2009)。因此,相对情感而言,治疗师更多地关注想法。

重述和概述

重述(restatements)指的是对当事人讲过的非情感内容、表述过的意思加以复述或者转述(见专栏 7.1)。重述的用语通常少于当事人的用语,但意思相近。故重述往往比当事人的表达更简洁清晰。重述可以是试探性的(例如,"你似乎在说,你来得有点晚?"),也可以直接一些(例如,"你迟到了!")。另外,重述的内容可以是当事人刚讲完的,也可以是当事人在这次会谈开始时或治疗开始时所讲的内容。

概述(summaries)是重述的一种,指的是将几个观点联结在一起,或是从当事人表述过的内容中拣出要点和普遍性的主题。概述不会超出当事人所说的,也不会去探究当事人情感和行为的原因(参见第 12 章)。概述只是强化当事人所说的。例如,听了几分钟后,助人者也许会对一位青少年说:

"在我看来,到目前为止我们所了解的东西如下:你生父母的气,因为他们总是擅自闯进你的私人空间——不敲门就闯进你的房间,使你毫无隐私可言。而且,你觉得他们根本不能理解你。然后,你就表现得很生气并把他们拒之门外。"

专栏 7.1

重述概览

定义	重述指的是对当事人讲过的非情感内容、表述过的意思加以复述或者转述。重述对象一般包括少于当事人所讲并与当事人所讲之词意思相近的词，它们能更具体清晰地表达当事人的意思。重述可以是试探性的表述，也可以是直接的表述。转述的内容可以是即时的材料，也可以是会谈前期和之前会谈的内容（即概述）。
例子	"你想成为一位有效的助人者。" "你父母离婚了。" "总的来看，关于参加婚礼，你更清楚怎么做。"
助人者的一般意图	澄清、聚焦、支持、鼓励宣泄（见附录 D）。
当事人可能的反应	被支持、被理解、明了、消极想法或行为、卡壳、缺少方向（见附录 G）。
当事人理想的行为	认知-行为探索（见附录 H）。
有用的提示	专注于当事人试图传达的内容。 选择当事人叙述中最重要的内容进行转述——"敏感点"、最重要的部分、当事人最有能量的部分。 表述要简短。 开始前停顿一下，看看当事人是否已经讲完。 表述时要慢，要用支持性的语气。 专注点放在当事人而不是其他人身上。 变换每一次表述的句式。

使用重述和概述的理据

运用重述要追溯到罗杰斯（Rogers，1942）。罗杰斯认为，助人者要做一面"镜子"或"回音壁"，让当事人不被评判地听到自己在说什么。独自思考是不容易把问题想清楚的——思路很容易被阻断或卡住；也可能没有足够的时间和精力把问题彻底弄清楚；还可能使行为合理化，或者干脆放弃努力和尝试。如果有另外一个人倾听，就像镜子一样把当事人说的反映给他们看，这就为当事人提供了一个了解自己在想什么的宝贵机会。

如果当事人经常感到困惑、冲突或难以忍受遇到的问题，准确的重述就会让他们知道自己的问题在他人听起来是什么样子的。重要的是，当事人能够听到别人对他们说过的话的反馈。这样，当事人便可以对自己的想法做评估，把忘记谈的内容补充进去，并且可以去思考自己是否真的坚信自己所说的，对事情进行更深入的思考。一个人的表述经另一个人转述往往会有所不同，重述能让当事人去思考自己真正的想法。重述也能让当事人澄清事实，对问题的某一方面做彻底的探索，思考那些之前未被考虑到的方面。有一位对他们的问题感兴趣的倾听者陪伴，花时间认认真真地思考自己的问题，会使当事人对自己的问题有新的理解。

实际上，就那些健康的当事人来说，他们只是想理解他们的主要问题或者去做决定，助人者运用重述便足够了，因为他们需要的仅仅是一个了解自己真实想法的机会。助人者循序渐进，帮助当事人将内心模糊的感觉转换成语言。可能当事人嘴里说出的第一句话听起来混乱，但在咨询师温和的复述的帮助下尝试几次之后，当事人往往就能更好地构建和表达了。

运用重述的另一个理由在于，助人者需要通过语言反馈，让当事人知道自己在被倾听。这样，助人者就以积极的角色投入到了助人过程中。另外，助人者要用重述来检验自己是否真的听懂了当事人，而不是想当然地以为自己听懂了。用简洁凝练的词概括当事人的话，需要助人者认真地专注于当事人，判断当事人表达的重点在哪里。假如助人者仅仅用"我理解你的感受"或者通过问问题来回应当事人，这样虽然容易操作，却无法传达真正的理解。重述显然要更难一些。助人者不仅要倾听当事人，还要竭力理解当事人的话，这样才可能把握当事人表达内容的实质（因此，这不只是简单地重复特定的词语）。尽管在最初阶段，重述是被动的回应模式，但实际上，助人者却是在积极投入，捕捉当事人的体验，并试着用自己的话转述给当事人听。考虑到人们常常不确定自己在想什么，也无法清楚地表达出来，实际上理解当事人在说什么也很困难。因此，助人者和当事人是在共同努力去理解和阐明当事人在想什么。

如果当事人是以认知的方式谈论自己的问题（例如，当事人试图解释某种状况或者想法，尝试理清他们真正的想法）而不是正在积极体验情绪的话，运用重述和概述就再合适不过了。认知倾向的当事人喜欢分析他们对问题的思考，如果一味地要求其专注于感受，他们就会感觉受到威胁，特别是在治疗关系建立初期。

做重述时，助人者也会用到概述的方式让当事人知道他们一直被倾听，同时也检验自己听到的是否准确。概述在当事人谈完某一特定问题或会谈结束时很有用，是一种帮助当事人认识到探索结束的方式。如果当事人还没有准备好开始讲话，概述也可以用在会谈开始的时候，用来回顾前一次会谈，并引出接下来会谈的主题。并不是所有的当事人都希望或者需要这样进行概述，尤其是在对他们来说问题看起来很明确的情况下，但是在当事人感到混乱和困惑的时候概述会很有帮助。

怎样重述

重述的目的是让当事人聚焦于某个问题，并在这一问题上谈得更深入，对该问题有更清楚的了解。但是，仅仅是重复当事人已经明白的东西并不能帮助当事人深入。

助人者要去捕捉那些当事人所表露的"敏感点"信息——当事人最不确定的、未曾探索过的或尚未完全理解的部分。我的一位学生曾引用冰球明星韦恩·格雷茨基（Wayne Gretzky）的话形象地诠释这一道理——球到过哪里并不重要，重要的是它要到哪里去。因此，助人者应该分辨出当事人所谈到的最重要的信息和问题，促进当事人进一步地探索。

重要信息的线索从何而来？可以从以下几个方面获得：当事人关注最多的、当事人卷入最深的、当事人感到有疑问或矛盾的以及尚未解决的。留意非言语信息（例如，声音的一些特征可能表明当事人已经沉浸在讲述的内容里）也能够帮助助人者发现当事人信息中的重要内容。

初学者有时会有这样的担心：从当事人说的话中选择最重要的来重述是需要判断的，而做判断是偏离当事人中心取向的。我想说的是，重述是一项符合当事人中心取向基本原则的助人技术。因为助人者试图用共情同感的技术来澄清对当事人来说最重要的那些方面，所以助人者必须深入地倾听当事人、了解当事人最关心的方面。确定什么是重要的的确需要判断，这也是为什么共情同感和沉浸到当事人的世界中如此重要。

初学者总是想抓住当事人所说的全部内容，但这样做不仅是不可能的，有时还很可能适得其反。那样做时，焦点会从当事人身上转移到助人者身上，因为重复会花费很多时间，会谈也会失去动力。这时，当事人就会处于这样一种状态：他们试着记住说过的每件事来看看助人者重复得是否准确。相反，有效的重述始终会聚焦于当事人，不知不觉地引导和鼓励当事人继续谈下去。而且在一段时间内只关注一个问题的一方面，这样可以使当事人有机会深入地思考。待这方面探索完之后，再转向其他重要的方面。

重述一般比当事人的陈述简短而且精确，主要关注最重要的信息而不是逐字逐句地重复。例如，当事人谈了很长时间阻碍他学习的事情，这时助人者就可以这样重述："因此，最近你一直不能够很好地学习"或"最近学习对你来说变得很困难"。这些陈述让当事人聚焦在重要的方面并进行深入的探索。重述本质上是使当事人适应接下来要谈论的内容。

重述的重点应该放在当事人的想法上，而不是其他人的想法上。这种以当事人为焦点的过程让当事人能够聚焦于内心，而不是责怪他人或担心他人的想法。

例如，一位当事人珍妮特谈到她想搬到美国的西海岸去。在会谈时，她一直谈她同事和朋友对其决定的反应。助人者要把重述重点聚焦于珍妮特（"你想要搬走"），而不是聚焦于她的朋友和同事（"你朋友不希望你搬走"）。

重述的重点是帮助当事人深入探索，而不是事先有个思路，按这个思路让当事人谈。助人者不应该专注于做判断，不应假设自己知道或了解当事人的体验，而应该尝试帮助当事人探索所有出现的问题。助人者也不应该总想着解决问题，或者表露自己的问题，而是要促进当事人的探索，当事人是决定谈论什么内容最好的判断者。

为了减小重复的可能性，助人者可以改变重述的方式。有几种方法可以作为重述的开头，比如：

- 我听到你说……
- 听起来像是……
- 我想是不是……
- 你说道……
- 所以……
- 你似乎在说……
- 如果我听得没错……
- 让我看看我是否明白了你的意思……
- 我不确定我是否完全理解了你，让我尝试总结一下……

此外，助人者可以重复并轻轻说出当事人所说的关键词，如"离婚"、"音乐"或"头痛"。如果关键词用疑问的或邀请的语气来说，就能鼓励当事人继续谈下去。例如，如果当事人谈到在最近的智力测验中她女儿取得了出人意料的高智商分数，那么助人者想要当事人多说点有关智商的事，可以这么说："智商？"这样，便能邀请当事人多谈谈智商对她意味着什么。

一些助人者认为他们只能重述当事人所说的最新内容。事实上，如果助人者希望把注意力拉回到被遗忘的事情上，他们也可以利用之前会谈的材料（例如，"你之前提到了你的女儿和智商测验，我想知道你是否可以就此多谈一些"）。

没必要（甚至是不可能的）要求重述内容完全准确。例如，如果当事人对问题的陈述是令人困惑和混乱的，而助人者的重述并未准确地抓住内容所在，当事人就可以进一步澄清他的意思是什么，这样一来，助人者和当事人对问题情境会有更多的了解。因此，重述让当事人有机会去澄清助人者所接收的错误信息。

如果你的重述和概述完全错误，也不一定会对关系产生灾难性的影响（除非你表现出不屑一顾、评价或者批判）。只要你表现出愿意继续倾听以尝试了解更多信息的意愿，一个失误并不会破坏治疗关系。

一名学生有一个有趣的评论，称印度裔可能对重述产生负面反应，因为他们无法从助人者那里得到方向。这引发了我在第5章中提出的一个担忧，即需要就探索阶段的基本原理对当事人进行教育。当事人可能不了解或不重视探索的必要性，所以助人者需要在进行探索前向当事人澄清这一点（例如，"我要转述你的话，以确保在做什么之前，我们俩都了解你的问题"）。

重述示例

下面是一位助人者在其会谈中使用重述（见楷体字）的例子。

当事人：我必须去麦加朝圣，其实我真不想去，因为它刚好在我大学最后一个学期的期中，我担心如果我缺两周课，就会影响到我的成绩。但是，我没有多少选择，按照我的信仰，我必须去。

助人者：*你必须去。*

当事人：是，为了信仰，我们必须去。在我们结婚前，都应该这么做。我父亲要跟我去，因为去朝圣的路上要有一名男性陪同。可是，我和他关系不好，而且他身体也不好，我不知道他是否受得了这趟旅途的辛苦。他上次和我哥哥一起去，非常糟糕。

助人者：*你说你和父亲的关系不是很好。*

当事人：是的。在我成长的过程中，他总是太忙了，没怎么陪伴我，现在要让他花两周的时间陪我去真是太长了。一方面，我甚至不知道我和他能有什么可说的。我觉得我不了解他，一想到要和他相处这么长的时间，我就焦虑。但另一方面，我真希望我能多了解他。所以，也许这是一个了解他的机会。

助人者：*你希望更了解他。*

当事人：对，真正地了解他。我一直希望能和他处得好，人们总是说我俩很像。而且他可以教我懂得许多我所不知道的宗教和文化方面的事，因为我很小的时候就来美国了。

助人者：*所以，你可能会从父亲那里学到一些东西。*

当事人：哦，是啊！我想我可以跟他学很多，他是一个聪明的人。我希望和他相处时，我可以做真实的自己。在他面前，我一直觉得我像个小孩；我真希望像个大人，像和妈妈在一起时那样。
助人者：你想和他在一起时做真正的自己。
当事人：是啊，当我和他在一起时，我想要觉得自在，像我和其他人相处那样。我想要去了解他而不是惧怕他。（当事人继续探索。）

运用重述的困难

在一般的社交对话里，人们并不会重述他人说过的话，所以起初许多助人者会感觉很尴尬、很笨拙（除非他们接受过助人技术训练）。许多初学者担心当事人会觉得厌烦或说"我刚刚才说过……"之类的话。事实上，当当事人得到一个好的重述时，他们的反应会相当不同——他们会感觉到被理解并渴望探索更多。一旦学生学会了如何使用重述，不仅对助人关系，对与朋友、家人的关系也会非常有帮助，因为重述可以证明你是真正地在倾听。

初学者会面对的另一个困难是，如果助人者一直不断地使用相同的方式来重述（例如，"我听到你说……"），那么助人者给人的感觉就像是鹦鹉学舌。当事人通常会对这种鹦鹉学舌式的重复感到厌倦，无法专心聚焦于他们的问题。

还有一个相关的问题是，当选择当事人信息的要点时，有些助人者害怕犯错，所以他们重复每件事，将焦点自当事人身上移开并阻断了交谈的进行。当这样的情形发生时，毫不奇怪，当事人很快就会觉得厌烦和气恼。当事人可能说："我刚刚不是说过了……"再者，如果助人者只是重复当事人所说的，当事人可能就会有停滞不前的感觉，并觉得漫无目的。重要的是放在共情同感的态度上，而不是像机器人般地重述。有些助人者过于努力地去抓住正确的内容，以至于忘记了最重要的是要向当事人表示他们正在努力去了解。助人者可以通过选择重要信息、聚焦于当事人所关心的话题——所谓的"要害"、变换重述的方式、尽量让重述简短来避免上述问题。

有些助人者在使用重述技术时觉得挫败，因为他们觉得没有做任何事或给当事人一个具体的答案。这其实是一个从立即解决问题向允许当事人思考他们的问题转变的契机。重述是用来帮助当事人探索以及讲述事情经过的，因此助人者在使用此技术时，很少会觉得有成就感。事实上，当事人通常无法记得助人者的重述，因为当时焦点在他们身上，而不在助人者身上。

针对想法的开放式提问和追问

助人者使用**开放式提问**（open question）鼓励当事人进行探索（例如，"你对重返学校有什么想法？"），但并没有在脑海中预设一个正确答案。**追问**（probe）是向当事人索要更多的非特定信息（例如，"告诉我更多关于……"）。两者都试图鼓励探索，但使用了不同的表达方式来达到这一目的。

大多数人都能自然而然地提出问题。我们会好奇，想要了解其他人，而问题是获取信息的直接方式。专栏7.2概括了在助人过程中使用的不同类型的提问。本章的重点仅放在针对想法的开放式提问和追问上，其他类型（如针对情感、领悟和行动的开放式提问和追问）将在本书的后面部分进行介绍和讨论。

专栏 7.2 提问和追问的类型

提问形式	开放式（"你对这件事有什么感想？"）
	追问（"告诉我关于……"）
	封闭式（"你得了 A 吗？"）
与之相关的特定技术	想法（澄清、聚焦、解释、意义、举例）
	情感
	领悟
	即时化
	策略
时间	过去（记忆、童年经历）
	现在（当下）
	未来（预期、期待）
焦点	自己
	他人

使用针对想法的开放式提问和追问的理据

关于想法的开放式提问和追问旨在帮助当事人澄清和探索其想法。当助人者使用这些引导时，他们不是想从当事人那里得到明确的答案，而是想要当事人探索任何进入脑海中的想法。换句话说，助人者并不是想限制当事人做出"是"或"否"的回答，以及一两个字的反应，即使当事人很可能做这样的回应（见专栏 7.3）。

专栏 7.3 针对想法的开放式提问概览

定义	针对想法的开放式提问指的是邀请当事人对其想法进行澄清或探索。助人者不询问特定的信息，也无意限制当事人做出"是"或"否"或一两个字的回答，即使当事人很可能做这样的回应。开放式提问可以用询问的方式（"你对那件事感觉怎样"），也可以用探索的方式（"告诉我你觉得怎样"），只要意图在于帮助当事人澄清或探索。
例子	"说那些话时，你是怎么想的？" "再告诉我一些你对那件事的想法。"
助人者的一般意图	聚焦、澄清、鼓励宣泄、辨别适应不良的认知（见附录 D）。
当事人可能的反应	明了、负面的想法或行为、受阻（见附录 G）。
当事人理想的行为	认知-行为探索（见附录 H）。

	确保你的提问是开放的，而不是封闭的。
有用的提示	变换提问的形式。 避免多重问题。 避免以"为什么"开头的问题。 问题应聚焦于当事人，而非其他人。 问题应聚焦于问题的某一方面，不要涵盖太广。 每个问题都有清楚的意图。 注意观察当事人对问题的反应。

许多研究者发现开放式提问和追问在治疗中常被用到，且对治疗过程有稳定的功效（Barkham & Shapiro, 1986; Elliott, 1985; Elliott, Barker, Caskey, & Pistrang, 1982; Fitzpatrick, Stalikas, & Iwakabe, 2001; Hill, Helms, Tichenor, et al., 1988; Martin, Martin, & Slemon, 1989）。这些研究表明开放式提问和追问是一项有用的干预措施，它可以鼓励当事人对自身的问题讲得更多、更深入。

我最近听人说，"多说些"（tell me more）是我们能听到的最友善的三个词。这说明，通过审慎地运用针对想法的开放式提问传达出的好奇和兴趣是一种真正的恩惠。

在助人过程中，开放式提问和追问可以用于多种目的。尤其是在当事人漫谈、重复同样的想法，而没有更多深入探索的时候。在当事人感到困惑时，开放式提问和追问也可被用于澄清当事人的想法，引导当事人思考新事物，协助当事人就矛盾的想法理出头绪，或为不善于表达的当事人提供一种谈话结构。当事人通常会在叙述问题时卡住，开放式提问和追问能温和地引导他们关注问题的不同方面。开放式提问和追问在会谈开始时对给予当事人谈话的方向感会非常有帮助。与重述一样，开放式提问和追问显示了助人者正在倾听且对当事人的问题感兴趣。

它们表明助人者正在跟随当事人所说的，并且有足够的兴趣鼓励当事人继续说下去。

另外，在当事人不确定谈什么时，开放式提问可以为当事人提供方向上的引导。比如，如果贾斯汀已经谈到他收到了一份糟糕的成绩单，并且已经探索了他的感受，然后谈话停止了。助人者也许可以问，坏成绩对贾斯汀将来意味着什么；也可以要贾斯汀去比较现在的情形与过去的成绩有何关系，或者问他这样的成绩对他与父母的关系会有怎样的影响。这些开放式提问和追问可以帮助贾斯汀更彻底地讨论他问题的其他重要方面。我喜欢把当事人的问题比喻为一团乱麻：助人者的每一次开放式提问或追问都在鼓励当事人抽出其中的一条来讨论。当这个问题已经被彻底地探索完成时，助人者再引导当事人去探索另外一个问题（例如，讨论这个问题的其他方面）。

此外，当事人宽泛含糊地谈论问题时，请当事人举个例子会很有用。问一些具体的例子可以让助人者对当事人所谈论的问题有个更清晰的概念（例如，"告诉我一个具体的你感到和父亲疏远的例子""上次你这样做的时候发生了什么"）。

如何进行针对想法的开放式提问和追问

可以用以下方式来进行开放式提问和追问。比如：
- 告诉我你上次想到 X 时的想法。

- 你对 X 的记忆是什么？
- 关于 X，再告诉我多一些。
- 你想到 X 时是什么样的情形？
- 你觉得怎么样？
- 你那么讲是什么意思？
- X 意味着什么？
- 可不可以给我举个例子？
- 一想到 X，你脑海中会浮现出什么想法？

助人者应该保持适当的专注，因为提出开放式问题和追问的方式是非常重要的。如果助人者声调温和而低沉，语速缓慢，试探性地进行开放式提问或追问，当事人就更可能感受到助人者在表达关心和亲近。相反，如果助人者莽撞、强势并总是打断当事人，当事人则可能会感到不被理解。助人者应该是支持的、非评判的，对当事人所说的任何内容都给予鼓励，因为所探讨的主题以及问题的答案都没有所谓的"对"或"错"。

开放式提问和追问应该简短，当事人可能难以回答冗长的、多重的问题（"你接下来做了什么？你是怎么想的？你那么做用意何在？"），因为当事人会感到被问题轰炸而不知道要先回答哪一个。

当事人可能会忽略重要的问题，因为他们无法一次回答所有的问题。比较好的策略是一次提一个问题等待答复，直到对这个主题充分探索后再继续问另一个相关的问题。

因此，助人者一次只聚焦于问题的一部分时，开放式提问和追问是最有效的。当事人无法同时谈论所有事，且可能会对从中选择一个主题感到困难。所以，助人者必须选择最重要或最显著的问题来聚焦，稍后再转到其他问题。与重述一样，最好聚焦于当事人最具能量或情感的部分，或是处于当事人意识边缘的问题。例如，如果乔安娜在谈论好几个不同的话题，助人者就可以对乔安娜亟待解决或最急迫的问题进行提问。

另外，助人者应将开放式提问和追问的焦点放在当事人身上（"看到你母亲的行为时，你在想什么？"），而不是转移到其他人身上（"在那种情况下，你母亲做了什么？"）。由此，助人者能够帮助当事人探索其内心发生了什么而不是偏向其他人。虽然了解更多母亲的情况也会有帮助，但她并不在咨询室，而助人者可能得到的只是一面之词。助人者最需要帮助的是当事人本人，所以一般情况下聚焦于当事人会比较好。

提问的焦点应是现在，而非过去，这一点也很重要，虽然现在的想法可能和过去的事情有关。因此，相比"你当时是怎么想的"，助人者更应该问"你现在对当时发生的事情有什么看法"。

如果当事人正在一个深入的水平上进行探索，就没有必要进行开放式提问和追问。与其为了说点什么而打断当事人，不如保持安静让当事人继续说下去。助人者只需要在当事人卡住或需要更进一步探索的指导时才进行提问。

我喜欢的一种追问是"告诉我有关这些的记忆"。这种追问特别适用于当事人描述现在的困境，而你又觉得这种困境是受过去经验的影响而产生的时候。当塞莉娜谈到她父亲与继母分手对她的影响时，我让她谈谈她父亲与母亲离婚时的记忆。塞莉娜能够说出那些痛苦的记忆，很明显的是，这些记忆还在影响她，并且影响她如何处理当前的情况。

在探索阶段，助人者应该避免问"为什么"的问题（例如，"你前两天夜里为什么对你男友发脾气""你为什么无法学习"),因为这种问题难以回答而且容易引发当事人的防御。就像尼斯伯特和威尔森(Nisbett & Wilson,1977)所说,人们很少知道他们行为背后的原因。

当有人问你为何做某些事时,你可能会觉得他在评价你,嘲笑你不能有效地处理问题。助人者可以使用"什么"或"如何"的问题来代替"为什么"的问题(例如,助人者可以问"是什么使你不能学习","当复习功课的时候,你心里在想什么"或"发生了什么让你难以准备考试"来替代"为什么你不好好准备考试")。"为什么"的问题在领悟阶段使用更为合适,但依然需要偶尔、谨慎地使用,我们会在第12章讨论。

助人者还应该了解当事人对问题反应的文化差异。休等人(Sue & Sue,1999)指出,一些来自不同文化的人对以提问的方式开始会谈(例如,"你今天想要谈些什么")可能会觉得不舒服,因为这可能让当事人感到不被尊重。在这样的个案中,助人者可能要更直接地告诉当事人助人过程是怎样的,或建议讨论的主题。助人者不能假设来自其他文化的人都不喜欢或喜欢开放式提问,但是如果助人者观察到当事人感到不舒服,可以尝试使用重述作为替代。

使用针对想法的开放式提问和追问的例子

下面是一名助人者在其会谈中使用的针对想法的开放式提问和追问(见楷体字)的例子。

当事人:我的妹妹们彼此常打架,她们真的很可恶而且彼此伤害。我最小的妹妹最近因在商店里偷窃而被抓,我父母对此什么也没做,她们越来越野了。我真希望我能做些什么来帮助她们。如果我仍在家,她们就会听我的话。我想她们没有其他的人可以求助。我父母离婚了,所以他们根本不可能管我的妹妹们。

助人者:*多告诉我一些你不在家时的感觉。*

当事人:一方面,我很高兴自己不在家,离开那个一团糟的地方;另一方面,我觉得有罪恶感,就像我是"泰坦尼克"号的幸存者,而她们却都沉下去了。

助人者:*当你与家人在一起时,是什么样子的?*

当事人:我父母还住在一起,但他们常常打架。家里笼罩着恐怖的气氛,因为我父母都很暴力。我必须看住我的妹妹们,我比我父母更像是父母。为了能照顾好自己,我变得更坚强了。

助人者:*请举一个你不得不照顾妹妹们的具体例子。*

当事人:哦,好,就像昨晚当我打电话回家时,我妹妹告诉我,妈妈开始到处扔盘子,爸爸怒气冲冲地出去了,他们一句话也不说。没有人过问妹妹们的作业,而她们就到处疯跑。我不知道我在这儿能为她们做些什么。(当事人继续探索。)

运用针对想法的开放式提问和追问的困难

一个普遍的困难是,助人者重复问同样的开放式问题,诸如"对此你是怎么想的"之类的问题。许多当事人因为连续听到相同的问题而觉得厌烦,难以做出回应。

同样，一些初学者只使用开放式提问和追问而不是与重述交替使用。当助人者感到焦虑时，助人者容易过度使用开放式提问和追问，因为这项技术是较为容易的，且多已存在于助人者的工具箱中。不幸的是，如果助人者问太多的开放式问题，互动就变成单方面了。在这样的情况下，助人者就没有尽力去理解和帮助当事人探索了，会谈的基调会变得呆板，而不是共同努力探索并了解当事人的问题。

针对信息或事实的封闭式提问

封闭式提问（closed questions）通常需要一两个词的答案（"是"、"不是"或确认的信息）或询问特定事实（例如："你的考试成绩是多少？""你父母离婚时，你多大了？""你给咨询中心打过电话吗？"）。这些问题主要用于收集具体信息，大概是因为助人者出于某些原因会使用这些信息（如评估当事人、制定行动计划）。

封闭式提问在助人过程中很重要但又有局限。偶尔助人者需要获取具体信息，可能是因为当事人说话含混不清，或者助人者需要更多的信息来了解情况。获得具体信息的最直接途径就是通过封闭式提问。例如，当一位当事人对他的家庭情况描述很模糊而助人者又想要了解他的家庭动力时，助人者也许会问："你是家中最大的孩子吗"或"你在家中排行第几"。在这类情形中，询问必要的信息比猜测和困惑要好。关键是这些信息对治疗过程很重要。

助人者在需要澄清时也可以偶尔使用封闭式提问，因为他们没有听懂当事人所说的话，或因为他们想要确定当事人是否理解或同意他们所说的话。例如：

- 你刚才说什么？
- 我说得对吗？
- 结果是这样的吗？
- 这样说对吗？
- 我理解得正确吗？

还有一种情况就是在危机状况下使用封闭式提问。如果有危机发生（例如，潜在的自杀、谋杀、暴力或任何形式的虐待或严重的精神疾病），助人过程就从探索变成了危机干预。在这种情况下，助人者需要直截了当地询问当事人发生了什么并进行适当的转介。如果这种情况发生于你受训期间，你要立即寻求督导师帮你解决。

此外，封闭式提问还适用于一些特定的访谈情况，如医生的问诊、法庭审判过程中律师的提问、找工作时的面试等。在以上情况下，访谈者与受访者是截然不同的。访谈者提问是为了获得所期望的信息，而受访者只是回答所提出的问题。一般访谈者是访谈过程的控制者，通过提问来引导整个访谈的互动。

例如，在学业指导的会谈中通常使用封闭式提问。当我作为导师对一位学生能否被录取为研究生而进行面试时，我的目标是收集关于这个学生资质的足够信息（例如，平均绩点、GRE成绩、研究和临床经验，以及职业目标）并进行评估。而收集这类信息最快捷、有效的方法就是封闭式提问（例如，"你的平均绩点和GRE成绩是多少""你有多少研究经验""你毕业之后想被什么机构雇用"）。我在进行封闭式提问时尽量采取支持的、共情同感的、非评判的方式，而不是试图决定学生该做什么或对他们的效能进行判断。一旦我获得了这些信息，我就可以判断这个学生被研究所录取的可能性。如果我认为这个学生需要得到探索价值观、情感、选择和天赋方面的帮助，那么我一般推荐他去大学心理咨询中心，因为这并不是我作为一名学术导师的任务。

尽管封闭式提问在访谈过程中是有用的，但其在助人过程中的运用仍是有限的，因为助人的目的是鼓励当事人探索以使其能够自己做决定。不幸的是，助人者经常陷入访谈者的角色，并开始负责引导会谈的方向，成为访谈者而不是助人者。

助人者一旦陷入访谈者的角色（变成审问者）就需要思考下一个问题，从而很难改变会谈过程并鼓励探索。在这种情况下，当事人就会变得依赖助人者，被动地等待下一个问题，而不是深入探索自己的问题。

考虑到在本书的模型中助人者的理论前提是促进当事人"自我治愈"而不是扮演专家的角色诊断并"治疗"当事人，所以我认为助人者一般不需要太多的具体信息。具体信息并不能帮助促进对价值观、情感、选择和天赋的探索。在提问之前，我建议助人者应考虑他们要用所得的信息做什么。助人者可以这样问自己："我获得这些信息是为了满足谁的需求？"如果所获得的信息有助于促进当事人的探索，助人者就可以提问。如果所获得的信息是为了满足窥探隐私、好奇、打破沉默或是做诊断、解决问题的需要，那么助人者最好不要提问。

当助人者使用封闭式提问时，应遵循与开放式提问和追问同样的指导方针。换句话说，就是助人者要运用一种共情同感和邀请的方式鼓励当事人探索而不是简单地回答问题。而且，助人者应限制自己提出过多的封闭式问题。就像一次问过多的开放式问题一样，当事人会觉得被连珠炮似地提问，并且不知道该先回答哪一个。更重要的是，助人者应当观察当他们使用封闭式提问时发生了什么。当他们提出过多的封闭式问题时，助人者要决定他们是否要掌控互动的控制权。提出封闭式问题是否使你觉得自己像一个高高在上的盘问者？助人者也可以通过询问当事人对封闭式问题的反应来决定其干预的效果。

大多数初学者运用过多的封闭式提问是由于这是助人情境外常使用的互动技术。在社会互动中，人们通常通过封闭式提问来获得事情发生的细节。这种互动的目的是了解故事的真相，而不像在助人过程中是帮助表达或探索情感。

助人者有时使用封闭式提问只是为了满足他们的好奇心。他们可能是为了窥探隐私而不是帮助当事人探索。例如，马莎为了解决她对姐姐的嫉妒和与姐姐攀比的心理问题前来求助。马莎在会谈中谈到她姐姐和一个很火的电影明星约会。助人者惊叫道："哇！她是怎么认识他的"或者"他是什么样的"。尽管很极端，这个例子还是说明了助人者如何为了满足自己的好奇心而提问，而不是帮助当事人进行探索。这也说明了谈话的焦点是很容易从当事人转向其他人的。

当助人者以高人一等的姿态或以一种胁迫的方式要求当事人对一个问题进行特定的回答时（例如，"你真的不想再喝酒了，是吧？"），这是一种极其糟糕的封闭式提问的方式。这种提问方式将中心偏离了当事人，而助人者却好像是知道当事人应当如何行动的专家。

我并没有说助人者永远不可以使用封闭式提问，因为偶尔使用还是有帮助的。但是，我仍然鼓励初学者们尽量减少封闭式提问的使用而多用开放式提问和追问以及重述。当助人者确实需要运用封闭式提问来获得具体信息时（在对背景情况的了解中，有些历史是很重要的），他们可以随后使用探索技术帮助当事人回到探索中。而且助人者要能够确保他们是以传达了兴趣的方式进行封闭式提问的。

开放式提问与封闭式提问的区别

封闭式提问旨在询问具体信息，因此也有具体的答案；而开放式提问要求接收者进行探索或说出任何想法。想要区分封闭式提问和开放式提问，我建议你看看能否将问题问得更开放些。如果能，原先的问题就可能是封闭式的。例如，封闭式问题"你在考试中拿到A了吗"可以改成"你的考试怎么样"，后一个问题更开放些。

开放式提问重要的一点是允许当事人去探索那些他们认为重要的事情。例如，玛丽想知道她的当事人山姆在家的排行。她可能把这个封闭式的提问用开放的方式问出来，她说："谈谈你的兄弟姐妹吧。"这句话使得山姆探索了很多家庭的矛盾、冲突，以及由于他是家中最小的孩子家人是多么宠他。玛丽获得了远比封闭式提问所能获得的更多信息。专栏7.4展示了封闭式提问如何转换为开放式提问和追问。

专栏 7.4
将封闭式提问转换为开放式提问和追问的例子

你想过今晚打电话给朋友吗？→你今晚可以做什么？
你有几个兄弟姐妹？→谈谈你的家庭吧。
你和妈妈谈过这件事吗？→这件事后你有什么感觉？
你想谈谈你的反应吗？→你对此有何反应？
你今天几点起床的？→你觉得你的睡眠时间如何？
你有一个快乐的童年吗？→和我说说你的童年。

探索非情感内容、想法、叙述和故事技术的比较

重述帮助当事人听到自己所说的话，理想情况下能帮助他们澄清并进一步扩展。通过重述，当事人可以感受到助人者倾听和理解自己。通常不需要问具体问题，当事人就会增添细节并进一步解释。因此，当事人理想的反应是"是的，而且（继续探索）……"，而不是"是的"。

相比较而言，针对想法的开放式提问和追问直接要求当事人进行更多的探索，它告诉当事人，咨询师希望他谈什么。因此，在当事人不是十分确定或者需要一些指导时，开放式提问是有帮助的。封闭式提问要求当事人提供具体信息，如果助人者打算在某些方面用到具体信息（如诊断、布置家庭作业），将会有所帮助，尽管这类干预很少能帮助当事人探索。

在某些方面，使用重述与开放式提问和追问时，助人者和当事人之间的权力平衡

是不同的。使用重述时，助人者更多地扮演接收者的角色，澄清和概述当事人说过的话。相反，使用开放式提问和追问时，助人者直接地、主动地建议当事人要探索的领域。

我建议多使用重述技术，偶尔使用开放式提问或追问和封闭式提问。有人将提问比喻为盐和胡椒粉，而重述是主菜。一条准则是，在当事人正进行全面的探索而你想鼓励他们继续时可以使用重述，而在当事人可能需要方向指导时使用针对想法的开放式提问和追问。

你的想法

- 比较重述技术和朋友间常用的谈话方式，如建议和自我表露。两种方式的有效性怎样？
- 比较重述与针对想法的开放式提问和追问。
- 当有人使用重述或开放式提问和追问时，你会如何反应？
- 不同文化背景的人对重述和开放式提问会如何反应？
- 你赞成助人者在探索阶段不要问"为什么"吗？

关键术语

封闭式提问 closed questions　　　　叙事疗法 narrative therapy
针对想法的开放式提问或追问 open questions or probes for thought
重述 restatements　　　　　　　　概述 summaries

研究概要

引发情感

文献出处：Hill, C. E., & Gormally, J. (1977). Effects of reflection, restatement, probe, and nonverbal behaviors on client affect. *Journal of Counseling Psychology*, 24, 92–97.

理论依据：在心理治疗中通常希望当事人能够表达情感，因此作者想知道哪种治疗师技术可以帮助当事人表达情感。此外，作者想知道治疗师的非言语行为是否会影响当事人的情感。

方法：志愿者当事人与经过培训的咨询师配对。咨询师首先向当事人确认保密原则，然后让当事人讨论对一个问题的感受。研究遵循经典的 a-b-a-b 实验设计，首先在无干预阶段（a）进行基线评估，随后进行干预（b），然后回到基线阶段（a），再进行干预（b），以便确定干预的效果。在 6 分钟的基线阶段，咨询师仅以轻微的非言语和言语刺激（"嗯哼""我知道"）回应当事人。在 9 分钟的干预阶段，咨询师根据当事人背后的灯光提示做出非言语（在恰当的时间点头和微笑）或无非言语（没有点头或微笑）反应；另一组灯光提示咨询师大约每分钟进行一次情感反映（如"你感到生气，因为你父亲不再支持你"）、重述（"你父亲不再支持你"）或者追问（"你父亲不再支持你，你有什么感受？"）。会谈结束后对当事人进行访谈，访谈被转录并划分成反应单元（语法句子）。经过培训的评价者对当事人的每一句陈述中是否给出了情感自我参照（表达感受，如"我为父亲不再支持我而感到生气"）进行编码。

有趣的发现：
- 相较于情感反映和重述，当事人在追问条件下有更多的情感自我参照。
- 当事人在干预阶段比在基线阶段说得更多。

结论：
- 追问比情感反映和重述更能引发当事人的情感，可能是因为追问直接要求当事人谈论他们的感受。
- 在基线阶段咨询师对当事人的话不做任何反馈，使当事人感到不舒服。
- 要认识到，由于这项研究涉及实验性操纵，因此结果可能无法推广到真实的心理治疗情境。

对治疗的启示：
- 追问是一种让当事人谈论感受的好方法。当然，情感反映和重述可能有其他作用，在这项研究中没有测量到。

实践练习

假设你的当事人对你说以下的话。阅读以下每一句话，把你的重述反应和针对想法的开放式问题写下来。比较你的反应和我们在练习后所提供的助人者可能有的反应。我们所提供的助人者的反应并不意味着就是"最正确的"或"最好的"重述，它们仅供你对不同的可能反应方式进行思考。

陈述

1. 当事人：我的作业很多，不过我不知道在什么时候去做，因为我每周要工作20小时。当我上完课、工作完回家时，我就没力气再做功课了。我感觉我只想躺下看电视。

助人者重述：

助人者针对想法的开放式提问：

2. 当事人：毕业后，我打算出国旅行，最初想独自一人去。后来，我的两个室友听说了，也想加入。我重新把时间做了调整以配合他们的时间。可是，现在其中一个人竟然说他不去了。

助人者重述：

助人者针对想法的开放式提问：

3. 当事人：我妈妈要离婚，她每天晚上都要与我谈这件事。从我9岁开始一直是这样，这有些奇怪。她说她找不到其他人可以说。自从我爸离开她后，她嫁给了一个真正的混蛋，他殴打我妈妈，还是个酒鬼。

助人者重述：
助人者针对想法的开放式提问：

助人者可能的反应

1. 现在你对你的作业提不起劲来。
下班回家后，你真不想再做功课了。
再告诉我一些。
当你累倒在床上时，你都想到了些什么？
2. 你为了朋友而把计划做了很多调整。
你刚刚才知道你的朋友没有办法和你一道旅行。
再跟我讲一讲你和这位朋友之间的关系。
对这次旅行，你有什么期待？
3. 你最近想了很多关于母亲的事。
很多的责任。
当你妈妈跟你谈论这次离婚时，你的想法如何？
告诉我你妈妈昨晚说了什么。

实验室活动：探索想法的技术

目标：
1. 给助人者提供专注和倾听当事人的机会；
2. 鼓励助人者聚焦于当事人陈述中最重要的部分；
3. 练习运用重述和开放式提问帮助当事人探索想法。

练习1：单词重述

助人者重复当事人所说的最重要的词或词组。例如，若当事人说："我有一个可怕的两难问题。我发现我好朋友的男朋友欺骗了她。我不知道该不该告诉她，她一定会非常伤心。"那么，助人者可以说"两难问题"或"好朋友"。持续8～10个当事人谈话轮。

练习2：练习形成重述

1. 在大组中，领导者给出一个当事人陈述的范例（尽量简短并减少情感色彩）。每个学生要将自己的重述写下来，然后大声读给大家听。继续其他的例子，直到领导者确定所有学生学会使用重述。
2. 仍在大组中，领导者要求一个学生做当事人，并谈论一些简单的话题——一个没有很多情感色彩的话题（建议的话题：汽车、政治、天气、科技、爱好、课外活动等）。在当事人谈论之后，所有学生写下自己的重述。每个人写完后，领导者让每个人依次对当事人表达其重述，当事人依次对重述做出反应。

练习3：练习针对想法的开放式提问

重复练习2，把重述替换为针对想法的开放式提问。

练习 4：角色扮演练习技术整合

学生 3 人一组，分别扮演助人者、当事人和观察者。

助人者和当事人在互动中的任务：

1. 助人者介绍自己。
2. 当事人简短地介绍一个他没有强烈情感或情绪反应的话题。
3. 助人者全力倾听而不去预测当事人接下来会说什么。当事人陈述完毕之后，助人者停下来，深呼吸，想想要说什么，然后重述当事人所说的（运用最少的词语，并聚焦于叙述中最重要的部分）或针对想法提出开放式问题。在练习中，助人者要专注于内容而不是情感。在整个练习中，记住使用合适的专注行为。
4. 持续 5~10 个谈话轮。

观察者在互动中的任务：

记录助人者的专注行为。依次记录助人者的陈述，并标注其是否为重述、开放式提问或其他技术。

会谈完成后：

1. 助人者谈论进行重述和开放式提问的感受。
2. 当事人谈论接受重述和开放式提问的感受，并对助人者最有用和最无用的部分进行反馈。
3. 观察者对助人者运用重述、开放式提问和专注进行反馈。首先提供积极反馈，仅提供一条消极反馈（见第 1 章关于反馈的内容）。

角色交换：

继续上述角色扮演，直到每个人都扮演过助人者、当事人和观察者。

大组交流：

在第一轮，每个人依次谈他们做得好的经验。在第二轮，每个人谈谈他们准备继续做什么和如何做。

个人反思：

- 你怎样处理在重述和开放式提问中可能体验到的焦虑？
- 过去的学生往往难以形成简洁的重述，难以专注于内容而不是情感，难以在当事人的陈述中找出焦点所在，说得太多，偏离当事人的焦点。上述这些问题，你经历了哪些？你是如何解决的？
- 在学习成为助人者的过程中，你对自己有了哪些了解？
- 在组合技术时，你遇到了哪些困难？

第 8 章
探索情感的技术

> 依我所见，在治疗中取得显著进步的当事人可以更亲密地与痛苦共处，更强烈地感受狂喜，更清晰地觉知愤怒与爱，更深刻地体验恐惧和勇气。
>
> ——卡尔·罗杰斯（Carl Rogers）

泰勒是一位很有上进心的演员，但在一次车祸中不幸受伤落下了终身残疾，再也不能登台表演了。在整个会谈中，助人者用了很多反映（例如，"你感到非常气愤是因为你再也不能做你喜欢做的事了""我想你是不是有些担心人们会嘲笑你""听起来你对去公共场合感到焦虑"）来帮助泰勒说出他内心的许多感受，从而使他能够识别并接纳这些情感。助人者也会问一些开放式的问题（例如，"你对此的真实感受是什么"），帮助当事人停下来，思考他真实的感受并尝试去表达。一旦泰勒能够表达自己的情感，他就感到放松一些。

在上一章中，我们侧重于当事人所说的非情感内容；而在本章中，我们侧重于内容之下的情感成分。这里的假设是，将情感与想法联系起来是有价值的，这样一个人就可以更完整地体验内心世界。我确定了三种帮助当事人探索和表达感受的技术：情感反映、情感表露，以及关于情感的开放式提问和追问。

探索情感的理据

如罗杰斯所说（见第 5 章），情感是我们经验的重要部分。这些情感告诉我们如何对刺激做出反应，我们需要做什么。我们常常忽略、否认、扭曲或压抑自己的情感，因为我们曾被告知它们是不被接纳的（例如，被告知"男子汉是不哭的"）。因此，我们渐渐远离我们的内在体验，不能接纳我们自己。我们需要回去并允许自己去感受那些情绪，唯有这样，我们才能决定对它们该做些什么。

从进化的角度来看，情绪很重要，因为它们告诉我们该采取什么行动，是战斗还是逃跑。从生物学的角度来看，利伯曼等人（Lieberman et al，2007）使用功能性磁共振成像表明，用语言表达情感是有益的，将情绪用语言表达出来（**情感标签**，affect labeling）通过降低杏仁核的反应，增加右腹外侧前额叶皮层的活动（由内侧前额叶皮层介导），有助于减少负面情绪体验。

萨默斯和巴伯（Summers & Barber, 2010）为鼓励当事人体验更深层次的感受提供了一个很好的理由。他们建议：

> 通过体验过去的情感和理解它们的背景，当事人开始修通与这些事件相关的意义（有时是无意识的）。慢慢地，过去的情感和感知重新进入意识，一旦它们意识化，就可以调动当事人天然解决问题的能力。这个过程将领悟或自我理解和情感再体验结合起来。有些人将治疗的这一方面描述为对痛苦感觉的习惯化或脱敏……变得远离（或习惯于）这些痛苦的情感或想法是有治疗作用的，可以增强当事人的掌控感、控制感和自主性。当事人不再害怕它们，情感上可以更加开放和灵活。(p. 34)

事实上，通过对实证研究的回顾，佩卢索和弗罗因德（Peluso & Freund, 2018）发现情感表达与治疗关系和治疗结果之间都有显著的关联。

情感至少与当事人谈话的内容和想法同样重要。在当事人触摸到他们的情感时，他们似乎最有能力解决自身的问题（参见 Elliott, Watson, Goldman, & Greenberg, 2004）。体验情感可以让当事人依靠自己的内在体验来对事件进行评估。

当事人的情感表达能够帮助助人者了解他们。人们对事件往往反应不一，所以助人者需要知道不同的当事人是如何去解释其经验的。例如，当沃尔达因为父亲去世而走进咨询室时，助人者起初假设沃尔达会伤心、忧郁、孤独，因为助人者的父亲去世的时候她自己也有这些感觉。但实际上，沃尔达很生气，因为自从父亲死后，幼年被性虐待的记忆一直侵入性地困扰她。当父亲无法再伤害她时，沃尔达才能安全地回忆起这些受虐经历。此外，沃尔达觉得父亲的死对她是个解脱，因为她不再需要去面对他。这个例子说明助人者必须仔细地倾听，不能将自己的假设强加于当事人。

如果当事人接纳自己的情感，他们就能变得对新的情感与经验更加开放。情感不是静止不动的，一旦被体验就会发生改变。当一个人充分完整地体验了某种情感时，新的情感经常会出现。例如，一旦沃尔达体验了她的愤怒，她就能觉察到其他的情感，比如难过，进而最终产生接纳和平静的感受。助人的目的不是让当事人感觉"更好"，而是帮助当事人更深刻地体验情感：快乐时笑，悲伤时哭。

当事人不必对这种情感采取行动，但当这种情感暴露出来时，他们可以做出更明智的决定。事实上，意识到自己的情感会使一个人不太可能在无意中对自己的情感采取行动。相反，未被接纳的情感有时会以一种破坏性的方式"泄露"出来。例如，当罗伯特得知他的朋友被著名的法学院接收，而他却被拒绝时，他变得有些粗暴和带有敌意。在意识层面，他为他的朋友感到高兴，但他没有修复自己受伤的感情。我们都知道，人们不会直接表达他们的愤怒，而是间接地传递出一种含蓄的、不友善的负面讯息，让他人难以回应。还有些人会因为他们无法接纳自己的感受而变得被卡在那里，就像是河流被水坝挡住一样；人们若不允许他们自己拥有并表达感受，也会被卡住。

情感很少是简单或直接的。因此，注意到当事人对一件事可能有几种相互矛盾的情感是很重要的。比如，黛娜刚找到新工作，觉得很兴奋，并为自己能从应征者中脱颖而出感到高兴。然而，她也可能还担忧自己不能胜任，害怕工作中与老板太接近（老板让她想到父亲），担心别人会怎么看她，还担心自己是否可以赚足够的钱来付房租。作为助人者，这时重要的是让当事人尽可能地表达这些感受，而不去想这些感受是否理智、模棱两可或矛盾。

愤怒、悲伤、恐惧、羞愧、痛苦和受伤害似乎是治疗改变中涉及的最重要的情感（Greenberg，2015）。由于当事人对这些情感感到羞耻并担心不被接纳，这些负面情感通常是被抑制的，不会被表达或体验。许多人甚至不能允许自己去想到这些情感。因此，当事人需要一种支持性的环境，让其感觉足够安全，才可以敞开心扉表达这些情感。

有些情感似乎也很难理解。两项研究的结果（Atkinson, Dittrich, Gemmell, & Young, 2004；Van den Stock et al., 2007）表明，害怕和愤怒比快乐和悲伤更难识别，此外，害怕和愤怒也难以区分。这些结果表明，助人者不对当事人的情感做预设很重要。

此外，有时情感是存在层次的，注意到这一点也很重要（Greenberg，2015；Teyber，2006）。例如，在表达、体验过愤怒之后，悲伤和羞愧往往随之而来。相反，在表达、体验过悲伤之后，愤怒和内疚通常会出现。同样，格式塔治疗者认为每种情感都有两面。如果当事人只谈论害怕，助人者就要去想想他的渴望；如果当事人只谈论爱，助人者就要考虑到恨。通过对情感做更深入的思考，助人者可以让当事人接纳大量过去不被承认的情感。

对情感进行工作的文化考量

虽然情感（情绪）是普遍的（我们都有悲伤、愤怒和快乐），但情感的表达在不同的文化中是不同的。在美国，人们通常被鼓励对他们的情感和体验保持开放。只需调至广播和电视的脱口秀节目，就能听到或看到人们如何自由地分享他们内心深处的感受。然而，来自非美国文化的人通常在承认和表达情感方面比较保守，尤其是对家庭以外的成员（Pedersen, Draguns, Lonner, & Trimble, 2002）。例如，一名在尼日利亚长大的学生谈到，她不被允许在公共场合或陌生人面前表达消极的情感或情绪。同样，因为亚洲人重视情感克制（Kim, Atkinson, & Yang, 1999），谈论情感会引发在家庭之外解决问题的羞愧、尴尬和内疚感。

研究者发现，美国、尼泊尔婆罗门和尼泊尔塔芒儿童的情绪表达存在不同模式（Cole, Bruschi, & Tamang, 2002）。所有的孩子都报告说经历过愤怒，尼泊尔塔芒的孩子考虑更多的是羞耻感，而尼泊尔婆罗门和美国的孩子更在意愤怒。然而，与尼泊尔塔芒和美国的孩子相比，尼泊尔婆罗门的孩子更不可能表达负面情绪。科尔等人（Cole et al., 2002）的研究很重要，因为它展示了关于压抑负面情绪的信息是如何内化的。

在表达情感方面也存在性别差异，男性通常比女性更难表达情感。男性通常对情感不敏感，如果被要求说出他们的情感，他们经常会感受到威胁（Cournoyer & Mahalik, 1995；Good et al., 1995；O'Neil, 1981）。如果当事人对谈论情感感到不舒服，助人者可能需要慢一点，记住情感是有跨文化差异的，有些人很难表达情感。

在处理情感之前，让一些当事人知道为什么要关注感受是很重要的。例如，朱等（Joo, Hill, & Kim, in press）指出，韩国当事人需要了解感受的重要性，因为他们担心表达感受会失去尊重。

情感反映

情感反映（reflection of feelings）是明确给当事人的情感贴上标签（见专栏8.1）。这些情感可能是当事人说过的（使用相同或相近的词），或者是助人者可以从当事人的非言语行为或当事人表达的内容信息中推论出的。情感反映的表达可以是试探性的（例如，"我想知道你是不是感到愤怒"），也可以是较直接的（例如，"听起来你似乎很生气"）。强调的重点可以只是情感（例如，"你感到沮丧"），也可以同时强调情感及其产生的原因（例如，"你感到沮丧，因为你的老师没有注意到你做了那么多工作"）。

专栏 8.1　情感反映概览

定义	情感反映是重复或重述当事人的陈述，包括明确指出情感。这种情感可能是当事人说过的（使用相同或相近的词），或者是助人者根据当事人非言语行为、背景或当事人表达的内容信息所做的推论。反映可以用试探性的句式或肯定的句式来表达。
例子	"你对先生不在家感到很生气。" "对老板说了你不想工作太晚之后，你似乎感到很高兴。"
助人者的一般意图	识别和强化情感、鼓励宣泄、澄清、注入希望、鼓励自我控制（见附录 D）
当事人可能的反应	触动、消极想法或行为、明了、负责、通畅、害怕、恶化、被误解（见附录 G）
当事人理想的行为	情感探索（见附录 H）。
有用的提示	注意倾听当事人潜在的感受。 选择最突出的情感反馈给当事人。 一次只反映一种情感。 试探性、共情同感、非评判。 尽量与当事人情感的强度相匹配。 反映当事人当下的情感。 反映要简洁。 聚焦于当事人的情感，而不是其他人的情感。 变换反映的形式。 变化表达情感的用词。

助人者通过情感反映帮助当事人识别、澄清，并且更深入地体验情感。然而，除了给情感贴上标签，助人者还要重视协助当事人体验当下的情感（即体验比解释更重要）。例如，一对夫妻可能讲述了一件惹他们相互生气的事件。助人者可以鼓励他们表达当前的感受，并互相交流对那个事件的感受。当情感不再受阻而变得开始流动，当事人也开始接纳这些情感时，情感才会得以宣泄。

情感反映的益处

情感反映是让当事人进入他们内心体验的理想的干预措施。可以鼓励当事人给自己的情感贴上标签，并进入他们的内心体验，尤其是在情感反映的同时专注和共情同感当事人不愿去经历痛苦的心情。当事人通常很难自己去识别和接纳他们自己的情感，因为他们或者不知道自己的感受，或者觉得这些情感消极并且互相矛盾，又或者是因为小的时候曾经由于这类情感而受到过惩罚。

而且，情感也很难被表达清楚，因为它们常常是模糊的身体感觉。与助人者一起努力用语言表达感受可以帮助当事人开始弄清楚他们的情感是什么。实际上，当事人会内部搜索（Gendlin，1996），以便他们向内集中注意力，识别感觉，并尝试给情感贴上文字标签（例如，"我感觉胃里有什么东西。我不确定那是什么……我猜这有点像担心……不，也许更多是恐惧，有点像我不确定会发生什么。一切似乎都悬而未决……是的，我确实对这次会谈感到担忧"。）。

听到反映可以使当事人重新思考、检视自己真正的感受。如果一名助人者使用了"恶心"（disgusted）一词，就会促使当事人去思考"恶心"是否符合他的体验（例如，"也许不是恶心，而是恼怒。是的，我觉得很烦，也许你是对的，有点恶心……这很难说"）。当事人确认情感的需要强调了为什么助人者试探性地为当事人打开探索之门是如此重要。

这样的探寻可以引致对情感更深层次的探索。对当事人来说，一般很难将自己最深层、最隐秘的想法和情感用语言表达出来。在一段安全和支持性的关系中，他们可以开始探索情感，而这些情感通常又是复杂且相互矛盾的。他们可以在同样的情境下对同一个人有着爱、恨、罪恶感等交织的情感。被允许去承认这些对他人的相互矛盾的感受而不会遭到拒绝，会让当事人接纳自己的情感。

情感反映也能够用来确认感受。莱因和伊斯特森（Laing & Esterson，1970）提出，当人们主观的体验被确认时，他们就不会再感到"疯狂"。当事人很容易认为自己是唯一有这种感觉的人，所以听到助人者平静地给情感贴上标签，可以使当事人了解这些情感是可以被接纳的，当事人自己也是可以被接纳的。

情感反映也可以作为情感表露的一种示范，对那些不善于表达自身感受的当事人来说是非常有用的。许多人体验过某种感受，但却没有给这种感觉贴上标签。如果助人者说"我想知道你是不是对你妹妹感到无可奈何"，那么这表明"无可奈何"是一个人在这种情境下可能会有的感受。通过给情感贴上标签，助人者也暗示他们并不害怕情感，这些情感都是熟悉的，而且无论当事人的情感是什么都将被接纳。通过提示情感，情感反映还可以避免当事人的防御或化解当事人因某种情感而感受到的难堪。助人者通过情感反映表明这些情感是正常的，他们接纳拥有此类情感的当事人。

要做出情感反映，助人者至少要像当事人一样努力。因此，情感反映可以表明助人者在积极投入地理解当事人，同时也迫使助人者表达对当事人感受的了解，以此来核查自己知觉的准确性。助人者可以说"我非常理解你的感受"，但这句陈述并没有向当事人显示其理解的内容是什么。情感反映给助人者提供了一个展现他们对当事人了解的机会。

初学者很快就会发现，要正确无误地知觉和传达另一个人的感受，是一件相当困难的事情。虽然我们永远不能真正地理解另一个人，但作为助人者，我们可以努力去超越我们的知觉，把我们自己融入当事人的经验中，与之共情同感。

由于助人者努力去理解当事人，情感反映还可以帮助建立良好的治疗关系。如果当事人感受到了助人者的共情同感与理解，可以与之坦诚地交流并探索自己的情感，良好的治疗关系就有可能建立。

因此，情感反映是鼓励当事人表达情感的理想的干预方式，因为助人者给了一些当事人可能体验的例子。这样，当事人就能够开始识别并接纳自己的情感，而助人者也可以很自然地接纳当事人的情感。此外，如果助人者能够清楚地表达他们所认为的当事人的情感，当事人就可以通过反馈使助人者看到自己哪些地方了解到位了、哪些地方还不到位。这可以帮助助人者提供更好的干预。

情感反映与共情同感的关系

有些作者将情感反映等同于共情同感（例如，Carkhuff, 1969；Egan, 1994）。我不同意这种说法，因为我认为将共情同感定义为情感反映太狭隘了（参见 Duan & Hill, 1996）。我同意罗杰斯（Rogers, 1957）所说的，共情同感是一种态度或与他人体验的协调一致。然而，恰当的情感反映可以体现共情同感。例如，如果一名助人者用共情的语气说"你一定很伤心"，当事人可能会觉得助人者理解他。相反，技术上正确的情感反映，如果时机不对或方式不恰当，则可能是非共情同感的。例如，如果一名助人者以一种无所不知、坚定的口吻说"你觉得受到了侮辱"，当事人可能就觉得被贬低或被误解。当事人也可能觉得助人者了解她甚于她对自己的了解，这样会让当事人无法相信自己的感受。

有时候，使用其他助人技术（例如，一项挑战）比起使用反映技术更富于共情同感。例如，当回应一个被困在受虐关系中的当事人时，温和地挑战当事人留在受虐关系中的决定，而不是仅仅关注当事人的感觉，实际上可能更加共情。

如何进行情感反映

当事人在治疗关系中需要感觉到足够的安全，才能冒险去探究自己的情感。当他们自我表露时，他们必须觉得不会被贬抑、受窘或羞愧，而是觉得被接纳、有价值以及被尊重。因此，反映必须以温和的方式来进行，并且要共情同感。

当学习做反映时，一种典型的模式是：

- "你觉得＿＿"或
- "你觉得＿＿因为＿＿"

换句话说，助人者可以只是说出情感词来突出情感（例如，"愤怒"或"你感到愤怒"）；他们也可以说出情感和产生情感的原因（例如，"你感到沮丧，因为你没能按照你想的去做"），以说明当事人为何有此感受。第一种方法的变式是用试探性的语气说出表达感受的词，要求当事人思考这个表达情感的词是否正确（例如，"生气？"）。

一旦助人者掌握了如何去反映，他们就可以换句式，以免当事人因重复而感到厌烦。如果助人者连续20次说"听起来你似乎觉得……"，毫无疑问，当事人将会留意到这种情况，并且无法专心探索。以下是一些可以替换的句式：

- "我想知道你是否觉得［插入情感词］"
- "也许当下你感到［插入情感词］"
- "你听起来（或看起来）好像［插入情感词］"
- "你能感觉到［插入情感词］"
- "从你的非语言行为中，我猜你当下感到［插入情感词］"
- "听起来你好像感到［插入情感词］"
- "也许你感到［插入情感词］"
- "所以，你感到［插入情感词］"
- "这让你感到［插入情感词］"
- "我听到你说你觉得［插入情感词］"
- "我的直觉是，你感到［插入情感词］"
- "你是［插入感觉词］"
- "心烦意乱"（或任何其他更合适的情感词）

运用比喻替代情感词也是有帮助的，因为隐喻通常会捕捉想象，以一种涉及多种感官的方式在画面中表达情感。例如，助人者可以说"你就像在雾里一样"或"听起来你就好像是被一辆大卡车从身上碾过"。

助人者应该选择最突出的情感进行反映，而不是所有情感。这种焦点使当事人能够从内心探索这种情感并思考它，而反映多种感受可能会让人不知所措和分心。助人者可以稍后回来，并从中获取其他情感，以便进一步探索。

不仅确认情感很重要，助人者也需要去匹配情感的强度（Skovholt & Rivers, 2003）。例如，生气的强度范围可能从轻微的"不耐烦"，到强烈一点的"生气"，甚至是更强烈的"暴怒"。同样，快乐的范围可能从"还好"到"高兴"再到"欣喜若狂"。助人者可以借由使用修饰词，如"有些"或"非常"，来改变表达情感的强度（例如，"有些沮丧"与"非常沮丧"）。

助人者还可以试探性地反映情感（例如，"也许你觉得心烦？"），以鼓励当事人澄清自己的感受。过于肯定地陈述情感（例如，"你明显是对你母亲感到生气"）可能会阻碍探索。因为当事人可能觉得没有理由再努力去辨认其内在的感受，所以，最好采用探询的语气，比如，"我猜想你可能会觉得……"。

此外，考虑到助人者的目标是让当事人沉浸于他们的感受，进而接纳这些感受，助人者最好关注当事人当前对此情境的感受（即使情境是在过去），因为当下的感受是鲜活的。通过专注于当事人当下的感受，可以帮助当事人体验即时的感觉，而不是仅仅去讲关于他们过去感受的故事（例如，"当你刚才提到你母亲时，你好像感到非常愤怒"，而不是"听起来当那件事情发生时你对母亲很生气"）。记住当事人现在仍然有可能对过去发生的事件有情绪（例如，"当你想起他曾经说过的话时，你仍然感到很生气"）。因此，关键是要保持这种情感，与当事人处于"当下"，帮助当事人驾驭情绪的起伏。

我还建议助人者要允许当事人有时间去吸收和思考所呈现的反映，而不要急着处理下一种情感。若当事人开始哭泣或变得沮丧，助人者可以鼓励他体验并表达这些感受，而不要试图将这些感受"拿走"，或让当事人感觉好一点。在当事人正在体验情感时，我们可以停下来或放慢速度，不要打断他们；同时，与他们在一起，对他们的情感进行反映、共情。

因为我们的目标是反映情感并持续聚焦在当事人身上，所以助人者要有意识地作为背景来促进当事人的探索。助人者可以通过保持支持和倾听的姿态来实现这个目标。好的反映几乎不会被当事人觉察，因为这些反映能帮助当事人继续探索，使当事人更专注于他们自己，而不是助人者。

一个学生用了一个很好的比喻：助人者并不是用金属探测器来发现情感；更重要的是，助人者和当事人共同努力，从一团模糊的、没有区分的情感中构建情感。当事情进展顺利时，并不清楚谁在跟着谁，但是助人者和当事人一起工作，帮助当事人识别和体验情感。

识别情感词

许多初学者对在特定情况下使用一系列描述情感的词汇存在困难。专栏 8.2 是我们多年来开发的情感词汇清单。这个列表包括积极和消极的情感词。每个人可以标出自己最喜欢的词，也可以对此表做补充，使它更个人化。一名学生保留了情感词汇清单，并用它来识别电视节目中表达的情感，以便更好地识别一系列情感。

专栏 8.2

情感词汇清单

平静-放松的
安逸的　平静的　放心　无压力的
平和的　满足的　精力充沛的　宁静的
舒服的　舒适的　安全的　从容的
自在的　悠闲的　安详的
自满的　和平的　抚慰的

幸运-走运的
好运的　幸运的　优待的　走运的

高兴-得意的
喜悦的　欣快的　愉快的　乐观的
快乐的　振奋的　高兴的　狂喜的
欣喜的　欢跃的　有希望的　激动的
兴奋的　极好的　欢呼的
热情的　乐意的　无忧无虑的

感激-感谢的
欠人情的　受恩惠的　感激的　感谢的

高兴-自豪的
自信的　荣幸的　成功的　胜利的
满足的　满意的　得意扬扬的

有能力-胜任的
有能力的　有经验的　知识渊博的　成功的

续表

聪明的 合适的 精通的 有才的
有效的 智慧的 熟练的
值得-有价值的
令人钦佩的 有资格的 合理的 值得称赞的
精力充沛-活跃的
爱冒险的 勇敢的 生气勃勃的 强壮的
敏捷的 有活力的 鲁莽的 充满生机的
活跃的 精力旺盛的 精神焕发的 活泼的
有野心的 强有力的 振作的 热情的
活生生的 自由的 新生的
快活的 精力充沛的 精神饱满的
被关心-被爱的
被接纳的 被渴望的 受尊敬的 有价值的
被喜欢的 重要的 安全的 被需求的
被欣赏的 被包容的 被支持的 被宠爱的
被依恋的 被需要的 珍贵的
联结的 受保护的 受信任的
珍爱的 宝贵的 被理解的
关心-有爱的
接纳的 共情的 好心的 同情的
崇拜的 喜爱的 美好的 温柔的
深情的 宽容的 保护的 体贴的
安慰的 轻柔的 能容纳的 有理解力的
有同情心的 慷慨的 回应的 温暖的
周到的 有帮助的 敏感的
忠诚的 感兴趣的 表示同情的
完成-结束的
实现的 结束的 完成的 满足的
热情-鼓舞的
热切的 激动的 印象深刻的 激发的
鼓动的 刺激的 有积极性的 搅动的
开明的 充满激情的 感动的 上升的
丰富的
坚定-坚持的
必须做的 固执的 倔强的 顽强的 被驱使的 不屈不挠的
惊讶-吃惊的
担心的 困惑的 不能动的 受惊吓的
惊讶的 惊奇的 麻木的 惊愕的
吃惊的 目瞪口呆的 震惊的 大吃一惊的
惊骇的 恐惧的 说不出话的

续表

难以承受-受不了的
茫然的　失控的　瘫痪的　有压力的
受到恐吓的　晕头转向的

焦虑-紧张的
焦虑不安的　烦躁的　惊慌失措的　心情焦躁的
担忧　局促不安的　紧张不安的　担心的
急躁的　不安全的　急切的　心神不安的
不安的　神经质的　坐立不安的　气馁的
狂乱的　神经过敏的　紧张的　兴奋的

厌恶-恶心的
惊骇的　生气的　憎恶的　避开的
作呕　排斥的　厌恶的

烦恼-难过的
恼怒的　苦恼的　烦扰的　困扰的
负担　心烦意乱的　担忧的　不稳定的
担心的　不安的　狼狈的　不愉快的
心慌的

害怕-受惊的
害怕的　惊呆的　恐惧的　惊恐的

轻蔑-鄙视的
居高临下的　反对　诋毁的　轻蔑的
嘲弄的　鄙视的　不尊重的　高傲的

生气-恼怒的
恶化的　狂暴的　发怒的　生气的
易怒的　激烈的　厌烦的　愤慨的
暴怒的　大怒的　恼怒的　很生气
恼火的　义愤的　狂的　挑衅的
挫败的　激怒的　气愤的　气炸了
愤怒的

无助-无力的
无防备的　依赖的　虚弱的　脆弱的

伤心-抑郁的
忧郁的　气馁的　悲痛的　悲观的
心烦意乱的　灰心的　无望的　阴沉的
挫败的　低落的　消沉的　悲伤的
沮丧的　空虚的　抑郁的　令人伤心的
泄气的　绝望的　悲惨的　不开心的
孤独的　阴郁的　郁闷的　不幸的
意志消沉的　闷闷不乐的　悲哀的　可怜的

羞愧-尴尬的
羞愧的　堕落的　丢脸的　惭愧的

续表

被惩戒的　不足信的　暴露的　受辱的
气馁的　耻辱的　谦卑的　轻蔑的
诽谤的

内疚-悔恨的
应受处罚的　难以接受的　遗憾的　抱歉的
愧疚的　应受谴责的　悔恨的　该受责备的
有过失的　负有责任的

不够好-不胜任的
有缺陷的　不称职的　差劲的　不重要的
受损的　自卑的　无能力的　不合格的
不完美的　微不足道　无关紧要的　不值得的
无资格的　缺乏的　愚蠢的　无用的
不胜任的　不足的　不会的　无价值的
无效的　可笑的　不受欢迎的
低效的　不足以　不恰当的

疲劳-疲倦的
疲惫不堪　耗尽的　困倦的　疲倦的
低于标准的　枯竭的　迟钝的　筋疲力竭
不中用的　累趴下了　身体不适　疲惫的
疲倦不堪　身体虚弱　精疲力尽

冷淡-冷漠的
厌倦的　无精打采的　顺从的　不关心的
没有精神的　百无聊赖的　停止运转的　不感兴趣的
懒惰的　冷淡的

困惑-不解的
阻碍的　紊乱的　混淆不清的　迷惑的
糊里糊涂的　怀疑的　懵懂的　卡住的
困惑的　慌张的　困惑不解的　纠缠的
糊涂的　混乱的　不知所措的

矛盾-冲突的
不一致的　矛盾的　犹豫的　未决定的
迟疑的　举棋不定的　不确定的　不肯定的
左右为难的

受伤-背叛的
被指责的　捣碎的　委屈的　被忽视的
被贬低的　沮丧的　辜负的　悲痛的
受谴责的　被遗弃的　被虐待的　被羞辱的
被欺骗的　被评判的　受害的　受伤的
被批评的

续表

固执-不改变的
固守己见的　倔强的　固执的
强迫-强制的
狂热的　神经过敏的　全神贯注的
念念不忘的　着了魔的
孤独-不被爱的
被抛弃的　凄凉的　想家的　被忽视的
疏远的　不重视的　被忽略的　不理会
孤独的　嫌弃的　妨碍的　被拒绝的
分开的　冷淡的　隔离的　无人关心的
累赘的　排除在外的　被遗忘的　不受欢迎的
中断的　绝望的　孤单的　多余的
被遗弃的　不合群的　失去的　不被接受的
被虐待-被霸凌的
重创的　痛苦的　被侵入的　被压倒的
受限制的　受虐待的　被粗暴对待　被欺负的
受控制的　受伤的　被不公平对待　被欺骗的
被剥削的　受到恐吓的　被骚扰的　习惯于
受伤害的
妒忌-嫉妒的
痛苦的　渴望的　妄想的
贪婪的　妒火中烧的　多疑的
不信任-怀疑的
小心的　犹豫的　勉强的
警戒的　拘谨的　谨慎的

情感反映的来源

有关当事人情感的线索可以在四个重叠的来源中找到：（1）当事人的情感表达；（2）当事人的言语内容；（3）当事人的非言语行为；（4）助人者情感的投射。助人者需要意识到后面三个来源仅仅提供线索，也许并不能十分准确地反映出当事人的情感。

公开的情感表达

有时，当事人能觉察其情感并坦率地表达。例如，阿曼达可能会说："我的老师真的让我很心烦，我太生气了。当我告诉她我的感受时，她甚至不愿意听。"助人者可以用其他词（例如，"愤怒""暴怒"）来描述当事人的情感，这样阿曼达就可以在更深层次上体验这种情感，或者探索情感的其他方面。阿曼达已经表示她愿意谈论情感了，助人者这时需要帮助当事人深入地探索，并识别其他的情感。

言语内容

尽管当事人可能不会直接提到情感，但也可以从他的话语中去推论感受。因此，助人者可以根据自己掌握的人们在相似的情境下会如何反应的知识，对当事人可能有的感受做一个初步的假设。例如，当事人对重大损失的反应往往是悲伤，对成功的反应是快乐，对指向他们的愤怒的反应是恐惧或敌意。一位青少年当事人乔伊斯（Joyce）可能提到，她接到了成绩单，每一科都进步了。助人者可能会说"我想知道你是否为自己成绩进步而感到自豪"。当然，助人者需要谨慎，并且随时准备根据当事人的反馈修正自己的反映。助人者不可能知道当事人的所有事情，他们需要收集更多的信息，当情感出现并改变的时候修正自己的反映。在这种情况下，乔伊斯可能会回答说，她实际上并不自豪，而是觉得有点"讨厌"，因为她不喜欢父母的教育方式——父母像是用钱来买她的好成绩（每当她得了A，就给她钱）。这时，助人者掌握了更多信息，可能会补充说："似乎你感觉有点矛盾。"

非言语行为

当事人的非言语行为是第三个情感线索的来源。例如，如果当事人在微笑，看起来很愉悦，助人者就可以说"我想你对这件事感到很高兴"。或者，如果当事人面部表情平静但用力踢脚（见第6章，注意人们对胳膊和腿的动作控制不如对面部表情的控制），助人者可以说出心中的疑惑，看看当事人是否感到紧张或生气。然而，非言语行为的意义并不总是相同的（见第6章），因此助人者最好将非言语行为当成可能的情感线索，而不是假定非言语行为有固定的意义。另一个有价值的线索是，当事人使用的非言语行为对当事人来说似乎不寻常或不符合其性格。例如，如果当事人通常是开放的，并且有良好的眼神交流，但是突然不看助人者并且皱眉，那么当事人的内心可能正在发生与治疗过程相关的一些事情（例如，当事人可能感觉被误解）。

助人者情感的投射

最后一个检视当事人情感线索的来源是我们自己："如果我在那样的情境下，我会有怎样的感受？"例如，如果当事人谈的是她和室友因为打扫寝室的问题而争吵的事，助人者就可以回顾自己曾经与室友、兄弟姐妹或朋友发生争执时的感觉。助人者不是要去评价当事人"应该"如何感受，而是要把自己放在相似的立场上，试着了解当事人的感受。助人者可以使用这些投射，只是要记住，投射只代表当事人感受的一种可能，不一定能精确反映当事人的现实。助人者的感受也可能不适于当事人。助人者可以使用他的投射来假设当事人的感受，然后在当事人的言语内容和非言语行为中寻找支持的证据。

情感反映的准确性

助人者陈述的情感词不一定要完全正确才能帮到当事人，虽然它的确需要"大致正确"。只要情感词比较接近当事人的感受，就能起到帮助当事人澄清感受的作用。例如，如果当事人一直在说害怕的感觉，而助人者使用的词是"紧张"，那么当事人可能会澄清说他的感觉比较像是"恐怖"。澄清感受可以让助人者更清楚地了解当事人，并能让当事人澄清他的内在体验。甚至有人认为，反映若太准确，会让当事人的探索停止，因为已经没有理由再去澄清或探索情感了。

然而，反映的情感词如果"太离谱"，就会有破坏性。如果当事人说"紧张"，助人者以"快乐"做反映,当事人就可能觉得助人者根本没有在听或不了解他,并可能会停止探索。

助人者很少能对每一个反映都做到正确无误,助人者常常是努力做好每一个反映来更完全地了解当事人。当事人通常会感激助人者为了解他具体的情感所付出的努力。了解另一个人的感受是助人者竭力要做的,但也需要谦虚地意识到,达到这一点是很难的。因此,助人者不应在某个特定反映的正确性上过多纠缠,而忽略了为了解当事人和与当事人沟通应付出的努力。

需要注意的是,当事人可能会认为助人者的反映是准确的,并不是因为它一定是准确的,而是因为助人者处于一个权威的位置。当事人可能会高估助人者对他们的了解程度。因此,助人者需要观察当事人是否太容易遵从助人者所说的话,而不是深入思考和体验他们自己的感受。尽管这可能很诱人,但作为一个对当事人感受无所不知的权威,往往会导致依赖、误解或难以认识到助人者的局限性。另外,当事人可能不同意一个反映,不是因为它是错误的,而是因为助人者处于一个权威的位置。如果反映过于强硬的话,有权威问题的当事人可能会觉得有必要抵制。

判断情感反映是否"好"(也许比"准确"更好的术语)的一个好标准是看它是否有助于当事人更深入地体验感情。如果当事人说"是的,正是如此,我感到愤怒,但不仅如此,我感到有点愚蠢,现在我想起来了,这让我想起了当我母亲对我大喊大叫时的糟糕感觉",这是一个好迹象,说明反映帮助当事人对情感做了很多反思。相比之下,如果当事人说了一些类似"也许"的话,但没有进一步探讨,这种反映就不足以帮助他们更深刻地体验自己的情感。

何时使用情感反映

依据格林伯格(Greenberg,2002)的建议,以下情况适合聚焦情感:

- 当助人者和当事人间存在良好的治疗性联结时;
- 当助人者和当事人一致同意针对情感开展工作时(可能需要向当事人给出关注情感的理由);
- 当当事人正在逃避感受时(例如,当事人明显有一种情感却试图将它中断,或借由理智化、转移注意力或分散注意力来逃避情感);
- 当当事人因缺乏对情感的觉察而行为失调时(例如,当被虐待时变得被动,因生气而抑郁,过度抑制快乐或悲伤的感受而缺乏活力);
- 当当事人需要重新处理创伤体验时(虽然通常不会在创伤事件之后立即处理)。

何时不适宜使用情感反映

然而,如果当事人吐露过多的感受,超出他们当时可以承受的范围,情感反映就可能会产生问题。如果当事人的防御系统崩溃,在持续的情绪宣泄下他们的情况可能就会恶化。当事人可能还没有做好探索这些情感的准备,或没有感受到足够的支持来冒险去做深度探索。在下列情形下最好不要使用情感反映(Brammer & MacDonald,1996;

Greenberg，2002）：
- 当治疗关系不够牢固时（例如，当事人感到不安全或是不相信助人者）；
- 当当事人因为严重的情感障碍、妄想或情商缺陷而感到被情绪淹没时；
- 当当事人正经历严重的情绪危机，讨论情感会增加他无法承受的压力时；
- 当当事人有攻击、分裂、物质滥用、自我伤害的历史，且无法管理情绪或缺乏应对技能时；
- 当当事人对表达情感表现出强烈的阻抗时；
- 当没有充分的时间可以处理情感时；
- 当助人者尚未具有帮助情感错乱的当事人的经验时。

在当事人处于危机之中，或是被情感淹没、心神错乱时，最合适的做法也许是教导当事人管理情绪，而不是迫使他们触及更深的情感（Greenberg，2002）。情绪管理技术如放松训练（例如，建议当事人深呼吸并聚焦坐着的感觉）将在第 16 章讲述。

我提出这些关于情感反映的注意事项，并不是要让助人者泄气，或者害怕处理当事人的情感，而是想要增加他们对情感反映潜在危险的认识。大体而言，情感反映是适宜且有功效的，但偶尔可能会因为那些不可控制的情感而使当事人感到不知所措，所以助人者需要对此有所意识并能对当事人的反应做出回应。

情感反映示例

下面是一名助人者在会谈中使用情感反映的例子（见楷体字）：

当事人：上周我只好旷课，因为上课前我接到电话，说我父亲发生严重的车祸。他在环路上开车，一辆卡车的司机在方向盘上睡着了，车子直接冲向他，导致六辆车撞在一起。真是可怕！

助人者：听起来你很难过。

当事人：是的，在去医院的路上，我一直担心他的状况。最糟糕的是他最近祸不单行——他的第三任老婆离开了他，他的股票赔了，他的狗也死了。他似乎失去了一切。

助人者：你很担忧，因为最近发生了一连串不好的事。

当事人：是的，他也不怎么想活下去了。我不知道能为他做点什么。我试着陪陪他，但是看起来他也不怎么在意。

助人者：他没有理会你，让你觉得受伤。

当事人：是的，我总是在取悦他。我始终觉得我怎么做都没法使他高兴。我想他比较喜欢的人是我哥哥。我哥哥是一名很好的运动员，而且喜欢和他在店里一起工作。我父亲从未看重我做的事情，我不知道他是不是喜欢我。

助人者：哦，那真的让人难受。我想你是不是也感到很生气？

当事人：没错。我到底怎么了，他不喜欢我？我认为我是一个很不错的人。（当事人继续探索。）

运用情感反映的困难

初学者对于处理当事人强烈的负性情感表达常感到紧张，如悲伤、愤怒。在当事人哭泣的时候，他们会觉得焦虑，因为哭泣使他们觉得不舒服，不知道怎么处理，不确定是否真正了解当事人。在当事人哭泣的时候，罪恶感也可能出现，因为助人者可能会想是他们的所作所为让当事人感到难过，或者引起当事人痛苦。助人者甚至可能感到害怕，因为如果他们鼓励当事人表达他们的情感，那么当事人会陷在里面难以自拔。然而，很重要的一点是，情感是自然的，而且当事人需要去表达自己的情感，这样他们才能开始接纳他们的感受。助人者在接纳当事人的感受时，也向当事人传达出这些感受是正常的信息。

助人者有时也很难与不愿体验他们感受的当事人一起工作。我们总是希望尊重当事人在咨询过程中不做某事的权利，并且我们需要记住，当事人有时不情愿是因为他们害怕，并且在体验和表达感情时确实有感到不安全的不好的经历。

在其他情况下，当事人需要鼓励才能走得更远。如果当事人在他们的感受的边缘徘徊，然后退缩，然后又回来，我们有时可以将此视为他们想走得更远但害怕的迹象（总是检查我们自己的意图和动机，以确保我们考虑到当事人的最大利益）。

有时候，初学者难以抓住最突出的情感来反映给当事人。他们可能听到几种情感而不知道哪一种是最重要的，需要先反映。助人者应该专注于那些似乎能引出更强、更深的感受的情感。当其他感受变得更明显时，助人者可以稍后回过头来再做反映。在探索阶段，揭露深层的情感需要很多时间，所以最好个别地、仔细地聚焦于一种情感。练习是非常有帮助的。助人者可以练习猜测电影中所表现出的最突出的情感；当朋友谈到其问题时试着去反映那些强烈的情感，并在角色扮演中练习。

一位新手咨询师在使用反映技术方面存在问题，因为她用了多个词来反映当事人的情感（例如，"你感到悲伤、愤怒、不知所措和失望"）。我们练习让她说出最突出的情感词，然后等待当事人的回应。你总是可以在接下来的谈话轮中回到其他的情感。

助人者有时陈述的当事人的情感可能太过于确定（例如，"你明显很生气"），而不是试探性的（例如，"我想你是不是觉得生气了"）。如果当事人是被动的，并很难对助人者表达不同意，助人者对当事人感受直接确定的陈述就是有问题的，因为当事人没有自己思考和检验自己的体验。一个试探性的陈述可能会显得更尊重当事人，并鼓励当事人去确认、驳回或修正助人者的反映。

这些焦虑的根源往往是，助人者难以接受自己强烈的负面情绪，因此难以允许当事人产生这种情绪。此外，一些助人者很难将自己的感受与当事人的感受分开，他们认为当事人一定和他们有同样的感受。也会有助人者过度认同当事人，强烈感受到当事人的情感（即感受到同情或情感感染），因此他们无法做到客观和有帮助。助人者需要觉察他们自己的感受，区分哪些感受来自他们自身、哪些来自当事人。如前所述，自我反思、个体治疗和督导可以帮助助人者完成这项任务（见第 3 章）。许多助人者发现，深呼吸，专注于当事人和当事人的感受，而不是专注于他们自己，能够鼓励当事人表达和接受自己的情感（Williams, Judge, Hill, & Hoffman, 1997）。

情感表露

情感表露（disclosure of feelings）是指助人者呈现他们在与当事人相似的情境下的感受或情感（见专栏 8.3）。表露的内容可以是助人者自己真实的经验（例如，"在当时那种状况下，我感觉很紧张"），也可以是假设（例如，"如果我在那种状况下，我会感觉很紧张"），还可以是助人者听到当事人所说的话时自己的感受（例如，"听到你刚才讲的那些，我感到很紧张"）。有关表露使用的基本原理，请参考第 6 章中关于表露的部分。

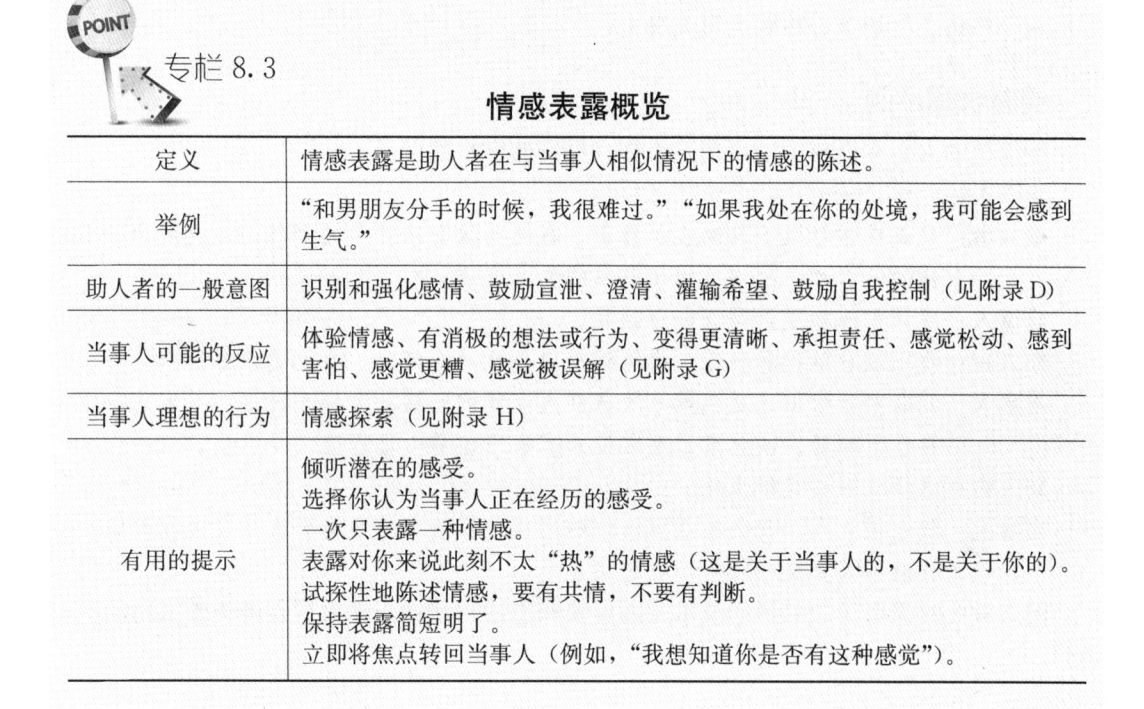

专栏 8.3

情感表露概览

定义	情感表露是助人者在与当事人相似情况下的情感的陈述。
举例	"和男朋友分手的时候，我很难过。""如果我处在你的处境，我可能会感到生气。"
助人者的一般意图	识别和强化感情、鼓励宣泄、澄清、灌输希望、鼓励自我控制（见附录 D）
当事人可能的反应	体验情感、有消极的想法或行为、变得更清晰、承担责任、感觉松动、感到害怕、感觉更糟、感觉被误解（见附录 G）
当事人理想的行为	情感探索（见附录 H）
有用的提示	倾听潜在的感受。 选择你认为当事人正在经历的感受。 一次只表露一种情感。 表露对你来说此刻不太"热"的情感（这是关于当事人的，不是关于你的）。 试探性地陈述情感，要有共情，不要有判断。 保持表露简短明了。 立即将焦点转回当事人（例如，"我想知道你是否有这种感觉"）。

情感表露可以用来为当事人示范他们可能的感受，尤其是如果表露后焦点回到当事人身上（例如，"当我申请第一份工作时，我对自己在面试中会说什么感到恐惧。不知道你是不是有这种感觉？"）。在听到一次情感表露后，当事人可能会意识到他们有相似的情感。与此同时，助人者并没有给当事人强加一种感觉，而是承认这可能是一种投射，因此并不十分准确。实际上，情感表露和情感反映技术的意图及结果是相似的。

对那些害怕体验自己情感的当事人，尤其是因为感到羞耻和尴尬，情感表露会有所帮助。鉴于我们中的许多人认为我们是唯一感到恶心、不充分、虚伪或沮丧的人，如果当事人知道其他人也有类似的感觉，情感表露可以帮助他们感到解脱和更正常。事实上，亚隆和莱茨（Yalom & Leszcz, 2005）认为普遍性（即其他人也有同样的感觉）是治疗中的一个治愈因素。

如何表露情感

对助人者来说，表露自己的情感是一种不把自己的感受强加给当事人的好方法。助人者没有说"你感觉到了_____",而是说"我曾经感到了_____,我想知道你是否也有这种感觉"。助人者通过承认他们是有情感的人来表示尊重。他们承认自己的投射,并询问当事人是否有类似的感受。重要的是,在表露之后,助人者将焦点再次转移到当事人身上。

我不建议助人者仅仅为了能够利用情感表露技术而编造情感。这种表露是不真实的,因此违背了表露的目的。然而,可以使用假设性的表露,因为很明显,助人者正在投射感情(例如,"如果我是你,我可能会感到担心")。

许多在"情感反映"中讨论过的相同建议也适用于情感表露。例如,最好一次只表露一种情感,并匹配情感的强度。我想补充一点:对于助人者来说,不表露任何让他们感到太脆弱的事情是明智的。此外,重要的是为当事人而不是为助人者的需要而表露,保持表露简短,并将会谈的重心移到当事人身上。

情感表露示例

下面是助人者在会谈中使用情感表露(见楷体字)的例子:

当事人: 你学习做治疗师的情况怎样?

助人者: 我正在学习做一名助人工作者。我还要接受很多年的训练,才能成为一名合格的治疗师。也许你想了解我的专业资质?

当事人: 我只是想知道你是否能帮到我。

助人者: 我可以理解这种担心。记得第一次去见治疗师时,我也觉得很紧张。

当事人: 我有些紧张。这是我第一次与别人谈我的问题。和别人说这些,我总会觉得自己很软弱。我父亲过去常说只有疯子才看心理医生。

助人者: 这样说会让我很生气。

当事人: 我也很生气。我父亲很少谈他的问题。我确实需要有个机会谈谈我的家——我们家简直是一团糟,我想我也是。

助人者此时需要运用其他的技术(如反映和重述)帮助当事人探索她关于家庭的更多情感。

针对情感的开放式提问和追问

如果助人者希望当事人表达情感,最可靠有效的技术可能是对情感的开放式提问或追问(参见 Goates-Jones, Hill, Stahl, & Doschek, 2009; Hill & Gormally, 1977),因为这项技术是专门要求当事人回应情感的。追问感受时,助人者可以问"我想知道你对此感觉如何"之类的问题。通过这种方式,助人者直接要求当事人谈论感受(见专栏8.4)。然而,我谨慎地使用"高效"一词,因为开放式提问和追问通常比情感反映或表露更难传达共情(即很容易进入质问模式),所以助人者在使用提问和追问时需要小心保持他们关怀和助长性的态度。

考虑提出**针对情感的开放式提问和追问**(open questions and probes for feelings)的一种方法是,先形成一个反映以得到突出的主题,然后用开放式提问或追问来替换情感词。例如,如果反映是"你似乎担心你妈妈会说什么",那么助人者可以说"你对妈妈会说的话有什么感觉",邀请当事人探索感受。

专栏 8.4 针对情感的开放式提问和追问概览

定义	针对情感的开放式提问和追问是指邀请当事人对其情感进行澄清或探索。助人者不询问特定的信息,也无意限制当事人回答的性质,即"是"或"不是",或一两个字的回答,即使当事人很可能做这样的回应。开放式提问和追问可以用询问的方式("你对那件事感觉怎样"),也可以用陈述句("告诉我你觉得怎样"),只要意图在于帮助当事人澄清或探索。
例子	"现在是什么感觉?" "再告诉我一些你的感受。"
助人者的一般意图	聚焦、澄清、鼓励宣泄、识别不良感受(见附录 D)
当事人可能的反应	明了、触动(见附录 G)
当事人理想的行为	叙述、情感探索(见附录 H)
有用的提示	通过提问传递共情同感。 确保你的提问是开放的,而不是封闭的。 变换问问题的形式。 避免多重问题。 避免以"为什么"开头的问题。 问题应聚焦于当事人,而非其他人。 应聚焦于问题的某一方面,不要涵盖太广。 每个问题都是有意而为,即有清楚的意图。 注意观察当事人对问题的反应。

第 7 章中针对想法的开放式提问和追问的材料也适用于针对情感的开放式提问和追问。我想强调的是需要变换针对情感的开放式提问和追问的形式,这样助人者就不会一直说"你对此感觉如何",相反助人者可能会说,"那对你来说是什么感觉"或者"和我说说那个体验"。

针对情感的开放式提问和追问的示例

在下面的例子中,针对情感的开放式提问和追问(见楷体字)与情感反映和情感表露一起呈现。

当事人: 我想我高中毕业之后只能上当地的社区大学,因为我父母没有足够的钱把我送到其他学校。

助人者: 你现在有什么感受?

当事人: 啊,我有些失望,因为我曾经设想过要上一个大一点的学校。我的成绩很好,但我想去的地方都不能去,我觉得这很不公平。

助人者: 听起来你很生气。

当事人: 也许是吧。我父母曾告诉我我想去哪里都行,但自从他们去年离婚后,一切都变了。

助人者: 我理解,当我父母离婚时我有一种被抛弃的感觉,不知道你是不是也有这种感觉？

当事人： 是的。现在他们两个都只顾自己的事，都有了自己约会的对象，傻乎乎跟少男少女似的。我反倒觉得自己比他们还大。因为他们离婚了，所以现在没有足够的钱供我上大学了。

助人者： 你对此有何感受？

当事人： 我觉得被背叛了。他们总是答应我可以上大学。我一直是最聪明的孩子，他们为此表扬了我很多次。但是现在，他们甚至不知道我的存在。感觉就像跌到谷底。（当事人继续探索。）

情感探索技术比较

我最喜欢的情感探索技术是情感反映，因为在使用得当时，它传达了共情，助人者倾听当事人，助人者正在努力理解当事人。情感反映帮助当事人沉浸在他们的情感中，接受这些情感，然后转向新的情感。有了反映，当事人通常会觉得助人者在倾听他们并试图理解他们。有时，通过情感表露来软化反映可能会有所帮助，特别是当助人者将焦点转回到当事人时（例如，"这适合你吗"）。

当然，对当事人和助人者来说，使用太多的情感反映或情感表露可能是无聊和乏味的。例如，有时当事人会从开放式提问或追问中受益更多，以鼓励他们具体谈感受。然而，如果当事人难以识别自己的感受，当助人者问"你对此感觉如何"时，他们可能会感到焦虑和不确定。这样的问题可能会让当事人感到困惑或担忧，因为他们不确定助人者想听到什么，或者他们"应该"有什么感觉。有时询问当事人的感受会激起防御，让他们闭嘴。当事人也可能会为助人者没有真正倾听他们所说的话或试图理解他们的感受而感到恼火。因此，在情感反映之后使用针对情感的开放式提问或追问可能是有帮助的。例如，助人者可能会说"你听起来很悲伤"，给当事人一个回应的机会，然后说"你能告诉我更多关于悲伤的感觉吗"。

结语

鉴于情感是我们人类体验的一个核心方面，助人者要找到传达接纳和鼓励深度探索的方法。此外，因为它可以帮助对当事人进行深入的探索，所以，我们作为助人者需要敏感，观察当事人的反应，以确保他们能够忍受这些情感。同样重要的是，作为助人者，我们需要对自己的感受感到舒服，而不是把它们强加给当事人。

你的想法

- 比较和对比情感反映、情感表露、开放式提问和追问帮助当事人探索的潜力。
- 比较情感探索和想法探索。
- 你的文化是如何影响你体验情感、表达情感以及谈论别人的情感的？
- 关于准确性在情感反映中的重要性，你有什么想法？

- 一些治疗师不喜欢透露任何事情。他们的理由可能是什么？你同意吗？

关键术语

情感标签 affect labeling　　　　　情感表露 disclosure of feelings
针对情感的开放式提问和追问 open questions and probes for feelings
情感反映 reflection of feelings

研究概要

情绪加工

文献出处：Tsvieli, N., & Diamond, G. M. (2018). Therapist interventions and emotional processing in attachment-based family therapy for unresolved anger. *Psychotherapy*, 55, 289–297. http://dx.doi.org/10.1037/pst0000158

理论依据：有相当多的理论和研究证据表明，当事人的情感加工是心理治疗中重要的改变机制。但治疗师的哪些干预能可靠地促进当事人的情绪加工，相关证据却很少。因此，这项研究的目的是调查某些治疗师的干预是否比其他干预与当事人在情绪加工中的变化相关度更高。

方法：15 名对父母余怒未消的年轻人接受了 10~16 次基于依恋的家庭治疗。在治疗的第一阶段，治疗师与当事人单独工作以确定初级情绪（那些与给定情境相匹配的自动、自发的反应，例如危险时的恐惧、丧失时的悲伤以及被侵犯或否定时的愤怒）和未满足的依恋需求。在第二阶段，治疗师单独会见父母，确认他们的痛苦并培养对他们孩子的共情。在第三阶段，所有人都聚在一起，目标是帮助年轻人向父母表达未说出口却是适应性的情绪（失落、孤独、恐惧、愤怒），并帮助父母以开放、共情、确认、非防御的方式回应孩子。在最后一个阶段，他们一起解决问题。在本研究中，对第一阶段 9 个案例中富有成效的情绪处理事件中治疗师的干预和当事人的情绪加工进行编码。

有趣的发现：
- 治疗师的 3 种干预（关注初级脆弱情绪、关注未满足的依恋需求、空椅技术）促进了当事人富有成效的情绪加工。
- 关注次级情绪的干预（例如，拒绝对父母的愤怒）、将当事人引向较少个人化内容或较高抽象水平的干预（例如，心理教育），或试图安慰或抑制当事人的干预（例如，安慰）与富有成效的情绪处理无关。

对治疗的启示：
- 如果治疗师想帮助当事人关注他们的初级情绪（帮助当事人满足需求的适应性情绪），他们可以关注初级的脆弱情绪（使用本章中讨论的干预方法），关注未满足的依恋需求（将在领悟阶段更多描述），并使用空椅技术（例如，想象另一个人坐在你对面的椅子上，直接告诉他你的初级情绪和未满足的需求："我感到受伤，因为你似乎对我的任何成就都不感兴趣"）。
- 如果治疗师想帮助当事人关注情绪，最好不要采用关注次要情绪、心理教育或安慰等干预措施。

对研究的启示：
- 需要对本章介绍的具体干预措施（针对情感的开放式提问、情感反映、情感表露）进行更多的研究，以促进对情感的认同、表达和体验。

实践练习

请对下列当事人的陈述做情感反映、情感表露或针对情感的开放式提问。将你的反应与书中提供的助人者的反应进行比较。

陈述

1. 当事人：眼下我对学习确实感到很困难。我很难集中精力，因为发生了那么多事情。我妈妈住进了医院，我真希望自己能在她身边，她快要死了。我一想起她就不能好好学习。但如果她知道我成绩不好，她会更伤心。

助人者的情感反映：

助人者的情感表露：

助人者的开放式提问：

2. 当事人：在我想要睡觉的时候，我总是能听见父母吵架，我想把头埋在枕头下面，可还是能够听到。

助人者的情感反映：

助人者的情感表露：

助人者的开放式提问：

3. 当事人：我的室友是个非常好的人。我真的很喜欢她。她特别像我小时候常梦想有的姐妹。有一个人和你在一起做事情真的非常好。去年，我一个人在学校时感到非常孤独。自从有了她，我觉得有了归属感。她家里很穷，几乎没什么钱，幸好我父母给我很多钱，所以我很高兴能跟她一块儿分享。

助人者的情感反映：

助人者的情感表露：

助人者的开放式提问：

4. 当事人：我刚刚与妈妈大吵了一架。她说了那么多可怕的话，就好像因为我懒惰我将永远不能在学校取得成功。我对她很生气，我都发抖了。她那样说的时候，我不知道该说些什么。为什么她就不能像我朋友的妈妈那样给我些支持？

助人者的情感反映：

助人者的情感表露：

助人者的开放式提问：

助人者可能的反应

1. 你确实很担心你的妈妈。

当我的小妹妹生病去世的时候，我感受到了难以置信的脆弱，我想你是否也有同样的感觉？

我想知道你对妈妈的病是什么感受？
2. 你对父母经常吵架感到很难过。
如果是我，我可能会对他们很生气。你的感受是什么？
你对父母的感受是什么？
3. 当你有了归属感时，你感到很轻松。
我记得，当我比我的朋友们有钱的时候，我感到很尴尬。
你与我分享这些的时候，你的感受是什么？
4. 我可以看到你对妈妈有多么生气。
听到你这么说，我对你妈妈感觉很生气。
我想知道，当你将你妈妈同你朋友的妈妈进行比较时，你心里是什么感受？

实验室活动：情感探索技术

目标：使助人者学习帮助当事人探索情感。主要目标是学习如何与何时运用情感反映、情感表露、针对情感的开放式提问和探索情感的空椅技术。此外，可以让学生听听他人是如何运用这些技术的。

练习1：对自己情感的觉察

在大组中，每个学生运用情感词对自己此时此刻的情感进行反映。练习使用不常用的情感词以扩大情感词汇量。见专栏8.2情感词汇清单，可以根据个人的需要添加词语。

练习2：形成反映

1. 在大组中，领导者简短地扮演一个问题个案角色，这个个案角色满腹情绪。每位学生都写下自己的情感反映，并依次交流。领导者持续扮演个案角色，直到大家都掌握了情感反映的概念。

2. 仍在大组中，领导者要求一位学生扮演当事人，谈论与情感有关的简单话题（建议话题：学业问题、职业、宠物、工作中的难题、室友问题、健康问题、恋爱问题）。"当事人"讲完后，每个人写下自己的情感反映。全部写完之后，由领导者组织每个人对"当事人"轮流进行反映，"当事人"一一回应。

练习3：形成情感表露

此练习与练习2相同，但主要关注情感表露技术。

练习4：针对情感的开放式提问

此练习与练习2相同，但主要关注针对情感的开放式提问技术。

练习5：探索情感

三人一组，轮流扮演不同的角色（助人者、当事人和观察者）。
助人者和当事人在会谈中的任务：
1. 当事人简短地谈论一个令他具有强烈情感（但不至于崩溃）的话题。
2. 当事人讲完之后，助人者做情感反映、情感表露或针对情感的开放式提问。助人者要沉着，并考虑当事人的感受如何、非言语行为揭露了哪些情感、如果自己是当事人会怎么想。使干预保持简短。

3. 持续 5~10 轮。使用不同的技术。

观察者在互动中的任务：

记录助人者的专注行为以及表达技术的方式。记下每次确切的干预，为后面的讨论提供参考。标出当事人对每次干预的反应。

会谈完成后：

1. 助人者谈帮助当事人探索情感的感受。
2. 当事人谈接受干预的感受。具体讨论哪些干预是有效的、哪些是无效的。
3. 观察者给助人者的专注行为和干预提供尽可能多的正性反馈，然后提一条不同的建议。

角色交换：

继续上述角色扮演，直到每个人都扮演过助人者、当事人和观察者。

大组交流：

在第一轮，每个人依次谈他们做得好的经验。在第二轮，每个人谈谈他们准备继续做什么和准备如何做。

个人反思：

- 你在做情感反映时，对自己有什么认识？
- 如果当事人哭了，你会怎么做？
- 过去，一些学生很难选出最重要的情感；一些学生由于当事人讲得太长而不知所云，以致不能从谈话中选出情感部分；一些学生担心如果他们提供了"不好"的反映会伤害当事人；一些学生由于当事人不能清楚地表述感受而很难描绘情感；还有一些学生是由于当事人对其情感表述太清楚了而他们又不愿重复当事人的话。你的经验呢？
- 有没有一些特定的情感（例如，愤怒、自责），是由于你感觉不舒服或你自己的问题，而难以与当事人交流？
- 过去，许多学生报告说，在学习助人技术初期，他们的自信心会急剧下降，而在练习之后，自信心又会有所回升。作为助人者，你自信心变化的模式是什么样的？

第 9 章
探索阶段的技术整合

> 被人理解是一种奢侈品。
> ——拉尔夫·瓦尔多·爱默生（Ralph Waldo Emerson）

德米特里是一名新手助人者。在第一次会谈中，他见到了他的第一个当事人——拉斐尔。他问了几个封闭式问题，拉斐尔简短地回答了这些问题，然后等待更多的问题。德米特里慌了，因为他知道他不应该问太多封闭式问题。他感到自己在冒汗，想跑出房间。然而，他停了下来，做了一个深呼吸，然后开始思考他在助人课堂上所学的知识。这时，他脑子里回响起老师说的话："试着去感受当事人正在感受的。"于是，他说："我想你是不是现在有些害怕？"他很吃惊地听到当事人开始谈论由于学习成绩不好而感到抑郁。拉斐尔继续讲到他的父亲如何挑剔并以他为耻，尤其是当他没有达到父亲那些不切实际的标准时。德米特里很快开始专注地倾听拉斐尔，并忘记了自己的焦虑。

你已经了解了探索技术，以及在什么时候如何使用每种技术，现在是讨论如何将它们组合在一起以适合每个当事人的时候了。探索阶段为助人者提供了了解当事人的重要机会。助人者不能假定他们对特定当事人或他们的问题什么都了解，即使是（或者尤其是）助人者也有类似的问题。

鼓励一个当事人探索通常需要大量的时间，因为大多数人和他们的问题都相当复杂，而且人们通常很难意识到并清楚地表达自己的感受。此外，因为助人者的目标是帮助当事人得出他们自己的结论和决定，所以助人者需要仔细倾听当事人所说的内容和他们的感受，然后再制定行动计划来帮助他们解决问题。

在了解当事人的过程中，助人者必须跟随每个当事人的引导。助人者通常可以通过了解治疗理论和练习助人技术来做好准备，但他们必须从每个当事人那里更具体地学习如何帮助当事人。一个类似的例子是生孩子。准父母们可以读很多关于婴儿的书，通常会为养育孩子做好准备，但真正的育儿技术是他们在关注自己婴儿需求的过程中学到的（即婴儿教他们如何成为父母，因为每个婴儿都有不同的需求）。同样，每个当事人因文化、家庭和经历而不同；助人者不能假设当事人是谁或者他或她需要什么，必须从当事人那里学习如何回应那个人。

探索阶段的个案概念化

在这三个阶段中的每一个阶段，我们都将讨论当事人的概念化，以便我们能更清楚地思考如何与他们合作。概念化当事人，也称为**个案概念化**（case conceptualization），基本上是指试图理解当事人的问题是如何产生的，然后决定如何帮助他们解决这些问题。

个案概念化指南

我们对当事人问题根源和修复的理解是基于特定理论的。因此，在探索阶段，我们主要根据当事人中心理论对当事人进行概念化。

观察记录

我们首先组织我们对当事人的观察，这样我们就可以提醒自己案例的细节。我们不会回过头去问很多封闭式问题来获取信息，而只是利用当事人选择告诉我们的内容中自然出现的信息。因此，我们记录人口统计学信息，包括年龄、种族/民族、性别（例如，顺性别男性、女性，变性男性、女性，非二元性别）、性取向（例如，男同性恋、女同性恋、双性恋、无性恋、泛性恋、异性恋、酷儿、其他）、身体能力或残疾状况（例如，坐轮椅、身体健全）、医疗健康、教育或职业背景，以及我们所知道的有关原生家庭的任何情况（如同胞数量、社会经济地位、父母的健康状况和性格）。然后，我们记录下当事人在与我们会谈时的表现和行为，包括外表（例如，穿着、打扮）、眼神交流和身体运动、语调和语速，以及聚焦于想法和感情的能力。之后，我们描述当事人具体的主诉问题、对未来的愿望、以前的治疗经历、对帮助的期望以及对改变的准备。

关系

在当事人中心的治疗中，关系被视为治疗机制，因此我们需要关注治疗关系，包括当事人如何对待作为助人者的我们，以及我们对当事人的感觉。因此，当你和当事人在一起的时候，你要注意自己内心的感受，这是很重要的。你是觉得焦虑、愤怒、同情、真诚地感动、无聊、被吸引、烦恼、好奇还是无动于衷？现在反思一下你的情绪是如何与你自己的问题相关联的（也就是说，你身上发生了什么让你有这样的反应；你的反应可能是基于你自己的"敏感议题"）。然后再想想当事人在这段关系中扮演的角色。

问题起因的初始概念化

从以当事人为中心的角度来看（见第 5 章），我们将寻找与父母关系中的问题。更具体地说，需要考虑当事人的成长经历，当事人是否觉得自己被接纳，以及他们需要改变多少才能获得接纳（价值条件）。我们还将评估他们的真实自我与理想自我之间的距离，以及他们为了生存而扭曲或否认现实的程度。

治疗计划

同样，从当事人中心的角度来看（见第 5 章），我们将努力思考如何在与当事人的关系中做到充分在场，提供助长条件（共情、温暖、真诚、无条件的积极关注），并接受他们本来的样子。我们想要搭建舞台，让当事人开始接受自己，并拥有矫正性的关系体验。我们希望他们体验一种与过去不同的关系。当这种情况发生时，他们的自我实现倾向将得到释放，我们可以作为教练，帮助他们选择自己想要的生活方式。

专栏 9.1 提供了一个对虚构当事人进行个案概念化的示例。这个个案由不同的个案合并而成，为了保证匿名性，对一些细节进行了修改。

> **专栏 9.1　探索阶段的一个个案概念化**
>
> 沙吉尔是一个 55 岁的白人/伊朗人，是名异性恋的顺性别女性，父母是移民，出生在美国。她已婚（她的丈夫是律师），并有两个孩子和一个孙子。她身体健全，但患有 4 期乳腺癌和糖尿病。她拥有地理学学士学位，在孩子们还小的时候曾短暂地做过绘制地图的工作；但由于身体健康问题，她目前处于残疾状态。在原生家庭方面，沙吉尔是四个孩子中的老大；她的父母是赌徒，还酗酒，情绪不稳定，也不可靠，他们经常让沙吉尔去抚养缺乏管教的弟弟妹妹。她的父亲最近去世了；母亲还活着，住在附近，想要得到很多的关注。沙吉尔通常穿着整洁的牛仔裤和衬衫；她打扮得体，总是很准时。她会和人进行良好的眼神交流，并适当地使用手势。她说话很快，会突然改变话题，经常从故事的中间开始，好像假设听众知道她在说什么。情绪包括对他人的愤怒，在对他人的共情和同情之间摇摆，也在自大和自我贬低之间摇摆。主诉问题包括与丈夫、母亲和妹妹的关系困难，以及抑郁、焦虑和身体不适。她对未来没有抱有希望，以前没有接受过治疗，对治疗效果的期望也很低。
>
> **关系**
>
> 我们似乎很难建立治疗关系，因为沙吉尔很警惕，似乎不信任我。我觉得自己能力不足，也感到同情和由衷地感动，并觉得当事人的问题很有挑战性。
>
> **初始概念化**
>
> 当事人的自尊心很弱。沙吉尔成长于一个非常不稳定的环境中（父母赌博、酗酒），她的父母往往忽视她，只关心自己的需要，以至于她觉得自己不能依赖他们。父母要求她照顾好弟弟妹妹，不要麻烦他们（在她十几岁的时候，他们甚至向她要钱）。由于低自尊和不知道如何沟通，她在生活中与他人的关系出了问题。她觉得只有取悦他人，他人才会喜欢她。她对真实自我（不可爱、空虚、患病）和理想自我（被爱、有能力）的感知存在巨大差异。她扭曲和否认她的遭遇，并将她的问题归咎于他人（丈夫不善沟通，母亲需要关注，治疗师不足以帮助她）。
>
> **治疗计划**
>
> 沙吉尔似乎不信任我，所以建立关系是很难的，但信任、接纳的关系对她开始接纳自己很重要。所以，我需要努力做到接纳和不带偏见，帮助她探索她的想法和感受，特别是关于她的原生家庭和她的丈夫的。我需要相信，如果我提供合适的环境，沙吉尔就可以恢复她的自愈倾向。我需要试着把注意力集中在感觉上，这样沙吉尔才会开始认同并信任自己的感受。也许可以先关注她对刚刚去世的父亲的丧失和愤怒的感受，再关注她对母亲的感受。她母亲现在想要得到关注，尽管她在沙吉尔小时候并不关心沙吉尔。我也需要有同情心：沙吉尔并不觉得自己是被爱的。重要的是不要有等级关系，而是与沙吉尔平等合作。

选择目标和意图促进探索

助人者在开始探索阶段时，通常会想要让当事人放松，帮助他们获得安全感，为当事人营造一种可以自由交流的氛围，专注地倾听当事人，并观察当事人可能不愿意或不能表达的想法或感受。

助人者还希望帮助当事人探索其问题的内容，并说出令他们困扰的事情。如果当事人能够开诚布公地交谈，弄清楚他们想说的以及所说的话的含义，就有助于助人者专注地倾听并与他们合作。

情感的体验也很重要。当事人不仅需要关注故事，还需要关注与故事相关的情感，去体验和表达内心的情感。在一段接纳的关系中，体验这些情感可以让当事人接受他们的情感，从而开始信任他们的内在体验。

当然，助人者需要确保每个当事人都同意这些目标。有些当事人不愿意探索。他们可能需要认知行为疗法来治疗某种恐惧症，需要医生开处方，或者需要同伴来帮助改变。因此，在刚开始一起工作时，就要确保围绕工作目标达成一致。

此外，建立关系、促进内容探索和强化情感的目标常常是重叠的。助人者如何决定在会谈中的某个时刻使用哪种技术呢？没有固定的规则，但我可以和你分享一些基于我临床经验的想法。

选择与目标和意图相匹配的技术

一般来说，助人者希望采用良好的专注和倾听行为。这些行为向当事人表明，助人者正在关注他们，准备好提供帮助。为了帮助当事人深入探索，并表明助人者正在倾听并努力理解当事人的体验，助人者通常主要依靠重述技术（例如，"你考试没有通过"或仅重复关键词"考试"）。在当事人看起来令人困惑、不着边际或只是想说话时，重述可以作为镜子，向当事人反映他们在说什么。重述帮助当事人澄清并更深入地思考他们在说什么。

此外，因为我们主要关心的是帮助当事人识别和接受他们的情感，并将情感与他们的故事联系起来，我们也依靠情感反映技术（例如，"你感到紧张，因为你不确定你的儿媳对你的反应"）。在当事人需要鼓励继续说下去的时候，在当事人需要体验他们的情感的时候（无论他们是否主动表达情感），或在助人者想要展现理解和支持的时候，情感反映都非常有用。情感反映还可以帮助那些与自身情感脱节的当事人去识别潜在的情感。此外，助人者可以自我表露情感，以一种更温和、更具试探性的方式提出当事人可能有的感受。

针对助人者的情感反映和情感表露，大多数当事人会以谈论自己的情感作为回应。然而，有些当事人不会这么做，原因也许是：重述和反映并不是专门用于引导当事人去谈论他们的想法或情感。对这些当事人，助人者还可以使用针对情感的开放式提问或追问（"多说说当你儿媳扔下孩子时你的感受"）。通过这种方式，助人者不仅提示了可能的情感，还鼓励当事人去识别和表达自己的情感。

整个会谈中，助人者可运用开放式提问和追问来维持会谈的连贯（例如，"你对此的感受是什么"或"请多谈一些"）。如果当事人出现卡壳或不断重复同样的内容，助人者就可以运用开放式提问和追问探索当事人没有提到的问题的其他方面（例如，过去的例子）。运用不同的开放式提问和追问，可以帮助当事人探索复杂的情境，并对一些从未想过的问题进行思考。类似地，助人者可以使用针对想法的开放式提问和追问来引导或聚焦讨论，帮助当事人检查叙述的不同部分（例如，过去、现在、未来的想法，关于自我或他人的想法）。

在当事人刚说了一种感受时，使用针对情感的开放式提问是非常有用的。助人者可以在当事人说完后接着说："多说说你在焦虑时是什么感觉"（或者当事人使用的其他情感词）。

在当事人对开放式提问和追问回应后，助人者可以用重述和情感反映来表明他们理解了当事人所说的话并鼓励当事人再多讲一些。开放式提问和追问要求当事人用特定的方式来回应。与之相反，重述或情感反映是比较温和的干预，通常对当事人的回应没有那么高的要求。重述与反映将发起对话的责任交还给当事人，并表明助人者正在倾听。因此，交替使用开放式提问、重述和情感反映可以使助人者避免陷入访谈模式，并使会谈更自然、更有吸引力。

在少数情况下，为了从当事人那里收集一些特定、重要的信息，助人者偶尔会使用一些封闭式提问（例如，"你妈妈还活着吗"或"你是什么时候高中毕业的"）。助人者需要记住，封闭式提问的使用是为了当事人的利益，而不是为了满足自己的好奇心。在使用封闭式提问之前，助人者应当很清楚运用封闭式提问所获得的信息有什么用，是为了满足谁的需要（自己还是当事人）。不过，一般来说，我建议助人者最好将封闭式提问改为开放式提问、重述或情感反映。

通过前面的论述，我希望已经说清楚了：在特定的时间使用哪种技术并没有一个简单的公式。相反，助人者得是针对个人的科学家（参见第 2 章），要不断观察和评估干预的效果，积极调整他们的意图，以达成他们希望达成的干预目标。

运用探索阶段的技术

判断干预是否有效的一种方法是关注当事人对干预的反应。如果当事人能够深入探索自己的问题，这是最好的，说明助人者已步入正轨。但是，如果当事人很安静、被动或者不做探索，助人者就需要评估到底哪儿出了问题。也许是助人者没有专注或倾听，也许是助人者问了太多的封闭式问题，也许是助人者聚焦于他人而不是当事人，也许是助人者提供了不准确的重述和反映。当事人也许会因为负性情感而不耐烦、困惑或崩溃，不愿继续探索。通过评估这些问题，助人者可以改变现有的做法而尝试不同的技术。因此，为了选择合适的干预策略，助人者密切关注当事人的反应是很重要的。

在当事人进行建设性的探索时，助人者应尽可能隐于背景中。在当事人自己可以工作时，他仅仅需要助人者在旁边支持。荣格（Jung，1984）在谈论释梦时讲得很好："伟大的智者（释梦者）能做的就是让自己消失，让做梦者认为释梦者什么也没做"（p. 458）。作为助人者，我们的工作是让当事人沉浸在探索之中，以至于没注意到我们的技巧；干预应该是促进，而不是打扰这个探索进程。整个过程可以包括尽量少的点头、保持安静、共情同感地工作并传递理解。

最后，重要的是我们不仅要观察当事人对过程的反应，还要询问他们的感受（记住当事人通常会隐藏负性反应，见第 2 章）。通过不时地查问当事人，助人者可以调整进程，使之更适应当事人。

如何开展探索阶段的会谈

目前，你已经学习并练习了探索阶段的单项技术，现在要把它们整合到和一个志愿者当事人的 20~30 分钟的实践会谈中。在这部分，我将描述助人者在这样的实践会谈之前和之中可以使用的几个步骤。

为会谈做准备

在会谈前，助人者最好花一些时间集中注意力，体会当下的感受，并让自己放松（使用深呼吸），放下（清空）其他问题和烦恼，保证与当事人一起处于当下。

助人者永远无法知道或准备好应对会谈中发生的所有事情。这种缺乏控制的情况对于那些习惯于做得很好和掌握情况的新手助人者来说通常很难。我给出的最好建议是通过在不同的情境下大量练习这些技术来做好准备，这样它们会变得自动化，然后不需要特定的设定就可以运用在帮助情境中。换句话说，使用那些基于练习并自然而然出现的技术去专注、倾听并聚焦当事人。

在会谈时穿职业装是个好主意，以非言语的方式表明你对会谈很认真。需要了解本地的职业着装标准。我通常告诉我的学生，穿得比他们的当事人更好一点，不要穿得太暴露或太随便。

我建议在会谈期间不要做笔记。虽然笔记可以帮助你记住所有的细节，但做笔记往往会分散你对当事人的注意力。我建议最好是把会谈录下来，然后回听细节。

开始会谈

问候当事人要简单，只说你的名字（"你好，我叫＿＿＿＿"）。表现谦逊和尊重很重要，特别是对来自其他文化的长者。第一印象很重要，所以一开始就要表现得专业。

在开始会谈时，助人者要告知当事人是否将被录音录像、现场观察或督导（例如，"我将对这次会谈录像，我的督导师正在通过单向玻璃观察"），以及如何处理这些会谈的录音录像（"所有录音录像在我的督导师听完或看完后就会被删除"）。助人者还要澄清保密问题。他们可以说：

> 你所说的内容都将严格保密，但有几种情况除外：如果你透露任何与虐待有关的事情，或者意图伤害自己或他人，或者如果怀疑有儿童或老人正遭受着某种形式的虐待，那么我可能需要打破保密原则。

请注意，这种关于保密限制的声明不但是有益的治疗实践组成，而且也是大多数行政管辖区的法律要求。尽管此时提供保密性的相关信息至关重要，但当事人通常不需要太多细节，因为他们对于继续谈论是什么让他们来求助更有兴趣。

助人者还应该在会谈开始时告知当事人助人的过程是怎样的。助人者先要说明会谈过程（例如，"我们将一起度过 30 分钟，我们的目标是帮助你探讨任何你想要探讨的问题。你觉得怎么样？"）。助人者还可以向当事人简要介绍自己作为助人者的专业资质和训练背景（例如，"我是个新手"），尤其是在当事人询问这类信息时。

此外，助人者通常会在初次会谈开始时告诉当事人一些规则（例如，会谈时长、费用）。他们会在后面的会谈中根据需要再告知当事人其他规则（例如，当事人询问过于个人化的信息时，助人者可能会解释不透露这些信息的原因；当事人反复要求拥抱时，助人者可能会解释为什么这么做不是个好主意）。提供助人过程的相关信息有助于当事人形成恰当的期望。如果当事人知道会谈如何进行，他们就更有可能在助人过程中合作。然后，助人者可以询问当事人对于咨询过程是否还有疑问（例如，"关于咨询过程，你还有什么想知道的吗？"）。

前面的这些工作应该相对快速地完成，以便当事人有时间交谈。这时，你可以暂停一下，给自己一个换挡的机会，并思考你的会谈目标。第一次会谈的目标通常是了解当事人，好奇他们是如何成为现在这样的，并帮助他们探索。你不需要修复任何东西，只需要促进探索。因此，助人者可以通过使用开放式提问和追问将焦点转移到当事人身上，例如"你今天想谈什么"，鼓励当事人分享他们的担忧。

如果当事人没有立刻对这些开放式的问题做出回应，或者他们回答"我没有什么要说的"，助人者可以停一下（当然，以共情同感的方式），给当事人一个思考和说话的机会。重要的是，不要催促当事人，但要让他们明白现在轮到他们说话了。当助人者耐心而共情同感地倾听时，当事人通常会在几分钟内开始说话。如果当事人仍然不说话，助人者就可以进行恰当的情感反映（例如，不自在、不确定），让当事人聚焦于他们的感受。有些当事人不确定他们所要说的内容是否值得拿出来讨论，并为此感到焦虑，此时就需要助人者向他们保证：助人者认真听而且认为这些内容很重要。如果当事人仍然不说话，助人者可以问一个开放式的问题，例如，"你能告诉我你来这里的原因吗？"

促进探索

在这个过程中，助人者所做的最重要的事情就是共情地倾听，鼓励当事人开始交谈和探索。在整个探索阶段，助人者会仔细倾听当事人所说的，使用适当的专注行为提供温暖的在场感，并鼓励当事人探索。助人者还要仔细观察当事人的反应并相应地调整专注行为（例如，如果当事人回避目光接触，助人者就不要老盯着他们）。此外，如果当事人看起来需要鼓励，则助人者可以提供认可和安慰（例如，"那确实很艰难""谈论这个问题时，你做得很好"）。最重要的是，在当事人投入地谈论他们的困扰时，助人者要安静地坐着，专注而共情地倾听。

如果当事人主要谈论想法、故事等没有太多情感的内容，助人者可以从仔细倾听开始。当事人停顿时（尽量不要打断，确保当事人说完了），助人者可以混合使用重述和针对想法的开放式提问或追问表示理解，并鼓励进一步的澄清和探索（记得跟随当事人的关注点）。如果当事人很难继续下去，助人者可以用开放式提问和追问鼓励当事人探索问题的其他方面。建立了和谐的治疗关系之后，助人者可以尝试引入情感反映与针对情感的开放式提问和追问，慢慢地帮助当事人关注情感。

如果当事人可以触及情感，并能够体验和表达它们，助人者就可以从情感反映及针对情感的开放式提问和追问开始，帮助当事人触及更深的情感（记住要紧随当事人感受的变化）。助人者可以在这些情感干预中偶尔穿插使用重述和针对想法的开放式提问或追问，来帮助当事人探索问题的其他方面。

结束会谈

助人者要留意会谈时间，设置很重要的时间界限，提醒会谈即将结束，并给当事人时间准备结束会谈、反思他们的收获。有些当事人直到会谈结束前的几分钟才说出重要的感受。这可能是因为他们对是否谈论这个话题感到矛盾，担心助人者的反应，或者巧妙地控制助人者延长会谈时间。尤其是在与拥有其他文化背景的当事人打交道时，礼貌地结束会谈是很重要的，以免使当事人感到羞愧或显得粗鲁。助人者可能会说："真的很抱歉打断你。我很想多谈谈，但我们时间不多了——我们还剩 5 分钟。"

在会谈结束时，助人者可以总结当事人所说的内容，看看当事人是否还有其他需要补充的，并结束会谈。例如，助人者可以说：

"你今天谈论了许多你对于室友的感受。你似乎担心你们两个不如以前亲密了。你不知道该做些什么来修复这段关系。这样概括，你认为合适吗？"

助人者也可以请当事人自己做总结（例如，"你能总结一下到目前为止你的收获吗？"），以了解当事人吸收了多少。理想的情况是，助人者和当事人一起总结，以弄清当事人有什么收益。

探索阶段困难情境的处理

一旦你开始掌握这些技术，你还需要关注当事人的棘手情况。在困难的情境中使用这些技术是一种挑战，需要一些思考和准备。在此，我将列举一些在探索阶段可能出现的困难情境。

过于健谈的当事人

有些当事人不间断地谈论与治疗目标无关的内容（尽管助人者得仔细辨别什么是治疗中值得讨论的）。在《当事人行为系统表》（见第 2 章与附录 H）中，这类当事人行为被认为是叙述而非对情感或认知-行为的探索。话多通常是当事人的一种防御，是其试图与他人保持距离的表现。如果当事人说的都是与咨询无关的话，助人者要在几分钟后谨慎地插入并打断谈话，可以说："很抱歉打断你，但是如果我不在一些地方插话的话，我可能无法帮助你。让我看看我是否理解了你刚才所说的……"之后再遇到类似的情况，助人者可以抬手，或者做暂停的手势来示意停止，然后温和地说："很抱歉又打断你，不过我想确认一下我是否听懂了你所说的。"这样，助人者让当事人知道他们插话是为了提供帮助（而不是因为厌倦或恼怒）。

助人者要共情同感当事人在沟通上的困难，而不是对当事人独占谈话感到愤怒。以敌意的方式进行插话（"噢，这里停一下，你说得太多了！"）可能会妨碍治疗关系，并且让当事人感到自己做错了事情。相反，如果插入是合适的、温和的且尊重的，当事人会感到放松，觉得助人者打断他们是为了帮助他们克服他们的防御，并且学会如何更恰当地互动。

过于沉默的当事人

过于沉默的当事人有时是害羞、焦虑或在表达自我上存在困难，或者是可能在过去跟重要他人的互动很糟糕而害怕人际交往情境。然而有时候，当事人是阻抗和敌对的，他们可能故意挑战助人者，逼他们开口讲话。助人者评估当事人沉默的原因十分重要。了解沉默可能的原因能让助人者思考该做些什么。助人者可能要使用不同的策略来应对内向、害羞的当事人和有敌意、故意沉默的当事人。

首要的是，助人者要试着合上当事人的拍子，让当事人逐渐敞开心扉。开放式提问和追问对沉默的当事人很有用，因为可以提供说什么的指导，而且重述和情感反映也能传递助人者愿意分担工作的信号。然而，我要强调的是，新手助人者往往会因为自己的焦虑而急于填补沉默，所以我鼓励助人者尊重当事人慢慢来的需求。

回答当事人的问题

当事人可能会问助人者各种问题，有关个人的（比如，"你是同性恋吗？"）、有关胜任力的（"你有专业资质吗？"）、有关训练的（"你正在上助人技术的课吗？"）、有关助人过程的（"可以谈谈我的自杀想法吗？"）、有关助人效果的（"和你谈话会让我变得更好吗？"），或者有关界限的（"我们以后能见面喝咖啡吗？"）。他们可能出于各种原因问这些问题：获取信息、表达对助人过程的焦虑、将注意力从自己身上转移、解决冲突或与助人者建立关系（Feldman，2002）。

在当事人问新手助人者这样的问题时，助人者往往毫无准备。这种方式与助人者问问题、当事人回答的标准模式不一样，会因为不知道回应的"正确"方法而引发焦虑，也会将会谈的焦点从当事人转向助人者（Edelstein & Waehler，2011）。因此，有必要考虑一下在这种情况下你会如何应对。

瓦勒和格兰迪（Waehler & Grandy，2016）提出了回应当事人问题的 4 项原则。第一，尊重地倾听这个问题，可以进行重述或情感反映（例如，"所以，你真的不确定你报名的是什么。"）。第二，增强对问题的好奇心，可以进行追问（比如，"这是一个有趣的问题。你能不能告诉我是什么促使你这么问？"）来表示你想帮助当事人觉察他们为什么要问这样的问题。第三，充分回答问题，促进当事人参与，通常需要先理解问题的动机。如果当事人问的是一个简单的问题，比如会谈如何进行，以便他们可以感到安全并信任你，他们就应该得到一个明确和直接的回答（例如，"我们将会面 30 分钟，你可以谈任何你想谈的，但我想提醒你，如果你表达了伤害自己或他人的意图，或表示了解虐待的情况，则保密是有限制的。"）。另外，如果当事人的问题有侵入性，而你觉得回答起来不舒服（比如，关于个人信息的），你可以这么回应："很高兴你能自在地问我这个问题，但是现在跟你说这个我会觉得不舒服。"第四，探究问题背后可能的意义。例如，你可以说："我不知道该如何回答，但你能不能探索一下，是什么促使你现在问这个问题。"探索可能的意义类似于针对领悟的追问（见第 12 章）。

总之，有没有一种"正确"的方式来回应当事人的问题，取决于当事人和问题。但是，我鼓励你仔细观察当事人是如何回应你的回应的，因为这可以提供对当事人内在动力的领悟（并反思你自己的行为，为什么你会这样做）。

实施探索阶段的困难

多年来，初学者描述了他们在实施探索阶段所面临的困难。你可能也经历过其中一些困难。如果你提前意识到这些困难，当困难不可避免地发生时，你就更有可能知道如何应对。重要的是要记住，我们没有人是完美的，即使是有经验的助人者也会遇到困难。事实上，我谈论这些困难的目的是让新手意识到这些困难都是正常的。在这一节中，我将描述困难并列出一些可能的应对策略，这些策略将在下一节中展开。专栏 9.2 总结了哪些应对策略可以用于应对特定的困难。

专栏 9.2 实施探索阶段的困难及应对策略

困难	应对策略
不充分的专注与倾听	观看视频、自我反思、练习
难以实施探索技术 ● 提太多封闭式问题 ● 说太多话 ● 不允许沉默 ● 过多的自我表露 ● 给太多建议或太早给建议 ● 阻止强烈的情感表达	观看视频、自我反思、观摩典范、练习、回归共情和使用探索技术
当事人转圈而非探索	观看视频、自我反思、观摩典范、练习、回归共情和使用探索技术
忽视文化	获得反馈、自我反思
做朋友	获得反馈、自我反思、观摩典范、练习使用特定助人技术
对当事人有强烈的负面反应	获得反馈、自我反思、学习个案概念化、练习
解离与恐慌	深呼吸、放松、正念；积极的自我对话；聚焦当事人；自我反思；练习
感觉无法胜任而气馁	获得反馈、自我反思、练习、积极的自我对话、发展个人风格

不充分的专注与倾听

一个困难是新手助人者往往过于关注技术，而忘记了专注和倾听，或者忘记了去共情和关心。仅仅使用正确的技术是不够的，助人者还必须用共情的方式使用它们才能满足当事人当时的需求。助人者不仅需要使用这些技术，还需要真诚地关心、同情当事人，并保持在场，投入其中。

有一些因素会干扰助人者对当事人的充分专注和倾听。许多助人者在倾听时走神是因为他们在考虑下一步要说什么（"我不知道该不该说她看起来很悲伤"）或者被一些与会谈无关的事情分心（例如，今天晚饭吃什么）。有时候，助人者会去判断当事人所说的是非曲直，而不是去倾听和理解。同情（sympathy）可能是另一个阻碍倾听的因素，因为有时候助人者太投入了，太为当事人感到难过了，以至于无法保持客观性；他们企图"拯救"当事人，而不是专注于他的感受。应对策略包括自我反思和练习。

难以实施技术

新手助人者报告了实施探索技术时面临的几个具体困难。同样一套策略似乎可以有效解决这些困难中的每一个，因此我将在本节末尾介绍这些策略。

提太多封闭式问题

初学者常常提太多封闭式问题，因为他们觉得需要搜集与问题相关的所有细节。许多助人者觉得助人历程与医疗模式相类似，都需要搜集大量信息进行诊断，并为当事人提供解决方案。然而，在此阶段助人者的任务是去协助当事人找到他们自己的解决之道，所以并不需要知道所有的细节。相反，那些促进想法和情感探索的技术，对帮助当事人探索是非常重要的。有些助人者问了许多问题，只因为他们不知道要说些什么才好。这些助人者并不是想要听问题的答案，他们只是想填满时间或满足他们的好奇心。因此，助人者问问题的时候，要清楚这个问题是为谁而问的（是帮助当事人还是满足助人者的需要）。

说太多且不允许沉默

有些助人者在助人过程中说太多的话。他们说话可能是因为他们焦虑，想要打动当事人，或者他们平常就爱说话。然而，如果助人者说话，当事人就无法说，继而就不能专注于自己和探索自己的担忧。研究发现，当事人一般说 60%~70% 的时间（Hill, 1978; Hill, Carter, & O'Farrell, 1983），相反，在非助人情境中，交谈双方理想上说话的时间各约占 50%。对初学者来说，去适应倾听比去适应说话还要难。与此相关的是，最让初学者畏惧的是处理沉默的问题。由于担心当事人会感觉无聊、心烦、批判或卡壳，新手常常急于去填补空白，结果做出一些肤浅无用的评论。为了做出改变，助人者可以观看自己的视频，反思自己对会谈中沉默的恐惧，问自己有什么样的担心（例如，显得不能胜任、不能帮到当事人）。一旦他们找到这些顾虑，他们就可以在会谈之外处理这些恐惧，而不再急于去打破会谈的沉默。

自我表露过多

初学者存在的另一个问题是急着做大量的自我表露。因为当事人的问题和他们的相似，他们就想和当事人分享经验。和朋友在一起时，自我表露或讲个人的故事似乎是自然的事。助人者也可能因为想要帮助自己，而在倾听当事人的问题的时候被自己的问题分心了。一个人正在经历着相同的问题时，就很难同时倾听别人的问题。例如，初学者在二十出头的时候，很难去倾听同龄人谈论身份认同问题、人际关系困难、与父母的关系问题以及未来的规划问题，因为这些问题也是助人者正在面对的。年纪大一些的初学者则可能较难去倾听有关育儿和养老的问题。接受助人者的专业身份，倾听但不表露太多，对初学者来说是一个主要的、观念上挑战性的转变。不管怎样，不适宜的自我表露可能是非常具有伤害性的，并且会阻碍治疗关系，因此助人者需要学习克制自己，只为了当事人的利益而自我表露（例如，什么时候这样做会让当事人感觉不那么孤立和不同，才选择这样做）。

给太多或过早给建议

初学者常常急于给出建议。他们对提供答案、解决问题、拯救当事人或是要有完美的解决之道感到有压力。许多当事人以及初学者误认为助人者有责任提供解决问题的方法。其实，给当事人答案或解决方案往往是有害的，因为当事人还没有自己找到答案，给予的答案也就无法成为他们自己的。再者，如果给出答案，当事人就没有学到如何在不依赖他人的情况下来解决他们未来的问题。当事人通常需要的是一个回音壁，或者有个人可以听听他们对自己问题的思考，或者有个人帮助他们发现如何解决问题，而不是仅仅告诉他们该怎么做。要知道，提供答案的需要通常来自助人者的不安全感以及助人的渴望，而这些感觉在刚开始学习助人技术的时候是正常的。

然而，意识到这一点也很重要。有些当事人确实想要从助人者身上获得答案，而不想去探索。对于这样的当事人，有时更快速地迈向行动阶段是适当的。有时，这样的当事人会在生活中做了某些特定的改变以后，变得更渴望探索。然而，也有些当事人却只想在不用深入探索和了解的情况下就有所改变。助人者可以教导当事人在充分探索问题、情感和状况之后自己得出解决方法的好处，但需要在探索和行动方面响应当事人的偏好和需求。

阻止强烈的情感表达

在当事人表达强烈的情感，如绝望、极度悲伤或强烈愤怒（特别是这种愤怒是针对助人者）时，助人者有时会觉得不舒服。有时候，助人者对于负面情感觉得不舒服是因为他们不允许自己感受到内部的负面情感。他们可能否认或是防卫他们内在的"魔鬼"。对于这些助人者来说，获悉当事人的负面情感会让他们觉得非常有压力。有时候，助人者感到有一种让当事人立即好起来的需要，因为他们不想让当事人痛苦。他们误以为如果当事人不谈他们的情感，这种情感就会消失。他们也害怕让当事人产生负面情感，因为他们对帮助当事人感到力不从心。如果他们的干预导致当事人哭泣，他们也许就会产生罪恶感。以上这些助人者的错误都出在"淡化"情感上，这样他们就可以不去面对"棘手"的情况而使自己陷于无助。举个例子，一个颇有吸引力的年轻女孩告诉她的助人者她觉得自己又胖又丑。她表达出对身体的厌恶，并断然认为不会有人愿意与她为伴。如果助人者对强烈的负面情感觉得不适，他就可能按社交礼貌来做出反应，安慰当事人说她是有吸引力的，并暗示她的感觉是不正确的。讽刺的是，这样的回应否认了当事人的感受，并可能让当事人感觉更糟，因为她会感到生气和被误解。相反，助人者可以温和地反映厌恶和惊讶的感觉，同时用非言语行为表达关心和关注。

现在也许正是一个很好的时机，你可以问问自己对于公开表达情感的感受是什么。当一个人控制不住开始啜泣时，你本能地想做什么？我们大多数人急于让这个人停止哭泣，想让他感觉好一点。当某人对你有敌意并且感到愤怒时，你会如何反应？大部分人都会变得表现出防卫性或者做出敌对的反应。助人者需要了解他们在这种情况下的反应倾向，以便可以练习更有效的方法来回应（例如，允许当事人哭泣、对敌意做出共情反应）。

应对策略包括观看治疗视频，亲自观察干预的效果。在特定的困难时刻，你可以停止观看视频，练习做出不同的干预。观察榜样来了解他们如何处理类似的情况也很有用。当然，自我反思和个人治疗可以帮助你更好地了解自己。

当事人转圈而非探索

许多新手助人者存在的一个问题是不能促进探索。他们的当事人只是在原地打转，不断重复自己的问题，而不是更深入地探索问题。一般来说，当助人者使用了太多封闭式问题，或重述和反映的对象不是当事人，使用的干预过于笼统或模糊，或不询问问题的其他方面时，就容易出现会谈原地打转的情况。因为担心显得有侵入性，所以新手们往往只是浮于问题表面，而不是用本书中建议的技术帮助当事人深入探索。

忽视文化

探索阶段背后的人本主义理论是基于西方哲学的，西方哲学鼓励开放地审视个人的想法和情感，并强调自我治愈和自我实现。来自重视集体主义而非强调自我文化背景的当事人（Pedersen，Draguns，Lonner，& Trimble，2002；Sue & Sue，1999），可能更愿意行动而不是探索，所以探索阶段可能需要比这里描述的更短。助人者必须注意不要把自己开放交流的价值观强加于拥有其他文化背景的当事人。然而，需要提醒的是，在匆忙行动之前，为了获得对当事人坚实的理解基础，一定程度的探索是必需的，助人者可以教育当事人为什么要求他们探索。此外，助人者必须注意不要对拥有其他文化背景的当事人有刻板印象，或假设拥有特定文化背景的所有人都有相似的价值观。请记住，文化内的差异比文化间的差异更大（Atkinson，Morten，& Sue，1998；Pedersen，1997）。

探索阶段另一个重要的文化考虑与性别有关。虽然一般来说，女性比男性更能自如地表达情感，男性通常被社会化以隐藏悲伤和恐惧的情绪，但助人者不应该假设所有女性都喜欢探索而所有男性都不喜欢探索。

一般的原则是，当文化差异对当事人来说很突出时，探索这些差异是重要的。助人者可以询问当事人对文化差异的看法（例如，"我注意到我们拥有不同的文化背景，我想知道你对此感觉如何？"）。助人者也可以留意当事人是否有不舒服，并询问这种不舒服是不是由文化差异引起的（例如，"我注意到，当我们探索情感时，你似乎不太舒服。我想知道是不是在你的家庭或文化中，向一个陌生人吐露心事是不被接纳的？"）。此外，询问与助人过程有关的文化价值观也很有帮助（例如，"在你的家庭和文化中，对于向咨询师或助人者寻求帮助的人，周围的人会有什么反应？"）。助人者还可以请当事人谈谈他们的文化，这样他们就可以更多了解每名当事人的独特经历（例如，"作为一名刚到美国的韩国学生，你有什么感觉？"）。

增强文化意识的应对策略包括获得反馈和进行自我反思。重读本书的第4章，重点是文化意识，是一个不错的开始。

做朋友

有时候，初学者的错误是做当事人的"朋友"而不是助人者。助人者的角色需要提供具有联结却清晰明确的关系，以维持客观性并提供最大的帮助。而做朋友就会限制应有的帮助，因为助人者所选择的干预可能会是为了让当事人喜欢自己，而不是为了帮助当事人做改变。例如，初学者山姆和他的当事人汤姆，在每次会谈的开始都一起讨论时下的体育新闻。当谈起这个话题时，汤姆就反应热烈，但他却不愿更多地讨论自己的问题。山姆也回避改变话题，因为他想与汤姆维持一种友好的关系。不幸的是，这种做朋友的渴望让山姆无法帮助汤姆探索其个人的问题。有帮助的应对策略包括从别人那里得到反馈，这样你就能意识到你给他人的印象，自我反思为什么你想成为一个被人喜欢的好朋友，观察治疗师的专业行为模式，练习使用探索技巧。

对当事人有强烈的消极反应

我们会对见到的每一个当事人都有反应。虽然很多反应是积极的（例如，支持的、温暖的），但有时我们也有消极反应（例如，不喜欢、生气、偏见）。因为觉得对当事人有消极的感觉是可耻的（例如，"如果我有这样消极的感受，我怎么可能成为助人者？"），所以我们经常否认这些反应。

消极反应可能来自你自己或当事人的各个方面。一方面，这些消极的反应可能会告诉你很多关于你自己内心的事情。你可能会将自己的负面情绪投射到当事人身上（例如，如果你因以自我为中心被批评，你可能会看不起一个看起来以自我为中心的当事人）。或者，你可能会对一个让你想起其他人的当事人产生消极反应（例如，一个主导整个会谈并且不让你说任何话的当事人可能会让你想起你专横的母亲）。要成为一名有效的助人者，你需要意识到这些消极反应，并努力去理解它们。

另一方面，你的消极反应可能反映了你对一个和他人互动有困难的当事人的真实知觉。在这种情况下，理解当事人行为的原因可以帮助你更好地理解他们并与之合作。大多数情况下，消极反应同时来自你自己的个人问题和你对当事人的真实知觉。获得反馈和自我反思有助于理解你的反应。此外，练习可以帮助你学习如何更有效地应对这种情况。

解离与恐慌

有时，初学者对自己的表现会焦虑到非常厉害的程度，以至于觉得自己出离了身体，于自身之外观察着自己的助人角色，而不是全身心地投入会谈中。在最糟糕的情况下，助人者会完全僵在那里，一句话也说不出来。这些体验会吓坏助人者，令其满心惶恐，觉得自己绝不可能成为好的助人者。事实上，焦虑是比缺乏技术更大的问题。但幸运的是，我也见过学生克服了焦虑，成为有才华的助人者。学习情绪调节工具，如深呼吸、放松和正念，可以帮助放松（S. Geller，2017）。在治疗过程中，深呼吸、积极的自我对话和关注当事人可以帮助你在当下调节情绪。此外，自我反思和实践也很有价值。

感觉无法胜任而气馁

往往这门课进行到眼下时，有些学生会说，他们对于成为助人者不仅没有感觉越来越好，反而是感觉越来越糟糕。他们关注每项技术，不放过每个细节，结果却是寸步难行。就好比学滑雪，当你第一次学滑雪时，你会留意你做的每一个动作。初学者也会像初学滑雪的人一样，在会谈中关注助人时的每一个细节。在学习助人技术时，助人者首先练习个别的技术（也经常要改掉那些妨碍助人的习惯），再把各项技术整合成一体。虽然刚开始会很困难，但当你将它们整合在一起时，你就会感觉比较容易了。学生们通常在练习几个星期后就觉得好些了；当然，也有些学生在练习之后，认识到自己并不想成为助人者。其他的应对策略包括获得别人如何看待你的助人能力的反馈、自我反省和积极的自我对话。

探索阶段应对困难的策略

对于大多数学生来说，克服我们迄今为止讨论过的困难是可能的。在这一节中，我将提供更多前一节中提到的应对策略的细节。这些应对策略主要基于对初学者的研究结果（Williams，Judge，Hill，& Hoffman，1997）。我希望所有的助人者都能找到一些他们可以使用的策略。

自我反思

第 3 章讲过自我觉察。对于助人者来说，觉察到自己的动机是至关重要的，这样他们就可以在其他地方满足这些需求，而不是在会谈中付诸行动。**自我反思**（self-reflection）的一个好方法是记日志，在每次训练会谈和每次与当事人会谈后立即写下你的反应；观察你的感受，问问自己这些感受是什么。正如本书中反复提到的，个人治疗和督导可以通过提供一个回音板来与他人探讨这些问题，从而有所帮助。

观看视频并转录会谈

观看会谈的视频并经常停下来问自己："我当时的感觉是什么？""我对当事人感觉如何？""我想当事人此刻会对我有什么感觉？"这种方法被称为**人际历程回忆**（interpersonal process recall）（Kagan，1984），已经被发现对打通助人者是有益的。你可能会问自己，这个当事人是否让你想起了生活中的其他人，并仔细思考这些联系；通常，我们对他人的消极反应只是因为我们在生活中和相似的人之间有着未解决的问题（更多关于移情的内容见第 10 章）。另一种策略是转录你的会谈，因为这样做可以帮助你慢下来，试着理解发生了什么。

观摩典范

观摩经验丰富的助人专家的助人过程是一种很好的方法，这样可以学会如何恰当地运用助人技术，这时的技术是鲜活的。虽然阅读理论与技术是重要的，但除非有人示范，否则单纯想象技术如何实施是很难的。班杜拉（Bandura，1969）指出了观摩典范作为学习过程中的一个环节的作用。我建议学习者要观摩许多不同的助人者的助人过程，以了解不同的助人方法和风格。我主持了三次会谈，可能对大家有帮助，会谈对象为《实践中的助人技术：三阶段模式》《实践中的梦的工作》《生命中的意义：一个个案研究》，都是由美国心理学会出版的（Hill，2009，2013，2019）。

练习，练习，再练习——在不同情境中反复练习技术

最重要的是，助人者可以练习本书中所教的助人技术。一遍又一遍地练习——过去的学生说练习是帮助他们学习的方式（参见第 14 章末尾的"研究概要"）。（也见 Chui et al.，2014；Jackson et al.，2014；Spangler et al.，2014。）

在与当事人正式会谈之前，助人者可以通过角色扮演来演练特定的助人技术。也可以通过角色扮演来练习会谈的整个过程，例如开始与结束会谈、回应沉默、处理指向助人者的愤怒。通过与支持性的同伴（如同学）进行角色扮演，助人者更有可能以一种舒服的节奏来学习助人技术。助人者越是练习，越是关注他们哪里做得好、哪里需要改进，他们在助人的过程中可能就会做得越好，感觉越舒服。

一种特殊的练习是想象。在运动心理学中，我们知道，当运动员具有了必备技巧时，

经由想象来演练，对真实训练来说是一种有益的补充（Suinn，1988）。同样，助人者可以想象他们在不同情境中使用适宜的专注行为与助人技术。例如，一位对沉默觉得不舒服的初学者可以闭上眼睛，试着想象自己与一位沉默的当事人在一起；也可以想象自己与当事人在一起舒服地坐着，并允许出现沉默；还可以想象一段时间后通过询问当事人的感觉来打破沉默。

这些技术就像工具箱中的工具，助人者要了解可用于不同任务的各种工具。对于一些助人者和当事人来说，有些工具比其他工具更有效。重要的是，助人者在他们的工具箱中已经有许多经过练习的技术（例如，处理焦虑的助人技术和方法）。

通过深呼吸、放松和正念调节情绪

通过自我反思，你可能发现，焦虑和完美主义让你在与当事人的会谈中无法充分投入当下。如果是这样的话，学习正念和放松技术对你来说会有帮助。培养正念（Geller，2017；Shapiro & Carlson，2017）是一个好的开始。YouTube 上有很多关于正念的示范，可以帮助你。

还有一种助人者可以用来处理焦虑的方法，是来自横膈膜的深呼吸，它不同于在胸腔上方做的短促的呼吸。为了确定你的呼吸是从横膈膜来的，把你的手放在你的胃部，当你呼吸时，你会感觉你的手在移动。深呼吸有几项功能：第一，它让助人者放松，当横膈膜变得放松时就很难出现生理上的焦虑；第二，深呼吸给助人者一个短暂的时间去思考要说什么，助人者可以慢慢地把精神集中，就不会因为想着下一步要如何反应而分心了；第三，深呼吸给当事人机会去想是否还有其他要说的事情。在第 16 章中，还介绍了其他的放松方法。

聚焦当事人

所有初学者常常很担心他们自己的行为，以致无法做到专注地倾听当事人。这时，助人者可以转移焦点，把焦点放在当事人而不是自己身上，那么助人者就能做到更加专注地倾听（Williams et al.，1997）。这个阶段的目标在于促进当事人探索情感，而不是让助人者去炫耀对当事人的了解。当焦点转移到当事人身上，助人者也可以融进当事人的世界时，许多初学者就会觉得焦虑减轻了。

积极的自我对话

我们每个人在做事情的时候都会和自己讲话。有些人称之为"内部游戏"，因为它发生在表层之下。我们有时会说一些积极的事情，比如"我可以办得到"或"我想我要恐慌了"。在助人过程中，积极的自我对话对行为有积极的影响，而消极的自我对话对行为有消极的影响（参见 Nutt-Williams & Hill，1996）。所以，助人者要关注他们对自己所说的话。在会谈之前，助人者可以演练积极的自我对话，让自己有一些正向的言语来指导自己。助人者还可以在卡片上写下一些积极的自我陈述（例如，"我已掌握了技术""我是能够胜任的"），在会谈实践之前或之中看一下这些卡片。请注意，这种应对策略在你进行了自我反思并更加了解自己之后最有效。

学习个案概念化

理解当事人为什么这样做，可以很好地帮助培养对他们的共情和同情心，也有助于弄清楚如何在不同阶段与他们合作。我们在本章前面以及第 14 章和第 17 章对这些技术进行详细介绍。

回归共情并使用探索技术

通常情况下，当新手助人者刚开始学习探索技术时，他们会变得焦虑，专注于技术而忘记了共情同感和聚焦当事人。同样，当助人者有疑问或在技术方面有问题时，他们可以试着重新对当事人共情——当事人感觉如何？作为当事人是什么感觉？助人者的基本立场就是努力保持在场、共情、聚焦当事人和使用探索技巧。所以，当你发现自己在与当事人的会谈中感到失落、不知所措或气馁时，请重新集中精力，运用情绪调节策略，让自己集中注意力。深呼吸，停顿一下，提醒自己聚焦当事人，原谅自己的不完美，记住谦卑，然后试着想象当事人的感受。实际上，你可能需要回溯之前的内容、重建信任，并确保听到了当事人的问题。

发展个人风格

在运用助人模式的探索阶段（或其他阶段）没有所谓"正确的"方法。助人者可以先调整这些技术以适应他们的个人风格，再调整个人风格以适应不同当事人的需要。所以，我建议你尽量使用这些技术，看看哪些适合你。一定要多实践，并从当事人和观察者那里获得反馈。把自己变成科学家，了解什么对你有用、什么对你不起作用，在一般情况下是什么样子，和个别当事人在一起又是什么样子。

探索阶段示例

下面的例子是助人者运用整合后的探索技术促进当事人探索的互动例子。此例并非完美，却是初学者在实践中可能会发生的。在每次助人者的反应出现之后，我都对所运用的技术及助人者的用意做了标注。当你阅读此例时，请先看助人者的反应，再形成自己的反应。然后，你可以比较你与助人者的反应有多少相似之处，并决定哪个对你来说更有效或更合适。

助人者：你好。我是桑德拉。我们今天有 30 分钟的时间来探讨你想谈的事情，任何事情都可以。（助人者意在设定一些界限，方法是告诉当事人什么是他可以期待于会谈的。）

当事人：好。

助人者：那么，你想从哪谈起？（助人者用开放式问题来聚焦。）

当事人：我现在对我要写的一篇论文感到很焦虑。我总是拖到最后一分钟才开始，然后我就会恐慌，因为我根本没有时间来完成了。我知道我这样做不好，但我总管不住自己。

助人者：你真的感到很不安。（助人者运用反映技术来帮助当事人体验自己的感受。）

当事人： 是的。我很担心，由于我没有按照课程要求去做，而要毁了读研究生的机会。

助人者： 你感到害怕，因为你现在的行为可能限制了你将来的发展。（助人者给了另一个反映，因为她想让当事人停留在这种情感中并帮助她做更多的探索。）

当事人： 太对了。我确实希望我可以读研究生，而且我知道我需要一个硕士学位去做我喜欢做的事情。我很担心我会陷在这种状态中，以致毁了我以前所有的努力。

助人者： 告诉我你上一次写论文的情形。带着我去了解当时你脑中的想法。（助人者想要获得一些信息，并让当事人对于自己的问题谈得更具体些，因此运用了针对想法的开放式提问和追问。）

当事人： 嗯，实际上，周五我就需要交一篇论文，但我还没有开始动笔。我已经收集了所需的资料，也在书上做了笔记，但我却什么也没写。而且这个星期我熬了好几个晚上，所以我的睡眠不足。

助人者： 我从你的声音中能听到你的恐慌。（助人者反映非言语行为来帮助当事人认识情感。）

当事人： 是的，我很害怕这次我不能完成。通常我可以熬一个通宵来完成，但这次看起来太艰巨了。论文大约需要20页。

助人者： 那你计划今天晚上怎么办？（助人者想让当事人对现在的情况说得更具体些，以提供更清晰的画面，因此再一次使用关于行动的开放式问题来聚焦。）

当事人： 嗯，我就想回家睡觉，什么也不想做。

助人者： 在你的生活中是不是还有其他的事情影响了你现在开始写论文？（助人者注意到当事人卡壳，因此想到也许情况远比当事人讲的复杂。因此，助人者运用开放式问题来问其他的问题。）

当事人： 你这么问很有趣。我刚刚与男朋友大吵了一架，我觉得非常难过。他想马上就结婚并生孩子，而我真的想读研究生。但如果我读研究生，我就必须至少搬走一段时间。

助人者： 因此，你在男朋友和读书之间感到很矛盾。（助人者为当事人能敞开心扉说出自己的其他问题而感到高兴。助人者想要当事人谈谈她的矛盾情感，因此使用反映技术把问题的两个方面都置于视野之中。）

当事人： 确实是这样。感觉好像事情就得这样发展下去。就因为他已经完成学业开始工作了，他就希望我像他那样。

助人者： 我想你是不是有些困惑。（助人者的目的是通过反映识别情感，但她不适宜地投射了自己的困惑，因为她也面临同样的情境。）

当事人： 不，不完全是。我想，我是生气。我不能为了他放弃我的事业。我妈妈这么做了，但她很不开心。她甚至从来没学过开车。她所做的一切都是为孩子着想。现在，我们都离开了家，她很失落、孤独。我想我应该有自己的事业，但我不知道，不知道这是否公平。同时，我也不想失去男朋友。

助人者： （温柔地）听起来你心里真像撕裂了一样。（助人者认识到上次的干预不准确，通过反映将焦点转回到当事人。）

当事人：（轻轻哭泣）也许我不能写论文是因为我被这两件事弄得心烦意乱——跟男朋友吵架，以及妈妈的遭遇。

助人者：（助人者沉默了30秒，使当事人体验她的悲伤。）

当事人：（哭，然后擤鼻涕。）

助人者：（温柔地）我想，谈这些对你来说一定很不容易。（助人者想要支持当事人并给她一个认可-安慰。）

当事人：是的。确实如此。那你说我该怎么办呢？

助人者：嗯，我想你应该跟你的老师谈谈，看看明天可不可以先不交论文。然后，我也觉得你需要跟男朋友谈谈，设法找出解决办法。或许你应该鼓励你妈妈去咨询。（助人者不适宜地卷入当事人的帮助请求，对当事人应该做什么给出了直接指导。）

当事人：哦。（沉默）嗯，我不知道。

助人者：对不起，我说了太多的建议。你对职业规划有什么想法？（助人者意识到当事人停止了探索，并简单道歉；然后尝试通过一个开放式提问返回到当事人卡壳之前他们讨论的主要问题。）

当事人：（当事人继续探索。）

什么时候进入领悟阶段

在本书的前几版中，我写过如何确定当事人已经进行了足够的探索，以便帮助助人者知道什么时候进入领悟阶段。我现在认为，已经探索得足够多的想法有点误导。在整个助人过程的三个阶段中，当事人都在不断探索，因此谈论足够的探索是不太正确的。

我认为，更合适的概念是确定当事人何时准备好进行更深入的探索和领悟。换句话说，有时会有机会之窗，只要当事人足够开放，可以进行更深入的工作。因此，助人不是一个当事人"先探索，然后领悟，最后行动"的线性过程，更典型的是当事人把大部分时间花在探索上，偶尔能够冒险进入更深的领悟，然后再回到探索。

那么，问题来了，当事人准备好领悟了吗？请留着这个问题，我们将在领悟部分解决这个问题。

你的想法

- 在上述案例中，作为助人者，你是如何处理这些情境的？
- 在案例中，助人者并没有给予解释，当事人却也有所领悟（例如，"也许我不能写论文是因为我被这两件事弄得心烦意乱——跟男朋友吵架，以及妈妈的遭遇"），对此你如何解释？
- 对于当事人的改变来说，一种观点认为探索阶段之后还需要协助当事人进入领悟阶段；另一种观点则认为仅探索阶段是必需的，并且已经足够。你的看法呢？
- 当事人是否有可能探索太多？
- 你认为让当事人参与探索的主要障碍是什么？

- 辩论个案概念化是一种有益的活动，还是只会导致对当事人的刻板印象。

关键术语

个案概念化 case conceptualization　　人际历程回忆 interpersonal process recall
自我反思 self-reflection

研究概要

治疗师的个人反应和管理策略

文献出处：Williams, E. N., Judge, A. B., Hill, C. E., & Hoffman, M. A. (1997). Experiences of novice therapists in prepracticum: Trainees', clients', and supervisors' perceptions of therapists' personal reactions and management strategies. *Journal of Counseling Psychology*, 44, 390–399. http://dx.doi.org/10.1037/0022-0167.44.4.390

理论依据：因为有相当多的迹象表明，受训者的个人反应妨碍了他们在与当事人的会谈中使用技术，所以我们想要更多地了解这些个人反应，以及新手如何管理它们。

方法：在一学期的课程中，7 名硕士生学习了助人技术。在训练前，学员完成焦虑和自我效能的测量。在训练过程中，每个学员与本科生志愿者当事人完成 9～11 次 50 分钟的个别会谈（平均每个当事人两次会谈）；在他们会谈时，督导师现场观察，并且他们在会谈期间与督导师会面进行个体督导。在每次会谈后，咨询师、当事人和督导师都要完成对会谈体验和知觉的测量。在训练结束时，学员再次完成焦虑和自我效能的测量，督导师对学员的技术、表现、与当事人的同盟和反移情管理进行评价。

有趣的发现：
- 从学期开始到结束，学员自我报告的焦虑减少了，反移情管理增加了，整体治疗技术提高了。
- 对每次会谈后的报告进行质性分析，结果显示，学员在会谈中会产生如下表现：焦虑-不舒服、分心-不投入、关注自我、共情-关怀、舒服-高兴、沮丧-生气、自我的不足-不自信。由当事人引起的学员的个人担心对象包括：治疗技术和表现、治疗角色、困难的当事人、治疗关系中的冲突，以及对特定当事人内容的反应。在管理策略上，学员主要运用：聚焦当事人、利用自我觉察、抑制自己的感受和反应。

通过对会谈的观察，督导师发现学员的问题包括：表现出消极或不一致的行为、回避情感或问题、变得过度卷入和失去了客观性。

- 当事人对他们的学员治疗师既有积极的反应（例如，友好的、支持的），也有消极的反应（例如，尴尬的、紧张的）。

结论：
- 经过一学期的助人技能训练，研究生学员在减少焦虑、提高治疗技能和管理反移情能力方面发生了显著变化。

对训练和治疗的启示：
- 留意个人反应可以帮助学员和治疗师理解自己，这样他们在与当事人相处时就不会因为这些反移情而采取行动。
- 自我反思、接受个人督导和个人治疗是学员和治疗师管理反移情的好方法。

实验室活动：探索技术整合

目标：帮助助人者整合探索阶段的技术。

练习：助人互动

助人者和当事人在互动中的任务：

1. 每名助人者与一名外班的志愿者当事人配对。
2. 助人者准备必需的表格，并将之带到会谈中：《会谈回顾表》（附录 A）、《助人者意图清单》（附录 D）、《当事人反应系统表》（附录 G）、《会谈过程和效果问卷》（附录 I）、《自我觉察与管理策略问卷》（附录 J）。督导师要带《督导师或同伴的探索技术评价表》（附录 B）。
3. 助人者自备录音录像设备（提前检查，确保可用）及录音录像带，在会谈开始时打开。
4. 助人者自我介绍，告知当事人保密原则，并告知会谈是否被录音和观察。
5. 每名助人者要与当事人进行 20 分钟会谈，会谈话题要选择容易的主题（见专栏 1.1）。助人者运用所有的探索技术，尽可能有帮助。要观察当事人对干预的反应并不断调整。
6. 仔细看时间。会谈结束前两分钟，让当事人知道时间快结束了。最后，告知当事人："我们要结束了，谢谢你帮助我练习助人技术。"

督导师在互动中的任务：

督导师运用《督导师或同伴的探索技术评价表》（附录 B）记录观察和评估内容。

会谈完成后：

1. 助人者与当事人完成《会谈过程和效果问卷》（附录 I）。助人者完成《自我觉察与管理策略问卷》（附录 J）。
2. 会谈后，助人者和当事人回顾录音（回顾 20 分钟的会谈需要 40~60 分钟）。助人者在每次干预之后停顿（除一些插入语之外，如"嗯""是的"），并在《会谈回顾表》（附录 A）上记录关键词，这样录音录像的关键点就会被定位，可用于写会谈记录。
3. 助人者评价每个干预的帮助效果，并记下大于 3 分的反应数目（根据他们在会谈中的感受来作答）。使用完整的帮助性量表，尽可能多地找出有帮助的部分和意图。助人者要独立完成这一项工作。
4. 当事人评价每次干预的帮助效果，并记下大于 3 的反应数目（根据他们在会谈中的感受来作答）。当事人使用完整的帮助性量表，尽量多地找出有帮助的部分和反应（助人者从诚实的反馈中比从"奉承"中获益更多）。当事人要独立完成这项工作。
5. 助人者与当事人记录会谈中帮助最大的，以及帮助最小的事项。
6. 督导师根据《督导师或同伴的探索技术评价表》（附录 B）为助人者提供反馈。

实验报告：

1. 助人者打印一份自己 20 分钟会谈的记录（见附录 C）。略过插入语，如"好""你知道""哦""嗯"。

2. 运用附录 F 提供的指导将助人者的言语分解为反应单元（语法句子）。

3. 运用《助人技术系统表》（见附录 E）确定你的记录中每个反应单元（语法句子）所使用的技术。

4. 如果让你重新做一次，那么在记录中标出你在每项干预中使用的不同语言。运用《助人技术系统表》（附录 E）为每个反应单元标出更适合的技术。

5. 删除录音或录像资料，确保记录中没有透露个人信息。

6. 比较在本次会谈和初始会谈中所使用的技术。

7. 将助人者和当事人的《会谈过程和效果问卷》和《自我觉察与管理策略问卷》分数与其他同学的进行比较（见附录 I 和附录 J）。

个人反思：

- 你在探索阶段的优势是什么？
- 你还需要学习哪些技术？

第三篇
领悟阶段

第 10 章　领悟阶段概述

第 11 章　促进觉察的技术

第 12 章　解释的技术

第 13 章　处理治疗关系的技术

第 14 章　领悟阶段的技术整合

第 10 章

领悟阶段概述

潜意识如果没有进入意识，就会引导你的人生而成就你的命运。

——卡尔·荣格（C. J. Jung）

  基奥玛是一名 21 岁的非裔美国女性，她因抑郁和焦虑来寻求帮助。她讨厌学校，因为父母要求她从事医学工作而倍感压力。但她最后没有改变职业道路，因为她知道不这样做家人会对她感到失望。在她的文化中，重要的是保持家庭和睦。她开始通过酗酒来应对这些压力。虽然她有很多朋友，但她经常感到孤独和被误解。最初，当她从尼日利亚移居美国时，她经常因为是移民而被欺负。她们一家人是小镇上唯一的非裔美国人。她和一个白人女孩走得很近，但那个女孩会贬低和欺负她。基奥玛为了适应他人而改变自己，并开始失去自我。当她开始和她的中年白人女性治疗师会谈时，基奥玛充满敌意，将她对那些欺负她的人的情感转移到了治疗师身上。她的治疗师鼓励基奥玛谈论她的文化背景以及移民是多么困难。在领悟阶段，基奥玛认识到她之所以经常感到孤独，是因为她觉得自己与朋友们非常不同。她和她的治疗师谈论了在她们关系中的信任问题。基奥玛开始能够向她的治疗师敞开心扉，理解自己在人际关系中出现问题的原因。

  在探索阶段，助人者旨在与当事人建立治疗关系，帮助他们探索对问题的不同想法，并更深入地体验与问题相关的情感。对于一些当事人来说，这种支持、非评判的倾听对于帮助他们做出重要改变足够了。他们自我实现的潜能被释放出来。他们也变得具有创造力，并成为积极的自愈者和问题的解决者。他们不再"需要"外部的干预，尽管他们可能喜欢与经验丰富的助人者分享自己的想法和感受，并从对问题的深层检验中获益。

  不幸的是，并不是所有的当事人在探索了他们的想法和情感后都能独自成长。一些当事人很难理解他们的情感和行为的原因与结果。还有些当事人会卡壳，需要某个人来帮助他们越过那些在童年形成的、保护他们免于遭受内心痛苦和外部伤害的障碍与防御。当令人痛苦的事件发生时，当事人通常将脑海中的体验隔离开来，这样他们就不用想起这些痛苦，从而使这些体验很难整合进他们的生活中。一些人难以理解他们的感受和行为的原因和结果。一些当事人以一种方式行事太久，以至于他们从未质疑过自己的行为或思考过他们做事的理由。有的当事人由于受到父母或其他照料者的伤害而认为世界是不安全的。还有的当事人急切地想要更多了解自己和自己的动机，但需要从一个客观的角度来帮助他们超越盲点。在这些情形下，助人者使用领悟技术是很有必要的。

领悟阶段以探索阶段为基础。超越探索、达至领悟和理解需要对当事人有深度的共情同感和与之有信任的关系。助人者必须超越防御和不适应的行为而直达当事人的内心，接纳当事人本来的样子，并帮助当事人更深刻地理解自己。

在领悟阶段，助人者需要与当事人合作来帮助他们获得领悟，而不是由助人者提供领悟。在这个阶段，有些当事人只需要一名富有同理心的倾听者促使他们提出自己的领悟。然而，也有一些当事人希望从助人者那里得到更多的意见，如果以合作性、试探性和共情的方式提供这些意见，可能会很有帮助。

什么是领悟？

在当事人达至领悟时，他们会从一个新的角度看待事物，能在事物之间建立联系，或者说能理解事物发生的原因（Castonguay & Hill，2007；Elliot et al.，1994）。对于一些人来说，获得领悟就像是一个灯泡突然迸发亮光、一种突然的"啊哈"的感受。比如，茵茵可能会突然意识到，当她的男朋友提出不想去参加聚会时，她做出过于强烈的反应，正是源于她在孩提时代总是遭到拒绝。她的愤怒可能是由于感受到了过去的不公平，并认为男朋友做出了父母对她做过的事情。

然而，对于某些人来说，领悟不会突然发生。罗杰斯（Rogers，1942）认为，"领悟是渐渐地、一点一滴地积累起来的，就好像一个人需要发展出足够的心理力量来承受新的观点"（p.177）。比如，罗伯特可能缓慢地，并只有在经历了一些挑战和解释之后，才会意识到他对择业的优柔寡断可能源于他和妻子之间的冲突。希尔（Hill et al.，2007）认为领悟的范围在金块和金粉间变动——有时当事人会幸运地碰到领悟的金块，但更常见的是，他们花很多时间努力领悟，却只获得一些零星的金粉。

为什么领悟是必要的？

根据弗兰克父女（Frank & Frank，1991）的研究，对于人类来说，弄清真相的需要就像对食物和水的需要一样，是人类的基本需要。同样，瓦姆波尔德（Wampold，2001）也认为人们需要一个解释——不论何种解释——以获得生命的意义。了解我们周围为什么会发生这些事情，能够帮助我们理解世界并预测接下来会发生什么，这给了我们一致的感觉。

弗兰克父女（Frank & Frank，1991）认为，人类根据自己的假设对内部和外部刺激进行评估，判断什么是危险的、安全的、重要的、好的或坏的等。这些假设逐渐被组织成为高度结构化的复合体，并与那些和情绪情感状态紧密相连的价值观、期望以及自我形象相互作用。这些心理结构塑造了一个人的观念和行为，同时又会受到观念和行为的影响。他们将领悟看作对过去的再造，这种再造使当事人得以看到新的事实，或者从已知事实之间看出新的关系，以及发现它们对于自己的新意义。

同样，弗洛伊德（Freud，1923/1963）认为，心理问题是发展性的，只有获得对问题的领悟才能解决。症状通常在过去和当前生活经验的背景下才能解释清楚。比如，根据詹纳不愿跟上或超过她被动、抑郁的母亲，就可以理解她为什么害怕当众演讲。她领悟到她是以限制自己来安抚母亲，这个领悟使她明白了自己在过去整个生活中何以做出那些选择。弄明白原因就可以使她意识到她可以在未来有不同的选择。

弗兰克尔（Frankl，1959）强调拥有生活哲学来超越痛苦并发现存在意义的重要性。他认为，我们人类最大的需要是发现生命的意义和目的。弗兰克尔在德国纳粹集中营的经历证实了他的理论：他虽然不能改变他的生活环境，但却可以改变他赋予经历的意义。凭借着犹太人传统的力量，他活了下来并帮助他人也活了下来。

当事人对事件的解释决定了随后的行为和感受，也决定了在助人情境中解决某个问题的意愿。比如约翰，一个18岁的当事人，不愿意学习开车。如果他认为他不愿意开车是因为害怕出车祸，因为他的朋友最近死于车祸，他可能会说害怕是主要的问题。如果他认为害怕源于不愿意长大、独立和离开他抑郁的母亲，他可能会感到解决分离问题更要紧。助人者需要了解当事人在当前是如何解释事件的（意识和无意识两个层面），以便他们能帮助当事人发展出更具适应性的解释。

对很多当事人而言，在行动之前最好先获得领悟。如果当事人学会如何思考自己的问题，在将来他们更有可能自己探索他们的问题、获得理解，并独自决定做出什么改变。实际上，助人者是在教授当事人解决问题的方法。在不愿学开车的那个例子中，如果约翰理解了这种不情愿是源于要离开生病的母亲而产生的焦虑和内疚，他就可以做出清醒的决定，使之与自己希望如何对待母亲的愿望一致。所以，领悟在助人过程中是特别重要的。

理智的领悟与情感的领悟

领悟必定是情感上和理智上的，从而共同导向行动（Reid & Finesinger，1952；Singer，1970）。换句话说，领悟必须同时有深刻的感受和认知上的理解。理智上的领悟为问题提供了一个客观的解释（例如，"我的焦虑是因为有恋母情结"），但这种解释往往是无效的，它使当事人陷入无路可走的理解中（Gelso，Williams，& Fretz，2014）。我们都知道有些人可以对他们心理问题的历史和根源有全面的理解，但却无法充分地表达情绪和情感。而情感的领悟将感受与理智联结起来，创造了一种个人卷入感和责任感（Gelso et al.，2014）。例如，当尼欧德突然意识到他因为妻子有自己的爱好而与她产生冲突，是源于儿时父亲很少陪伴他所带来的伤害时，他能感受到他内心深处的这种伤害。这种情感和理智的领悟能让尼欧德深刻地体会到与父亲没有情感关系的痛苦，然后开始区分妻子实际的行为和他根据与父亲的关系对她的投射。通过更现实地看待他的妻子，尼欧德可以开始与她建立更真实的关系。如果尼欧德只是得到一个表面上听起来正确的解释，但却不是他内心深处所承认的或感受到的，他也无法获得深刻的领悟。

如果一个当事人只在理智上理解她朝着男友大叫是因为她对父亲的愤怒，那么这个理解所带来的成长和改变比不上由理智领悟和情感领悟共同孕育的领悟。如果这个当事人能够体验到与理智上的理解相关的感受（例如，将负面情绪转移到无辜的男友身上让她觉得多么糟糕，父亲持续对她的生活产生负面影响让她觉得多么沮丧），她可能会激发起动机来改变面对男友的行为（这可能会帮助她对问题获得更多的领悟）。对于当事人来说，如果他们是全身心地主动参与助人过程，情感的领悟一般来说很容易获得。他们需要有个人的投入，渴望体验自己的情绪，并试图了解自己。

准备好领悟的标志

当事人准备好领悟的标志可能有：
- 对问题有清晰的觉察；
- 表示缺乏理解；
- 明确表示渴望或愿意去理解；
- 为了解决问题，承受了极大的情绪困扰的压力。

准备好并渴望获得领悟的当事人可能会说：

> 我就是不明白我为什么会对我的男朋友那么生气，因为他大多数时候并没有做错什么。我只是突然暴跳如雷，无法控制自己的愤怒。我真希望我能理解这个原因，因为这让我很痛苦，而且即将毁掉这段我认为最好的感情。

没有准备好领悟的标志可能有：
- 以非反省的方式讲故事；
- 寻求建议；
- 将问题归咎于他人。

没有准备好领悟的当事人可能会说："问题出在我的伴侣身上，是他需要改变。他就是不了解我，你觉得我该怎么跟他说？"

一些当事人有心理学的头脑，并看重对内在动力和动机的探索。但是，另一些当事人可能对探索深层动力不太感兴趣，而更关心探索或解决问题。然而，需要强调的是，助人者不应想当然地认为某些群体的当事人（例如，来自低社会经济阶层的当事人）就不适合做解释。此外，可以教一些当事人进行内省，尤其是助人者可以用针对领悟的开放式提问和追问直接要他们对自己进行反省。

同等重要的是要意识到有些文化可能不像欧美文化那样重视解释性活动。虽然有时关于领悟为什么具有价值的教育是有说服力的，但有些文化（例如，亚洲文化、西班牙文化）更重视行动而不是理解。尊重他人的价值观也很重要，如果当事人在接受有关领悟的教育后仍然无法接受，那么助人者不应该强迫当事人对领悟开展工作。

理论背景：精神分析和存在主义理论

精神分析理论（psychoanalytic theory）始于西格蒙德·弗洛伊德，并经由许多后续理论家（著名者有阿德勒、荣格和沙利文）发展而发生演变。在精神分析理论存在的一个多世纪里，这种理论发生了许多变化（Mitchell，1993），当前的重点主要关注治疗师和当事人之间的关系（例如，Safran & Muran，2000；Strupp & Binder，1984；Wachtel，2008）。

学生在最初接触助人技术课程时，对弗洛伊德非常轻视，因为许多人在心理学导论课程中听说弗洛伊德是过时和落后的。然而，随着学生在训练中的进步，特别是成为熟练的治疗师，他们越来越多地意识到作为一种解释复杂人性的方法，**精神动力学理论**（psychodynamic theory）的丰富与中肯。此外，现在有相当多的证据证明心理动力学治疗的有效性（参见 Shedler，2010）。有趣的是，研究结果表明，精神分析疗法不但与其他形式的心理疗法（如认知行为疗法）一样有效，而且在治疗之后，效果会持续并随着时间的推移而增强，而其他疗法的效果往往会随着时间的推移而减弱。因此，**精神动力心理治疗**（psychodynamic psychotherapy）似乎教会了当事人一种新的生存方式，这种方式允许他们改变自己的生活轨迹。所以，我鼓励读者对精神分析理论持开放的态度，同时学会深入思考人性的动力。

精神分析为人格的发展和治疗提供了一套复杂、丰富的描述。本节重点介绍精神分析理论的一些重要方面，这些内容很重要并适用于助人技术模型。我鼓励感兴趣的读者去探索其他的资源，学习更多关于精神分析理论的知识（例如，Basch，1980；Gelso & Hayes，1998；Greenson，1967；Mahler，1968；Maroda，2010；McWilliams，2004；Mitchell，1993；Summers & Barber，2010）。

精神分析的人格理论

弗洛伊德学说的相关概念小结，参见专栏 10.1。弗洛伊德（Freud，1940/1949）认为，所有儿童都要经历一系列的发展阶段。在第一个阶段，能量集中在口腔（吃）的满足上，首先是吸吮，然后是咬。

专栏 10.1

弗洛伊德学说的相关概念

概念	定义
早期发展	
口腔期	能量集中于口腔（吃）的满足，首先是吸吮，然后是咬
肛门期	能量集中于排泄活动，首先是排泄，然后是保留
潜伏期	对内部驱力缺乏关注的时期
性器期	能量转向了生殖器区，尤其迷恋异性父母，冲突解决（转向同性父母）导致超我的发展
本我、自我和超我	
本我	快乐、原始冲动
自我	与外部世界协商，自我意识的发展
超我	道德和理想的发展
无意识、前意识和意识	
无意识	在意识觉察之外
前意识	通过努力可以进入意识觉察
意识	很容易进入意识觉察

续表

概念	定义
防御机制	
压抑	不允许痛苦的经验进入个人意识当中
理智化	通过关注想法来避免痛苦的感受
否认	主动拒绝痛苦的情感
退行	人在焦虑时，有时表现出早期发展阶段的行为
置换	将对某一对象不快的情感转向力量更弱、威胁性更小的对象
认同	模仿他人的特点
投射	认为他人有自己无意识中不喜欢的特点
撤销	用仪式性的方式来消除或补偿无法接受的行为
反向形成	行为方式与感受相反
升华	将不被接受的冲动转变为社会认可的行为
合理化	为产生焦虑的想法或行为寻找理由

随着儿童学会控制大小便，能量转移到肛门区，通过控制排泄获得满足。然后，弗洛伊德认为出现一个潜伏期，儿童可以更自由地进行其他追求。随着儿童的进一步成长，能量转移到了生殖器区，此时儿童开始被异性父母吸引。冲突的解决（男孩的恋母情结、女孩的恋父情结）使得儿童放弃对异性父母的迷恋，转而认同同性父母并与之结盟，并接受道德和社会价值观。

在儿童经历每一个阶段时，被剥夺（例如，吃得太少）或过度放纵（例如，吃得太多）都会使他们固着在相应的阶段。当人们遇到困难时，他们倾向于退行到曾感到满足的阶段（例如，退行至暴饮暴食）。其他理论家，如埃里克森和马勒，对这些阶段进行了相当大的修改。

此外，弗洛伊德认为，在刚出生时，婴儿完全由**本我**（id）掌控，或由寻求及时满足的原始欲望所控制（例如，现在想要吃东西）。在孩子成长的过程中，**自我**（ego）形成以帮助孩子延迟满足并和外部世界谈判（例如，"如果你等15分钟，你可以得到两个棉花糖；如果现在就要，只能得到一个"）。在进一步的成长中，孩子通过解决**恋母或恋父情结**（Oedipal or Electra conflict）问题而内化社会道德和价值观，发展出**超我**（superego），它包括道德和理想（例如，帮助他人是好的）。终其一生，人们都挣扎于原始冲动、节制的自我和社会限制、理想的冲突之中。例如，玛利亚一直在与她的体重做斗争。一方面，她想随心所欲地满足自己吃的欲望（本我的影响）；但另一方面，她又无情地责怪自己缺乏控制力（严厉的超我），并许诺如果自己白天锻炼了的话，晚上就允许自己吃一小块甜点（自我在工作）。再次声明，本我、自我和超我是帮助我们理解心理原理的隐喻，而不是能在大脑或身体里发现的生理结构。它们帮助我们理解人们如何在生活中挣扎及其原因。

弗洛伊德提出的另一个相关的概念是**意识性**（consciousness）。弗洛伊德将意识性分为无意识、前意识和意识三部分。他假定心理活动大部分是**无意识的**（unconscious），即不能直接意识到。一小部分能量处于**前意识**（preconscious）状态，这表明如果对它们给予较多的注意，我们就能接近这些想法和体验。更小一部分是容易得到的有意识的觉知。弗洛伊德认为，大多数的人都将无意识动机付诸行动，但没有意识到为什么这样做。为了说明无意识的力量，你可以思考一下最近你所做的似乎超出你个性范畴的事（例如，突然变得愤怒，做了与价值观不相符的事情）——这些感受和行为可能就是由无意识情感所激发出来的。

弗洛伊德理论的另一个重要部分与防御有关。人格发展并不是一帆风顺的。孩子们并不总是能获得心理发展所需要的一切。人们应对逆境的一种方式就是发展出防御机制。弗洛伊德（Freud, 1933）和更多近来的精神分析学者（比如，Summers & Barber, 2010）认为，防御机制是通过否认或对现实的歪曲来处理焦虑的无意识的方法。每一个人都有防御机制，因为每一个人都要应对生活中内在的焦虑。当被恰当、适度地使用时，防御机制是健康的，但重复或频繁地使用防御机制则可能有问题。

比如，安东尼奥存在婚姻问题是因为他对妻子进行了**投射**（projects），认为妻子像他母亲一样专横。他无法理解妻子的询问是出于关心，而并不是出于控制的欲望（当然，她确实可能在这段关系中存在自己的问题）。

他不敢告诉妻子自己因为她的专横而对她很生气，只能通过踢狗来**转移**（displaces）愤怒。如果问及他的愤怒，他会**否认**（denies），并**退行**（regresses）到表现得像一个预感即将受罚的烦躁的 7 岁小孩。这些防御机制免除了安东尼奥来自他孩提时对母亲的感受所带来的焦虑，也使他不能学习如何与妻子在目前的情况下更恰当地处理自己的情绪。

从一种不同的文化视角来回顾过去的 100 年（弗洛伊德生于 1856 年至 1939 年，主要居住于奥地利维也纳），很明显，弗洛伊德的大部分理论很大程度上受文化的限制，并不完全适用于当今时代。但是，与其立即忽视它们，不如认识到这些观点对帮助我们深入思考人性是很有用的。与其关注理论中特定元素的准确性，不如说我们从中了解的主要信息是，生命早期与他人的互动会对今后的功能产生巨大的影响。我们的很多行为是由无意识的力量所决定的。

理解无意识动力或本我、自我和超我之间相互作用的一种新方法是考虑冲突在人心理功能中的中心地位（Summers & Barber, 2010）。从这个角度来看，所有的精神生活都可以被概念化为由相互竞争的愿望、恐惧和禁令引起的内心混乱，以及尝试用一种可接受的方式来解决这些矛盾。因此，我们都有强烈的内驱力和冲动。弗洛伊德认为性和攻击性是主要内驱力，但萨默斯和巴伯（Summers & Barber, 2010）增加了依恋、联结、掌控和归属感。这些愿望可能彼此冲突（例如，在爱与攻击性之间，在渴望亲密和渴望独立之间），也可能是愿望与外部世界发生冲突（例如，渴望亲密与缺乏合适的另一半）。经典的构想是愿望（冲动、内驱力）、禁令（恐惧或良心）和防御（应对方式）共同作用导致妥协，结果既可能是消极的，如症状，也可能是积极的，如创造性表达。当然，我们强调内驱力与文化息息相关，例如，集体主义文化可能会更重视归属感而不是掌控感。因此，精神分析师会关注冲动、想象的结果，以及相关的幻想、想法和感受，他们认为公开检查这些冲突会导致妥协。

此外，精神分析理论也有其缺陷，即过于关注个人的内在体验，而忽视了对环境影响的思考。最近，从多元文化视角出发的理论帮助拓宽了精神分析理论的范围，将边缘人群纳入其中（Jordan, 2018；Tummala-Narra, 2016）。

依恋理论

另一个重要的精神分析学说是**依恋理论**（attachment theory），并已成为新近的理论和研究焦点（例如，Bowlby，1969，1988；Cassidy & Shaver，2018；Meyer & Pilkonis，2002）。波尔比（Bowlby）发展了依恋理论，来解释幼儿在看护者身边时的行为和情绪反应。

根据波尔比的说法，婴儿天生就有与他人建立依恋关系的能力。当面临威胁时，依恋系统就会被激活，婴儿会寻求依恋对象的亲近和保护。

在最理想的依恋中，看护者为婴儿提供舒适的陪伴，减少婴儿的焦虑并增强其安全感。通过这个安全基地，婴儿会感到安全，这使他们能够好奇地、自信地探索周围的环境，并与他人进行有益的互动（Mikulincer & Shaver，2007，p. 21）。

不幸的是，当依恋对象不可得、无反应或无法有效安抚有需要的婴儿时，依恋系统就会中断（Mikulincer & Shaver，2007）。发生这种情况时，儿童会感到不安全，并担心他们是否可以依赖他人，是否可以处理情绪或是否值得关心。如果依恋对象是无法预测的，则儿童通常会更加努力地寻求看护者的回应。如果看护者在儿童寻求亲近时反复退缩，儿童就学会在受到威胁时不依赖他人的帮助。事实上，神经生物学研究为依恋理论提供了证据（Schore & Schore，2008）。例如，在产后早期与母亲分离已被证明对动物大脑的边缘系统有持久的影响（Ovtscharoff & Braun，2001）。

依恋对象的重复经验被组织成内部工作模型，这些模型是自我、他人以及关系的心理表征（Bowlby，1969，1988）。这些内部工作模型帮助人们预测他们对他人的期望，他人是否会在需要时做出回应，以及世界是否安全。

通过对幼儿的观察研究，安斯沃思等（Ainsworth, Blehar, Waters, & Wall，1978）发现了三种依恋类型：安全型、焦虑-矛盾型和焦虑-回避型。当母亲在身边时，安全型依恋的婴儿能自由地探索，对分离表现出少许焦虑，当母亲回来后很容易被安抚。焦虑-矛盾型的婴儿会过度焦虑和愤怒，他们倾向于黏住母亲甚至达到妨碍探索的程度；在分离时他们会感到痛苦，母亲回来后也很难安抚。焦虑-回避型的婴儿对母亲几乎没有兴趣，而且在整个观察的过程中也较少表现自己的情感。这些观察结果也适用于其他的儿童，甚至扩展至成年人，这表明童年的依恋类型会延伸至成年期的关系（Ainsworth，1989）。的确，广泛的研究表明，安全依恋的主要决定因素是父母的养育方式（Fonagy, Gergely, & Target，2008）。

值得庆幸的是，正如波尔比（Bowlby，1988）所指出的，"改变会持续整个生命周期，因此改变总是可能朝好的或坏的方向发展"（p. 136）。波尔比特别指出了通过心理治疗发生改变的可能性。治疗师能够成为当事人的避风港，在当事人感到威胁时给予安慰。

存在主义理论

存在主义心理治疗（existential psychotherapy）与其他动力学疗法类似，相信人们被冲突的力量控制，并且意识水平各不相同（Yalom，1980）。然而，它们的不同之处在于，存在主义理论关注的是存在而不是早期的经验。弗洛伊德认为，先天的内驱力会导致焦虑，从而促使人们产生防御机制来保护自我。相反，对于存在主义者来说，正是因为关注存在才引起了焦虑，而焦虑可以通过建立防御机制得以消除。

存在主义关注的一个主要问题是死亡焦虑。每个人都会死亡，这意味着我们都必须接受死亡的事实。在如下这些转变时期，人们对死亡的感受特别强烈：当一个人生病、遭遇事故或袭击时，当重要他人生病、最近受伤或死亡时，当最近发生重大灾难时。

自由是另一个存在主义关注的问题，它指的是缺乏外部结构和对自己命运负责的需要。当一个人有很多才能或没有特殊的才能时，弄清楚一个人的使命并做出选择就会特别困难。

存在主义关注的第三个问题是孤独，包括相对于他人和世界的孤独。我们每个人都是孤独地来到和离开这个世界的，因此，我们必须接受我们的孤独，这与我们希望成为更大整体的一部分、得到照顾和保护的愿望恰恰相反。

另一个存在主义所关注的问题，也是我个人最感兴趣的，即生命的意义（参见 Hill，2018）。我相信，我们都需要构建自己的生命意义，因为没有预先确定的道路。我们都需要弄清楚什么给了我们使命感，我们为什么要在早上醒来，以及在我们的生活中，我们想要做什么，我们想要留下什么。

值得注意的是，文化在存在主义所关注的这些问题中起到了明显的作用，尤其是在宗教信仰方面。一个相信死后还有生命的人可能比那些不相信的人经历更少的死亡焦虑。通过仔细而不带偏见地倾听当事人，并询问他们相关的文化信仰，助人者通常可以听到潜在的存在性担忧，可以通过解释来帮助当事人理解这些重要议题。

精神分析/存在主义视角的治疗

在他们的研究文献总结中，布莱格基斯和希尔森罗思（Blagys & Hilsenroth，2000）确定了区分精神分析治疗和认知行为治疗的七个特征（也就是精神分析的特征）。第一，强调情感和情绪表达；第二，对回避痛苦的想法和感受的尝试进行探索；第三，精神分析治疗师帮助当事人确定重复出现的议题和模式；第四，着重讨论过去的经验；第五，精神分析治疗师关注人际关系；第六，精神分析治疗师还关注治疗关系；第七，精神分析治疗师关注当事人的幻想。

更大的目标不只在于减少症状，还在于发展当事人的心理能力和资源（Shedler，2010）。

麦克威廉斯（McWilliams，2004）有一种很好的概念化精神分析治疗的方法。她指出了好奇心和敬畏的重要性、对复杂性的尊重、认同和共情的倾向、对主观性和情感的重视、对依恋的看重以及信仰的能力。因此，和罗杰斯（Rogers，1957）一样，麦克威廉斯更关心助人者的态度而不是具体的技术。我特别喜欢对好奇心和敬畏的强调，因为这正是我们在领悟阶段试图要做的事情，即让当事人对其内在的动力进行深入思考。

关于在精神分析工作中使用的具体干预措施已经有很多论述。作为治疗的基础，助人者应耐心地倾听、共情同感、非评判并接纳当事人（Arlow，1995）。助人者需要关注当前的现实、过往经历及咨询关系（Summers & Barber，2010）。弗洛伊德（Frend，1912/1958）说过，助人者需要"均匀悬浮的注意力"，在关注当事人所说的话和所做的事的同时，也要注意自己的内心感受、想法和幻想。

为了促进领悟，助人者鼓励当事人自由联想，即不加评判地说出任何进入脑海里的想法，以帮助当事人发现内在的冲突。在适当的时候，助人者会为当事人提供超出他现有理解之外的解释，来鼓励当事人更深入地思考问题（Speisman，1959）。解释的焦点通常是行为的起源和早期童年经历对当前行为的影响。

精神分析师认可进行"考古挖掘"以确定当前行为的早期原因的重要性。精神分析治疗的一个目标是处理无意识冲突（用自我替代本我），帮助人变得更理性、更有目的，而不是依照原始冲动行事。因此，不同于不断吃东西来迎合口腔冲动，助人者会与当事人一起理解这些冲动，并能够有意识地决定吃什么。治疗的目标是让人能够自由地去感受和体验生活（高兴时笑，悲伤时哭）。

另一个相关的目标是将无意识意识化。根据弗洛伊德的看法，尽管大部分的心理活动是无意识的，但人们可以努力让自己尽可能地觉察这些原始的影响。处理无意识材料很困难，弗洛伊德建议分析梦、幻想或口误，因为此时自我和超我没有那么强的控制力。精神分析流派的助人者也帮助当事人了解其频繁使用的防御机制，并更好地控制使用这些无意识策略来减少焦虑。

弗洛伊德认为，童年早期未解决的问题的表现会在当事人的一生中重复（再现）。经常再现是通过分析当事人与治疗师之间的关系来揭示的。比如，一个当事人的母亲很冷漠，无法满足当事人在婴儿时的依恋需要，当事人就可能在与治疗师的关系中表现出这种需要——这个当事人可能会在家里给治疗师打电话，要求额外的会谈，想要让治疗师延长每次会谈的时间。她也可能会对治疗师投射，认为治疗师冷漠、不能满足她的需要。当事人将与自己存在未解决议题的他人的特点放在治疗师身上叫作移情（Freud，1920/1943）。弗洛伊德指出，对移情的分析和解释是促进理解当事人与他人关系的有效治疗工具（参见 Gelso & Carter，1985，1994）。

助人者自己未解决的议题（反移情）也会影响助人的过程和结果。反移情（参见 Gelso & Hayes，1998，2007）的定义是助人者源于自身未解决的问题而做出的对当事人的反应。在之前的例子中，治疗师可能有未满足的照顾他人的需要（也许有一个酗酒的母亲，依赖他来照顾年幼的弟弟妹妹），所以可能会通过允许当事人在家中给他打电话的方式来回应当事人的需要，或不分场合地提供帮助，或允许当事人延期付款直到有足够的钱。如果没有被意识到，反移情会对治疗产生消极影响。相反，意识到反移情却能够促进治疗过程。比如，如果杰夫意识到他很难与一个被动的年长女性当事人共情是因为当事人使他想起了自己的母亲，杰夫就可以与自己的治疗师讨论他与母亲之间的问题，也可以和他的督导师讨论如何理解这个当事人，这样杰夫就可以抛开自己与母亲之间的问题来理解当事人。

一个需要重点考虑的问题是，移情和反移情都可能受到文化因素的影响。很明显，我们对来自其他文化群体的人都有偏见和刻板印象（参见第 4 章），所以我们需要仔细检查我们对当事人的想法。

在弗洛伊德时代，治疗师被认为应该是一个**空白屏幕**（blank screen），以便当事人可以投射（转移）冲突到治疗师身上。然而，越来越多的人认识到治疗师不可能是一个真正的空白屏幕。此外，这种形式的治疗对许多当事人并没有帮助，因为他们需要的是与另一个人建立一种真诚的关系。因此，在弗洛伊德之后，精神分析理论中的一个变化是认识到治疗师并不是一个空白的屏幕［被称为**一个人的心理学**（one-person psychology），因为重点全在当事人身上］，相反在治疗关系中起到了关键作用［被称为**两个人的心理学**（two-person psychology），因为治疗师和当事人都受到关系的影响］。

因此，最近的理论强调治疗师和当事人都是基于各自的问题参与到治疗关系之中的（综述可参见 Hill & Knox，2009）。从这个角度来看，分开讨论当事人的移情和治疗师的反移情是不可能的。基于此观点，精神分析和人际关系取向的助人者将处理治疗关系视为治疗性改变的核心机制。通过公开地讨论助人者和当事人之间正在发生的事情，就有可能解决关系中的问题、澄清移情和反移情对事实的歪曲、塑造健康的人际功能，并且鼓励当事人在治疗之外用不同的方式与他人交往。

依恋理论提示我们，需要根据早期的依恋模式来对当事人进行概念化。然后，我们努力提供一种环境，使当事人可以更安全地与助人者以及他们生命中的其他重要他人建立依恋关系。

存在主义视角的治疗原则提示我们，可以开放地谈论存在问题。尽管当事人可能不会直接提及存在问题，但助人者可以听到焦虑是否与存在问题有关的线索。换句话说，一个想要确定专业的学生可能正在努力寻找人生目标，一个最近被诊断出处于癌症晚期的人可能会担心过去所做事情的意义以及如何度过最后的日子，退休的人可能会疑惑在没有工作的日子里什么有意义，一个刚刚在奥运会上获得奖牌的人可能会问接下来会发生什么，跨性别者可能会怀疑自己是谁以及如何理解他们的世界（参见 Hill，2018）。

精神分析理论如何与三阶段模式相联系

精神分析理论强调早期关系、防御，以及领悟和处理治疗关系的重要性，这与我对领悟阶段的看法是一致的。特别是对童年经历中依恋重要性的强调，与我对早期经历重要性的观点，尤其是与重要他人之间的关系是相呼应的。存在主义对未来以及与死亡和意义相关焦虑的关注，也与我对理解一个人世界的重要性的思考一致。同样，强调防御也很重要，要帮助当事人学会建立既能保护自己又使自己能够与人交往的适度水平的防御。我也坚信，在让当事人获得持久的改变并解决新出现的问题时，领悟是很有帮助的。而且，对于我来说，如果我们只是关注探索或行为改变而不去对意义进行更深层次的探询，心理治疗将是单调和缺乏深度的。处理发生在治疗关系中的问题也是很重要的，因为它为当事人提供了矫正性的关系体验，并教给他们一些更有效的处理治疗之外关系的技术。

我对经典弗洛伊德理论的一个批评是它太强调童年了。虽然童年经历是形成性的，但后续的生活经历也会对人产生巨大影响。积极影响的例子如一个人找到了一段充满爱的关系并变得更愿意相信他人。消极影响的例子如一个人被强奸或被卷入恐怖袭击就会变得非常恐惧。而且，正如亚隆（Yalom，1980）所指出的，人们往往更多受到存在问题（例如，对死亡和意义的担忧）影响，而不是受到过去的问题影响。

我与精神分析理论不同的一点，是关于帮助当事人进入行动阶段的部分。采用精神分析理论的助人者通常不能聚焦于帮助当事人做出具体的行为改变（Crits-Christoph, Barber, & Kurcias, 1991）。

相反，我认为行动阶段是非常有用的，特别是当它伴随在领悟阶段之后时（虽然一些当事人在领悟之前就想要或需要行动）。同样，使用三阶段模式的助人者在助人过程中倾向于成为更活跃的力量，并且治疗的时间也倾向于比经典精神分析治疗短。然而，除了一些理论主张上的不同，精神分析技术对于指导当事人朝向增强领悟和自我理解是很有帮助的（这为行动奠定了基础）。

设定领悟阶段的期望

由于当事人在领悟阶段需要以不同的方式工作（更深入地理解自我以及自我与他人的关系），就这种转变对当事人进行教育可能是有用的。这种期望设定不一定要很全面，但有助于当事人理解并同意这些变化。助人者可能会这样说：

> 我想，我们已经准备好更深入地了解一下这些问题的根源了。我可能会比以前更有挑战性。我想知道你是否介意？

领悟阶段的目标和技术

领悟阶段有三个主要目标：促进觉察、促进领悟和利用治疗关系。这些目标相互促进，都是旨在帮助当事人实现深度的自我理解。实现这些目标需要许多技术，专栏10.2中列出了具体目标以及实现目标所需的相应技术。

专栏10.2　领悟阶段的目标与技术

目标	技术
挑战当事人促进觉察	挑战不一致
	挑战想法
	空椅技术
	幽默
	沉默
	挑战责任
	非言语行为
	提问
促进领悟	针对领悟的开放式提问和追问
	解释
	领悟的自我表露
促进关系领悟/修复破裂关系	针对即时性的开放式提问和追问
	即时性

挑战促进觉察

让当事人意识到他们的想法和行为是很重要的，这样他们就能在生活方式上有更多的选择。人们已经和自己生活了太久，并发展出保护自己免于人际伤害的防御机制，所以他们经常意识不到有些想法和行为是病态的。他们只有知道别人对自己的真实反应，才能开始进行自我检查。比如，一个当事人可能没有意识到自己敌对的处事方式，这种方式会让其他人对他回避。觉察是指更多地意识到自己的想法、感受、行为和对他人的影响。所以，觉察通常是领悟的先决条件。为了促进觉察，助人者首先要挑战一些想法和不一致之处。

促进领悟

一旦一个人开始觉察到一些感受、想法或行为，他就想要了解得更多。作为人类，我们生存的一个特点就是希望对自己的想法、感受和行为有个解释，这样我们就能如期待的那样对世界和改变更有控制感（Hanna & Ritchie，1995）。在领悟阶段，助人者致力于探寻这样一些问题的答案：是什么在驱动当事人，是什么导致他们的痛苦和快乐，以及什么阻碍了他们实现自己的潜能（记得要共情同感并富有同情心）。此时，助人者要用到针对领悟的开放式提问和追问、解释和领悟的自我表露等技术。

利用治疗关系

在领悟阶段对当事人来说还有一个特别的目标，就是对他们的人际交往获得觉察和领悟。因为当事人经常不会意识到他们给他人的印象，所以助人的一个目标就是为当事人提供他们在助人关系中给他人印象如何的反馈。一个假设是，当事人对他人的处事方式与对助人者是相似的，所以密切观察治疗关系就能得到当事人人际关系的一个缩影。当然，当事人对每个人的行为方式不可能与对助人者的一模一样（尤其是考虑到助人者有不同的个人风格和反移情问题），但观察治疗关系为理解当事人当前的某种关系提供了一个机会。在后面的行动阶段，助人者和当事人可以进一步把得自一种特定关系的领悟推广到其他关系中。为了处理治疗关系，助人者要用到即时性技术（伴随共情同感、同情和试探）。

结语

与探索阶段相比，在领悟阶段，助人者在一定程度上更多地凭借自己的看法和反应来让当事人理解他们困在哪里，以及什么能够激励他们。因此，助人者保持着探索阶段进行接纳、共情的立场，但偶尔也有可能在帮助当事人实现更深层次的觉察和理解时，提出自己的想法和概念。我要强调的是，助人者并不掌握唯一正确的"那个"领悟，其看法也不自然正确，也不应该强迫当事人接受自己的观点。助人者主要是鼓励当事人去发现有关自己的新东西，在此前提下，偶尔、试探性地提供自己的看法来帮助当事人获得新的觉察和领悟。

在助人者帮助当事人发现自己的过程中，要保持一种齐心协力的感觉。当事人的目标是对自己有新的理解。即使助人者提出领悟，当事人也需要检验它们，并分辨它们是否合适而不是盲目地接受。

助人者在提供自己的看法时要小心,要确保它是为了当事人的利益而不是为了满足自己的需求。当助人者被自身的需要驱动时(例如,反移情),他们的干预往往是无益的,甚至有时是有害的。助人者需要意识到他们的反移情反应,这样在会谈中就可以避免不适当的行为。

助人者也必须为当事人不同意他们的挑战或解释做好准备。有时,这些技术可能用得过早或使用不当,当事人对技术不能产生相应的反应,或者变得防御和焦虑。助人者需要注意这些反应,并思考它们是如何对当事人起到不同的干预作用的。重要的是不要指责当事人(例如,当事人阻抗时),而是要想办法以当事人能接受的方式进行干预。

领悟阶段特有的技术(即时性、挑战、解释、领悟的自我表露、针对领悟的开放式提问和追问)比探索阶段的技术(重述、情感反映、开放式提问和追问)更难学习和运用。学生最初接触三阶段模式时往往无法掌握领悟阶段的技术。实际上,大多数学生都需要多年的时间和大量的练习学习领悟技术,并在助人情境中恰当地运用。但新手需要了解这些领悟技术,尽管他们在使用这些技术时应该谨慎。

探索阶段的技术(专注和倾听、重述、情感反映、针对想法和感受的开放式提问和追问)在领悟阶段也会被频繁使用。一旦助人者呈现挑战、解释、自我表露或即时性技术,当事人就需要思考和探索新的观点,助人者就需要返回去运用探索技术来帮助当事人获得这个水平上的觉察。同等重要的是,助人者要保持对当事人的共情,并记住改变是多么困难。

你的想法

- 是否行动之前必须有领悟?请阐述你的观点。
- 助人者应该提供多少解释性的信息?应该如何提供?请阐述你的看法。
- 将精神分析理论与罗杰斯的当事人中心理论进行比较和对照。在人格发展和治疗方面,哪一个对你个人来说更有意义?
- 阐述防御机制的作用。
- 适当的防御机制是健康的,但过度的防御机制会削弱人的力量吗?
- 辩论:精神分析理论在当今世界是否适用?
- 你会如何修改精神分析理论,使其与你最相关?
- 如果没有自我经验和偏见的阻碍,我们能理解另一个人吗?

关键术语

肛门期 anal stage
依恋理论 attachment theory
空白屏幕 blank screen
意识性 consciousness
否认 denial
置换 displacement
自我 ego
恋父情结 electra conflict
本我 id
存在主义心理治疗 existential psychotherapy
恋母情结 oedipal conflict
认同 identification
理智化 intellectualization

一个人的心理学 one-person psychology　　　　　　　　口腔期 oral stage
前意识 preconscious　　投射 projection
精神动力/精神分析理论 psychodynamic/psychoanalytic theory
合理化 rationalization　　反向形成 reaction formation
退行 regression　　压抑 repression　　升华 sublimation
超我 superego　　两个人的心理学 two-person psychology
无意识的 unconscious　　撤销 undoing

研究概要

希尔梦的模型的领悟阶段

文献出处：Baumann, E., & Hill, C. E. (2008). The attainment of insight in the insight stage of the Hill dream model: The influence of client reactance and therapist interventions. *Dreaming*, 18, 127-137. http://dx.doi.org/10.1037/1053-0797.18.2.127

理论依据：领悟是治疗的一个重要结果，尤其是在治疗中对梦开展工作时，所以作者想知道哪些因素与对梦开展工作时获得的领悟相关。作者对可能从对梦开展的工作中收获相关的治疗师技术和当事人因素两个变量特别感兴趣。

方法：治疗师与本科生志愿者配对，因为他们有一个想要了解的梦。在会谈之前，对当事人的阻抗进行测量（即他们感到被迫抵抗外部要求的程度）。治疗师使用希尔（Hill, 2004）的三阶段（探索、领悟和行动）梦的工作模型，引导当事人完成一次 90 分钟的关于梦境的会谈，过程和助人技术的方法类似。在领悟阶段前后，治疗师要求当事人说出梦的含义。受过训练的评价者对当事人在领悟阶段前后的解释中的领悟数量进行编码。从 157 个案例的总数据集中，作者选择了 10 例高领悟和高阻抗的个案、10 例高领悟和低阻抗的个案、10 例低领悟和高阻抗的个案、10 例低领悟和低阻抗的个案，进行进一步分析。受过训练的评价者听领悟阶段的录音，对每个谈话轮中治疗师的技术和当事人的领悟进行编码。

有趣的发现：
- 在领悟阶段，治疗师主要使用的技术包括：对领悟的追问（45%）、释义（即重述或情感反映，21%）和解释性技术（即解释或领悟的自我表露，7%）。（其他技术，如认可-安慰、封闭式提问、除针对领悟之外的开放式提问和追问、挑战、除针对领悟之外的自我表露、即时性、提供信息、直接指导等，占 28%。）
- 治疗师对阻抗程度高和低的当事人使用的技术并没有不同。
- 相比在领悟阶段获得较少领悟的当事人，治疗师对获得更多领悟的当事人更少使用对领悟的追问，更多使用解释性技术和其他技术。
- 当事人最高水平的领悟紧跟在治疗师的解释性技术和对领悟的追问之后，其次是在释义之后，最后是在其他技术之后。

结论：
- 解释、领悟的自我表露和对领悟的追问看起来都是帮助当事人获得领悟的有效方法。重述和情感反映虽然没有那么有帮助，但仍比其他治疗师技术（如认可-安慰、提供信息）更有帮助。

对治疗的启示：
- 治疗师可以考虑使用解释、领悟的自我表露和对领悟的追问来帮助当事人获得顿悟。
- 尽管当事人的阻抗并不能帮助预测治疗师的助人技术和当事人获得领悟的程度，但其他当事人变量可能可以。当事人对各种治疗师干预的反应并不完全相同。

第 11 章
促进觉察的技术

麻烦在于,不冒险本身是更大的冒险。
——艾瑞卡·琼(Erica Jong)

伊桑说他想读研究生,但他并没有认真学习,成绩非常糟糕。助人者温和地质疑他:"嗯,一方面你说你想读研究生,另一方面你却并不想学习。"这番质疑是以一种温和的、毫无威胁的方式提出来的,这提升了伊桑对自己行为的觉察,并鼓励他对自己读研究生的这一许诺进行更多的思考。他最终意识到自己并没有准备好去读研究生,并开始思考为什么自己会蓄意破坏自己的计划。

在探索阶段,重点更多地放在支持上;而在领悟阶段,一旦建立了关系,并且助人者认为当事人可以接受温和的挑战,则支持和挑战之间就可以更加平衡。一个类似的例子是,学生希望学校充满挑战,以帮助他们学习,但又不希望学校太充满挑战,因为这会让他们变得焦虑。

使用挑战的理据

挑战(challenge)是指出当事人适应不良的想法、感觉或行为,以便当事人有更多的觉察(见专栏 11.1)。我们的目标是通过挑战来加深当事人的觉察,让他们在生活中更有目标感。在第 3 章中,我们将助人者的自我觉察定义为自我认识、自我领悟或此时此刻的敏感性。在这一章中,当提及与当事人开展工作时,我们将觉察与领悟区分开来。觉察是以某种方式对行为、思考或感受的认知、正念或专注;领悟是理解我们为什么以某种方式行事、思考或感受。例如,梅赫罗德可能会觉察到他的眼神接触有时过于紧张。他可能会领悟到在他感到不舒服的时候他会这么做,并进一步意识到这种不舒服是在他感到失控的情况下发生的,就像他小时候被同龄人取笑时那样。

专栏 11.1　挑战概览

定义	挑战是指，指出当事人适应不良的想法、感受或行为。
挑战的类型	
不一致	例子："你为丈夫的离世感到十分悲伤，但我想你似乎也对他扔下你一个人而感到愤怒。"
与不一致有关的双椅技术	例子："现在你是出门时感觉自己很蠢的那部分你……现在你是因不能出门而感到烦恼的那部分你"（在两者之间来回变换，一方充分表达自己，另一方专注于倾听）。
关注非言语行为	例子："你在抖脚……你的脚在说什么？"
幽默	例子："所以，只有老人才会这样做吗？"
沉默	在当事人否认时，助人者保持沉默，让当事人自己思考。
挑战承担责任	例如："说'我'而不是'你'""把'需要'改成'想要'""不说'不能'，而说'不想'""不说'应该'，而说'我选择'"。
挑战性提问	例如："真的吗？""你确定吗？"
典型的意图	挑战、辨别适应不良的行为或认知、辨别并强化感受、处理阻抗、促进领悟（见附录 D）
当事人可能的反应	被挑战、通畅、明了、触动、负责、新的视角、消极的想法和感受（害怕、恶化、卡壳、迷茫、被误解；见附录 G）
当事人理想的行为	探索觉察和领悟
有用的提示	观察当事人，寻找不一致、适应不良的想法。 挑战要在矛盾言行出现后尽快进行。 挑战应小心谨慎、温和、尊重式、试探性、深思熟虑、共情同感地进行。 助人者应使用一种困惑和好奇的语气。 和当事人共同努力以增进其对自己的觉察。 挑战的时候不要做评判。 保持谦逊——记住觉察是一件十分困难的事情。 询问当事人对此的反应。

通常情况下，一个人的觉察是在领悟之前。换句话说，只有在你觉察到了一个问题后，你才能找出是什么引发了它。一旦你理解了问题所在，你就可以对自己想要成为什么样的人做出更明智的选择，从而进入行动阶段。

尽管助人者在运用挑战时并没有解释或提供自己这样做的理由，但有时仅仅是简单地听到挑战也能促成当事人想要更深入地了解自己。例如，一位助人者可能会挑战杰拉德，告诉他：他虽然口中说着需要帮助，但却不表露任何关于自己的情况。杰拉德可能会思考为什么他不愿意透露，并逐渐意识到他不愿意透露任何事情是因为他害怕被否定——他在小的时候因为透露而被父亲批评。处于一段让他感到安全的治疗关系中，可以帮助杰拉德质疑他的假设，并检验他的助人者是否真的像他的父亲。

挑战还能帮当事人觉察自己的矛盾情感。我们中的绝大多数人都有一些矛盾的情感，但我们却因为我们"应该"如何的信念而无法允许自己同时感知到两者（例如，"好女孩不能生气"）。因为我们不喜欢它们所揭示的那些关于自我的部分，所以我们倾向于将这些不属于自己的感觉和想法与自己分隔开来，这样我们就不必去想它们。挑战可以被用来发掘一些想法和感受，从而让当事人开始体验，并对自己的想法和感受负责（拥抱他们的阴暗面）。

挑战也可以使当事人接受他们有更深的感受，这些感受在早先是不被承认的。回顾第 8 章，感情往往是复杂的。例如，安吉拉一遍又一遍地说一切都很顺利，直到助人者询问她糟糕的考试成绩。这种挑战鼓励安吉拉思考内心深处究竟是如何想的，并让她认识到她在极力忽视问题的存在。

如果当事人感到悲伤，但又不允许自己去感受这种悲伤，他们可能会在情感上感到停滞和受阻。同样，如果当事人对某人感到愤怒却不愿承认，那么他可能对此人冷嘲热讽，以致对此人造成无心的伤害。换句话说，他们的愤怒"泄露"出来了。不仅如此，当事人还可能希望自己不要意识到他们不恰当的行为，这样他们就可以责备其他人而不必对自己的行为负责。例如，一个中年人可能仍旧为自己的问题而责备父母，而不是自己承担责任，因为承担责任就可能意味着他需要停止对父母的愤怒并改变自己的不健康行为。挑战经常需要推动当事人走出否认的状态，帮他们从不同的角度来看待自己的问题，并鼓励他们为自己的问题承担适当的责任。

这些干预也能被用来帮助当事人意识到自己的防御（见第 5 章和第 10 章更多关于防御的讨论）。防御的存在有它的原因——帮我们应对。所有人都需要一些防御来帮助自己生存。

然而，我们中的大多数人也都有不适应的防御方式。面对变化无常、总是责罚，或者虐待成性的父母或别的人，有时我们会发展出一些防御方式来保护自己。即使后来危险不再存在了，这些防御方式也被我们刻板地沿用。既然每个人都有需要防御的时候，助人者的目的就是帮助当事人了解自己的防御方式，并能决定在何时使用它们，以及如何使用。例如，助人者可能挑战一个当事人说："你修筑了一道墙来保护自己免受其他人的伤害，但我在想你是否需要对每个人都筑那么高的墙，也许还是有一些你可以信任的人。"通过提供一个安全的场所来检查自己的防御方式，助人者能和当事人共同讨论并区分什么情形下需要使用防御，什么情形下是足够安全的，不需要使用防御。

我们助人者的目标不是要粉碎或者消除所有的防御，而是让当事人意识到他们可以选择何时、用何种频率使用防御。我们要帮当事人仔细查看他们坚持防御的理由，并决定这种防御方式是否仍然需要。例如，面对一名充满敌意的攻击者，回避的防御方式可能就是合适的，但是在亲密关系中它可能就适得其反了。

此外，是否使用挑战取决于当事人在改变过程中所处的位置（参见第 2 章）。处于前沉思阶段的当事人可能会对挑战做出负面反应，因为他们还没有准备好接受挑战。而沉思阶段可能是使用挑战的理想时机，因为当事人此时能够更开放地接受反馈。在助人过程的后期阶段（例如，行动、结束和维持阶段），当事人可能不太需要通过挑战来克服防御和障碍，并且可能对审视自己更开放。

有关挑战的理论观点

一些理论家讨论过挑战的益处,但他们在谈论这个问题时使用了惯用的"面质"一词,所以我在这一部分两个词都用了。

卡库夫和贝伦森(Carkhuff & Berenson,1967)这两位人本主义理论家提出,指出不一致之处的目的是帮当事人减少其经验和交流中的矛盾与不一致。他们建议面质要用来鼓励当事人接纳自己并成为功能充分发挥的人。对当事人行为中矛盾的方面进行质疑,可以让他们更全面地认识自己。就像卡库夫(Carkhuff,1969)所指出的,"面质当事人可以迫使他们思考改变的可能性;而要改变,他们又会去使用他们以前没有使用过的资源"(p93)。此外,

> 挑战在某种意义上让当事人的生活产生危机,这种危机促使他在"继续实施现有的功能模式"还是"承诺追求更高水平、满意的生活方式"之间做出选择(p92)。

另一个关于面质的观点来自精神分析学者格林森(Greenson,1967),他把面质定义为揭示当事人的阻抗——"当事人内心对抗精神分析工作程序和过程的所有力量"(p35)。他建议面质应该在解释之前引入,因为防御在被理解之前首先需要被面对并进入意识。例如,他指出,在助人者能够解释当事人为什么回避某个特定事物时,助人者首先需要让当事人面对"我在回避某一特定事物"这一事实。因此,面质指出了当事人在阻抗,而当事人如何阻抗、阻抗什么的问题则接着通过解释和澄清来确定。

另一个相关的观点来自斯泰尔斯,他认为我们每个人都是由各种内在的声音所组成的(Honos-Webb & Stiles,1998)。斯泰尔斯的理论认为,当我们把重要他人融入自己时,每一个重要他人就会变成我们脑海中的一个声音(例如,当阿什莉谴责自己抽烟时,可能突然听起来就像她的母亲;当她抱怨自己不能有任何不同时,听起来就像年轻时的她自己;当她指责他人时,听起来就像她的父亲)。如果声音不和谐,一些声音可能会沉寂或被拒绝。通过挑战,助人者会向阿什莉指出不同的声音,以深化她对不同声音的觉察。治疗的目标是在不同的声音之间进行对话,并促进融合,这样所有的声音都能被听到,并更和谐地合作。这个观点提醒我们,我们都是复杂的人,有着很多相反的感觉和想法。

认知治疗师认为是不合理信念让人难以有效地适应环境且生活得不快乐。艾利斯(Ellis,1962,1995)认为,个体会给自己设定非理性信念,例如"我必须被每个人喜欢""我必须足够胜任和完美才是有价值的""事情如果没有按照我想的去发展,将是极其糟糕的""必须有一个比我更强大的人来保护我""肯定有一种完美的解决问题的方法,如果我找不到它,那将非常可怕",等等。

艾利斯指出,大多数当事人都假设事件直接导致情绪,但他认为是非理性信念导致了消极情绪。例如,如果山姆考试得了个"及格",他可能会认为是这次考试失败让他感觉很糟糕。但实际上,是他就考试得"及格"这件事对自己说的话(例如,"我是一个失败的人""我应该表现完美")让他心情糟糕的,而不是考试得"及格"本身引起的(事实上,另一个人可能因为得到"及格"心情很好而不是糟糕)。因此,艾利斯提出,如果当事人用更合理的信念取代不合理信念,他们将产生更积极的情绪。在这个例子中,助人者

可以教给山姆更合理的信念，例如"我在考试中得了'及格'确实很糟糕，但这并不意味着我很差劲。这只是意味着我下次考试之前需要更加努力地学习，而不是在考试前一天晚上还出去喝酒"。

因此，挑战的目标是深化对消极想法的觉察，然后在行动阶段取代这些想法。

贝克和他的同事们发展了一套与艾利斯稍有不同的认知理论（A. T. Beck, 1976; A. T. Beck & Emery, 1985; A. T. Beck & Freeman, 1990; A. T. Beck, Rush, Shaw, & Emery, 1979; J. S. Beck, 1995）。他们假定自动思维和功能失调是当事人问题的主要来源。当事人在错误的逻辑下，在对自我、世界和未来的错误信念的基础上，曲解了事件。因此，当事人往往认为自己是有缺陷的、不完美的或不可爱的，世界是难以应付的、不可控的或无法招架的，未来则黯淡无望。

贝克温和的治疗方法与艾利斯直接的挑战风格非常不同。他提倡助人者与当事人协作，像科学家一样揭露逻辑错误并检验它的影响。助人者问当事人一系列问题，以帮助当事人得出合乎逻辑的结论（"当你对自己说 X 的时候，发生了什么？"）。助人者也会积极指出对当事人不利的认知主题和潜在假设。贝克认为，人们常常在证据不充分的情况下得出结论（例如，一个人可能仅仅因为某天中午没有人陪他吃饭，就得出他不被喜欢的结论）。人们也经常选择性提取（例如，仅关注其中一条消极评论，而对其他积极评论视而不见）、过度概括化（例如，一个人因为犯了一次错误，就概括为她不能承担任何责任）、夸大或缩小（例如，把某个人没有跟他打招呼理解为别人对他很恼怒，把没通过考试的重要性缩小）、个人化（例如，一名秘书把公司的停业归咎于自己某天没来上班），以及僵化的二分法的思考（例如，一个男人可能认为女人要么是圣女、要么是妓女）。

因此，我们作为助人者可以挑战这些不合理的信念，来帮助当事人认识到自己的错误想法。助人者可以问："此时，你在告诉自己什么呢？"或者他们可以问（记住，每次只问一个问题）："如果你没有成功地成为一名物理学家，那么会发生的最糟糕的事情是什么？""那其中有什么东西是如此让人害怕呢？""你说你无法忍受它，但那是真的吗？你会崩溃吗？""那也许不是件让人高兴的事，但它真的是灾难性的吗？"当问这样的问题时，重要的是助人者挑战的是观念而非当事人本人。对于那些想进一步学习认知疗法的人，我向大家推荐被广泛使用的伯恩斯（Burns, 1999）的自助手册。

所有这些理论都是有意义的，并加深了我们对治疗过程的理解。他们一致认为，挑战对于改变人们对事物的看法并使其摆脱固定模式是至关重要的。但是，当我们改变事物时，我们也会对当事人造成威胁。因此，我们必须记住，要在挑战与支持之间取得平衡。

准备好觉察的标志

当事人可能需要接受挑战的一些标志是当他们正在体验或表现如下情况时：
- 矛盾情绪；
- 对立；
- 不一致；
- 困惑；
- 感到被卡住；

- 无法做出决定。

助人者还可以仔细观察和倾听当事人的"不和谐的音符"——那些听起来不正确、不合理、不适合或不相配的事情，或者由于"应该"而做的事情，或者导致矛盾情绪或斗争的事情。这些"不和谐的音符"可以帮助指出当事人感到矛盾和不确定的问题。

挑战的类型

最容易教的挑战类型是挑战不一致，所以我们将在这里主要关注这类挑战。我还简单描述了其他类型的挑战，如与不合理信念辩论、双椅技术、幽默、沉默，以及鼓励当事人通过改变语言来承担责任（见专栏 11.1）。

挑战不一致

不一致和矛盾很重要，因为它们通常是未解决的问题、矛盾情绪（复杂的感觉）或压抑（或抑制）情感的迹象。这些不一致的出现通常是因为当事人无法有效地处理自己的感受。

不一致需要触及冲突的核心。例如，一个学生轻蔑地形容她的兄弟是个"傻瓜"，但接着又说自己爱他。当助人者温和地指出这种不一致时，她感到既惊讶又好奇，随即说起她对父母偏袒弟弟的愤怒。

挑战不一致的子类型

挑战不一致就是助人者把两件事并列，让当事人觉察它们之间的矛盾，从而为理解不一致的原因和进行改变铺平道路。助人者可以关注几种类型的不一致：

- 在两个言语表述之间（例如，"你说没关系，但你接着又说对他感到很生气"）；
- 在言语和行动之间（例如，"你说想取得好成绩，但你大部分时间都花在聚会和睡觉上"）；
- 在两种行为之间（例如，"你在微笑，但你的牙关却紧闭着"）；
- 在两种情感之间（例如，"你对妹妹很生气，但你也觉得高兴，现在每个人都会看到她到底是一个什么样的人"）；
- 在价值观和行为之间（例如，"你说你会尊重他人的选择，但你又试图说服他们相信堕胎是错误的"）；
- 在自我感知和经验之间（例如，"你说没有人喜欢你，但之前你讲了一个有人邀请你吃午饭的例子"）；
- 在理想自我和真实自我之间（例如，"你想达到母亲的高标准，但你觉得自己只是普通人"）；
- 在助人者和当事人的看法之间（例如，"你说自己工作不努力，但我认为你做得很好"）；
- 在价值观和感受之间（例如，"你想成为一个乐于助人的人，并自愿奉献一切，但你对不得不帮忙感到生气"）。

需要注意，并非所有的不一致挑战都是指出当事人没有面对的消极方面，有些则是当事人不承认自己有的积极方面。例如，玛丽塔经常在他人面前贬低自己，认为自己是个笨蛋或觉得其他人做得多么好。她的助人者温和地挑战她，说她其实很擅长表达自己的感受并与他互动。她感到惊讶，然后开始哭泣，后来说从来没有人对她说过任何正面的话。

有人可能会认为当事人是在自己周围筑墙。但比起使用大型武器或装备直接攻击这面墙，助人者不如指出这面墙。在当事人知道这面墙时，助人者可以与当事人一起尝试了解这面墙的用途并决定是否需要这面墙。助人者可以鼓励当事人在墙壁上修一扇门，并了解何时打开和关闭该门，而不是砸墙。

虽然有时很难听到，但"如果"可以帮助人们解决其他人会回避的明显问题。如果你的牙齿上有菠菜，你会希望有人告诉你。同样，如果当事人所做的事情会使他人远离，以当事人能够听取的方式温和且温柔地指出这些行为，这是一件礼物。当事人通常需要外界的人来帮助他们觉察自我欺骗的行为；但只有以他们能听取的方式做到这一点，他们才能承受挑战。

如何挑战不一致

助人者挑战不一致时需要注意的一个主要问题是，用一种当事人可听取的表达方式来运用挑战，以使当事人感觉被支持，而不是被攻击。挑战和探索技术很不同，探索技术传达接纳，而挑战可能暗含批评。助人者通过挑战向当事人表明，当事人生活的某些方面是不协调的、有问题的，同时暗示当事人需要改变他们的情感、思维和行为。因此，助人者要十分注意挑战的措辞和表达，要小心、温和、带着尊重、试探性、深思熟虑并共情同感地使用。在本章末尾的研究中，可以看到需要平衡面质与支持的证据（Miller，Benefield，& Tonigan，1993）。

助人者要表达一种困惑的、努力帮助当事人解决难题并理解不一致的态度。助人者完全可以用一种无威胁的方式简单地指出当事人的不一致之处，并让其澄清。劳费和哈维（Lauver & Harvey，1997）的看法与此相似，他们建议使用"合议式的面质"，其中助人者只是表达自己对于不一致之处的困惑。他们反对极力劝说当事人同意助人者的观点。其实，助人者应先共情同感地运用挑战指出不一致之处，随后进行情感反映，并就当事人被挑战的感受提一些开放式的问题（参见第13章）。

此外，助人者在挑战的时候不做任何评价也很重要。挑战不是批评，而是一种鼓励，鼓励当事人更深入地审视自己。挑战的目的是与当事人合作以提高其自我觉察的能力，所以如果助人者带有评判，当事人可能感觉羞愧和窘迫，从而更加阻抗去认识问题所在。助人者需要牢记：我们所有人都存在不一致和非理性，因此我们并不"优于"当事人。我们需要时刻保持谦逊和共情同感，知道了解自己和做出改变是多么困难。任何人都是容易看到别人的矛盾，不容易看到自己的不一致。

当学习挑战不一致时，我建议助人者使用下面的表述来确保干预包含两个部分：
- 一方面_____，但另一方面_____。
- 你说_____，但是你又说_____。
- 你说_____，但是你的非言语表现看起来_____。
- 我听见_____，但我也听见_____。

有时候，第一部分的内容是隐去的，这时助人者就可以只用"但是"语句。例如，一个当事人可能说他没有任何问题，这时助人者就可能回应"但是，你说他生你的气了"（隐含的意思是"你刚刚说没有问题，但是又说他生你的气了"）。

关注非语言行为

助人者还可以指出可能反映当事人否认的不一致或潜在感受的非言语行为。我们假设非言语行为经常泄露情绪，那么我们就可以鼓励当事人探究其中可能发生的情况。因此，当事人可能被鼓励去觉察他们的身体在对他们说什么。助人者可能会对正在拍脚的当事人说："如果你是你的脚，你现在在说什么呢？"助人者甚至可能要求当事人夸大这种感受来帮助他们识别情感。通过让当事人成为他们身体的一部分，助人者使当事人得以摆脱理智化而进入自己的体验——当事人必须向内看，看看有什么事情正在发生（例如，"我现在的感受是什么"）。

当然，这种干预需要小心使用，并且是为了当事人的利益。助人者很容易为了炫耀而使用这一技术（"啊哈！我抓住你了"），这显然是没有帮助的。

双椅技术

双椅技术对识别当事人没有意识到的、两极化的冲突（例如，爱-恨）或未完成的事件（如一段关系结束了，但情感还没有妥善处理）特别有效。这项技术最初来自格式塔疗法（Perls，1969；Perls，Hefferline，& Goodman，1951），最近被用于体验性过程疗法和情绪聚焦疗法（Elliott et al.，2004；Greenberg，2015；Greenberg，Rice，& Elliott，1993），它帮助当事人觉察并处理冲突的感受。有时候，相较于谈论情感，将情感实际表达出来更容易一些，也更有效果。

当有迹象表明在对立双方之间存在一个重要冲突时，就可以使用双椅技术（例如，"我希望我可以，但我很害怕""我想，但我要阻止自己"）。这些冲突通常是由于内在的"应该"产生的，而这些"应该"源于当事人被告知要做什么的早期经历。人们开始按照这些标准生活，而没有经过仔细考虑，根据自己的感受自主决定如何生活。助人者让当事人把冲突的一方安置在一把椅子上，并用它的身份说话。一旦当事人表达了情感，就要他去另一把椅子，以这一方的身份充分地表达自己的想法和感受。通常的情形是，一方在格式塔疗法中称为**"强势方"**（topdog），因为它是控制者和占主导地位的声音，一味地指责批评（"应该"）；另一方在格式塔疗法中则被称为**"弱势方"**（underdog），因为它通常是被动的声音，苦苦无助地申诉。由于冲突，当事人会感到阻抗、无法动弹和生气，而所有这些通常都在意识之外。在现实世界的典型对话中，当这两方试图交谈时，他们会相互排斥，因此无法完成对话。通过让每一方都充分地诉说和表达感受，同时也充分地倾听另一方的诉说，当事人学会了让双方平等共存，进而对他们进行整合。在当事人表达出对立的感受，或者有因为它们看起来不可接受而无法表达的感受时，就可能是双椅技术有利于帮助当事人进行更深入探索的**标志**（marker）。

以下步骤可用于促进双椅技术。不需要严格遵循这些步骤，提供它们只是想使人们清楚地了解如何完成此练习。

1. 助人者会根据当事人所说的话来识别冲突，例如："我应该爱他，但我不知道自己是怎么想的"或"我应该去看望父母，但我似乎不能强迫自己做到"。重要的是，考虑到这种技术的潜在强度，助人者首先要确定当事人有足够的自我能量（弹性）能够运用双椅技术。

2. 助人者帮助当事人尝试练习以加深冲突的感觉，促进更深入的理解。鉴于双椅技术对某些人来说可能很尴尬，所以需要更多的教育。但重要的是，助人者一方面不要对双椅技术是否有用感到抱歉或者疑惑；另一方面，不要强求当事人做一些感觉不好的事情。

3. 如果当事人同意参加，助人者就拉起另一把椅子并邀请当事人转移到新椅子上，并直接与自己的另一方交谈。因为最终是希望双方开放地表达自己并进行谈判，所以助人者的位置与两把椅子等距并且与双方平等对齐是很重要的。助人者可以从要求当事人自我批评或强势方（"应该"）开始。或者，助人者可以邀请当事人选择感觉最突出或最活跃的一方，然后从那一方开始。助人者会指导当事人说出选择的一方会对另一方说的话（例如，"你不应该那样做""不要那样说"）。助人者要确保这一方能清晰、有力地表达自己。

4. 然后，助人者邀请当事人坐到另一把椅子上，表达听到另一方说话时的感受。同样，助人者鼓励当事人直接而清晰地表达自己的感受。如果当事人没有明显地表达自己的感受，可以要求当事人重复一遍。如果当事人开始与助人者而不是另一把椅子交谈，助人者可以温柔地鼓励当事人直接与椅子交谈。

5. 助人者再次要求当事人换椅子并做出回应。在交换的过程中，助人者鼓励双方充分表达内在的感觉和需求（这一步通常需要助人者大量的指导）。在双方充分表达自己的观点后，当事人就可以接受并整合相互冲突的观点。通常情况下，批评者会变温和，消极的一方会变得更强，斗争也会得到解决。

6. 与当事人一起处理经验可能会有所帮助。助人者可以询问当事人进行这项练习的感觉。

下面是一个双椅技术的案例。杰森一直在讨论他的抑郁症、他想要改变的愿望和他对改变的抗拒。他已经说了好几次被困住了。

助人者：我们将探索你自我的两个方面，来更好地理解你正在发生什么。你是否愿意尝试这种练习？

当事人：嗯，我不知道这会有什么好处，但我想如果你认为会有帮助的话，我愿意试一试。

助人者：让我们试一试，看看效果如何，你想什么时候停下来都可以。（当助人者换到另一把椅子上时，暂停。）好吧，先从你想改变的那一方说起。你愿意站在你想改变的这一方和你不想改变的另一方交谈吗？我们把你另一方的自我放在另一把椅子上，你可以直接跟他谈。

当事人：我想说……

助人者：直视另一把椅子，就像你的另一方坐在那里一样说话。

当事人：好吧。（停顿了一下，深呼吸。）你现在很痛苦。（相当温和地说）你真该想想办法了。

助人者：你能更愤怒一点，然后表达你的真实感受吗？

当事人：（声音更大了）你真让人厌恶，因为你知道你应该改变，但你却什么都不做。你说你要去看心理医生，但你真的去了，却一言不发。如果你不投入其中，你怎么能期望改变？

助人者：好，很好。现在去另一把椅子上，作为你不想改变的一方做出回应。

当事人：（看向助人者）这感觉有点傻。

助人者：确实，但我们可以试一试，看看它会如何发展。
当事人：（语调平缓）好吧，我不知道你为什么不停地说这个。事情没那么糟糕，别烦我。
助人者：你能试着再深入一点吗？你听起来有点像发牢骚。你能再放大一点吗？
当事人：我不想改变，我希望你离我远点儿。我喜欢沮丧。
助人者：最后一句话能说得大声一点儿吗？
当事人：我喜欢沮丧，这让我感觉很好。从来没有人注意过我，所以至少我能注意自己。我不是太确定我是否想要改变。
助人者：好了，回到另一把椅子上去。你听到对方说了什么？
当事人：是啊，你认为没人关心过你，我感到很难过。你能多说点儿吗？
助人者：交换椅子，然后做出回应。
当事人：我小时候总觉得自己被忽视。我父亲是个很严厉的人，他只要一觉得我出格就打我。我小的时候经常感到悲伤。
助人者：换椅子。
当事人：我知道谈论你父亲对你来说很困难。我很抱歉我对你那么粗暴，总是想让你改变。
助人者：换椅子。
当事人：我确实想改变，但我太害怕了。我不确定我是否真的能改变。我感到很孤独。
助人者：我们就到此为止吧。你现在有什么感觉？
当事人：哇！我很惊讶居然说了这么多。我想我开始明白我为什么感觉被困住了。我真的很想多了解一下我对父亲的感觉。
助人者：是啊，有意思的是，你之前跟我说你童年的一切都是田园诗，而现在看来你内心发生的事情比你愿意大声承认的要更多。
当事人：是啊，下面还有好多呢。
助人者：告诉我你坐在每把椅子上的感觉。
当事人：坐在要求我改变的椅子上时，我能听见我父亲的声音……我很害怕，因为他太刻薄了。坐在说我不能改变的椅子上时，我感觉很挫败。（会谈继续。）

请注意最开始"你最好振作起来"的一方是如何变柔软并倾听另外那个抱怨"我无法改变"的一方的。同时也注意"我无法改变"的一方是如何开始开放并更开放地探索的。有趣的是，双方之间的对话帮助当事人摆脱了"谈论"，进入冲突的体验中。如果助人者试图向当事人解释发生了什么，当事人可能会忽略它，但处于这种情况下，当事人可以更直接地体验冲突。

当然，这个案例比实际会谈的典型案例要短得多，但希望它能让你了解到助人者是如何开展这项练习的。

助人者使用双椅技术遇到的一个困难是尝试使用它时犹豫不决，因为它与其他技术不同，让人感觉很冒险；如果没有先看到别人示范它的流程，也很难做到。另一个困难是弄清楚如何以及何时执行每一步，例如，助人者可能会过快地完成每一步，而没有给当事人足够的时间来处理他们的感受。初学者经常提出的担忧是，如果当事人不愿意，就不知道该如何推动当事人去使用双椅技术，或者不知道当事人是否有足够的自我力量来承受它（关于当事人是否能处理更深层次的感受，请参阅第 8 章）。最后一个困难是要记住如何指导当事人，以便他们学会如何执行这些步骤并在执行这些步骤时充分表达情感。这些困难通常可以通过适当的练习来克服，我强烈建议初学者在与当事人进行练习之前先与同伴练习双椅技术。

幽默

有时候，挑战能够通过幽默来"柔化"，只要当事人觉得助人者是在和他一起笑，而不是嘲笑他。帮助当事人自嘲能使他们用另一种眼光来看待自己的问题。在福克和希尔（Falk & Hill, 1992）研究的一个例子里，助人者和当事人处理当事人生活中的控制和完美主义问题，特别是关于饮食和功课方面。当事人兴奋地描述自己的周末，她联系了几个朋友，协调了他们的活动，并主动热心地担任指定司机的角色。她感叹道"我拥有如此多的快乐"，助人者评论说"和如此多的控制"。他们都笑了，随后当事人开始谈论生活中许多方面的控制需要。如果当事人能够开始自嘲，他们就能够开始从另一个角度看待问题。当然，和其他类型的挑战一样，助人者需要和当事人建立关系，并用幽默来增强当事人的自我觉察，而不是取笑他们。同等重要的是，助人者要避免用幽默来和当事人成为好朋友（见第 9 章），而是要专注于用幽默来温和地挑战当事人。

沉默

与第 6 章里提到的使用沉默来提供共情和温暖相反，沉默也可以用来挑战（Hill, Thompson, & Ladany, 2003; Ladany et al., 2004）。在这种沉默中，助人者会挑战当事人，让他们对自己想说的话承担责任。助人者不会急于关照当事人，而是等待并鼓励他们说些什么。

沉默有时会增加不适感，并迫使当事人依靠自己的内在资源来检验自己的想法，或如一位治疗师所说的"自作自受"。举一个例子，在当事人大声抱怨别人一直在打断他之后，助人者保持了沉默（以一种邀请的方式），让当事人有时间思考他说的话。经过反思，当事人承认他确实为父亲的专制、不关注他感到生气。

虽然在有良好工作同盟的情况下，挑战性沉默可能有助于长程治疗，但如果没有坚实的信任基础和对沉默原因的理解，使用挑战性沉默可能是有害的。对于那些感到孤单、与助人者失去联结或不知道该如何表达自我的当事人而言，沉默可能会令人恐惧。助人者必须评估当事人在沉默期间发生了什么，并决定是继续沉默还是打破沉默更好。

通过改变语言来承担责任

挑战当事人的另一种方法是督促他们对自己的行为承担适当的责任。助人者可以通过倾听他们的语言来确定当事人是否负有责任。许多人在交流中都用"你"和"每个人"来代替"我"（例如，"每个人都会对父母感到不舒服"而不是"我对父母感到不舒服"）。换句话说，他们用这种表达方式使得事情看起来似乎是每个人都会如此感受和反应，从而不用为自己的想法和感受负责。仅仅是让当事人用"我"来表达，把陈述主体换成他自己，就能增强当事人的自我觉察，并鼓励他承担责任的同时与其他人区分开。对那些回避承担责任的措辞也可以使用挑战。例如，助人者会让当事人把"不能"替换为"不会"（例如，把"我不能请求升职"改成"我不会请求升职"），把"不应该"替换为"我选择"（例如，把"我不应该玩电脑游戏"改成"我选择玩电脑游戏"）。一旦他们改变了措辞，就可以询问他们使用不同措辞时的感受。同样，助人者应该温和地、不频繁地使用这些干预措施，这样当事人才不会感到受到指责和羞辱。

提问

助人者也可以通过简单地说"真的吗？"、"哦，是吗？"或"嗯？"来挑战当事人。这些干预以温和、具有挑战性的方式询问当事人，并鼓励当事人反思自己所说的话。例如，我回想起一名女性当事人对我（一位相对成功的女性）说，女性不可能取得成功。我只是说："真的吗？"等待一分钟后，我追问她这个信念来自何处。

她对社会变革感到绝望，并且夸大了自己的立场。温和的挑战帮助她澄清了自己的想法。

如何挑战的一般原则

时机

如果挑战非常接近当事人的行为，那么挑战通常是最有效的。如果助人者等待的时间过长，当事人可能不记得助人者说的事情。例如，如果助人者说"上次治疗时，当你说你对母亲生气时，你笑了"，当事人不太可能记得这件事了，那么，助人者应该对最近的感觉和行为（例如，"你刚刚笑了，我想知道发生了什么事"）进行迅速反应（如果他们有充分的证据的话）。

文化因素

如果挑战来自权威者（助人者），那么挑战可以被看作批评，这时需要着重考虑文化因素。我首先要强调，由于非常缺乏使用挑战时文化考虑的实证研究，因此这些建议都是基于临床经验提出的。

面对挑战时，助人者需要同时考虑当事人和自己的文化；换句话说，代表一种特定文化的当事人会如何回应作为另一种文化代表的你？由于文化很复杂，助人者也需要考虑不同文化之间的交叉。例如，一名年轻的黑人男性当事人可能会因为他们的种族相同而对另一名年轻的黑人男性助人者产生积极的反应，但因为挑战来自一个年龄相仿的人，因此可能会在防御和敌对的状态下做出反应。相比之下，同一名年轻的黑人男性当事人可能因为对母亲的积极移情而对年长的黑人女性助人者做出积极的反应。但他可能会对一名让他想起权威的年长白人助人者做出消极反应。此外，与健全的助人者相比，一名身有残疾的当事人可能更容易接受一名同样身患残疾的助人者关于残疾的挑战；而一名在酗酒中挣扎的当事人可能更容易接受一名戒酒成功的助人者的挑战。这是因为他们认为助人者能理解他们正在经历的事情。

这里可以考虑支配性原则。有权力的人（年长者、男性、白人、健全者、富有者、异性恋、常规性别者）比没有权力的人（年轻人、女性、有色人种、残疾人、穷人、LG-

BTQ、非常规性别者）有更大的影响力，但他们往往意识不到这种特权，因为他们从来没有质疑过它。相比之下，处于从属地位的人往往更敏锐地适应掌权者的力量，因为他们需要磨炼这些技能才能生存。

这里的指南不是避免使用挑战，而是仔细思考如何表现和传达它们。因此，女性当事人可能更容易接受温和而试探性的挑战，而男性当事人可能更欣赏直接、生硬的挑战。

直接、生硬的挑战对于亚裔、拉丁裔和美国原住民的当事人来说可能不太有效（Ivey，1994），因为这不适应他们的文化。艾维举了一位中国助人者在美国接受培训后首次在中国从事助人工作的例子。这位助人者对一位年长的中国男士提出了标准的挑战模式："一方面你做 X，但另一方面你做 Y，你怎么把这两者联系起来？"那位老人礼貌地说了声"再见"，就再也没有回来。助人者忘记了，当中国人发现需要表达的意见有分歧时，他们通常会格外小心，不会伤害对方的感情或使对方"丢脸"。面对来自年轻人的直接面质，他们会觉得助人者没有礼貌和不敏锐。艾维建议，在帮助中国人时，助人者需要保持敏锐和温和，可以以一种试探性的方式提出挑战，并在挑战前采取积极的态度。另外，直接的（但仍然是共情和尊重的）面质可能特别适合一些欧裔美国人或非裔美国男性当事人，因为他们认为柔和或温和的方式毫无意义，甚至可能贬低使用它的助人者。艾维（1994）强调，需要对每个人有一定的灵活性和反应性。

移情和投射

因为我们小时候都有与父母、老师和其他对我们有影响力的人打交道的经历，所以我们大多数人对挑战都非常敏感。因此，我们对挑战的反应可能就像我们过去一样感到受伤或生气，然后与他人互动变得困难。例如，如果助人者是一名年长的男性而当事人是一名年轻的女性，则当事人可能会看到助人者与其父亲的相似之处，并认为助人者在挑战她时是挑剔的（就像她的父亲一样），即使助人者非常温和（助人者也要检查自己的行为以了解这种情况是如何发生的）。

观察当事人的反应

因为挑战会产生非常强烈的影响，所以助人者需要通过倾听和观察当事人的非言语行为来仔细观察当事人的反应（回想一下第 2 章中引用的研究，当事人经常隐藏消极反应）。因此，助人者不应该期望他们一定知道当事人在挑战后何时感到不适。当事人可能会退缩，而助人者却不知道他们很沮丧。

因此，助人者必须询问当事人他们是如何应对挑战的，并探究他们的内心深处以了解他们的全部反应（例如，"你安静下来了，刚刚你在想什么"）。此外，助人者可以反映感受以鼓励当事人谈论他们对挑战的反应（例如，"你看起来很沮丧"）。通过观察当事人的反应，助人者就可以对如何继续工作做出更明智的决定：

- 如果当事人拒绝接受挑战，那么助人者就需要重新思考他们是如何呈现挑战的，当事人是否准备好接受挑战，或者挑战是不是一种好的干预方式。
- 如果当事人声称对挑战没有反应，则助人者需要评估他们是否有效地提出了挑战，挑战是否准确，或者当事人是否进行防御。
- 如果当事人的反应是部分审视、接受和认可，但没有改变，那么助人者可以继续温和地面质，以帮助当事人走得更远。助人者还可以反映改变是多么可怕并帮助当事人探索恐惧。
- 如果当事人有新的觉察和接纳，助人者可以总结，然后帮助当事人进行更多的探索或进入解释阶段。

如果当事人对挑战做出强烈反应，助人者不应感到惊讶。相反，他们应该帮助当事人表达情绪并对情绪开展工作。虽然这对当事人和助人者而言都很困难，但这些反应通常是助人过程中最令人振奋且最有力的部分。

如果你认为你的挑战是准确的，但你的当事人否认或忽视了它，你可能需要退一步，直到当事人能够处理挑战，或你有更多的证据证明你的观察。例如，你可能会感觉一个当事人对你充满敌意和咄咄逼人，尽管他认为自己是友好、随和的。你可以先挑战："你说自己很随和，但听起来你在朋友面前表现得有点咄咄逼人。"这可能会被当事人否定："不，他们都很喜欢我。"

面对这个有敌意的当事人，你可能想从他那里获得更多关于他如何与朋友相处的例子。你可能想让当事人观察他自己的行为，或者让他向自己的朋友寻求反馈。不管他的反应如何，你都可以相信自己的印象，即这个当事人对你具有攻击性（当然，你需要自己寻找与攻击性相关的反移情问题）。随着时间的推移，你可能会用更具体的行为证据提出另一项挑战。例如：

> 你说自己没有任何敌意，但你昨天和朋友的交流听起来让人感觉你是怀有敌意的。从你所说的来看，你完全不同意朋友所说的一切，并且拒绝谈论它。我想知道你的经验是什么？

挑战的示例

下面展示了助人者在会谈中使用的挑战（见楷体字）：

当事人：我丈夫想让他的父母来和我们一起住。他的父亲患有老年痴呆症，而他的母亲需要照顾他的父亲，但她不能开车，并且她自己也感觉不太好。他们俩都老了，需要更多的人帮忙做家务。

助人者：他们搬来和你一起住，你觉得怎么样？

当事人：好吧，我认为他们需要做点什么。情况没有好转，他们正在变老。我丈夫真的很想照顾他们。因为他是长子，所以他觉得需要履行义务。

助人者：（温和地）我听到了你的丈夫想要照顾他们，但我没有听到你想要做什么。

当事人：我从小就相信家人需要照顾时要彼此帮助。我没有照顾我的父母，所以我觉得如果他们需要，我们应该尽我们所能帮助他们。他们甚至可能不想搬进来。他们可能宁愿做别的事。

助人者：我很惊讶对你而言说出自己的感受这么困难。

当事人：很有意思，你说得很对。我觉得我没有权利表达自己的感受。我觉得这是我"应该"做的。我没有任何选择，所以我尽量不让自己有任何感觉。如果我真的对自己诚实，那我会对他们搬进来感到害怕，因为他母亲非常挑剔。

助人者：你听起来有些难过。

当事人：是的，我很难过，但这也让我觉得很内疚。我不知道该怎么办，我总是很难在他父母面前表达自己的想法。事实上，我在大多数人面前都很难表达自己，所以这只是其中一个例子。我想这源于我的童年。（当事人继续说话。）

运用挑战的困难

助人者没有办法进行充分的挑战是困难之一。许多初学的助人者很少使用挑战，因为他们害怕侵入、强迫当事人检查他们的"脏衣服"、冒犯当事人、听起来像是指责或责备、破坏治疗关系、让当事人感到不被支持或者当事人不喜欢他们。此外，在一些文化中面质被认为是不礼貌的，所以来自这些文化的助人者可能不愿意使用挑战。

然而，在感觉相互矛盾、困惑或受困时，当事人如果没有得到外界的反馈，很难理清自己的想法。事实上，如果处理得当，挑战可以成为一种礼物，让当事人知道助人者愿意说别人可能不会说的、令人不愉快的话（例如，"你说你想交朋友，但你批评别人做的每件事"）。但是请记住，挑战需要以温和、同情的方式呈现，你可能需要教育当事人为什么你会进行挑战，因为和探索阶段相比，这时你的风格发生了很大的变化。

另一种困难是不恰当地使用挑战。一些害怕消极情绪的助人者可能会使用挑战来否认或减少消极情绪。例如，如果当事人谈论自杀的感觉，助人者可能会使用挑战，表明当事人还有很多活下去的理由，不应该想到自杀。说当事人有很多活下去的理由，听起来可能像是助人者在指出优点，但在这种情况下，助人者是在尽量减少当事人的消极情绪，并错误地安慰当事人，这样她就不必应对当事人自杀的感觉了。这些挑战实际上会使当事人感到被误解，并对自己感觉更糟。

还有一种困难是使用太多挑战或使用挑战时过于严厉。一些助人者投入太多精力让当事人意识到他们的不一致。他们可能会与当事人争论，以说服当事人相信自己的看法。他们也可能变得像侦探一样通过提供证据，强迫当事人承认他们的问题和不一致之处。他们甚至可能像律师在法庭上盘问证人一样，急于抓住当事人的矛盾之处。还有助人者常常无意识地把挑战当作一种机会，来报复他们不喜欢的或在某种程度上让他们心烦的当事人。因为这种激进的挑战可能会让当事人感到无助，甚至会伤害当事人，所以助人者需要觉察自己的动机、意图和反移情，并观察自己的行为。

在当事人不同意或反过来挑战助人者时，助人者通常不知道该如何回应。例如，助人者可能会说，当事人似乎充满敌意或诱惑，而当事人可能会否认，并说这是助人者的问题（一个当事人甚至告诉助人者要去找治疗师来解决她的问题）。一些助人者不知道是继续尝试让当事人看到证据，还是放弃，等他们有更多证据支持挑战后再尝试。当事人挑战他们时，助人者甚至开始不相信他们的看法。有时，可能会出现助人者因为自己的问题或证据不足而误解当事人的情况。但是在其他时候，当事人可能是在防御而不愿意审视自己，或者很难承认自己的行为。让督导师听录音并提供反馈，可以帮助助人者确定他们是否因为自己的需求而歪曲了事实，挑战是否准确但以非治疗的方式呈现，或者当事人是否没有准备好接受挑战。

为了克服这些困难，我建议你回顾探索阶段最后一章（第9章）中讨论的策略。

结语

挑战确实是一项具有挑战性的技术。但是如果使用得当，它就会很有效，所以值得付出额外的努力去练习从而变得更有能力使用它。此外，值得一提的是，需要尽量观察挑战对当事人的影响并向当事人征求他们如何看待挑战的反馈。同样要记住，文化和移情会影响当事人接受挑战的方式，因此在概念化当事人如何回应时要将这些考虑在内。

你的想法

- 你认为觉察对当事人有好处吗？还是认为助人者应该只关注行为改变？
- 挑战不一致之处是必需和有用的吗？
- 比较挑战不一致和双椅技术的益处。
- 助人者如何才能对挑战保持好奇和同情的态度，而不是攻击当事人，只顾面质呢？
- 什么样的助人者有可能不恰当地使用挑战？
- 讨论支持和挑战之间的平衡。
- 文化在接受这些挑战技术方面扮演什么角色？

关键术语

挑战 challenge　　　　标志 marker　　　　强势方 topdog
弱势方 underdog

研究概要

面质和支持的效果

文献出处：Miller, W. R., Benefield, R. G., & Tonigan, J. S. (1993). Enhancing motivation for change in problem drinking: A controlled comparison of two therapist styles. *Journal of Consulting and Clinical Psychology*, 61, 455–461. http://dx.doi.org/10.1037/0022-006X.61.3.455

理论依据：当事人缺乏动机是治疗成瘾的一个大问题，这会导致当事人不遵从治疗建议、不寻求治疗甚至放弃治疗、治疗失败。尽管过去缺乏动机的原因被归于当事人的特质或防御机制，但米勒等人（Miller et al., 1993）探讨了治疗师行为的影响。成瘾治疗过去常通过一种直言不讳、指导和面质的方式来打破当事人的防御机制，但米勒等人认为共情、支持性的方法可能更有效。因此，他们尝试将指导、面质的方法与当事人中心的方法进行比较。

方法：通过评估饮酒行为招募参与者。参与者先完成干预前饮酒行为的测量，然后被分为两组，一组进行一次评估会谈，评估一周内的酒精风险和危害，另一组在等待6周后进行延迟评估。评估后大约一周，被试被随机分配到两组，从访谈者那里获得关于他们酒精风险的反馈。一组访谈者使用指导（面质酗酒、提供建议、不同意当事人最小化酗酒危害的观点），另一组访谈者使用当事人中心疗法（共情、反映式倾听、不强调酗酒的标签而是考虑酒精的负面影响和当事人可能需要采取的措施）。根据会谈录音对访谈者和当事人的行为进行编码。

有趣的发现：
- 指导条件下的治疗师比当事人中心的治疗师有更多面质、更少的倾听、更少的提问和更少的重构（类似于解释）。
- 接受指导的当事人比接受当事人中心疗法的当事人更可能与治疗师争论，打断或忽视治疗师，以及否认或不承认问题。
- 治疗师（在任何一种情况下）对当事人的面质越多（例如，挑战、不赞同、正面辩论、表达怀疑、强调消极方面、使用讽刺），当事人在一年后喝的酒越多。
- 当治疗师倾听和重构时，当事人更多给出积极、自我激励的陈述。

结论：
- 面质的方式与当事人的阻抗有关。治疗师可能会对当事人的阻抗进行更多的面质，而当事人可能因为治疗师的面质而产生更多的阻抗。
- 作者指出，面质和共情并不是天生不相容，但是从描述来看，本研究中处于面质条件下的治疗师似乎比文本中主张的更爱争论。

对治疗的启示：
- 使用挑战需要谨慎，需要多倾听和共情。
- 助人者需要避免与当事人争论。

实践练习

阅读下面每个当事人的话，并写出你作为助人者可能使用的挑战。

陈述

1. 当事人：我的家人对我来说非常重要。他们的意义对我而言超过世界上任何人。我经常想着他们。每年我会回家一次，每个月或者当我没钱的时候我都会给家人打一次电话。

助人者的挑战：

2. 当事人：我非常想读研究生，但是我现在有许多事情要做，同时我还希望自己有时间去玩和旅行。我不认为自己想读书，但就我所知，我必须去读研，因为我很想自己能够作为心理学家找到一份好工作，这样我就可以为儿童做治疗。

助人者的挑战：

3. 当事人：我的父母非常虔诚。他们告诉我，只要我在家，每个周日都必须去教堂。我知道我必须那么做，来让他们高兴，但是我对这些非常困惑。我不知道我信仰什么，什么都没有意义。我想我正在经历着变动。甚至谈论这些都让我感觉内疚，因为如果我不赞同他们所说的一切，他们将会十分沮丧。

助人者的挑战：

4. 当事人：和我交往的那个男人说只想和我做朋友。他叫我和他一起去加利福尼亚州进行长途旅行，但仅仅是以朋友的身份。我不知道我是否应该去。我仍然很爱他。也许我去了，他会再次爱上我。我不知道我做过什么让他不爱我了。

助人者的挑战：

助人者可能的反应

1. 你说你的家人对你而言很重要，但是你却不给他们打电话。

你告诉我，你的家人对你而言很重要，但是看起来你只是在需要钱的时候才打电话给他们。

2. 你想要得到硕士文凭能带来的益处，但是你并不确定自己愿意承担获得这个学历所要付出的代价。

你说你想要拿到硕士学位，但是你的声音听起来并没有像你说的那样充满热情。

3. 你想要取悦你的父母，但是你也非常想要找到自己真正信仰的东西。

你感觉内疚，因为你可能相信一些你父母不相信的东西；但是，可能你也感觉愤怒，因为他们不让你拥有自己的感受。

4. 你想去，但是你不确定是否应该去。

你为这个男人不再想和你继续恋爱关系而非常苦恼，但是你认为自己能让他改变主意。

实验室活动：挑战不一致

目标：让助人者进一步练习探索技术（反映、重述、开放式提问）并进行挑战——在支持性关系已经建立，并且不一致之处已经确定的时候。

计划：组成4~6人的小组，一个人扮演当事人，另一个人扮演最初的助人者，其余的人准备接着扮演助人者或给助人者反馈。每个人都要轮流扮演当事人。每组都要有位指定的领导者（助人者除外）来组织和协调会谈。

助人者和当事人在互动中的任务：

1. 当事人讲述一件令他感到矛盾或困惑的事情（例如，将来的职业选择、生活方式问题）。虽然当事人具有在其感到不舒服时不做表露的权利，但至少其应做出适度的表露。

2. 第一位助人者通过探索技术来帮助当事人探索。如果一位助人者不能继续下去，另一位助人者就要接替他来促进充分的探索。

3. 探索一段时间后，领导者打断助人者并要求小组中的每个人做情感反映（学生经常忘记做情感反映，但这是一个很好的机会来证实此种干预的重要性）。当事人应该对每个人做回应。

4. 然后，领导者要求每个人（除了当事人）写下一项挑战。助人者可以问他们自己是否听到了任何"不和谐的音符"、不一致之处或防御。当所有的助人者写完挑战时，他们轮流对当事人提出挑战，当事人对每个挑战做一个简短的回应。

反馈：

当每个人都轮流做完助人者，当事人也做完反应时，当事人要谈论哪些挑战是最有用的及其原因。当事人应该尽可能开放和真诚，以使助人者了解到他们什么地方做得好、什么地方做得还不够。

角色交换。

个人反思：

- 使用挑战给你带来了什么问题？
- 就使用挑战而言，你有哪些优势和劣势？
- 你如何能既不太具侵略性又不太被动地提出能让当事人听得进去的挑战？
- 描述你挑战的意图以及你的当事人是否像你所希望的那样做反应。
- 你所处的文化在你提出或接受一项挑战时会有什么影响？

第 12 章

解释的技术

人类惊讶于自然界高山的巍峨、海浪的汹涌、河流的绵长、大洋的广阔以及星体运动的神奇,但对自己,却是擦肩而过,漠然无省。

——圣奥古斯丁(St. Augustine)

> 吉姆告诉他的咨询师,他感到抑郁并且没有目标。他觉得任何事都不能引起他的兴趣,他对生活也没有了追求。他还提到,自从他哥哥死于一场摩托车交通事故之后,他父母有多么在乎他。根据几次咨询以来所了解的信息,助人者说:"我想,你缺少生活的目标有没有可能是因为你仍然为失去哥哥而痛苦,而且你还没学会自己拿主意,也不清楚自己究竟是一个怎样的人。"这个解释帮助吉姆理解了自己的抑郁和无目标感。通过与助人者更深入地交谈和努力探讨自己的内心世界,吉姆开始以一种全新的视角来看待他的生活并开始思考他该怎么办。

使用解释技术的理据

理想情况下,助人者以一种共情、好奇的态度开始解释过程。他们想知道是什么让当事人以一种特定的方式行事、思考或感受。例如,你可能很好奇,当事人不断说"我不知道"并且低头不看你的眼睛时发生了什么,或者为什么问及父母时当事人的脸上会出现轻蔑的冷笑,或者是什么让当事人每次会谈都迟到 15 分钟。

解释技术是试图促进领悟的直接方法,助人者可以明确要求当事人思考意义,也可以提供一些可能的意义。助人者邀请当事人深入思考他们的问题是如何产生并维持下来的。此外,在解释过程中,他们与当事人合作来构建意义。助人者用来促进当事人领悟的技术包括:针对领悟的开放式提问和追问、解释和领悟的自我表露。

针对领悟的开放式提问和追问

如果受到鼓励,一些当事人会自己提出领悟。针对领悟的开放式提问和追问可以用于这个目的,开放式提问和追问是邀请当事人对他们的想法、感受或行为的更深层次意义进行思考(见专栏 12.1)。这些提问和追问以尊重和不带偏见的方式引导当事人去探索,并对正在发生的事情感到好奇。

> **专栏 12.1**
>
> **针对领悟的开放式提问和追问概览**
>
> | | |
> |---|---|
> | 定义 | 针对领悟的开放式提问和追问引导当事人对自己的想法、情感或行为的深层含义进行思考。 |
> | 例子 | "你对自己对性缺乏兴趣的理解是什么？"<br>"当你强迫性地想吃东西时，你认为会发生什么？" |
> | 助人者的一般意图 | 促进领悟（见附录 D）。 |
> | 当事人可能的反应 | 明了、触动（见附录 G）。 |
> | 当事人理想的行为 | 叙述、情感探索（见附录 H）。 |
> | 有用的提示 | 在问题中传递共情同感和好奇。
确保你的提问是开放式而非封闭式的。
避免提问过多。
专注于当事人而不是别人。
观察当事人对问题的反应。 |

虽然我建议不要在探索阶段问"为什么"的问题（见第 7 章），但如果在领悟阶段不带评判地、试探性地、不频繁地进行，并且当事人似乎已经在探索，这些问题就会更合适。

领悟阶段的目标在于获得领悟，询问当事人的理解是很有帮助的，只要助人者注意不要听起来像是责备、指责或者苛刻的。因为助人者和当事人的目标是共同构建意义，所以助人者在问"为什么"问题时，需要尊重、温和并真诚地希望帮助当事人获得领悟。因此，与其以一种指责的语气问"你为什么会那样做"，还不如共情同感地问"我很好奇，请你想一想为什么会那样做"。助人者的目标是激发当事人对问题的兴趣而不是引起防御。作为解释过程的第一步，针对领悟的开放式提问和追问是理想的选择，因为它们可以让助人者了解当事人的想法，并让当事人有机会整合他们在探索阶段所学到的知识。

提出开放式问题和追问的一种方法是思考当事人叙述中不太合理的地方。例如，有一次当事人谈到她莫名其妙地对男友突然爆发愤怒时，助人者问："你的男友有什么地方让你对他大发雷霆呢？"然后再问："他不值得你尊重的原因是什么？"这些问题直接来自当事人谈论的内容，帮助她以一种不同的方式思考自己的愤怒。

如何做针对领悟的开放式提问和追问

针对领悟的开放式提问和追问类似于针对想法和情感的开放式提问和追问（见第 7 章和第 8 章），它们的使用也有许多相同点。唯一的区别是，此时开放式提问和追问的重点是促进当事人思考领悟，而不是想法或情感。和对想法和情感的开放式提问和追问一样，对领悟的开放式提问和追问应该温和地进行，带着好奇的态度，以合作探究和帮助当事人思考领悟为目标。最好不要一次问太多问题，给当事人足够的时间来回答，用其他技术来变换问题，这样听起来就不会重复。举例如下：
- "你对那里发生的事有什么看法？"
- "你怎么看待这段关系的结束呢？"
- "你的感受和这件事有什么联系呢？"

针对领悟的开放式提问和追问示例

下面是在一次会谈中助人者对当事人进行的针对领悟的开放式提问和追问（见楷体字）。

当事人：每次我继母打电话给我，我都不说话。她不可能理解我。她那种南方老女人的做派让我很厌烦。她打给我，说要我们一起出去吃饭，我一想到就心烦。

助人者：*我想知道你能不能推测一下是什么让你对她有这么强烈的反应。*

当事人：我只是觉得她不懂我。我父亲去世的时候，我对她很刻薄，我不想再见到她了。我弟弟也要来吃晚饭，我有两年没见到他了。

助人者：*你听起来很烦恼。*

当事人：我很难过，也很害怕。我把自己封闭起来，和这些人隔离开了。一想到要出去社交，我就很焦虑。

助人者：*你认为最让你焦虑的是什么呢？*

当事人：我觉得，他们会对我评头论足。这让我想起了我的童年，那时我妈妈对我很挑剔。我做的任何事都是错的。我觉得，我必须隐藏真实的自己。我的价值观和我家里的每个人都不一样。我是一名自由主义者和素食主义者；而他们都是共和党人，都拿着枪。

助人者：*那一定很痛苦。*

当事人：是啊，就好像我成长在一个错误的家庭一样。我只是希望他们可以让我做最真实的自己。

助人者：*那你现在想想，你怎么理解你为什么对继母如此不高兴。*

当事人：嗯，好的，让我想想。她让我想起了我的母亲，以及我小时候是如何保护自己不受她的愤怒和批评的。我非常希望我的母亲能接受真实的我，称赞我的优点。我很难拥有自尊和信任任何人。（继续）

解释

解释（interpretations）超越了当事人表面的陈述或认识，对当事人行为、想法或感觉提出了新的含义、理由或解释，以便当事人可以以新的方式看到问题（见专栏12.2）。解释可以通过以下方式进行：

- 将看似独立的陈述或事件联系起来（例如，"你现在对你丈夫的愤怒是否与你母亲去世的悲痛有关"）。
- 指出当事人的行为、想法或感受的主题或模式（例如，"你好像每次都是工作6个月后被解雇。我想知道你是不是因为惧怕成功，所以很难维持较长时间的工作"）。

专栏 12.2　解释概览

定义	解释是指超出当事人表面的陈述或认识，为当事人的行为、想法或感受赋予一种新的意义、原因和说明，使得当事人从一种新的角度来看待自己的问题。
例子	"也许，你不愿打扫房间也不做自己的事情，是因为在生妈妈的气。" "从你朋友自杀到现在，你一直很紧张，并觉得无力应对。我想知道你是否觉得自己应该对她的死负责？" "我想知道我是否让你想起了你的父亲。你说他总是表现得好像无所不知。" "也许你是在努力地让她不信任你，这样你就可以生气地离开。否则，要离开她就太难了，因为她太孤单。"
助人者的一般意图	促进领悟、辨别并强化感受、鼓励自我控制（见附录 D）。
当事人可能的反应	更好的自我理解、新的视角、明了、缓解、消极想法或行为、负责、通畅、害怕、恶化、卡壳、缺少方向、迷茫、被误解（见附录 G）。
当事人理想的行为	领悟、认知-行为探索、情感探索（见附录 H）。
有用的提示	在运用解释时，要小心谨慎、温和、尊重、深思熟虑、共情同感以及有节制。 确保当事人准备好接受解释。 仔细观察当事人的反应。 与当事人共同构建解释。 解释要简洁。 解释之后，运用开放式提问询问当事人对解释的反应。

- 解释防御、阻抗或者移情（例如，"我想知道你是否期待我像你父亲那样反应"）。
- 提供一个新的框架来理解行为、想法、感受或者问题（例如，"你说你像小孩一样被宠坏了。但我却觉得，你就像孩子一样，常常感到被抛弃和焦虑，这使得你总是黏着别人"）。

做解释的理据

解释可以为当事人提供一个概念框架，解释他们的问题，并为克服他们的担忧提供一个理论基础。弗兰克父女（Frank & Frank，1991）指出，解释通过为那些似乎令人困惑、偶然或无法解释的体验提供标签，增加了当事人的安全感、掌控感和自我效能感。弗兰克父女声称，解释缓解痛苦的部分原因是通过重新标记当事人的情绪，使其变得更容易理解。他们指出，一旦那些无法解释的事物用语言表达出来，它们对当事人的威胁就会降低。例如，如果一名助人者把帕布鲁在工作中含糊不清的不安解读为对老板的愤怒，因为老板是当事人父亲的替身，那么帕布鲁的不安就失去了力量。帕布鲁不再不切实际地生他老板的气，相反，他可以努力改善自己对父亲的感情。

这里需要注意的是，在开始解释之前个案概念化的重要性。助人者需要对当事人的动力有一些了解，同时在他们了解当事人的更多信息时，总是保持开放的态度来修改这种个案概念化（请记住，我们永远无法完全了解另一个人）。

同样重要的是，要意识到将自己的价值观强加给当事人的危险，尤其是以一种权威的方式。在对于了解另一个人和改变是多么困难这点上要保持谦虚，觉察到自己的问题也进入了解释（见第3章，关于自我觉察）可以帮助助人者变得共情。

举个例子，可能有助于说明解释的效用。当一个当事人来见我时，他很激动，因为在一场争论中他差点打到他的儿子。我的当事人非常生气，他不得不离开家走了两小时才冷静下来。当他第二天来参加会谈时，他仍然很愤怒。在我们详细讨论了这件事并探究了他的感受后，我问他是什么导致了他突然爆发的愤怒。他回答说他不知道。因为经过一年的心理治疗，我很了解他，我温和地给出一个解释：是否儿子表现得如此理所当然、要求多和孩子气，还被当事人的妻子纵容这一点使我的当事人生气，因为小时候的他不得不早早懂事，父母从来没有像他的妻子支持他的儿子一样支持他。当我的当事人思考这个问题时，他的愤怒消退了，他开始触及小时候被遗弃的伤害和失落。对于他为何如此生气有一个解释对他来说是一种解脱，因为这样他就能理解自己的反应。

重要的是要注意，解释无疑是受文化限制的。乔和凯西比尔（Chao & Kesebir，2013）的结论是，意义和文化是相互交织的，因为"文化依赖于意义，而意义存在于文化中并在文化中传播"（p.317）。解释常常为问题提供一个新的框架或解释，文化则无疑会影响我们提出的解释。我清楚地记得研究生院的一位督导师认为，如果女性当事人有男朋友，那么她所有的问题都能解决！显然，他对女性当事人问题的解释完全基于他的观点，即女性通过与男性的关系获得所有的满足。

精神分析理论的解释

从精神分析的视角来看（例如，Bibring，1954；Blanck，1966；Freud，1914/1953b；Fromm-Reichmann，1950），解释是治疗中的"无价之宝"——帮助当事人产生自我认知并做出改变的核心技术。虽然不常使用，但解释在帮助当事人获得领悟方面起着重要作用。

精神分析治疗师假设解释是有效的，因为它们能激发领悟，从而导致更多现实导向的感觉和行为。解释被认为是通过用有意识的过程代替无意识的过程来起作用的，从而使当事人能够解决无意识的冲突。尽管领悟起作用的确切机制还不清楚，需要进一步解释，但很明显，领悟在治疗变化过程中起着核心作用。

在精神分析理论中，幼儿期的作用很重要，因为它是以后一切事物的模板。因此，尽管不同的理论家所关注的童年事件各不相同，但早期的童年经历往往是解释行为的焦点。弗洛伊德（Freud，1940/1949）认为，童年早期的关键事件是恋父-恋母情结的冲突，在这种冲突中，孩子寻求与异性的父母建立一种浪漫的联盟，并把同性父母排除在外；孩子必须解决这种冲突才能成长。埃里克森（Erikson，1963）认为，童年早期的重要事件是人际关系事件，尽管他也认为，同一性在人的一生中会不断发展。对于马勒（Mahler，1968）来说，重要的早期儿童事件包括在早期与主要照顾者的共生以及随后的分离和个体化。波尔比（Bowlby，1969，1988）认为，对照顾者的依恋是童年时期的关键事件。

鉴于精神分析流派的助人者相信早期儿童关系是所有后续关系的基础，解释移情（即当事人基于早期儿童关系对助人者的曲解）被认为是一种重要的解释类型。其假设是，当事人与助人者重新建立有问题的早期关系模式，在此模式下，当事人要么认为助人者与其早期抚养者行事方式相同，要么认为与之相反（Weiss，Sampson，& The Mount Zion Psychotherapy Research Group，1986）。当事人有时可能会像孩子一样（被动的受害者），并期望助人者扮演互补的角色（占统治地位的或专制的独裁者）。也有相反的，当事人有时可能扮演父母在关系中所扮演的角色（占主导地位的角色），并期望助人者像当事人作为孩子时那样行事（被动的受害者）。

助人者对当事人行为的反应对于证实或否定当事人的期望是至关重要的。例如，助人者可能试探性地对阿曼达说："我想知道，也许你对我和其他当事人见面感到如此愤怒，是因为你总觉得你母亲更喜欢你的兄弟而不是你，你不喜欢和其他当事人分享我。"

解释的其他理论观点

虽然精神分析理论是我们在本书中思考使用解释的基础，但其他的理论取向也使用解释。不过，它们假设了不同的解释机制。

信息加工理论

莱维（Levy，1963）认为，解释揭示了治疗师和当事人观点之间的差异。换句话说，解释能够表明，助人者与当事人有不同的视角。助人者并不"相信"当事人关于这个问题的观点，并提出了一个不同的解释。如果有不同的观点，当事人有三种选择：朝着助人者观点的方向改变，试图改变助人者的想法，或者不相信助人者。如果当事人在助人者解释的指导下消除了差异，当事人就能够重构对问题的新观点。研究表明，如果当事人认为助人者是专家、有吸引力和值得信赖，他们更有可能朝助人者解释的方向改变（Strong & Claiborn，1982）。

举个例子，乔伊解释说他的抑郁是由于化学物质的不平衡，因此寻求帮助以获得药物治疗。相反，他的助人者温和地暗示，乔伊的抑郁是由于他母亲自杀和随后他被父亲遗弃导致的未解决的情感问题。因为乔伊非常看重助人者的看法，他做出巨大努力去理解助人者对他抑郁的解释。起初，他和助人者争论，但后来他同意了，事实上他对他的父母都很生气。通过改变他的观点，他能够参与到助人过程中来处理他对父母的情感。

认知心理学

认知心理学家（例如，Glass & Holyoak，1986；Medin & Ross，1992）认为所有的想法、感受、感觉、记忆和行为都存储在**图式**（schemas）（即相关的想法、感觉、行为和意像的集群）中。通过解释，助人者试图改变图式的组织方式。他们唤起当事人的记忆，并努力以当前的、较为完整的信息为基础，对记忆做出新的理解。图式因此被改变并重构。当事人获得一种新的思维方式，不过这种思维方式必须得到强化，否则就会消失。因此，对当事人生活的不同方面进行反复的解释，是建立和保留联结的必要条件。

此外，行动和行为的改变对巩固思维的改变可能是必要的。事实上，研究发现心理治疗实际上可能会导致大脑的神经变化（Etkin，Pittenger，Polam，& Kandel，2005）。这些令人兴奋的发现表明，以一种新的方式唤起和重新体验的记忆会以不同的方式重新回到大脑中，支持了认知心理学家关于图式改变的理论。

举个例子，凯瑟琳开始意识到，因为低自尊和小时候被忽视，她一直处于虐待关系中。然而，她需要进一步的解释工作来理解童年经历对她目前生活的影响，并改变她的图式。此外，改变她的行为（例如，找一份新工作，离开一段受虐待的关系）帮助她开始对自己有了更高的评价，并让她理解为什么她在如此糟糕的情况下待了这么久。因此，解释工作帮助凯瑟琳改变了她的图式（思维方式），然后行动（改变她的行为）帮助加强或巩固了图式的变化（联结）。

叙事疗法

另一个视角来自叙事疗法（Lieblich，McAdams，& Josselson，2004；Summers & Barber，2010）。叙事疗法主张我们在助人的过程中以更有成效的方式改写我们的故事。在探索阶段，助人者先与当事人一起讲述他们的故事，然后利用挑战来打乱有问题的故事；最后，助人者利用解释来帮助当事人重写他们的故事，并以新的方式思考他们的担忧。

例如，乔安娜在父亲去世后承担了照顾弟弟妹妹的角色，她开始告诉自己不能对生活期望太多。通过与助人者的合作，她开始理解父亲的去世使她成为养育者的角色，并且她能够改写这个故事，以一种新的方式来思考她的家庭，以及她如何不想照顾她当前关系中的每个人。

不同理论的比较

所有这些理论都得出这样的结论：解释是有效的，是有帮助的。但它们为解释起作用的机制提供了不同的解释。我必须指出，目前还没有足够的证据来说明哪一种理论更正确。事实上，前面提到的这些都可能是解释有作用的原因：无意识被意识化后更能受自我控制；不同观点之间的差异促使当事人朝着解决差异的方向改变；解释导致图式联结的变化；重新处理记忆会改变大脑结构；我们以更具适应性的方式重写了故事。

用于形成解释的资料来源

助人者可以使用几种资料来源来进行解释：当事人的言语内容、过去的经验、人际关系模式、防御、发展阶段、存在与信仰问题，以及无意识活动。

当事人的言语内容

形成解释的一个丰富的资料来源是将当事人谈论的内容联系起来。考虑到人们经常把事情分开来说，仔细倾听他们所说的话可以揭示他们没有放在一起的相关事物之间的联系。例如，一个当事人先说她在工作中表现不佳，接着又谈到一个看似无关的话题（出于对父母健康的焦虑），如果这两件事看起来可能有关系，助人者可能会把两者联系起来（例如，"也许你很难集中精力工作是因为你担心父母的健康"）。

过去的经验

助人者可以推测当事人的行为如何受过去与重要他人互动的影响。在当事人对助人者的反应似乎因为过去或现在与他人的互动经验而扭曲时，助人者就有了进行移情解释的材料。例如，每次助人者提供积极反馈时，凯莎都会保持沉默并流泪。沉默和流泪并不是对积极反馈的正常反应，所以助人者猜想凯莎身上发生过什么。助人者了解到凯莎与她父亲的故事：她的父亲经常在表扬她之后，就因她所犯的错误而呵斥她。于是，助人者就向凯莎解释：这可能是害怕积极反馈所带来的后果（关于移情解释的更多讨论可以参见

Basch，1980；Freud，1923/1961；Gelso & Carter，1985，1994；Greenson，1967；Malan，1976a，1976b；Stadter，1996；Strupp & Binder，1984）。

移情也会发生在当事人生活中的其他人身上。例如，艾伦对他的女老板非常生气。当我们谈论这些反应时，艾伦描述他老板的方式和谈论他母亲的方式非常相似。当我温和地询问是否他的老板让他想起了他的母亲时，他能够看到这种联系，然后就能理解为什么他与老板交流有困难。然而，值得注意的是，研究表明移情解释最适用于那些功能相对良好的当事人，尤其是在人际关系方面（Crits-Christoph & Gibbons，2002）。这表明，对于那些人际关系功能差的当事人，助人者在使用这类解释时需要小心谨慎。

人际关系模式

形成解释的另一种方式是观察当事人一贯的互动风格，并对当事人在互动中试图得到什么概念化。

核心冲突关系主题法（the core conflictual relationship theme）（Book，1998；Luborsky & Crits-Christoph，1990；Summers & Barber，2010）描述了冲突人际关系模式的三个组成部分：（a）人都有希望或需要（例如，当事人可能希望控制他人或者得到他人的认可），（b）他们期望得到他人的一致回应（例如，服从或认可），以及（c）由此带来的自我的反应（例如，沮丧或高兴）。例如，安德莉亚可能希望得到爱，同时也希望被控制。她也许预期别人会像她父亲那样伤害并控制她，因此她可能感到焦虑和缺乏信心。因此，解释可以用来阐述当事人与他人特有的互动方式，从而帮助当事人理解这些模式并摆脱它们的束缚。一旦当事人理解了模式，就更容易挑战信念并改变模式。

防御

在前面关于挑战的章节中，鼓励助人者指出防御，以增强当事人的觉察。也许助人者已经帮助当事人意识到与他人互动时的一贯问题。现在，助人者可以与当事人一起工作，以了解防御的作用。例如，助人者可能会说："我想知道你工作上的困难是否源于你避免与他人互动，而这是源于你小时候为了避免被抛弃的恐惧。"

人们在生命早期就形成了防御机制以帮助他们应对各种情况，但随后可能无法放弃不再需要的防御机制。要放弃那些我们认为能保护我们不受伤害的东西也许是最难的，因为我们认为这些防御机制在过去保护过我们。通过解释，助人者可以帮助当事人了解他们开始使用防御机制的原因，然后选择是否需要继续使用它们。例如，当乔恩谈论缺乏找到一段浪漫关系的能力时，助人者发现自己感到非常困倦。摆脱困意之后，助人者开始好奇并且想知道乔恩是否在用单调的谈话这种防御方式来避免焦虑。因此，助人者温和地挑战乔恩，让他意识到这种防御（例如，"我注意到，你一谈论恋爱关系，就开始用一种单调的声音说话，我很难专心听下去。你注意到你在焦虑时的行为变化了吗？"）。乔恩很好奇，却想不明白这是怎么回事。助人者停顿了一下，让乔恩有机会思考一下，然后温和地推测道："谈论恋爱关系对你来说很难，是不是你因为父母以及他们处理离婚的方式让你觉得自己不得不站队而感到愤怒？"

发展阶段

解释的另一个材料来源是生命阶段，这些事件的解释需要结合当事人的文化背景。在他们的文化背景下，当事人是否处理好了对他们来说非常重要的发展任务（例如，发展友谊、与父母分离、完成学业、结婚生子、发展事业、发展良好的人际关系、让孩子离家独立、退休、接受疾病和死亡）？可以联系当事人现在的情绪和功能，以及所在文化期待他们在这一阶段的感受来做出解释。例如，肯是一名50岁的白人男子，他感到抑郁，因为他觉得自己不如同龄人成功。由于对身为内科医生的父母的反叛，他高中就辍学了，并一直在努力构筑自己的人生。而现在他怀疑他当初的决定是否正确。再比如，莫琳娜35岁了，却还没有一段稳定的爱情关系，她为将来是否会有自己的孩子感到焦虑。

重要的是认识到发展阶段在某种程度上受文化限制。例如，在亚洲文化中，在大学期间还住在家里很正常。现在在美国，年轻人大学毕业以后因付不起房租，回家与父母同住的现象也越来越常见。在这些情况下，强加给他们你个人关于独立的想法，显然是不合适的。

存在与信仰问题

助人者也能帮助当事人从存在焦虑的角度来理解自己。著名的存在主义治疗师亚隆（Yalom，1980）认为有四种普遍的存在焦虑：死亡焦虑、自由、孤独和生命的意义（详见第10章）。

亚隆（Yalom，1980）注意到介绍癌症晚期当事人进入治疗团体的种种益处。一位团体成员对死亡事件的应对会引发其他成员提出更多的存在问题。亚隆还指出，如果助人者注意的话，个体咨询的当事人常常会提供存在焦虑的线索。例如，当事人倾诉身体的不适和疼痛，抱怨变老，抱怨不能做以前能做的事情，倾诉不知道该怎样打发时间，倾诉想要留下遗产，倾诉宠物的死亡，倾诉对信仰的怀疑。所有这些主题都可以进一步去探索，以帮助人们处理存在危机。有趣的是，亚隆暗示当事人在谈完存在问题之后反而感到更加焦虑，因为他们意识到生活中有很多他们不能控制的事情。但在理想情况下，通过谈论存在问题而不是防范它们，他们可以获得更有意义的生活。

需要注意，文化对存在焦虑有影响，特别是宗教信仰。相信死后会重生的人比不相信的人很可能体验到更少的死亡焦虑。通过仔细、不带评判地倾听当事人所说的话，并询问他们相关的文化信仰，助人者可以了解其潜在的存在焦虑，从而运用解释帮助当事人理解这些重要问题。

无意识活动

解释可以从无意识活动的线索中发展出来，最典型的是通过对梦、幻想和口误进行观察得到的。例如，如果一位当事人在谈论现任男友时不小心使用了前男友的名字，助人者就会想知道这一疏忽是否有什么意义。或者，如果当事人做了一个有关助人者的梦，这就提供了一个绝佳的了解当事人是怎样看待助人者的机会。同样，如果助人者做了一个有关当事人的梦，这也为助人者提供了一个有价值的学习机会来思考当事人，虽然助人者很少向当事人揭示这些梦，特别是涉及助人者自己未解决的个人事件时（参见Hill，Knox，et al．，2014；Spangler，Hill，Mettus，Guo，& Heymsfield，2009）。关于助人者如何处理梦的更多细节，我向读者推荐同样使用三阶段模式的配套教材（Hill，2004）和梦的模式的DVD演示。

解释的准确性

对于精神分析理论家，助人者解释的准确性是非常重要的。助人者和当事者一起"考古挖掘"以揭示当事人过去究竟发生了什么，并理解这些事件怎样影响到当事人现在的行为。当然，精神分析治疗师强调他们在治疗中听到的是当事人对事件的想法而非真实事件。

问题是，这个精确度永远无法确定。我们无法回头去看当事人的生活中到底发生了什么，即使我们可以，我们也不会知道当事人是如何吸取这些经验的。我们知道，人们对事件有特殊的感知，然后随着时间的推移扭曲对事件的记忆（Glass & Holyoak，1986；Loftus，1988）。研究表明，人们可以"记住"从未发生过的事（Brainerd & Reyna，1998）。因此，助人者需要小心，不要试图说服当事人相信他们拥有某些记忆（例如，被压抑的童年性虐待记忆）。

许多精神分析理论家都在这种准确性的困境中挣扎。里德和菲恩辛格（Reid & Finesinger，1952）提出，解释仅仅在被相信或理解的时候才能有治疗效果。他们认为，解释与当事人问题的心理关联比真相本身更重要（即解释是否帮助当事人更多地了解他或她的问题）。同样，弗兰克父女（Frank & Frank，1991）指出，解释不一定要正确，只要听起来合理就行。例如，他们引用了孟德尔（Mendel，1964）的一项研究：当为四个当事人提供相同序列的六个"万能"解释（例如，"你好像总是生活在歉意中"）时，他们的焦虑都会减少。

我不提倡助人者忽略"事实"，而仅仅给当事人提供一套标准的解释。恰恰相反，我认为助人者应尽可能做出适合当事人所提供的资料的解释。

然而，助人者应该了解，掌握所有信息并确定解释是否准确是非常困难的。

精神分析治疗师巴斯赫（Basch，1980）指出，当事人对解释的接受与否并不能代表解释的准确性。他认为，在一定程度上，准确性的判断标准应该是当事人后来是否提及那些表明他们已经获得对问题的领悟的材料。例如，助人者解释拉奥对亲密关系的恐惧源于被父亲拒绝的感受。如果拉奥回忆起了更多有关父亲疏远和拒绝他的记忆，就可以认为助人者的解释是准确的。但是，我得提醒大家，当事人有时会提及（甚至编造）某些记忆来取悦助人者。

弗兰克父女（Frank & Frank，1991）提出，当事人是解释的真实性的最终裁判。他们认为，助人者能否有效地做出解释并被当事人所接受取决于以下几个因素：

- 解释是否能说明当事人提供的所有材料。
- 提供解释的方式：解释必须以能吸引并保持当事人注意力的方式表达出来，例如使用形象生动的描述和隐喻，因为当事人需要处在情绪唤醒的状态下才能运用这些解释。
- 当事人对助人者的信任。
- 产生有益的结果：当事人的能力得以发挥并感觉良好。

总之，作为助人者，我们永远无法真正了解解释的准确性。所以，我认为在评价解释时，更为重要的标准是有用性而非准确性。以下标准可以用来判断解释是否对当事人有用：

- 当解释有帮助时，当事人通常会有种恍然大悟的感觉，或是对某事感到茅塞顿开，而且感觉到事件重新有了意义。
- 当事人通常会感到充满活力，为他们的新发现而兴奋，特别是当他们自己获得领悟时。
- 当事人提供其他的重要信息来证明其解释。
- 当事人开始思考在获得领悟的基础上要做些什么改变。

简而言之，当解释有帮助时，当事人获得与个人相关的领悟，可以利用这些领悟更深入地谈论问题（情感领悟），并采取行动。相反，当解释没有帮助时，当事人可能会沉默、改变话题，感到被误解、愤怒或沮丧，或者停止咨询。

怎样做出解释

助人者的任务是通过与当事人合作来构建解释，从而参与到解释过程中。就如同挑战一样，解释应该谨慎、温和、尊重、深思熟虑、共情同感并有所节制。

如果你觉得当事人已经准备好接受解释（开放、不防御、投入、对自己好奇），你可以从让当事人自己给出解释开始（例如，"虽然你很聪明，但你还是因考试不及格而退学。你是怎样理解这件事的""虽然你妻子一直给你施加压力要你退休，但你还是不情愿。对此，你是怎样想的"）。首先询问当事人自己的解释可以鼓励当事人自我反省，避免助人者陷入提供所有解释的处境，为助人者提供更多构建解释的信息，帮助助人者评估当事人现有的领悟水平。

如果当事人看起来对领悟过程感兴趣并能投入其中，有点卡住但渴望知道更多，助人者可以给出一个温和的、试探性的解释来加深当事人最初的理解。助人者可以通过专注于当事人说了一半、含混不清或含蓄表达的内容来做解释。当事人可能几乎已经把所有的信息都放在一起了，只需要一点帮助就可以开始整合各个部分。

助人者应该将这些最初的解释看作某种工作假设一样的东西，它描述当事人身上可能发生着什么；该假设将会随着解释的进程和更多信息的收集而被修订。试探性解释的目的在于帮助当事人进入解释过程的下一个步骤，并思考他们行为的种种原因。

助人者和当事人要共同努力来构建当事人能够理解并吸收的领悟。随着新信息的出现，双方都修改自己的想法。这个过程是试图对一个复杂现象赋予创新的理解。奈特森（Natterson，1993）指出，如果助人者把一个对当事人的梦的令人震惊的解释强加给当事人，通常会对治疗起反作用，因为它会阻碍当事人分享自己的梦。相似地，瑞克（Reik，1935）强调治疗关系具有深入、合作的本质。他认为，如果要当事人对解释产生领悟，应该让解释成为当事人和助人者共同制造的惊喜，而不是助人者强加给当事人的预定的说法。

巴斯赫（Basch，1980）同样也提到，那些太明显、太简单或太肤浅的解释通常是没有价值的或是错误的，那些令当事人和助人者都感到惊讶的东西才是重要的领悟。

如果当事人没有回应拒绝解释（通常会说"是的，但是……"），助人者就需要评估这种情境。如果助人者认为解释是对的，但当事人没有准备好接受它，助人者就可以在下一个阶段，即在当事人更能够接受领悟（解释有时听起来很痛苦）时再提出原来的解释。如果助人者是错误的（可能是因为助人者没有掌握所有的相关信息），则助人者可以在尝试重新做解释之前，运用探索技术来获得对当事人更多的了解，或者，助人者也可以让当事人自己提供一个适合他们的解释，或者直接处理任何可能破裂的关系（参见第13章）。这里的关键是不设防并渴望与当事人合作。

有效的解释之后，当事人通常会补充新的信息或提出其他的解释。这种新的探索可以看作当事人对解释进程反应良好的迹象。助人者可以通过情感反映或者开放式提问和追问来引出当事人的想法。

如果当事人接受了解释并添加了新的信息，助人者可以将解释扩展到各种情况，以帮助当事人获得更多的理解。例如，如果认为当事人的脏乱、邋遢是对其有洁癖和强迫倾向的母亲的反应，助人者就可以拓展这个领悟，让他将其与自己房间的脏乱、学习没有计划、约会经常迟到等事情联系起来。通过谈论这些不同的方面，当事人可能对自己更加了解。将解释拓展到多种情景，也有助于当事人扩展学习，更有可能将这些变化融入思考中。

在从当事人那里听到更多关于最初解释的反馈后，助人者可以总结或提供一个重新阐述的解释。新的解释可能会导致当事人使用新的材料来确认或否认重新做出的解释的有效性。因此，不是助人者向当事人提供"正确"的解释，而是助人者和当事人一起创造或构建解释。这种协作过程要求助人者在解释过程中投入精力，而不是关注解释的具体内容，这样在当事人提供新的信息、解释或想法时，他们就可以修改解释。

解释可以用直接的陈述来表达（例如，"你对是否应该结婚感到焦虑，所以把对结婚的焦虑转移到尽量使婚礼完美上来"），也可以更为试探一些（例如，"我想知道你对失败的恐惧是不是与你总是不确定自己能否让妈妈高兴有关"），或者用提问的方式（例如，"你不信任男人是因为你与父亲的关系糟糕吗"）。

虽然最后一种方式是以一个问题来陈述，但其解释色彩仍然很浓，因为问题的内容假设了一种当事人没有表达清楚的关系，并提供了一种对行为的解释。

解释的措辞对当事人接受与否至关重要。试探性的、没有专业术语的解释会让当事人更容易理解。例如，"你害怕我所说的话，是不是因为我让你想起了你的母亲，她有时对你很刻薄"就比"你的恋母情结的愤怒移情到我身上，导致你扭曲了我的意思"听起来更容易理解。后一种解释对大多数当事人来说都太难理解了，因为它太过肯定并且包含太多的专业术语。

精神分析理论家认为，提供不超过当事人认知的解释是很重要的（例如，Speisman，1959）。如果解释太深，那么当事人不能理解助人者在说什么。稍微超出当事人意识的解释使当事人更容易理解，也能够给当事人一个恰当的刺激，促使其思考。例如，在与拖延症患者的第一次会谈中，助人者不会解释拖延的原因可追溯到当事人早期的童年经历，因为当事人还没有做好听这种解释的准备。相反，助人者可以提供一种刚刚超出当事人意识的解释，温和地鼓励当事人进入稍深一点的理解层次（例如，"你难以投入学习，可能是因为你害怕成功")。然后，在当事人对这种思考逐渐适应时，助人者可以提供更深的解释，例如不愿取代父母。

解释示例

这里有一个采用短程疗法的成功案例（Hill，Thompson，& Mahalik，1989）。这位中年当事人在家里的 16 个孩子中排在中间。她的母亲在很年轻的时候就结婚了；当其丈夫（当事人的父亲）去世后，母亲抛弃了孩子，让大一点的孩子去抚养小一点的孩子。在治疗之初，当事人离婚后带着 3 个孩子生活，感到非常抑郁，她常责备自己被"宠坏了"。在治疗的最后阶段，治疗师和当事人都认为最重要的解释是当事人现在的困境源于童年的不幸和父母养育的缺失。解释在 12 次会谈治疗的后半部分才出现，深度适中，看上去很准确，同时包含一些认可、提问、重述和情感反映技术。治疗师将解释重复了很多次并将它运用在许多情境中。在会谈后的访谈中，治疗师称之为"拆除了"当事人的防御。当事人不但接受了解释，而且开始逐渐将解释纳入自己的思考当中（例如，她从认为自己被宠坏了转变为认为自己被忽视了）。这个解释使当事人能够表露痛苦的秘密（例如，她的父亲曾试图自杀，后来住进了精神病院）。随后，治疗师开始将解释与建议相结合，即当事人对她的子女来说是一位尽到了责任的好妈妈，这说明她同样可以照顾好自己。这个解释帮助当事人获得了更好的自我理解，连同照顾自己的直接指导，使得当事人在一些重要的方面发生了改变（例如，成为更好的家长、找一份工作、开始一段亲密关系）。

下面是另一个例子（见楷体字）。注意助人者在解释之前对当事人的问题进行了探索。

当事人： 近些时候，当我在教堂时，我会很焦虑。当我们必须手拉着手做祈祷时，我会变得很恐慌。我的手心全是汗，我感到特别窘迫不安。我在祈祷之前就开始非常担心，以致我不能专注于教堂的事务。我不明白为什么会这么紧张。我希望我可以理解其中的原因，因为它使我每次去教堂都很不愉快。

助人者： 听起来，你对此感到不安。

当事人： 是的，我觉得自己很傻。其实，谁会在意我手心出汗呢？我敢肯定，其他人只是对去教堂感兴趣，而不会关注我。我还不太认识他们，因为我是这个秋天搬到这里之后，才开始到这个教堂做礼拜的。

助人者： 能不能告诉我教会在你的生活中有什么样的作用。

当事人： 我过去一直期望有一个类似我在老家时的生活圈子。我需要结交一些工作以外的人。但直到现在，我在那里还没有认识任何人。

助人者： 这么说，你是刚刚搬到这儿，希望能通过教会结交新的朋友。

当事人： 教会对于我的家庭一直很重要。我不知道自己的信仰有多虔诚，但是我真的觉得我需要跟教会有联系。

助人者： 所以，你想要结交朋友并找到一个团体，但是同时你也感到矛盾，因为你不知道自己究竟相信什么。

当事人： 哦，的确是这样。我觉得自己应该去教堂，但又不知道我是否真的想去。我觉得是父母希望我去。但是，我不知道自己信仰什么。我没有花时间去弄明白我的信仰和父母告诉我的信仰有什么不同。

助人者：我想知道对自己手心出汗的焦虑是否可以让你避免去思考你信仰什么。
当事人：啊！这种观点不错。如果我担心坐我旁边的人会怎么看我时，我就不会听到那些布道。
助人者：可能去这个教会之所以这么难，是因为它使你想起了你的家庭以及你还是个小孩子时家人对你的期望。
当事人：你是正确的。我一直试图独立。我远离家乡，想要做回自己，凡事自己做主，但是我很想念我的家庭和我的朋友。我不知道自己到底有多想住在这里。我想我一直试图弄明白我是谁以及我想要什么样的生活。（当事人继续探索。）

运用解释的困难

有些助人者对解释持保留态度，因为解释看起来在"领着当事人走"。他们担心自己的解释是错误的或不成熟的，会使当事人不安或愤怒，或者会破坏治疗关系。他们过于倾向于被动，在解释的交流中不提供任何自己的想法。

一些学员因为自己的文化背景而犹豫不决。来自印度的国际学生表示，他们遇到了困难，因为他们的家人不赞成他们对他人好奇。他们被告知，人们就是"他们现在的样子"，并接受他们本来的样子。他们被告知不要问"为什么"而是闭嘴，停止问问题。拉丁裔学生说，他们的家庭是非常私密的，只能从外部原因（例如，来自社会的压力）来解释，而不能从个人内部动力角度来解释。对于在不重视解释活动的文化中长大的助人者来说，很难打破这种模式，因为它看起来太有侵入性了。

此外，一些助人者觉得无法把所有的信息拼凑起来形成解释。如果你有这种感觉，你可以练习试着理解自己的行为，或者把注意力放在让当事人提供自己的解释上，并要有耐心，相信随着实践经验的增加，解释的能力也会提升。我也建议你进一步阅读精神分析理论相关的文献（例如：Basch, 1980；McWilliams, 2004；Summers & Barber, 2010）。

另一些助人者太急于给出解释，咄咄逼人。解释过程会暴露出一些助人者最糟糕的一面。他们陷入了"琢磨"当事人的智力挑战，热衷于运用自己的洞察力。他们忽视了对共情同感、牢固的治疗关系的需要，只是一味地要把一堆碎片拼合起来。我承认，人们都有无穷的好奇心和兴趣，并乐于弄明白事情的真相，但是助人者要怀着怜悯当事人、愿意帮助当事人理解他们的心情来调适这些情绪。

我想提醒助人者：运用解释时要谨慎，不能滥用解释，因为解释有很强的影响力。助人者有责任适当地运用自己的力量。我还想提醒助人者，当事人可能会因为想要取悦助人者而同意解释，但实际上，他们可能并不同意，甚至还可能会感到被解释伤害，因此助人者需要观察并询问当事人的反应。

助人者还需要小心地鼓励当事人积极地和自己来共同构建解释。此外，时机非常重要，因为当事人要能听懂解释，并在此基础上构建自己的理解。

还有一个问题是助人者在一次会谈中给予太多的解释。当事人通常需要时间来消化和思考每个解释，所以助人者应该在当事人反应的基础上调整自己的步调。

领悟性自我表露

当奥尔加透露她的丈夫为了一个年轻女子离她而去时,她情绪非常激动,心烦意乱。她感到自己被抛弃了,觉得这是奇耻大辱,也不想让朋友知道丈夫离开了她。她在会谈中谈到自己抑郁、孤独、寂寞、无望的感受。她说自己年龄太大,已经不可能重新开始了。助人者说:"跟你说,我几年前离婚了,绝没想过自己可以恢复过来。后来,我认识到,以前我判断自己是不是有价值,取决于我是否有一个男人,而不是取决于我本身。我想知道你是不是也如此?"奥尔加当时惊呆了,说:"我从来没有这样想过。我想你也许是对的。我一直都认为自己应该结婚,所以没有面对其他状况的思想准备。"助人者的自我表露使得奥尔加有种恍然大悟的体验,并开始思考为什么丈夫的离开使她如此不安。其实,她并不是真的怀念他,他们关系不好已经持续很多年了;她怀念的其实是婚姻带给她的安全感。当她理解这点后,她开始使自己适应离婚这一事实。

在另一个例子中,刚当上妈妈的安吉拉在孩子出生后很难与丈夫恢复性关系。助人者表露,当她刚做妈妈的时候,能得到孩子的爱让她感到很高兴,她想知道是不是安吉拉把所有的注意力从丈夫身上转移到了孩子身上。因为她们的关系很好,而且助人者是一位母亲,所以安吉拉能够思考这种可能性而不会觉得自己是病态的。

领悟性自我表露(disclosure of insight)是助人者揭示对自己的理解,以促进当事人对自己的想法、感受、行为和问题的理解(见专栏12.3)。除了运用挑战或解释技术,助人者还可以通过分享自己获得领悟的经验来鼓励当事人在更深层次上思考自己。需要指出的是,这样做的目的是促进当事人对自己更深层次的了解,而不是促进助人者自己的领悟(请参阅第8章和第9章关于自我表露的讨论)。

专栏12.3 领悟性自我表露概览

定义	领悟性自我表露是指助人者表露自己获得领悟的个人经验(不是对即时性关系的表露)。
例子	"过去,我总是不想让别人因为我的成功而感到不安,所以即使在一些我能做好的事情上,我也会表现得很一般。我想知道你是否也如此?" "我像你一样会放纵自己的一些坏习惯。我知道它们不好,但就像你一样,我不想改变它们。我后来发现,我原来是不喜欢被控制的感觉,因为我的母亲控制欲很强。你是不是也如此?"
助人者的一般意图	促进领悟、处理阻抗、挑战、缓解助人者的需求(见附录D)。
当事人可能的反应	被理解、被支持、有希望、缓解、消极想法或行为、更好的自我理解、明了、触动、通畅、新的视角、受教育、新的行为方式、害怕、恶化、迷茫、被误解(见附录G)。
当事人理想的行为	领悟、情感探索、认知-行为探索(见附录H)。

续表	
有用的提示	确定你的意图是帮助当事人获得领悟而不是关注自己的问题。 选择看起来与当事人相似的经历进行表露。 表述要简短。 不要表露自己还没有处理好的事情（即一些你现在仍感到非常难以处理的事情）。 在表露完后，切记要把注意力转回到当事人身上。

一些学生混淆了领悟性的表露和其他类型的表露。领悟性表露的关键特征是助人者有一条能帮到当事人的关于领悟的线索，助人者用自己的经验来呈现领悟，这种方式比解释更具试探性。

使用领悟性自我表露的理据

助人者表露经验是为了帮助当事人获得他们没有意识到的认识。

在当事人"卡壳"或自己很难获得更深层次的自我理解时，这种表露是有用的。例如，当事人自述在离开有暴力倾向的丈夫后一切良好，但助人者怀疑当事人仍然有很多潜在的问题。因此，助人者可能会说：

"我记得当我离开我的伴侣时，我不敢确定自己是否做出了正确的决定。这对于我来说真的很可怕，因为我的父母从来不允许我自己做决定，所以我也不相信自己。我想知道你是不是也如此？"

助人者希望当事人在听了他们的经验以后可以更好地理解自己。

使用表露的另一个原因，是表露相对于挑战或解释而言，对当事人造成的威胁较小。如"当我去看望父母时，我仍感觉自己像一个小孩，因为我迷失了身份感，不知道自己是谁"，或者"我也很难自己一个人去看电影，因为那样我会觉得没有人爱我"。这样的表露给当事人提供了一个机会，让他们去思考自己的行为是否也有相似的原因。助人者与其坚持一个可能会冒犯当事人的解释，不如表露他们自己的领悟并询问这些领悟是否也符合当事人。这还可能促进新的、更深层次的领悟。在使用表露时，助人者必须承认领悟可能是一种投射，因此要允许当事人思考它是否适合自己。如同试探性解释一样，助人者也希望当事人在听了自己的表露之后，能够更自由地寻找其问题的潜在原因。所以，表露具有示范效应。

此外，表露可以改变治疗关系的平衡，从而提高当事人参与的积极性。助人者不再是掌握答案的专家，当事人也不再依赖助人者来解决他们的问题，相反，表露会让当事人明白：助人者也是普通人，也有自己的困扰。这样的表露也会让当事人觉得自己不再是唯一有问题的人——助人者也有自己的问题。另外，如果两个人处在不同文化中，表露可以为之搭建沟通的桥梁并使当事人感到助人者能够理解他们。

怎样进行领悟性自我表露

助人者在做表露之前需要诚实地思考他们的意图。如果他们拥有可以帮助当事人更好地理解自己的经验，那么表露可能是有用的。然而，如果是为了讨论或解决助人者的问题（例如，"你认为你做得很糟，让我告诉你我做得有多糟"），就不要使用表露。

如果助人者表露了他们未处理好的问题或者专注于他们自己的需要，就可能会伤害当事人。这时，注意力从当事人身上转移到助人者身上，也许就会导致当事人反过来专注于助人者。

为了做出合适的表露，助人者可以思考当他们以前处在与当事人相似的情境时，是什么推动了他们的行为。通过专注于自己曾得到的领悟，助人者可以运用他们的经验来帮助当事人获得领悟。如果助人者认定在某个特定时刻使用表露对当事人是合适的，他们应该将表露的焦点集中在领悟上而非对经验的细节描述上。例如，助人者不是谈论他父亲去世的细节，而是说："当我父亲去世时，我不知道自己是什么感觉，所以我得依赖其他人来告诉我应该有什么感觉。在那个过程中，我迷失了自己。我想知道这是否也正在你身上发生？"

当助人者自我表露的时候，最好选择那些过去发生、现在已经处理好并有新见解的事情，这样不但能帮助当事人，也不会让助人者感到自身的脆弱。助人者应该真实地表露自己的经验，不能为了表露而编造故事。如果他们没有那种能引导出新领悟的类似经验，则他们应该使用其他技术。编造的领悟表露是不真实的，可能导致助人者与当事人更疏远。

另外，短暂的并能够立即把焦点转回到当事人身上的表露是最有效的。助人者可以在表露之后，运用开放式提问，询问这个领悟是否适合当事人（例如，"我想知道这是否适合你"或者"我想知道这样的事情是否也发生在你的身上"）。

如果表露没有发挥作用（例如，当事人拒绝或否认有过类似经历，或者对于了解助人者的信息感到不舒服），那么助人者最好克制自己不要继续表露。可能是发生了一些事：助人者可能是对的，但当事人还没有做好领悟的准备；助人者可能错误地将领悟投射到当事人身上；或者是当事人对于了解助人者的私人事情感到不安。在这些情况下，助人者要搜集更多的证据以确定这是不是助人者自己的投射，是当事人没有做好准备，还是当事人需要保持距离。如果准备不足，那么助人者可以尝试其他技术（例如，情感反映或挑战）。如果是投射，助人者就需要寻求督导或者治疗。如果当事人不愿意了解助人者的任何事情，助人者就要改变策略并且限制表露。当然，任何极端的反应都应该根据个案的概念化来考虑，以进一步了解和获得对当事人潜在问题的洞察。

领悟性自我表露示例

以下这个例子显示了在一次会谈中助人者使用的领悟性自我表露（见楷体字）。

当事人： 最近，我想了很多关于死亡的事情。我不是想自杀，而是在想死亡的必然性。现在新闻里到处都是滥杀无辜的案件。但我不能理解死亡——我确实不懂。我觉得，对那些在青壮年时期就被谋杀的人来说，这实在太不公平了。

助人者： 听起来你害怕与死亡有关的想法。

当事人： 哦，是的，我是这样。我不知道死后会发生什么。当然，我父母的信仰告诉我有天堂和地狱，但我并不完全相信。但如果我不相信宗教，那么我真的不知道死亡时会怎样。还有，生命的意义究竟是什么？我的意思是说，我们为什么会在这儿？为什么每个人都要四处奔波？这有什么不同？我知道，这听起来很混乱，但我最近一直都在想这些。

助人者：不，我明白你的意思。我想，我们所有人都需要探究生命的意义以及我们都会死去这个事实。嗯，让我来想想看。当我关注死亡和生命的意义时，我一般正处在一个转折期，并且试图弄清楚我想从生活中得到什么。我想知道你现在是否也是如此？

当事人：嗯。这很有意思。我就快30岁了，对我来说好像是一个很大的转折点。我现在有一份我并不喜欢的工作，我该恋爱了但还没有找到合适的对象。（当事人继续富有成效地谈论他的个人问题。）

运用领悟性自我表露时的困难

运用表露技术的一个危险是助人者可能会将自己的情感和反应投射到当事人身上。例如，在当事人谈论考试成绩糟糕的事情时，助人者说"当我的成绩很糟糕时，我感到恐惧，因为我害怕父母会生气"，助人者可能是将他对自己的领悟投射到了当事人身上。当事人的反应可能会表明那确实是一种投射："不，我认为是因为自己没学习才考得不好。"助人者需要记住自己和当事人是不同的，有着不同的经验，并且他们的领悟可能并不适用于当事人。

另一个问题是，一些助人者为了满足自我表达的冲动而使用表露技术，而不是为了帮助当事人领悟。一些助人者把开放误解为想到什么就说什么。格林伯格等（Greenberg, Rice, & Elliott, 1993）称这种冲动的助人者的开放为"兴之所至的"表露。以上类型的表露会导致当事人感觉不舒服并失去对助人者的尊重。例如，玛丽因离婚问题而求助，不幸的是，在会谈中她的助人者谈论自己的离婚经历比玛丽的还多。后来，这位当事人结束了咨询并找到了另一位能够更明智地运用表露技术的助人者。格林伯格等（Greenberg et al., 1993）建议，表露要"训练有素地随口而出"，它是以助人者对自己内部经验准确的自我觉察为基础，在恰当的治疗时机，以促进当事人理解的方式表达出来的。换句话说，助人者需要了解自己以及自己的意图，并在最能帮助当事人的时候进行表露。

初学者常常喜欢运用较多的自我表露。就像医学院新生总觉得自己有课本上描述的所有症状一样，新手助人者也会将自己与当事人的问题联系在一起。他们需要经过一段艰难的时期才能把自己的问题放到一边，来专注于当事人的问题。的确，从朋友间的相互分享转变到助人关系中很少的分享，这个转变是有难度的。所以，注意当事人和助人者问题的不同有利于助人者将自己与当事人区分开来，也能使助人者在运用表露技术的时候变得更加明智而慎重。

另外，一些初学者会担心他们的表露不够完美。他们认为，表露如果不够准确就会带来消极影响。他们也担心自己的表露听起来好像高人一等，仿佛他们已经通晓发生在自己身上的每一件事情，而当事人却仍处于学习中。如果初学者表露最近生活中发生的那些并没有完全理解的事情，那么他们会担心自己看起来脆弱，并会因此失去当事人对他们作为助人者的信任。还有一些助人者则担心自己做不出合适的表露，因为他们从来没有碰到过类似的情境，或者从来没有从这些情境中获得过领悟——也许他们真的和当事人的境况一样。我建议，如果助人者对于运用表露技术真的感到不舒服或脆弱，那么还是使用其他干预方法比较好。我还要指出，在督导师的指导下练习表露是有很大帮助的。

你的想法

- 你认为文化在解释过程中扮演着怎样的角色?
- 你认为在什么时候提供解释、领悟性表露,以及针对领悟的开放式提问和追问比较合适,什么时候不合适?
- 你认为与当事人发展出一种共同构建解释的合作气氛有必要吗?为什么?
- 辩论解释是不是发生改变的先决条件。
- 支持或反对解释是帮助他人的"无价之宝"这一观点。
- 讨论当事人能否学会更加内省。辩论是否只有在挑战后才能给予解释。
- 辩论应该如何确定解释的准确性。你偏好哪种理论取向作为发展解释的理论基础?
- 讨论这样一种观点:表露有助于减少助人者和当事人之间力量的不平衡。在助人关系中,力量不平衡各有什么好处和坏处?
- 什么样的助人者对表露感到最舒服?
- 讨论在领悟阶段助人者是否可能保持中立。

关键术语

核心冲突关系主题 core conflictual relationship theme
领悟性自我表露 disclosure of insight   解释 interpretations   图式 schemas

研究概要

与获得领悟相关的因素

文献出处:Hill, C. E., Knox, S., Hess, S., Crook-Lyon, R., Goates-Jones, M., & Sim, W. (2007). The attainment of insight in the Hill dream model: A single case study. In L. G. Castonguay & C. E. Hill (Eds.), *Insight in psychotherapy* (pp. 207-230). Washington, DC: American Psychological Association.

Knox, S., Hill, C. E., Hess, S. A., & Crook-Lyon, R. E. (2008). Case studies of the attainment of insight in dream sessions: Replication and extension. *Psychotherapy Research*, 18, 200-215. http://dx.doi.org/10.1080/10503300701432242

理论依据:基于心理动力学的理论假设,领悟是理想的结果,了解什么因素与领悟的获得相关是很重要的。研究需要聚焦于一种最有可能产生领悟的疗法,作者选择对志愿者当事人进行单次会谈的梦的工作。对157个当事人的初步调查(Hill et al., 2006)发现,平均而言,当事人在90分钟的会谈中获得了相当多的领悟,而且那些获得最多领悟的当事人最初对他们的梦境知之甚少;有些治疗师有能力促进梦的工作,并且非常投入。为了更好地理解这些结果是如何应用于具体案例的,作者从希尔等人(Hill et al., 2006)的研究中选择了两个获得领悟的个案和一个没有获得领悟的个案。

方法:两位经验丰富的心理学家观看会谈录像,并多次阅读转录逐字稿,寻找可能与领悟获得相关的因素。2~4名审核员（经验丰富的心理学家或心理学博士生）也观看了会谈录像并阅读了转录材料，然后审查了所有的证据，挑战主要团队的决定，并提出其他想法。这一过程一直持续到就所有决定达成共识为止。

有趣的发现：
- 与获得领悟有关的一个因素是梦的突出性。获得最多领悟的当事人有与他们现实生活相关的突出梦境。
- 治疗关系是为当事人获得领悟做准备的关键因素。虽然这种关系不能直接促进领悟，但它似乎能帮助当事人感到足够安全，从而在更深层次上探索自己。
- 获得领悟的两名当事人对梦有更积极的态度（即他们似乎重视自己的梦并认为梦有意义），对梦的工作有动力和渴望；而没有获得领悟的当事人不是特别有心理学头脑（即不会自发地谈论领悟），而且似乎被情绪和焦虑淹没。
- 促进更多领悟的两位治疗师有能力使用梦的模型。而第三位治疗师不擅长帮助当事人探索，在行动阶段变得过于指导，而且似乎在与当事人相关的反移情中挣扎。
- 对领悟的追问（例如，"是什么触发了你梦中的那个意象？""你认为那个梦的意象与梦的其他部分相符吗？"）似乎在所有三个个案中都促进了领悟。
- 就促进领悟而言，对情感的解释和反映对某些当事人有帮助，但对其他当事人则没有帮助。

结论：
- 治疗关系、当事人梦的突出性、当事人对梦的积极态度、当事人对梦的工作的动机、当事人的心理学头脑、治疗师进行梦的工作的能力，以及治疗师对领悟的追问，通常都有助于促进领悟。治疗师对情感的解释和反映有时有助于促进领悟。

对治疗的启示：
- 在试图促进领悟之前，助人者应该了解当事人对获得领悟的准备和动机（例如，当事人是否表达了对领悟的渴望），治疗关系的强度（即有良好的情感联结吗），当事人的脆弱性（即当事人容易被情绪和焦虑淹没吗），以及助人者的能力（即理论方法方面的专长）。
- 追问对于促进领悟似乎特别有价值。
- 对一些当事人来说，对感受的解释和反映可能是有用的，但仔细观察当事人的反应可能会更好。

实践练习

对于以下每一个例子，都请写一个针对领悟的开放式提问、一个解释和一个领悟性自我表露。

陈述

1. 当事人：我现在的学习成绩不是很好，我觉得是因为我的学习方法问题。我不太能够集中注意力——我总是一直盯着窗外而不是做作业。我试着让自己在书桌前待得更久，但是我并没有做到。我和男朋友分手了，所以我有更多的时间来学习，但事实却并非如此。

助人者针对领悟的开放性提问：

助人者的解释：

助人者的领悟性自我表露：

2. 当事人：我就要毕业了，我需要决定在我以后的人生中应该做些什么。父母给我的压力很大，但我还不太清楚我到底想做什么。我反复做着这样一个梦：我在数学课上不及格；在梦里，我怎么也到不了教室，当我真的赶到时，我发现自己什么也不懂；我从来没有准时参加过考试，我知道我将被退学。我不知道为什么总做这个梦。数学对我来说一直都很难，但是在上一堂数学课上我得了一个A。

助人者针对领悟的开放性提问：

助人者的解释：

助人者的领悟性自我表露：

3. 当事人：我真的很爱我男朋友，而且我想结婚。但是，我最近并不是很想见到他。每次我们在一起，我都会批评他。有时，他会做一些蠢事惹恼我。我可以想象他喝了酒在我父亲面前打嗝的情形。我父母到现在还没有见过他，可不知道为什么，我并不想带他回家。

助人者针对领悟的开放性提问：

助人者的解释：

助人者的领悟性自我表露：

助人者可能的反应

1. 你认为发生了什么事？

可能是害怕承担责任使你逃避学校的功课和恋爱。

当我处于类似的情境中时，我发现对分手的感受妨碍了我学习。我想知道你是否也这样。

2. 你认为是什么导致了你对未来的焦虑？

我想知道你对于未来的焦虑是否和害怕失败有关。

对我自己而言，我担心如果失败，就会让父母失望。我想知道这是不是也正发生在你身上。

3. 对于你为什么不带男友去见你父母这件事，你是怎么想的？

也许你害怕带男友去见你父母是因为你并不确定你对他的感情。

后来我才意识到，我只选择跟我父亲非常不同的伴侣。你也是这样吗？

实验室活动：促进当事人的领悟

目标：帮助助人者练习如何使用探索技术（反映、重述和开放式提问）以及学会对当事人进行解释。

练习1

4~6个人一组。一人扮演当事人，一人扮演最初的助人者，剩下的人轮流扮演助人者或帮助人者出主意。每个人轮流扮演一次当事人。每个小组都应有一位领导者（不是助人者）来组织和协调会谈。

助人者和当事人在互动中的任务：

1. 当事人要谈论一个自己想进一步了解的、在某一特定情境下会出现的问题反应；换句话说，当事人要谈论一件他会产生强烈反应但又不知道原因的事情。这一反应看起来与情境很不协调。例如，可能当事人正在驾驶，一个人骂了他，他立即就发怒了。或者是当事人正坐在教室里讨论，没有明显原因，突然有想哭的感觉。当事人至少要做适度的表露，当然当事人始终有权利不说太多。

2. 第一位助人者使用几分钟的探索技术（开放式提问、重述，以及情感反映）帮助当事人探索问题。如果助人者卡壳，则换成其他的助人者，以保证对问题的探索可以进行下去。

3. 几分钟的探索之后，每个小组成员分别做出情感反映，当事人对每个反映进行反馈。

4. 每个小组成员都问一个针对领悟的开放式问题（例如，"关于 X，你是怎么想的""你提到了 Y，这与 Z 有什么关系呢"）。

5. 停下来，针对当事人进行小组讨论（让当事人安静地听，不要插话）。帮助小组对"当事人到底发生了什么"以及"什么是有帮助的"形成概念化的认识。

6. 小组领导者要求每个人（除了当事人）写出一个解释。助人者可以问自己："我听到了当事人的哪些言外之意""当事人所说的是一个什么样的主题""当事人的情感背后有什么样的原因""什么事情可能和这个问题有关"。

7. 每个小组成员都要说出自己的解释，并允许当事人有时间做出反应。

8. 每个人写下领悟性自我表露。助人者可以问自己："在相同情况下，是什么使得我那样做？我对自己以及自己动机的了解哪些可以帮助当事人？"

9. 每位助人者轮流自我表露并给当事人反应的机会。

反馈：

在每个人依次做完，当事人也做出反应之后，当事人可以谈谈哪种干预最为有效，原因是什么；助人者也可以谈谈感觉哪种干预最舒服而且有效。

角色交换：

继续上述角色扮演，直到每个人都扮演过当事人、最初的助人者和其他助人者。

练习 2

学生两两组合，一人为助人者，一人为当事人。

助人者和当事人在互动中的任务：

1. 当事人谈论一段普通的有问题的经历（例如，学校的功课、大学生活适应、与人交往的困惑等）。

2. 助人者运用探索技术（开放式提问、重述、情感反映）大约 10 分钟，让当事人探索。

3. 助人者花 10 分钟运用领悟技术（挑战、针对领悟的开放式提问、解释、领悟性表露），接下来运用重述和情感反映。

互换角色之后：

当事人谈论自己对领悟技术的反应；助人者谈论自己的意图以及对当事人反应的

感受。

个人反思：
- 你对针对领悟的开放式提问、解释和领悟性表露有什么感受？
- 你是否能够表述清楚让当事人理解的领悟性干预？描述一下你期望的当事人的反应与他们实际的反应不一致的地方。
- 在对当事人运用解释技术的过程中，你的优势和劣势是什么？
- 作为一名当事人，你对接受领悟性干预的感受是什么？哪些因素影响你对这些干预的感受？
- 在提供和接受解释性干预时，文化扮演着什么样的角色？

第 13 章
处理治疗关系的技术

在人与人之间的交流中，最重要的莫过于对情感的表达；在对自己和他人交往模式的建构和重建中，最重要的信息莫过于一个人对另一个人的感受……当事人和治疗师之间情感的交流起着至关重要的作用。

——约翰·波尔比（John Bowlby，1988，pp. 156 - 157）

> 埃维塔总是对她的助人者安吉拉生气，责备她所说的任何话。安吉拉开始觉得无能为力并对埃维塔感到愤怒，对会谈感到厌倦。安吉拉咨询了她的督导师，督导师肯定她所使用的助人技术都是正确的，并提出也许是埃维塔的个人问题使得她诋毁安吉拉。督导师建议安吉拉在下一次会谈中运用即时化技术，让埃维塔知道她的感受。于是，在下一次会谈中，当埃维塔责怪安吉拉没能确切反映自己的感受时，安吉拉说："你知道吗？现在我感觉很糟糕，因为似乎我对你所做的一切都是错误的。我很沮丧，因为真的不知道该如何帮助你。我很想知道你对我们之间的关系有怎样的感受。"埃维塔突然哭了起来，说她似乎把所有的人都推开了。安吉拉很好地倾听，而且对埃维塔感到被指责这一点进行了反馈。最终，她们意识到埃维塔之所以把人们推开是因为她害怕被拒绝。安吉拉运用即时化技术帮助埃维塔更多地了解了她与他人的交往模式，而且改善了治疗关系。

即时化（immediacy）是指助人者询问当事人对治疗关系的感受，或者是助人者表露当下对当事人的感受、对自己的感受、对治疗关系的感受。当然，当事人也能采用即时化技术（例如，一名跨性别当事人会质疑顺性别助人者是否有能力帮助非常规性别的当事人）。理想情况下，即时化还要求助人者和当事人对彼此开放和真诚。在领悟阶段，即时化可以帮助当事人更好地了解他们在治疗关系中给人的印象，以此改善治疗关系，并希望当事人利用这些信息改善他们在生活中的关系。

基斯勒（Kiesler，1988，1996）将即时化叫作**元沟通**（metacommunication），它是指助人者表露他们对当事人行为的知觉和反应。他将元沟通与助人者对个人事件和过去生活经历的表露区分开来，因为元沟通仅与助人者对自己与当事人的关系的即时化的体验有关。基斯勒指出，元沟通是最有效的助人技术之一，因为助人者以一种与当事人所习惯的截然不同的方式来回应他。助人者并没有像在日常社会交往中一样忽视当事人不恰当的行为，而是正视这些问题，并描述当事人的行为对他的影响。同样，艾维（Ivey，1994）把这一技术定义为在"此时此刻"与当事人在一起。他指出，大多数当事人用过去时叙述，但他们若能专注于此刻发生在治疗关系中的事情，则可能会从中获益。这些干预技巧也被称为"过程陈述"，因为他们处理的是当下关系中正在发生的事情。

伊根（Egan，1994）认为，即时化可以聚焦于整个治疗关系（例如，"我能感觉到现在我们相处得很好，因为我们已经消除了最初的不愉快"），可以聚焦于会谈中的特殊事件（例如，"当你说你喜欢会谈时，我感到很惊讶，因为之前我一直不确定你对我们工作的感受"），也可以是对当事人当下的个人反应（例如，"我现在感觉很受伤，因为你反对我说的一切"）。从专栏 13.1 里可以看到即时化技术的概要。

专栏 13.1　即时化技术概览

定义	即时化是指助人者询问或表露他们当下对当事人的感受、对自己的感受或者对治疗关系的感受。
即时化的类型	
针对关系的开放式提问/追问	"你能告诉我你对我们的关系现在有什么感受吗？"
对当事人的反应	"我觉得很紧张，因为你似乎在对我生气。" "我也觉得紧张，但是我很开心，因为你能与我分享你深层次的个人情感。"
变隐蔽为公开	"你现在似乎很生气，发生什么事了？"
平行关系	"你提到似乎没人在意你。我想知道你是不是在我这儿也体会到了同样的感受？"
助人者的一般意图	促进领悟、处理治疗关系、挑战、辨别不恰当的行为、辨别并强化感受、缓解助人者的需求（见附录 D）。
当事人可能的反应	缓解、消极想法或感受（害怕、恶化、卡壳、迷茫、被误解）、更好的自我理解、明了、触动、负责、通畅、新的视角、被挑战（见附录 G）。
当事人理想的反应	情感探索、认知探索、领悟（见附录 H）。
有用的提示	意识到你自己对关系的感受。 观察当事人对关系的可能感受。 培养好奇心并且试图理解你和当事人的反应。 温和地、试探性地、共情同感地表达你自己的感受，同时小心体察当事人可能的感受。 不带防御性，鼓励围绕关系进行坦诚的讨论。 将焦点转回当事人（例如，"你怎么认为""你有什么反应"）。

即时化技术和其他技术有重叠，即时化可以被看作自我表露的一种类型，因为助人者表露了他们个人对当事人的情感、反应，对当事人或治疗关系的体验，以此帮助当事人获

得领悟。即时化有时也被看作挑战的一种类型，因为它能就关系中的问题对当事人进行面质（例如，"我对你回避我的问题感到生气"）。另外，即时化有时也被看作一种反馈（或者是信息），可用来指出当事人在与治疗师关系中的行为模式（例如，"每当我度假回来，你就会取消随后的两次会谈"）。不过，即时化与在第 15 章提到的对当事人的反馈不同，因为即时化明确要求助人者有卷入（例如，"当你和我说话时，你做得很好"），而不仅仅是当事人（例如，"当你告诉你的母亲时，你做得很好"）。

运用即时化技术的理据

在探索阶段，即时化被用来建立、检查和维持关系（例如，"对于我们的关系，你有什么感受？""你对这次会谈有什么感受？"）。在领悟阶段则相反，即时化更多被用来了解当事人在关系中的体验，并解决治疗关系中的问题。

治疗关系是一个缩影，展现了当事人是如何与外界沟通的。例如，如果约翰顺从助人者，那么他也很可能会顺从其他人。如果苏珊很傲慢，为了给助人者留下更深的印象而时常炫耀自己，那么很有可能她也会对别人这么做。

如果当事人不清楚他们给别人的印象如何，在与助人者交谈时，他们就会提供与他人互动的扭曲的信息。相反，助人者可以观察当事人在会谈中如何与助人者互动，虽然互动也会受到助人者的影响，但有相当一部分展现了当事人的实际情况，助人者可以由此直接了解当事人的互动风格。

因此，通过观察当事人与助人者如何互动，我们至少可以部分了解当事人人际交往的一般风格。当然，当事人和助人者的互动方式并不一定代表他和其他所有人的互动方式。例如，也许他们只对处于权威位置的人表现出这样的互动方式，同时用不同的方式与同龄人互动。不过，观察这些行为确实为当事人如何与他人进行人际互动提供了一手资料，至少在某些情况下是这样。

助人者会由此体验到自己被当事人的行为所影响，这一影响被基斯勒（Kiesler，1988）和卡什丹（Cashdan，1988）称作"被钩住"（hooked），也就是助人者会被当事人不恰当的行为逼迫到只能做出有限反应的境地，遇到心理状况不佳的当事人时这种情况尤其明显。例如，就像是敌意引发敌对行为一样，支配行为会导致顺从。如果助人者意识到被钩住（即感到需要以某种方式行事），他们就开始能够理解（对当事人不带批判）在人际关系中他人对当事人的反应。通过这种觉察，助人者可以更自由地以不同的、更具有治疗性的方式做反应，为当事人提供矫正性的关系体验。

正如第 14 章所述，理解"钩住"这个过程与个案概念化有关。由此，助人者通过他们与当事人接触的经验去更多地了解当事人的行为方式。如果助人者产生了无聊、被勾引、愤怒或者是自我怀疑的感觉，那么助人者会好奇这些感觉是如何在与当事人的互动中产生的（在检查并确定这种反应多大程度上是由于反移情或者是自己的问题之后）。例如，当事人可能无意识地感到无聊，以此作为对亲密关系的防御。

除了处理一般关系中的问题之外，即时化技术也可以用于讨论治疗关系中出现的问题。例如，助人者可以与当事人讨论在助人过程中哪些有帮助、哪些是无用的，从而做出调整。助人者也可以询问当事人长期迟到的原因或者与当事人处理在一次聚会上偶遇的感受。一些可能给当事人在助人（以及其他）关系中带来问题的人际行为包括：喋喋不休以至于助人者不能说话；傲慢无礼并且假定自己比助人者厉害；除非被询问，否则一言不发；以单调的声音侃侃而谈却没有眼神交流；反对助人者说的所有话；不断带礼物给助人者；或者是过于努力表现得有帮助。在助人关系中，很多问题都会呈现出来，即时化技术是解决这些不可避免的互动难题的重要工具。

即时化技术还可以使隐晦的交流更加直接。在一些案例中，当事人会隐晦地谈论治疗关系，因为他们并不清楚如果直接表达，助人者会做何反应。例如，当事人可能会说没有人可以帮到自己。而助人者正在试图帮助他，所以我们可以猜测这句话至少部分是针对助人者的。在任何交流情境中，助人者都应该问自己：对于助人关系，当事人想传递什么信息？不过，是否运用即时化技术，还需要根据当事人当时的需要进行斟酌。

解决当事人和助人者之间的问题也能够给当事人提供一个示范，让他们知道如何解决其他人际交往中的问题。如果处理得当，当事人通过这个互动的讨论就会学到与人谈论感受、解决问题并且发展更亲密的关系。格林伯格等（Greenberg, Rice, & Elliott, 1993）认为，如果能够遇到一个对当事人既关心又真诚的人，那么这个人就可以帮助当事人成长。学会解决人际关系中的问题对当事人而言是一次极具影响力的体验，它能让当事人了解像这样开放地处理问题是有可能的，虽然这一过程并不轻松。

在心理治疗之外的世界中，朋友和熟人之间可能不会彼此坦率地说出自己在交往中的感受，因为这很困难，也会伤感情，而且还需要时间和努力。由于很难得到反馈，当事人常常意识不到自己是如何和他人交往的。如果注意不到自己的行为（这些行为是他们的习惯性行为），当事人就无法改变，也有可能会导致消极的后果（例如，如果当事人意识不到自己的语气中带有敌意，结果就可能导致工作场所人们对她的负面评价）。因此，助人关系可以给当事人提供一个机会，让他们意识到他们的行为是如何影响其他人的，并能够在一种安全的氛围下做出改变。当然，最终目标是帮助当事人在治疗关系之外的人际交往中运用即时化技术，以便能够得到更开放的沟通。

能够温和地运用即时化技术的助人者给他们的当事人送上了一份特殊的礼物。当助人者运用即时化技术时，就表明他们愿意花一些时间让当事人意识到自己行为的影响，这样当事人就有了一次获得觉察和改变不恰当行为的机会。但是有一点需要强调，助人者必须带着深深的同情和共情同感，以一种关心的方式去运用即时化技术。

运用即时化技术的最后一个理由是它已经被证明是有效的。基夫利根（Kivlighan, 1992）和施米茨（Schmitz, 1992）发现，更多的挑战和专注于此时此刻在治疗师和当事人的关系中可以促进工作同盟，而不是损害工作同盟。此外，最近的研究（Hill, Sim, et al., 2008；Kasper, Hill, & Kivlighan, 2008；Mayotte-Blum et al., 2012）和文献回顾（Hill, Knox, & Pinto-Coelho, 2018）证明了即时化技术在处理人际关系问题和示范适当的开放性方面是有效的。关于即时化技术的研究请参阅本章末尾的研究概要。

总之，即时化技术是一种强有力的又具有风险的干预技术，这一技术会使得气氛紧张。因此，助人者应该明白，即时化技术具有强大的治愈效果，但如果做得不好，也可能造成伤害。

准备处理关系的标志

助人者可以通过观察当事人是否有哪里不对劲的迹象来确定处理关系的准备情况。他们还可以检查自己的内部反应，寻找关系紧张的迹象。

处理关系的当事人标志

- 当事人是否看起来心神不定、过于安静、异常健谈、相较于平时表达含糊、对你表现出敌意或者过分友好？
- 当事人谈到的其他人是否包含你？（例如，"没有人理解我""每个人都让我感觉不好"。）
- 当事人可能会直接与助人者产生冲突（例如，"我很生气你迟到了""我觉得没有什么收获"）。这些行为可能表明当事人内心对于助人关系有一些想法，并且已准备好直接谈论这些问题。

一旦助人者注意到当事人的行为可能反映了他们对助人者或者是助人情境的感受，助人者可以退后一步，尝试概念化当事人可能发生了什么。有时，助人者可能只是利用这种觉察来对当事人的挣扎产生更多的共情和理解。在其他时候，助人者可能选择通过运用即时化技术直接解决潜在的沟通问题。

处理关系的助人者标志

- 你是否感到无聊、生气、卡壳、不能胜任、骄傲或者自命不凡，特别是当这些感觉很强烈和不寻常时？
- 你是否感到当事人对你有性吸引力？
- 你是否感到害怕，并想回避某些话题？
- 你是否明知某些技术有效而不用（例如，不去探索，不使用领悟技术）？

对于助人者来说，意识到这些感受往往很困难。他们倾向于认为自己是接纳和支持的，而不喜欢自己有消极感受。为了理解这些潜在的感受，助人者可以问自己以下问题：

- 和这个当事人一起时，我感觉如何？
- 和这个当事人一起时，我想做什么，不想做什么？
- 是什么阻止了我对这个当事人使用那些我明知应该使用的技术？
- 相较于其他当事人，这个当事人是如何影响我的？
- 我是否正在责怪当事人（例如，说当事人不去尝试、有阻抗或者是双向情感障碍）？

助人者需要接纳自己的感受，而不要评判自己"不好"或者能力不够。在一定程度上，助人者可以把自己看作工具，按自己的感受去确定该如何与当事人共鸣或者对当事人做出反应。督导师可以帮助助人者有效处理那些对当事人的消极感受，使这些感受正常化。例如，督导师可能会说："如果我处在这种情况下，我也会被这位当事人吸引。她那么性感，很容易使我在会谈中分神。"当督导师能够承认自己也有这些不被接受和消极的感受时，助人者通常就能承认自己的感受。因此，接受督导是非常重要的，它能帮助助人者觉察自己的感受，确保助人者不会冲动地将这些感受付诸行动。

一旦助人者觉察到自己的自动化反应，他就要停下来，并试着去理解这些反应。此时，助人者不要觉得自己有这些强烈的情绪不好，或者怪罪当事人。考虑到当事人经常发展出适应不良的行为作为防御，助人者可以试着培养对当事人行为原因的好奇。例如，一个非常健谈而且不让助人者说任何话的当事人，可能是因为害怕卷入情感而不让助人者接近。持续不断地说话可能发挥防御的功能，让助人者与其他人保持一个安全的距离。

通过理解当事人的感受，助人者可以获得一些客观性，使他们和自己的反应保持距离并开始帮助他们的当事人。例如，觉察到当事人的抱怨会促使助人者想要让当事人安静下来，助人者就会开始好奇是什么让当事人抱怨。然后，助人者可以考虑该如何富有同情心地向当事人反馈这种抱怨带来的后果。通过这种和预期不一样的反应，助人者就有可能打破当事人一贯的模式，建立新的互动方式。

当然，助人者总是需要评估自己的问题在多大程度上影响了与当事人在一起的感受。例如，助人者可能对当事人的健谈和攻击性很敏感，原因是助人者的母亲非常专制和唠叨。此外，当助人者对多个当事人有类似的感受时（例如，被多个当事人性吸引），这可能表明是助人者的问题，而不是（或者也是）当事人的问题。

即时化技术的类型

在这一章里，我重点介绍即时化技术的四种类型。这些类型各有不同的用途和效果。

针对关系的开放式提问和追问

在第一种类型中，助人者请当事人分享对治疗关系的感受。这些提问能帮助深入探索当事人在关系中的反应，往往涉及助人者与当事人核对感受。助人者可能会问：
- "我想知道你对今天的会谈有什么感受？"
- "我刚才赞扬你的时候，你感觉怎么样？"
- "你现在想从我这儿得到什么？"

陈述对当事人的反应

助人者表达当下对当事人的情感和反应，而且一般紧接着会询问当事人的感受。例如：
- "今天我一直感觉和你的关系有些疏远，我想知道你的感受如何？"
- "今天在你和我分享你深层次的感受时，我感觉和你亲近了很多，你所说的让我很感动。你感觉呢？"
- "你在会谈以外的时间跟着我让我觉得很不舒服。我们可以聊聊这件事吗？"

变隐蔽为公开

当事人常常拐弯抹角地向助人者表达一些东西。通过干预，助人者试图让当事人的意图更加公开。在这种类型中，治疗关系中发生的任何事情都可以公开处理，以查看关系中是否正在发生什么。例如，助人者可能会说：
- "你今天又迟到了。我想知道你在这儿的感受如何？"
- "你不断地看手表，是不是很想离开？"
- "当我这么说的时候，你看上去生气了。我想知道你心里在想什么？"

指出平行关系

第四种类型也涉及隐蔽的交流。在当事人谈到让他们烦恼的其他人的事情时，他们可能暗指的是让他们烦恼的助人者的事情。同样，助人者会询问当事人对助人者的反应是否与他对其他人的反应相似。例如：
- "你提到似乎没有人理解你，我想知道你是否觉得我也不理解你？"
- "你说最近与朋友疏远了，我们之间是不是也发生了同样的事情？"
- "你说过，当别人批评你的时候，你会觉得难过。而刚才当我说到你的拖延时，你往后靠了靠。你是不是担心我会批评你？"

运用即时化技术指南

学习运用即时化技术的第一步是觉察当事人与治疗关系相关的苦恼的非言语线索。萨夫兰等（Safran, Crocker, Mcmain, & Murray, 1990）发现，对非言语线索敏感的心理治疗师能够识别并处理关系破裂，而对这种线索不敏感的心理治疗师不能识别关系破裂，并且会错失促进治疗关系的机会。幸运的是，接受过识别非言语线索培训且重视评论当事人非言语行为的咨询师在当事人评价的工作同盟上得分更高，这可能是因为当事人感觉治疗师与他们的需求和感受是同步的（Grace, Kivlighan, & Kunce, 1995）。对非言语线索的评论可能包括注意语速、手势、语调、呼吸、面部表情和肢体语言等。例如，如果当事人回避情感，说话异常快，助人者可以说："我从你的声音中听出来好像有什么事情正在困扰你。"或者是平时有良好眼神交流的当事人突然转移话题，把目光移开，助人者可以说："我注意到你的肢体语言有一个变化。不知道你是不是感觉不舒服？"

即时化很难，而且对技术要求很高。助人者要意识到自身以及治疗关系的状况，需要有足够的自信和自我理解，不会对当事人公开表达感受产生防御性的反应。由于助人者在朋友和家人的关系中并不会总是开放性地处理即时化情感，所以他们在治疗关系中这样做时可能会觉得害怕。这就需要助人者在对当事人做即时化反应时同时具备勇气和技术。不过，最重要的是需要同情心。助人者不会将当事人的行为看成针对自己的，而是试图理解究竟是什么导致当事人不能与别人建立有效的联系，并且温和地去帮助他们意识到这些不良行为，这样他们就能够改变并且建立更加令人满意的关系。

运用即时化技术时，助人者要直接与当事人谈论互动关系。换句话说，助人者和当事人对他们的交流进行元沟通。基斯勒（Kiesler, 1988）强调，元沟通的成功取决于助人者在元沟通带来的挑战与对当事人自尊的支持和维护这两者之间平衡的程度。助人者要将即时化技术当成一种对关系的温和检验方法。助人者需要表达他们愿意和当事人共同努力，去理解他们的行为及其对人际关系的影响。

助人者首先要教会当事人他们为什么要运用即时化技术。考虑到直接谈论关系与许多人的习惯不一样，并且在很多家庭中直接沟通常常不被允许，当事人可能需要一个理论依据来说明为什么即时化技术很重要以及即时化技术可能有什么作用。往往在当事人理解了为什么要运用这项技术后，他们会更容易接受。当然，当助人者尝试即时化时，如果当事人表现出强烈的不适，甚至在教育过后也表示保留意见，那么助人者有必要尊重当事人的意愿。在以间接交流为主的文化中，直接讨论关系可能会被认为是无礼且具有侵略性的。同样，在耻感文化中，常常很难去直接谈论感受。

助人者也需要对自己的感受承担适当的责任，运用即时化技术时通常使用第一人称（例如，"我对表扬感到不舒服""打断你让我感觉不好"），而不是第二人称（例如，"你不应该表扬我"或者"你话太多了"）。当助人者坦率地承认自己对互动的影响时，当事人也更容易承担起自己的责任（例如，"也许我说得太多了"）。此外，如果要求当事人承认他们的责任，那么助人者也要承认自己的责任（如果是合理的），因为这样才公平。当助人者承认他们在关系问题中的作用时，双方就能开放地交流他们的感受。这样，问题可以得到解决，治疗关系也能得到加强，而且当事人由于受到鼓励，在问题解决的过程中就会更加积极。例如，一位当事人刚进入房间，还没坐下，就问是否可以和助人者一起祈祷，然后马上开始祈求上帝的帮助，在会谈中引导助人者。助人者十分吃惊，感到非常不舒服，因此在他们继续前需要温和并真诚地告诉当事人她的反应（"在会谈中祈祷让我感到有一点不舒服，因为这不是我工作方式的一部分。我想知道我们可不可以谈谈这件事"）。

助人者对当事人不是要开具"应该如何改变"的处方，因为"应该"这一说法暗示助人者知道得比当事人多。相反，助人者只需要在当事人表现出某种特殊的行为方式时指出自己的感受。只有这样，当事人才能更了解他人对自己的感受，并选择自己的行为方式。另一点很重要的是，助人者要意识到自己对当事人的反馈是基于自己的认知和反应，其他人可能会以不同的方式回应当事人。助人者甚至可以建议当事人收集其他人对其行为的反馈。

萨默斯和巴伯（Summers & Barber，2010）提出了一些关于如何恰当地对当事人表达不同感受的观点，他们提道：

> 真诚地对病人表达悲伤、关心、喜悦和担忧是恰当的。积极情绪几乎总是适合表达的，消极情绪则很少具有建设性。愤怒和不满通常是治疗师的问题，而不是病人的问题。治疗师需要自己处理这些令人不舒服的感受，将这些感受表达出来很少会有用。（pp. 247-248）

当助人者对当事人有强烈的情绪反应（例如，敌意、吸引、嫉妒、无聊）时，同情可以调节这些感受。因此，助人者首先要意识到这种强烈的感受，使它进入意识层面，理解并接受它。然后，助人者退后一步，努力唤起对当事人的同情心，试着理解发生了什么让当事人的行为引发自己如此强烈的反应。助人者也尝试理解自己在互动中所起的作用，并承担适当的责任，主动在个人治疗中解决自己的问题。当助人者认为当事人可以承受时，就可以使用即时化技术处理当事人遇到的问题。助人者要在与当事人的互动中努力保持在场，并使讨论继续。

和当事人进行即时化交流之后，助人者可以询问当事人对这一技术的反应，从而使沟通成为双向的。因此，当助人者说类似这样的话（"我昨天在公交车上看见你时，感到很不舒服。我不知道该说什么，但我担心你会因为我没和你说话而觉得被冒犯了。"）之后，助人者可以询问当事人："看到我，你有什么感觉？"或者说："谈论这件事时，你有什么感觉？"助人者努力让当事人加入对互动的讨论中。研究表明，助人者开放地探索互动关系很重要（Rhodes, Hill, Thompson, & Elliot, 1994; Safran, Muran, Samstag, & Stevens, 2002）。

当然，一些当事人喜欢将所有的问题归咎于助人者，转而讨论助人者的问题。如果是这样，助人者就可以运用即时化的干预（例如，"你知道吗，我有点受责难的感觉。我们是否可以看看各自在互动中的责任？"）。

助人者需要意识到，由于他们表示双方的关系问题是可以谈论的，因此当事人可能会对一些他们不喜欢的助人者的行为给出反馈。毕竟，助人是双向互动，有时助人者会做出一些令当事人不满意的行为。这其中有些信息可能是准确而有价值的，因为当事人是很好的反馈来源，他们是助人工作的接受者，了解干预过程中的感受。不过，助人者也要意识到反馈有时候是扭曲的（如移情）。例如，尤塔也许会说助人者很不好，而这并不是因为助人者的所作所为，而是因为她将对自己挑剔的母亲未竟的情感投射到了助人者身上。助人者需要判断有多少反馈确实和自己的行为有关，而有多少和移情有关。不过，当事人的反馈多少会有一些道理，因此助人者需要同时探究自己的行为以及当事人的影响。

相对简单地运用即时化技术的方式是用它来开始或结束会谈。你可以以"我们今天怎么做？"来开始会谈，也可以以"今天这次会谈对你而言怎么样？什么进展顺利？什么不顺利？"来结束会谈。我们要对积极和消极的反馈同样保持开放的态度，并寻找当事人互相矛盾的证据（例如，"你说的还挺好的，但看起来你有所保留……我想知道是不是还有什么事？"）。如果当事人认为你只想要表扬或不愿表达负面感受，他们不太可能在没有允许的情况下说出任何负面感受。

最后要强调的是，即时化技术不是一种"一次性"干预，而通常是一种扩展的互动（Hill et al., 2018）。因此，如果使用得当，即时化技术通常可以引发关于关系中发生了什么的对话，并且在理想情况下有助于解决问题。

即时化技术运用示例

以下是一位助人者运用即时化技术（见楷体字）的例子：

助人者： 我接下来要说的事情可能会让你感到不舒服。在每次会谈开始和结束时，你都想要一个拥抱，每次都这样让我感到不舒服。

当事人： （停顿）我不明白。我认为我们很亲近，那么拥抱是很自然的事情。这有什么不好的吗？

助人者： 我确实觉得和你很亲近，我也不想破坏我们的关系，但是我觉得谈谈这件事可以帮助我们澄清我们之间的预期。就像是我不得不去拥抱你一样，这让我觉得不舒服，也很不专业。

当事人： 嗯，这是我的文化的一部分。在相见和分别时，我都会和他们拥抱。当你说不想拥抱时，我感到有点焦虑，就像是你不在乎我一样。

助人者： 我确实把你当作当事人一样在乎，但我们正处在一段专业的关系中，如果模糊界限的话会变得很尴尬。

当事人： 我没有意识到你是这么想的。我这么做有什么错吗？

助人者： 听起来你有点受伤。

当事人： 我想是的。我不知道我这么做有什么不对。

助人者： 拥抱本身并没有什么不对，但是在专业关系中会让人感到很尴尬。我重视我们的关系，但我不想陷入一种让我感觉不舒服的境地。对我们俩而言，在这里感到舒服非常重要。

当事人： 好吧，我想我明白了。你在生我的气吗？

助人者： 一点也不。我很高兴你这么善解人意，我们能一起解决这个棘手的情况。你现在觉得怎么样？

当事人： 你没有生气，我就放心了。我很高兴你能告诉我，但我也觉得有点不太舒服，因为我不知道应该怎么做才是对的。

助人者： 可以理解，看得出来你有点紧张。我想知道这是不是让你想起了你生活中的其他事情。你有想起来什么吗？

运用即时化技术的困难

初学者常担心，在运用即时化技术时，会冒犯、惹怒当事人——即使他们是共情同感的。实际上，当助人者运用即时化技术时，当事人有时候确实会难过或者生气。例如，助人者温和地告诉奥利维娅，当她批评助人者没能给予足够好的建议时，自己感到有点吃惊。奥利维娅愤怒了，坚决否认自己批评过助人者。不过，几次会谈之后，她承认即时化干预很准确，朋友们也说她很刻薄。如果助人者因为害怕伤害奥利维娅的感情而克制运用即时化技术，奥利维娅就不会学到对自己这么有价值的东西。尽管有时候听到这样的反馈是很痛苦的，但是它能够产生动力，并使以后的生活发生改变。

另一个问题是助人者经常不大信任自己的感受（例如，"如果我是名高明一些的助人者，我就不会觉得厌烦"）。他们对自己的反应不确定，对恰当、共情同感地与当事人交流感受犹豫不决。

一些助人者会回避运用即时化技术，因为他们害怕直接、坦诚地与当事人谈论即时关系。他们并不习惯在人际交往中进行开放的交流，当与人分享即时感受时，他们会感到很脆弱。开放地处理人际冲突使他们感到焦虑，因为他们自小的家规禁止把冲突公开化。实际上，大多数助人者都能轻松地与悲伤和抑郁的当事人共情同感，可一旦涉及与当事人直接讨论他们的负性反应、处理人际问题，他们就感到力不从心。再次重申，接受个人治疗可以为助人者提供一个了解他们自身问题的机会。督导师也能为助人者提供一个现实检验的机会，因为他们能够从中了解其他人对当事人是怎样反应的。

一方面，有的初学者很难与和自己相似的当事人进行即时化交流（例如，有着同样的文化、经济背景或性别），因为某些情境会引发复杂的情感，例如愤怒、嫉妒、失望、骄傲和竞争。另一方面，有的初学者面对与自己不一样的当事人时会感到困难。这两种情况都涉及多元化的问题，而且通常很难公开处理这些问题。助人者通常想表现得能够包容一切，当他们产生政治不正确的感觉时会感到羞愧。

此外，助人者有时候会不恰当地运用即时化技术去满足自身的需要。例如，一位刚刚离婚的助人者感到特别脆弱，总想让人认同他的魅力，所以他在会谈中鼓励当事人谈论他对当事人的吸引力。通常情况下，助人者不会意识到他们在运用即时化技术满足自己的需要。只有当他们的行为对当事人产生负面影响时，他们才有可能觉察（例如，在助人者对当事人总是沉默感到生气后，当事人退出了咨询）。因此，关键是助人者要尝试了解自身的需要，这样他们就可以从其他地方得到满足，而不会影响助人过程了。

在与当事人只有简短（例如，20分钟）互动的情况下，初学者往往不会想到运用即时化技术，这在助人技术的课程上非常典型。事实上，即时化技术并不适用于简短的互动。不过，初学者可以在角色扮演中练习这一技术，并且了解当实际面对长程治疗的当事人时，在会谈中该如何运用即时化技术。此外，最近有学生表示，有意识地同她的督导师和同学练习即时化技术解决她们之间的真实问题（例如，在督导关系中感到不信任或者是在同学关系中感到亲近）是本学期最有用的练习之一，让她在未来对当事人运用即时化技术更有信心了。

你的想法

- 助人者是否能够做到既直接地给予反馈，同时又如其所是地接纳当事人？请谈谈你的看法。
- 在当事人对助人者感到愤怒时，他们应该如何回应？
- 有人认为即时化技术属于深层次的共情同感，你如何看待这个观点？
- 和解释或挑战技术相比，运用即时化技术有哪些优点和缺点？

关键术语

即时化 immediacy   元沟通 metacommunication

研究概要

即时化

文献出处：Hill, C. E., Gelso, C. J., Chui, H., Spangler, p. T., Hummel, A., Huang, T., … Miles, J. R. (2014). To be or not to be immediate with clients: The use and perceived effects of immediacy in psychodynamic/interpersonal psychotherapy. *Psychotherapy Research*, 3, 299–315. http://dx.doi.org/10.1080/10503307.2013.812262

理论依据：人们经常因为关系问题去寻求心理治疗。他们可能是无法建立或维持一段关系，或者是行为方式令人恼火，让人不愿靠近。人们常常因为这些关系问题感到孤独，却不知道如何改变。心理治疗可以通过分析关系模式，探索关系问题的成因，提出替代行为方式来帮助当事人。但是，治疗本身就是一种关系，所以许多出现在当事人生活中的关系问题也会出现在与治疗师的关系之中。例如，如果当事人一直以来都是敌对的、顺从的、诱惑的或圣洁的，他们也会在治疗师面前表现出同样的行为方式。治疗师就可以利用自己的反应来帮助当事人了解其他人会如何反应，然后找出改变的方法。基于即时化技术在理论上的重要性，我们需要仔细研究即时化技术何时以及如何在心理治疗中出现。

方法：本研究的方法基于之前的三个案例，这些案例中的治疗师经验丰富，在会谈中运用了大量的即时化技术（Hill et al., 2008；Kasper et al., 2008；Mayotte-Blum et al., 2012）。检查16个心理动力治疗个案中的即时化技术，当事人来自社区，治疗师都是博士研究生，会谈持续8~59次。当事人和治疗师在每次会谈后都会完成评估。每个即时化事件都由一组评价者根据即时化的类型、发起者、持续时间、深度、适宜性、解决方案、质量和后果进行编码。当事人和心理治疗师在治疗结束后接受关于即时化技术体验的访谈。

有趣的发现：
- 多数即时化事件是由治疗师发起的。
- 多数即时化事件涉及探索未表达的或者隐蔽的感受（例如，"我想知道你现在对我们的关系有什么感觉""你现在看起来对我有点生气"）。因此，大多数即时化技术集中于试图帮助当事人谈论他们没有说出来的对关系的感受，以便他们可以学会在关系中更自由地表达自己。
- 大约5%的治疗时间运用了即时化技术。
- 典型的效果：
  - 当事人表达自己对治疗师或治疗关系的感受。
  - 当事人更加开放，更深入地谈论自己。
  - 当事人获得领悟。

治疗师更关注感受而不是关系的破裂，并且更多对不安全依恋的当事人（例如，在与他人的互动中常常感到焦虑、回避和不安）运用即时化技术，较少对安全型依恋的当事人运用即时化技术（例如，在与他人的互动中一般不焦虑、不回避和信任）。

结论：
- 即时化技术通常对心理治疗是有益的。虽然不经常运用，并且需要好好地运用，但是即时化技术可以促进心理治疗过程，帮助当事人获得领悟。

对治疗的启示：
- 当事人可以表达对治疗师的感受。尽管这往往很可怕，但其有助于修复治疗关系中的问题，并可以作为一个榜样，让当事人在治疗之外的关系中更加开放。
- 治疗师需要根据当事人的依恋风格来调整即时化干预策略。治疗师可能需要对不安全依恋的当事人更加谨慎。

实践练习

请在下面的每个示例下写出一个即时化的反应，将你的反应与后面提供的参考答案进行比较。

陈述

1. 当事人：是这样，我思考了上次你跟我说的话，我觉得很愤怒。你建议我去镇上做演讲时见我的前男友，我认为你是站着说话不腰疼。他有十年都没和我联系，我也只想专注于我的工作和演讲。一想到我得花时间去看他，还要担心他会说什么，我就不能集中精力。

助人者的即时化：

2. 当事人：你今天没有给我帮助。你没有给我任何好的建议。我不知道我为什么要费力来这儿。简直就是浪费时间！

助人者的即时化：

3. 当事人：（沉默了5分钟。）

助人者的即时化：

4. 当事人不间断地说了15分钟，中间没有任何停顿。

助人者的即时化：

助人者可能的反应

1. 我很抱歉之前建议你联络你的前男友。很显然，这对你是一种伤害。也许我们可以花些时间来讨论我们之间的关系，因为我一般情况下不会告诉你应该做什么。

你的责备让我觉得不安，因为在我的印象中，是你自己提出要去看看他。

2. 我也感觉很挫败，因为我们都感到没有进展。

我感到有些伤心，因为我对我们的关系投入了很多时间和精力，但似乎对你而言还是不够。

3. 你看上去对我很愤怒。你能说说是怎么了吗？

我现在有些担心你，因为你好像离我很远。

4. 我现在感到有点烦。我想知道你是否意识到你一刻不停地讲了15分钟？你心里是怎么想的呢？

我感到有点困扰，因为我们没什么进展。你今天似乎只对不断地讲故事感兴趣，而不愿继续我们的工作。你现在感受如何？

实验室活动：即时化

练习1

目标：帮助学生通过个人体验学习运用即时化技术。

计划：在小组中，领导者让小组成员反馈他们此时此刻在这个小组中的体验。小组成员可能会谈到他们在这里的放松程度，以及谁在小组中话最多。领导者要监控整个过程，确保每个人都有说话的机会（例如，围成一圈依次发言是一种很好的方法，以保证每个人都有机会），语气要保持肯定。

回顾：小组成员依次谈论在表达即刻感受时的体验。

练习2

目标：在其他助人技术的背景下练习即时化技术。这个实验是为那些接待过"真实的"当事人的高级学员设计的。在这个实验中，我建议4~6个成员为一组，由一名目前正在会见当事人的助人者提供案例。由这名助人者扮演当事人，可以逼真地模仿当事人的行为（通过扮演当事人能够获得对当事人更深的共情同感）。另一个小组成员扮演助人者。其他成员可以为助人者提供其他可能的干预方式，或者在助人者觉得困难的时候接替其角色。每个小组需要一名指定的领导者（助人者除外），负责组织协调会谈。

互动中助人者和当事人的任务：

1. "当事人"（由助人者扮演）要再现真实当事人的表现，尽力逼真地表现出在治疗情境中使助人者难以有效回应的行为。"当事人"在角色扮演之前不要提供任何有关真实当事人以及治疗过程的信息，因为这个角色扮演的本意是让小组成员自然地回应，不受任何可能的、带有偏见的信息的影响。

2. 助人者应当先运用几个谈话轮的探索技术（如开放式提问、重述、反映），直到他与当事人形成和谐的治疗关系，并且体验到对当事人内在的反应。

3. 当互动模式有几分清晰的时候，领导者让助人者暂停。

4. 每个人（除了当事人）写下一种即时化的反应。每名助人者都问问自己："我现在感受到了什么？""在关系中发生了什么？""这其中多大程度上与我个人的问题有关？"

5. 每名助人者说出一种即时化的反应，并给当事人一定的时间做出反应。

互动中观察者的任务：

每个人都要观察整个互动过程，注意哪些反应看上去比较能够帮助当事人，而哪些反应不能，并分析原因。助人者如何进行即时化的陈述？助人者有没有对自己的感受负责？当事人是怎么回应即时化的陈述的？助人者和当事人之间的关系是如何呈现的？你对每个角色的感受是什么？

互动之后：

当事人可以谈论听到即时化干预之后的感受，助人者可以谈论运用即时化技术时的感受。每个人都可以对其所见所感进行反馈。

角色互换。

练习3

目标：整合探索和促进领悟的技术。每两个人组成一个小组，一人扮演助人者，另一人扮演当事人。

互动中助人者和当事人的任务：

1. 当事人讲述一些他们做了却不知道为什么会这样做的事情，或是使他们感到困惑的事件。

2. 助人者运用探索技术（开放式提问、重述、情感反映）帮助当事人探索 5~10 分钟。

3. 一旦他们建立了融洽的关系，助人者就开始在探索的过程中，适时运用促进领悟的技术（挑战、解释、自我表露、即时化）。

互动之后：

当事人谈论自己的反应；助人者谈论自己的意图及其对当事人反应的觉察。

角色交换。

个人反思：

- 你对处理人际冲突的感受是什么？
- 对于扮演自己当事人的你，对你的当事人有哪些新的了解？你对当事人的感受有哪些改变？谈谈这一过程对你接下来帮助当事人有何启示。
- 你该如何回应想要给你提供反馈的当事人？

第 14 章
领悟阶段的技术整合

> 知道为什么而活的人几乎可以忍受一切。
> ——弗里德里希·尼采

> 内奥能够体验和接受因为他的妹妹不愿和他说话而感受到的深深的愤怒和失落。一直无法选择职业的本杰明开始意识到，他害怕与父亲竞争，他的父亲是一名非常成功的商人，但却疏远了自己的家庭。伊冯娜开始理解，她的自卑感是因为其他孩子取笑她有轻微的语言障碍。奈杰尔领悟到他之所以回避所有风险，是因为害怕自己会像父亲一样英年早逝。米吉意识到，她的敌意使人们远离她。这些都是当事人在助人者的帮助下对自己获得新理解的例子。

在领悟阶段，助人者与当事人合作发展对自身、对自己的情感与行为的新的看法。在这一过程中，助人者对技术的选择取决于他们对个案进行的概念化、他们的意图、当事人当时所表达的内容、当事人的容忍程度，以及助人者对会谈的总体目标。助人者始终保持着与当事人共情同感的联结，在以使用探索技术为主的同时，也致力于深化当事人的体验，挑战当事人以促进其觉察。助人者通过开放式提问和追问鼓励当事人思考他们行为的原因；通过使用解释和领悟性的表露技术，帮助当事人对自己思想和行为的原因及动机产生新的理解；通过即时化技术，帮助当事人了解自己如何与人相处，并处理在治疗关系中产生的紧张和误解。这些干预手段帮助当事人获得更深层次的自我了解，并对自我、自我的发展过程，以及别人对自己的看法产生更深的领悟。

我们希望，到领悟阶段结束时，当事人能够获得对自身深入的、有情绪体验的新认识。他们看待问题的方式或角度变了，能看出自己的反应模式或者关联，能了解自己做事的原因，并对自己有了更深刻的认识。

这些领悟常常带有一种恍然大悟的味道。在当事人获得了对自己行为和思想的新的更好的解释时，他们会感觉到踏实。当事人"完全拥有"对自己的新认识，因为在构建领悟的过程中他们自己起到了非常重要的作用。在这之后，当事人可以将这些新的理解整合到他们的自我认知中，开始考虑采取行动。

另外，领悟有时候是当事人曾经听过但很难整合到意识中的内容的重复。他们可能需要帮助去理解自己的障碍和防御。他们也可能需要额外的帮助来修改领悟以适应自己对世界的认识。这种"修通"对当事人和助人者而言既是有意义的又是令人沮丧的，反映了人性和改变过程的复杂性。

领悟阶段的个案概念化

为了决定在领悟阶段如何进行干预，助人者需要了解当事人在更深层次上发生的事情（Eells，2007）。因此，助人者需要开始思考和假设当事人的动力。我们对当事人动力的思考源于我们关于人是如何发展和如何改变的理论（Murdock，1991），我们在此依据的是心理动力学理论的原则。

为了比探索阶段更进一步，助人者需要开始识别行为模式和推测当事人是如何形成这些模式的，即进行所谓的个案概念化（Eells，2007）。如果你能理解为什么当事人会以某种方式行事，就更容易对他们产生共情和同情心，并想出如何帮助他们。例如，在日常生活中，如果有人和你讨论，却又不允许你说话，你可能会感到生气。你甚至会特意避开这种人。但是，作为一名助人者，如果你能理解当事人的这种行为模式是因为他小时候遭到虐待，变得害怕与人亲近，你就会感到同情并且开始制定帮助他的策略。事实上，经验丰富的治疗师告诉我们，深入了解当事人有助于他们产生同情心（Vivino，Thompson，Hill，& Ladany，2009）。

请注意概念化和诊断的区别（例如，广泛性焦虑障碍、边缘型人格障碍）：你们中的大多数人可能都听说过诊断，甚至可能患有"医学生综合征"，认为自己符合所有的诊断。诊断作为对当事人行为的描述可能很有用，但是对制定具体的治疗计划却用处不大。还有一个问题是，有的助人者开始将当事人等同于某种疾病的诊断对象，而不是把他们当作有问题的人；他们有时会专注于一种诊断，而忽视其他解释的可能性。相比之下，心理动力学的诊断更像是心理动力学的个案概念化，并且与治疗计划直接相关（参见 McWilliams，2011）。

个案概念化指南

我们在这里集中讨论个案概念化的四个步骤。第一，更新在探索阶段的观察。第二，描述治疗过程和治疗关系。第三，根据心理动力理论、人际理论、存在主义理论对概念化进行修改。第四，以概念化为指导修改治疗计划。

观察记录

在这里，我们检查自探索阶段以来的记录是否有变化，特别关注童年、原生家庭和当前关系的新信息。

关系

对治疗过程和治疗关系进行描述，特别关注当事人过去与重要他人的互动和现在与重要他人以及助人者的互动之间的相似之处。

概念化

助人者可以通过问自己以下问题来开始概念化的过程（也见 Teyber & Teyber, 2017）：
- 当事人的问题最初是如何产生的？
- 这些发展性的问题目前如何在与他人有问题的互动中发挥作用？
- 与他人的问题是如何被带入治疗关系中的？
- 是什么导致当事人此时出现这种行为？
- 是什么让当事人此时无法改变？
- 是什么让当事人无法发挥天然的主动性？

问题起源。我们将主要关注过去经历的影响，尤其是与家人和朋友等重要他人的关系。

助人者可以推测当事人的行为受到过去与重要他人互动的影响。从依恋的角度来看，我们可以猜测当事人的早期关系，对父母的依恋安全与否，以及这种依恋是如何延续到现在的关系之中的。

助人者还可以从存在主义的视角来思考当事人的动力（Yalom, 1980）。因此，我们可能想知道当事人是否已经形成了强大的自我意识并且构建了生命意义感。我们可能还想知道当事人是如何应对死亡焦虑的。

很多人适应不良不仅是由于前面提到的一些原因，还可能是在难以甚至是不可能摆脱的压抑的环境中成长导致的。例如，如果人们在极端贫困中长大，反复被告知他们不可能在这个世界上取得成功，那么他们会远离那些被视为当权者的人也就不足为奇了。

模式。助人者现在可以开始思考模式了。也许当事人在会谈中看起来情感隔离（例如，往后挪椅子以拉开距离，极少的眼神交流，大量的沉默，讨论感受时会笑），与那些看起来强势、固执己见的女性仅保持表面的关系，很少与男性建立关系，经常向助人者寻求建议。由此，助人者暂时可以看到情感隔离和依赖的模式，这种模式可以被概念化为源于童年时期与支配的、控制的父母的互动。

我们通过核心冲突关系主题来描述这种模式（CCRT; Book, 1998; Luborsky & Crits-Christoph, 1990）。CCRT 由三个部分组成：愿望（Wish, W）、他人的反应（Response of Other, RO）和自我的反应（Response of Self, RS）。人们有愿望或需要（W；例如，当事人可能想要依赖他人、支配他人、亲近他人、回避他人），会期望他人以某种方式回应他们（RO；例如，他们可能认为别人会生气、亲近、顺从或拒绝）。在愿望和他人反应的基础上，当事人会有相应的反应（RS；例如，感到不被爱、自己的需求不能被他人满足、生气、失望、满意或安心）。因此，他们现在的感受源于他们想从他人那儿得到什么以及预期自己能得到什么。例如，凯莎可能想要喜欢和爱，但也想要控制感。她可能期望别人像她父亲一样伤害和控制她，因此她可能会感到焦虑和缺乏自信。

防御机制。构建模式的另一种方法是关注防御机制。正如前面章节提到的，人在生命早期就发展出防御机制以应对各种情况，但后来可能无法放弃那些不再需要的防御机制。也许放弃那些我们认为可以保护自己免受伤害的东西是最困难的，因为我们认为这些防御机制在过去保护了我们。对童年时期行为模式的了解有助于推测

一个人可能已经发展出什么样的防御机制（参见专栏 10.1）。在最初的助人会谈中最

常见的防御机制之一是理智化（intellectualization），例如，当事人在抽象的、认知的层面使用大量专业术语进行交谈，但很少谈论自己的感受。理智化可以让当事人远离那些困难的话题。其他的防御机制还有说得太多或是保持沉默来阻止助人者接近。

移情和反移情。通过移情我们可以看到，当事人可能将父母对待他们的方式投射到我们身上（例如，当事人可能期望我们像他们的父母那样克制和苛刻）。反移情则让我们反省和思考我们自己的问题是如何被当事人的表现和风格触发的。

有人可能会问，这里的模式和探索阶段个案概念化中呈现的问题有什么不同？这是个好问题！问题指的是当事人有意识地提出他们在助人过程中要解决的问题（例如，抑郁、体重超重、恐惧症）。模式更多是指当事人表现出的潜在动力（例如，情感隔离、依赖、缺乏自尊）。显然，二者是相关的，但可能处在不同的层面。模式更多指潜在的、引起表面问题的原因（例如，情感隔离会导致一个人孤独和抑郁）。

治疗计划

我们从心理动力、人际关系、存在主义的视角，思考如何帮助当事人获得更深层次的理解。我们想帮助他们理解痛苦的根源，以及如何发展出防御机制帮助他们生存。我们想帮助他们理解对当前关系的曲解是源于过去的关系，并且不再适用。我们希望他们开始感受到一些能动性，是要停留在过去，或是可以过上更充实的生活，对情感有更深的体验（开心时大笑，悲伤时哭泣）。我们希望他们拥有矫正性的关系体验，看到我们的关系与过去关系的不同，拥有开放、诚实的关系。

在专栏 14.1 中，我们将继续探索阶段呈现的例子。关于沙吉尔的详细信息，请参阅第 9 章。

专栏 14.1

领悟阶段的个案概念化

观察记录

我们得到的新信息是，沙吉尔在小时候曾被叔叔性虐待。尽管当我告诉她我在法律上有义务报告这件事时她很害怕，她还是将真相告诉了我。我向儿童保护服务处报告了此事。他们联系了住在养老院的叔叔，他身边没有小孩子了，因此不需要进一步随访。我邀请了沙吉尔的丈夫，他表示受够了沙吉尔的歇斯底里，和她一起生活是多么困难。此外，沙吉尔还说自己在与母亲和姐姐的互动中遇到了很多问题，她觉得她们需要自己持续的关注。

关系

治疗关系很不稳定。沙吉尔会在一次会谈中说我是最好的心理治疗师，然后在下次会谈中又说因为我让她说出童年遭受性虐待的经历，所以她想要退出治疗。我试着深呼吸，不让自己觉得这是针对我的。我意识到她没有人可以依靠，她需要表达自己的愤怒，她害怕投入到关系中。

概念化

基于沙吉尔坎坷的童年和叔叔的虐待，她看起来是混合了焦虑-矛盾和回避的依恋风格。她的模式是想和人靠得太近，然后又会因为害怕而退缩，变得冷漠且充满敌意。她的防御机制是筑起

> 一道高到没人愿攀登的心墙，当没人愿意接近她时她又感到被排斥和孤独。其核心冲突关系主题是，她希望亲近，但又预期别人会虐待她，相应的自我反应是感到自己没有价值，需要保护自己不受外界伤害。以存在主义的观点来看，沙吉尔缺乏生活的意义，曾消极地想要自杀。她不知道自己想从生活中得到什么，似乎无法选择自己的路。
>
> 就移情而言，沙吉尔看起来对我的反应与对她父母的相似：敌意、愤怒和失望，认为我不值得信任。就反移情而言，沙吉尔让我想起一个不得不小心对待的朋友（总觉得如履薄冰），因为有时候她充满魅力，但我永远都不知道她什么时候会爆发、对我大发雷霆。
>
> **治疗计划**
>
> 我会继续探索阶段的计划，主要想要支持沙吉尔，让她明白我不会抛弃她，也不会对她提出不合适的要求。我会保持界限（准时开始，准时结束），富有同情心地倾听。在会谈中她变得有敌意时，我会让她发泄，然后询问她的感受是否与童年的经历类似。我会让她对愤怒的来源保持好奇。我偶尔使用即时化技术，让她明白我很关心她并想知道她对我们关系的感受。我寻求督导获得帮助，确保自己能够保持关心和尊重。

注：相关背景可参见专栏9.1。

个案概念化练习

可以将向学生教授概念化技术纳入训练计划。在角色扮演之后，教师可以让学生思考当事人的动力。例如，在一次会谈练习中，库纳尔（一个在课堂上自愿扮演当事人的学生）谈到自己没有被研究生院录取，不确定自己以后想干什么——他是真的想去读研，还是想做其他事情呢？经过探索阶段后，我停止了互动，让库纳尔安静地坐在那儿观察，不必做出回应。然后，我开始与其他学生讨论他们对库纳尔的看法。我们推测（当然保持尊重的态度）库纳尔是否在其他方面也存在优柔寡断的问题，或者是由于家庭压力选择读研。这些推测有助于确定需要进一步探索的问题。我们的推测并非都是正确的，但能提供思考的方向。我们也需要保持灵活性，根据新出现的信息调整观点。

领悟阶段技术的实施

可以遵循以下步骤整合领悟阶段的技术。助人者不必完全按照这些步骤进行，可以把它们当作在这个阶段如何工作的一般指南。

步骤1：准备

助人者通过共情同感、情感反映帮助当事人探索，为领悟阶段进行铺垫。这必须以良好的治疗关系为基础，要让当事人觉得探索情感和想法背后的原因是安全的，没有对评价的担忧。此外，领悟阶段中共情同感仍然是非常关键的要素。在应对难度较大的临床情境时，如果助人者可以让自己和当事人感同身受，尽量去理解当事人内心的体验，助人者就可以避免评判，并且可以与当事人结成同盟。在最新的研究中，维维翁等人（Vivino et al., 2009）发现有经验的治疗师面对困难的当事人，能够退后一步，了解当事人当下的所思所感，重新燃起对当事人的同情心。

然而，表现焦虑会让初学者很难评估关系的强度。为了建立他们对评估关系强度的信心，助人者可以具体观察当事人是否主动参与、倾听并表露自己的个人信息，让当事人提供反馈（例如，采用针对即时化的追问），询问督导师的反馈，实施会谈后调查。

步骤2：对当事人进行概念化

助人者需要思考什么是导致和维持当事人问题的潜在动力。然后在会谈中，助人者需要观察当事人可能获益的各种标志，包括获得觉察（例如，当事人看起来矛盾、困惑、内心充满斗争）、构建领悟（例如，当事人表示有兴趣想要了解某事），或者是检查关系（例如，当事人的行为与往常不同，当事人说的关于其他人的事情可能适用于治疗关系，出现误解或关系破裂）。当事人表现出的标志往往不会像这里说的这么清楚，所以助人者有时需要依靠他们的临床直觉，并仔细观察当事人的反应。

步骤3：参与合作以促进领悟

最重要的是在运用促进领悟的技术时，助人者要保持温和、试探、共情同感的态度。助人者应有的态度是好奇，而不是炫耀或者评判。此外，助人者和当事人合作以发现意义也很重要。因此，两个人要经过来来回回的交流才能明白可能发生的事情：助人者可能会先向当事人提出一个开放式的问题，并认真倾听当事人的回应；然后，助人者可能提供一个试探性的解释，让当事人来添加或者修改；接下来，助人者可能提出挑战或解释，也许这个时候当事人会出现领悟的端倪，助人者就会进行复述并询问更多的细节。这么做是为了帮助当事人突破阻塞，让他们可以跳出来并继续思考自身的问题。

还有一点很重要，那就是助人者要仔细观察当事人对这些领悟干预的反应，并在必要时进行修正。因为当事人经常隐藏消极的反应，所以助人者除了观察之外，可能还需要对当事人的非言语行为进行评论，并明确询问当事人的反应（例如，采用即时化技术）。

步骤4：继续探索和跟进

单一的挑战、解释或即时化陈述很少能立即引发新的持久的领悟。当事人通常需要多次重复，才能开始理解、整合和改变认知图式，并利用领悟改变他们的生活。起初，领悟干预可能看起来很奇怪和陌生，但随着当事人以不同的方式多次听到，他们就开始理解并将这些观点整合进自己的思维中。因此，助人者需要在会谈中有足够的时间来修通这些领悟，并在当事人有了领悟之后持续跟进。

步骤5：询问当事人当前的理解

在领悟阶段结束时，助人者的想法通常会和当事人很不同。因此，助人者询问当事人当前对问题的理解会有帮助。我记得在一次会谈中，我确信当事人获得了很多领悟，而她却说没有什么变化时，我很惊讶。我意识到我太投入于某个解释，而没有与当事人保持同步。

一位中国学生提到了询问当事人理解的重要性，而不是仅由助人者总结并询问当事人是否同意。她指出，在中国文化背景下，反对权威是不礼貌的，所以中国当事人可能会礼貌地说自己从会谈中收获很多，只是为了取悦助人者。

关于运用领悟技术的提示

运用领悟干预时，有以下几点需要注意。在广泛运用促进领悟的技术之前，必须建立牢固的治疗关系（当然，在某些情况下，早期的领悟技术有助于建立治疗关系或显示治疗师的理解）。当事人必须信赖助人者，助人者必须在了解当事人的基础上制定领悟干预的策略。治疗关系有时很快就能建立，但有时需要很长时间才能承受领悟的干预技术。

确定当事人是否做好准备的一种方法是，在尝试一次温和的领悟干预后观察当事人的反应。如果当事人排斥干预，缄口不言，或者以"对，但是……"回应，助人者应该转变策略。如果当事人没有做好准备，那么最好的领悟干预也毫无价值，而且过早的领悟干预会破坏关系。

最好的做法通常是鼓励当事人自己获得领悟，可以通过开放式提问和追问，提供稍超出当事人理解的解释来进行。如果当事人能获得领悟，那么助人者可以只待在幕后通过开放式提问和追问去鼓励和引导当事人。在领悟阶段仍然需要助人者和当事人的合作，由助人者和当事人共同构建领悟，而不是由助人者作为专家来向当事人传达领悟。

在使用解释干预时，要温和地、试探性地进行，要充满关怀和共情同感而不是评价或责备。在解释过程中应穿插一些探索技术（情感反映、重述以及开放式提问和追问）。因为当事人会仔细考虑他们从领悟干预中学到了什么，所以他们会达到一种新的水平，并且需要时间和支持来探索对于自身新的发现。而且，助人者在不断出现的信息的基础上，不断调整他们的领悟干预措施，把领悟干预当作工作假设，而不是真理。

此外，领悟干预可能需要通过多种方式、经历很长时间来重复多次，以便当事人吸收它们，使用它们来改变自己的想法并应用于生活中不同的方面。改变习惯的思维方式很难，而重复常常可以帮助当事人接触和使用新的领悟。第一次常常是播下种子，让当事人开始思考，然后助人者跟进这个想法并在恰当的时候对其进行说明。

助人者在领悟阶段可能经历的困难

熟练掌握领悟阶段的各种领悟技术是很难的，需要经过多年学习实践才能精通。另外，这些技术不能被当作机械的、技术性的套路应用于每一个当事人，这对学习这些技术提出了挑战（见本章结尾的研究概要）。此外，助人者必须运用他们的直觉并依靠他们对当事人的反应，所以在领悟过程中往往会出现更多的反移情。因此，助人者需要缓慢地进行助人，并观察当事人的反应。但我鼓励助人者不要回避领悟干预，因为他们可能会因此错过帮助当事人更深入地理解自己的机会。专栏14.2列出了一些困难及相应的应对策略。

专栏 14.2

实施领悟阶段的困难和相关的应对策略

困难	应对策略
过早进入领悟	自我反思、观看录像、重新共情同感和使用探索技术
忘记了并非所有的当事人都想要或需要领悟	自我反思、聚焦个案概念化
没有提供足够的支持	自我反思、观看录像、聚焦共情同感和使用探索技术
为构建领悟承担太多责任	自我反思
害怕使用领悟技术	自我反思、观看录像、深呼吸/放松/正念、积极的自我对话、练习领悟技术、聚焦当事人、观摩能熟练使用领悟技术的榜样、获得反馈
陷入某一理论观点	自我反思
没有正确概念化当事人	自我反思、聚焦个案概念化
误解/关系破裂	自我反思、使用即时化技术处理关系
反移情	自我反思
忽视文化	获得反馈、自我反思、体验其他文化

过早地进入领悟

助人者有时在稳固的治疗关系建立之前，或者在当事人还没有充分探索他们的问题之前，或者在当事人还没有足够深刻地理解自己的问题之前，就进入了领悟阶段。领悟干预都是在牢固的治疗关系和深刻理解的基础上进行的，这一点至关重要，否则这些技术会对当事人造成潜在的伤害。例如，如果助人者在当事人信任他之前开始使用挑战，那么当事人可能会怀疑助人者的动机并结束治疗关系。应对策略包括自我反思、通过录像观察干预、重新共情同感和使用探索技术。

忘记了并非所有的当事人都想要或需要领悟

尽管助人者非常重视领悟，但并不是所有的当事人都认同。有些当事人（甚至一些助人者）并不想要或需要领悟。他们更喜欢没有挑战和领悟的支持，或者只是快速改变行为而无须领悟。他们也许不想弄明白为什么会感觉很糟，只希望能让自己感觉好些。因为本书中介绍的三阶段模式是以当事人为中心并非常注重共情同感，所以对于这些当事人最好是尊重他们的选择，不要迫使他们去领悟。我建议对这些当事人做一个评估，看看他们是否仅仅需要支持、改变行为，或一些助人者无法提供的东西。如果当事人需要支持来改变行为，助人者就可以提供支持，而减少对领悟阶段的强调。如果当事人需要助人者无法提供的其他东西（例如，药物、支持团体、福利），助人者就可以建议他们向别的机构求助。与其责备当事人抗拒或不愿意对我们想要他们做的事情保持"开放"，通常更有效的是认识到我们还没有弄清楚如何为特定的当事人提供帮助。应对策略包括自我反思和个案概念化。

没有提供足够的支持

有些助人者致力于解决当事人的难题，以至于忘了共情同感。他们忘记了让当事人保持在治疗性体验中的重要性。不断地察觉当事人的感受和反应并努力维持合作关系是至关重要的。应对策略包括自我反思、重新共情同感和使用探索技术。

为构建领悟承担太多责任

初学者常常觉得自己应该作为一位专家来"把所有东西拼合起来"，并将当事人所有的过去经验和当前行为从新的角度联结起来。助人者也可能会因为当事人看不清对助人者来说显而易见的事情而变得不耐烦。这类助人者认为，弄明白当事人比帮助当事人自己想明白更重要。我的看法是，助人者更重要的任务是对当事人共情同感，确定是什么困难导致了当事人不能整合信息，询问当事人对于领悟的思考并和他们共同构建领悟。应对策略有自我反思、观看自己会谈的录像以加深自我觉察、重新共情同感和使用探索技术。

害怕使用领悟技术

有的助人者因为害怕伤害当事人、表现得过于咄咄逼人或者仅仅不知道如何深入，所以不愿进入领悟阶段。初学者往往很难做出超越当事人外在表现的解释，因为他们从未想过人是复杂的，会被矛盾的潜意识力量驱动。应对策略包括自我反思（特别是通过自己接受治疗来获得更深入的体验）、使用情绪调节策略（例如，深呼吸、放松或正念）、获得反馈、练习领悟技术。此外，助人者有时会害怕惹怒和冒犯当事人，所以他们无法深入探索来帮助当事人。然而，当事人往往很看重听到关于他们问题的另一种观点，因为他们感到被困住了，所以助人者需要愿意引导当事人构建新的理解，当然总是建立在良好的关系和扎实探索的基础上。

陷入某一理论观点

在领悟阶段还有一种危险是，助人者可能会过于死板地只使用一种理论观点而陷入困境。例如，尽管对于某个当事人来说不适合，助人者却仍然尝试使用精神分析理论，因为助人者可能深信弗洛伊德的理论——每个当事人都在遭受恋母/恋父情结所带来的痛苦。再如，尽管当事人并不接纳认知疗法，助人者却仍然从认知的角度来看待当事人，认为适应不良的思维都需要被挑战。助人者应当把理论当作指导方针而不是教条，并且需要审慎地运用它们。应对策略包括自我反思、观看录像、重新共情同感和使用探索技术。

没有正确概念化当事人

如果你没有仔细思考过潜在的动力系统以及是什么导致和维持这些动力的，那么你就很难想到在这个阶段要做什么。当然，你始终要记住，做出假设是为了进一步探索当事人，而不是对他们有完整的理解。我们的知识总是暂时的，因为有太多我们未知的东西，但组织我们的想法是有帮助的，这样才能更好地判断当事人的准备状态以及可能存在的阻碍。应对策略包括花时间思考当事人和会谈之间的关系、观看会谈录像以及与督导师交流。

误解和关系破裂

在助人过程中，误解和关系破裂是不可避免的。任何时候，只要两个人尝试进行交流，就会因为不同的需求和价值观以及交流中的困难而出现问题。然而，解决这种关系破裂问题有助于改善关系（参见 Eubanks，Muran，& Safran，2018），所以值得去思考如何解决出现的问题。应对策略包括自我反思以及通过即时化技术处理关系。

反移情

反移情（在第 2 章和第 10 章中讨论过）会妨碍助人者有效地实施领悟干预。例如，当事人谈到堕胎或者离婚时，可能会刺激助人者产生关于这类问题的一些未解决的情感。同样，一名在处理愤怒情绪方面有困难的助人者，在遇到当事人对她生气时可能会退缩。

在这里，区分对当事人的准确反应和扭曲反应很重要。助人者可能准确地知觉到当事人是在退缩，但可能会将退缩的原因曲解为与助人者有关，而没有认识到可能是由于当事人的焦虑。也要记住，当你遇到年龄和教育状况相仿的当事人时，你会很容易将自己的特征和问题投射到这些当事人身上。

余薇是一名助人技术课的学生，她在想如果当事人期待的治疗与她认为最有利于当事人的治疗相冲突时该怎么办。她举了一个例子：一位当事人想解决他对女儿的愤怒问题，但他拒绝谈论自己的童年或者是自己对父母的愤怒问题；而余薇认为当事人需要先解决他和父母的问题，才能理解他和他女儿之间的问题。余薇不知道她是应该鼓励当事人进一步探索，挑战当事人的矛盾之处，使用即时化技术帮助当事人明白他想要什么，还是应该思考自己的反移情问题，思考为什么自己如此渴望当事人讨论他的童年。

此时与自己的治疗师或者督导师讨论可能会有帮助，尽管讨论诸如性吸引或愤怒之类的个人问题会很尴尬，尤其是对于那些来自鼓励人们抑制这种想法的文化的助人者而言。意识到这类感受很普遍会有帮助，这种觉察有助于我们管理这类感受。

最重要的应对策略是自我反思，包括进行个人治疗获得理解防御机制和阻抗的帮助。

忽视文化

考虑到有更多的模糊性和解释，以及相对于探索阶段助人者在领悟阶段要更加依赖自己的反应和想法，助人者也就更容易产生文化偏见和刻板印象。例如，拥有保守文化背景、从未接触非常规性别当事人的助人者可能假定当事人想变成异性恋，身体健全的助人者可能假定身体残疾的当事人是无助的。一名西方助人者可能会挑战一个 22 岁的亚洲学生，使其更独立，并和父母分开，但是这种建议可能与当事人结婚之前依靠父母的文化价值观相抵触。助人者可能将当事人照顾年迈的父母解释为在职业发展方面的自我挫败，但当事人可能觉得为家庭牺牲自己是文化传统中自己应尽的义务。西方价值观推崇个人主义和自我实现，而东方和拉丁文化看重集体主义和家庭责任（Kim，Atkinson，& Umemoto, 2001; Kim, Atkinson, & Yang, 1999)。在理解个人动力系统和心理问题时，这些价值观的差异会导致文化冲突。

另一个与领悟阶段相关的文化因素是，有些文化告诉人们权威人物掌握最终的答案。因此，对于那些寻找"正确"答案的当事人，解释可能有更重要的意义。在这种情况下，助人者必须对他们所说的话特别谨慎。另外，非西方文化的当事人可能会从明智的领悟性自我表露中获益，并以此建立信任（D. W. Sue & Sue, 1999）。领悟性自我表露可能为当事人提供一个思考新想法的榜样，而不是指示他们应该思考什么。

有些文化不认同开放的、即时的交流，对于来自这些文化的当事人，即时性似乎是无礼的和侵入性的。同样，助人者应该留意当事人的反应，询问当事人任何感到不舒服的地方，并据此调整干预的策略。

尽管我们需要对文化保持敏感，但这并不意味着助人者不应该处理文化相关的话题。例如，尽管在某些文化中，女性应该是温柔顺从的，但这种行为方式可能会阻碍她在所选择的职业生涯中的发展，因此她可能需要帮助去思考这种行为方式以及是否需要改变。尽管助人者挑战当事人并采用即时化技术处理关系可能导致棘手的关系破裂和暂时失去信任，但其可能会有帮助。一名学生说她常常避免这种讨论，因为自己是白人，害怕会因此疏远少数族裔的当事人。但这些都是当事人生活中的真实议题，所以应该被谨慎处理。

最后一个文化问题是，多数群体的当事人（例如，中年白人男性）接受少数群体（例如，更加年轻的混血女性）的挑战和解释可能会特别困难，因为这种解释颠覆了社会规范权力的差异，可能会存在阻抗。这位当事人或许可以接受来自年长女性助人者的挑战或解释，因为他习惯从年长女性那儿获得母爱和情绪支持，但不习惯比更年轻的女性位置低。

应对策略包括获得关于你如何和不同文化背景的当事人打交道的反馈以及自我反思。此外，还可以通过旅行、阅读和与他人交谈让自己体验不同的文化。

克服领悟阶段困难的策略

由于这个阶段的很多策略（自我反思、练习、观摩典范、获得反馈、积极的自我对话、聚焦于当事人）已经在第 9 章介绍过，我们在此将不再重复。然而，我们强调在这个阶段更需要自我反思，帮助助人者理解自己的反应。此外，练习往往和领悟技术而非探索技术直接相关。

这个阶段更强调的策略是处理关系，在第 13 章有介绍。在一项研究中（Rhodes, Hill, Thompson, & Elliott, 1994），研究者询问那些对治疗感到满意的当事人：助人者是如何处理治疗关系中出现的误解的？当事人报告说，助人者询问当事人对于治疗关系的感受，不设防地倾听当事人，并愿意听到他们做错了什么；如果他们犯错或伤害了当事人的感情，他们会道歉。如果助人者能承认自己在助人关系中的问题，他们就为当事人提供了一个如何处理错误及如何富有同情心地回应他人的榜样。此外，助人者还可以谈论他们对于治疗关系的感受，让当事人知道自己的行为会怎样影响他人。助人者也可以询问当事人是否感到被冒犯或伤害。当事人可以讨论对助人者和会谈的积极感受和消极感受，这既富有挑战，又至关重要。助人者可以对当事人表露他们的感受表示感谢。处理治疗关系常常是痛苦和艰难的，当事人需要确信他们可以表达积极的感受，也可以表达消极的感受。

在领悟阶段有些不同的另一种应对策略是督导。在领悟阶段，督导可以被用来教授助人者个案概念化、移情和反移情、如何构建解释以及如何使用挑战和即时化。和经验丰富的督导师讨论对初学者建立应对领悟阶段的信心是非常有用的。

领悟阶段互动示例

在本例中，助人者已经建立了融洽的治疗关系，而当事人也已经探索了她对与女儿关系的感受。本例表现的是领悟阶段开始的时候（领悟干预见楷体字）：

助人者：这么说来，你女儿在中学表现不好，你担心她会被退学。（助人者想把当事人谈到的内容结合起来，于是做出一个概述。）

当事人：是的，她从不做功课。她总是看电视，经常给朋友打电话，还不断地吃东西。她也从来不参加学校的课外活动，也不帮我做任何事情。她的成绩单一开始也不让我看，后来我从她那儿拿到了，有两门功课不及格。

助人者：你考虑过给她请家教吗？（助人者提前跳到行动阶段，给出有关这个问题的建议。）

当事人：我们一直想给她请一个家教，但是她不想要。去年我们给她请了一个，但是没用。她还是不及格，我们花了不少钱。

助人者：听起来你真的很受打击。（助人者回到当事人身上，而不是她女儿身上。）

当事人：是的，真的很受打击。我都不知道该怎么办。我觉得很无助。学校对我来说很重要，我觉得如果她不接受良好的教育，她这一生将一事无成。（当事人接受了咨询师的情感反映，并且更深入地谈及她对于女儿问题的感受。）

助人者：*你知道吗？在我和孩子相处的经验中，我很难把自己和他们区分开。我非常希望他们完美，这样才显示我也是个完美的家长。*（助人者用自我表露来激发当事人的领悟。）

当事人：是的，我就是那样的。我觉得自己不是一个好母亲。别人的孩子都做得那么好。他们都在谈论让孩子上一些好的大学。我希望我的孩子拥有我没有的一切，不希望他们成年以后像我一样觉得很糟。

助人者：你真心希望给你的孩子最好的。（助人者重述以表示支持。）

当事人：是的，我的家庭并不重视教育。我的父母关注的是信教，以及饮食健康。事实上，他们要求很高，至少我母亲是这样的——她希望我成为一名传教士。在我十几岁的时候，我们有过很多次激烈的争吵。他们甚至没有注意到我在学校表现很好。嗯，那就是我可以自己做的事情。

助人者：*这很有趣，你希望可以从父母那里独立，自己做决定，但是你又想要女儿按照你说的去做。*（助人者挑战当事人似乎没有觉察到的一个矛盾。）

当事人：哇，你说得对！我简直不相信我正在对她重复我父母对我做的事。我还以为是不同的。我希望她好好学习，而我父母强迫我投身宗教。但是，我不知道该怎么做。我真的很努力去做个好母亲。这对我很重要。

助人者： 我在想，你是否觉得我在评价你是一个不称职的母亲？（助人者抓住当事人的自责，想知道当事人是否对助人者有消极的感受，所以进行了即时化干预。）

当事人： 我不知道你是不是在责备我。我很自责。我只是不知道如何停止我正在对女儿做的一切。我感到很困惑。我不知道怎样做一个母亲。我已经尽我所能了。

助人者： 你觉得很气馁。（助人者反映当事人的情感来支持她。）

当事人： 我年轻的时候不想做妈妈，因为我认为自己会做得不好。我认为，人们在做父母之前应该要通过考试，因为有些家长实在太糟糕了。经过多年咨询，我认为我已经解决了很多问题，不过应该还是没有全部解决。你知道，孩子小的时候，一切都很容易。

助人者： 也许你正面临的问题是你的孩子正值青春期，而这正是你与父母出现矛盾的时期。你没有从父母那里学会怎样去做一个青春期孩子的好家长。（助人者解释当事人当前的困难与过去经验的联系。）

当事人： 真的是这样。真的没有人告诉过我。我至今仍无法原谅我父母对我做的某些事。你无法相信我母亲有多专制。

助人者： 你仍然对她有愤怒。我在想，你能否感受到你女儿对你的愤怒？（助人者反映当事人的情感，同时解释当事人与其女儿有相似的感受，以此来帮助当事人理解女儿。助人者考虑过让当事人在空椅上进行练习，以处理当事人在与父母的关系中未解决的问题，但是这次会谈剩余的时间不够完成这次练习。）

当事人： 是的，我知道她对我感到愤怒。我觉得她能表达出来还不错，而我小的时候只是退缩和沮丧。她至少有时能很好地表达自己。她有很多想法。她和我在很多方面都不同，但在一些方面她又很像我。上学对她来说真的很难，让她坐下来读书，她感受不到一点乐趣，好像是为我读一样。她就是不爱学习，但是我想她必须找到自己的路，她不再是5岁小孩了。也许我该相信她会自己找到答案。我必须接受她是她自己，就像接受我是我自己一样。也许我需要做些回顾，弄清楚为什么我这么专制。

助人者： 你把注意力放在自己身上，探索自己，已经做得非常好了。你已经不再责备你的女儿，并开始关注你在整个事件中的角色。（助人者希望强化当事人所做的一切。）

当事人： 是的，尽管这并不容易。相比之下，指责她却太容易了。

助人者： 今天，我们尝试去理解你和女儿之间的冲突，你对上面的讨论感受如何？（助人者询问当事人对于他们互动的感受。）

当事人： 我想，我对于自己和女儿的问题有了新的理解。我不确定我能否停止冲突，因为它们发生得太快了，但是我对于自己的问题有了更好的认识。我需要认真想一想我到底想要和女儿保持一种什么样的关系。

你的想法

- 一些同学已经注意到学习和使用领悟干预很难。探索技术看起来相对容易，领悟技术却很难。你的体会是什么？
- 很多学生在尝试使用挑战、解释、自我表露和即时化时，忘记了使用探索技术。他们反而运用大量的封闭式问题。你的经验是什么？
- 你觉得将探索技术融入领悟阶段重要吗？
- 和探索技术相比，你觉得来自不同文化的当事人会如何对领悟技术做出反应？
- 讨论领悟阶段的优点和缺点。
- 找出将当事人引向深度觉察的利与弊。

关键术语

见第 10～13 章的关键术语。

研究概要

领悟技术的训练

文献出处：Chui, H., Hill, C. E., Ain, S., Ericson, S., Del Pino, H. G., Hummel, A., … Spangler, p. T. (2014). Training undergraduate students to use challenges. *The Counseling Psychologist*, 42, 758-777. http://dx.doi.org/10.1177/0011000014542599

Hill, C. E., Spangler, P. T., Chui, H., & Jackson, J. (2014). Training undergraduate students to use insight skills: Rationale, methods, and analyses. *The Counseling Psychologist*, 42, 702-728. http://dx.doi.org/10.1177/0011000014542598

Hill, C. E., Spangler, P. T., Jackson, J., & Chui, H. (2014). Training undergraduate students to use insight skills: Integrating results across three studies. *The Counseling Psychologist*, 42, 800-820. http://dx.doi.org/10.1177/0011000014542602

Jackson, J., Hill, C. E., Spangler, P. T., Ericson, S., Merson, E., Liu, J., … Reen, G. (2014). Training undergraduate students to use interpretation. *The Counseling Psychologist*, 42, 778-799. http://dx.doi.org/10.1177/0011000014542600

Spangler, P. T., Hill, C. E., Dunn, M. G., Hummel, A., Walden, T., Liu, J., … Salahuddin, N. (2014). Training undergraduate students to use immediacy. *The Counseling Psychologist*, 42, 729-757. http://dx.doi.org/10.1177/0011000014542835

理论依据：考虑到学生一般在学习领悟技术时要比学习探索和行动技术更困难，我们想知道是否有特殊的方法可以帮助他们学习这些技术。更具体地说，根据班杜拉的（Bandura, 1969, 1977）的社会认知理论，我们想知道讲授、模仿、练习和反馈对学习领悟技术的效果。第二个目的是，确定是否有的学生在训练中相对于其他人受益更多，因为这可能对挑选训练项目的学生有用。

方法： 三项研究都在马里兰大学开设的为期一学期的本科生助人技术课上进行。每项研究的对象包括3~4个班，每个班大约30名学生，由不同的老师授课，这些老师都从我这里学过助人技术。每项研究都采用了同样的实验设计，只有微小的变化。在学期开始时，所有学生完成几项测试。在学习探索技术6~8周后，学生完成使用特定技术的自我效能感测试。在每节课之前，学生们被要求阅读希尔（Hill, 2004）书中相应技术（即时化、挑战或解释）的章节（并且必须通过小测验确保他们确实阅读了）。然后，他们参加一堂两小时的讲授与讨论课，在课上他们会听到关于特定技术的讲授，观看专家治疗师使用该技术的视频片段，在大班上练习该技术。几天后，学生们参加两小时的实验课，在实验课上练习特定技术。在每一项技术的训练结束后，学生们完成4道题的使用该技术的自我效能感测试。

有趣的发现：
- 三项研究的证据都表明讲授、模仿、反馈和练习的有效性。目前为止，训练中最有效的部分是练习。
- 一些学生表示文化会影响对领悟技术的学习。有人认为，领悟技术在他们的文化中不受重视（例如，东亚），这使学习这些技术变得困难。
- 初始自我效能感和之前的助人经验可以帮助预测学习即时化技术后的自我效能感。此外，在学习和练习即时化技术后，实验课上小组成员间感知到的凝聚力增强。
- 相对于支配感高的学生，最初报告支配感较低的学生获得了更高的使用挑战技术的自我效能感。

结论：
- 学生们非常重视练习在学习领悟技术中的作用。我们推测，阅读、讲授和观看专家使用相应技术的视频片段为学习奠定了基础，但练习是必不可少的环节。
- 某些环节（例如，阅读、讲授、看视频片段、在大组中进行练习、两人一组练习）对于有的学生很有效，但对于其他学生无效。学生们喜欢的环节各不相同（例如，有的学生喜欢阅读，有的则不喜欢）。

对训练的启示：
- 在阅读、听课和观看视频之后，学生必须有足够的练习来学习如何使用领悟技术。
- 不同种类的练习似乎都是有效的（例如，对书面刺激做反应、对录像刺激做反应、在大组中练习并看别人如何使用技术、两人一组进行练习）。
- 鉴于学生的学习风格各不相同，我们建议在训练中采用多种形式（讲授、模仿、练习、反馈）。
- 用来演示的视频片段的质量很关键。学生们需要感到自己和视频中的治疗师有关联。我们还觉得，学生们需要在课堂上讨论自己的反应以从经验中受益。
- 基于这些结果，我们无法预测谁会在训练中获益最多。

实验室活动：整合探索与领悟技术

你要做好整合探索和领悟技术的准备。在这个实验里，你将会见一个志愿当事人。你要首先使用探索技术帮助当事人进行探索，然后使用探索和领悟技术去帮助当事人获得领悟。

目标：帮助人者整合探索和领悟技术。

练习：助人互动

助人者和当事人在互动中的任务：

1. 每名助人者将和一个不认识的志愿者当事人配对。

2. 助人者携带以下表格：《会谈回顾表》（附录 A）、《助人者意图清单》（附录 D）和《当事人反应系统表》（附录 G）。观察者持有《督导师或同伴的探索技术评价表》（附录 B）。

3. 助人者准备一台录音机或录像机（事先检测工作正常）。会谈开始时打开设备。

4. 助人者做自我介绍并提醒当事人所说的一切都会保密（除非当事人打算伤害自己或他人，或者透露出虐待儿童的信息）。助人者还要详细说明谁将观察或听到这次会谈（如同学、督导师）。

5. 每名助人者将和当事人进行 40 分钟的会谈，尽可能地帮助当事人。使用探索技术帮当事人探索大约 20 分钟，剩下 20 分钟结合领悟技术来帮助当事人获得领悟。观察当事人对你每一个干预的反应，在适当的时候改变干预方法。

6. 留意时间。会谈结束前约 5 分钟，告知当事人你们即将结束会谈。用剩下的时间询问当事人，她或他在会谈中最喜欢和最不喜欢的是什么。当时间到了，可以对当事人说："我们现在结束会谈。谢谢你帮我练习助人技术。"

督导师在会谈过程中的任务：

督导师使用《督导师或同伴的探索技术评价表》（附录 B）去记录他们的观察结果和评价。

会谈后：

1. 会谈结束后，助人者和当事人回顾会谈录音（或录像）（40 分钟的会谈大约需要 90 分钟来回顾，或者助人者只回顾每个阶段的 10 分钟）。助人者在每一名助人者干预之后暂停（除了"嗯""是的"等语气词），并在《会谈回顾表》（附录 A）中写下关键词，有助于之后对录音进行定位。

2. 助人者评价每项干预的有用程度，并写下他们在实施干预时的意图（见《助人者意图清单》，附录 D），每次不超过 3 个。要根据他们在会谈中的感受而不是听会谈录音时的感受来做反应。完成帮助性量表，并使用《助人者意图清单》写出尽可能多的意图。在完成这些评定工作时，不要与当事人合作。

3. 当事人评定每项干预的有用程度，并记下自己反应的编号（见《当事人反应系统表》，附录 G），每次不超过 3 个。当事人根据他们在会谈中的感受而不是听会谈录音时的感受来做反应。完成帮助性量表，根据《当事人反应系统表》写出尽可能多的反应（记住，比起那些"漂亮"的虚假陈述，助人者可以从真实的反馈中学到更多）。在回答时，不要与助人者合作。

4. 助人者和当事人写下会谈中最有帮助和最没有帮助的事件。

5. 督导师给予助人者反馈。

6. 助人者打出 40 分钟会谈的逐字稿（附录 C），可以跳过诸如"好的""你知道""嗯"之类的语气词。

a. 把助人者的话分成反应单元（见附录F）。

b. 使用《助人技术系统表》（附录E），确定每一反应单元（合乎语法的句子）所使用的技术。

c. 在逐字稿中指明，如果再做一遍，你在每项干预上可能会有的不同反应。

d. 删除录音。确保逐字稿中没有可以识别身份的信息。

个人反思：
- 你在领悟阶段的优势是什么？
- 你还需要做什么？

第四篇
行动阶段

第 15 章　行动阶段概述

第 16 章　完成四项行动任务的步骤

第 17 章　行动阶段的技术整合

第 15 章

行动阶段概述

> 让改变发生的是行动，而不仅仅是领悟。
> ——沃特斯和劳伦斯（Waters & Lawrence，1993，p.40）

孔苏埃拉因为觉得生活索然无味而前来求助。在与助人者探索过程中，她讲述自己没有亲密的朋友；还说自从晋升为经理之后，就一直觉得做得不是很好。她形容她儿时的生活是十分快乐的，没有什么大的问题。经过进一步探索，孔苏埃拉提到她的父母一年前在一场车祸中丧生。在领悟阶段，孔苏埃拉和助人者一起发现，由于承受着新工作的压力，她都没有机会表达失去双亲的悲痛。就在双亲出事前，她因为新工作搬到了新的城市，所以在出事之后，她没能得到朋友们的支持。此外，孔苏埃拉小时候的生活也并不像她先前描述的那般悠然自在，她的青少年阶段过得非常艰难，在那一时期，她经常和父母争吵。在助人过程中，她了解到自己对父母的愤怒是因为父母对她非常严厉，而且不允许她到外面交朋友。在助人者的帮助下，孔苏埃拉感受到了失去父母以及父母所提供支持的痛苦。在这个时候，助人者决定进入行动阶段，因为孔苏埃拉表示，她想交些新的朋友并处理工作上的压力。他们通过自我肯定训练帮助她澄清她想从朋友那里得到什么；通过放松训练帮助她处理压力；采用一些行为作业帮助她思考在工作情境中不同的行为方式。几次会谈之后，孔苏埃拉交了一些朋友，在工作上也更有信心。

当事人经过探索并获得领悟之后，就已经准备好进入行动阶段了。在这个阶段，助人者和当事人合作，共同探索改变的想法、改变的可能性及改变的不同方法，并协助当事人计划如何改变。这些改变可以是思维方面的（例如，较少的自我挫败的语言）、情感方面的（例如，较少的敌意）或行为方面的（例如，较少暴食）。行动阶段包括探索情感、检查价值观念、权衡优先顺序、了解阻碍和支持因素等与改变有关的事项。此阶段助人者的重点是帮助当事人思考并做出行动的决定，而不是指示当事人行动。助人者是教练，而不是提建议的专家。

行动阶段的理据

要超越领悟而进入行动阶段，有两个重要理由。第一，因为大部分当事人寻求帮助是为了让自己感觉好些，或是为了改变某些具体的行为、思维或情感，所以帮助他们达成这些目标是很重要的。结束治疗后，如果他们不仅获得了领悟，还知道了该如何去改变生活，他们就会感觉更好。例如，贝蒂因为室友的问题而寻求帮助，她了解到她之所以很难告诉室友自己的感受，是因为她家人的表达都是非常隐晦、间接的，并且从不谈论感受。这一领悟是很重要的，但是她也需要把领悟转化成行动，并改变自己对室友的行为。而且因为贝蒂没有直接表达自己感受的经验，她需要别人来指导她到底应该怎么表达，也需要知道当她这么做的时候带给别人的感受是怎样的。

第二，要巩固领悟阶段所获得的新的思维模式，行动是很重要的。行动会使领悟变得更容易被理解、更有实用价值。如果没有对领悟的巩固，这些新的理解会很容易消失；如果没能实践新的思维和行动，并将其整合到现有的图式中，旧的模式就很容易又会回来。例如，米格尔旧的思维模式是：自己应该是完美的，否则就一无是处。助人者通过挑战他的想法，让他渐渐认识到，他没有必要一定是完美的才可以接纳自己。米格尔还认识到，他做事总是很软弱和依赖，是因为他的父母从不接纳真实的他，而只是以他聪明、成功的哥哥为荣，因为在他们自己的生命里，他们从未取得过像他哥哥那样的成就。他们总是轻视米格尔，因为他智力平平。经过领悟阶段，米格尔逐渐认识到，尽管他的父母不完全接纳他，他仍然是一个有价值的、值得爱的人。然而，这些领悟是脆弱的，很可能会逐渐削弱，除非助人者协助米格尔将这种领悟融入新的行为及思维模式中。因此，助人者和米格尔共同思考一些可能的改变。他们列出一张米格尔想做的事情的清单（如高空跳伞、滚轴溜冰、重新回学校读书），并制定了做这些事情的计划。

当他开始做自己想做的事并成功完成后，米格尔对自己的感觉越来越好。同时，助人者还帮助米格尔学会结交一些有共同兴趣的朋友，使他能够得到一些社会支持。当米格尔感觉好些时，他就开始质疑自己过去曾追求完美的一些事情。因此，在做出一些改变之后，米格尔又获得了新的领悟。

行动的阻碍

有些时候，新获得的领悟自然而然会导致行动，当事人会开始说：

> 我曾经对这个世界充满了愤怒，因为我什么都不如哥哥，他那么聪明而且英俊，这实在是太不公平了。但现在我不必这么生气了，因为我可以接受自己本来的样子，而且明白我也可以为其他人做些事情。我要做我自己想做的事情。

或是：

> 如果我仍然以对待父亲的方式来对待我的老板，我的工作就会遇到困难。我不需要再那样做了，我要勇敢地面对他，请他给我加薪。

因此，对某些当事人而言，当他们谈论如何运用领悟阶段所学到的东西时，他们就自然而然地进入了行动阶段。

然而，有些时候领悟并不一定都能自动导致行动，这也许是因为当事人觉得自己卡住了，或是没有完全理解情况，或者只是停留在理智的层面，也可能是还不能承担自己在问题中的责任。例如，斯蒂芬失业了，他很清楚自己因被解雇而感到沮丧，但他并不允许自己因失败而感到羞愧，也不允许自己对老板感到愤怒。他可能还不知道该如何让自己从失败中走出来。在进入行动阶段前，表达、理解、接纳自己在此事件中的角色是很重要的，所以斯蒂芬和他的助人者还需要在领悟阶段花更多的时间。

领悟无法直接导致行动的另一个可能原因是当事人缺乏必要的技能。例如，玛格丽塔知道自己不自信的原因，也想要改变自己的行为，可她并不知道该怎样去做。她无法表现得更自信，是因为她缺乏自我肯定所需要的技能（维持目光接触、直接表达需求而不自责）。因此，当事人需要学习和练习这些技能，并得到对其行为表现的反馈，这样才能充分发展这些技能。

即使当事人对自己有透彻的了解，也具备了改变的技能，他们仍可能缺乏改变的动机。当事人也许会觉得自己难以改变，因为旧习难改，而且他们也害怕尝试新的事物（例如，当事人想变得更加自信，但他们不愿意质对朋友，因为害怕失去友谊）。他们可能会觉得沮丧，也不相信自己可以改变。他们还需要一些鼓励才会考虑改变，而且他们也需要对于是什么阻碍了自己的改变有更深的理解。

由于当事人的才能和资源都是有限的，因此他们并不能改变所有他们想要改变或需要改变的东西。例如，安德鲁在大学成绩不好，因此他若是想要进入一流的研究生院就是不太可能的。因此，此阶段的目标是让当事人在其能力范围内进行改变，并尽量扩展这一范围。例如，安德鲁的助人者可以协助他寻找相关领域的进修机会，以便他能找到与其目标相关的职业。此观点虽然并不符合理想主义者所说的，每个人都能做他所想做的任何事，但却符合更为现实的观点，即在了解个人局限的基础上，尽可能发展自己的潜能。

哲学基础

行动阶段的主要哲学基础是，当事人是自己生命的行动主体。当情况不妙时，他们需要寻求帮助以解决问题，但最终是他们自己决定要变成什么样。在此阶段，助人者的角色是教练、啦啦队队长、支持者、信息提供者以及顾问，而不是把当事人接管过来，"修理好"。

因此，这一阶段还是以当事人为中心，助人者促使当事人探索改变，而不是把改变强加给他们。助人者不必知道对当事人来说最好的行动计划。事实上，助人者不需要提出当事人"必须"或"应该"做什么。这一阶段的目标是为当事人提供一种支持的环境，促进他们解决自己的问题，并自己做决定。因此，助人者需要一如既往地共情同感并全力支持他们。有人（Mickelson & Stevic, 1971）发现，行为疗法取向的咨询师如果能够做到温暖、共情同感、真诚，就能更有效地与当事人工作。

比起由助人者指导，由当事人自己决定做出改变时，他们对自己的行为将更加负责。助人者直接告诉当事人该怎么做通常是无用的——即使这是当事人自己要求的。这是因为，当事人会变得依赖助人者，特别是在当事人在其他的关系中也有类似的行为模式的时候（详见 Teyber，2006）。助人者不可能一直陪着当事人，所以他们要教会当事人如何改变。因此，助人者并不会直接解决当事人的问题，而是会努力去帮助当事人成为更好的问题解决者。

有了更好的应对技能，将来当事人就可以自己解决那些需要求助的问题，也具备了更强的解决问题的能力。

因此，助人者必须支持当事人，而不是专注于他们是否应该改变或如何改变。当事人是否选择改变是他们自己的选择和责任，并不反映助人者的技能和个人特质。助人者的技能包括帮助当事人探索和做出改变的决定，但并不包括做什么改变的决定。因此，助人者的目标是鼓励当事人探索他们是否想要改变，如果是，就协助他们做出他们所期望的改变；否则会很容易使得当事人复制儿童期的模式（例如，行动还是不行动），以此取悦或反抗助人者——就像他们曾经对父母所做的一样。

下面有一个例子，可以说明行动阶段的必要性，并说明该如何实施行动。凯茜每次跳舞的时候都特别紧张，因此表现得很傻（例如，无法控制地咯咯傻笑）。每当这种时候，她就会觉得窘迫而恐慌，所以都会提早离开。之后，她会感觉很糟，因为她错过了很多乐趣。通过探索及领悟，她开始认识到自己对跳舞的焦虑来自害怕和男人在一起。她担心没有人会喜欢她，因为在她小时候，哥哥们总是取笑她。她的哥哥们说她丑，还常常讥笑她的脸和头发。对凯茜而言，仅仅有领悟还不够，还需要一些方法来协助她克服跳舞情境下的焦虑。助人者教她放松，并教给她一些应付跳舞中某些具体情境的策略。她和助人者约定，每当"傻"的感觉出现的时候，她就先离开到洗手间里，做几次深呼吸，并听听她对自己说了些什么。在会谈中练习了几次之后，凯茜终于可以参加舞会，并玩得很开心。她甚至可以让男生碰她，允许觉得自己是有吸引力的。对情境的控制让她对自己有了较好的感觉。之后，她重新评估自己是不是真的很丑，而且开始思考为什么哥哥们对她如此刻薄。因此，领悟导致了行动，而行动又能继续引发更多的领悟。

进入行动阶段的标志

以下是几个当事人做好行动准备的标志。一个标志就是当事人已经获得领悟，并自发地开始谈论行动。这种情况是最理想的，因为助人者紧跟当事人，并为当事人提供他所需要的帮助。

另一个标志是当事人讲述一个具体的问题，并且只是想解决这个问题（例如，单一的飞行恐惧，没有其他复杂的问题）。这种情况下，助人者帮助当事人进行一些探索，以确定他们所要解决的问题。之后，助人者就可以直接给出对当事人有用的方法（例如，放松、暴露）。

助人者要尊重当事人的需要，允许他们选择自己所需要的服务类型。助人者应当尊重当事人想要直接进入行动阶段的期望，而不要试图去改变他们的风格和偏好。也许在做了一些具体的行为改变之后，这些当事人会对他们行为的原因感到好奇，但是也有可能他们仍然只是希望感觉好受一些。

还有一种情况是，一些当事人处于危机当中，需要立即做出一些改变。对于这些当事人，助人者需要缩短探索及领悟阶段，快速进入行动阶段。对这类处于危机中的当事人，不需要分析或说明他们的问题，只需要对他们进行直接的干预。有些当事人只需要有些人或事让他们感觉稍微好些，这时最好就是满足他们的需要，而不是将助人者的价值观强加于他们。例如，一个被逐出家门的人，没有工作和食物，并出现了幻觉，此时，他需要的是即刻的帮助（包括提供住宿、食物，以及医疗服务等），而不是理解自己。再套用一句马斯洛（Maslow，1970）所说的话："人们不能单靠面包生活，除非他们没有面包。"对这类当事人而言，只有在他们接受直接的指导，并解决了迫在眉睫的问题之后，他们才会愿意回过头来了解问题产生的原因，或处理其他的问题。

最后一种情况是，当事人被困在领悟阶段，没有做出改变。经典的例子是当事人已经沉溺于领悟好几年了，清楚地知道自己适应不良的原因（经常责备他人），但是他们对当前的情境毫无所动，也不对未来和改变负任何责任。对这种当事人，可以慢慢地鼓励他们进入行动阶段。

理论背景：行为和认知理论

行为理论（Behavioral theories）在20世纪中叶流行开来，与精神分析理论相互补充，是行动阶段的基础。接下来，我将介绍这些理论的基本假设、学习原理和治疗策略。

行为理论的假设

行为理论的基本假设为（Gelso，Williams，& Fretz，2014；Rimm & Masters，1979）：

- 以外显的行为为焦点，而不关注无意识的动机；
- 关注制造和维持症状的因素，而不是引起症状的原因；
- 行为是习得的；
- 重视现在，而非过去；
- 强调要有具体而明确定义的目标；
- 重视助人者积极的、指导的、规范的角色；
- 承认治疗关系在获得当事人的合作中的重要性，但认为其并不足以帮助当事人改变；
- 关注当事人在特定情境下的适应行为，而非以改变人格为焦点；
- 依赖实证资料及科学方法。

行为理论的主要特征是认为行为、情绪及认知（不论是适应性的还是非适应性的）都是习得的（Gelso et al，2014）。因此，了解这些学习是如何发生的非常重要。鉴于无法覆盖所有的行为理论，接下来我将介绍与助人技术训练密切相关的部分：操作性条件反射、模仿（也称为观察学习），以及认知中介学习。虽然这三种学习类型并非如一些人认为的那么不同，但记住它们是不同的学习类型还是有好处的。

操作性条件反射

在**操作性条件反射**（operant conditioning）中，个体的行为是受行为后果控制的（Kazdin，2013；Rimm & Masters，1979；Skinner，1953）。跟随在行为之后，并使该行为再次出现的可能性增加的事件被称为**强化**（reinforcement）。那些使该行为出现的可能性增加的事物（或行为、特权、物质目标）被称为**正强化物**（positive reinforcer）。**初级强化物**（primary reinforcers）直接与个体生理需求相关（例如，食物、水和性），而**次级强化物**（secondary reinforcers）（例如，赞赏或金钱）则通过与初级强化物的联结来获得强化作用。与助人相关的一个正强化的例子是：在当事人谈及感受之后，助人者给予认可，这可以让当事人更愿意谈及自己的感受。

不过要注意，强化物并非一直都能起到强化的作用（例如，食物对饥饿的人而言才有用）；对不同的人而言，强化物也不尽相同（例如，泡一个热水澡对某些人有用，对其他人却无用）。强化物是否有用，只能视其是否会导致目标行为再次出现的概率增大。因此，助人者通过观察当事人的反应，就可以了解某些事物是否可以作为强化物。

有效的强化必须取决于行为，或直接与行为相关联（Rimm & Masters，1979）。例如，有两种加薪方式。一种是，无论办公人员的表现如何，都是三个月涨一次工资；另一种则是依据其工作表现来决定是否加薪。显然，后者的行为更可能出现改变。

要强化某一行为，首先必须让该行为表现出来。所以，助人者通常要对当事人进行行为塑造。**塑造**（shaping）是指通过对接近目标行为的多个具体反应逐步予以强化，使个体最终习得所期望的行为。

戈德弗雷德和戴维森（Goldfried & Davison，1994）提供了一个通过强化逐步训练残障儿童整理床铺的例子：首先强化其抖松枕头的行为，接下来再强化其拉平床单的行为，等等——这些行为都是逐渐接近目标行为的。助人者学习探索技术的过程实际上也是一种行为塑造：首先，让受训者一言不发地、共情同感地倾听，然后请他们准确地复述当事人所说的话，接下来让他们说出当事人所表达的关键词，最后让其进行重述和情感反映。这样，我们从最简单的技术开始训练助人者，在其掌握后，再让其学习越来越难的技术。

惩罚（punishment）是在行为发生之后出现，并使该行为再次出现的可能性减小的事件。戈德弗雷德和戴维森（Goldfried & Davison，1994）指出了三种惩罚：（1）呈现一个厌恶刺激（在当事人说出我们不期望他说的话时，我们就皱眉头）；（2）让当事人离开他可能会得到强化的情境（如与提供正强化的咨询师分开）；（3）撤销当事人的强化物（如拿走糖果）。在临床情境中，惩罚的目的是降低不良行为（例如，不恰当的插话、喋喋不休的讲话）出现的频率。

要做到在行为发生后及时地给予惩罚很难。很多时候，受惩罚是因为不良行为被发现，而不是因为行为本身。因此，若将惩罚作为管理行为的主要方法，则人们会更倾向于考虑如何不被抓到，而不是如何减少问题行为。例如，当小孩偷到饼干时，他会觉得很棒（强化），因为这饼干太好吃了。但几小时之后，他被逮到并受到惩罚，这让他感觉很糟糕。由于处罚是因为被抓到了，而不是因为偷吃饼干，因此他就想，以后不能再被抓到。

如果他够聪明，他就会想个法子，去偷饼干而不被抓到。

另一个重要的行为主义概念是**泛化**（generalization），即将学到的东西从一种情境中迁移到其他相似的情境中。例如，某人在学校里因为踢打的行为受到惩罚，而他的合作行为受到了正强化，那么他在家里也会减少踢打行为而增加合作行为。如果学校和家里是用同样的方式进行处罚和强化，那么这样的行为最容易由学校泛化到家里。在治疗中，若当事人害怕助人者，则有可能是因为他曾经被家里的权威人士处罚过（和移情的概念相似）。

若习得的行为在产生后总是得不到强化，那么它出现的概率会降低，这种现象被称为**消退**（extinction；Goldfried & Davison，1994）。例如，若父母的注意是兄弟姐妹间争吵的强化物（当没有其他问题出现时），助人者会要求父母亲忽略他们的争吵，并让孩子自己去解决他们的问题（除非有孩子处境危险或受到伤害），则这种争吵的行为可能会消退。

戈德弗雷德和戴维森（Goldfried & Davison，1994）注意到，若在消退的同时强化另一种与之相反的适应性行为，则不良行为会消退得更快。因此，在前面的例子里，父母可以建议孩子分开玩；如果孩子能安静地玩耍，父母可以给予表扬。

操作性条件反射在儿童咨询中非常有用，因为儿童往往不愿意尝试领悟导向的方法。例如，我曾用操作性条件反射的方法处理了我的孩子的一些具体行为问题（如兄弟姐妹间的争斗、孩子不想在自己的床上睡觉、帮助孩子在早上按时出门上学）。这对于改变成人的坏习惯（如咬指甲、拖延、贪吃、不运动、过量饮酒或喝咖啡）也很有用。如果想详细了解处理行为问题的自助方法，可参见相关资料（Watson & Tharp，2013）。

操作性条件反射的概念虽然看上去很直接，运用起来却并不容易，因为人性非常复杂，而且助人者不太能够控制好环境中的强化和惩罚。事实上，戈德弗雷德和戴维森（Goldfried & Davison，1994）注意到助人者通常强化的并不是真正的改变，而是当事人"说"要做某些改变。当事人需要把在助人情境里提到要做改变时得到的强化转移到会谈之外，真的做些改变。因此，助人者更像是顾问，而当事人才是真的改变者。

模仿

有时，人们即使从来没有得到过强化，也会学到一些事情。这是通过**模仿或观察学习**（modeling or observational learning）实现的。模仿或观察学习是指一个人可以通过观察他人（榜样）的行为及后果来从中学习（Bandura，1977；Kazdin，2013）。例如，孩子从观察父母的行为、体验他们父母养育行为的效果中学到该怎样做父母，学生通过对好老师以及差老师的观察来学习如何当老师，助人者借由观察有效和无效的助人行为来学习如何帮助别人。

要了解模仿是怎样起作用的，就必须区分学习和表现的不同。个体可以通过观察习得一种行为，但是，个体是否会将这一行为表现出来，则要看表现会带来什么样的结果。班杜拉（Bandura，1965）通过玩偶实验研究（Bobo doll study）说明了学习及表现之间的差别。他让三组儿童分别观看一段相同的影片，影片前半部分相同，是一个成年人在攻击一个玩偶（Bobo doll，和真人一般大小的充气橡皮不倒翁）；攻击结束后，三组儿童分别看到大人被奖赏、惩罚或是没有任何结果。影片结束后，把儿童带到有玩偶的房间，研究者观察到，因攻击而受惩罚的这一组儿童，攻击行为最少。

当诱导他们表现攻击行为时，三组儿童的表现没有差异，这表明在所有的情境里，儿童都习得了攻击行为。因此，班杜拉认为，学习会通过观察发生，表现则要看他们所观察的成人是受到了奖赏还是惩罚。

卡兹丁（Kazdin，2013）注意到，在这样几种情况下——榜样和观察者相似，榜样比观察者声望、地位更高，榜样比观察者更专业，多个榜样都表现出同样的行为——观察者对榜样的模仿更多。因此，助人者可以通过观看专家的录像学习助人。此外，若当事人觉得助人者很专业、值得信赖时，他们会更愿意听从和接受助人者的意见。

模仿是助人者训练的重要组成部分。观看专业的助人者的咨询过程对于咨询的学习来说是非常有效的（详见 Hill & Lent，2006）。那些在我的实验室里进行过咨询逐字稿的整理和编码的学生说，这个过程对他们非常有帮助，让他们了解在咨询中自己喜欢和不喜欢什么。

认知理论

早期行为主义学者（如斯金纳）支持"刺激-反应"（S-R）的联结模式（认为人们会直接对环境线索做出反应，如噪声引起惊吓反应）。认知理论家（例如，A. T. Beck，1976；Ellis，1962；Meichenbaum & Turk，1987）提出了"刺激-有机体-反应"（S-O-R）的模式，主张有机体（人们）在决定如何反应之前，会先对刺激进行加工。所以，根据**认知理论**（cognitive theory），我们并不是对刺激做反应，而是对刺激的解释做反应。例如，埃斯特班对午夜所听到的噪声的反应，取决于他认为这种声音是无害的（房子自己的声音），还是小偷弄出的声音。因此，寻找和驳斥非理性信念（例如，"我必须完美""每个人都必须爱我"）是很重要的。贝克等学者主张：使人苦恼的并不是事件本身，而是人们对这些事件的看法。

助人情境中的认知过程是最重要的。在第 2 章的讨论里提到，很多助人过程是在内隐的层次发生的。助人者干预的意图和对当事人反应的知觉，都会影响接下来的干预方式。此外，当事人对助人者的干预也有反应，也有影响助人者的意图。因此，认知中介模式有利于更清楚地了解助人过程。

行为和认知理论与行为阶段的关系

行为和认知理论非常适用于助人模式中的行动阶段，因为它为帮助当事人改变提供了具体的策略。

在当事人深度探索了想法及情感，并获得对自己的领悟之后，行动就可以让他们决定该怎样去改变自己的生活。当采取共情同感及合作的态度，并在适当时机使用时，认知行为疗法对促成当事人的改变是非常有用的。一些核心的行为要素（例如，强化、模仿）和认知理论（例如，意图）都可以融入达成四个行动目标的步骤中（详见第 16 章）。

行为和认知理论与三阶段模式的主要区别在于，前者不强调探索和领悟阶段的重要性。根据这些模式工作的帮助者可能会进行探索和领悟，但他们不认为这些是治疗的要素。

行动阶段的目标

行动阶段的主要目标是鼓励当事人探索可能的新行为、帮助当事人决定采取行动、促进行动技术的发展、对当事人所尝试的改变提供反馈、协助当事人评价并修正行动计划、鼓励当事人处理对行动的感受（见专栏 15.1）。在行动阶段，助人者必须记得要共情同感，并根据当事人的需求来调整自己的步调。探索而不是指定行动的立场是最有帮助的。

专栏 15.1　行动阶段的目标、类型和技术

目标	探索可能的新行为 帮助当事人决定采取行动 促进行动技术的发展 对当事人尝试的改变提供反馈 协助当事人评价并修正行动计划 鼓励当事人处理对行动的感受
行动的类型	放松 行为改变 行为演练 决策
技术	针对行动的开放式提问和追问 提供信息 对当事人的反馈 过程建议 直接指导 策略表露

行动阶段的技术

行动阶段特有的技术包括针对行动的开放式提问和追问、提供信息、对当事人的反馈、过程建议、直接指导和策略表露，助人者还会持续使用探索技术。重述和情感反映的技术非常有用，它们可以帮助助人者发现和改变相关的感受，提供支持，并确保自己真的听懂了当事人想说的内容。当助人者卡住时，挑战、解释、自我表露、即时化等领悟技术可以用来发现行动的障碍。

行动阶段的技术不像探索和领悟阶段那样被分散使用，相反，不同的技术被结合使用从而完成不同行动类型的各个步骤（例如，放松、行为改变、行为演练、决策），我们将在第 16 章介绍这些内容。

针对行动的开放式提问和追问

针对行动的开放式提问和追问（open questions and probes for action）是专门用于帮助当事人探索行动的问题（见专栏15.2）。例如：

- 你曾经做过哪些尝试？
- 当你尝试那么做时，结果怎么样？
- 对于在这种情境下该怎么做，你有什么想法？
- 如果你尝试那么做，结果会怎么样？

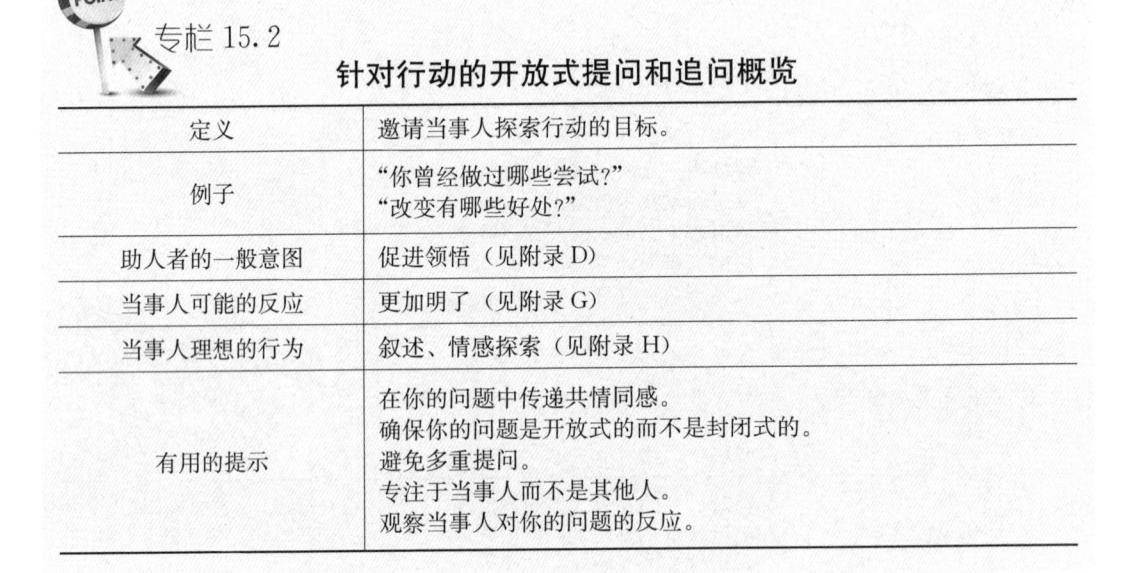

专栏 15.2　针对行动的开放式提问和追问概览

定义	邀请当事人探索行动的目标。
例子	"你曾经做过哪些尝试？" "改变有哪些好处？"
助人者的一般意图	促进领悟（见附录D）
当事人可能的反应	更加明了（见附录G）
当事人理想的行为	叙述、情感探索（见附录H）
有用的提示	在你的问题中传递共情同感。 确保你的问题是开放式的而不是封闭式的。 避免多重提问。 专注于当事人而不是其他人。 观察当事人对你的问题的反应。

使用针对行动的开放式提问和追问的理据

在行动阶段，使用针对行动的开放式提问和追问对于小心地引导当事人十分有用。助人者可以利用它来了解当事人是否做好了改变的准备、他们以前尝试过什么、他们对行动有什么想法、改变的障碍，以及他们对有关行动的想法有什么反应。

通过开放式提问和追问，助人者含蓄地表明，他在引导或教当事人了解有关行动的方方面面，而不是提供答案。因此，助人者鼓励当事人在他们的支持下解决问题，尊重当事人自我治愈的能力，降低将助人者的价值观强加给当事人的风险。通过开放式提问，助人者还可以帮助当事人学会思考问题，并寻找可能的解决办法。

如何使用针对行动的开放式提问和追问

与在探索、领悟阶段所使用的开放式提问一样，针对行动的开放式提问也应该小心地使用，并在好奇的氛围下使用。助人者要以一种合作的态度询问，并帮助当事人弄清有关行动的方方面面。助人者要注意，不要一下子提出几个问题；要给当事人留出反应的时间；使用其他技术来改变问题的问法，这样使它们听起来不重复；确保问题是开放式的，而不是封闭式的。我尤其推荐助人者把开放式提问穿插在其他技术中使用。这样，助人者就可以在提问之后紧接着进行重述和情感反映,确定当事人是否在探索、自己对当事人说的是否理解。同样,在领悟技术中交替使用开放式提问,可以帮助当事人更深入地理解自己想要的改变究竟是什么。

文化会影响我们选择的开放式提问的类型。例如,来自集体主义文化(例如,亚洲、非洲)的当事人,可能非常关心自己的决定会怎样影响到家庭。因此,除了对个人进行提问(例如,"你曾经做过哪些尝试?""当你尝试那么做的时候,结果怎么样呢?""如果你那么做,可能会发生什么?")外,助人者还应该问和家庭相关的问题(例如,"对于你想做的这些事情,你的家人们是什么看法呢?""他们对你的决定发表过什么意见吗?""对于你做这个决定来说,可能存在哪些家庭方面的阻碍?""当你之前这么做的时候,你的家人是什么反应?""你的这个决定会给你的家庭带来哪些积极的或者消极的影响?")。

针对行动的开放式提问和追问示例

下面是在一次会谈中助人者使用针对行动的开放式提问和追问的例子(见楷体字)。

助人者:关于那些孩子欺负你、踢你的柜子,你谈了很多。你有没有想过你应该怎么做?

当事人:我不知道。

助人者:你这么说的时候,听起来有些焦虑。你心里想到了什么?

当事人:我很害怕。他们有四个人,而我只有一个。他们比我大很多。

助人者:是啊,换成是我,我也会害怕的。有没有人告诉过你,在学校受到欺负时应该怎么做?

当事人:他们说我们应该向校长报告。

助人者:你觉得这种做法怎么样?

当事人:我不知道。我感觉像是在打小报告。他们会报复我的。但是,校长很重视这种事,说不允许欺负别人,而且我们受到欺负时应该说出来。

助人者:你愿意试一试吗?

当事人:我想我应该说出来。

提供信息

提供信息(giving information)可以定义为向当事人提供具体资料、事实、资源、问题的答案或观点(详见专栏15.3)。以下是几种信息的类型:

- 提供技术或助人过程的信息(例如,"要有自己的想法是为了让你对提出的选择承担责任""角色扮演就是练习和妈妈说话时,你如何做出不同的回应""有一个特定的学习场所,可以让学生更专注地学习而不会分心")。
- 提供有关评估或心理测验的信息〔例如,"《斯特朗兴趣量表》(The Strong Interest Inventory)可以测量个体的兴趣,并能与在各种职业中工作愉快的人的兴趣做比较"〕。
- 帮助当事人了解这个世界或是一些心理规律(例如,"适度的压力有助于提升个人的动机，但过多或过少的压力则会起反作用""许多女性在生育之后会感到抑郁，也就是我们通常所说的产后抑郁症")。

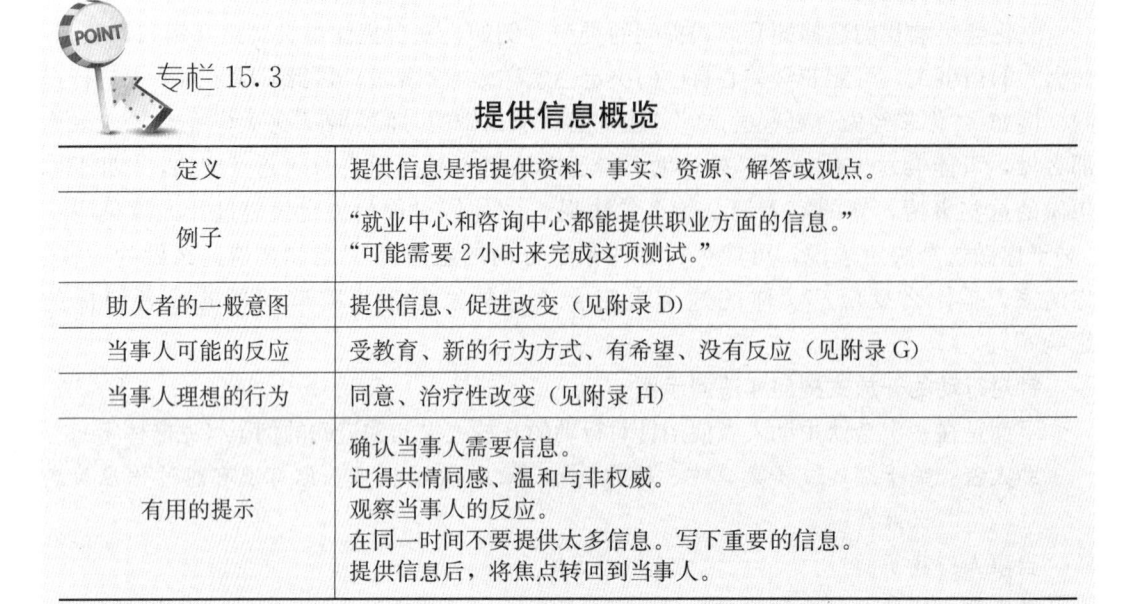

专栏15.3

提供信息概览

定义	提供信息是指提供资料、事实、资源、解答或观点。
例子	"就业中心和咨询中心都能提供职业方面的信息。" "可能需要2小时来完成这项测试。"
助人者的一般意图	提供信息、促进改变（见附录D）
当事人可能的反应	受教育、新的行为方式、有希望、没有反应（见附录G）
当事人理想的行为	同意、治疗性改变（见附录H）
有用的提示	确认当事人需要信息。 记得共情同感、温和与非权威。 观察当事人的反应。 在同一时间不要提供太多信息。写下重要的信息。 提供信息后，将焦点转回到当事人。

提供信息的理据

在行动阶段，助人者有时会转为教师的角色来提供信息。这时，助人者就像名教育者，若当事人已经做好听取的准备，则以关心的态度为当事人提供其需要的信息是非常恰当的。例如，助人者可以告知当事人其心理状况，或是在不同的情况下可能发生什么，或是跟当事人讲解在惊恐发作时可能会产生的感受，以便让当事人明白，其体验到的身体感觉（心悸）是焦虑所造成的，而不是心脏病所引起的。若当事人对学习的态度是开放的，则这样的信息能导致改变。有时候，助人者会无法提供相关信息。助人者与其要求自己在成为助人者之前就无所不知（这显然是不可能的），还不如尽量去了解一些基本的信息（例如，相关的转介资源），然后聚焦于帮助当事人思考如何获取他们所需要的信息。

然而，即使当事人要求这种类型的协助，助人者也知道信息，提供信息也并不总是最适当的干预方式。有些时候，当事人需要探索自己对情境的感受，而不是被告知什么是"正常的"或是"该期待什么"；还有些当事人需要自己寻找资料，而不需要助人者代替他们完成。此外，还有些当事人需要被挑战，让他们想想为何还没有找到自己所需要的信息，或者是什么动机让他们依赖别人为其提供信息。

如何提供信息

在提供信息前，最好能询问当事人已拥有哪些正确或错误的信息（例如，"对于读研究生，你知道些什么？"）。因此，助人者首先要评估当事人的知识基础，而不是直接假设当事人需要信息。此外，还可以询问当事人，他们使用过哪些策略来获得信息。在提供信息之前，助人者应该思考该举动的意图，以确保提供的信息是恰当的。助人者应认真思考自己的意图。助人者可以问自己：在这一特定时刻，是什么动机促使自己想提供信息？这一信息对谁（是当事人还是助人者）有益？助人者可以问自己以下问题：
- 我是想教当事人吗？
- 我是想让当事人的体验正常化吗？
- 我是想向当事人解释会谈中发生的事情吗？
- 当事人需要这一信息吗？

如果对上述任一问题的回答是肯定的，提供信息就是合适的技术。如果问题非常明确，且助人者没有不适当的动机并具备必要的信息，助人者就可以提供信息。有时，助人者确实拥有一些有价值的信息，这些可以作为当事人的资源。

当然，在提供信息时，助人者应该是共情同感的、友善的，并对当事人的反应保持敏感。传达信息的目标不是对当事人发表演说或表现得像专家一样，而是在他们准备好要学习，且信息提供不会影响他们独立搜索信息的能力时教他们。

即使助人者确定提供信息是恰当的，其也不能一次提供太多的信息。有人（Meichenbaum & Turk，1987）发现，在医患关系中，病人其实很少记得医生所给的信息。讽刺的是，医生给的信息越多，病人记住的越少。同样，在助人情境中，在当事人处于焦虑状态的时候，他们很容易忘记信息。因此，助人者应该提供少量信息（例如，提供号码或是布置家庭作业），并把关键内容写下来，以协助当事人过后运用这些信息。

就像自我表露的做法一样，助人者提供信息之后，要把焦点转回当事人身上并观察当事人的反应。例如，助人者在表明自己对精神疾病处方药的立场之后，要询问当事人对于使用这类药物的想法和反应。

有些时候，当事人要求信息，但助人者并不确定在此时提供信息是否合适。助人者可以通过问自己下面的问题来概念化正在发生的事情：
- 当事人是否想让你觉得你是被需要的，或想让你觉得自己像个专家？
- 当事人是否想逃避探索或是领悟？
- 当事人是否在使用依赖他人的防御方式？
- 提供信息会助长当事人以后的依赖吗？
- 当事人是否期望你像医生一样，问些问题，做个诊断，然后进行处理？
- 当事人是在测试你或你的专业性吗？

助人者可以问问当事人，他们要求信息的动机是什么、得到信息后他们要做什么，或是他们希望助人者为他们做些什么（例如，"我很乐意回答你的问题，但是先让我们谈谈你提问的原因"），而不是直接为当事人提供信息。如果当事人认为要求信息是一种促进人际交往的策略（例如，为了满足依赖的需求，或为了使助人者感到被需要），助人者就可以使用即时化技术来处理这个问题（见第 13 章）。因此，最好能发现当事人要求背后的理由，而不是去忽视它，或者是陷入谁控制信息的权力争夺中。

一旦助人者了解到当事人要求信息背后的动机，他就可以直接指出这些动机。如果当事人期待助人者做诊断或指导治疗的过程，助人者就可以告诉当事人，他会使用不同的治疗策略，或把当事人转介给更符合这些期待的助人者。

助人者必须仔细考虑该如何处理这些情境，可以和督导师或者信任的同辈进行讨论。

如果助人者的意图是减少当事人的负面感受，或者展示自己的经验，那么最好去反思自己的意图，并且选择使用其他技巧（例如，情感反映）。

提供信息示例

下面是一次会谈中助人者提供信息的例子（见楷体字）。

当事人：介绍一下你修的课程好吗？我明年也想修这门课。

助人者：听起来你对助人技术的课很有兴趣。

当事人：对呀，我一直都在想，或许我可以当个社工。但另一方面，我又不确定自己是否擅长助人。

助人者：在学习助人技术方面，你有什么顾虑？

当事人：我害怕自己会过分卷入。当我的朋友告诉我他们的困扰时，我觉得要为他们负责。我觉得自己必须替他们解决所有的问题，并准确地告诉他们该做什么。

助人者：所以，你担心在助人情境里不能与当事人保持距离。

当事人：对。在课堂上会讨论如何处理这样的问题吗？

助人者：听起来你真的需要一些这方面的帮助。

当事人：是的。昨天有个朋友向我倾诉她的心事，听完后我觉得很沮丧，因为我没能提供任何帮助，我担心谈完后她的心情更糟了。这让我回想起我的父母，他们离婚后，也不断地向我诉苦，都希望我站在他们各自那一边，有时我都觉得像被分成了两半。

助人者：我可以体会到自从你做了父母亲的"助人者"之后，你就对助人情境感到紧张。

当事人：对，你觉得这门课怎么样？

助人者：我在课堂上收获很大。教授经常强调，让我们先接受治疗处理自己的个人问题，否则就很难协助当事人处理他们的问题。不知道你有没有想过做心理治疗？

当事人：没认真想过，对这方面我知道得不多。

助人者：学校的咨询中心可以为学生提供12次免费治疗。

当事人：真的吗？我先想一想，或许我可以去试试。

提供针对当事人的反馈

提供反馈（giving feedback）可以被定义为：助人者为当事人提供有关他的行为以及他对别人的影响的信息（见专栏15.4）。虽然它也是信息的一种（见前面的部分），但它仅限于针对当事人的特定信息。下面是几个对当事人的反馈的例子：

- 你在角色扮演中的表达非常清晰、简洁。
- 你经常笑，而且似乎更能接受改变了。
- 在放松练习时，我注意到你会用脚打拍子。

给当事人提供反馈的理据

有人（Brammer & MacDonald，1996）主张，有效的反馈可以增加当事人的自我觉察，从而引起行为的改变。例如，助人者注意到詹妮弗说话时总是用疑问句来结尾，这使她的话听起来非常不明确；反馈则能引导詹妮弗察觉到自己说话的方式，并试着改变自己的行为。当她开始使用肯定句时，人们可能会更认真地对待她。研究表明，当事人比较喜欢积极反馈，并且认为积极反馈比消极反馈更准确（Claiborn, Goodyear, & Horner, 2002）。

专栏 15.4

针对当事人的反馈概览

定义	提供当事人有关他的行为或是他对别人的影响的信息。
例子	"在角色扮演时你保持着良好的目光接触，但当你告诉男朋友你要结束这段关系时，你的声音听起来很犹豫。" "你在陈述做决策的困难时说得很好，但你是否可以给我举个例子？"
助人者的一般意图	提供信息、促进改变（见附录 D）
当事人可能的反应	新的行为方式、负责、被误解（见附录 G）
当事人理想的反应	认知-行为探索、情感探索、治疗性改变（见附录 H）
有用的提示	确保在提供反馈前，已经建立良好的治疗关系。 主要给予积极反馈。 在给予消极反馈之前，先给予积极反馈。 一定要声明，反馈是基于你的观察，而非"事实"。 确保反馈是描述性的或者行为上的，而非评价性的。观察当事人的反应。

早期使用积极反馈有助于建立治疗关系并增强信任。此外，如果一定要给予消极反馈，最好是在之前先使用积极反馈，或把它安插在两个积极反馈之间。

针对当事人的反馈（例如，"你很好地解释了你的理由"）与即时化（例如，"我们的关系让我感觉很好"）相似。这两者都是关于当事人的反馈，但针对当事人的反馈只是针对当事人个人（例如，"你"），即时化则是针对治疗关系中助人者和当事人之间的互动（例如，"我们"或"你和我"）。此外，即时化主要是在领悟阶段使用，以促进领悟和处理治疗关系中的问题；针对当事人的反馈则是用在行动阶段，以协助当事人产生、实施和维持思维、情感和行为上的改变。当被用来提升觉察时，反馈也和挑战类似，但在行动阶段，它通常用于提供关于行为和行为改变的反馈。

初学者可能会感到给当事人提供反馈有困难，因为这不同于人们在日常交往中的行为，而且可能会遇到阻抗。初学者常常会受累于"**妈妈效应**"（mum effect），即总是倾向于报喜不报忧，即使坏消息对听的人有好处也不讲（Egan, 1994）。在古代，带来坏消息的送信人会被杀头，所以我们不愿成为带来坏消息或提供负面反馈的人，这一点也不让人惊讶。

如何提供反馈

一些关于提供反馈的指南如下：

- 助人者给当事人提供反馈时必须谨慎，并清楚地知道提供的是自己对当事人行为的观察。
- 要以描述的方式（例如，"你说话的语气非常温柔"），而非评价的方式（例如，"你没有认真地进行角色扮演"）进行陈述。
- 在反馈缺点之前要先强调优点（例如，"你很清楚地表达了自己的感受，但听起来你好像并不是真的相信它"）。
- 针对当事人可以改变的事（例如，非言语行为、行动），而非不能改变的生理特性或生活环境（例如，身高、人格）进行反馈。
- 在行为发生的时候给予反馈（例如，"刚才你说话比较肯定"），而不要等过了很长一段时间后，再去重现情境（例如，"上次会谈，你不看我，什么也没说"）。
- 如同其他的行动技术，提供反馈时必须是共情同感和支持的。如果消极反馈被视为有威胁的、不正确的，就可能会损害助人过程，所以助人者必须在良好治疗关系的基础上，温和地、试探性地提供消极反馈。

提供反馈示例

下面是在一次会谈中助人者提供反馈的例子（见楷体字）。

当事人：我尝试了你的建议，试着去交更多的朋友。
助人者：太棒了！进行得如何？
当事人：嗯，我比以前笑得多了。当我走在校园里时，我会试着看别人。
助人者：那真不错，感觉如何？
当事人：刚开始我感到有些不自在，但看到人们用微笑回应我时，我感觉很好。虽然没有人跟我打招呼，但我感觉这是一个好的开始。
助人者：你也试着和班上的人聊天了吧，情况如何？
当事人：不是很顺利。我选择了萨丽，因为她看起来总是很友善。我按计划坐在她附近，但后来我感到很害怕，就什么也没说。
助人者：那我们来角色扮演一下好吗？这样，我就可以看到你是如何处理的。我来扮演萨丽。
当事人：我坐在她旁边，什么话也没说，所以这没什么好扮演的。
助人者：好吧，那我试着扮演你，然后你扮演萨丽，看看我们是否可以想到一些解决的办法，这样好吗？
当事人：好啊，挺好的。
助人者：嗨，萨丽，你好吗？
当事人：喔，嗨，还不错，除了有些考试的压力。
助人者：我也是。你有兴趣一起学习吗？
当事人：好啊。等一下一起喝杯咖啡，然后学习，好吗？
助人者：这样感觉如何？你认为你可以做到吗？
当事人：是啊，我认为我可以。让我试一下……嗨，萨丽，近来如何？你愿意和我一起学习准备考试吗？
助人者：好极了！你做到了，你说出来了！而且当你说话时，你可以看着我。这是一个很大的进步。也许下一次说话时,你可以慢一点。让我们再试一次。练习直到你感到自在非常有用。

过程建议

过程建议(process advisement)是指助人者指导当事人在会谈中应该做些什么(例如,"让我看看当你的室友向你借新买的裙子时你的反应"或"扮演一下你幻想中的男性")。过程建议是一种建议或直接指导(详见下一部分),但它仅限于对会谈过程的指导(详见专栏 15.5)。

专栏 15.5

过程建议概览

定义	过程建议是指助人者指导当事人在会谈中应该做些什么。
例子	"让我们通过角色扮演来练习这种情境中可以采用的新的行为方式。你扮演自己,我扮演你的老板。试着运用我们先前练习过的自我肯定行为。"
助人者的一般意图	促进改变(见附录 D)
当事人可能的反应	受教育、通畅、新的行为方式、有希望、迷茫、被误解、没有反应(见附录 G)
当事人理想的行为	同意、治疗性改变(见附录 H)
有用的提示	在会谈中提议进行一项练习时,要给出一个令人信服的理由。 对要求当事人做的事要清晰、理直气壮地表达出来。 观察当事人对过程建议的反应,根据当事人的需要进行适当调整。 要专注于该做什么,而不要陷入和当事人争夺掌控权的斗争中。当出现这种情况时,要帮助当事人探索阻抗,或运用即时化技术讨论治疗关系。

提供过程建议的理据

助人者是促进助人过程的专家,因此在会谈里经常有关于在咨询中可以做些什么的建议。反过来,当事人不是专家,在某种程度上要依靠助人者来判断会谈该如何进行。在行动阶段,过程建议的主要形式是行为练习,如行为演练或角色扮演(详见第16章)。

如何提供过程建议

如果当事人信任助人者,并且助人者能够给出充分的理由来说明练习的有用性,则当事人通常会同意尝试助人者认为适当的事(例如,"让我们试试角色扮演,它能帮助你学习如何变得更加自信。刚开始,你也许会觉得有点傻,但它真的很有帮助")。因此,要用清晰、冷静的态度向当事人传递"这个练习会有帮助"的信号。

助人者必须注意到当事人不愿遵从过程建议的信号。信号既包括被动的阻抗(犹豫、无反应、改变话题),也包括主动的阻抗(例如,说"好,但是"或者直接反驳)。当事人不愿意,可能是助人者没有说清楚建议的内容,所以当事人不知道自己应该做什么。还可能是助人者没有讲清做这件事情重要且能产生帮助的原因。又或者助人者提建议时显得有点心虚(例如,"我不知道你是不是愿意做我的督导师建议的这项练习"),降低了当事人合作的可能性。

还有些当事人会抗拒建议，无论这些建议是多么有技巧地表达的。不论何时，助人者都必须尊重当事人不想参与练习的决定。或许，对于不愿意或是抗拒的当事人而言，最糟糕的反应是陷入与他们的"话事权"竞争。这种对控制权的竞争会导致情况更为紧张，有时甚至会导致很糟糕的结果。双方都觉得如果自己放弃，自己就会很没面子。如果出现这种竞争，助人者要退回来，运用探索技术去了解当事人不愿意的原因，或使用即时化技术去处理治疗关系。

过程建议示例

下面是一次会谈中助人者给出过程建议的例子（见楷体字）。

助人者：你讲了好多你对是否送妈妈进养老院感到犹豫不决。你是否愿意在这儿、在会谈中尝试做点什么？

当事人：什么？

助人者：我想让你做的是，假装你的妈妈就坐在那边的椅子上，你试着告诉她你的感受。

当事人：呃，那听起来有点怪。

助人者：是，一开始可能会有一点。你愿意尝试一下吗？

当事人：好，我愿意。那她就坐在那把椅子上？（助人者点头）妈妈，我知道你不想去，但是我不知道该怎么办。

助人者：深呼吸。（在当事人深呼吸时停顿）现在考虑一下你想说什么。

当事人：好，让我再试一次。妈妈，我知道你害怕去养老院，我也怕，但我想是时候了。我住在约1 600千米以外的地方，不能照顾你，你一个人在家也不安全。

助人者：好，现在有什么感觉？

当事人：我感觉好多了。我好像知道该说些什么了。

助人者：嗯，非常好。现在让我们看看她可能会如何回应，你又该如何应对。

直接指导

直接指导（direct guidance）可以定义为：助人者对当事人在助人过程之外应该做些什么提供建议或指导（详见专栏15.6）。

例如：给有需要的父母提供建议，教他们让孩子按时就寝的方法；为需要住院的当事人提供一些应对策略；协助中年人应对患老年痴呆的父母的问题。

一种直接指导的形式是**布置家庭作业**（homework assignments；这是行为主义的常用术语，虽然我知道很多学生对这个术语会有负面的态度）。助人者常常会给当事人布置家庭作业（例如，监督运动和进食、阅读自助读物、搜集资料、练习自我肯定或记录梦境）。家庭作业让当事人有机会练习他们在助人情境中所学到的知识和技术。家庭作业是一种特别有用的方法，因为这样可以使当事人在会谈间隔仍保持参与改变的过程。家庭作业还可以加速助人过程，因为当事人会主动地参与改变，并将改变的结果反馈回来。家庭作业也可以鼓励当事人在没有助人者直接监督的情况下，自己有所行动。

当然，以何种形式布置家庭作业要因人而异，这要视当事人的接受程度和是否有行动的意愿而定。研究表明，如果治疗师选择适合当事人问题的作业，且作业的难度不是很大并以当事人的能力为基础，则当事人完成作业的可能性就更大（Conoley, Padula, Payton, & Daniels, 1994; Scheel, Seaman, Roach, Mullin, & Mahoney, 1999; Wonnell & Hill, 2005）。

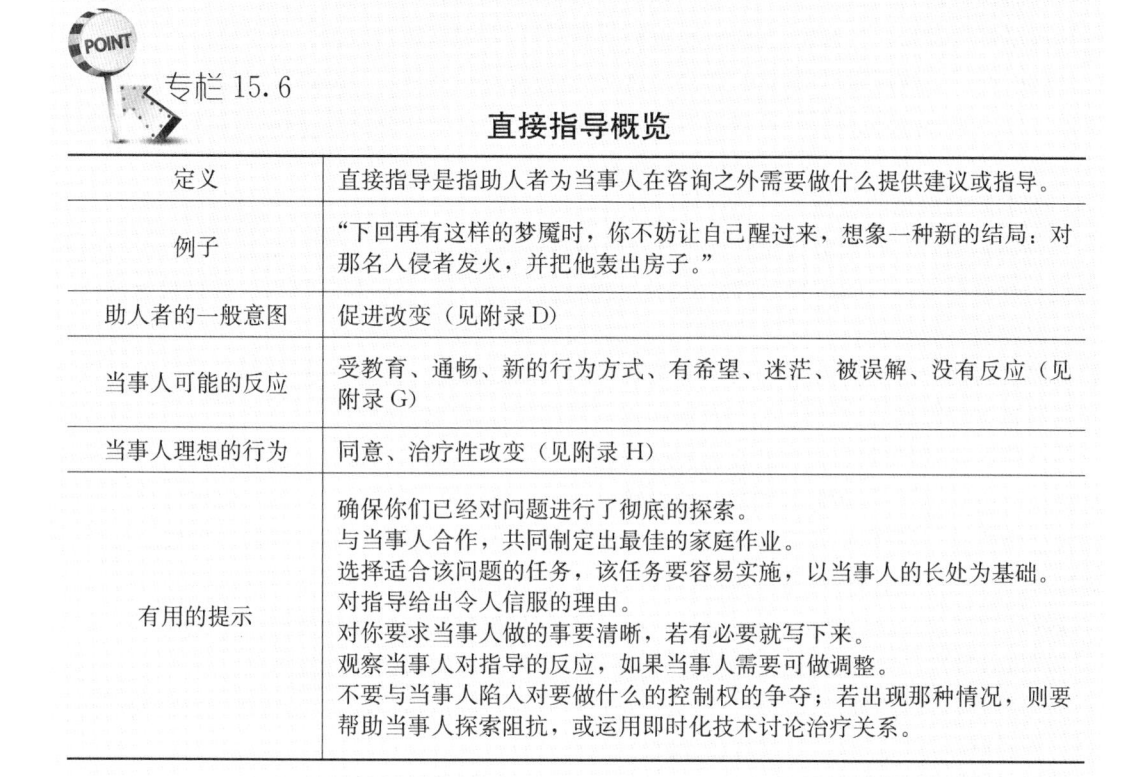

专栏 15.6 直接指导概览

定义	直接指导是指助人者为当事人在咨询之外需要做什么提供建议或指导。
例子	"下回再有这样的梦魇时，你不妨让自己醒过来，想象一种新的结局：对那名入侵者发火，并把他轰出房子。"
助人者的一般意图	促进改变（见附录 D）
当事人可能的反应	受教育、通畅、新的行为方式、有希望、迷茫、被误解、没有反应（见附录 G）
当事人理想的行为	同意、治疗性改变（见附录 H）
有用的提示	确保你们已经对问题进行了彻底的探索。 与当事人合作，共同制定出最佳的家庭作业。 选择适合该问题的任务，该任务要容易实施，以当事人的长处为基础。 对指导给出令人信服的理由。 对你要求当事人做的事要清晰，若有必要就写下来。 观察当事人对指导的反应，如果当事人需要可做调整。 不要与当事人陷入对要做什么的控制权的争夺；若出现那种情况，则要帮助当事人探索阻抗，或运用即时化技术讨论治疗关系。

在一项有关家庭作业的研究中，康诺利等（Conoley et al., 1994）给出了一个有抑郁和愤怒情绪的当事人的例子。在会谈中，当事人说，要是上周他感觉不好的时候能够写下当时的感受，现在就不会忘记，并且还能够带到这次会谈中来讨论。于是，助人者就布置了这项家庭作业，请当事人在感觉不好的时候写下来，记录他当时是怎么想的、怎么做的、有什么感受、当时的情况如何。这样，在下一次会谈中就可以专门就这个具体的问题来谈一谈。当事人很高兴地回应说，他愿意写下来，而且写作在过去曾对他有过很大的帮助。这样看来，这项建议不是太难，只需要花费很少的时间，也不会造成焦虑，而且作业内容很清晰。另外，这项建议是以当事人的长处为基础，因为当事人表示他喜欢写作。还有，这项作业与当事人的问题也相匹配，因为这样可以使当事人记住令他抑郁和愤怒的情境。在后来的会谈中，当事人表示他完成了这项作业。相反，对于那些不愿意写作的当事人来说，要求其写作显然是不恰当的。

需要着重指出的是，在某些场所工作（例如，康复咨询、就业咨询）的助人者比另外一些场所（例如，大学生咨询中心）的助人者需要给出更多的直接指导。例如，康复机构的当事人往往需要有人直接指导他们该怎样处理生活中的主要障碍，而在大学生咨询中心的当事人可能只需要与一名对他感兴趣的助人者谈话就能解决他们的问题。同样，来自某些文化的当事人可能更期待更多的直接指导。例如，来自亚洲文化的当事人往往希望助人者能给出一些具体的建议，对那些不提供直接建议的助人者评价比较低；虽然他们不一定会听从这些建议，但是他们的文化仍然令他们希望专家能给予建议。

直接指导和提供信息是不同的。当助人者提供信息时，他们仅仅提供事实或资料，不会建议当事人去做什么。相反，直接指导会直接指出当事人应该做什么。例如，比较一下这两句话的效果："咨询中心在活动中心大楼"（提供信息）以及"你应该去咨询中心"（直接指导）。提供信息通常意味着当事人可以怎么做（例如，"我的观点是，学生要想取得好成绩，就得在考试前一天晚上有充足的睡眠"），但是并不直接指示当事人应该采取哪种具体的行动（例如，"我认为你应该确保你在考试之前睡足 8 小时"）。

使用直接指导的理据

一些美国著名心理节目主持人或励志书籍的作者给成千上万的人提建议。很多人（包括我）看报纸专栏，听广播节目，这些节目都十分受欢迎，因为它们非常具有娱乐性。

也许从人类有语言开始，人们就会提供建议了，但结果如何？人们会按建议来做吗？如果做了的话，那么是有帮助的，还是有害的？不幸的是，除了一些逸闻八卦之外，没有人能回答这些问题。对于这些以娱乐形式提供的直接指导，我担心的主要是其在给意见之前并没有经过透彻的探索。也许它们所强调的是错误的问题，而接收这些信息的人也可能认为没有必要从不同角度思考自己的问题。此外，在这种情况下，人们可能会依赖其他人给自己做决定，而不再信任自己的直觉。还有些人会寻求很多人的指导，然后要么变得更困惑，要么只听自己想听的。从不同的人那里得到不同的意见当然是可贵的，但是，接下来决定该怎样做，就又是一个难题。还有，有些人并不是自由地选择听取哪些建议，而可能是因为害怕伤害提意见的人，或害怕被惩罚，才听从他人的直接指导。

然而，直接指导在助人情境中有时是很有用的，特别是当助人者是值得信赖且具备扎实的知识和经验基础时——若在提供指导之前进行了深入、广泛的探索和领悟，则效果会更好。助人者也许会对做什么事才对当事人有帮助有很多好的想法。例如，多萝茜希望助人者给她一些关于如何和老板协商薪水问题的建议，毕竟这是多萝茜在学术机构里的第一份工作。这恰好是助人者熟知的一个领域，因为她曾在学术机构工作过。她们讨论了一下多萝茜搜集到的资料，包括其他新进员工的薪水范围、她的优势以及她希望的工资。然后，她们讨论了多萝茜该如何设计协商过程。助人者建议多萝西不要明确提出自己期望的薪资水平，而只说对她现有的薪水不太满意。她们也讨论了这种方式的可行性，之后多萝茜根据自己的风格做了些修正。这个过程是合作性的，因为助人者尊重多萝茜自己做决定的权利及能力。助人者没有花大量时间考虑应选择何种策略，而只是提供多种选择，让多萝茜选出对自己有用的策略。虽然这一策略实施起来并没有达到预期的效果（这在现实世界中是常见的），但多萝茜在协商中进行了及时的调整。后来，她以优厚的薪水接受了这份工作，并很快地投入了其中。

虽然大部分的当事人都有能力自己做决定，特别是在他们已经从别人那里得到一些意见之后，然而，处于危机中的人可能需要更明确的指导。例如，在当事人有自杀倾向时，他们的思维会变得狭隘，这会使他们不能看到死亡之外的其他选择。助人者此时需要干预，要确保当事人不会伤害自己（参见第 18 章对自杀当事人的处理）。我要强调的是，只有在极端的案例里（例如，虐待儿童或有自杀、杀人的危险），助人者才需要"越俎代庖"，积极管理当事人的行为。提供建议与要求当事人去做某事有很大不同。

如何提供直接指导

在使用直接指导之前，助人者应该先想想自己的意图。和提供信息一样，助人者必须先评估当事人的动机（以及自己的动机），才能给予直接指导。他们必须确定自己是为了当事人的利益使用这项技术的。

提供直接指导时，助人者必须记住，对当事人来说，比较小的、具体的改变比较容易，而一下子做出大的改变是很难的。因此，助人者应当将改变分解为几个可行的、具体的、较小的步骤，并对期望的行为给予适度的强化。例如，我们不会让一个不爱动的当事人在一个星期内减重 5 磅[①]（这不是当事人能控制的），而会建议她一周散步三次，每次 15 分钟，并在每次结束后给自己一些强化，如泡个热水澡，并允许自己读一部小说（假设助人者知道当事人喜欢做这些事）。

我也建议助人者在布置家庭作业时将它写下来，以免当事人遗忘。这是因为，要记住咨询中发生的所有事情确实太难了；而且，当事人对待书面的任务会更认真。在接下来的会谈里，对家庭作业进行追踪也很重要（例如，询问当事人完成作业时的体验，根据需要修改作业的要求），否则当事人可能会觉得家庭作业是没用的，也就不会把它当一回事。当然，像往常一样，助人者还需观察当事人对此干预的反应。

在当事人要求（有时甚至是乞求）直接指导时，助人者要注意区分，看当事人是真诚地、直接地要求，还是在表达依赖的情绪。在拿不准的时候，最好先处理相关的情绪（例如，"你似乎非常急切地要求指导，我想知道这是为什么"）。在经历这样的探索之后，助人者就可以综合较多的信息来考虑如何处理这类要求。同时，助人者也必须评估自己的动机，确保自己照顾他人的需求不会干扰当事人自己做决定。

一般情况下，若助人者忽视当事人对建议的要求，当事人会产生消极的反应。有些直接要求指导的当事人，如果助人者不告诉他们怎么做，他们就会生气。希尔（Hill，1989）举过一个例子：一位女性当事人在早期会谈中要求助人者对其家庭问题给予直接指导，助人者没有这么做，因为她想先帮助当事人获得领悟。当事人觉得自己的要求被忽视，所以对接下来的治疗变得不再投入。在这种情况下，如果助人者真的有比较好的建议，先提出这些建议会是比较好的，在以后的会谈中再帮助当事人探究建议背后的深层原因。此外，在当事人因助人者没有提供指导或提供得不够，或提供不"正确"的直接指导而觉得生气时，助人者应运用即时化技术与当事人开放地讨论当事人的感受，这样有助于修复治疗关系的裂痕。

提供直接指导时需要注意的事项

助人者需要知道：他们可以提供帮助，但不能强迫当事人去做某事。助人者不是代替当事人，而是提供选择，让当事人考虑。即使是在最绝望的情况下，当事人也都有权决定自己要做什么。

此外，助人者需要知道自己所能提供的建议是有限的。弗里德曼（Friedman，1990）讲过一则寓言故事：有一个人在桥上，拿着绳子要拯救一位溺水者，这位溺水者抓着绳子，却不愿爬上来。过了一会儿，这位救援者无法再支撑下去了，因为他要救的这个人实在太重了。他必须做出决定，是放手还是让自己也掉下去，而后者显然对溺水者或自己都

[①] 1 磅约合 0.454 千克。——译者注

没什么好处。

直接指导的另一个问题是可能会助长当事人的依赖性，因为它将解决问题的责任从当事人身上转移到助人者身上。如果助人者暗示当事人没有足够的能力解决自己的问题，当事人会变得消极、无助。另外，当指导的责任在助人者而非当事人时，若事情处理不好，当事人通常就会责怪助人者。此外，若助人者运用太多的直接指导，而当事人又对助人者的要求采取不理会的态度，就会引起紧张、阻抗或是反抗。因此，如果直接指导不是以合作的态度由当事人和助人者共同建构出来的，就可能破坏治疗关系。

直接指导示例

下面是在一次会谈中助人者给出直接指导的例子（见楷体字）。

当事人： 我们3岁大的女儿有个习惯，喜欢在半夜爬到我们床上，一直要待到天亮。起先还好，我以为她需要一些安抚。但现在失去控制了。我们的床不大，我先生又占去一大半的位置，结果我没法动弹，根本就睡不着。当我试着抱走她时，她又不愿离开。我们该想个法子了。

助人者： 听起来你很发愁。

当事人： 是很发愁，现在不知道怎么办才好。她需要安抚的时候，我不想伤害她，她好像真的很喜欢跟我们睡在一起。

助人者： 到目前为止，你试过哪些法子？

当事人： 还没做什么，只是我开始觉得有些不耐烦，所以我知道该想个办法了。再加上我觉得她已经长大了，不适合再和我们一起睡。

助人者： 你的目标是什么？

当事人： 当她醒来，觉得难过时，我可以给她一些安抚，然后要她回房去睡。我不想再让她来我们的床上睡，她一来，就很难叫她走了。

助人者： 你通常用什么方法来处理孩子的问题？

当事人： 我们事先把话说清楚，让孩子有心理准备，他们就能照做。

助人者： *如果你事先告诉她你会做什么，也许对处理这件事会有用。你会怎么做呢？*

当事人： 睡觉前，我会告诉她，如果半夜醒来，不能再到我们的房间。但是，我担心没有其他合适的方法来代替这件事。

助人者： *很好的想法。如果你陪她在她的床上躺一会儿，等她重新入睡，你再回自己房间睡，会怎么样呢？*

当事人： 听起来是个好主意。所以，下回她再来，我就陪她回她房间睡一会儿，等她睡着我再回自己房间睡。我想这会有用，特别是如果我事先告诉她。或许我会少睡一会儿，但至少要比现在强。

助人者： *听起来不错，还有其他问题吗？*

当事人： 嗯，或许我会在她床上睡着，但不至于太久，因为那儿也不舒服。半夜起来也许会令我不舒服，但至少可以让她改掉这个坏毛病。

助人者： *嗯，这也许只需要花三到五个晚上，所以你可以告诉自己，只需要累个几天，习惯就改过来了。*

当事人： 很好。我来做做看，这正符合我做事的方式，所以我知道会有用的。

策略表露

策略表露（disclosure of strategies）是指助人者可以借由表露他们过去尝试过的策略来提供建议（自我表露的另外一种形式）。事实上，与其告诉当事人该做些什么，还不如向当事人表露自己先前尝试过的方法——如果助人者认为这种方法也适合当事人（详见专栏15.7）。然后，助人者再把焦点转回当事人身上，询问他们的反应（例如，"当我感到生气时，我会深呼吸，然后从1数到10。不知道这对你有没有用？"）。

专栏 15.7

策略表露概览

定义	策略表露是指助人者呈现自己在过去用来处理问题的方法。
例子	"当我和我母亲处于类似情境时，我会打电话跟她聊天。我会尽可能诚实，让她知道我的情况很糟。她通常会非常理解。"
助人者的一般意图	促进改变（见附录D）
当事人可能的反应	受教育、通畅、新的行为方式、有希望、迷茫、被误解、没有反应（见附录G）
当事人理想的行为	同意、治疗性改变（见附录H）
有用的提示	确保已经对问题进行充分的探索。 回想你以往用过的可能对当事人有帮助的策略。 选择适合该问题的策略。要实施起来不困难，并且是建立在当事人的长处之上的。 表露要简洁，不要详细叙述你的问题是什么。 观察当事人对表露的反应。在表露后，将焦点转移到当事人身上。

应用策略表露的理据

有一点很重要，就是只能提供那些可能对当事人有帮助的策略。表露的目标并不是炫耀过去对你有用的策略，而是以此扩展当事人可采取的行为的多种可能性。

听一听别人的经验，可以为自己提供一些新的、具体的点子（例如，"我一吃完东西就马上刷牙，免得忘了，或是太累了而不愿刷牙"）；也可以鼓励当事人尝试一些新的行动计划（例如，"我每年都旅行一次，算是对自己一年辛苦工作的犒劳，不知你会怎么做？"）。助人者表露自己的经验，有时也能降低当事人的防卫——他们不告诉当事人该做些什么，而是跟当事人交流，向当事人表明自己也没有答案，但愿意与他们分享过去曾经用过的一些有效的方法。通过使用策略表露，助人者既为当事人提供了点子，又避免了因提供指导而导致对当事人的要求。策略表露是比提供信息或直接指导更具试探性的方法。

如何进行策略表露

其他类型表露的注意事项在此也适用（例如，表露已经解决好的事情，不要让自己感到太脆弱）。另外，在表露之后把焦点转回当事人身上也是非常重要的。例如，助人者可能会说：

"当我读书时，每读完一个章节，我就会做某些自己喜欢做的事来犒劳自己。我可能会喝一瓶汽水、打个电话或玩电子游戏——虽然我只给自己10分钟。这对你来说有用吗？"

助人者需要觉察，当事人可能过于受助人者表露的影响。

因此，助人者要以商讨的姿态提出选择，指出它对当事人可能有效，也可能无效，然后把焦点转回当事人，观察他们的反应。此外，助人者也必须注意，不要为了释放自己的情感而表露，这样会导致焦点从当事人转向自己（例如，"我来告诉你我是怎么做的，因为那真的很棒，非常有趣"）。

策略表露示例

下面是在一次会谈中助人者使用策略表露的例子（见楷体字）。

当事人：我知道自己需要运动，但我就是无法找到任何我喜欢的项目。

助人者：有一件事对我来说很有用，就是每天早上和我先生一起散步半小时。我做了运动，还可以在一天的开始就花一些时间和我先生在一起。这类事情对你来说是否有用？

当事人：嗯，这有点吸引我，但是我的身材真的很糟。

助人者：开始时，我一天散步10分钟，到现在已经坚持好几年了。现在，我讨厌错过早晨的散步。10分钟对你而言会比较容易吗？

当事人：会啊，但是我要如何让我先生也参与其中？

助人者：你对此有什么想法？

结语

这些行动阶段的技术需要助人者有更多的投入。因此，助人者需要确保当事人已经做好准备接受这些干预（例如，进行了足够的探索）。助人者还需要对当事人的反应保持觉察，观察当事人是如何回应的，确保当事人积极参与其中。

你的想法

- 当事人通常会要求信息。你怎样决定何时该给当事人所要求的信息？何时该追问他们的想法？
- 你如何判断当事人是否真的想要或需要直接指导？
- 直接指导的提供应该是尝试性的，并且只有在充分探索和领悟之后进行。你同意这种说法吗？为什么？
- 请描述一下，当你告诉当事人你不知道他们问题的答案时，会是什么样的情形。不知道答案会如何影响当事人对助人者的看法？
- 当别人给你提供信息时，你感觉如何？

- 当你寻找信息时，你会有什么感受？
- 在电台脱口秀节目中，心理学家们在简短地与来电者对话后，就给予直接指导。请讨论这种做法的优点和缺点。

关键术语

行为理论 behavioral theories
直接指导 direct guidance
消退 extinction
提供反馈 giving feedback
布置家庭作业 homework assignments
模仿或观察学习 modeling or observational learning
妈妈效应 mum effect
正强化物 positive reinforcers
过程建议 process advisement
强化 reinforcement
塑造 shaping

认知理论 cognitive theory
策略表露 disclosure of strategies
泛化 generalization
提供信息 giving information

操作性条件反射 operant conditioning
初级强化物 primary reinforcers
惩罚 punishment
次级强化物 secondary reinforcers

研究概要

行动阶段是必需的吗？

文献出处：Wonnell, T. L., & Hill, C. E. (2000). Effects of including the action stage in dream interpretation. *Journal of Counseling Psychology*, 47, 372–379. http://dx.doi.org/10.1037/0022-0167.47.3.372

理论依据：希尔（Hill, 1996, 2004）提出的梦的工作的三阶段模型和本书的助人技术模型类似。旺内尔和希尔（Wonnell & Hill, 2000）想知道在梦的工作的三阶段模型中，行动阶段对帮助当事人获得领悟并在生活中发生改变是不是必需的。他们还想知道，治疗师们认为什么可以让行动阶段变得更加容易或困难。

方法：志愿当事人（本科生）和接受过训练的博士生治疗师一起进行单次的咨询会谈，当事人被随机分配到以下两种实验条件下：会谈包含完整的三阶段模型（探索、领悟和行动）和会谈不包含行动阶段（只有探索和领悟阶段）。治疗师在会谈中严格遵循希尔（Hill, 1996, 2004）提出的梦的工作模型。在两种实验条件下，会谈时间长度相当。在会谈结束之后，治疗师评价会谈进行的难易程度，并指出是什么让会谈变得容易或困难。

有趣的发现：
- 在两种实验条件下，会谈质量和当事人的领悟水平没有不同。
- 相比没有经历行动阶段的当事人，经历行动阶段的当事人获得了更多的行动（评价的标准包括：自我评估获得了多少行动，自我评估他们在问题的理解和解决上有多少收获，评价者评价的因这次会谈而制定的行动计划的质量）。

- 治疗师认为，当他们对行动阶段的技术感到自信时实施行动阶段最容易。另外，当他们与这样一些当事人工作时，实施行动阶段也会更容易：当事人有动力想要理解自己的梦，积极投入，有心理学头脑，已经充分探索了自己的梦境且在行动阶段之前获得了领悟，聊的是近期的梦。

结论：
- 如果当事人只想获得对于梦的领悟，那么行动阶段不是必需的。
- 如果当事人是想根据对于梦的领悟来做出改变，那么行动阶段就是必需的。聚焦于探索和领悟，不如在探索和领悟之后聚焦于行动带来的行动多。
- 和非常想要理解自己的梦并且积极参与的当事人工作更容易。

对治疗的启示：
- 如果当事人想要发生改变，治疗师应该聚焦于行动阶段。治疗师也需要熟练使用行动阶段的技术。
- 当事人要有动力开展梦的工作。

第 16 章
完成四项行动任务的步骤

> 没有行动的目标是一场白日梦，没有目标的行动是一场噩梦。
> ——日本谚语

在一家收容所，助人者聆听黛比讲述着她的愤怒、无力感，以及被逐出家门的羞耻感。助人者对黛比的一些非理性思维（例如，黛比认为自己毫无用处，是社会的弃儿）进行了挑战。助人者向黛比进行了自我表露，她讲到了自己曾经穷困潦倒的经历，以及失业后她是如何被迫去思考自己到底想要什么。在表达了自己的想法，并领悟到自己是如何落到这般田地后，黛比感觉舒服多了，但她仍然想学习一些技能，这样她就不会再次无家可归了。于是，助人者开始询问黛比失去工作、被逐出家门的更多细节。黛比说她是因为公司裁员而被解雇的；后来，在被 15 家公司拒绝之后，她对于另谋他职失去了信心。为了帮助黛比找到自己的兴趣，助人者提供了一些测试给她，帮她撰写了一份简历，最后还和她模拟了一场工作面试。在收容所生活的这段时间，黛比申请了许多份工作并且收获了一份她喜欢的。然后，助人者和黛比一起探讨做好这份工作所需要的技巧（例如，准时上下班、衣着得体、不用办公室座机打私人电话）。在半年后的随访中，黛比仍然在岗。

在这个例子中，助人者帮助黛比探索并领悟导致她目前状况的原因。然后，助人者转向行动阶段并且根据黛比的需要为她提供帮助。在学习新技能方面，行动阶段对黛比特别有用，这样她就能成功地找到并保住一份工作。

行动任务的理据

在这个阶段，助人者结合在上一章练习过的技术（针对行动的开放式提问和追问、提供信息、针对当事人的反馈、过程建议、直接指导以及策略表露）来完成四项行动任务：(1) 放松；(2) 行为改变；(3) 行为演练；(4) 决策。虽然在行动阶段可以处理很多任务，但对新手来说，这四项任务是相对简单且容易学习的。

行动任务是具有创造性的而且很少遵循一套清晰的步骤，因为每个当事人有不同的需求。举个例子，一些当事人可能已经做好改变的准备，所以就不需要在探索行动上花时间了；其他当事人也许以前从未尝试过改变自己的行为，因此可以跳过评估以往改变尝试的步骤。在当事人对任何一个步骤产生强烈反应时，助人者可以退回上一步，帮助当事人处理他们的反应，并且可能需要改变策略。

对于这四项任务中的每一项，我都试图提供清晰的步骤，以便助人者在第一次尝试执行这些任务时可以遵循。这些步骤是作为可选方案提供的，而不是必须严格遵循的要求。我建议助人者在训练时练习这些步骤，再根据自己的助人风格和当事人的需求做出适当的调整。

放松

对于那些饱受压力和焦虑困扰的当事人而言，**放松**（relaxation）非常重要。大量研究表明，放松肌肉能够减轻焦虑（Jacobson，1929；Lang，Melamed & Hart，1970；Paul，1969），指导某些当事人（尤其是焦虑的当事人）学会放松是很有帮助的（Bernstein & Borkovec，1973；Goldfried & Trier，1974）。当人们放松时，他们会变得更加开放，还能够更好地加工信息。因此，在对当事人尝试采用其他的行为干预之前，先教会他们放松是一个不错的选择。

以下情况，助人者可以考虑采用放松的方法：（1）当事人有特定的恐惧症（例如，对飞行感到恐惧，或是有蜘蛛恐惧症）；（2）当事人对于参加考试或在公共场合讲话感到极度焦虑；（3）当事人在社交场合感到焦虑；（4）当事人在咨询会谈中看起来特别紧张。相反，对于偏执的、害怕失控的或有妄想的当事人，助人者在对其进行放松干预时要非常谨慎。

专栏 16.1 展示了放松和正念的步骤（请记住，不需要完全遵循这些步骤）。需要注意的是，助人者应当先教当事人如何放松或如何正念，再帮助他们思考如何在咨询会谈以外的情境中使用这些新技能。

专栏 16.1 放松的步骤

步骤	技术（以及例子）
1. 识别并描述压力或焦虑的具体情况	开放式提问和追问（"你感觉怎么样？"）
2. 同意将放松或正念作为目标	开放式提问和追问（"对于学习放松，你有什么看法？"） 过程建议（"不如我们来试试放松练习。"）
3. 教当事人放松或正念	过程建议（找个舒服的姿势，放松自己，呼气时重复一个短语，放下所有的思考，回到默念的短语。）
4. 鼓励当事人想象在会谈以外的情境中进行放松或正念	过程建议（"想象你正要参加一场考试。现在开始练习一下自己的呼吸。"）
5. 布置放松和正念练习	直接指导（"你能试着每天至少做 5 分钟的放松练习吗？"）
6. 跟踪	开放式提问和追问（"你在尝试放松时感觉怎么样？""是什么让你更有可能在日常生活中进行放松呢？"）

步骤 1：识别并描述压力或焦虑的具体情况

在探索和领悟阶段，助人者可能会注意到当事人在谈论很有压力的情境时语速加快、坐立不安或是惊慌失措。理想状态下，助人者和当事人一起探讨这些焦虑的情绪，并且和当事人深入交流当事人在感到焦虑时的具体细节（询问关于焦虑状态下的触觉、嗅觉、视觉和味觉细节），帮助当事人分析导致和维持焦虑的因素。在某些时候，助人者和当事人共同认为压力和焦虑就是当事人想要改变的状态，之后他们就可以进行下一步了。

或者，助人者和当事人深入探索了几个问题，获得了一些理解。助人者认为当事人已经做好改变的准备，进而和当事人一起将这些问题分成不同的部分。然而，潜藏在这些问题之下的普遍的焦虑可能会不断地阻挠助人进程。

这时，助人者和当事人都认为，在解决其他问题之前，焦虑应该是最先被解决的问题。在这个阶段，助人者可以引导当事人选择一种特定的情境，然后和当事人一起深入探索当时的焦虑情绪，之后再进行下一步。

步骤 2：同意将放松或正念作为目标

助人者可以询问当事人是否想学习放松或正念技术，这些技术可以帮助他们在治疗中平静下来，然后在压力大的时候能够在会谈之外使用这些技术。原因在于，如果一个人生理上处于放松状态，这种状态与焦虑是不相容的，放松是非常好的应对焦虑的策略。当然，只有在当事人同意的情况下，才能进行下一步。

步骤 3：教当事人放松或正念

放松

本森（Benson，1975）经过大量研究发现，放松训练包括两个主要成分：（1）重复某些词语、声音、祷告、想法、短语，或者肌肉的活动；（2）当有别的念头侵入时，顺其自然地回到重复活动上。根据本森的建议（这里略微进行修改），助人者可以遵照以下步骤，用平稳而缓慢的声音教当事人放松：

1. 尽量让自己舒服地坐在椅子上。拿掉腿上的所有东西，双脚平稳地放在地板上。闭上双眼。想象一下，沙子进入了你的脑袋，填满你的身体，让你的整个身体开始感到沉重。

2. 从脚趾开始放松你的身体，一直向上到头部。耸起双肩，然后释放紧张感。深呼吸，吸气……呼气……当你吸气的时候，想象一下吸入了新鲜、干净、恢复活力的空气。当你呼气时，想象一下摆脱不好的空气。

3. 挑选一个词语（如"一""平静"）、一个声音（如"嗡"）、一句祷告（如主祷文）、一个想法（如"我可以做"），或是一个短语（如"小河流过"）。挑选一个与你的观念相一致并使你感到舒服的东西，每一次呼气时，在心里重复它。

4. 让所有杂念离开。当你发觉自己想到了其他事情时，不必担心，让它自己慢慢消失，然后回到先前的重复上。

5. 如此照做 3～5 分钟，然后静静地坐一会儿。

还有一种方法是深度的肌肉放松（Jacobson，1929）。助人者让当事人逐步专注于全身每一块肌肉，绷紧 30 秒，然后放松。助人者让当事人逐步放松全身的主要肌肉群，绷紧然后放松相应的肌肉（例如，把脚背弯向自己，把脚背绷直），轻柔而缓慢地进行指导：

> 尽你所能地攥紧拳头，保持住，攥紧，保持，现在放松。感受放松流进你的手指。暂停。现在伸出你的手指，尽可能张开，然后保持住，保持住，保持住，现在放松。

像这样使全身放松需要 20~30 分钟。在系统地练习了几次放松之后，很多人就能够在自己有需要时使用放松。

正念

卡巴特-津恩（Kabat-Zinn，2003）将正念定义为非批判地专注于一个人的当下体验而产生的觉察。正念的理念是意识到（或留心）情绪和反应，将它们抽取出来观察，最后让它们离开（Segal，Williams，& Teasdale，2002）。例如，当正念进食时，一个人要全神贯注于进食，细细品味每一口，品尝每一种味道，闻到每一种香味，而不是狼吞虎咽地吃着食物，同时做其他事情。为了练习正念，助人者可以让当事人拿一颗葡萄干，先仔细检查，观察它的样子，闻它的味道，用手感受它。在仔细地研究了这颗葡萄干后，助人者可以让当事人把葡萄干放入口中，含在嘴里再感受下，然后慢慢咀嚼，让葡萄干的味道在口腔内蔓延开来。这么做的目的是让当事人关注当下，并且尝试将这种体验扩展到会谈之外，在其他情境中也能保持在场与正念。

在会谈中做放松和正念的练习对于某些当事人来说可能很困难。他们可能会担心自己这样做是否"正确"，或者他们可能会觉得闭上双眼的时候自己非常脆弱，容易受到伤害。助人者可以询问练习前、中、后当事人的情绪和想法，和当事人讨论放松和正念练习的体验。

步骤 4：鼓励当事人想象在会谈以外的情境中进行放松或正念

有时让当事人先想象使用某些技术会很有帮助。助人者可以让当事人在放松的时候想象一种特定的困难情境（使用类似引导想象或系统脱敏的方法）。助人者可以让当事人闭上眼睛，然后慢慢将他们一步步带入特定情境的想象。比如，助人者可能会说：

> 想象一下，你正要开车去上班。启动车的时候将注意力放在你的呼吸上，感受全身放松的感觉。（停顿）现在想象自己进入匝道准备上高速公路。注意你的呼吸，吸气，呼气。（停顿）你正在匝道口，你开始担心高速公路上的车是否会让你进入。继续关注你的呼吸。（停顿）你保持稳定的速度，在上高速公路时观察各个方向。吸气，呼气。（停顿）你保持车速，注意到你可以轻易驶入车道。你向其他司机招手并深呼吸。高速公路上的车呼啸而过，但你发现你可以专注当下。你觉得很舒服。再次注意你的呼吸。

如果进行放松是因为当事人在会谈中表现得太过焦虑，助人者可以温和地重复当事人正在说的内容，并要求当事人继续谈论相关话题时注意呼吸。如果助人者观察到当事人又开始变得焦虑，可以温和地提醒当事人注意呼吸然后放松。通过教会当事人应对当下的焦虑，助人者可以教会当事人如何在会谈以外的情境中运用这种非常有用的技术。

步骤 5：布置放松和正念练习

如果看起来有帮助，助人者可以建议当事人在安静、没有干扰的地方练习深呼吸、放松或正念，每次 5~10 分钟，每天 1~2 次（例如，在早饭之前或者下午晚些时候）。练习的好处在于，当事人能够在新情境下更快地放松。

步骤 6：跟踪

助人者可以在随后的会谈中询问当事人练习放松或正念的情况。如果当事人能够很轻松地完成这些练习，那么助人者可以鼓励当事人继续练习。助人者还可以和当事人讨论和排练在困难情况（例如，飞行、考试）下尝试放松或者正念。如果当事人无法完成或者选择不去做这些练习，助人者可以询问当事人发生了什么，而不要评判当事人。然后，助人者和当事人可以一起对布置的练习进行调整，或者可能选择放弃练习。

行为改变

很多当事人需要改变一些特定的行为。他们也许会报告自己某些行为做得太多（例如，吃得太多、喝太多酒或者咖啡、总是咬指甲、玩电脑玩得太多、时不时地拿起手机或者查看社交媒体），而其他的行为又太少（例如，锻炼身体、刷牙、整理公寓），还有一些不适合的行为（例如，拙劣的社交技能、糟糕的学习习惯、拖延）。对于个人内部和个人控制的问题（例如，拖延、锻炼），**行为改变**（behavior change）模型是理想的解决方案。

在这种行为改变的方法中，助人者和当事人一起探索问题，讨论改变的想法和之前的尝试，从而澄清问题和目标。然后，助人者和当事人一起生成选项，并找出实现所选择选项的方法。相关步骤见专栏 16.2（请记住，一旦你学会了如何使用该方法，就不需要严格遵循这些步骤）。

专栏 16.2

行为改变的步骤

步骤	所用技术（例子）
1. 明确具体的问题	开放式提问和追问（"描述上次喝多了的情景。""喝酒之前发生了什么？""对于谈论这件事，你有什么感受？""喝酒的时候发生了什么？""喝多了的后果是什么？"）
2. 探讨对行动的看法	开放式提问和追问（"改变之后会是什么样的？""不改变会是什么样的？""改变的好处有哪些？""改变过程中会有哪些障碍？"） 重述和情感反映（"你听起来很害怕改变。""你说了很多关于你想如何改变的话。"） 利用双椅技术探索与行动相关的不同方面的冲突

续表

步骤	所用技术（例子）
3. 评估之前对改变的尝试和资源	开放式提问和追问（"你尝试过什么有效的方法吗？""你尝试过什么无效的方法吗？""你的妻子给予了你什么样的支持？"） 重述和情感反映（"你尝试了很多不一样的事情。""感觉你说出来之后好多了。"）
4. 澄清或重新定义问题或目标	开放式提问和追问（"我们已经深入探讨过你喝酒的问题，我在想你现在觉得自己最大的问题是什么？""你和喝酒相关的目标有哪些？"）
5. 共同提出解决办法	开放式提问和追问（"你有什么想法吗？"） 直接指导（"或许你可以在开始上课时发表一个评论。"） 策略表露（"在这种情况下，我会尽量在早上工作。"）
6. 评估并选择解决方案	开放式提问和追问（"哪一种方案最适合你？""第一种方案有哪些好处？"）
7. 确定强化物	开放式提问和追问（"如果你能按照我们建议的去做，你认为什么能够强化你的行为呢？"）
8. 实施行动计划	开放式提问和追问（"你会如何实施这个计划？""如果你实施了这个计划，你会期待什么样的结果？"）
9. 检查进展/调整	开放式提问和追问（"你要求加薪时发生了什么？"） 反馈（"当你告诉你的儿子要守规矩时，你的语气很坚定。"）

步骤1：明确具体的问题

在这一步，我们需要探索问题，确保我们关注的是一个具体的、可观察的问题（例如，学习更多），而不是非行为的、模糊的或者没有固定标准的问题（例如，感觉更好）。最好是一次解决一个特定的问题，因为同时解决多个问题会让人非常困惑该先解决哪一个，还会分散精力。如果当事人有很多问题待解决，助人者可以和当事人一起把所有的问题列成一张清单，依据重要程度和可解决程度对它们进行排序。

相比笼统的问题，处理特定事件实际上更加容易，助人者可以询问一些具体的行为发生时的事例（包括细节）："和我谈谈你上次生气是什么时候。尽可能地详细描述那个场景。"然后，助人者可以探索事件的ABC：首先询问事件发生的先导事件，然后询问事件发生过程中的行为，最后询问事件发生的结果：

- 先导事件（antecedents）："你生气之前发生了什么？"
- 行为（behaviors）："你生气的时候具体发生了什么？"
- 结果（consequences）："你生气的后果是什么？"

如果当事人不善于观察（描述的场景很模糊，或是对一些细节不确定），助人者可以让当事人在本次会谈结束后的1~2周仔细观察自己的行为来收集关于ABC的细节。例如，假如乔塔想减少她的进食量，助人者可以让她写下她吃了哪些食物、在哪儿吃的、和谁一起吃的、什么时候吃的，以及吃之前和吃之后的感受。自我观察的结果是，当事人一般都会意识到他们的行为和他们之前报告给助人者的行为大相径庭。例如，一位超重的当事人在自我报告时称自己从不吃零食，但他自我观察后或许会发现他总是在工作或者看电视时吃一点零食。报告自己觉得孤单的当事人可能会发现自己从不直视别人的眼睛或是跟别人打招呼。

在这一步的最后，助人者应当了解当事人想要解决的特定问题的细节（例如，想少喝咖啡、更频繁地刷牙、多锻炼身体）。助人者应当知晓事前、事中、事后分别发生了什么（例如，当事人上次拖延的细节）。

步骤2：探讨对行动的看法

首先需要明确的是，与其事先假设当事人非常渴望改变，不如让当事人探索一下自己对改变的看法。虽然当事人可能对现有的状态不满意，但他们还是会害怕改变之后的状态（冒险探索未知不如活在现有的痛苦中）。如果助人者急于进入行动阶段，而当事人本身又没有做好准备，那么助人者就会经常从当事人那儿听到这样的话："是的，但是……"——这些当事人总能找出充分的理由来证明行动是不可行的。另一种情况是，有些当事人可能会礼貌地听着，但没有任何想要改变的意向。

此外，鉴于在改变决策过程中通常会涉及价值观的问题，助人者可能需要和当事人一起探索有关改变方面的价值观。例如，于燕开始的时候说她的问题在于她想停止喝酒。当她探索自己的价值观时，她意识到喝酒是违背她的宗教信仰的，但她对这些宗教的价值观感到矛盾，而且她也非常享受晚餐时喝一杯红酒。她必须仔细思考她想要什么和那些她被告知是正确的事情。探索这些价值观非常重要，这样当事人才会对自己的选择更加清晰。

关键在于为当事人创造一种足够好的氛围，使当事人能够舒服地谈论并做出改变的决定。助人者可以鼓励当事人表达他们对行动的想法和感受，并鼓励他们探索改变与否的利与弊。助人者可以使用针对行动的开放式提问和追问：

- "改变的好处有哪些？"
- "不改变的好处有哪些？"
- "改变让你感觉如何？"
- "什么妨碍你改变？"
- "当考虑将要在生活中做出改变时，你是什么感受？"
- "有哪些和这个问题有关的价值观？"

助人者还可以支持当事人，并运用重述和情感反映技术促进当事人对改变的探索，例如：

- "想到做一些新的事情令你感到兴奋。"
- "听起来你很想改变。"
- "你说这个的时候听起来有点不情愿。"

在这一步使用的主要技术是针对行动的开放式提问和追问、重述和情感反映。开放式提问和追问通常会用来开始讨论，随后助人者可以运用情感反映和重述促进这一进程，进而让当事人讨论价值观、需求以及有关改变的问题。

如果当事人对改变有明显的内心冲突，针对当事人的不一致进行挑战（见第11章），或是运用双椅技术（见第11章），有助于当事人去体验和表达他们内心的冲突。在冲突的双方都被觉察之后，解决冲突就会更加容易。在双椅技术中，助人者使用的是过程建议。下面的对话提供了一个例子：

助人者：作为应该停止咬手指甲的你，假装跟坐在那把椅子上的另一个自己对话。

当事人：（对着空椅子）你那样做的时候很恶心。看看你有多讨厌吧。别再咬了。

助人者：你能说得更大声吗？就像你12岁时父亲可能说你的那样。

当事人：（对着空椅子）好，（更大声）别再咬了！你咬手指甲的时候非常难看。你到底有什么毛病？马上停下来！

助人者：现在坐到那把椅子上去，把你当成想咬手指甲的那个12岁的自己。你有些什么话想对父亲说呢？

当事人：（坐到另一把椅子上，对着空椅子）我想咬就咬，你无法阻止我。我才不管你怎样想。你就是想要我很完美，这样你才看我顺眼。（角色扮演继续进行了一会儿。）

助人者：刚才那样做时，你的感受如何？对于自己为什么咬指甲，你是否有了一些新的想法？

当事人：是的。原来我就是想要报复父亲。那是我用来掌控自己生活的一个小伎俩。

助人者：当你这样想的时候，你觉得现在你准备好改变咬手指甲的习惯了吗？

当事人：我想我已经准备好改变这种行为了。我对此也是不胜其烦。但除了这个，我还想试着去更多地了解我与父亲的关系。

助人者：好的，我们就先花一些时间来解决咬手指甲的问题，然后再回到你与父亲的关系的问题上。

在权衡了所有的做法之后，一些当事人也许会选择不去改变。他们可能觉得做出改变所需的付出要大于收获。有时，改变太过痛苦。有时，当事人发现他们目前的生活还没那么糟糕。有时，随着当事人探索自己的价值观，当事人关于改变的想法也会改变。

选择不改变或决定改变都是有意义的。例如，桑德拉告诉她的助人者她想戒掉电脑游戏。在他们探索了一会儿，讨论了戒掉游戏的好处和障碍之后，桑德拉意识到她其实根本不想戒掉电脑游戏。虽然她对承认自己玩游戏感到内疚和尴尬，但她逐渐意识到玩游戏能够帮助她在一天的工作之后放松下来。这位助人者能够不带评判地倾听，也不对桑德拉是否应该玩电子游戏有预设。助人者建议他们退回去，试着更多探索这种内疚感和"应该做的事"。

这一步重要的是，助人者不要纠结于当事人是否选择改变。实际上，助人者的成功并不是基于当事人的改变，而是帮助当事人判断到底怎么做是对自己最好的。毕竟，助人者怎么可能知道最终什么是对当事人最好的呢？

在本步骤结束时，当事人应该对是否继续进行改变做出自己的选择。很少有当事人百分百确定自己想要改变，但是改变的好处应该远远大于坏处。如果当事人不情愿，助人者可以重新回到探索和领悟阶段来处理这种感受。

步骤3：评估之前对改变的尝试和资源

在确定当事人想要改变之后，助人者可以和当事人一起评估当事人已经做过的尝试（如果有的话）。了解当事人先前对改变的尝试，可以避免鼓励当事人再次采取那些过去不起作用的行动，并向当事人表明助人者尊重其改变的努力。毕竟，当事人通常对他们的问题有长期的经验，他们肯定也尝试过改变，也有很多心得体会。因此，助人者不是专家，而是充当顾问，和当事人合作，共同探索当事人尝试过的策略，以及这些策略是如何起作用的。

在本步骤，助人者评估当事人之前的尝试哪些有用、哪些没用。这样，助人者就能评估哪些因素促成了改变、哪些因素妨碍了改变。助人者可以同时关注内部因素（例如，动机、焦虑、不安全感、自信）和外部因素（当事人的生活环境中可以用来促成或妨碍他们改变的因素，例如社会支持、歧视和社会不公正等）。最好尽可能多地了解这些影响改变过程的因素，以避免重蹈覆辙。

一个很特殊而且很重要的外部因素是当事人的社会支持系统。布勒威尔与施特劳斯（Breier & Strauss，1984）认为社会支持系统的好处包括：公开讨论、现实检验、支持赞同、融入社区、问题解决和持久稳定。积极的支持能够为改变提供激励与强化（例如，一个支持的、不评判的伴侣可以使人坚持节食）。相反，消极的支持会削弱一个人的决心（例如，一位女性决定节食，然而她的伴侣想继续暴饮暴食，缺少支持可能会使该女性难以节食）。此外，助人者可以与当事人讨论，改变将如何影响他们的社交网络。

助人者可以使用开放式提问和追问来评估与特定问题相关的促进性和限制性影响：

- "当你尝试改变的时候，什么是有效的？"
- "当你尝试改变的时候，什么是无效的？"
- "上次尝试中，你遇到的困难是什么？"
- "上次尝试中，是什么让改变更加容易？"
- "关于你的这个问题，其他人是什么反应？"
- "如果你改变了，其他人会怎样反应呢？"

助人者要支持当事人探索改变的尝试，因为这种讨论往往具有威胁性。运用重述和情感反映技术可以向当事人表明助人者正在倾听。例如：

- "听起来你已经尝试过很多做法来克服自己的抑郁。"
- "听起来你感到很沮丧，因为你做过那么多努力，可都没起作用。"

使用认可-安慰技术可以让当事人知道，助人者理解他们探索的艰辛，而且重视他们所说的内容。例如：

- "你做得非常好，努力获取社区中可用服务的信息。你真是太有办法了。"

在这一步结束时，助人者应该清楚地知道当事人以前尝试过什么、使用过哪些有效或无效的策略，环境中有哪些促进和限制性的因素。助人者将这些新信息与探索和领悟阶段收集到的信息相结合，开始概念化当事人在做出改变方面的优势与障碍（例如，拥有积极的价值观，拒绝权威告诉当事人改变）。

步骤4：澄清或重新定义问题或目标

现在，当事人已经彻底探索了自己的问题，助人者可以询问当事人现在对于最初提出的问题或目标有何看法。当事人很可能会改变对问题的描述。例如，克里斯决定要在周六的晚上和自己的丈夫更加从容地吃晚饭，而不想在所有时候都吃得更慢一点。让我们再回到前面的一个例子：虽然于燕一开始说，她想要彻底戒酒，但是于燕和她的助人者之后认识到这个行为和她的压力有关系，于是重新将问题定义为如何帮助于燕应对职场压力。

如果问题发生了变化，显然助人者和当事人不得不带着新问题回到步骤1。

步骤5：共同提出解决办法

当事人与助人者合作的最大好处在于，两个人一起会比一个人独立思考提出更多改变的办法。本步骤的目标在于提出尽可能多的解决办法，在评估这些办法的可行性时，可以稍后再考虑现实因素，但首先要把这些办法提出来。一种策略是给这个过程设置一个特定的时间限制，例如5分钟。在形成想法的过程中解除约束并放弃评价的可能性也非常重要。虽然我不推荐助人者在探索和领悟阶段做记录，但是在本步骤助人者最好能记录这些想法，以便在下一个步骤参考。

为使这个过程中能产生较多的想法和选择，助人者可以运用开放式提问和追问，让当事人考虑所有出现在脑海中的行动，无论该做法看起来有多么不可行或愚蠢：

- "如果钱和时间都不成问题，那么你将会如何改变这个问题行为？"
- "如果另一个人跟你状况相同，那么你会对他提出什么建议？"

助人者也可以提出建议，因为这样可以为当事人带来一些他们未曾考虑到的新想法。当然，助人者要注意，不要太专注于自己提出的想法，而只是要提供给当事人更多选择的可能性。助人者可以这么做：

- 听当事人故事的时候，实践脑海里出现的想法（例如，如果当事人在工作中遇到困难，可以建议"跟你的上司谈谈怎么样"）。
- 助人者在思考策略时还可以参考"祖母规则"（例如，"先吃蔬菜才能吃甜点"），即建议当事人先尝试新行为（例如，学习），然后才做好玩的事（例如，看电视）。
- 助人者也可以利用"普里马克原理"（Premack's principle）①，即将一种低频行为（例如，刷牙）与一种高频行为（例如，上网）进行配对，建议当事人只有在刷完牙之后才能上网（如果刷牙是希望提升频率的行为）。

助人者还可以表露自己在相似情形下尝试过的一些策略。通过自我表露，助人者承认自己也碰到过类似问题，可以让当事人感觉没那么不安。但同时也要记住，这种办法对自己有用，但不一定适用于当事人。自我表露只是为了提供更多的可能选项：

- "当我难以记住一些必须要做的事情时，我就列一张清单。"
- "我尽量保持有规律的生活，并且一洗完澡就刷牙。"

还有一项类似的策略——助人者会知道一些对其他人很有效的办法。类似地，助人者提出这些策略，并不是为了给当事人压力，或者让他们感觉到羞耻，而是帮助他们扩展可能有效的选项：

- "其他当事人会使用手机APP记录自己的步数，以确保自己可以每天走10 000步。"
- "我曾经听人建议过，可以在午餐时间散步。"

在本步骤结束时，应该形成一份关于所有可能的行动的清单。没有优先顺序，目标是想法越多越好。

---

① 普里马克原理系心理学家普里马克发现的一种强化原理：低发生率的行为可以由高发生率的行为来强化。正文中的例子即用上网作为强化物，来强化刷牙行为。祖母规则其实就是普里马克原理的通俗说法。——译者注

步骤6：评估并选择解决方案

此时的任务是鼓励当事人系统地思考各种选择，并选择那些具体的、现实的、在可实施范围内的、与他们的价值观相一致的选项。有时候，最简单的做法是让当事人删除上一步行动清单中糟糕的选项。或者，助人者可以让当事人选择3～4个比较好的选项，然后分别评估它们好的方面和不好的方面。助人者还可以询问当事人的价值观，看看目前的选项中是否有违反当事人价值观的。例如，抢银行是快速致富的一个"办法"，但当事人的（也是我们所希望的）价值观却是反对这一行为。和当事人一起去挑选那些改变自己而不是改变他人的做法也很重要（儿童的行为改变除外）。这是因为，改变他人很难，并且还涉及伦理问题。例如，助人者想要改变当事人的行为（例如，减少唠叨，培养爱好），而不是帮助当事人的伴侣更多地锻炼身体。下面是一些开放式提问和追问的例子，可以帮助当事人评估不同的选项：

- "你喜欢第一个选项的什么地方？"
- "你有多大信心可以完成第一个选项？"
- "你不喜欢第一个选项的什么地方？"
- "你的价值观和第一个选项有什么联系？"
- "使用5级评分，评估这个选项的可行性。"
- "与第一个选项相关的障碍有哪些？"

在这一步结束时，理想情况下，当事人将至少有一个可行的选择。如果当事人立刻选择了一个好的选项，并且知道该如何执行，那么这个步骤可能会非常短。如果存在许多可能的选项，那么这个步骤可能要久一点。

然而，助人者要确保当事人的目标是现实的。例如，如果一名肥胖者想要在1个月内减掉50磅体重，助人者就有必要跟当事人一起选择一个更加现实的目标。与其鼓励肥胖的当事人一开始就严格执行每天只摄入800卡路里的节食计划，助人者可能会鼓励他们，除了适度的饮食（例如，每天1 500卡路里）之外，每天还要步行20分钟，逐渐减轻体重，从而更有可能坚持下来。

不过，当事人也可能不愿意选择任何一个选项，这提醒助人者需要重新回到探索和领悟阶段来解决问题。

步骤7：确定强化物

助人者可以跟当事人一起确定理想的强化物（也就是当事人奖励自己做出了改变的东西），强化让改变更容易发生。重要的是，强化是个人化的，可能对于一个人有效（例如，助人者），也可能对另一个人没有效果（例如，当事人）。例如，洗个热水澡可能对一个人有强化作用，但对于另一个人来说，打半小时电子游戏的强化作用更好。对一些人来说，能完成这项任务本身就是一种强化（例如，看到自己一天走了一万步就是一种强化）。为了确定强化物，助人者可以询问以下问题：

- "如果你能做到你想做的事情，你会收获什么？"
- "通常情况下，什么东西会强化你？"
- "你喜欢做什么事情来照顾自己？"

当事人会需要一些帮助来确定强化物。助人者可以像步骤 5 一样生成选项：
- "可能有用的是，你在和你妈妈打完电话之后，再去给朋友打一个电话。"
- "我的一个建议是，你可以在完成任务之后，给自己安排一次按摩。"

步骤 8：实施行动计划

一旦确定了目标行为、搜集了基线信息、设置了现实目标、形成了改变方案、确定了强化物，助人者就可以跟当事人一起思考可以怎样执行行动计划，包括当事人将在什么时间以什么方式尝试新的行为，他们预期会发生什么事情，应该如何应对必然会产生的困境。总而言之，助人者和当事人会一起解决问题。例如，如果当事人想要更多地去健身房以增加锻炼强度，助人者和当事人可以一起确定什么时间去健身房，有哪些可能出现的阻碍，以及如何解决。这个过程是创造性的和具有挑战性的，因为每个当事人都不同。以下是一些原则：

- 通常，首先应该寻找增加积极行为（例如，更多的微笑）的办法，而不是寻找减少消极行为（例如，减少独处的时间）的办法，因为在积极的方向上更容易发生改变。
- 所选行为必须是可观察的、易于行动的、适合当下文化的、具体的（例如，对陌生人微笑），而不是宽泛的、模糊的（例如，变得更加友好）。这是因为，对于改变来说，具体的行为更容易实施与监控。
- 助人者应将具体行为的改变作为目标（例如，一定数量的家庭作业），而不是试图改变行为结果（例如，最终的成绩）。这是因为，具体的行为是个体所能控制的，而结果是不可控的（例如，谁也不知道老师将怎样打分）。
- "婴儿学步"（baby steps）原则在此也很重要。不要期待当事人立即做出巨大的改变，小的改变更容易实现。告诉当事人行为的改变通常需要很长时间是很有效的。一般来说，建立一个新习惯需要连续坚持 21 天。当事人意识到这一点后可以调整自己的节奏，而不是期待在一夜之间完成改变。
- 助人者还要提醒当事人"慢慢来"，以防开始时太过热情却无法坚持。许多人都会满腔热情地说他们可以做出极大的改变（例如，每天锻炼 3 小时），但当他们发现这一改变实施起来有多么困难时，他们就会变得灰心丧气。与其高估自己所能做到的，不如踏实地迈出很小的一步。
- 完成期待的行为之后，应当立即进行强化。例如，在学习了 30 分钟之后立刻洗一个热水澡或者打一会儿游戏。或者，当事人可以在记录的表格中给自己一颗小星星，当星星的数量足够多时可以获得一项更大的奖励（星星是次级强化物）。
- 对于成年的当事人来说，进行自我强化要比依靠他人强化更好。依靠他人来传递这种强化，会造成人际关系中的评价和权力斗争。

助人者还应该跟当事人一起确定那些影响任务实施的潜在的促进因素和阻碍因素，以防无法完成所布置的任务。例如，一位男士正考虑实施一项锻炼计划，其中包括每天步行 15 分钟。对于该计划，投入的时间和天气是阻碍因素，体重减轻和自我效能感增强则是有利因素。此外，如果当事人没有讨论过支持或阻碍自己改变的社会支持，最好要特别询问一下，因为他人可能是强大的帮助或妨碍力量。这里的想法是要使行为改变发生，并关注是哪些因素使得当事人的改变受阻。

为了评估促进和阻碍因素，助人者可以使用开放式提问和追问：
- "什么能帮助你实施行动计划？"
- "什么会阻碍你实施这项计划？"
- "你有哪些社会支持可以帮助你？"

然后，助人者可以跟当事人一起找到处理阻碍因素的方法。例如，助人者可以跟当事人一起讨论，怎样抽出 15 分钟时间来锻炼身体，以及碰到坏天气时该怎么办：
- "如果发生这种情况，你会怎么办？"

到这一步结束的时候，助人者和当事人应该对于如何执行行动计划和如何处理阻抗有了很好的认识。如果当事人不合作，助人者就应该跟当事人一起分析这种阻抗，以及这种阻抗是否与治疗关系有关（例如，当事人不喜欢助人者告诉自己该做些什么），或是与当事人自己的心理动力有关（例如，当事人没有准备好放弃对父母的愤怒）。

通过以下案例能更好地理解本步骤该如何进行。沙琳是一位 30 岁的家庭主妇，她的问题是抑郁、肥胖和身材走样。通过探索和领悟阶段，助人者发现沙琳对于不能外出工作感到很沮丧，但是她又觉得，全职照看孩子是她应尽的责任。她逐渐领悟到，她之所以认为自己应该成为一个全职妈妈，是因为她相信只有这样她的丈夫才会爱她。她讲述了自己关于父母的一些记忆：他们的关系非常糟糕，父亲怨恨母亲，因为母亲的事业非常成功。通过助人者的帮助，她逐渐认识到，她可以取得事业上的成功，而且不会使丈夫感到无能。然而，她还意识到自己已经很久没有离家工作了，所以不知道该如何应对工作环境。助人者和她一起设计了一项身材恢复计划，以帮助她增加一些自信。她第一周的家庭作业是至少与丈夫一起散步 3 次，每次 30 分钟（以减轻体重，并且可以与丈夫单独待一段时间），并监控自己的热量摄入。当讨论可能出现的问题时，沙琳提到她的丈夫可能不同意。之后，助人者和沙琳决定不管她丈夫是否同意，沙琳都会邀请他。

步骤 9：检查进展/调整

在当事人试着在会谈之外实施行动时，经常会出现一些问题。改变往往比预期的更为困难，还可能会碰到一些意想不到的障碍。根据当事人在现实中完成家庭作业的经验，助人者可以在随后的咨询会谈中和当事人一起对家庭作业进行调整。

助人者应该确定当事人在完成任务的过程中，哪些做法有用、哪些没用，而不去评判其做出的努力，这样才能对任务进行调整。如果助人者能够以超脱的观察员或科学家身份出现，他们就能帮助当事人将行动计划调整得更有效。助人者不能因为当事人没能完美地完成任务就感到气恼，而是要将计划调整看作改变过程的一个很自然的组成部分。当事人只有真正开始尝试改变，才可能留意到自身环境中的所有障碍，因此经常需要调整。助人者可以采用开放式提问和追问：
- "上周你试着跟妈妈交谈时情况怎样？告诉我发生了什么。"
- "你觉得每天锻炼 15 分钟怎么样？"

制定有效的行动计划是一个尝试错误的过程。助人者可以通过使用开放式提问和追问、直接指导来找出如何帮助当事人修改任务：
- "上周我们提议你学习 30 分钟之后才能休息，但这个时间看起来太长了。要不试一试学习 15 分钟之后就休息，或是只要你感到难以集中注意力时就停下来休息。你觉得怎样？"
- "如此说来，当你真的很生气时，跟室友谈论她不洗碗这件事是没什么用的。我觉得，你可以在不生气的时候跟她谈，或者只是跟她说想要谈一谈如何保持宿舍清洁。这样是不是更容易一点呢？"

当事人可能会因为问题复发而灰心。有学者（Brownell, Marlatt, Lichenstein, & Wilson, 1986）认为，失误或过失不一定造成问题复发。助人者可以帮助当事人形成这样一种态度：原谅自己的小过错，并从错误中学习。例如，弗兰克节制饮酒 6 个月之后，在一次聚会上又喝过量了。他可能会认识到自己不能再喝酒了，即使是适量饮用也不行。这样的想法可能会促使他思考该如何应对今后的聚会。相反，如果弗兰克因为问题复发而过度自责，他的自我感觉就可能会更加糟糕，从而导致他无法有效地处理这件事，这就可能导致他重新陷入酗酒的问题之中。

在这一步，助人者还可以向当事人反馈其进展。强化当事人做得好的地方，可以为他们提供支持与鼓励。考虑到做出改变的困难性，获得支持会有帮助。咨询师给出的反馈应该是这样的：用谨慎的方式提出；简短并切中要害；针对当事人的行为而不是人格特点；数量要适中，以免当事人承受不了；积极反馈和消极反馈要保持平衡（Egan, 1994）。

- "你很好地记录了你对女儿吼叫的次数，以及是什么事情刺激你这样去做。现在，你可以试着想一想，当你生气时还可能有哪些其他的行为表现。"
- "祝贺你在这周能够保持井井有条。"
- "关于在宵禁时间之前回家这个约定，这一周你似乎有好几次都没能做到。"

此时，助人者还可以运用即时化技术，来帮助当事人探讨他们和助人者一起在行动阶段工作时的反应。对于当事人感觉到被强迫或者被忽视这一点，助人者知道其很重要。

到这一步结束时，当事人应该已经在某个特定问题上成功实施了改变计划。然后，助人者和当事人将要决定是结束咨询，还是再回去解决另一个问题。无论选择哪种情况，助人者和当事人都可以借此机会评估一下，他们对于到目前为止的进展情况感受如何。

行为改变步骤示例

本案例中，当事人山姆被确诊为癌症晚期，助人者已经和他就此状况所引起的感受进行了深入探索。他们也达成了共识：他之所以感到抑郁，是因为觉得自己从没有充分地活过。他们追溯了山姆被动的原因，这是由于其控制型的父母过去一直教导他该怎么生活。现在，山姆认识到，无论他以前的童年生活是什么样子，现在他是唯一能主宰自己余生的人，而且不能再抱怨任何人。

请读者注意，该案例旨在阐明行为改变的步骤。当然，每个人的情况不同，对于想实施这些步骤的助人者而言，事情不可能每次都进展得如此顺利。此外，在一次会谈中可能没有足够的时间去执行所有的步骤，因此可以分别在几次会谈中执行这些步骤。

助人者：那么，你具体想要改变什么呢？（步骤 1）
当事人：我想改变我的生活方式，但是我不知道该如何改变。
助人者：你的意思是？
当事人：关于如何度过我的余生，我想改变生活的重心。
助人者：你之前一直在讲你是多么希望自己的余生变得不一样。此时做出改变对你来说意味着什么呢？（步骤 2）

当事人：一直以来，我都非常抗拒、怨恨并且责怪我的父母，这听起来非常可怕，但是我想试着改变一下。

助人者：听起来你确实想要改变。

当事人：嗯，是的，尽管这是一件很艰难的事情。也许，如果我慢慢来，状况要好一些。但是，我没有那么多时间了，我想尽快开始。

助人者：嗯，好的，那我们一次处理一件事情吧。首先，你说你想拥有更有意义的人际关系。以前你有哪些尝试呢？（步骤3）

当事人：嗯，我是个非常害羞的人，交朋友对我来说很难，我从来没有参加过任何团体或俱乐部，我想那是因为我希望别人主动走近我。我的父母经常介绍新的朋友给我，所以我在交朋友的过程中从来没有主动过。其实，我并不需要很多朋友，我只想有两三个亲密的朋友——那些我真正可以信赖的人。（步骤4）

助人者：听起来你挺了解自己的。

当事人：嗯，我对我自己和我的问题有很多思考。

助人者：好，那么我们头脑风暴一下，想想怎样去交一些新朋友。你有哪些想法呢？（步骤5）

当事人：我想去参加一个癌症支持小组，小组里的那些人应该和我有同样的经历，他们能够理解我。另外，我的邻居告诉我，在我们那栋楼里有一群玩扑克牌的家伙，尽管他们一个月才玩一次，但是我喜欢玩牌。以前我一直想去做些这样的事情，但是我总是觉得更应该工作。噢，我刚刚想起来，我大学的一位老朋友刚搬回镇上住，也许我可以和他联系。

助人者：这些听起来都是很不错的主意，哪个最吸引你呢？（步骤6）

当事人：实际上，我认为我都能够办到。癌症支持小组活动是一周一次，而且并不远。玩扑克牌是一个月才一次。并且我已经打算联系我的老朋友。这看起来并不过分，我确信我想去做这些事。

助人者：真不错。我喜欢你的热情，让我们选择其中一件来深入地谈谈吧。（步骤6）

当事人：好，我们可以先从癌症支持小组开始。

助人者：那么，告诉我你的想法吧。

当事人：这个小组在我们本地的一家医院里，我想那儿可能有8~10个人吧，他们都患有癌症且已是晚期。

助人者：你如果去的话，最大的困难是什么？

当事人：他们我一个都不认识。

助人者：那你会对自己说些什么来帮助自己呢？

当事人：我也许会说，我不必和他们成为最好的朋友，我只需要和一些与我有着同样经历的人聊聊。

助人者：那样会有帮助吗？

当事人：有一点，但我感觉让自己去还是有些困难。

助人者：你能不能想一想，你可以做些什么来鼓励你去呢？（步骤7）

当事人：也许如果我去了的话，可以在结束以后喝杯咖啡。

助人者：那会是一个很好的激励吗？

当事人：我想是的。
助人者：所以，你下个周末想做点什么呢？（步骤8）
当事人：我觉得我会考虑去癌症支持小组。
助人者：那对你来说感觉怎么样？
当事人：我得再想想，但我觉得应该可以。

（下一次会谈）

当事人：上周情况怎么样？（步骤9）
助人者：我最终决定去支持小组，但我觉得不是很舒服，他们都比我小很多。
当事人：你对此感觉如何？
助人者：嗯，我有一点失望。但是，我听说另外还有一个小组，成员的年龄大些，我想我可以试着去参加。
当事人：你对自己说不必和他们成为最好的朋友，这一招有用吗？
助人者：非常有用。我还告诉我自己，如果不喜欢，下次可以不用来，这一招也很管用。但是，真正有帮助的是之后喝咖啡。事实上，我去了咖啡店，然后在那儿碰到了和我一起上大学的一位老朋友，并且相谈甚欢，所以感觉真的不错。
当事人：很好，你能从这些经历中得出什么呢？
助人者：我想我应该走出去，尝试不同的事情。我肯定会去试试其他的支持小组，并且我可能会经常光顾那家咖啡店——在那儿可以上网，所以也许我可以在那儿打发点时间，看看会发生些什么。

行为演练

行为演练（behavioral rehearsal）是一种用于教授当事人在人际情境中以更适应的方式做出反应的技术（Goldfried & Davison, 1994）。尽管行为演练可以用于许多问题（例如，工作面试或公众演讲的演练），但我这里关注的是自信（即坚持自己的立场），因为这是一个普遍存在的问题。一个缺乏自信的例子是，一名实习生在这个学期最忙碌的时候勉强答应和朋友一起喝1小时的咖啡，结果喝了4小时，她感到气愤，但因为害怕伤害朋友的感情什么也没有说。

根据阿尔贝蒂和艾默斯（Alberti & Emmons, 2017）的观点，**自信心训练**（assertiveness training）的目标是教会当事人在不侵犯他人权利的前提下维护自己的权利。这里的假设是，开放的、有同理心的交流会带来更好的关系。缺乏自信的人被人践踏自己的权利，有攻击性的人则践踏他人的权利。尽管无法保证自信的人会如愿以偿，但不自信的人和有攻击性的人都可以被教会更适当地表达积极和消极感受。事实上，有攻击性的人不太可能对一个以前不自信的人表现出的自信行为做出友善的反应。因此，助人者不仅要协助当事人思考如何做出最初的、共情同感的、自信的陈述，还要思考对于升级的攻击性如何自信地做出反应或在需要时改变目标。

我在这里假设，当事人自信心的问题已经在探索和领悟阶段被指出，此时助人者询问当事人，是否愿意学习更多技巧来让自己做出不一样的回应。如果当事人同意的话，助人者将按照以下步骤进行行为演练（专栏16.3是步骤的总结，一旦在实践中掌握了，就不需要严格按照步骤来进行）。助人者不要仓促完成这些步骤，而是要鼓励当事人对每个步骤进行深入探索。

专栏 16.3

行为演练的步骤

步骤	所用技术（例子）
1. 在特定情境下评定行为	开放式提问和追问（"告诉我你上次要求加薪的情况。"） 过程建议（"让我们针对这个情境来进行一次角色扮演吧，我来扮演你的上司，你扮演你自己。"）
2. 确定目标	开放式提问和追问（"你想要达成什么？""你希望看到什么发生？""你想成为什么样的人？"） 重述和情感反应（"听起来，你很害怕改变。""你已经说了很多你想如何改变。"）
3. 生成选项并评估可能性	开放式提问和追问（"关于你可以尝试些什么，你有什么想法吗？""在我们提出的各种建议中，哪一种更适合你？"）
4. 提供示范	过程建议（"让我们再进行一次角色扮演，这一次你来扮演老板，我来扮演你并且示范一下你可以怎么回应，你觉得可以吗？"） 开放式提问和追问（"针对我刚才的示范，你喜欢哪里，不喜欢哪里？""你会怎么改进？"）
5. 角色扮演并反馈指导	过程建议（"让我们再进行一次角色扮演，这一次你来扮演你自己，我来扮演老板。"） 反馈（"你准确说出了你想要什么，既没有咄咄逼人，也没有抱怨，做得非常好。如果你可以在交流的时候和别人多一些眼神的接触，会更好。"）
6. 实施自信心计划	直接指导（"明天你使用今天我们练习的内容去和老板谈，你觉得怎么样？""当你表现得更加自信时，你觉得会出现什么问题？"）
7. 检查进展	开放式提问和追问（"当你和老板谈的时候，发生了什么？"） 反馈（"你表达得非常坚定，而且说出了我们练习的内容，做得非常好。不过，你在最后有点含糊其词……我想知道当时发生了什么？"）

步骤 1：在特定情境下评定行为

助人者请当事人描述一个缺乏自信的具体例子（例如，一名当事人没有告诉室友自己不喜欢她不问下就借自己的衣服，另一名当事人因为同事没有做好分内之事而发火）。最好挑选一个具体的例子（例如，最近一次发生的情况），因为行为演练对具体情境效果最好。例如，如果当事人在跟自己感兴趣的男士的互动中表现得非常尴尬和不自信，助人者可能会询问最近一次出现该问题的具体信息，通过探索事件的 ABC（先导事件、在特定情境下的行为和感受、结果）来了解在过去的情境中无效和有效的行为。

一旦当事人提供了足够多的信息，让助人者知道了事情是如何发展的，助人者就可以建议在这个情境下进行角色扮演，当事人扮演他们自己，助人者扮演另一个人。助人者应该确保角色扮演尽量逼真，并且在当事人提供额外信息时进行调整。

在角色扮演的过程中，助人者要仔细观察当事人的行为（例如，目光接触、声音大小、需求表达、态度），此时助人者不用对这些行为进行评论。在首次角色扮演之后，助人者可以让当事人进行自我评估，从而帮助他们探索自己在该情境中的体验。

步骤2：确定目标

助人者要与当事人共同决定具体的、现实的目标，即他们希望自己做出什么不同的行为（例如，在班级讨论中发表评论，平静地让孩子去倒垃圾，让邻居调低音响的音量）。当事人在有了清晰可行的目标之后更可能做出改变。

为了构建目标，助人者和当事人可以提出不同的行为，并确定当事人对哪些行为感到舒服。并没有"正确"的自信方式，因此在本步骤，最关键的是要设计出令当事人接受的目标。例如，一位当事人可能想要学习如何邀请一个有趣的人出去约会，而另一位当事人却不想如此。

在本步骤，询问当事人可能影响目标的价值观会有帮助（例如，一位女士可能对于主动向一位男士提出约会感到不舒服，因为她坚信男士应该主动联系。一位男士可能不愿意向自己的父母伸手要钱，因为他的价值观是自己应该保持独立。一名学生可能不想向自己的老师求助，因为他不希望自己显得很愚蠢）。讨论受价值观和文化影响的权利（例如，隐私权、自主权）也很有帮助。此外，帮助当事人探索他们对不同目标的感受及目标可能带来的后果也是很重要的（例如，他们可能会达成目标，但失去朋友）。

步骤3：生成选项并评估可能性

和行为改变的步骤类似，此时的目标是产生各种可以解决问题的方法，尝试帮助当事人富有创造性地思考可能的选项（例如，别人在之前做过哪些尝试，哪些可能会有用）。这个步骤涉及在特定情境下的问题解决。一旦产生了几个选项，助人者就可以和当事人一起探讨不同选项的可行性和吸引力，最好可以引导当事人选择最佳选项。有关如何实施本步骤的更多细节，可以查看行为改变的步骤5和步骤6。

步骤4：提供示范

一旦确定了目标行为，助人者就可以通过扮演当事人来向当事人示范如何实施新行为。例如，助人者可以让当事人扮演老师，然后助人者示范如何向老师说明由于自己生病而希望能延期交作业。

当我们谈到自信的时候，以下几个原则可能会有帮助：

- 最好从相对容易的行为（例如，询问商店里的店员）而不是困难的行为（例如，要求加薪）开始，以最大限度增加成功的可能性。当事人可能首先在课堂上和一位男性开始对话，然后逐步发展到邀请他出去约会。助人者可以通过询问来确定行为是容易还是困难（例如，"在这种情况下保持自信的难度有多大？"）。
- 助人者可以鼓励当事人在自信的同时对他人保持共情。通过考虑对方的感受，当事人更有可能以更有说服力的方式表达自己（例如，"我知道你现在很想跟我聊，但是我现在不方便。我们可以明天约个时间聊吗？"）。
- 最好不要在表达歉意后进行太多解释，因为这可能会促使对方去寻找解决办法。因此，与其说"我很抱歉，我现在不能去吃午饭，因为我有很多事情要做，或许可以换个时间"，还不如说"我很抱歉，我现在不能去吃午饭"。
- 一项有用的技术是当别人不听我们讲话时，成为"坏唱片"，不断重复自己所说的话。例如，你在电影院帮朋友占了一个座位，但是有人想要坐这个座位，你可以说："对不起，这个位子有人了。"当他们想要跟你争辩时，你可以不断重复："对不起，这个位子有人了。"

在角色扮演之后，助人者可以询问当事人喜欢和不喜欢的部分，以及当事人会怎么做。如果看起来有用，助人者可以再次进行角色扮演，提供更好的示范。

步骤 5：角色扮演并反馈指导

然后，助人者可以让当事人重新做回自己，助人者扮演另一个人，让当事人在问题情境的角色扮演中尝试采用刚才选择的行为。在角色扮演的过程中，助人者需要再次仔细观察当事人的行为表现，并在结束之后真诚地提供积极反馈（"你非常好地运用了目光接触，也很好地说出了自己的需要"）。哪怕是对很小的方面进行积极反馈，也可以让当事人觉得他们自己做得很好，取得了进步。然后，助人者可以针对一两个具体的方面给出矫正性反馈（不要一次给当事人太多的反馈非常重要）。

助人者可以让当事人持续进行角色扮演，直到当事人有信心能够表现出期待的行为。在每次角色扮演前，助人者可以指导当事人做出不同的尝试（例如，"好的，这一次你再说大声一点，语气再坚定一些"）。

在角色扮演的过程中，助人者可能会发现当事人对变得自信感觉非常焦虑，此时应该先停下来帮助当事人进行放松训练或认知重构来管理焦虑。

步骤 6 和 7：实施自信心计划并检查进展

这两个步骤与本章"行为改变"一节中的步骤 8 和 9 相同。

行为演练的步骤示例

在此，我们继续用山姆的例子，也就是我们在"行为改变"一节中提到的当事人。下面的对话发生在助人者和山姆谈论他参加癌症支持小组的过程之后。

当事人：还有一件事，就是我想在去世之前能有一段美好的两性关系。最近，我很想念我的前妻。我想，我们婚姻的失败，很大程度上是由于我的消极以及我与父母之间没有处理好的问题造成的。现在，我对自己与父母之间的关系有了更多的了解和认识，我想我和前妻的关系也应该有所改善。我认识到她不是我的妈妈，她的确有些怪癖，但是我仍然在乎她。

助人者：你觉得，问问她是否仍然单身、你们是否还有可能，如何呢？（步骤 1）

当事人：我女儿说过，她至今还是单身。如果和我的前妻重修旧好，我也可以有更多的时间和女儿待在一起，这也是我真想做的事情。

助人者：听起来好像不错，但是我要提醒你，考虑到你们过去的经历，事情可能不会那么顺利。你非常被动，可能仍有陷入固有行为模式的倾向。也许我们可以进行一些自信训练，帮助你在你前妻面前表现得更好，能说出你内心的想法。

当事人：那应该会很有帮助，我们今天可以开始吗？

助人者： 当然可以。举一个最近你和前妻在一起时，你表现得很被动，但其实你希望自己表现得更好的例子吧。

当事人： 她会说一些诸如"我应该多花些时间陪陪女儿"之类的话。她对于我没有承担更多的责任感到很生气。对于我该做些什么，她总是固执己见并且喋喋不休。昨天，她打电话给我，问我打算怎么处理照看孩子的事情，我就说不知道。我真的没有考虑过这件事情，而且当时我真的很忙。她一提起这些，我就感到很生气，她是那么专横，所以我不说话，也不让她好过。

助人者： 好，让我们通过角色扮演来看看究竟发生了什么。我将扮演你的前妻，你就是你。我希望你真实再现你昨天的表现。现在，我是你的前妻（扮演前妻）。山姆，我希望你承担更多照顾女儿的责任，我无法处理所有的事情。我现在是全职工作，不能一有事情就请假。如果每次在女儿生病或看医生的时候我就请假，我会被炒鱿鱼的。你知道的，哪怕只是轻微的感冒，日托中心也拒绝让她去。而且，她需要多见见她的父亲，她需要你在她身边。

当事人：（抱怨）好啦，我现在没法做更多了，我在学校很忙。

助人者： 好，让我们在这里停一下。你留意到自己的感受了吗？

当事人： 我感到愤怒。她又是在对我颐指气使了，我不喜欢这样。当然，她是对的，我确实应该多花点时间照顾女儿，但是她一开始讲，我就不想做任何事。我仿佛又听到我妈妈在唠叨，我不再说话。

助人者： 很好，你能够觉察出你心中真实的想法。你注意到你的语调了吗？

当事人： 没有，我没有注意到任何事情。

助人者： 你和以前听起来截然不同。事实上，你开始抱怨。之前你跟我交谈的时候，你是一个成年人，但是当你在角色扮演中和你前妻对话时，你听起来像个发牢骚的小孩（举例说明）。

当事人： 噢，真难以置信，这正是我在我妈妈面前的表现。我不敢相信在毫无觉察的情况下，它这么快就表现出来了。你扮演得和我前妻一模一样——那么专横和有控制欲。我讨厌这样相互斗气，两败俱伤。但是，我能理解她的感受。在一个如此被动退缩的人面前，她除了专横和控制，别无选择。

助人者： 那么，现在你想对她说些什么呢？（步骤2）

当事人： 我想说，她是对的，我们需要制定一个时间表，因为我确实很想担负起我的责任。我想花更多时间和女儿待在一起——这并非难事。但是，我希望她不要把我当成一个孩子。也许如果我们能像两个平等的成年人一样来处理问题，我们就能解决它。我认识到了我的问题，但她也得明白自己在做什么。

助人者： 听起来不错。让我们现在试一试，跟她说说这些。（步骤5——请注意，步骤4被跳过，因为当事人看起来并不需要示范。）

当事人：（向前妻说）我真的希望能解决这个问题，我们能一起设置一个时间表吗？

助人者：（扮演前妻）嗯，但是我不知道是否还能相信你。

当事人：（向前妻说）我正努力在改，而且我开始认识到属于我的一部分责任。我无法保证能做到尽善尽美，但是我一定会努力尝试。

助人者：（扮演前妻）好，那我们试一试。但是，对这个办法是否有用，我表示怀疑。

当事人：（向前妻说）我也不确定，但是我认为这值得一试。也许我们可以参加夫妻治疗以获得帮助？

助人者：（扮演前妻）听起来这是个不错的主意。（作为助人者）你觉得怎样？

当事人：很好，我喜欢这样，谢谢。

助人者：你真的很棒。你听起来很坚定但不令人讨厌，也没有发牢骚，更能控制局面，我相信你确实想和她一起做这些。我想，如果我是你前妻的话，我会愿意和你理性地对话。你认为，你跟她在一起的时候可以做到吗？

当事人：我想我可以。我要克服很多以前跟她在一起的不愉快经历，我想我能够做到。我想去做，因为我确实想改变。

助人者：嗯，你在这儿能做到。我相信，你在她面前也会有充分的自信。有一点可能会对你有帮助，就是在跟她讲话之前做一次深呼吸，想想你要说些什么，你要达到什么样的目的，提醒自己是一个成年人，她不是你的母亲。

当事人：嗯，我想这会有用。如果提前告诉她我试图做什么，她应该会很理解。她经常说，我们俩已经陷入僵局，似乎看不到解决问题的希望。我想，她知道她自己越来越专横，她也不想如此，只是面对这样的情况感到太挫败了。

助人者：让我们再来一次角色扮演，以确保你真的掌握了。同样，我还是扮演你的前妻。（扮演前妻）山姆，我希望你能对女儿承担更多的责任，我希望你多跟她在一起，并且在她需要看医生的时候多帮我。我不能在她每次不去日托中心的时候请假（暂停）。现在记得做一次深呼吸，山姆，想想你打算跟她说什么。

当事人：你绝对有理由对我发脾气，过去我没有做好，但是，现在我确实想承担起属于我的责任。但是，我们需要退一步，谈谈我们如何处理目前的状况。我不想再表现得像个坏孩子一样，迫使你像个唠叨的妈妈，这样才能让我增加和女儿在一起的时间。我希望我们像两个成年人一样来解决问题，因为我希望我们相处得更好一点。

助人者：很好，你的话里没有半点抱怨，你很自信地告诉她你希望事情有所进展而不是责备她。

当事人：谢谢，我感觉很不错，我可能需要多练习几次，但是，我喜欢这种感觉，我想和她在一起的时候也会如此。

助人者：很不巧，我们今天的时间快到了。但是，我最后还想跟你确认一下，对于我们俩一起商议的、让你做出改变的这些想法，你感觉如何呢？

当事人：我真的很兴奋，因为我觉得这就是我可以尝试的事情。我觉得有望改善我跟前妻的关系。

助人者：所以，你觉得可以和她一起尝试这样去做吗？（步骤6）

当事人：是的，我确定会。

助人者：很好，试一试，我们可以在下次会面的时候讨论一下进展如何，到时候也可以看看是否要对计划做些调整。

（下一次会谈）

助人者：上一周你跟你前妻谈话时，情况如何呢？（步骤7）

当事人：嗯，喜忧参半，有用的是我确实说了我想要制定一个时间表，我说得很清晰

助人者： 很好，接着说。

当事人： 但是，不那么顺利的是，她并没有给予积极的反馈，所以我又变回以前固有的模式了。

助人者： 这种情况经常发生。所以，我们来解决一下这个问题吧。当她没有积极回应的时候，你可以做点什么呢？（针对前妻的回应，接着进行角色扮演。）

决策

在生活中，当事人经常需要做出重大的决定：从事哪项工作、是否要读研究生、买房子好还是租房子好、是否要和某个特定的人结婚、是否退休以及何时退休。在**决策**（decision making）的过程中，助人者跟当事人合作，帮助当事人明确不同的选择，探索个人价值观，并根据这些价值观来评估不同的做法（Carkhuff, 1973; Hill, 1975）。

和行动阶段的其他三项任务一样，当事人在探索和领悟阶段也需要做决策（例如，为孩子在三所幼儿园中做选择）。有时，通过探索，当事人可以很快做出选择。但有时当事人依然感到困惑，此时助人者可以询问当事人是否想要尝试一项练习来帮助自己做决策。决策的步骤总结在专栏16.4里（请记住，一旦在练习中学会了如何使用该方法，就不一定要严格遵循这些步骤）。

专栏16.4

决策步骤

步骤	技术（例子）
1. 明晰各种选项	开放式提问和追问（"告诉我你考虑过的各种选择。"）
2. 阐明价值观	开放式提问和追问（"和你的决定相关的价值观是什么？"）
3. 衡量不同价值观的重要性	过程建议（"现在，我希望你用数字来描述你写下的这些价值观的重要性，你可以用数字1~10进行评分，任意两种价值观的评分不能相同。"）
4. 评估不同的选项	过程建议（"现在，我希望你根据自己的价值观使用-3~3之间的数字对每个选项进行打分。-3表示你非常不愿意选择，3意味着你很愿意选择该选项。我也很想知道你给每个选项打分的理由是什么。"）
5. 评价结果并修改权重	开放式提问和追问（"这些结果适合你吗？""哪些是令你感到惊讶的？""你想要怎么修改它？""这个过程你感觉怎么样？"）
6. 跟进	开放式提问和追问（"对于我们上周一起做的决策，你有什么想法？""有什么需要修改的吗？"）

我注意到，不同的学生对于该练习的反应不同。有些学生喜欢这样清晰明确的步骤，有些则认为它太僵化。学生们是否喜欢该练习可能取决于自身的性格，但是我依然建议他们都试一试，看看是否有任何可取之处。

步骤 1：明晰各种选项

助人者首先要当事人描述和探索不同的选项。有些时候，当事人已经知道全部的可用选项（例如，搬去芝加哥、留在纽约或回到家乡）；但有些时候，当事人需要生成选项（和行为改变以及行为演练的步骤类似）。有些时候，找到全部的选项需要一些探索，并且当事人经常在接下来的步骤中添加或者修改选项，所以助人者可能需要经常回来更改选项清单。

例如，让我们想象助人者现在要帮助一位中年教师贝丝，她正在尝试规划自己的未来。

贝丝考虑了三个选项：(a) 她和丈夫可以在 55 岁退休，卖掉房子，然后开着房车周游全国；(b) 她可以等到 65 岁再退休，然后去做志愿者；(c) 由于她的工作没有关于退休年龄的强制性规定，她还可以一直教下去。根据贝丝所说，助人者制作了一张表，并在这张表的顶端记录下她提到的不同选项，一种选项占一列（见专栏 16.5）。

专栏 16.5

贝丝的决策表：明晰各种选项

	选项		
	55 岁退休，周游全国	65 岁退休，当志愿者	一直工作下去

步骤 2：阐明价值观

助人者要求当事人提出最多 10 个相关的价值观、愿望、需要，或者影响选择并且和决策相关的事项。当事人在这个过程中可能需要帮助，他们可能不知道自己潜在的价值观。助人者可以问："如果你这么做了，你会有什么感觉？""和这个事项相关的价值观是什么？""当你思考该事项时，你的脑海里浮现出了什么样的想法？""你认为你'应该'做什么？""当你想到这个事项时，你会想到什么需要或者愿望？"

通过大量探索，贝丝说了一些对她而言非常重要的方面：她想要去旅行，喜欢接受智力刺激，希望跟丈夫共度时光，希望有更多的时间跟朋友待在一起，想要有足够多的钱来享受舒适的生活，希望做一些对人生有意义的事，以及希望留在子女以及孙子身边。助人者把这些价值观写在表格的每一行中（见专栏 16.6）。

专栏 16.6

贝丝的决策表：阐明价值观

价值观	选项		
	55岁退休，周游全国	65岁退休，当志愿者	一直工作下去
旅行			
智力刺激			
与配偶共度时光			
朋友			
金钱			
在子女身边			
生活的意义			

步骤3：衡量不同价值观的重要性

然后，助人者要求当事人对价值观、愿望和需要的重要性进行评价（1=不重要，10=非常重要）。每个评分只能使用一次，以便当事人找出优先级。可以建议当事人把最不重要的价值观、愿望、需要评为1或2分，把最重要的评为9或10分；如果列出的价值观少于10个，则有一些数字不会被用到。贝丝觉得智力刺激是她最看重的，给了9分；而把有时间和朋友在一起排到了最后，给了2分（见专栏16.7）。

专栏 16.7

贝丝的决策表：衡量不同价值观的重要性

价值观	选项		
	55岁退休，周游全国	65岁退休，当志愿者	一直工作下去
旅行（5）			
智力刺激（9）			
与配偶共度时光（7）			
朋友（2）			
金钱（5）			
在子女身边（5）			
生活的意义（8）			

步骤4：评估不同的选项

助人者要求当事人在每一个价值观上用－3到＋3（－3，－2，－1，0，1，2，3）来评估不同的选项，然后讨论评分的原因。针对每个价值观和选项，助人者可以问："如果你选这个选项，请根据特定价值观、愿望或者需要对可能的结果进行评估。"或者助人者可以让当事人想象一下，如果已经选择了这个选项会发生什么。例如，贝丝觉得在"旅行"上"55 岁退休"可以得 3 分，因为他们可以周游全国，这非常有趣和有意义；但在"智力刺激"上对"55 岁退休"的评分为 -3 分，因为她不再教书了，可能不再会进行那么多阅读，也不再会跟别人有那么多讨论了（见专栏 16.8）。

专栏 16.8

贝丝的决策表：评估不同的选项

价值观	选项		
	55 岁退休，周游全国	65 岁退休，当志愿者	一直工作下去
旅行（5）	+3	+1	-2
智力刺激（9）	-3	+1	+3
与配偶共度时光（7）	+2	+1	-2
朋友（2）	+1	+1	-1
金钱（5）	-3	+1	+3
在子女身边（5）	-2	+2	+2
生活的意义（8）	0	+1	+2

下一个步骤是将每个选项的评分与相应的价值观、愿望和需求的权重相乘，然后把每个选项的分数相加。对贝丝而言，"65 岁退休"和"一直工作下去"这两个选项得到了最高的总分。这表明她更倾向于这两个选项，而不是另外一个选项。对感受进行评分的过程帮助贝丝整理了自己的感受（见专栏 16.9）。

专栏 16.9

贝丝的决策表

价值观	选项		
	55 岁退休，周游全国	65 岁退休，当志愿者	一直工作下去
旅行（5）	+3（15）	+1（5）	-2（-10）
智力刺激（9）	-3（-27）	+1（9）	+3（27）
与配偶共度时光（7）	+2（14）	+1（7）	-2（-14）
朋友（2）	+1（2）	+1（2）	-1（-2）
金钱（5）	-3（-15）	+1（5）	+3（15）
在子女身边（5）	-2（-10）	+2（10）	+2（10）
生活的意义（8）	0（0）	+1（8）	+2（16）
总计	-21	46	42

注：每个价值观后面括号中的数字代表该价值观的权重（范围为 1 到 10，10 表示最高权重）。每一列中的数字表示该选项对应每个特定价值观的等级（范围为 -3 到 +3，+3 表示最高等级）。每个选择等级后面括号中的数字为该等级乘以该价值观权重的乘积（例如，"55 岁退休"在"旅行"上的乘积为 +3×5=15）。

步骤5：评价结果并修改权重

本步骤的目标是检查结果，看一下这些结果对当事人是否适合，需要重点关注当事人得知结果之后的反应。如果当事人很满意，任务就完成了。但如果当事人看起来很失望，则可能意味着表格中出现了一些问题，我们需要找到问题所在。基于进一步的探索，我们可能需要修改选项或者添加更多的选项，可能需要修改价值观或者修改等级。使用行为演练或空椅技术可以帮助当事人思考各种不同的选项和可能的障碍。

在我们的例子中，当贝丝看到每个选项的总分时，她发现这些分数并没有反映出她真正的想法。她意识到旅行与金钱并没有她之前想的那么重要，因为她能想到很多一边工作一边旅行并获得自由时光的办法。但是，在子女身边比她之前想得更加重要，因为她不想错过看着孙子长大的过程。

因此，她修改了这些评分，使其更加符合自己新的理解（见专栏16.10）。

专栏16.10

贝丝的决策表：修订

价值观	选项		
	55岁退休，周游全国	65岁退休，当志愿者	一直工作下去
旅行（4）	+3（12）	+1（4）	−1（−4）
智力刺激（9）	−3（−27）	+1（9）	+3（27）
与配偶共度时光（7）	+2（14）	+1（7）	−1（−7）
朋友（2）	+1（2）	+1（2）	−1（−2）
金钱（3）	−3（−9）	+1（3）	+3（9）
在子女身边（5）	−2（−10）	+2（10）	+2（10）
生活的意义（8）	0（0）	+1（8）	+2（16）
总计	−18	43	49

注：每个价值观后面括号中的数字代表该价值观的权重（范围为1到10，10表示最高权重）。每一列中的数字表示该选项对于每个特定价值观的等级（范围为−3到+3，+3表示最高等级）。每个选择等级后面括号中的数字为该等级乘以该价值观权重的乘积（例如，"55岁退休"在"旅行"上的乘积为+3×4=12）。

步骤6：跟进

助人者可以在随后的会谈中与当事人一起重新检查他们对这个决定的感受。在贝丝的案例中，当助人者在接下来的一次会谈中询问时，贝丝回答说她回到家跟丈夫谈了谈，发现他们对退休的价值观有所不同，讨论决策表的结果帮助他们澄清了这些差异。因此，他们决定进行几次婚姻咨询来解决这些分歧。

你的想法

- 讨论相比获得领悟之后，在没有指导的情况下让当事人进入行动阶段，针对特定行动任务进行工作的优点。
- 你如何知道什么时候可以从一个行动步骤进入下一个步骤呢？在每一个步骤上花费多长时间才算足够？
- 助人者应该怎样确定为当事人采取哪些行动？
- 当事人经常说"是的，但是……"的时候，你觉得是怎么回事？
- 如何区分是当事人产生了对于改变的阻抗，还是咨询师在行动阶段缺乏胜任力？

关键术语

自信心训练 assertiveness training
行为改变 behavior change
决策 decision making

婴儿学步 baby steps
行为演练 behavioral reversal
放松 relaxation

研究概要

中国咨询师的指导

文献出处：Duan, C., Hill, C. E., Jiang, G., Hu, B., Chui, H., Hui, K., … Yu, L. (2012). Therapist directives: Use and outcomes in China. *Psychotherapy Research*, 22, 442–457. http://dx.doi.org/10.1080/10503307.2012.664292

理论依据：亚洲人通常认为心理治疗就像去看医生，期待治疗师通过指导（例如，家庭作业、建议）来快速诊断和解决问题。因此，我们预计亚洲人（在本研究中指中国人）会更喜欢在行动阶段而不是在探索或者领悟阶段工作。在美国进行的有关指导的研究文献表明，治疗师经常使用指导，尤其是认知行为取向的治疗师。此外，谢尔等（Scheel, Seaman, Roach, Mullin, & Mahoney, 1999）发现，在当事人认为治疗师有影响力，并且家庭作业不难完成时，他们更有可能完成家庭作业。段等（Duan et al., 2012）想知道这些结果是否可以推广到中国的当事人。

方法：96名中国大学生在中国中部一所高校的心理咨询中心接受咨询，43名咨询师主要是以人为中心取向。每次会谈之后，咨询师和当事人分别写下咨询师在这次会谈中提供的所有指导，并对主要建议和工作同盟的质量进行评分。从第二次会谈开始，当事人要报告他们在多大程度上实施了上一次收到的主要建议，并对自己的心理功能进行评估。

有趣的发现：
- 当事人表示咨询师在每次会谈中大约提供2个指导，但咨询师表示自己在每次会谈中大约提供1个指导。
- 咨询师和当事人都报告指导通常集中在认知和行为的改变上，而不是情感的改变上。
- 当事人通常在第二次会谈时报告自己已经执行了第一次会谈的主要指导，尤其是当它比较简单的时候。
- 当事人对于指导的执行和治疗效果之间并没有相关关系。

- 治疗师报告给予的指导越多，当事人对于工作同盟和治疗效果的评价越高。

结论：
- 在中国，指导对于咨询效果的影响似乎与美国不同。在美国，治疗师运用自己的影响力并给出易于实施的指导时，当事人会执行这些指导并感觉更好（Scheel, Hanson, & Razzhavaikina, 2004）。相反，中国的治疗师使用指导来增强治疗关系。指导似乎让中国的当事人觉得治疗师是关心他们的专家，并且通过给予指导来帮助自己。这会让当事人和治疗师之间建立牢固的治疗同盟，进而导致积极的治疗效果。
- 我们不能假定干预技术在跨文化的情境下都是以相同的方式起作用。

启示：
- 对于中国的当事人，助人者可能会考虑在每次会谈中提供1~2个针对认知或行为改变的指导，这样当事人就会觉得助人者是关心自己的专家。但是，因为指导更多是通过建立关系而不是通过执行来发挥作用，所以助人者不应该期望中国的当事人一定会执行这些指导。需要注意的是，该研究是在中国进行的，因此结果可能不适用于华裔美国人（请参阅第4章，不要假设来自特定文化的每个人都会有相同的反应或需要相同的干预）。

实验室活动：行动阶段的步骤

目标：教会助人者完成行动阶段两项任务的步骤。

练习1：行为改变

分组，每组4~6人。一人扮演当事人，其他人轮流扮演助人者。实验室领导者指导咨询会谈的进程。助人者要带上专栏16.2的表格，上面列出了所有步骤，以便自己能记住每一步该做些什么。

助人者与当事人在互动中的任务：

1. 当事人要谈论一些自己比较了解的事情，并且是他们想要改变的（例如，增加学习量或锻炼量）。

2. 助人者1要让当事人对问题进行5~10分钟的探索（主要运用开放式提问、重述以及情感反映技术）。

3. 然后，助人者2进入领悟阶段工作5~10分钟。助人者应该在开放式提问、重述和情感反映中穿插挑战、解释、自我表露以及即时化技术（首先要仔细考虑自己的意图）。

4. 在当事人获得了一些领悟之后，就由助人者3接管谈话，并与当事人执行步骤1（明确具体问题）。

5. 助人者4要与当事人执行步骤2（探讨对行动的看法）。

6. 助人者5要与当事人执行步骤3（评估之前对改变的尝试和资源）。

7. 助人者6要与当事人执行步骤4（澄清问题和目标）。

8. 助人者7要与当事人执行步骤5（共同提出解决方法）。

9. 助人者8要与当事人执行步骤6（评估并选择一种方法）。

10. 助人者9要与当事人执行步骤7（确定强化物）。

11. 助人者 10 要与当事人执行步骤 8（实施行动计划）。

如果助人者在这些步骤中有任何问题，实验室领导者可以提示她或他做什么，或询问是否有其他助人者可以接替。

反馈：

当事人可以谈谈对此过程的感受，以及哪些步骤最有帮助。助人者可以谈一谈他们在努力执行不同步骤时的感受。领导者可以对不同步骤中助人者的技术提供具体的行为反馈。

练习 2：决策

小组采用与练习 1 相同的形式进行决策练习。

个人反思：

- 在完成行动步骤时，你有哪些优势以及哪些方面需要改进？
- 你是否能够在执行这些步骤时对当事人保持共情同感？
- 你在完成这四项行动（放松、行为改变、行为演练、决策）时，是否感到舒服？
- 你将如何运用行为主义原理来提高自己作为一名助人者的技术？
- 对你而言，行动阶段的哪些技术（例如，针对行动的追问、直接指导）运用起来更容易或更困难？

第 17 章

行动阶段的技术整合

> 好的老师把自己当作桥梁，邀请学生跨越，在帮助学生跨越之后欣然坍塌，并鼓励学生创造属于自己的桥梁。
>
> ——莱奥·巴斯卡里雅（Leo Buscaglia）

> 塔科对他的婚姻和工作隐约感到不满。他每天工作很长时间，感到与妻子之间的交流不够。他与助人者一起探索了自己想要改变个人生活方式的愿望。在领悟阶段，他开始明白，他工作太多是因为他所在的社会文化要求他养家糊口、取得成就，以及对父母是否爱他的不安全感。在行动阶段，助人者让塔科明确他想做出改变的地方。塔科决定要改善与妻子之间的关系，也就是说，这意味着他要花更多时间和她在一起并敞开心扉。塔科和助人者一起进行角色扮演，谈论自己的感受，然后尝试和他的妻子也这样做。这很困难，所以他问他的妻子是否可以参加会谈。在助人者的帮助下，塔科能够更坦诚地与妻子交流，两人的关系也得到了改善。然后，他们开始讨论塔科的工作。通过使用决策表，塔科意识到他更愿意辞掉现在的工作成为一名艺术家，因为他更看重创造性的表达，而不是赚很多钱。

在最初的会谈中采取的行动通常是简短的，重点在危机管理，或者帮助当事人考虑清楚是否准备好接受帮助，或者他们是否想要继续咨询。在后续的会谈中，在对问题进行探索和获得领悟之后，行动的重点转向讨论并选择具体的行动计划，评估当事人做出改变的积极和消极后果，对行动计划进行调整，以及为结束治疗关系做准备。

行动阶段对于初学者来说往往是一种挑战，他们要么表现得非常共情同感、有洞察力但却回避行动，要么表现得过于指导化和权威而忽略了共情同感。对那些在会谈中把握不好时间的初学者而言，为行动预留充足的时间也是一件难事。

行动对于很多当事人来说也相当困难。消沉和无望是当事人在进行改变前必须克服的主要障碍（Frank & Frank，1991）。由于之前的尝试所带来的消极体验，当事人往往对自身的改变能力感到气馁或挫败。因此，助人者可以鼓励当事人采用"婴儿学步"的方法（也就是尝试小的改变，例如步行 15 分钟），并探索对于改变的看法，同时认识到改变是多么困难。

尽管行动阶段对于助人者和当事人来说都充满了挑战，但助人者也不应忽视帮助当事人探索改变的想法，并帮助其在生活中做出改变。助人者要保持适度的谨慎、自我觉察和对当事人的共情同感，从而进入行动阶段。

行动阶段的个案概念化

与探索和领悟阶段一样，我们在本章中首先关注个案概念化，用来指导干预措施的选择。我们先提出指南，然后用一个例子来说明如何进行概念化。

个案概念化指南

和领悟阶段一样（参见第 14 章），我们从修改对当事人的观察记录和概念化以适应行为理论开始，然后以概念化为指导制定治疗计划。

观察记录

在这里，我们记录自上次领悟阶段以来出现的变化。我们改变观察的对象，将注意力集中在那些容易观测的行为上。

关系。记录治疗中出现的干扰治疗进程的关系问题。因此，我们可能会记录当事人在参与行为改变时的犹豫反应。

概念化。行为理论强调，行为是通过直接强化、观察他人行为得到强化或者与其他刺激关联而习得的。然而在这些理论中，行为是如何习得的没有行为目前是如何维持的重要。换句话说，这些行为如果在当下的生活中没有得到某种程度的强化就会消失（请注意，回避可以起到强化的作用，因为害怕的行为没有发生）。因此，我们要弄清楚是什么在维持这些想法和行为。

我们也可以根据上一章中讨论的四项行动任务来概念化当事人（注意，这四项行动任务只是这个阶段可能的焦点示例）。因此，我们可以考虑当事人的问题是不是缺乏放松或冥想技能、适应性行为太少而适应不良的行为太多、在自信心技能方面存在问题，或在决策能力方面有缺陷。因此，我们可以将当事人概念化为在这些方面存在问题：放松或情绪调节（例如，在应对压力和调节情绪方面有困难，如愤怒）、行为改变（例如，暴饮暴食和咬指甲等问题行为过多，诸如学习或交流之类的适应性行为过少）、行为演练（例如，在自信或交流方面有困难）、决策（例如，需要别人帮助做出决策）。我们可以追溯行为的历史（例如，问题是何时开始的），以及是什么维持了该行为（Murdock，1991）。我们还可以假设哪些因素阻碍了当事人的改变，哪些因素促进了当事人的改变。

治疗计划。从行为理论的角度出发，构建与当事人开展工作的治疗计划。我们针对要解决的特定行为问题制定了一项暂时性的计划。鉴于行为治疗具有灵活性和创造性，该计划可能会不断变化和发展，但它提供了一种初始结构。

专栏 17.1 沿用探索阶段和领悟阶段沙吉尔的例子。相关详细信息，请参考第 9 章和第 14 章。

> **专栏 17.1　行动阶段的个案概念化示例**
>
> **观察记录**：在会谈中，沙吉尔谈论了很多关于焦虑的事情：她睡不好，烦躁不安，在阅读时有时难以集中注意力。她的医生报告没有提及引起这些问题的医学原因。
> **关系**：没有补充。
> **概念化**：看起来，沙吉尔在小时候由于缺乏足够的来自父母的照顾而变得非常焦虑，这种焦虑一直持续到现在，因为她回避引发焦虑的情境，从未学会如何处理此类问题。同样，由于与父母、丈夫的问题，她也从未学会良好的沟通技巧。
> **治疗计划**：首先，我建议对沙吉尔进行一些放松和正念训练。如果她同意，我计划和她讨论这些方法并做一些简单的练习。然后，她可以通过家庭作业，例如阅读和看博客，来完成大部分工作。我也希望她的丈夫能来参加一些特定的沟通技巧训练。我会教他们一些简单的技巧，例如让一个人倾听并重复另一个人说的话，然后交换。我会给他们录像，让他们观看，就如何更好地交流提供反馈和建议。另外，我们可能会处理某些与她母亲有关的自信心问题。我不会让她的母亲参与到会谈之中，而是使用标准的行为演练技术。
> 注：相关背景可参见专栏 9.1 和专栏 14.1。

运用行动技术

做出改变很难，因此在整个行动阶段助人者都需要给予当事人共情同感、支持和鼓励，即使当事人决定不改变或仅仅朝目标迈出一小步。当事人需要感觉到助人者跟他们在同一阵线上。此外，当事人希望他们的助人者是仁慈的教练或向导，而不是严厉的父母或独裁者。

需要灵活性

在行动阶段，灵活性和创造性至关重要。在上一章中，我以一种清晰的线性的方式给出了四项行动任务的步骤，让学生易于学习。

但是在实践中，这些步骤很少以这种简单直接的方式进行，四种任务类型也没有那么容易区分。因此，助人者需要学习所有四种任务类型的步骤，实际运用时再根据当事人的需要加以调整。

如果一种干预不奏效，助人者就需要尝试其他方法。如果多种干预手段都不成功，或者当事人一直以"是的，但是……"来回应，助人者就应该好好探索一下当事人对于治疗关系或改变过程的感受。助人者还可以运用领悟技术来帮助当事人理解自己对改变的阻抗。

此外，在当事人在现实生活中实施改变时，事情很少会按原计划进行。当事人需要做好心理准备：可能会失望，或者别人对自己的改变反应不是那么好。助人者有必要帮助当事人准备好应对这类失望。

对改变中的困难保持觉察

改变很难，人也很复杂，在行动阶段助人者需要记住这一点（如果改变很简单的话，当事人早就实施了）。

对助人者来说同样有帮助的是，要谨记当事人所带来的问题是真实的，助人者给出的建议可能产生重要的后果。例如，当事人来求助是因为她正在和一个不同种族或宗教的人约会，而她不知道是否应该告诉父亲。助人者要谨慎，如果建议当事人要开放和诚实，可能会产生不利的后果（例如，当事人跟父亲断绝关系）。

这种担心提醒助人者，在急着采取行动之前，要保持谨慎，对全部背景进行仔细探索。

想想我们自己在生活中做出改变是多么困难，可以帮助助人者对那些正在努力改变的当事人共情同感。助人者还要记住，当事人的问题是多年来形成的，要改变根深蒂固的模式是非常难的。

整合技术和任务

这里，操作的关键框架是回到几个基本的问题来帮助当事人探索改变的想法："你想如何改变？""这对你意味着什么？""你对我们现在正在做的事情感觉如何？"助人者将这些开放式提问与重述或情感反映穿插进行，帮助当事人探索自己的感受，评估改变的准备程度，并决定他们是否想要改变。

如果当事人决定做出改变，助人者要考虑如何帮助他们实现改变的需求。当事人是进行放松或正念、行为改变、行为演练、决策，还是开展其他此处未提及的认知行为任务（例如，消退训练、眼动脱敏训练、认知重构）？为此，助人者需要接受额外的训练或将当事人转介给另一位有能力使用这些干预的助人者。一旦助人者和当事人完成了一项行动任务（可能需要几次会谈的时间），助人者就可以考虑是否需要完成另一项行动任务，或者是解决其他问题。例如，在教授放松和进行少吃多运动的行为改变后，当事人可能会觉得控制体重不再是紧迫的问题，转而想解决对工作不满意的问题，这需要重新从对该问题的探索和领悟开始。

当改变没有出现时，助人者使用个案概念化技术来确定下一步要做什么。根据概念化，助人者可能会使用即时化技术来确定当事人希望从帮助过程中得到什么，或者返回探索和领悟阶段，以更多了解当事人的需求和内在动力。

助人者在行动阶段可能经历的困难

初学者告诉我们，他们在实施行动阶段有很多焦虑和困难。这里，我列出了可能遇到的困难，并提供了一些可供参考的应对策略（见专栏17.2）。

过快地开始行动

有些助人者在建立足够牢固的探索和领悟基础之前就急于行动。他们或许对漫长的探索和领悟过程感到不耐烦，或许觉得自己"知道"当事人该做些什么，或许感到必须为当事人做点什么。不幸的是，当助人者过快地开始行动时，当事人通常会产生阻抗，与助人者不再步调一致，不能为自己的改变承担责任，或者缺乏改变的热情。助人者必须牢记：要用大部分的时间对问题进行探索和领悟，为行动奠定基础。例如，在受虐妇女收容所，一些志愿者在这些妇女刚进收容所时就告诉她们如何靠自己生活。但是，这些妇女此时更需要的是探索她们处于受虐关系中的情感。她们还没有准备好利用这些信息，不论这些信息是多么有帮助、多么出于善意。为解决这个问题，助人者可以在会谈之外练习探索技术，进行自我反思，以了解自己急于进入行动阶段的需要。在会谈中，助人者可以在运用行动技术之前专注于共情同感和运用探索技术。

专栏 17.2　行动阶段的困难和应对策略

困难	应对策略
过快地开始行动	自我反思、练习探索技术、专注于共情同感和运用探索技术
支持不够	练习探索技术、专注于共情同感和运用探索技术
对当事人概念化不足	专注于个案概念化
出于自身需要行事（需要成为专家、过于专注当事人的改变、将自身价值观强加给当事人、对鼓励当事人改变不够自信）	自我反思、深呼吸/放松/正念
难以实施行动任务（例如，受限于单一行动想法、刻板地遵循行动任务中的步骤）	自我反思、观察做得好的示范、练习行动技术和行动任务、获得反馈
误解/破裂	自我反思、运用即时化技术处理关系问题
反移情	自我反思
忽视文化	获得反馈、自我反思、浸入其他文化

支持不够

有时候，助人者在行动阶段过于专注于制定行动计划，而忘记了去支持当事人。鼓励和强化是帮助当事人改变的关键。我猜想，当助人者记起他们自己生活中某些难以改变的方面时，他们也许会更加同情那些正在尝试改变的当事人。

同样，助人者可以专注于共情同感，并运用探索技术来确定当事人是否准备好了做出改变。

对当事人概念化不足

有些助人者在充分了解当事人的境况之前就开始行动。他们可能在没有完全弄清楚情况之前就快速地开始解决问题。但是，助人者急于快速解决问题可能对当事人是一种轻视，暗示当事人不能解决这么简单的问题是无能的。如果问题真的这么简单，当事人早就自己解决了。更好的办法是花更多的时间探索、概念化当事人并制定治疗策略。

出于自身需要行事

助人者想要被视为专家的需要通常出现于行动阶段。有些助人者喜欢被看作"无所不知"的，并且享受被当事人仰慕的感觉。这些助人者为了使自己看起来更像专家而忽视鼓励当事人尝试自己解决问题、自己做出决定。另一些助人者乐意扮演专家的角色，因为他们希望能帮助当事人，并且相信助人者应该向当事人提供所有的答案和很多有用的信息。上述两种助人者都忽视了当事人在信息生成过程中的作用。有时候，我们幻想自己是魔法师，可以告诉当事人该做什么，但越俎代庖可能损害当事人的自我效能和自我修复的潜力。尽管助人者对助人工作的了解比当事人更多，当事人却更加了解自己的内心体验，更清楚自己应该采取哪些行动。

助人者过度专注于当事人的改变是行动阶段出现的另一个出于自身的需求。有些助人者对于提出行动计划的责任感太强，因此他们总是设法替当事人做决定。他们认为，如果当事人按照他们的要求行事，事情就会简单得多。然而，越俎代庖通常适得其反（当事人有自杀或者杀人意念等极端情况除外），因为当事人在将来会变得依赖，并且不再去发展自己改变所需要的技能。此外，对助人者有用的方法可能对当事人不适用。而且，如果助人者过度专注于他们认为当事人应该做的事，他们就难以客观地、支持性地倾听当事人。因此，助人者通常不必专注于（但并不是不关心）当事人所选择（或未选）的行动。助人者必须允许当事人自己做决策，应当充当引路人和支持者，而不是指挥者。

同样，助人者有时候也会忽视帮助当事人发现自己的价值观，反而将自己的信念和价值观强加给当事人。助人者可能会难以接受当事人有不同的价值观，尤其是当其与自己特别看重的价值观截然相反时。

例如，一位身患绝症、将不久于人世的当事人，也许会想谈谈自杀的可能性。如果助人者的生命观是僵化的，他们可能就不会允许当事人进行这方面的探索，这就限制了当事人对所有做法进行全面考虑并做出明智选择的能力。在另一个例子中，助人者可能会告诉当事人要多微笑，因为他希望所有女性都表现得很开心。助人者要对自己的问题和需要保持敏感，并尽量减少它们对当事人的影响。

最后一个可能出现的需要是想被当事人视为温和的、支持性的而不是指导性的，这可能会导致助人者不能很好地激励当事人做出改变。有些助人者担心冒犯当事人，因此不去鼓励当事人改变。此外，助人者有时候会对挑战当事人感到焦虑，因为他们不知道该做些什么来帮助当事人。尽管当事人需要成为选择做出改变的那个人，但在当事人陷入困境和挣扎时，助人者依然可以鼓励和挑战当事人。

避免出于这些需要采取行动的主要策略是自我反思。尝试了解这些需要的来源，然后努力在其他地方满足需要，这是能够与当事人保持清晰边界的关键。

难以实施行动

助人者常常执着于自己提出的行动想法，哪怕这些想法明显不适合当事人，并且当事人不会做或不愿照做。也许，这些助人者花了大量时间来思考他们的当事人该做些什么，因而对所提出的行动计划特别热衷。然而，助人者需要认识到助人活动需要灵活性。而且，由于当事人和助人者都无法预知所有可能出现的问题，所以行动的想法常常需要调整。他们必须选择并保留行动计划中的有效部分，对不管用的部分进行修正。

此外，助人者如果刻板地遵循第16章中的行动步骤，可能会感到挫败，因为这样严格精准的步骤并不适用于每一个当事人。介绍这些步骤的目的是给学习者提供一个框架，以帮助学习者了解行动阶段如何开展。助人者需要学习并实践这些步骤，然后根据自己和当事人的情况，创造性地、灵活地调整具体的实施步骤。当助人者尝试帮助特定的当事人时，行动阶段允许具有高度的灵活性。

一些策略有助于更好地实施行动阶段。首先，自我反思能够促进对自己为什么会遇到困难的理解。其次，助人者可以观察那些做得好的榜样，练习行动技术和行动模块，获得关于他们行为的反馈；实质上，他们可以利用这些策略来帮助改变自己的行为。

误解、破裂和反移情

在行动阶段很有可能发生误解和关系破裂，尤其是在当事人并没有准备好改变而从助人者那里感到压力的时候。

同样，如果助人者与当事人有相似或完全不同的困难，助人者通常会产生反移情。正如在"领悟阶段的技术整合"那章中提到的，对此的建议包括自我反思和处理治疗关系。

忽视文化

与当事人工作时，助人者需要牢记许多重要的文化因素，而初学者通常会忽视这些重要的问题。一些当事人将助人者视为权威或智者，他们期望从助人者那里得到很多行动和指导（Pedersen, Draguns, Lonner, & Trimble, 2002）。如果助人者不注重行动，这些当事人可能就会对助人者及助人过程失去尊重。如果助人者不告诉他们该怎么做，这类当事人可能就会觉得非常受挫。

一名非裔美国学生举了一个例子：在非裔美国家庭中，孩子被认为不应该挑战父母或者表现得太有主见。因此，与来自这种文化的当事人工作可能和与来自鼓励孩子表达的家庭的当事人工作有所不同。

另一个考虑是，改变一定是发生在特定文化背景之下的。例如，一名性少数群体学生做出的改变可能导致家人的排斥或对其工作产生消极影响。我听说过这样一件事：一名在宗教学院出柜的学生，父母与他断绝了关系，他因为没有经济支持而无家可归。

另一个文化上的考虑是，当灵性问题和宗教信仰对于当事人而言非常重要时，助人者可能需要在行动阶段带上一些神学色彩（例如，将祈祷作为一种行动策略）（Fukuyama & Sevig, 2002）。如果助人者对这类需求不予理睬，当事人可能就会觉得不被尊重，继而可能会轻视助人过程。但是，由于灵性是一个非常敏感的话题，助人者必须耐心等待，寻找线索来证明当事人是否真的愿意将此作为焦点。当然，只有当助人者觉得自己能够非常真诚地处理灵性问题时，才可以进行此类活动。

助人者还应该留意不同文化背景的当事人所面临的行动障碍。例如，穷困的当事人可能没有交通工具，没人看孩子，或不能享用公共服务；移民来的当事人常常面临歧视和语言障碍；年老体弱的当事人可能行动不便；亚裔当事人也许不想求助于家庭之外的力量，或者不知道如何以一种尊重并整合家庭需求的方式来改变。助人者要留意这些文化因素，询问当事人可能存在的障碍，并对各种需求保持敏感。

正如我在领悟阶段结束时提到的那样，一个强势群体的当事人（例如，一名中年白人男性）可能很难与一个弱势群体的助人者（例如，一名年轻的混血女性）一起进入行动阶段，因为这与社会中常规的权力差异正好相反。年长的男性当事人可能会感到需要维护他的优势地位，而对接受一名年轻女性的指导感到不舒服。

克服行动阶段困难的策略

这里推荐的策略与前面整合章节中所提到的一样。在此特别鼓励读者进行自我反思、个人治疗、与督导师商讨、练习、获取反馈和个案概念化。此外，当焦虑变得难以承受时，鼓励助人者练习情绪调节策略，例如深呼吸、放松和正念。

你的想法

- 考虑到文化背景，哪种行动技术或任务最适合分别作为助人者和当事人时的你？
- 你认为什么时候当事人"准备好"采取行动了？
- 你预计在尝试进入行动阶段时会遇到哪些困难？

关键术语

见第 15 和 16 章中的关键术语。

研究概要

鼓励当事人完成家庭作业

文献出处：Mahrer, A. R., Gagnon, R., Fairweather, D. R., Boulet, D. B., & Herring, C. B. (1994). Client commitment and resolve to carry out postsession behaviors. *Journal of Counseling Psychology*, 41, 407–414. http://dx.doi.org/10.1037/0022-0167.41.3.407

理论依据：梅尔等人（Mahrer et al.）注意到许多治疗师会给当事人布置家庭作业，尤其是行为取向的治疗师。但是，他们认为，治疗师并不仅仅是布置家庭作业，事实上治疗师还使用某些干预措施鼓励当事人承诺完成家庭作业。鉴于当事人才是最终完成作业的人，因此弄清楚如何才能激励当事人去完成作业似乎很重要。此外，他们推测不同类型的家庭作业可能需要不同类型的激励策略。

方法：研究者找到了 241 份已发表的会谈逐字稿，作者涵盖各种类型的咨询师和成年当事人。研究者阅读会谈逐字稿，找出所有当事人明确表达要实施会谈后行为的承诺、决定、意图、准备、意愿和决心。这些事件被划分为两种不同类型的会谈后行为（问题减少和新的行为方式）。然后，研究者回顾逐字稿，确定所有治疗师用于鼓励当事人实施这些会谈后行为的方法。

有趣的发现：
- 在 241 份逐字稿中，只有 22 份（9%）包含当事人对执行会谈后行为的承诺和决心的明确表述。在这 22 个案例中，治疗师的治疗取向比例不等，认知行为取向更多，心理动力学、人本主义和当事人中心取向较少。
- 当事人的陈述中有一半是关于减少某些特定行为的承诺，另一半则是关于增加某些特定行为的承诺。
- 在当事人承诺完成家庭作业之前，研究者找到了 16 种治疗师使用的方法（每个案例中约使用了 5 种方法）。
- 对于这两种类型的问题，通常使用的一种方法是特定问题具体化（治疗师具体定义要实施的特定行为、行为可能发生的背景、其他可能涉及的人，以及何时、如何实施行动）。
- 为帮助当事人减少一些行为，治疗师通常：
  - 论证合理性（就改变的方式和原因进行讨论）；
  - 鼓励或施压（推动当事人实施行动）；
  - 布置特定的家庭作业（要求当事人完成家庭作业）。
- 此外，为帮助当事人增加一些行为，治疗师通常：
  - 激发当事人的主动性（允许当事人提出特定的会谈后行为，而不阻止或妨碍当事人）；
  - 肯定或询问当事人实施行为的准备和意愿；
  - 进行行为背景的澄清（澄清行为和改变可能发生的情境）；
  - 在会谈中与当事人进行角色扮演，以帮助他们练习新的行为。

结论：
- 治疗师有很多方法帮助当事人下决心进行会谈后的改变。
- 最常见的做法是鼓励当事人自己提出关于改变的想法。
- 治疗师通常会坚持使用几种方法，直到当事人下定决心、做出承诺。也就是说，治疗师和当事人要一起合作来制定改变策略。

对治疗的启示：
- 让当事人发起改变过程通常更好。
- 治疗师可能需要用很多方法鼓励当事人做出改变，但在此过程中与当事人合作很重要。

第五篇
整 合

第 18 章　综合运用：使用三阶段模型与当事人工作

第 18 章

综合运用：使用三阶段模型与当事人工作

> 当花蕾不堪禁锢之际，也就是花朵即将绽放之时。
> ——阿娜伊思·宁（Anais Nin）

在这最后一章，我会将此前章节中详细介绍过的所有技术融入与当事人的会谈中。正如我此前所说，你需要学习和练习每种技术，确保你不但可以使用它们，而且知道何时以及如何使用它们。当你学会了单项技术，并且知道如何在会谈中将它们结合起来时，它们就将退居幕后，而**会谈管理**（session management）和个案概念化就会变得更加突出。

并没有一种"标准"的助人模式。每位助人者都有不同的风格，每位当事人也都有不同的需要和独特的反应。此外，因为有不同的策略和程序，存在无数种设置，所以为助人者提供一份包括所有他们需要知道的内容的指南是不可能的。

在这一章，我重点讨论一些跨流派和设置的普遍问题，但我明白这些问题并不完全适用于任何给定的设置。需要提醒的是，我在这里没有关注一些明显对助人过程有重要意义的问题，例如助人者和当事人的匹配，或与治疗效果相关的当事人和治疗师的个人特征（对这些文献出色的综述，参见 Lambert，2013）。此外，这里的指南主要针对以开放的方式、采用探索—领悟—行动技术的助人过程，而不是针对基于手册的治疗方法（例如，基于手册的认知行为治疗）。

接案

很多心理健康机构使用**接案会谈**（intake sessions）对潜在的当事人形成诊断，评估风险，并确定最佳治疗方法。各机构接案的方式可能不同，但通常都是基于临床访谈。惠斯顿（Whiston，2005）提出接案会谈通常要收集以下信息：

- 当事人的人口统计学变量（例如，姓名、年龄、性别、家庭住址、种族、学历、工作经历、咨询经历）。
- 当前困扰（例如，具体问题、治疗需求的迫切程度）：从情感、认知及相关方面收集每个问题的信息；收集每个问题的细节（例如，什么时候开始、发展史、问题出现时当事人生活中发生了什么、其他人对问题的影响、问题的严重程度、问题的可改变性、曾经用过的解决问题的方法）。
- 当事人背景信息或心理发展史：获取当事人主要的背景信息（例如，原生家庭、现在的家庭关系、就业和学业状况、生活状况),因为这些信息与当事人目前的问题有关。
- 健康和疾病史:这些信息有助于全面了解当事人,通常包括当前的健康问题、用药情况、物质使用/依赖、咖啡因摄入、睡眠和饮食状况及运动状况。
- 风险因素:评估对自己和他人的危险性,以及酗酒和物质滥用情况。
- 对咨询的期望:评估当事人对助人过程(即会谈中发生的事情)和效果(即结果发生的变化)的期望。

尽管接案会谈的目的是收集信息,因此要求助人者比正式会谈时更具指导性,采用更多的封闭式提问,但助人者仍然要运用倾听和探索技术(例如,情感反映、重述、概述),帮助当事人感到自在并进行探索。没有好的倾听和助人技术,助人者是不可能从当事人那里得到太多信息的。

在接案会谈的最后,助人者询问当事人进入助人过程的意愿。如果当事人不确定是否接受咨询,助人者可以建议先进行3~6次会谈,再重新评估。

很遗憾,关于接案会谈的研究并不多,所以对于如何进行接案会谈,我们并没有很好的依据实证研究的指南。在本章末尾的研究回顾中(Tipton & Hill, 2019),我们有一些初步的证据揭示了在那些当事人返回和脱落的接案会谈中发生了什么。

助人者在两次会谈间的工作

助人者要在两次会谈之间思考他们的当事人,尝试对他们的问题进行概念化。具体而言,他们需要思考当事人问题的起因、问题背后的潜在主题,以及适宜的干预方式。个案概念化的内容可以参考第9章、第14章和第17章。

促进概念化过程的一种方式是听会谈录音(看录像更好)。这种方式能使助人者回忆起自己当时的想法和感受,同时观察当事人对他们干预的反应,还能清晰地反映助人者运用倾听和助人技术的情况。助人者可以在他们说的每句话后暂停录音(录像),并问自己:"那时我的想法和感受是什么?""那时我对当事人的想法和感受是什么?""那时当事人的想法和感受是什么?""那时当事人对我的想法和感受是什么?""我哪里做得不好?""如果有机会重来,我会怎么做?"

我建议助人者撰写**过程记录**(process notes,见附录L),以帮助他们回忆会谈中的重要问题。过程记录最好在会谈结束后立即完成,助人者可以依靠自己的体验和知觉记录以下内容:
- 外显的内容(当事人说的话);
- 隐含的内容(当事人的言外之意);
- 防御和改变的障碍(当事人如何回避焦虑);
- 当事人的扭曲(当事人用对待生活中其他重要他人的方式来对待你,即移情);
- 反移情(在咨询过程中你的情绪、态度和行为被激发的方式);
- 个人评估(你对自己干预的评估;会有什么不同的做法及原因)。

助人者还可以寻找当事人所有问题背后潜在的主题和反复出现的模式。例如,当事人在每段遭遇中都是被动的受害者,当事人看待所有的人都理想化,或者当事人总是很愤怒。这些主题为治疗中需要关注的当事人的潜在问题提供了重要线索。

充分的探索使助人者得以形成对当事人的假设，从而为选择干预措施奠定基础。他们应该对每名当事人的人格、言语和非言语行为密切关注。

当事人对干预的反应如何？当事人的互动方式如何影响咨询过程？

助人者可以在观察当事人的基础上形成假设，是什么因素导致当事人成为现在的样子。思考之后，助人者应能够回答以下问题：

- 当事人的问题有多严重？
- 当事人的表现如何？
- 当事人对问题揭示了多少？还有多少保留？
- 当事人的话语里有没有自相矛盾之处？
- 当事人在问题的产生和维持中起着什么作用？

助人者还要学习理论和研究来形成一个框架，以理解当事人的心理动力机制（即是什么引发和维持了问题）。助人者需要选择一个理论框架，并且阅读新近的研究成果，这样才能仔细思考对当事人的干预方式。此外，如果当事人拥有不同文化背景或者助人者对其问题不熟悉，则助人者需要阅读相关的资料，并且向督导师请教，以确保能向当事人提供最有效的服务。

除了自己对当事人进行反思外，助人者还可以与督导师会面，以帮助完成对当事人的概念化。督导师可以帮助助人者思考各种引发和维持当事人问题的假设，以及可能帮到当事人的干预方式。他们还可以在助人者陷在自己的感觉里或发生反移情时，为助人者提供一种不同的视角。

后续会谈

后续会谈与接案会谈和初始会谈（见第9章探索阶段的整合）略有不同。助人者需要为这种转变做好准备。

开始会谈

在后续会谈开始时，助人者可以安静地坐着，等待当事人谈论他们的想法。如果当事人看起来对于助人者没有发起谈话感到困惑，助人者可能需要告诉当事人期望由他们来开启会谈。助人者也可以总结之前会谈里发生的事，还可以询问当事人对于之前会谈的感受，或者也可以简单地询问当事人在这次会谈中想谈点什么。这些都是合适的，但是助人者选择哪一个，取决于咨访双方。助人者可能个人喜欢，或是评估当事人需要更多或更少的结构化。

助人者不能假定当事人会继续谈论他们在上次会谈中讨论的问题，或是假定当事人有与上次会谈一样的感受。很多初学者在会谈后花费大量时间回顾会谈，并为后续会谈拟定方案以帮助当事人解决在前面会谈里提出的问题。然而，让助人者感到惊讶的是，当事人可能对那些问题不再关心或者不再感兴趣。这是因为，当事人离开治疗情境之后，会发生许多事情，对他们的感受产生影响。他们可能已经思考并解决了那些问题，或者他们想讨论那些在会谈间隔期间变得更加重要的问题。因此，助人者要随时准备对当事人做出回应。既要做好准备，同时又要保持灵活性，这对初学者来说是最大的挑战之一。

形成会谈焦点

助人者最好在一次会谈中只聚焦于一个问题，否则会太混乱，从而导致一无所获。一个清晰的焦点一般涉及某个具体事件或行为，如和室友的一次冲突、没有按时完成任务，或为如何与伴侣沟通感到困扰。焦点不能太模糊，也不能太分散。要形成一个焦点，助人者通常会问当事人当前有什么困扰。然而，确定最迫切的问题可能需要一段时间，因为当事人经常从谈论一个困扰开始，但实际上另一个问题才是更关键的。例如，迈克先说困扰他的是祖母将不久于人世。谈了几分钟之后，另一个对他困扰更大的问题才慢慢浮现出来：他和相恋4年的女友分手了。因此，在会谈剩下的时间里，助人者转而聚焦于迈克对分手的感受。如果难以让当事人聚焦，那么无法聚焦这件事情本身就成为会谈的重要问题，助人者需要和当事人对此进行讨论。

助人者必须尊重当事人对会谈焦点的决定。例如，莫伊拉想探讨存在问题，如生命的意义，而助人者更关心莫伊拉退学和失业的可能性。尽管助人者需要把当事人的整体情况放在心里（而且可能之后会挑战当事人的这些不一致，见第11章），但助人者不要把自己的愿望强加给当事人这一点很重要（除非当事人面临迫在眉睫的危险），尤其是在初始阶段。

助人者可以综合运用多种技术来帮助当事人深入地聚焦于一个问题。具体而言，助人者可以通过观察当事人来确定哪个问题对他们最重要（例如，最强烈的情绪出现在哪里）。在识别出最重要的问题之后，助人者可以对当事人在这个问题上的体验进行情感反映。助人者可以分别探索核心焦点的不同方面。尽管焦点保持在问题上，但助人者也可以促进当事人探索这个问题与其过去、现在和将来生活的其他方面是如何相互影响的。

例如，助人者如果认为学业问题是山姆的核心焦点问题，就可以让他探索父母对他学业成绩的期望、他对将来职业倾向的想法，并鼓励他谈谈学习方法。这样，助人者就始终停留在核心问题上，同时帮助山姆探索了这一问题的多个方面。

此外，即使当事人主要在谈论其他人，助人者也要一直聚焦于当事人。例如，当事人说"我妈妈真是很讨厌"，助人者可以说"你确实对你妈妈很生气"，从而将焦点从当事人的妈妈转移到当事人对妈妈的反应上。指导原则就是，帮助当事人改变比帮助当事人改变其他人更容易，也更有成效（且更符合伦理）。

助人的工作阶段

中间会谈期间的目标是回应当事人在每次会谈中提出的议题。基本上，助人者就是通过对许多问题探索、领悟和行动的循环来帮助当事人有能力独立完成这个过程。目标是助人者从这个过程中抽身出来，这样当事人就可以在良好的支持系统下自己发挥功能。

与当事人工作通常有许多阶段，但这些阶段因当事人的个体差异存在很大的差别。一些当事人只是想缓解症状，因此与他们的工作通常很简短（例如，12～20次会谈），主要涉及对具体问题的关注（例如，对公开演讲的焦虑、对飞行的恐惧）。另外一些当事人想要更多关注人际关系问题，可能需要更长期的工作来获得对适应不良模式的领悟，并发展更具适应性的行为。还有一些当事人对长程的工作更感兴趣，希望理解需要大量探索的、更为根深蒂固的问题（例如，人格问题、处理麻烦的家庭议题、处理哀伤或创伤、探索生命的意义）。此外，还有一些更为痛苦或没有什么支持系统的当事人可能终身需要支持性的工作。

在长程治疗中，除了对当事人提出的问题开展工作，助人者还经常使用及时化技术聚焦治疗关系。在每段关系中，冲突的出现都不可避免，如果可以以不同的方式处理这些冲突，当事人就可以获得矫正性的情绪体验（Castonguay & Hill，2012；Hill & Knox，2009）。此外，如果当事人可以学会在治疗关系中表现出不同的行为，他们就可能学会在治疗之外的关系中使用新的行为。

结束会谈

设置清晰的边界非常重要，因此助人者需要按时开始和结束会谈。如果当事人迟到，助人者通常仍旧按照约定的时间结束会谈（尽管如果助人者迟到，他们应该与当事人一起弥补时间）。

助人者可能会说些话来结束会谈，例如"我们今天的时间到了"。助人者也可能想要强化当事人在会谈中取得的成果，并鼓励当事人思考如何将这些改变带到他们会谈之外的生活中。

结束

治疗不可能永远持续（即使是长程的精神分析治疗），因此分离和工作的**结束**（termination）在所难免。当助人者和当事人在他们的助人关系范围内达到了他们所能达到的最高目标时，就是时候结束治疗关系了。在这个过程中，助人者和当事人可能经历了多次探索—领悟—行动的循环，处理了许多难题，当事人逐渐承担起更多的责任，直到他们准备好独立掌管自己的生活。治疗的一个目标就是让当事人准备好结束治疗并依靠自己。就像父母把孩子抚养长大，然后孩子离家一样，助人者教会并且鼓励当事人自己独立应对。

何时结束

有时，助人受时间限制不得不结束（例如，初学者通常只能为志愿当事人提供 1~3 次会谈；有些大学的咨询中心只允许 6 次会谈，有些则允许 12 次）。其他时候，当事人或治疗师搬家，或者当事人不能够再负担治疗费用，治疗就结束了。在这些情况下，助人者就要准备好与当事人结束，并在需要时转介当事人（本章后面会提供转介的信息）。

相反，在**开放式的、长程的治疗**（open-ended，long-term therapy）中，将由助人者和当事人共同决定他们何时结束治疗关系。很少有所谓的"治愈"，因为治愈意味着一种静止的状态，而不是生命中持续的改变和挑战。常见的情况包括：当事人觉得他们疲倦了，到了停滞期，准备休息一下；当事人不再有什么重要的事情需要谈；或者当事人觉得与他的助人者已经做到了他们能够或希望做到的。有时，当事人会直接告诉助人者，他们要准备结束治疗关系了。而其他时候，则是由助人者告诉当事人他们可以结束了。根据《心理学工作者的伦理准则和行为规范》（Ethical Principles of Psychologists and Code of Conduct，美国心理学会，2017a），助人者应在他们觉得不能再有效地与当事人工作时结束咨询。助人者要谨记，只有在当事人能够获益的情况下，才应该继续治疗，尽管这很难确定，而且肯定会出现停滞期。我认为，至关重要的是，助人者需要与当事人讨论他们从治疗中得到什么，以及他们对继续治疗的感受。

巴德曼和格鲁曼（Budman & Gurman, 1988）提出，助人者可以采取一种类似家庭医生的治疗模式。他们认为，就像人们不会指望抗生素能够保证病人以后永远不得传染病一样，助人者也不能假设一次治疗过程可以将当事人终身治愈。明智的做法是，在当事人当前的问题或危机得以解决时结束咨询，而以后当其他危机或生活变故发生时再次咨询。若采用这种模式，则结束咨询不再那么困难，因为当事人知道当他们需要帮助时可以再回到助人者这里来（如果那名助人者可以再次提供服务的话）。

如何结束

曼恩（Mann, 1973）认为，治疗的结束是一项重要任务，因为这是一种丧失。而丧失是生命的一个事实，因此每个人都必须学习处理丧失。他建议助人者花大量时间来计划和准备结束咨询。

当事人有时认为助人者夸大了对治疗结束的担心，因为他们没有预料到离开治疗关系时可能产生的感受。只有治疗结束，他们才能体会那些感受，但那时助人者已经不可能再帮助当事人处理那些被抛弃和丧失的感受了。因此，在结束之前，助人者必须评估当事人在结束治疗关系时是否会有强烈的感受，从而适当地处理这些感受。

有效地结束治疗关系包含三个步骤：回顾、展望和告别（Dewald, 1971；Marx & Gelso, 1987；Ward, 1984）。在回顾时，助人者和当事人一起总结他们学到了什么、他们是如何改变的。当事人还可以反馈治疗过程中最有帮助和最没有帮助的方面，这可以帮助当事人巩固他们的变化，并让他们产生一种成就感。在展望中，助人者和当事人讨论未来的计划，以及考虑当事人是否还需要额外的咨询。助人者和当事人一起总结他们还想处理的问题，因为没有一个治疗过程是绝对完整的。在以后的生命中，我们是会一直变化的（变得更好或更差）。助人者的任务是协助当事人识别当前的问题，确认如何处理这些问题，以及澄清如何在生活中寻找支持以帮助自己改变。如果这些计划不现实，那么助人者可以温和地面质当事人，以避免治疗以失败收场。告别时，助人者和当事人共同分享他们对于结束的感受并道别。

结束咨询对助人者和当事人来说都是一项挑战。一旦两个人探讨了很多深入且个人化的问题，让他们想到以后将不再见面往往会很困难。结束通常会给助人者和当事人都带来有关丧失的问题。一些证据显示，那些对结束感到困难的助人者和当事人都有过痛苦的丧失经历（Boyer & Hoffman, 1993；Marx & Gelso, 1987）。如果曾经的丧失很痛苦，则再次经历丧失会很困难。

其他一些当事人可能没有经历过强烈的悲伤，但是可能不知道如何感谢助人者，不知道如何表达对助人者在他们的改变过程中所起作用的感激。此外，一些当事人可能会因为没得到"神奇的疗效"而失望，或因为仍然有未解决的问题而沮丧。对于有些当事人，结束治疗太过困难，以至于他们过早地离开治疗来避免处理丧失。

如果助人者能够坦诚地和当事人谈论结束，通常是非常有益的。助人者需要确保他们有足够的时间处理当事人因结束关系而产生的感受（以及在个人治疗或督导中处理他们自己的丧失问题），因此通常比较好的做法是在结束前的几次会谈中就开始讨论结束（以及一开始就明确治疗的长度）。更多关于结案的信息，可以参见斯威夫特和格林伯格（Swift & Greenberg，2015）的优秀著作。

转介和交接

当事人的需要有时会超出助人者的能力。例如，当事人有进食障碍、物质滥用问题，或者严重的精神疾病，而助人者对该领域并不擅长。有时，助人者和当事人已经做了他们所能做的一切，而当事人还需要另一种不同的帮助方式。例如，当事人需要婚姻或家庭治疗，而助人者只受过个体治疗的训练，此时可能需要进行**转介**（referral；注意，如果当事人和家庭成员之间的关系有问题，则家庭治疗比个体治疗更有效）（Haley，1987；Minuchin，1974；Nichols & Schwartz，1991；Satir，1988）。另外，当事人可能因为需要药物治疗、长程治疗、学习困难评估、经济支持、房屋信息、宗教指引或法律建议而需要转介。

在转介时，助人者给出其他可以提供帮助的人的姓名和联系信息，但通常由当事人自己跟进。相比之下，在**交接**（transfers）时，助人者推动了当事人转向其他助人者接受治疗的过程。例如，在我们系的诊所，当博士生治疗师结束实习时，他们通常会与正在进行治疗的当事人讨论他们是否愿意被交接至诊所内的另一位治疗师。一些当事人渴望与另一位治疗师继续他们的工作，而另一些当事人不想见另一位治疗师，重新开始治疗。如果当事人希望被交接，助人者会将当事人介绍给新的助人者，并尝试促进交接过程。

助人者要向当事人解释转介或交接的原因。否则，当事人可能会感到自己没有希望，需要没完没了的治疗，或者是"不好的当事人"。如果助人者完成了上述结束治疗的三个步骤，当事人对转介和交接的负面情绪就会减少。马尔马罗什等（Marmarosh, Thompson, Hill, Hollman, & Megivern，2017）的研究很好地说明了治疗师和当事人在转介中遇到的困难。

对困难当事人及临床情况的处理

即使是在运用助人技术方面很有天赋的助人者，也会在面对一些当事人时遇到困难。有时，他们尝试让这些当事人离开，或转介他们去接受其他的治疗。了解不同类型的当事人，再加上好的督导，可以帮助助人者应对困难的当事人，而不是摆脱他们。请记住，要想胜任应对困难的当事人，大量的训练和督导是必要的。

在这一部分，我聚焦于一些难度较大的当事人和临床情况。然而，许多情况超出了初学者的能力范围，因此我建议读者面对这样的情况时接受额外的培训：精神疾病、自闭症谱系障碍、创伤后应激障碍、童年虐待、创伤，以及物质滥用。

不情愿或有阻抗的当事人

大多数当事人（实际上是大多数人）都或多或少有点**不情愿**（reluctance）改变。可能的原因包括：缺乏信任、害怕分离、害羞、害怕改变和缺乏改变的动机（Egan，1994；Young，2001）。对很多当事人来说，待在已知的痛苦里比面对改变后未知的生活要容易。

当事人不情愿的信号多种多样且常常是隐蔽的。不情愿的当事人可能只谈论安全的话题，不清楚自己想从治疗中得到什么，表现得过于合作，设立不切实际的目标后放弃，对改变不努力，责怪其他人有问题，批评助人者，会谈时迟到，失约，忘记付费，过于理智，提前结束会谈，使用不适宜的幽默，要求私下的帮忙，提供无关信息，闲聊，或在会谈要结束、没有时间讨论时才透露重要信息。

不情愿是相对被动的，而**阻抗**（resistance；即感到被强迫而想还击）是更加主动的（Egan，1994）。阻抗的当事人通常表现得好像不需要帮助，并觉得被误导了。他们不愿意建立治疗关系，并且常常试图控制助人者。他们可能很愤慨，试图破坏治疗过程，尽快结束咨询，对助人者表现得富有攻击性。那些被迫接受治疗的当事人（例如，法庭判决进行治疗）通常会表现出阻抗。例如，一名男性当事人因为在公共场所小便，被法官要求进行12次会谈的治疗，他对此非常抵触，在治疗中的收获也非常少。（他甚至向助人者提出约会要求！）

伊根（Egan，1994）认为，阻抗可能缘于认为没有治疗的必要，不愿被迫接受帮助，在参与治疗时感到尴尬，或者有逆反心理；还可能是因为价值观和期望与咨询所能提供的不一致，对治疗有负面态度，觉得治疗是软弱和有缺陷的表现，缺乏信任，或者不喜欢助人者。从对改变的准备角度来看，不情愿和阻抗的当事人明显处在前沉思阶段（见第2章）。

面对不情愿或者阻抗的当事人时，助人者常常感到困惑、惶恐、愤怒、内疚或抑郁（Egan，1994）。他们可能试图安抚当事人，或者对当事人变得没有耐心或有敌意，变得被动，或者降低期望，不投入地工作。或者，助人者也有可能会变得更加温暖和接纳，与当事人进行权力角逐，容许自己被虐待或被欺凌或试图终止治疗过程。当事人的行为以及助人者自我挫败的态度和假设都可以成为压力的来源。助人者可能对自己这么说："所有当事人都必须改变"，"每个当事人都必须喜欢我、信任我"，"每个当事人都可以被帮助"，"没有求助意愿的当事人不可能获得帮助"，"我对在当事人身上发生的事负有责任"，"每个个案我都必须成功"，或者"如果我不能帮到这个当事人，我就是名差劲的助人者"。觉察到这些自我挫败的态度和假设，可以帮助助人者减少它们对治疗过程的影响。

助人者需要处理当事人的不情愿和阻抗，避免强化这些过程（Egan，1994）。戈德弗雷德和戴维森（Goldfried & Davison，1994）提出，助人者的作用是让不情愿和阻抗的当事人做好改变的准备；因此，对助人者的挑战就是找到富有创造性的方式来处理这两种情况。以下是一些处理不情愿和阻抗的建议（Egan，1994；Pipes & Davenport，1999；van Wormer，1996；Young，2001）：

- 学会将不情愿和阻抗视为正常。
- 认识到不情愿和阻抗有时是一种逃避方式，而并不一定是针对助人者的恶意。
- 探索自己在生活中改变某些事物时的不情愿和阻抗。一旦助人者了解了自己是如何应对不情愿和阻抗的，他们就更有可能帮到当事人。对自己弱点的觉察也可以使助人者更能共情同感并更有耐心。
- 检查干预的质量。助人者若指导性太强、太被动或不喜欢当事人，则可能引起阻抗。

- 考虑你自己是否愿意去做那些你要求当事人做的事。
- 做到共情同感，试图理解当事人。事实上，要与一个共情同感、接纳、没有威胁性而且不愿"战斗"的人产生冲突是很困难的。因此，你最好和当事人在一起，而不是抵抗他们。
- 不要给有敌意的当事人贴标签、使用专业术语或打官腔。
- 直接应对当事人的不情愿和阻抗，而不要忽视它们、被它们胁迫，或因为当事人的行为而对它们感到愤怒。
- 帮助当事人探索对治疗的不情愿和阻抗情绪。
- 对你和当事人能够达成的目标现实一些。
- 在相互信任和合作的基础上建立关系，而不要试图使用权力。
- 和当事人一起寻找改变的激励。
- 专注于行为并邀请当事人一起来探索。
- 仔细倾听当事人，对其中的某些部分表示同意但有一些不同意见，表明你不害怕有不同的意见；这可以让当事人安心一些，也会提升你的可信度。
- 不要放弃。

愤怒的当事人

对大多数助人者来说，若当事人对他们感到愤怒，并以直接而有敌意的方式表达愤怒，他们会感到压力非常大（Deutsch，1984；Farber，1983；Hill，Kellems et al.，2003；Matsakis，1998；Plutchik, Conte, & Karasu，1994）。事实上，在一项研究中，超过80%的助人者说，在当事人对他们恶语相加时，他们会感到害怕或者愤怒（Pope & Tabachnick，1993）。马萨吉斯（Matsakis，1998）指出，当事人的愤怒通常会破坏治疗过程，特别是当助人者感到愤怒、困惑、受伤、自责、焦虑或无能，而不再能保持共情同感并与当事人讨论他们的愤怒时。

为了避免不恰当地对待当事人的愤怒所造成的负面结果，一些作者建议助人者对待当事人的愤怒要像对待其他的情绪一样，鼓励当事人公开谈论（Adler，1984；Burns & Auerbach，1996；Cahill，1981；Hill, Kellems et al.，2003；Joines，1995；Kaplan, Brooks, McComb, Shaprio, & Sodano，1983；Lynch，1975；Matsakis，1998；Newman，1997；Ormont，1984）。这些作者还建议助人者和当事人一起工作，帮助他们发现潜在的感受，用语言而不是身体行动表达愤怒，并决定如何应对愤怒。为了实现这些目标，他们建议助人者在当事人愤怒时，要做到非评判和无防御地倾听，并且尝试理解他们的愤怒。我们充分认识到，保持冷静并让当事人谈论他们的愤怒是多么困难，但比起充满敌意和愤怒地回应当事人，这是一种更为有效的方式，否则当事人无法体验到一种解决问题的新方式。

此外，如果当事人对助人者的愤怒是合理的，助人者可以道歉，并改变自己不恰当或无益的行为。当事人通常会向助人者提供有价值的反馈，助人者关注这些反馈是明智之举。如果当事人的愤怒是不合理的，助人者可以仔细倾听，并尝试理解当事人的感受。在这种困难的情况下，请教督导师有助于了解正在发生的事情。

有自杀意念的当事人

若当事人提到自杀或表现出抑郁并在考虑自杀时,助人者要严肃对待这些自杀信号。自杀是一个主要的死亡原因(在所有年龄组中排在第 10 位,在 15~24 岁的青年里排在第 2 位)(美国国家心理健康研究所,2016),而且常常被当事人看作解决问题的唯一出路。助人者要主动而直接地评估自杀危机的严重程度,而不是忽视或将其最小化(Berman, Jobes, & Silverman, 2006;Rudd, Joiner, Jobes, & King, 1999)。在见当事人之前阅读有关自杀的资料并做好准备,对于为那些有**自杀意念**(suicidal ideation)的当事人提供良好的治疗至关重要。

助人者可以将当事人提起自杀的话题视为求救的信号,从而可以严肃地对待这一话题并帮助当事人探索。对于自杀个案,助人者可以遵循一系列步骤。需要先做一个一般的自杀风险评估,通常以直接询问自杀的可能性开始。助人者可以问下列问题:

- 你在考虑自杀吗?
- 你有尝试自杀的计划或工具吗?
- 你过去尝试过自杀吗?
- 你(准备)饮酒或使用药物吗?
- 你最近总是退缩或独自一人吗?
- 你有把贵重物品送人或计划自己的葬礼吗?
- 你感到无助或没有价值吗?
- 你对未来有计划吗?
- 有谁知道你关于自杀的感受?
- 你觉得,如果别人知道你自杀了,他们会有什么感受?

如果当事人表明有明确的自杀意图,有清晰可行的自杀计划,还有实施计划的方法(例如,当事人计划不久就自杀,并且已经得到实施计划所需的工具),这个当事人就有很高的自杀风险。这种情况下,助人者要采取一些步骤来保证当事人的安全(Frankish, 1994)。

首先也是最为重要的是,助人者需要立即咨询有经验的督导师,以确定要采取的最佳步骤。在有些个案中,危机当事人需要住院,以保护他们不伤害自己。有的当事人认识到危险,同意住院接受高强度的精神和心理治疗。在其他一些个案中,助人者可能不得不在违背当事人意愿的情况下送其住院。还有些个案,助人者可能认为没有必要住院,此时可以和当事人一起拟定一个书面的行为合同,内容包括当事人同意不伤害自己,并且保证当自杀念头出现时拨打危机干预热线以获得帮助。在有些个案中,助人者将当事人的自杀意图告知当事人的家人、密友或重要他人可能是有帮助的。

请注意,在当事人的生命安全受到威胁时,保密原则不再适用。因此,助人者可以采取必要的步骤来确保有自杀风险的当事人的安全(当然,仍然要保持共情同感,而不是持有权威或命令的态度)。

助人者可以提供 24 小时危机干预热线服务,并协助当事人确定一个支持系统。助人者还可建议增加会谈次数,或在两次会谈之间通过电话交谈给当事人提供额外的支持。助人者还可以转介当事人,以帮其获得更多的治疗(例如,团体治疗)。如果当事人没有来治疗，助人者要考虑（在咨询督导师之后）给当事人打电话。出于法律上的考虑，助人者应以书面形式记录评估和帮助有自杀风险的当事人的程序，包括询问的问题、与督导师的讨论、做决策的过程，以及实施的干预。

提供过危机咨询的助人者都知道，应对有自杀意念的当事人是富有挑战性和令人害怕的。初学者经常担心，询问自杀想法会鼓励当事人考虑甚至实施自杀。事实上，恰恰相反，通过谈论有关自杀的感受，当事人可以表露自己最害怕的方面，并且会感到有人在倾听并理解他们。当事人往往很感激助人者认真地对待他们的问题。如果助人者不愿讨论自杀的感受，当事人往往感到更加孤独、羞愧、奇怪或者疯狂。可能最糟糕的做法就是轻视或者否定他们的感受（例如，"你明天会感觉更好的"），指出他们生活中的积极方面（例如，"你有那么多值得活下去的理由"），或是提供虚假的安慰（例如，"一切都会好起来的"）。通常这些反应不仅会让当事人感到更加沮丧和想自杀，还会使当事人因为不能获得帮助、被误解，并且担心他们自杀的感受不被接纳或者吓着了其他人而感到绝望。但是，同样重要的是，助人者不要觉得自己必须成为有自杀风险的当事人唯一的救命稻草，否则助人者会耗竭而不能帮助任何人，调动其他资源至关重要。

对任何心理健康专业人员来说，要面对的最困难的事情之一，就是应对当事人自杀这一结果。许多助人者极度痛苦，感到内疚，并花费大量时间猜测自己是否还可以做些什么来防止自杀。一定程度的反省是必要的，可以使助人者将来能够更好地处理类似的情况，但是助人者没有必要承担过多的责任。对于助人者来说，在这样的困境中，寻求督导和治疗来处理和理解自己的感受是明智的选择（例见 Knox，Burkhard，Jackson，Schaak，& Hess，2006）。

性吸引

在治疗关系中助人者被当事人**性吸引**（sexual attraction）是常见的现象。在接受调查的助人者中，大约 87% 的人都报告在他们职业生涯中的某些时候曾被当事人性吸引，很多人因此感到羞愧、焦虑和困惑（Pope，Keith-Spiegel，& Tabachnick，1986；Pope & Tabachnick，1993）。

感到被吸引并不违反伦理，但是对吸引做出行为反应（例如，与当事人交往、发生性关系）会伤害当事人，因此被认为是违反伦理的。

作为一名初学者，你可能发现自己被一个当事人性吸引。尽管和督导师讨论这种吸引可能会不自在（有些助人者可能会因为有这些感受而感到羞愧或自责），但是督导师可以帮助你用一种健康而非破坏性的方式来处理这些感受（Ladany et al.，1997；Pope，Sonne，& Holroyd，1993）。与督导师谈论这种吸引对于减小在会谈中付诸行动的可能性而言十分重要。例如，萨丽发现自己被一个当事人吸引，这个当事人对萨丽所提供的帮助表达了钦佩、尊重甚至是惊叹。尽管萨丽和伴侣关系很好，但她还是很享受从当事人那里获得的这些积极反馈，而且开始对他有浪漫的想法。幸运的是，她和她的督导师谈了这个情况，督导师帮她梳理了她的感受，她认识到这些情感至少部分与助人过程中的亲密感有关。萨丽获益匪浅，因为她理解了这些感受是如何形成的，以及它们会对治疗过程造成怎样的负面影响。督导师还告诉萨丽，很多助人者（包括督导师自己）都曾经在职业生涯中感到被他人吸引，帮助萨丽正常化她的感受。

另一种困难的情景是当事人向助人者表达性吸引（例如，一个当事人想独占助人者），特别是考虑到助人者感到有吸引力通常是令人满足的情况。助人者需要在允许当事人表达他们的感受和不主动促进吸引之间取得平衡。当然，任何性接触都是违反伦理的，包括跟当事人在会谈外的接触。在这里，与督导师讨论和反思自己的动机是非常重要的。

三阶段模型的示例

这里提供一个扩展的治疗互动的例子来说明三阶段模型（探索、领悟和行动）的运用。为了方便展示，这个例子将三个阶段在一次会谈中呈现（当然，对于一个问题进行三个阶段的处理，一次会谈通常是不够的）。这一过程被大大压缩，以便对全部的三个阶段进行说明。

这个例子是和一位年轻女性玛丽亚的第一次会谈，她寻求帮助的原因是难以选择专业。职业困扰是很多人一生中常见的问题（Brown & Brooks, 1991；Zunker, 1994）。然而，职业困扰并不像心理学家曾经想象的那么简单。这不是一个单纯依靠自己的才能、兴趣和技能所做的决定。

我们的职业身份和我们的个人生活交织在一起（Blustein, 1987；Brown, 1985；Hackett, 1993；Herr, 1989；Richardson, 1993；Savickas, 1994；Spokance, 1989），因此二者在咨询过程中都要涉及。

探索阶段

助人者： 请你简单地介绍一下自己，并且说说你今天为什么来这儿。（助人者运用一个追问开始互动，让玛丽亚谈最令她困扰的问题。）

当事人： 我是大学三年级的学生。我早就应该选专业了，但我就是决定不了我想做什么。我感觉被困住了，而他们催促我在几周内必须确定下来。我不想在学了一两个学期之后就放弃并且再转专业。但我没有什么擅长的。在高中，其他人都参加剧团、乐队、跳舞或运动时，我却什么也没做。我没有任何突出的才能。我在人群里是那么普通、平凡。

助人者： 听起来，你对这么快就要选择一个专业感到焦虑。（助人者想聚焦于玛丽亚对这一紧迫情况的感受。）

当事人： 我确实很焦虑。你不会相信我有多焦虑。我晚上睡不着觉。我一直在想我的人生究竟要做什么。我好像从来没有什么远大的抱负。

助人者： 我想你是否有一种想弄清楚你是谁的感觉？（助人者想确定玛丽亚的生活在多大程度上受到这个问题的影响。）

当事人： 我一直感觉不舒服。但是，我很难说清楚这其中有多少是因为我在努力选专业，不知道我是谁、我想去哪里造成的，有多少是因为我从没有交过男朋友而感觉糟糕，以及我父母正在闹离婚的压力造成的。

助人者： 噢！听起来现在你正经历着很多困难的事情。（助人者想支持玛丽亚。）

当事人： 是的，我这学期过得很艰难。我发现，我父母准备在假期之后离婚。他们说会在我妹妹上大学之后分开。我不确定他们待在一起是不是真的对我们好，因为他们总在争吵。他们两个人总是对我说对方有多么讨厌。我觉得自己就像是个调解员，一直试图帮助他们理解对方。

助人者： 你夹在中间感觉怎么样？（助人者想让玛丽亚更深入地探索她的感受。）

当事人： 一方面，我有点喜欢这样，因为他们都需要我。但是另一方面，我又感到非常糟糕，因为我觉得他们都太依赖我了，我不能过自己的生活。我很高兴离开家上大学，但是同时我又有一种负罪感。所以，我经常回家。我还觉得我必须照顾我妹妹，保护她不受伤害。我不想让她也和我一样对自己感觉这么糟糕。

助人者： 听起来，你现在似乎要被压垮了。（助人者想帮助玛丽亚觉察她的感受。）

当事人： 是的。我觉得自己要比同龄的孩子大 20 岁。他们总在谈论聚会喝酒，这些对我来说都太幼稚了。

助人者： 你提到，你马上要选择专业。你还说你没什么特长。多谈谈这一点吧。（助人者想引导玛丽亚回来探索她的专业选择问题。）

当事人： 我想我是名很普通的学生。我的大部分课程都是 B，可能是因为我没有投入足够多的时间，但我就是无法专心地学习。

助人者： 和我说说你喜欢的课程。（助人者想帮助玛丽亚探索具体的兴趣。）

当事人： 我的数学和科学很差。上学期，我的生物几乎不及格。我想我最喜欢的是心理学课程。我喜欢帮人解决问题。别人总是和我谈论他们的问题。我正在上助人技术的课程，觉得很兴奋。我想我很擅长助人。至少我想成为一名助人者。

领悟阶段

助人者： 你认为是什么让你对学习助人技术感到兴奋？（助人者想帮助玛丽亚思考她的动机。）

当事人： 因为每个人都带着他们的问题来找我，我觉得自己擅长倾听。而且在我妹妹不高兴的时候，我也可以帮到她。

助人者： 你在家里就像一名助人者一样，我想知道这是否就是你对助人领域产生兴趣的原因？（助人者提出一个解释，看玛丽亚是否能够加入解释的过程。）

当事人： 嗯，你可能是对的。也许帮助我妹妹和调停我父母间的争吵帮我形成了有效的助人技术。真有趣，我以前从来没有想过把心理学作为我的专业。我的父母一直很轻视心理学，他们从不去助人者那里，因为他们总是说人应该自己解决问题。但是，他们自己做得并不好。我不知道，你认为我该做什么？你为什么选择心理学呢？

助人者： 我确实很喜欢帮助别人解决他们的问题。我也发现我的朋友都找我谈论他们的问题。（助人者使用自我表露，让玛丽亚感觉到她的感受很正常。）

当事人： 真有趣。你喜欢这个领域吗？

助人者： 是的，我非常喜欢。再多说一点你对心理学的想法，好吗？（助人者想把焦点再转回到玛丽亚。）

当事人： 我想我可能喜欢干这行，但我不知道我是不是够聪明。我听好多人说，必须非常聪明才能读心理学的研究生。我可能做不到。

助人者：你说你不是那么聪明，但是，我并没有听到多少证据。（助人者挑战玛丽亚的低自我效能感。）

当事人：我大学的成绩不好。但是，我高中成绩确实很好，而且我的大学入学考试分数也很高。事实上，我差不多是班里的最高分。

助人者：所以，大学里发生了一些事，让你失去了自信，不再像高中那么好。是什么影响了你的学习能力？（助人者想促进玛丽亚思考，获得更多领悟，因此进行了重述，然后问了个开放式问题。）

当事人：我不确定。可能和我的家庭有关，但是我不确定有什么关系。

助人者：可能你对父母和离家的担心干扰了你的学习能力。（助人者和玛丽亚一起激发领悟。玛丽亚隐隐感到她的困难和家庭有关，所以助人者提供了一个解释，超出了玛丽亚刚才说的内容范畴。）

当事人：嗯……我从来没想过，但你可能是对的。我对其他每个人都太操心了，以致都没有时间照顾自己。我的父母因为他们过不到一起去，就把我的生活搞得一团糟，这确实不公平。

助人者：是的，你看起来对他们感到愤怒。（玛丽亚对这个解释的反应很好，所以助人者想帮助她探索她对自己这些发现的感受。）

当事人：是的。我一直担心把妹妹留在家里，也担心不能让父母在他们可怕的争吵里平静下来。这本该是我生命里最美好的时光，可我担心的全是他们。我什么时候能有机会去考虑我自己？

助人者：我想知道你父母是否真像你所认为的那么需要你？（助人者挑战玛丽亚认为需要夹在中间的想法。）

当事人：可能他们并不需要。事实上，也许如果我不再干涉，他们就能决定他们需要做什么。而且，你知道，我妹妹也不再是个小孩子了。她18岁了。我的意思是，我爱他们，但我可能做得太多了，我总是回家。

行动阶段

助人者：所以，你会有什么不同的做法吗？（助人者想引导玛丽亚思考如何在她的生活中做出改变。）

当事人：我想我要告诉父母，我不会再听他们的每一个问题。我要建议他们找一名助人者。和你谈话对我帮助很大，我想这也是他们需要去做的。如果他们不这么做，那就是他们的问题，但是我要从中间退出来。

助人者：当你告诉父母你决定不再夹在中间时，你会有什么样的感受呢？（助人者想让玛丽亚探索她对这一改变的感受。）

当事人：我现在受够了，所以我想我能做到。但是，当我妈妈夜里打电话向我哭诉我是唯一真正理解她的人时，我会感到困难。你不知道有多少次她曾在我的专业考试之前这样做。

助人者：当这种情况发生时，你能做什么呢？（助人者想引导玛丽亚解决具体情境中的问题。）

当事人：嗯，我可以去图书馆学习，在我确实需要集中精力学习时关掉手机。那样，我妈妈就找不到我了。我在图书馆也确实学得更好些，因为宿舍太吵了。

助人者：那是个好主意。（助人者强化玛丽亚的感受。）

当事人：是啊，我不知道为什么我早没想到。我想自己是陷在"我是唯一能帮我妈妈的人"这种想法里了。甚至可能是因为我，她不去见咨询师，因为她总可以向我倾诉。事实上，可能我希望她向我倾诉，因为这让我觉得自己很重要、很有帮助。

助人者：是的，那可能很难放弃。当你相信你可以让每个人都感觉更好的时候，你会觉得自己很特别。（助人者想提醒玛丽亚可能很难改变。）

当事人：是的，可能是很难。但是，我想现在我应该过自己的生活，而不是活在他们的世界里。

助人者：你能做些什么让这个转变更容易吗？（助人者再次让玛丽亚对改变中的困难做好准备。）

当事人：好吧，我想继续和你交流，可以吗？我想，如果有你的支持，改变会容易一点。

助人者：当然，我们可以安排8次会谈，这是咨询中心规定的我可以为你提供的会谈次数的上限。（助人者想让玛丽亚知道她咨询的限制。）

当事人：那太好了，谢谢。

助人者：现在再回到专业上。现在，你对自己要做什么有想法吗？（助人者想以专业的话题结尾，因为那是玛丽亚提出的困扰。）

当事人：我倾向于心理学。我对学过的一些心理学课程很感兴趣，特别是那些关于人格和助人的课程。但是，我对英语也感兴趣。我一直喜欢写作。我几年来一直在记日记。我梦想有一天能写小说或在报社工作。

助人者：也许在下次会谈前，你可以做一些测试来澄清你喜欢什么、不喜欢什么。收集一些关于专业和职业的信息也是个好方法。在大学的就业中心有一些很好的信息，也许你可以在下次会谈前去那儿看看。（助人者想在如何推进这个问题上给玛丽亚一些指导，但是又不想看起来太着急。）

当事人：太好了，听起来是个好主意。在哪里测试呢？

助人者：会谈之后，我会带你下去，告诉你在哪里报名。你对我们今天的工作感觉如何？（助人者想向玛丽亚提供一些关于如何进行测试的具体信息，还想评估玛丽亚对会谈的感受。）

当事人：我已经很久没有感觉这么好了。我确实有了力量。我等不及想做测试。我等不及想和我的父母谈谈。我想，他们会理解我需要为自己这么做。他们一直在为我担心。我不像之前那么沮丧了。我仿佛看到了隧道尽头的亮光。这真的很让人激动。

助人者：太好了。那我们就下周同一时间再见？

尽管这个例子可能看起来过于简单，但在我所在的大学，这在与心理学专业本科生的会谈里相当典型。同样，正如我之前提到的，每个会谈都是不同的，但这个例子提供了一些关于初次会谈可能如何进行的想法。

这个三阶段模型几乎可以应用于任何问题。有关梦的工作的应用示例，请参阅希尔的书（Hill，2004）。有关使用三阶段模型来对生命意义工作的示例，请参阅希尔的书（Hill，2018）。

结语

我希望这本书为你成长为一名助人者提供必要的工具。我鼓励你完成《咨询活动自我效能感量表》（见附录K），这样你可以对自己的助人技术、掌控会谈的技能、应对困难临床情境的技能进行自我评估。你可以根据你现在的感觉完成测量，也可以通过回忆在阅读本书和练习这些技能之前的状况来完成测量。这个评估可以让你知道你学会了什么，以及还有哪些地方需要继续努力。

学习助人技术可能的结果是，你们中有很多人会决定从事能广泛运用这些技术的职业，也有些人会选择不从事这类职业。无论你选择的道路是什么，这些助人技术都将为你的个人生活和职业生涯带来益处。我鼓励你们每个人为如何继续发展这些技术设立具体的目标，因为教材和这些实践练习只是为你技术的培训提供了一个基础。很多地方可以提供高级治疗技术的培训（例如，咨询和临床心理学、社会工作、心理咨询、精神病学、精神科护理等专业的研究生课程）。

在非营利机构做志愿者也可以为你提供一个有用的环境，在帮助人们解决紧迫问题的同时，你还可以获得额外练习技术的机会。我也希望你继续探索自己的感受，不断增加自我觉察和领悟，并做出积极的改变，帮助你发掘自己的潜能，在人际关系和职业生涯中获得成功。

我会感激你对本书的任何反馈，我将继续修改，使其符合学生的需求，听到你的经验有助于我做到这一点。

感谢你们和我一起踏上学习助人技术的旅程。我希望你继续努力，一切顺利。

你的想法

- 讨论保密原则对治疗关系有什么作用？
- 你如何知道探索得够充分了？
- 讨论助人者管理会谈的其他可能方式（例如，开始会谈、聚焦、结束会谈）。
- 辩论当事人是否应该被强迫寻求帮助。
- 描述可能影响助人者对某些当事人（包括不情愿或阻抗的、过于健谈的、有自杀风险的，以及愤怒的当事人）进行有效反应的人格特征。
- 如果你感到被一个当事人性吸引，你会怎么做？
- 当你作为助人者应对有自杀倾向的当事人时，你会采取哪些步骤？
- 关于结束咨询，你有什么建议？
- 应该由谁来决定结束咨询的合适时间？哪些标志可以帮助他们确定结束咨询是合适的？
- 你认为治疗关系理想的长度是多少？

- 辩论时间限制对治疗过程是否有利。
- 探索、领悟和行动三个阶段，哪一个最吸引你？为什么？
- 你表现出哪种治疗取向？请描述你学习更多该理论取向的目标。
- 对于继续钻研治疗技术，你有什么目标？

关键术语

接案会谈（接案）intake sessions（or intakes）
开放式（长程）治疗 open-ended (long-term) therapy
过程记录 process notes　　转介 referral　　不情愿 reluctance
阻抗 resistance　　会谈管理 session management
性吸引 sexual attraction　　自杀意念 suicidal ideation
结束 termination　　交接 transfers

研究概要

接案

文献出处：Tipton, M. V., & Hill, C. E. (2020). Exploratory analyses of intake sessions in psychodynamic psychotherapy: Do processes differ for engager versus non-engager clients? *Counselling Psychology Quarterly*, 33（4），561－571. https://doi.org/10.1080/09515070.2019.1610723

理论依据：大约 30% 的当事人在接案会谈后脱落（Swift & Greenberg，2012；Wierzbicki & Pekarik，1993），表明在接案会谈期间发生了一些事情，使这些当事人不想再接受这位治疗师的治疗。与那些后来脱落或继续治疗直到目标达成的当事人相比，在接案会谈后就脱落的当事人往往效果更差（Archer, Forbes, Metcalf, & Winter，2000；Pekarik，1983，1985，1992）。此外，在当事人和治疗师分别为寻求或促进治疗做了大量投入时，未能进行心理治疗可能会让双方都感到失望。

方法：在一所心理动力学取向的诊所，18 名博士生治疗师为成人当事人进行个体治疗。每名博士生治疗师选取 1 个在接案会谈后脱落的当事人（称为未进入治疗者）和 1 个会谈次数最多的当事人的接案会谈，总计 36 个接案会谈。经过训练的研究员根据消极指标（不良过程）对项目进行评分，并对接案会谈中出现的、咨询师在训练时被要求涉及的主题的数量进行评定。研究员通过协商一致对所有项目进行编码。

有趣的发现：

- 与未进入治疗的当事人相比，后续进入治疗的当事人的消极指标（在当事人-治疗师互动、技术错误、当事人的个人特质和态度维度上）更少。进入治疗的当事人和未进入治疗的当事人的会谈在治疗师个人特质和态度维度上没有差异。因此，与未进入治疗的当事人相比，进入治疗的当事人的接案会谈更好，治疗师的技术错误更少，表明治疗师更容易进行这些会谈（注意，每位治疗师都会见了这两类当事人）。
- 与未进入治疗的当事人相比，治疗师花费更多时间与进入治疗的当事人讨论目标、期望、主诉问题以及疾病史等主题。因此，继续接受治疗的当事人似乎对于即将到来的治疗有更多要说的，而未进入治疗的当事人对于接受治疗可能有更多阻抗。
- 进入治疗和未进入治疗的当事人在当事人病理学、治疗师反移情和接案会谈的顺序上均无差异。

结论：
- 进入治疗和未进入治疗的当事人的接案会谈过程不同，表明治疗师很难让某些当事人参与到后续的治疗过程中。可能是当事人的动力学因素（例如，阻抗），也可能是治疗师的动力学因素（例如，反移情），使这些会谈变得困难。

对治疗的启示：
- 研究结果表明，训练应该使治疗师适应消极的会谈过程和内容，这些可能是接案会谈期间潜在脱落的指标。

实验室活动：整合探索、领悟和行动阶段的技术

练习1：探索、领悟和行动技术的整合

目标：让助人者运用所有的助人技术进行一次50分钟的助人会谈。在这个实验室活动里，你首先运用探索技术帮助当事人探索。接着，运用探索和领悟技术促使当事人获得领悟。然后，运用探索和行动技术来协助当事人决定采取什么行动。

助人者和当事人在互动中的任务：

1. 每名助人者与一名他们不认识的志愿当事人结对。
2. 助人者在会谈中随身携带以下表格：《会谈回顾表》（附录A）、《助人者意图清单》（附录D）、《当事人反应系统表》（附录G）、《会谈过程和效果问卷》（附录I），以及《自我觉察与管理策略问卷》（附录J）。督导师带《督导师或同伴的探索技术评价表》（附录B）。
3. 助人者携带一台录音或录像设备（之前进行测试，确保可以使用）。在会谈开始前打开设备。
4. 助人者自我介绍，提醒当事人他们所有的谈话内容都将保密。助人者要明确说明谁有可能听到会谈内容（例如，同行、督导师）。
5. 每名助人者要和当事人进行50分钟的会谈（大约20分钟探索、15分钟领悟、15分钟行动）。尽可能地对你的当事人有所帮助。观察当事人对你的每个干预的反应，合适的时候调整后面的干预方式。
6. 留意时间。大约在会谈结束之前的2分钟，让当事人知道你们马上要停止了（例如，我们马上要停下来了，你对会谈有什么反应）。

督导师在会谈中的任务：
督导师使用《督导师或同伴的探索技术评价表》（附录B）来记录他们的观察结果和评价。

会谈之后：
1. 助人者和当事人都完成《会谈过程和效果问卷》（附录I）；助人者还要完成《自我觉察与管理策略问卷》（附录J）。

2. 会谈之后，每名助人者重听他和当事人的录音（回顾一次50分钟的会谈需要90～120分钟）；或者，助人者也可以只回顾每个阶段的10分钟。在每一项助人者干预之后暂停（除去一些简单的应答如"嗯""是的"）。助人者要在《会谈回顾表》（附录A）上写下关键词（有助于之后在录音上定位）。

3. 助人者使用《会谈回顾表》（附录A），评价每项干预的帮助性，写下每项干预的意图，每次不超过3个（根据他们在会谈中的感受来写，而不是根据他们听会谈录音时的感受）。使用帮助性评定的所有数值，根据《助人者意图清单》（附录D），写下尽可能多的意图。在回答时不要与当事人合作。

4. 当事人使用《会谈回顾表》（附录A），评价每项干预的帮助性，写下对每项干预的反应，每次不超过3个，圈出他们在会谈中对助人者隐藏的反应。当事人要根据他们在会谈中的感受进行反应，而不是根据他们听会谈录音时的感受。使用帮助性评定的所有数值，根据《当事人反应系统表》（附录G），写下尽可能多的反应。在回答时不要与助人者合作。

5. 助人者和当事人写下最有帮助和最没有帮助的事件。

6. 督导师根据《督导师或同伴的探索技术评价表》（附录B）给予助人者反馈。

7. 助人者要转录一份会谈的逐字稿。省略简单的应答，如"好""你知道""哦""嗯"。

a. 把助人者的话分割成反应单元。

b. 使用《助人技术系统表》（附录F），确定逐字稿中每个反应单元使用的是哪种技术。

c. 说明如果可以重做每项干预，你会怎么说。

d. 删除录音。确认逐字稿没有可以识别身份的信息。

练习2：对当事人概念化

目标：教会助人者如何对当事人概念化，对干预的时机进行更多思考。

这项实验室活动是为已经在会见真实当事人的更高阶的学生准备的。在一间有5～10个学生的教室里，一个学生要扮演一个他正在会见的当事人。进行角色扮演的学生要提供一段简短的对当事人的描述（例如，年龄、性别、职业、和重要他人的关系、主诉问题），其他信息可以从角色扮演中了解。另一个学生开始扮演探索阶段的助人者。其余的学生可以在需要时接替助人者的角色，继续探索。

当领导者感到探索已经足够时（大约10～15分钟），他可以要求暂停，让学生对当事人的问题概念化。他们可以陈述对当事人已经了解了哪些，还有哪些不知道。

所有的学生都可以轮流扮演助人者，尝试运用挑战、解释、自我表露或即时化技术。每名助人者可以和当事人交流两三个来回，看看互动效果如何。"当事人"应该扮演好自己的角色，不要说出他或她对真实当事人所使用的干预，也不要提供更多关于真实当事人的信息。

当领导者认为领悟阶段的时间已经足够时，他可以暂停这一过程，让学生对当事人的问题再次进行概念化。助人者可以讨论他们在领悟阶段获悉了什么。助人者可以说说他们认为最能解释当事人如何产生和维持其问题的理论。此外，领导者还可以让助人者分享当事人激起了他们什么样的情感和反应（例如，厌烦、生气、恼怒、性吸引、深深的共情同感）。然后，助人者可以把注意力转向行动阶段。他们认为当事人准备好行动了吗？如果认为还没有，为什么？还需要做些什么？如果认为准备好了，什么行动比较合适？助人者如何实施想要的干预？

同样，一名助人者和"当事人"开启行动阶段，执行第 16 章中列出的针对某类行动的所有步骤。其他人可以在助人者需要帮助时接替。

反馈：
"当事人"可以谈谈自己有何体会，学到了什么，这有助于和真实当事人的咨询。

个人反思：
- 与其他会谈相比，在本次会谈中你对自己有什么样的新认识？
- 在帮助当事人思考行动时，你有什么困难？
- 你能够顺利地从探索阶段到领悟阶段再到行动阶段吗？
- 在对当事人的概念化上，你的优势和弱点各是什么？
- 哪些特定问题最容易引你"上钩"，使你难以客观地对当事人做出反应（例如，敌意、性、被动、依赖）？

术 语 表

A

Acculturation 文化适应　适应主流文化的规范。

Action 行动　在想法、情绪或行为上做出改变。

Action stage 行动阶段　助人者与当事人合作探索改变的想法和改变的选择，帮助当事人厘清如何做出改变。

Adaptors 小动作　习惯性的非言语行为，通常是无意识的，不带有交流的目的（例如，挠头、舔嘴唇、玩笔）。

Affect labeling 情感标签　用语言表达情感。

Anal stage 肛门期　精神分析视角下人格发展的第二阶段，婴儿从肛门（排便）活动中获得满足。

Approval-reassurance 认可　提供情感支持、肯定、鼓励和强化。

Assertiveness training 自信心训练　教当事人在不侵犯他人权利的前提下，以非攻击性和非被动的方式捍卫自己的权利。

Attachment theory 依恋理论　解释了幼儿与其照顾者保持密切接触的行为和情绪反应。安全依恋的人能感到与重要他人的联结，将其作为安全基地，并能安全地去探索；不安全依恋的人不确定自己是否能够依赖他人、处理情绪或是值得关心的。当孩子寻求亲近时，如果照顾者总是无法满足，孩子就会学会在面对威胁时不依靠别人的帮助。如果依恋对象难以预测，孩子通常会更加努力地试图从照顾者那里得到回应。

Attending 专注　助人者身体倾向当事人倾听。

Autonomy 自主　一种伦理准则，指的是（消费者和服务提供者）在结果不会损害他人的前提下，做出选择和采取行动的权利。

Awareness 觉察　识别感受或想法，而不是这些感受和想法之下的动机。

B

Baby steps 婴儿学步　做出小的改变。

Behavior change 行为改变　增加期望的行为或减少非期望的行为。

Behavioral rehearsal 行为演练　教授以更具适应性的方式应对特定生活情境的技能。

Behavioral theory 行为主义理论　一种聚焦于行为的方法，假设行为是习得的而且可以被修改。

Beneficence 有益　一种伦理准则。助人者的意图是通过提供帮助促进他人成长，做有益的事。

Blank screen 空白屏幕　当助人者保持中立并尽可能少地表露自己时，当事人可以将他们的问题投射到助人者身上。

Blueprint 蓝图　一种相信每个人都有与生俱来的潜力并能够在治疗中得到发展的信念。

Body posture 身体姿势　指一个人在交流中倾听对方的身体状态（前倾或向后）。

Boundaries 界限　助人关系中的基本规则和限制，通常是关于助人的结构性设置（例如，时长、收费、身体接触和暴力行为的规定、保密性）或是关系的性质（例如，不与当事人发生性关系、与当事人有边界的友谊）。

Brief psychotherapy 短程心理治疗　助人过程限制在几次会谈中。

Burnout 耗竭　因照顾他人而在感情或身体上疲惫不堪。

C

Case conceptualization 个案概念化　关于当事人功能和动力的假设，通常基于某种理论取向和对当事人的观察。具体来说，助人者对问题是如何产生的和他们准备如何处理这些问题进行概念化。

Chair work 椅子工作　帮助当事人处理自身两个对立面之间的冲突（例如，"我希望我可以，但是我害怕"或"我想做，但我不能做"；双椅技术）或与重要他人的冲突（空椅技术）。

Challenge 挑战　指出当事人没有意识到或不愿改变的不适应信念和想法、不一致或矛盾之处。

Client 当事人　接受帮助的人。

Client-centered theory 当事人中心理论　一种基于

人本主义的理论，假设人是自我实现导向的，当事人是参与自我治愈过程的积极主体。

Client reactions **当事人的反应** 对他人干预或行为有意识或无意识的反应。

Closed questions **封闭式提问** 一种提问方式，要求回答一个字或两个字（确认"是"或"否"），用来收集数据或信息。

Cognitive theory **认知理论** 帮助当事人重构想法，使其更加理性。

Collaboration **合作** 与当事人共同探索、获得领悟并采取行动，而不是给当事人答案。

Collectivism **集体主义** 与个人主义相对，指个人和群体的相对重要性。集体主义文化往往更多关注家庭，将人视为相互依存的存在。

Compassion **同情** 不加评判地觉察到他人的痛苦并保持开放。同情超越共情和理解，真正让自己感受他人的痛苦和遭遇，并希望减轻它。另一种理解同情的方式是仁爱，真诚地关心他人，是因为他们本身，而不是因为他们值得。

Confidentiality **保密性** 一种伦理准则，不泄露当事人在会谈中分享的信息，除非在一些特殊情况下（有自伤或伤害他人的意图、物质滥用、需要督导）。

Consciousness **意识** 容易觉察的心理活动。

Contemplation **沉思** 考虑改变。

Core conflictual relationship theme **核心冲突关系主题** 描述人们的一般人际交往模式，由愿望或需求、期待的他人的回应和随后自己的反应组成。

Countertransference **反移情** 助人者对当事人的反应源于个人的未完成事件。

Critical consciousness **批判意识** 一个人能够认识到社会、政治和经济的不平等并采取行动消除系统性的压迫。

Cultural humility **文化谦逊** 一种对治疗关系的承诺，指一个人不断进行自我反思和自我批评，考虑文化的主观性和复杂性。

Culture **文化** 在特定历史时期内的一群人或基于某些共同目的、需要或相似背景而彼此认同或联系的一群人所共有的习俗、价值观、态度、信仰、特征和行为。文化包括种族/民族、性别、年龄、意识形态、宗教、社会经济地位、性取向、残疾状况、职业和饮食偏好。

D

Decision making **决策** 帮助当事人明确他们的选项，探索他们的价值观，根据他们的价值观评估选项，然后做出选择。

Defenses/Defense mechanisms **防御/防御机制** 通过否认和扭曲现实来处理焦虑的一种无意识方法。

Denial **否认** 主动拒绝痛苦的感受。

Direct guidance **直接指导** 助人者就当事人在会谈之外应该做的事情提出建议或提供指导。

Disclosure of fact **事实表露** 透露有关助人者的信息。

Disclosure of feelings **情感表露** 助人者透露有关个人感受的非即时性信息，给当事人提供示范，帮助其探索情感。

Disclosure of insight **领悟性表露** 助人者表露对自己的理解，用于促进当事人对自己想法、情感、行为和问题的理解。

Disclosure of similarities **相似性表露** 助人者透露自己与当事人非即时性的相似之处的信息，用于鼓励当事人思考自己的性格。

Disclosure of strategies **策略表露** 助人者表露自己过去使用的策略，为当事人提供思路，帮助当事人减少孤独和与别人不同的感受。

Displacement **置换** 将对某人不舒服的感觉转移到力量更弱和威胁性更小的人身上。

Dual relationships **双重关系** 有权力的人（例如，助人者、教授、督导师）在与权力较小的个体（例如，当事人、学生、受督导者）的互动中增加了另一个角色。双重关系可能导致弱势一方受到伤害或剥削。

E

Egalitarianism **平等主义** 在多大程度上考虑权力和权威。一些文化平等地看待每个人，另一些文化则有更多的权力等级结构。

Ego **自我** 一种发展出来用于帮助孩子延迟满足并与外部世界协商的内部机制。

Electra conflict **恋父情结** 精神分析的构念，表明女孩会被父亲吸引。当女孩认同她们的母亲时，问题就会解决。

Emblems **象征** 语言的非言语替代（例如，挥手是普遍的问候方式）。

Emotion-focused therapy 情绪聚焦疗法　一种治疗方法，假设情绪是健康和不健康功能的核心，因此需要作为干预的重点。

Empathy 共情同感　同时在认知层面（他们的想法和表达）和情感层面（他们的感受）理解当事人。共情同感还包括真诚地关心当事人，不评判地接纳当事人，能够预测当事人的反应，能够敏锐而准确地向当事人传达自己的体验。共情同感不是一种特定的反应类型或技术，而是一种以真诚关心和不带评价来回应当事人的态度或方式。共情同感是对当事人和他们意愿深深的尊重，并鼓励当事人探索他们的问题、获得领悟和做出改变。

Enculturation 文化保留　指保留一个人的本土文化规范。

Ethics 伦理　确保专业人员提供优质服务并尊重服务对象权利的原则和标准。

Existential psychotherapy 存在主义心理治疗　一种治疗方法，重点在于帮助当事人检视存在问题，如生命意义、死亡焦虑、孤独和自由。

Exploration 探索　深入讨论与当事人问题相关的想法和感受。

Exploration stage 探索阶段　助人者与当事人一起工作，与他们建立关系，使他们能够讲述他们的故事、谈论他们的问题并表达相关的感受。

Extinction 消退　通过在行为建立后撤销强化来减小行为发生的可能性。

Eye contact 目光接触　直视另一个人的眼睛。

F

Facial expression 面部表情　通过眼睛、嘴巴和面部肌肉来传达想法和感受。

Fidelity 诚信　一种伦理准则，指信守承诺，在关系中值得信赖。

Focus 焦点　一次解决一个问题。

Focusing 聚焦　一种帮助当事人体验更深层的感受的方法。

Free association 自由联想　不加评判地说出任何出现在脑海中的想法。

G

Gaze avoidance 目光回避　避免直接看向另一个人。

Gender and gender orientation differentiation 性别和性别取向差异　一种文化差异。一些文化有非常明确的男性和女性必须遵守的角色规范，另一些文化在角色定义方面比较宽松。

Generalization 泛化　将所学从一个情境转移到另一个情境。

Gestures 手势　通常用来传达意思的手臂动作，尤其是与言语活动结合使用时。

Giving feedback 提供反馈　向当事人提供关于他或她的行为或对他人影响的信息。

Giving information 提供信息　提供具体的数据、事实、资源、问题答案或意见。

Grammatical style 语言风格　使用语言的方式。

H

Head nods 点头　上下移动头，表示在倾听另一个人，并鼓励对方继续说。

Helper 助人者　给另一个人提供帮助的人。

Helping 助人　一个人帮助另一个人探索感受、获得领悟并做出改变。

Homework assignments 家庭作业　一种直接指导，帮助当事人练习他们在会谈中学习到的内容。

Hot buttons 敏感问题　在助人情境中被触发的偏见。

I

Id 本我　寻求即时满足的原始冲动。

Identification 认同　仿效他人的特点。

Illustrators 说明　伴随着讲话的非言语行为（例如，用手比画鱼的大小）。

Immediacy 即时化　助人者表露对当事人、自己或治疗关系的当下感受。

Individualism 个人主义　相对于群体对个人更看重，这样的人被视为独立自主的。

Information about the helping process 有关助人过程的信息　告知当事人助人过程中会发生什么。

Informed consent 知情同意　对助人过程中相关协议的同意，通常涉及治疗时长、收费、保密性和保密限制。

Insight 领悟　从新的视角看待事物，在事物之间建立联系，或理解事情发生的原因。理智领悟指有认知上的理解或解释；而情感领悟是将情感和理智联系起来，从而有了对理解的个人卷入和责任感。

Insight stage **领悟阶段** 助人者与当事人一起工作，帮助他们获得觉察和领悟。

Intake sessions or intakes **接案会谈或接案** 与当事人的初始会谈。在这个过程中，助人者获取背景信息、形成诊断、评估风险并确定最佳治疗方案。

Intellectualization **理智化** 通过关注合理的解释来回避痛苦的体验。

Intentions **意图** 助人者在与当事人合作的过程中想要完成的有意识和无意识的目标或计划。

Internal representations **内部表象** 当事人构建的助人者意象，帮助他们在两次会谈的间隔期间应对。

Internal working models **内部工作模型** 自我、他人和关系的心理表征。

Interpersonal psychotherapy **人际心理治疗** 一种治疗方法，主要通过检验治疗关系来帮助当事人处理人际关系。

Interpretation **解释** 一种干预技术，超越当事人明确陈述或意识到的内容，为当事人的行为、想法或感受提供新的含义、原因或说明，使当事人能够获得新的看待问题的方式。

Interruptions **打断** 打断别人的讲话。

J

Justice **公正** 一种伦理准则，指所有人的机会和资源公平或平等。

K

Kinesics **身体语言学** 身体运动（手臂和腿部运动、点头）和交流之间的关系。

L

Listening **倾听** 努力去听并理解当事人在言语和非言语中传递的信息。

M

Marker **标志** 准备好运用特定技术的指标。

Metacommunication **元沟通** 对于沟通的沟通，助人者向当事人表露他们对当事人行为的看法和反应。

Microaggressions **微歧视** 有意或无意的言语、非言语和环境上的轻视、冷落或侮辱，仅根据边缘群体成员的身份，向其传达敌意、贬损或负面的信息。

Mindfulness **正念** 专注当下发生的各种体验。

Minimal encouragers **轻微鼓励** 用非言语的声音、非单词或简单词，如"嗯哼""是的""喔"，鼓励对方继续说。

Modeling or observational learning **模仿或观察学习** 发生在一个人观察另一个人（榜样）做出某种行为并收到某种后果时。

Multicultural (or cultural) competence **多元文化（或文化）胜任力** 具有文化敏感性，特别是努力理解文化及其如何影响与当事人的工作；努力理解文化如何影响助人的信念；诚实地面对偏见和歧视行为，并努力将它们排除在助人过程之外；掌握各种助人技能并灵活地运用它们，以满足拥有不同文化背景的当事人的需求；了解当事人的文化；理解歧视和压迫在多大程度上影响当事人的生活并导致了他们的问题；承认并处理文化差异，同时传达提供帮助的意愿，在需要时寻求督导或转介。

Mum effect **妈妈效应** 一种隐瞒坏消息的倾向，即便听到这个消息对别人是有益的。

N

Narrative therapy **叙事疗法** 一种治疗方法，帮助当事人讲述他们的故事，然后以更具适应性的方式改写他们的故事。

Narratives **叙述** 故事或经历的事件或体验。

Nonmaleficence **不伤害** 一种伦理准则，指助人者确保他们的干预和行动不会无意中伤害当事人。

O

Observing **观察** 留意当事人的非言语行为和习惯，尝试识别当事人的行为线索，以及当事人给人的印象。

Oedipal conflict **恋母情结** 精神分析的构念，指男孩被母亲吸引。当男孩认同他们的父亲时，问题就会解决。

One-person psychology **一个人的心理学** 将重点放在当事人身上的治疗。

Open-ended (long-term) therapy **开放式（长程）治疗** 一种治疗结构，结束不是最初计划的，而是自然发生的。

Open questions about the relationship/process statements **针对关系/过程陈述的开放式提问** 助人者邀请当事人分享对治疗关系的感受。这些询问是对当事人对于治疗关系的反应的追问，并指出当下正在发生的事情。

Open questions and probes for action 针对行动的开放式提问和追问　旨在帮助当事人探索做出改变的问题。

Open questions and probes for feelings 针对情感的开放式提问和追问　要求当事人澄清或探索情感，但不要求特定信息或故意限制当事人的反应性质。

Open questions and probes for insight 针对领悟的开放式提问和追问　邀请当事人思考其想法、感受或行为深层含义的问题。

Open questions and probes for thoughts 针对想法的开放式提问和追问　要求当事人澄清或探索一般的想法，但不要求特定信息或故意限制当事人的反应性质。

Operant conditioning 操作性条件反射　行为是被结果控制的。

Oral stage 口欲期　精神分析理论中婴儿发展的第一个阶段，婴儿从口腔活动（吃、咬）中获得满足。

Outcome 效果　在助人过程中发生的改变。

P

Positive reinforcers 正强化物　见强化。

Preconscious 前意识　如果关注就能获得的想法和感受。

Precontemplation 前沉思阶段　不考虑改变；没有准备好改变。

Primary reinforcers 初级强化物　见强化。

Process 过程　在助人会谈中发生的事。

Process advisement 过程建议　指导当事人在助人会谈中做一些事；一种建议或直接指导，仅限于指导会谈中发生的事。

Process notes 过程记录　会谈中发生的事情的书面总结。

Projection 投射　觉得别人有自己无意识中不喜欢的特点。

Proxemics 空间关系学　如何在互动中使用空间。

Psychodynamic/psychoanalytic theory 心理动力/精神分析理论　对人格发展和治疗的一种复杂而丰富的描述，主要基于对人的内在和通常是无意识的动力（如感觉、想法、冲动、驱力等潜在过程）的检查。

Punishment 惩罚　发生在一种行为之后，会降低该行为再次发生的可能性。

R

Racial identity 种族认同　指个体对他们的民族或种族文化的认同。

Rationality-spirituality 理性-灵性　一种文化基于理性的科学观点和神秘的灵性观点的程度。

Rationalization 合理化　为引起焦虑的想法或行为寻找借口。

Reaction formation 反向形成　以一种与自己的感受相反的方式行事。

Real relationship 真实关系　助人者与当事人之间真诚的、没有扭曲的关系。

Referral 转介　推荐另一位服务提供者。助人者提供另一位助人者的名字，但由当事人自己跟进。

Reflections of feelings 情感反映　重述或改述当事人说的话，包含明确强调当事人的感受。

Regression 退行　人在焦虑时，有时表现出早期发展阶段的行为。

Regulators 调节　监控对话连贯性的非言语行为（例如，点头、姿势变换）。

Rehabilitation 康复　减少妨碍家庭关系、工作等方面功能的麻烦的、不适应的行为。

Reinforcement 强化　在行为之后发生并增加该行为再次发生的可能性的任何事情。增加行为再次发生的可能性的事件、行为、特权或物质对象被称为正强化物。初级强化物（如食物、水、性）是生理需求，次级强化物（如表扬、金钱）是通过与初级强化物的关联来获得强化特性的。

Relaxation 放松　一种不焦虑、自在、平静、无压力、低紧张、低唤起的身体状态。

Reluctance 不情愿　被动地不愿意改变，可能是因为缺乏信任、害怕崩溃、羞耻、害怕改变或缺乏改变的动力。

Remoralization 恢复活力　幸福感的增强。

Repression 压抑　不允许痛苦的经验进入个人意识当中。

Resistance 阻抗　主动不想改变，因为感到被强迫并想要反击。

Restatements 重述　对当事人所说内容或意思的重复或释义；通常使用更少但相似的词，但比当事人的表达更加具体、清晰。

S

Schemas 图式　相关想法、感受、行动和意象的集合。

Secondary reinforcers 次级强化物　见强化。

Self-awareness 自我觉察　一种稳定的特征（即自我认识或自我领悟）或高度自我关注的状态（即对此时此地的敏感性）。

Self-care 自我关照　对自己的照顾。

Self-compassion 自我关怀　对自己有同情心或爱自己真实的样子。

Self-reflection 自我反思　思考自己和自己的动机。

Session management 会谈管理　在助人会谈中管理时间、目标和任务。

Sexual attraction 性吸引　感觉身体上或情感上被另一个人吸引。

Shaping 塑造　通过强化越来越接近期望的行为逐步训练复杂的反应。

Silence 沉默　停顿，当事人和助人者都不说话。

Skills 技术　助人者用于干预当事人的言语干预措施。

Social support 社会支持　一个由家庭和朋友组成的网络，一个人可以从中获得情感或实际的帮助。

Sublimation 升华　将不被接受的冲动转变为社会适应的行为。

Suicidal ideation 自杀意念　考虑自杀。

Summaries 概述　将几个想法联系在一起，或挑出当事人表达的重点和一般主题。概述不会超出当事人所说的内容或深入探讨感受和行为的原因，而是巩固当事人已经说过的内容。

Superego 超我　社会道德和价值观的内化；通过恋母/恋父情结的解决来发展。

Supervision 督导　更有经验的助人者与经验不足的助人者一起协商或工作，以帮助后者成为更好的助人者。

T

Termination 结束　结束助人关系。

Theoretical orientation 理论取向　关于人如何发展以及如何帮助人改变的信念。

Therapeutic relationship 治疗关系　咨询双方对彼此的感受和态度以及表达这些感受和态度的方式。

Time-limited therapy 限时治疗　助人受会谈次数限制。

Tone of voice 音调　通过声音的变化传达不同的情绪。

Topdog 强势方　支配的、控制的批评声音（"应该"）。

Transfers 交接　推荐其他服务提供者，并为当事人转由其他人进行治疗的过程提供便利。

Transference 移情　当事人由于过去的经历扭曲了助人者。当事人将与自己有未完成事件的其他人的特征安到了治疗师身上。

Two-person psychology 两个人的心理学　治疗师在治疗关系中起关键作用的治疗，治疗师和当事人都受治疗关系影响。

U

Unconditional positive regard 无条件积极关注　因当事人自身而关心、理解和欣赏他们，无论他们表现如何。

Unconscious 无意识　无法立即觉察的心理活动。

Underdog 弱势方　经常抱怨，表现得无助，被动发出声音。

Undoing 撤销　仪式性的行为，以消除或弥补不可接受的行为。

V

Values clarification 价值观澄清　帮助人们觉察和澄清他们的生活是为了什么，以及什么是值得为之努力的。

Veracity 诚实　讲真话的伦理准则。

Virtuous manner 善行　以德行事的伦理准则。美德与其说跟法律和规则有关，不如说跟努力成为一个具有积极道德品质的人更有关。

W

Working (or therapeutic) alliance 工作（治疗）同盟　治疗关系中专注于治疗工作的部分。同盟由情感联结（即助人者和当事人之间的联系）、目标一致（助人者和当事人对于当事人需要做出的改变的共识）和任务一致（助人者和当事人对于在助人过程中如何实现目标的共识）组成。

附录 A

会谈回顾表

指导语：在每个助人者谈话轮（包括当事人两次陈述之间的所有内容）之后关上录音。在一些简单的应答处不要停（如"嗯""是的"、沉默、点头）。写下关键词。助人者必须表明他们做出该反应的三个意图，当事人写下自己的三个反应并圈出所有隐藏的反应。二者都必须使用如下的帮助性量表评定每项干预的有用程度（要使用量表的整个范围）。根据你在会谈中的感受来作答。请独立完成。

助人者编号：_____　　当事人编号：_____　　日期：_____

| 帮助性量表 | 有阻　1　2 | 　3　4 | 不确定　5　6 | 　7　8 | 有帮助　9 |

谈话轮	关键词	意图/反应 1	2	3	帮助性评定
1					
2					
3					
4					
5					
6					
7					
8					
9					
10					
11					
12					
13					
14					
15					
16					
17					
18					
19					

续表

谈话轮	关键词	意图/反应			帮助性评定
		1	2	3	
20					
21					
22					
23					
24					
25					

会谈中最有帮助的事件是什么？它为什么有帮助？

会谈中最没有帮助的事件是什么？它为什么没有帮助？

附录 B
督导师或同伴的探索技术评价表

日期：_____ 助人者姓名：_____ 观察者姓名：_____

指导语：请督导师或同伴在观察助人者的一次助人会谈后，完成下列评价表。请注意，在该次会谈中，并非列出的所有技术都会被用到。

	是否用到该技术？		如果用到了，它是……					举例
			不恰当的			恰当的		
专注	是	否	1	2	3	4	5	
倾听	是	否	1	2	3	4	5	
重述	是	否	1	2	3	4	5	
开放式提问	是	否	1	2	3	4	5	
情感反映	是	否	1	2	3	4	5	
认可	是	否	1	2	3	4	5	
封闭式提问	是	否	1	2	3	4	5	
沉默	是	否	1	2	3	4	5	
挑战	是	否	1	2	3	4	5	
解释	是	否	1	2	3	4	5	
自我表露	是	否	1	2	3	4	5	
即时化	是	否	1	2	3	4	5	
提供信息	是	否	1	2	3	4	5	
直接指导	是	否	1	2	3	4	5	

助人者擅长的技术（至少列出两点）：
1.

2.

需要改进的地方（至少列出两点）：
1.

2.

评论：

附录 C

会谈记录样表

指导语：转录除简单应答（如"好""你知道""呃""嗯"）外的所有内容。用斜线（/）将助人者的讲话分成反应单元（如合乎语法的句子——每个句子必须包含一个主语和谓语，见附录 F）。在观看会谈的录像时，使用《助人者意图清单》（附录 D）记录你的意图，使用《助人技术系统表》（附录 E）记录助人技术；你和当事人运用 9 点量表对帮助性进行评定（1＝有阻碍；5＝不确定；9＝非常有帮助）；当事人根据《当事人反应系统表》（附录 G）记录自己的反应。

助人者：谢谢你能过来。/我们的会谈可能只能持续 20 分钟左右。/你可以谈论任何你想谈的事情。/会谈中的一切都是保密的，除非你提到与儿童虐待、自伤或伤害他人有关的事情。/今天，我是在督导下进行会谈。/这样行吗？/我的督导师在单向玻璃后观察我。/当然，我也会对会谈进行录音，因为我在稍后要听。/你今天想谈些什么呢？/

助人者意图	助人者助人技术	助人者帮助性评定	当事人帮助性评定	当事人反应	有更好的干预方式吗？
1、3	12、10a、10a、10a、10a、2、10a、10a、2	5	6	21	"我叫贝莎。/你所说的一切我都会替你保密，除非你提到虐待，或有伤害自己或他人的意图。/然后，我会对会谈进行录音，而且我的督导师在单向玻璃后观察我。/你今天想谈些什么呢？"/（8、10a、10a、3）

当事人：我和我的室友之间出了点问题。我们相处不下去了。她实在是太邋遢了，从来都不打扫房间里属于她的那一部分。她的脏盘子永远丢在那里。这太恶心了。

助人者：所以，她非常邋遢，而且从来不清理。

助人者意图	助人者助人技术	助人者帮助性评定	当事人帮助性评定	当事人反应	有更好的干预方式吗？
6、8	4	7	7	7	"听起来，你对她很生气。"/（5）

当事人：我对她非常生气。我不知道怎么会遇上个这么邋遢的人。我在自己的喜好上注明了我是非常爱整洁的。我们完全是不同的人。当她变得很脏时，我就想去打扫房间，我不知道该怎样处理这种情况。

助人者：多说说你的感受。/谈谈她最近一次变得很脏的情况。/对于这些，你希望能做些什么呢？/

助人者意图	助人者助人技术	助人者帮助性评定	当事人帮助性评定	当事人反应	有更好的干预方式吗？
2、5	3b、3a、3d	5	4	19	"谈谈在你们俩最近的一次冲突中发生了什么。"/（3a）

当事人：我很想搬出去。我希望有一个能好好相处的室友。
助人者：对于搬出去，你感觉怎样？/你们被允许交换室友吗？

助人者意图	助人者助人技术	助人者帮助性评定	当事人帮助性评定	当事人反应	有更好的干预方式吗？
12、2	3b、2	5	4	19	"你真的厌倦了这种状况，并很想走出来。"/（5）

意图：1＝设限；2＝获得信息；3＝提供信息；4＝支持；5＝聚焦；6＝澄清；7＝灌输希望；8＝鼓励宣泄；9＝辨别适应不良的认知；10＝辨别适应不良的行为；11＝鼓励自我控制；12＝辨别并强化感受；13＝促进领悟；14＝促进改变；15＝强化改变；16＝处理阻抗；17＝挑战；18＝处理治疗关系；19＝缓解助人者的需求。（见附录 D）

助人技术：1＝认可；2＝封闭式提问；3a＝针对想法的开放式提问；3b＝针对情感的开放式提问；3c＝针对领悟的开放式提问；3d＝针对行动的开放式提问；4＝重述；5＝情感反映；6＝挑战；7＝解释；8a＝情感表露；8b＝领悟性表露；8c＝策略表露；9＝即时化；10a＝提供关于助人过程的信息；10b＝事实、数据、观点；10c＝对当事人的反馈；11a＝过程建议；11b＝指导；12＝其他。（见附录 E）

帮助性评定：1＝有阻碍；5＝不确定；9＝有帮助。

反应：1＝被理解；2＝被支持；3＝有希望；4＝缓解；5＝消极想法或行为；6＝更好的自我理解；7＝明了；8＝触动；9＝负责；10＝通畅；11＝新的视角；12＝受教育；13＝新的行为方式；14＝被挑战；15＝害怕；16＝恶化；17＝卡壳；18＝缺少方向；19＝迷茫；20＝被误解；21＝没有反应。（见附录 G）。

附录 D

助人者意图清单[①]

意图   **定义**

1. 设限   构建并做出安排，确立目的以及助人活动的目标；概述达到目标的方法，纠正对助人活动的期待，或针对关系建立一些界线或规则（如时间、收费、取消咨询的注意事项、家庭作业）。

2. 获得信息   找出发生过的特殊事件、当事人的机能、将来的计划，等等。

3. 提供信息   教育、提供事实、纠正错误观念或错误信息、给出助人者行为的理由或说明这样安排助人程序的原因。

4. 支持   提供一种温暖的、支持性的、共情同感的氛围；增进信任和融洽，并建立关系；使当事人感到被接纳、被理解、舒适、安心、焦虑减轻；帮助建立一种人与人之间的关系。

5. 聚焦   为了帮助当事人重返正轨、改变谈话的主题，在他不能开始或感到困惑、杂乱的时候进行梳理或组织。

6. 澄清   在当事人或咨询师感到茫然、不完善、困惑、矛盾或听不进去时，提供或采用更多的详细阐述、强调或详细说明。

7. 灌输希望   传达这样一种期望：改变是有可能，而且是容易产生的。传达助人者能够帮助当事人重振士气，并帮助他们建立起改变的自信。

8. 鼓励宣泄   促使当事人从压力或不开心的感受中解脱出来；给当事人提供一个机会，让他们解决或谈论感受和问题。

9. 辨别适应不良的认知   辨别适应不良的、不合逻辑的或非理性的想法或态度（如"我必须是完美的"）。

10. 辨别适应不良的行为   对当事人不恰当的行为以及由此产生的后果进行辨别，并给予反馈；进行行为分析，并指出游戏规则。

11. 鼓励自我控制   鼓励当事人对自己的想法、感受、行为或冲动产生一种掌控或控制感；帮助当事人在完成他的角色所赋予的责任时，变得适当地内控，而非不适当地外控。

12. 辨别并强化感受   辨别、强化感受，并促进对感受的接纳；鼓励或促使当事人意识到深埋或隐藏的感受或情绪，或是体验更深层次的感受。

13. 促进领悟   鼓励理解认知、行为、态度或感受（可能包括当事人对他人行为的反应的理解）的根本原因、动态、假设或无意识动机。

14. 促进改变   在应对自己或他人时，建立或发展新的或更适应的技术、行为或认知；灌输新的且

[①] "List of Therapist Intentions Illustrated in a Case Study and with Therapists of Varying Theoretical Orientations," by C. E. Hill and K. E. O Grady, 1985, *Journal of Counseling Psychology*, 32, p. 8. Copyright © 1985 by the American Psychological Association. Adapted with permission. 此处和原著中一样，使用的是"助人者"和"助人活动"这种表达方式，而不是"治疗师"和"治疗"。

更为适应的假设模型、框架、解释或概念化；为当事人的运作提供一种假设或看法，帮助他们以一种新的方式来看待自己。

15. **强化改变**　对于改变中的行为、认知或情感尝试给予正强化，以增强改变继续或维持的可能性；鼓励冒险和新的行为方式。

16. **处理阻抗**　克服改变或进步的障碍（可能讨论在过去未能成功坚持助人活动，或是阻止在未来出现这种失败的可能性）。

17. **挑战**　让当事人对当前的状态动摇；重组当前的信念或感受；检验有效、适当、现实或合理的信念、想法、感受或行为；帮助当事人质疑维持旧的方式的必要性。

18. **处理治疗关系**　当关系出现问题时予以解决，以建立或维持一种稳定的工作同盟；修补同盟中的裂缝；合理解决依赖问题以助人；揭示或解决当事人基于过去的经验（而不是当前的现实）而产生的对关系的扭曲的看法。

19. **缓解助人者的需求**　保护、宽慰或保卫助人者；减轻焦虑（可能不适当地尝试使用说服、争论，或以当事人为代价而感觉好或过于好）。

附录 E

助人技术系统表[①]

指导语：助人技术系统（Helping Skills System，HSS）包括口头的助人技术，即在会谈中助人者为了帮助当事人所说的话。在助人者所说的（关于如何将讲话分割成合乎语法的句子，请参见附录 F）每个合乎语法的句子（包括至少一个主语和一个谓语的单元）中，都会出现一种（并且只有一种）技术。注意，这种评价只是描述助人技术是否出现，并不是助人技术的强度或质量的象征。在本附录中，我列举出了每一种技术及其定义，并举例说明。附录 F 提供了在研究中使用 HSS 的准则。

1. 认可：提供情感支持、安慰、鼓励和强化。它可能表明助人者共情同感或理解当事人，也可能表明当事人的感受是正常的或被期望的。它可能意味着通过最大限度地减少当事人的问题来表示同情或试图减轻焦虑，也可能暗示支持当事人的行为。

助人者：我很关心你。
助人者：那确实很难。
助人者：我理解你正经受的一切。
助人者：我不敢相信他居然这样说。
助人者：我认为你做得对。
助人者：你能开口跟他说话，这非常好。
助人者：你是对的。

2. 封闭式提问：需要有限的/特定的信息或数据，常常只需要用一个或两个字来作答——"是"或"不是"，或是一种证实。可以运用封闭式提问来获取信息，要求当事人复述，或询问助人者的干预是否准确。

当事人：我离开了，去过我的周末。
助人者：你喜欢吗？
当事人：我的丈夫认为我太胖了。
助人者：你呢，也认为自己太胖吗？
助人者：你说什么？
助人者：对吗？
助人者：这个适合你吗？

3. 开放式提问：要求当事人澄清或探索想法或情感。助人者并不询问具体的信息，并且不会故意将当事人的回答限定为"是"或"不是"或是一两个字的回应，虽然当事人也可能会做出这种反应。注意，开放式提问能起到指引方向的作用，因为它的意图就是促进澄清或探索。开放式提问可以分为四种类型。

[①] 《助人技术系统表》是对《希尔咨询师口头回应策略系统表》（Hill Counselor Verbal Response Category System，HCVRCS）进行大幅修订后的版本，在本书的第 1 版中刊印（C. E. Hill & K. M. O'Brien, 1999, *Helping skills: Facilitating exploration, insight, and action*. Washington, D. C.：American Psychological Association）。

a. 针对想法的开放式提问（要求当事人澄清或探索想法，包括要求他举例）

助人者：你今天想谈些什么呢？
当事人：现在一切都很糟糕。
助人者：你现在正在经历的烦恼有哪些？
当事人：我头疼几天了。
助人者：告诉我你对那些事的想法。
当事人：我总是一起床就感觉很紧张，感觉生活很糟糕。
助人者：跟我说说它最后一次发生是什么情况。

b. 针对情感的开放式提问（要求当事人澄清或探索情感）

当事人：我似乎无法完成我的家庭作业了。
助人者：我想知道你对此有什么感受。
当事人：我的妈妈几乎会因为任何事朝我大吼大叫。
助人者：跟我多谈谈你的感受。
当事人：我对我的老板非常生气。
助人者：跟我谈谈最后一次发生时的情况。
当事人：当我的老板批评我时，我不知道该做何反应。
助人者：举个具体的例子试试，他说了些什么，你又是如何回应的。
当事人：我的姐姐获得了全家人的关注。
助人者：这让你有什么感觉？
当事人：我该谈些什么？
助人者：你现在有什么感受？

c. 针对领悟的开放式提问（促使当事人对自己的想法、情感或行为进行更深层次的思考）

当事人：我似乎没有办法与我的男朋友谈论我们之间的种族差异。
助人者：你想想看，是什么使得你和他交流这么困难。
当事人：我们已经结婚40年了，可是我们似乎彼此都没什么关系了。
助人者：对于你们之间缺乏联结，你是怎样理解的？
当事人：我的老板实在让我太生气了，而且现在我也没有时间来处理和他之间的问题，因为我的妈妈生命垂危，我必须花大量时间照顾她。
助人者：你对老板的气愤以及你母亲生命垂危，这两件事情你是怎么联系起来的？

d. 针对行动的开放式提问（目标是帮助当事人探索行动）

当事人：我们已经结婚40年了，可是我们似乎彼此都没什么关系了。
助人者：你在过去尝试过用哪些方式来改变这种模式？
当事人：我的老板实在让我太生气了，而且现在我也没有时间来处理和他之间的问题，因为我的妈妈生命垂危，我必须花大量时间照顾她。
助人者：你希望做些什么来改善你与老板之间的这种情况呢？
当事人：我们的房子刚刚已经失去了赎回的资格，我又失业了，而且还需要养四个小孩。
助人者：在你能发现的资源中，有哪些可能帮到你？

4. 重述：对当事人所说的内容或意义进行简单的重复或是换一种说法，这种新的说法往往与当事人的文字相同，但是表达得更简短、更清晰。重述的措辞要么是试探性的，要么是直接表达。重述也可能是对刚刚所得的，或是在之前的治疗进程中所获得的材料进行释义。

当事人：我爸爸认为我应该自己挣钱。
助人者：你是说你爸爸不想再给你提供经济支持了。
当事人：当我遇到麻烦时，没有人会与我谈谈。

助人者：好像每个人都忽视你。
当事人：我终于让自己的生活变得井然有序了。大多数时候，我都感觉非常好。我的工作也变得简单了。
助人者：你现在一切都很顺利。
当事人：（谈了很多他对父母老去的反应。）
助人者：你的父母似乎不能照顾好自己，因为他们都老了。你在想自己是否应该介入，并为他们做一些决定。
助人者：上次会谈，你谈了有关你愤怒的问题，你很想知道它是怎么来的。

5. 情感反映：对于当事人的陈述进行重复或重新表述，包括对当事人的感受进行清晰的辨别。这些感受可能是由当事人直接陈述的（用相同或相似的词语表达），也可能是助人者从当事人的非言语行为、当时的背景或是当事人信息的内容中推断出来的。这种反映可能是试探性的，也可能是陈述性的。

当事人：我做得比以前要好。
助人者：你在说这些的时候显得很开心。
当事人：我最好的朋友与我的男朋友约会了。
助人者：她的做法让你很受伤？
当事人：我不知道自己是否能够处理这个问题。它现在对我来说实在太多了。
助人者：你对自己感到不确信，而且感到自己似乎快被这个问题压倒了。

6. 挑战：指出当事人未觉察到且不能处理或不愿意改变的不一致、矛盾、防御或非理性信念。挑战能够以一种试探性或是对抗性的语气表达出来。

当事人：我知道雅内乐真的很喜欢我。
助人者：从你所说的来看，她对你很有敌意，可能还很嫉妒你。在我听来，她并不像你所说的那么喜欢你。
当事人：我觉得自己一点价值都没有。没有一件事是对的。我最好辍学算了。
助人者：你考得很差，所以你想辍学？
当事人：我没有问题。现在，我生活中的一切都非常顺利。
助人者：你说一切都很顺利，但你总是生病。我想，对你来说，正视自己的情况是不是很困难？
当事人：如果我不能读研究生，我是不能忍受的。这意味着一切都要结束了。
助人者：我很怀疑你说不能忍受。我想知道你会有什么真实的反应。

7. 解释：比当事人表达的或意识到的更深入一些，为行为、想法或情感赋予一些新的含义、原因或解释，使得当事人能从一个新的角度来看问题。将看起来孤立的表述或事件联系起来，指出当事人的行为或感受的主题或类型，详细解释防御、阻抗或移情，为行为、想法、感受或问题提供一个新的框架。

当事人：我在学校表现很差。我几乎不学习。另一个问题是，我丈夫总是和我吵架。
助人者：可能因为你被与丈夫的问题困扰，所以你在学校没办法集中注意力。
当事人：我似乎无法亲近任何人。
助人者：因为你的父亲去世了，你很难相信任何人。可能你害怕当你与某人亲近时，他就会去世。
当事人：在刚过去的这个星期，我对任何人都刻薄、凶狠得让人难以置信。
助人者：我想你是否在用自己的愤怒保护自己，这样就不会与任何人太亲近。
当事人：他从来不做家务，只会与朋友到外面喝酒。我被照顾孩子和这些家务事给困住了。
助人者：他看起使你没有办法思考对于你的生活和工作你打算怎么办。

8. 表露：揭露与助人者非当下的体验或感受有关的一些个人信息。这些表达往往以"我"开头。但是，并不是所有以"我"开头的助人者的表述都是自我表露（例如，"我不是很理解"或"我不知道"就不是自我表露）。自我表露可分为三种类型。

a. 情感表露（助人者对自己处于与当事人相似的情境时会产生的情感的表述）

当事人：我不太明白我的感受是什么。

助人者：如果我与你处于相同的情境，有人失约，我就会感到生气。

当事人：我明天就要去见他的妈妈了。以前我从来没有见过哪一个男友的妈妈。

助人者：如果我是你，要去见他妈妈我也会觉得紧张。

b. 领悟性表露（助人者对自己获得领悟时的体验的表述）

当事人：我很困扰为什么对我来说在公众场合讲话那么困难。

助人者：我自己思考过，并发现当我心情很差而且对自己很不确信时我在众人面前讲话感到最焦虑，因为这种状态让我担心别人会怎样看我。

当事人：我明天就要去见他的妈妈了。以前我从来没有见过哪一个男友的妈妈，我觉得我焦虑得手足无措了。

助人者：当我处在和你相同的情况时，我意识到我把对自己妈妈的消极感受投射到了他的妈妈身上。

c. 策略表露（对在过去对助人者有用的策略的表述）

当事人：我不知道该怎样在院系获得一份工作。

助人者：当我在你这个年纪时，我用过一项策略，就是去找教授谈论他感兴趣的话题，然后如果我喜欢这位教授，我就会问他需不需要助教。

当事人：我没办法搞清楚怎样合理饮食。

助人者：我用过一个方法，就是去找一名营养学家并谈论饮食问题。

9. 即时化：助人者表露自己的即时感受，或是关于与当事人相关的自己，或是关于当事人，或是关于治疗关系。

当事人：在我们的助人活动中，一切都很顺利。

助人者：我很有兴趣知道为什么你现在说这些，因为我感到很焦虑，而且在我们的关系中我觉得压力很大。

当事人：你喜欢我吗？

助人者：我感觉和你关系很密切。

当事人：（打断助人者）不，并不是那样。你是错的。我感觉很好。

助人者：你总是打断我，这让我很恼火。

10. 提供信息：以数据、事实、观点、资源或回答问题的方式提供信息（包括三种信息类型）。

a. 关于助人过程的信息

当事人：我每周都要过来见你吗？

助人者：我们将每两周见一次。

当事人：我可以开始了吗？

助人者：嗯。

b. 事实、数据、观点

当事人：测试的结果是什么？

助人者：结果显示你能感受到受聘林业工作的乐趣。

当事人：我想我希望选择生物学专业。

助人者：生物学需要修一些额外的实验课。

当事人：我很伤心，但是我什么都没有跟她说。

助人者：在我看来，人们越是压制自己的愤怒，就越容易在某个时候爆发。

助人者：当学生拥有了充足的睡眠之后，他们往往会考得更好。

c. 对当事人的反馈

当事人：我抑郁吗？

助人者：相比抑郁，你看起来更焦虑。

助人者：在那个情境中，你发表了自己的看法，你做得非常好。你的语调很坚定而且恰当。但是，你的眼神交流还不够。

11. 直接指导：提供建议、指导、说明，或是建议当事人该为改变做些什么。它比指导当事人在助人进程中探索想法和感受更进一步（有两种直接指导类型）。

a. 过程建议

扮演在你幻想中的消防员的角色。

现在就试试，放松你的肌肉。

现在评价一下你的放松水平。

b. 指导

我希望你能在周末试着与你爸爸谈一下，告诉他当他不给你打电话时你的感受。

在你忘掉这些材料之前，明天参加这项测试。

作为家庭作业，我希望你能完成这个关于你自动化思维的记录。

你应该为自己的生活负责。

12. 其他：包括助人者所说的与当事人问题无关的陈述，例如闲谈、寒暄，或是对天气或事件的评论。

打搅一下。

再见，下周见。

这个游戏很棒，是吗？

你穿的这件外套很好看。

附录 F
使用《助人技术系统表》进行研究

本部分的材料将会对希望使用《助人技术系统表》进行研究的研究者有所帮助。这些材料改编自《希尔咨询师口头回应策略系统表》(Hill, 1986, 1992; Hill et al., 1981)。在本部分,我将会探讨收集数据、划分转录稿、选择和培训评价者,以及如何确定评价者的一致性水平。此外,我会提供一份供练习的转录稿。在这部分,我不会讨论《助人者意图清单》《当事人反应系统表》《当事人行为系统表》的使用,也不会讨论编码专注或非言语技术。如果想了解关于编码和过程研究的细节,请参见 Hill (1986, 1992) 以及 Hill & Lambert (2003)。我已经做过相关的评价助人技术以及干预质量的实验,若有研究者对我在这个领域的工作感兴趣,可以与我联系。

方法

收集数据

我发现,在对助人技术进行评价时,转录稿是必需的。尽管在听录音时也能对助人技术进行编码,但是很难保证评价者是在对会谈中的同一个片段进行评价;评价者总是会听到不同的事情,这会使得一致性降低。因此,首先必须准备好转录的逐字稿(通常要求由一个人进行转录,然后另一个人听录音校对)。

划分转录稿

转录稿准备好后,必须对其进行划分,因为人们在讲话时往往不会使用最简洁的句子。因此,为了对谈话进行编码,就必须人为地将所说的话分割成某些单元。本系统要求将所说的话划分为反应单元,即基本上合乎语法的句子。我使用的划分规则改编自 Auld & White (1956)。转录稿中的每个单元都由斜线(/)标出。首先由两名评价者单独对转录稿进行评价(不能交流),然后计算这二者的一致性。一致性必须达到 90% 以上,因为若评价者能按照以下的规则进行,则编码是比较容易的。评价者必须就所有的差异之处进行讨论,并就最终的评价达成一致。规则如下。①

一个合乎文法的句子最少由一个主语和一个谓语组成。更具体地说,一个单元由一个独立或主要的从句组成,它可以单独出现,也可以与一个或多个从属或次要从句一起出现。从句是包含一个主语和一个谓语的表达方式,可包含也可不包含补语或修饰语。评价者必须注意,不要试图解释句子的意思,而是应该关注从句和连词。

我将**独立或主从句**定义为可表达一个完整想法并能独立成句的一种从句。当两个独立从句由**并列连词**(和、或、也不、但是),或是由**连接副词**(相应地、也、此外、必然地、因此、但是、而且、尽管如此、否则、然后、所以、从而、仍、还)连接,则认为它们是分开的单元。

我将**非独立或次级从句**定义为不能表达一个完整想法或独立成句的一种从句。有如下几种类型的非

---
① 这些规则更多涉及的是英文语法,与中文有所不同,因而有些并不适用。为忠于原著,将其翻译出来。——译者注

独立从句：(a) 形容词从句——作为形容词使用，修饰一个名词或一个代词（例如，**他提交的**报告是有据可查的）；(b) 关系代词从句——以关系代词（谁、什么、谁的、哪个、那个）开头，在从句中作为动词的主语或宾语使用［例如，他得到了**他想要的**（what he wanted）］；(c) 名词从句——在句子内部作为一个名词使用（例如，晚上**锻炼**帮助她睡得更好）；(d) 状语从句——在句子中作为一个副词使用（例如，**当我听到这条新闻时**，我非常惊讶）。

独立和非独立从句由连词连接起来。包括以下几种连词：(a) 附属连接词（在……之后、尽管、像……一样、照原来的样子、只要、好像、因为、在……之前、如果、以便、接下来、除非、当……的时候、不论何时、在哪里、无论在哪里、虽然、然而）常常引导一个状语从句，将它与句子的其他部分连接起来。附属连接词往往会赋予接下来的从句以意义，并列连词则不会。因此，附属连接词可以将非独立从句（常常是状语从句）或部分连接起来。(b) 并列连词（和、或、但是、也不）能将独立从句或部分连接起来。(c) 相关连接词（不是……就是……、既不……也不……、……和……、不但……而且……、是……还是……）会引导非独立从句或部分，并常常成对使用。

可以从以下几个方面区分独立从句和非独立从句：(a) 当两个独立从句被连接起来时，第二个从句由一个并列连词或连接副词引导；(b) 非独立从句由附属连接词或代词（如谁、哪个、那个）引导。

一些没有明确的主语和谓语的词语的组合也能组成完整的句子（或是单元）。这些被称为省略句。例如："说话"（一个命令），"好"（感叹句），"什么?"（提问），或是对一个问题的回应。助人者："他们给了你什么样的房间？"当事人："和以前一样。"

错误的开头不作为单独的部分。例如，"周三晚上，呃，我或多或少……我没有给他很大的压力"（作为一个单元），"周三晚上，呃，我或多或少……"（不作为一个单独的单元）。

由于被另一名说话者打断或陷入沉默而缺乏作为一个完整句子的一些基本特征的话语，只要意思是明确的，就可以作为单独的单元。例如："他可以要求她写下……"（尽管最后的一两个字没说出来，但句子的意思是清楚的）。但是，如果说话者并没有表达清楚自己的意思，我们会认为这些表达是错误的开头，而不是一个单元（例如，"这个小女孩……"不能作为一个单元）。

最小的口头语（如"嗯……""呃……"）和沉默不作为单独的单元，除非它们是作为对某个直接问题的回应。

像"你知道"和"我想"之类的短语往往不作为单独的单元。例如："一些……你知道……非常严重的事情可能……你知道……将会发生。"（这整句话是一个单元）。同样，结结巴巴、"啊""哦"等表达也不是单独的单元。但是，在句子结尾出现的"对吗？"或"那对吗？"之类的短语要作为单独的单元，因为它是在寻求确认，并且通常是单独出现的。

如果一个非独立从句被另一个非独立从句打断，则二者分别作为单独的单元。例如："我打算……呃，其实是她要求我……去听演唱会。"在这种情况下，从句"呃，其实是她要求我"是一个单独的单元，它打断了另一个单元"我打算去听演唱会"。因此，这种情况是有两个单元。

选择和培训评价者

最好有4~5位（最少3位）评价者对有关助人技术的转录稿进行编码。之所以需要这么多评价者，是因为要进行评价很困难；更多人的观点会让最终的评价结果更好。我一般会选择成绩好、有学习助人技术的动机，而且关注细节的高年级本科生或是研究生，因为他们具备这种能力，而且会对任务感兴趣。

在进行培训之前，评价者需要通读本书，以获得对各种技术的总的看法；重读《助人技术系统表》（附录E），学习各种技术的定义，然后对转录练习稿进行编码，并讨论编码中出现的不同意见。每个反应单元必须且只能编码为一种助人技术。在他们完成转录的练习稿后，评价者必须独立浏览几个真正的转录稿，并将助人者的每个反应单元编为12种助人技术中的一种（可以使用第18章的转录稿）。在完成独立编码之后，评价者聚在一起讨论他们的编码，并处理差异之处。要一直对评价者进行培训，直至他们达到高一致性（在1小时的转录稿中，3个评价者中的2个，4个评价者中的3个，或是5个评价者中的4个对所有反应单元的编码一致性达到80%以上）。培训（不包括阅读本书）一般需要花费约20小时。现在，评价者已经准备好对真实的转录稿进行编码了。评价者必须独立完成所有的编码，最好分开进行，这样他们就不会互相影响。在评价的过程中，评价者必须经常会面，讨论并处理差异之处。经常会面能够增强凝聚力，并且防止评价失去方向。在独立评价的过程中，大多数评价者同意的评价（3个中的2个，4个中的3个，或5个中的4个）被称作一致同意的评价（consensus judgment）——没有达成共识的评价需要讨论和处理。在讨论中，确保不会有人处于支配地位和说服他人。每位参与者都必须有机会公开论述，让其他人听到他的观点。

确定评价者的一致性水平

对助人技术进行评价所得的数据是分类数据（是或否），因此计算一致性最好的方法是 kappa 统计量（kappa statistic），因为它能反映对偶然的一致性（chance agreement）进行校正后一致性的百分比（Cohen, 1960; Tinsley & Weiss, 1975）。每对评价者之间都要计算 kappa 值，所以如果你有 3 名评价者，就会得到 3 个 kappa 值（报告平均 kappa 值）。你应该对所有的数据或是该研究数据中的一个有代表性的大样本计算 kappa 值。你可以计算 12 个主要类别（如 1、2、3、4、5 等）的 kappa 值，或是包括某些类别中所有的子类别（如 3a、3b、3c、3d、8a、8b、8c、10a、10b、10c、11a、11b，最终会产生 20 类）。但是，请注意，当使用 15 类时，更难取得合适的 kappa 值。你必须使 kappa 值高于 0.60，所以在你使用 12 类时 kappa 值高于 0.60，而使用 15 类时未达到的情况下，报告你使用 12 类时的数据。另外，当类别出现得不频繁时，更难取得高 kappa 值。你也能通过将某个类别与其他所有类别的总体进行比较，得出其 kappa 值。

为了将数据进行编排以计算 kappa 值，你首先需要建立一个由两位评价者使用的、概括共同出现类别的表格。表格中行和列的数量代表了你使用的类别的数量。接下来，浏览所有的编码并在相关的方格中用斜线（/）进行标记（例如，如果评价者 1 将第一个反应编码为类别 1，而评价者 2 将其编码为类别 3，则你要在第 1 列和第 3 行交界的这个方格中画上斜线）。

用每个方格中斜线的数量除以表格中总的类别数，就得到每个方格的百分比。表 1 呈现了一组虚构的数据：两位评价者，每位都将 100 个反应单元分入 4 个类别。计算 kappa 值的公式（Tinsley & Weiss，1975）为 $K=(P_o-P_c)/(1-P_c)$，其中 P_o＝两位评价者评定一致的比率，P_c＝预计是由随机因素造成的评定一致的比率。总的一致性比率 P_o 通过对角线上的数字相加得到（0.18＋0.18＋0.24＋0.10＝0.70）。预计改变的一致性（P_c）是通过将行与列相乘，并将积相加所得（0.20×0.30＋0.30×0.20＋0.30×0.40＋0.20×0.10＝0.26）。因此，通过将这些数值代入公式，我们得到（0.70－0.26）/（1－0.26）＝0.59。kappa 值的范围是－1.00～1.00。kappa 值为 0 意味着观察到的一致性与随机得到的一致性是一样的。kappa 值为负意味着由观察得到的一致性小于随机得到的一致性。kappa 值为 1 意味着评价者之间完全一致。

表 1　为计算 kappa 值假定的两位评价者类别比率

	评价者 2 的分数		评价者 1 的分数		行总计
	第 1 类	第 2 类	第 3 类	第 4 类	
第 1 类	0.18	0.00	0.02	0.00	0.20
第 2 类	0.00	0.18	0.12	0.00	0.30
第 3 类	0.06	0.00	0.24	0.00	0.30
第 4 类	0.06	0.02	0.02	0.10	0.20
列总计	0.30	0.20	0.40	0.10	

练习转录稿

分类的说明

首先呈现的转录稿是没有做出标记的，所以你能用来练习分类。在助人者的陈述中，每个符合语法规则的句子后面被画上斜线（/）。将你的分类与后面出现的参考转录稿进行对照。对于参考转录稿中出现的每条斜线，你要标记出你是否也画了出来。参考转录稿中共有57条斜线，至少有51条与其一致后才能进入下一步。对于每一个你持不同意见的转录例子，回到规则部分并试着理解不一致的地方。

转录稿

1. 助人者：谢谢你今天能过来。我叫朱迪。我正在学习助人技术。我们今天可以谈20分钟。你可以谈论任何你想谈的东西。

   当事人：最近我感到很低落。我没办法变得积极。我不想去上学。没有什么让我真正感兴趣的东西。

2. 助人者：给我举个例子，你上次没有去上学时发生了什么事情。对了，你是什么专业？

   当事人：我还没有确定专业，因为我不知道自己对什么感兴趣。

3. 助人者：所以，你还没有决定。你住在学校吗？

   当事人：我住在家里，而且感到压力很大。我想住在宿舍，但是我的父母不会帮我付钱，而我自己又没钱。我是说，我父母住得离学校非常近，所以他们说，既然住得离学校这么近，那为什么要住在宿舍呢？你很快就能走到学校了，这样，你也能节约点钱。

4. 助人者：听起来你父母强迫你住在家里。

   当事人：是的，确实是这样，我真的很讨厌这样。我想，如果我住在宿舍，那么我会感到自由得多。我在家感觉很约束，就像他们在监视我的一举一动，我不能凭自己的意愿回来或离开。

5. 助人者：你感到窒息。听起来你感到很不舒服，因为你的父母太限制你了。

   当事人：是的，但是我不知道该怎样去处理。他们确实给我提供了一个住的地方，并在学校之外帮助我。我觉得自己应该感激他们。

6. 助人者：刚才你变得很坐立不安，而且你的声音也变得柔和了。我想，你是否感到有些不安。我正确地说出了你的感受吗？

   当事人：嗯，我感觉很不好，就像我是个坏儿子。我觉得他们给了我这么多，而我还想要更多。

7. 助人者：对此，你有什么感受？

   当事人：昨晚当他们说真的不希望我离开的时候，我变得非常生气。当我提出来的时候，他们都非常伤心，特别是我的妈妈。

8. 助人者：我想，是否你和你的父母都不能很好地处理分离，因为你的角色发生了变化，你已经长大了。可能他们还没有做好你离家的准备，因为当面对一个空荡荡的屋子时，他们会很焦虑。我还想，你是不是也觉得离开很困难，因为你很担心伤害到他们。我想知道你认为是什么导致了你和你父母之间的问题。

   当事人：应该是这样的。要知道，我是独子，而我的父母也老了，我就是他们的整个世界。

9. 助人者：一方面，你很难离开他们；另一方面，你又很想离开过自己的生活。

   当事人：嗯，我想搬出去，可是我不想伤害他们。

10. 助人者：当我离家的时候，我的父母都很伤心，我感觉很糟糕而且内疚。你也是这种感觉吗？

    当事人：呃，我不知道。很难把一切都说清楚。

11. 助人者：对于这种情况，你有什么感受？

    当事人：我对于想要离开他们感到很内疚。但是，我也很生气，因为他们都不想让我长大。我知道他们有问题，但是他们应该自己去解决。你觉得我应该做些什么？

12. 助人者：你应该搬出去。你还要跟你父母谈一谈，告诉他们你的感受。

当事人：嗯，我会实施的。如果我想要到宿舍去住，我该怎么做呢？

13. 助人者：学校的住房办公室提供所有的相关信息，它在学校的另一边。

当事人：我想我应该给他们打个电话。你真的觉得我应该搬出去吗？

14. 助人者：我知道你希望我能告诉你该怎么做，但是对于直接给你建议我感到有些焦虑，因为我不是很了解你的情况，必须由你自己决定是否搬出去。

当事人：我很怕犯错误，所以我想听听你的想法。

15. 助人者：对于你想要我告诉你该怎么做，我感到有点惊讶。我想，你是否也让你的父母告诉你该怎样做，然后当他们照做之后你又会很愤怒？

当事人：我从来没有这样想过。你可能是对的。我确实会变得很被动，然后他们告诉我该怎样做。我也确实会生他们的气。我想，这么多年来，我们已经建立起一些很坏的模式。我会好好想想，但是我还是想知道你觉得我是否该搬出来。

16. 助人者：我可以告诉你，当我与父母之间产生问题时，我认真地和他们谈了，然后搬了出来。对我来说，和他们谈话非常重要，因为这样才能够维持我们的关系。当我第一次坐下来和他们谈的时候，我很害怕他们会被我的想法激怒。对于大家来说，开头都很困难，但是即使困难，大多数年轻人也都需要离开家，并开始自己的生活。

当事人：嗯，谢谢你的帮助。

17. 助人者：你觉得自己会怎样做？

当事人：可能我会与父母谈谈。

18. 助人者：我们现在就试试。研究表明，在助人会谈中练习之后，你在外面做会更容易。我希望你做的是，假设你父母就在这里，你告诉他们你想搬出去。

当事人：好的。爸爸妈妈，我想告诉你们，我想搬出去住，可能不久之后就会搬。

19. 助人者：这是一个良好的开端，但是你犹豫了几次，而且你的声音太柔和了，试着大声说出来，并清楚地告诉他们你想要怎样。

当事人：爸爸妈妈，我决定搬出去了。

20. 助人者：听起来非常好。你的声音很大、很清晰，而且你清楚地表达了你想要的。在和他们谈的时候就试着这样做。我想告诉你，我非常喜欢和你合作，因为你改变的意愿很强烈。你对我们今天的工作感觉怎样？

当事人：我感觉非常好。你让我想了很多。我现在还不确定我将要做些什么，但是我对于解决好与父母之间的问题更有信心了。

21. 助人者：太好了。再见，希望你能好好享受今天的剩余时间。

当事人：你也是。再见。

助人技术评价说明

将练习转录稿中的每个反应单元（由斜线标出）归入一项且唯一一项助人技术（在助人者表述前的横线上标明你的评价）。在你评价每个反应单元之后，对照后面给出的正确反应。请注意，我只是试图举例说明每项技术，并不是呈现对助人者最为有效的干预的转录稿。使用下列助人技术的序号（注意：专注技术并未编码到该转录稿中）：

1＝认可

2＝封闭式提问

3a＝针对想法的开放式提问；3b＝针对情感的开放式提问；3c＝针对领悟的开放式提问；3d＝针对行动的开放式提问

4＝重述

5＝情感反映

6＝挑战

7＝解释

8＝自我表露

9＝即时化

10a＝提供关于助人过程的信息；10b＝数据、事实、观点；10c＝对当事人的反馈

11a＝过程建议；11b＝指导

12＝其他

评分

1. ＿／＿／＿／＿／助人者：谢谢你今天能过来。／我叫朱迪。／我正在学习助人技术。／我们今天可以谈20分钟。／你可以谈论任何你想谈的东西。／

当事人：最近我感到很低落。我没办法变得积极。我不想去上学。没有什么让我真正感兴趣的东西。

2. ＿／＿／助人者：给我举个例子，你上次没有去上学时发生了什么事情。／对了，你是什么专业？／

当事人：我还没有确定专业，因为我不知道自己对什么感兴趣。

3. ＿／＿／助人者：所以，你还没有决定。／你住在学校吗？／

当事人：我住在家里，而且感到压力很大。我想住在宿舍，但是我的父母不会帮我付钱，而我自己又没钱。我是说，我父母住得离学校非常近，所以他们说，既然住得离学校这么近，那为什么要住在宿舍呢？你很快就能走到学校了，这样，你也能节约点钱。

4. ＿／＿／助人者：听起来你父母强迫你住在家里。／

当事人：是的，确实是这样，我真的很讨厌这样。我想，如果我住在宿舍，那么我会感到自由得多。我在家感觉很受约束，就像他们在监视我的一举一动，我不能凭自己的意愿回来或离开。

5. ＿／＿／助人者：你感到窒息。／听起来你感到很不舒服，因为你的父母太限制你了。／

当事人：是的，但是我不知道该怎样去处理。他们确实给我提供了一个住的地方，并在学校之外帮助我。我觉得自己应该感激他们。

6. ＿／＿／＿／＿／助人者：刚才你变得很坐立不安，／而且你的声音也变得柔和了。／我想，你是否感到有些不安。／我正确地说出了你的感受吗？／

当事人：嗯，我感觉很不好，就想我是个坏儿子。我觉得他们给了我这么多，而我还想要更多。

7. ＿／助人者：对此，你有什么感受？／

当事人：昨晚当他们说真的不希望我离开的时候，我变得非常生气。当我提出来的时候，他们都非常伤心，特别是我的妈妈。

8. ＿／＿／＿／＿／助人者：我想，是否你和你的父母都不能很好地处理分离，因为你的角色发生了变化，你已经长大了。／可能他们还没有做好你离家的准备，因为当面对一个空荡荡的屋子时，他们会很焦虑。／我还想，你是不是也觉得离开很困难，因为你很担心伤害到他们。／我想知道你认为是什么导致了你和你父母之间的问题。／

当事人：应该是这样的。要知道，我是独子，而我的父母也老了，我就是他们的整个世界。

9. ＿／＿／助人者：一方面，你很难离开他们；／另一方面，你又很想离开过自己的生活。／

当事人：嗯，我想搬出去，可是我不想伤害他们。

10. ＿／＿／助人者：当我离家的时候，我的父母都很伤心，我感觉很糟糕而且内疚。／你也是这种感觉吗？／

当事人：呃，我不知道。很难把一切都说清楚。

11. ＿／＿／助人者：对于这种情况，你有什么感受？／

当事人：我对于想要离开他们感到很内疚。但是，我也很生气，因为他们都不想让我长大。我知道他们有问题，但是他们应该自己去解决。你觉得我应该做些什么？

12. ／　／助人者：你应该搬出去。／你还要跟你父母谈一谈，告诉他们你的感受。／

当事人：嗯，我会实施的。如果我想要到宿舍去住，我该怎么做呢？

13. ／　／助人者：学校的住房办公室提供所有的相关信息，／它在学校的另一边。／

当事人：我想我应该给他们打个电话。你真的觉得我应该搬出去吗？

14. ／　／　／助人者：我知道你希望我能告诉你该怎么做，／但是对于直接给你建议我感到有些焦虑，因为我不是很了解你的情况，／必须由你自己决定是否搬出去。／

当事人：我很怕犯错误，所以我想听听你的想法。

15. ／　／助人者：对于你想要我告诉你该怎么做，我感到有点惊讶。／我想，你是否也让你的父母告诉你该怎样做，然后当他们照做之后你又会很愤怒？

当事人：我从来没有这样想过。你可能是对的。我确实会变得很被动，然后他们告诉我该怎样做。我也确实会生他们的气。我想，这么多年来，我们已经建立起一些很坏的模式。我会好好想想，但是我还是想知道你觉得我是否该搬出来。

16. ／　／　／　／助人者：我可以告诉你，当我与父母之间产生问题时，我认真地和他们谈了，然后搬了出来。／对我来说，和他们谈话非常重要，因为这样才能够维持我们的关系。／当我第一次坐下来和他们谈的时候，我很害怕他们会被我的想法激怒。／对于大家来说，开头都很困难，但是即使困难，大多数年轻人也都需要离开家，并开始自己的生活。／

当事人：嗯，谢谢你的帮助。

17. ／　／助人者：你觉得自己会怎样做？／

当事人：可能我会与父母谈谈。

18. ／　／　／助人者：我们现在就试试。／研究表明，在助人会谈中练习之后，你在外面做会更容易。／我希望你做的是，假设你父母就在这里，你告诉他们你想搬出去。／

当事人：好的。爸爸妈妈，我想告诉你们，我想搬出去住，可能不久之后就会搬。

19. ／　／　／助人者：这是一个良好的开端，／但是你犹豫了几次，／而且你的声音太柔和了，／试着大声说出来，并清楚地告诉他们你想要怎样。／

当事人：爸爸妈妈，我决定搬出去了。

20. ／　／　／　／　／助人者：听起来非常好。／你的声音很大、很清晰，／而且你清楚地表达了你想要的。／在和他们谈的时候试着这样做。／我想告诉你，我非常喜欢和你合作，因为你改变的意愿很强烈。／你对我们今天的工作感觉怎样？／

当事人：我感觉非常好。你让我想了很多。我现在还不确定我将要做些什么，但是我对于解决好与父母之间的问题更有信心了。

21. ／　／助人者：太好了。／再见，／希望你能好好享受今天的剩余时间。／

当事人：你也是。再见。

练习转录稿参考答案

1＝12、10b、10b、10a、11a

2＝3a、2

3＝4、2

4＝4

5＝5、5

6＝10c、10c、5、2

7＝3b

8＝7、7、7、3c
9＝4、6（注意：尽管总的干预方式是挑战，但是有必要分开进行编码，因为包括两个独立的单元；分开来看，第一个单元是重述，第二个单元是挑战）
10＝8a、3a
11＝3b
12＝11b、11b
13＝10b、10b
14＝9、9、6（见反应9的注意事项）
15＝9、7
16＝8c、8c、8a、10b、10b
17＝3a
18＝11a、10b、11a
19＝1、10c、10c、11a
20＝1、10c、10c、11b、9
21＝1、12、12[①]

[①] 2名（如果有3名）或3名（如果有4名）评价者必须在上述57项评价中的至少51项上一致，而且你应该了解反应之所以未取得一致的原因，然后才能进入下一个阶段（对真的会谈转录稿进行助人技术的评定）。我希望在练习转录稿中的一致性程度比在真实会谈转录稿中的一致性程度要高，因为这里的助人技术都是很容易评定的。

附录 G

当事人反应系统表[①]

反应　　　　　　　　　　**定义**

积极的

1. 被理解　我感到助人者很理解我，知道我在说什么，而且知道我发生了什么事。
2. 被支持　我感到被接纳、放心、喜欢、关心，或是感到安全。我觉得，助人者是站在我这边的，或是我越来越相信、喜欢、尊重或钦佩我的助人者了。这可能包括我与助人者之间的关系发生了变化，我们解决了存在于我们之间的一些问题。
3. 有希望　我觉得自信、被鼓舞、积极、强大、愉快或开心，并且感到我是能改变的。
4. 缓解　我觉得自己的抑郁、焦虑、负罪感或愤怒减轻了，不舒服或痛苦的感受也越来越少了。
5. 消极想法或行为　我开始意识到给我自己或他人带来困扰的具体的消极想法或行为。
6. 更好的自我理解　我获得了新的领悟，看到了新的联结，或是开始理解为什么我会有那种行为，或是感到有一种新的方法。这种新的理解帮助我接纳和喜欢自己。
7. 明了　我变得更加聚焦于我真正想说的那些、我需要改变的方面，以及我的目标或我希望在助人活动中想做的那些。
8. 触动　我感到自己觉察得更清楚，或是感受加深，或是能更好地表达我的情绪。
9. 负责　我接受了自己在事件中的角色，并且更少指责别人了。
10. 通畅　我克服了一个阻碍，感到释然，并对自己在助人活动中需要做的事情更加投入。
11. 新的视角　我对另一个人、情境或是这个世界获得了一种新的理解。我理解了人或事为什么是他们现在这个样子。
12. 受教育　我获得了更多的知识或信息。我学到了一些原本不知道的东西。
13. 新的行为方式　我学会了一些很具体的方法，知道我可以做哪些不同的事情来应对特殊的情况或问题。我解决了一个问题，做出了一项选择或决定，或决定冒一次险。
14. 被挑战　我感到被震撼，或是必须去质疑自己，或是去面对那些我一直回避的问题。

消极的

15. 害怕　我感到压力非常大或害怕，希望能免于承认自己有一些感受或问题。我感到我的助人者太强人所难了，或是不赞成我，或是不喜欢我。
16. 恶化　我感到希望更少、失控、麻木、不能胜任、羞愧，或是准备放弃。我的助人者可能忽视

[①] "Development of a System for Categorizing Client Reactions to Therapist Interventions," by C. E. Hill, J. E. Helms, S. B. Spiegel, and V. Tichenor, 1988, *Journal of Counseling Psychology*, 35, p. 36. Copyright © 1988 by the American Psychological Association. Adapted with permission. 此处使用了"助人者"这一表达，而不是最初的版本中的"治疗师"。

我、批评我、伤害我、同情我，或是把我当作一个弱小而无助的人。可能我嫉妒我的助人者，或是在与他竞争。

17. 卡壳　我觉得被阻碍、烦躁或厌烦。我不知道接下来做什么，或是不知道怎样摆脱这种状况。我对于助人活动的进展不满意，或是觉得又要做同样的事情。

18. 缺少方向　我的助人者没有给我足够的指导或方向，我感到很生气或伤心。

19. 迷茫　我不知道自己的感受，或是词不达意。我很迷惑，或是不能明白我的助人者试图表达的意思。我不确定我是否赞同助人者。

20. 被误解　我感到助人者并不是真的理解了我所说的话，对我进行了错误的判断，或是对我进行了错误的假设。

21. 没有反应　我没有什么特别的反应。我的助人者与我只是在进行社会性的谈话，或者他只是在搜集信息，抑或我不是很明白。

附录 H

当事人行为系统表[①]

| 当事人行为 | 定义 |

1. **阻抗**　包括不恰当地抱怨或指责其他人、防御（如投射、分离、理智化、回避或否认）、转移（改变话题）和不合理要求（表现出过度的无助或依赖）。阻抗行为往往会阻碍助人活动的进行，并且当事人常常会用它来表明他们不能改变，或是保护他们免受他们所预期的尖刻或有敌意的助人者的伤害；当事人的语调往往是防御性的、烦躁的、挫败的、尖刻的，或是有敌意的。

2. **同意**　对助人者所说的话表示理解或赞同，而不对助人者的话进行增添；并不是为了维持谈话而进行的简单回应（如"嗯"或"是的"）。

3. **合理的请求**　试图从助人者那里获得澄清、理解、信息或建议；如果当事人表现得无助或过度依赖，则编码为"阻抗"。

4. **叙述**　包括闲谈、回答问题或是对过去的事件进行确认；当事人以一种讲故事的方式讲述（如"我说……他说……"），而不是积极地探索当前的感受和想法或与助人者进行互动；语调单调或是聊天式的，很少有直接的参与。

5. **认知-行为探索**　当事人当前正努力探索有意义的想法或行为；尽管当事人并不了解所有的答案，但他们很积极地思考自己的问题，努力探索以求懂得更多；语调往往充满了力量并不同于平常，会有停顿和认真的思考；如果助人者是在积极地探索自己的想法或行为的过程中，不同意或挑战助人者，则应该编码为这种类型；在当事人是在谈论其他人的时候，不会编码到这一类，除非理解此人的行为对于当事人有非常重大的意义。

6. **情感探索**　当事人正在关注并探索有治疗意义的材料的感受；必须出现特定的感受词语（如高兴、伤心、焦虑），或是伴随情感性材料出现的明显可见的非言语行为（如能听到的叹气声、握紧拳头、低头、哭泣或改变身体姿势）；当事人的声音必须听起来就像他此时此刻正在体验这一切；对过去的感受进行讨论应该被编码到"叙述"，除非当事人在当下重新体验到了这种感受；如果当事人在探索他们的感受时，反对或挑战助人者，则可以编为这一类。

7. **领悟**　当事人表达了一种对于自己的理解，并能清晰地表达行为、想法或感受的类型及其原因。领悟往往伴随着一种"啊哈"的体验，此时当事人用一种新的方法来理解自己或这个世界；当事人开始承担起适当的责任，而不是责怪他人，或是觉得这个世界"应该"怎样，或是进行合理化（注意：后面的这些行为可以编码为"阻抗"）。

8. **治疗性改变**　当事人在治疗效果明显的行为、想法和感受上表现出变化；变化表现在积极方面的增加、消极方面的减少，或是有目标的计划或决定的变化；如果当事人报告有变化，但是无法进行明确的评价，则编码为"阻抗"。

[①] "Client Behavior in Counseling and Therapy Sessions," by C. E. Hill, M. M. Corbett, B. Kanitz, P. Rios, R. Lightsey, and M. Gomez, 1992, *Journal of Counseling Psychology*, 39, pp. 548–549. Copyright © 1992 by the American Psychological Association. Adapted with permission. 原始的系统表中使用的"治疗师"和"治疗"这些表述，在此处被替换为"助人者"和"助人活动"。

附录 I

会谈过程和效果问卷

会谈过程和效果问卷（当事人版）

指导语：指出每项表述在多大程度上反映了你在会谈中的体验。请注意，这些事情并非在每次会谈中都会出现，因为助人者为了助人常常会采用许多不同的方法。"助人者"可以指治疗师、咨询师或是其他任何扮演帮助者角色的人。**在下表中的每项上圈出一个数字。**

在这次会谈中，我的助人者……	非常不同意				非常同意
1. 采用提问帮我探索自己的想法或感受	1	2	3	4	5
2. 鼓励我去挑战自己的信念	1	2	3	4	5
3. **没有**帮助我思考我的生活可能会有什么变化	1	2	3	4	5
4. **没有**教我解决问题的具体技术	1	2	3	4	5
5. **没有**鼓励我表达自己的想法或感受	1	2	3	4	5
6. 帮助我意识到自己想法、感受和/或行为中的矛盾之处	1	2	3	4	5
7. 帮助我思考我所关注的东西	1	2	3	4	5
8. **没有**帮助我识别有用的资源（如朋友、父母、导师、学校、牧师）	1	2	3	4	5
9. 帮我指出怎样解决一个具体的问题	1	2	3	4	5
10. 帮我理解我的想法、感受和/或行为背后的原因	1	2	3	4	5
11. **没有**鼓励我去体验自己的感受	1	2	3	4	5
12. **没有**和我讨论我可以做哪些具体的事情以促进改变发生	1	2	3	4	5
13. 帮助我获得看待自己的问题的新视角	1	2	3	4	5
在这次会谈中，我……					
14. **没有**体会到我与助人者之间有什么联结	1	2	3	4	5
15. 喜欢我的助人者	1	2	3	4	5
16. 信任我的助人者	1	2	3	4	5
17. 与我的助人者合作	1	2	3	4	5
我……					
18. 很高兴我参加了这次会谈	1	2	3	4	5
19. 对于我在会谈中的收获感到不满意	1	2	3	4	5
20. 认为这次会谈是有帮助的	1	2	3	4	5
21. 认为这次会谈没有价值	1	2	3	4	5

会谈过程和效果问卷（助人者版）

指导语：指出每项表述在多大程度上反映了你在会谈中的体验。请注意，这些事情并非在每次会谈中都会出现，因为助人者为了助人常常会采用许多不同的方法。"助人者"可以指治疗师、咨询师或是其他任何扮演帮助者角色的人。**在下表中的每项上圈出一个数字。**

在这次会谈中，我……	非常不同意				非常同意
1. 采用提问帮助当事人探索他的想法或感受	1	2	3	4	5
2. 鼓励当事人去挑战他/她的信念	1	2	3	4	5
3. 没有帮助当事人思考他/她的生活可能会有什么变化	1	2	3	4	5
4. 没有教给当事人解决问题的具体技术	1	2	3	4	5
5. 没有鼓励当事人表达他/她的想法或感受	1	2	3	4	5
6. 帮助当事人意识到他/她的想法、感受和/或行为中的矛盾之处	1	2	3	4	5
7. 帮助当事人思考他/她所关注的东西	1	2	3	4	5
8. 没有帮助当事人识别有用的资源（如朋友、父母、导师、学校、牧师）	1	2	3	4	5
9. 帮当事人指出怎样解决一个具体的问题	1	2	3	4	5
10. 帮当事人理解他/她的想法、感受和/或行为背后的原因	1	2	3	4	5
11. 没有鼓励当事人去体验他/她的感受	1	2	3	4	5
12. 没有和当事人讨论他/她可以做哪些具体的事情以促进改变发生	1	2	3	4	5
13. 帮助当事人获得看待他/她的问题的新视角	1	2	3	4	5
在这次会谈中，我的当事人……					
14. 没有体会到与我之间有什么联结	1	2	3	4	5
15. 喜欢我	1	2	3	4	5
16. 信任我	1	2	3	4	5
17. 与我合作	1	2	3	4	5
我的当事人……					
18. 很高兴他/她参加了这次会谈	1	2	3	4	5
19. 对于他/她在会谈中的收获感到不满意	1	2	3	4	5
20. 认为这次会谈是有帮助的	1	2	3	4	5
21. 认为这次会谈没有价值	1	2	3	4	5

附录 J

自我觉察与管理策略问卷[①]

指导语：在完成第 1~10 题之前，请你想一想这样的时刻，即在某次咨询会谈中，你开始觉察到你的想法、情绪、感受和反应，以及身体的体验或行为。

请使用如下等级来回答第 1~10 题：

1——从不
2——极少
3——有时候
4——大多数时候
5——总是

_____ 1. 在你的治疗会谈中，你想到自己作为一名治疗师的表现或能力的频率是多少？

_____ 2. 在一次会谈中，你意识到自己感到焦虑的频率是多少？

_____ 3. 在一次会谈中，你意识到自己有消极的自我对话（例如，自我批评的想法、杂念）的频率是多少？

_____ 4. 你觉察到自己想到与当事人或会谈无关的事情的频率是多少（例如，外界的压力、需要回一个电话、论文，等等）？

_____ 5. 你意识到你的自我觉察阻碍了治疗进程的频率是多少（例如，将你的注意力从当事人身上转开，令你感到不安或分心）？

_____ 6. 在一次会谈中，你体验到高度的自我觉察的时刻（例如，你更加清楚地意识到自己的想法、感到快被淹没，或是觉得想要尖叫的时刻）出现的频率是多少？

_____ 7. 你意识到自己从当事人正在说或做的事情上分心的频率是多少（例如，在当事人说某件事的时候，你回想起自己的生活中曾出现的某件事或是想起了另一个当事人的某些事）？

_____ 8. 你的自我觉察更像自我意识的频率是多少［例如，对自己、自己所说的话、身体自我（如想打喷嚏）有消极的或批判性的想法］？

_____ 9. 你感到你的想法或反应干扰了你在会谈中作为一名治疗师的表现（例如，你"不在状态"并且没有听到当事人说的话），这种情况出现的频率是多少？

_____ 10. 在一次会谈中，你意识到身体自我的频率是多少（例如，点头、微笑、大笑、哭、紧张、手的动作）？

指导语：请根据你使用下列策略的频率回答第 11~25 题，特别是管理分散的自我觉察。换句话说，例如，我并不想知道你使用思维阻断的频率，但是我想知道，你将它作为一种策略来管理自己的自我觉察，并使自己的注意力转回到当事人或手边的事情上来的频率。

[①] 该问卷包括两个量表：阻碍性的自我觉察（1~10 题）和管理策略（11~25 题）。问卷分数的获得方式是：将所有题的得分加起来，得到问卷的总分，然后除以量表的题目个数。资料来源：改编自 "Development and Validation of the Self-Awareness and Management Strategies (SAMS) Scales for Therapists," by E. N. Williams, K. O Brien, K. Hurley, and A. de Gregorio, 2003, *Psychotherapy*, 40, pp. 278. Copyright © 2003 by the American Psychological Association. Adapted with permission. The full version of the SAMS scale is copyrighted by E. N. Williams.

请使用如下等级来回答第 11~25 题：
1——从不
2——极少
3——有时候
4——大多数时候
5——总是

当我发现自己需要管理自己分散的自我觉察时，我会：

_____11. 主动地将我所有的注意转移到当事人身上。
_____12. 试图理解我的自我觉察，并借助它来理解我的当事人。
_____13. 试图压抑或忽视我的侵入性的想法或感受。
_____14. 使用自我指导或积极的自我对话。
_____15. 使用思维停止技术。
_____16. 返回使用基本技术（反映、释义、轻微鼓励）。
_____17. 在会谈中稍事休息或停顿一会儿。
_____18. 使用放松练习。
_____19. 进行自我反思（在会谈后回顾我的反应）。
_____20. 休假。
_____21. 使用深呼吸技术。
_____22. 寻求督导或咨询。
_____23. 在会谈前做准备（如集中注意力、清空头脑）。
_____24. 聚焦于自我关怀（如营养、睡眠、运动）。
_____25. 在我的个人治疗中处理我自己的问题。

附录 K

咨询活动自我效能感量表[①]

总指导语：下列问卷由三部分构成。每部分询问你对于自己完成各种咨询行为，或者处理咨询中某些特殊问题的能力的信念。请你对自己对于当前能力的信念做出诚实、坦诚的回应，而不是根据你希望看到的，或者你在将来可能成为的样子。下列问题的答案没有对错之分。请用深色的笔圈出最能反映你对每个问题的反应的数字。

第一部分

指导语：请指出你对自己在未来一周，针对大多数当事人能有效使用下列每项助人技术的自信程度。

```
没有自信        有些自信        完全自信
  0   1   2   3   4   5   6   7   8   9
```

你对自己在未来一周，针对大多数当事人能有效使用这些技术的自信程度有多高？

	0	1	2	3	4	5	6	7	8	9
1. 专注（将自己的身体朝向当事人）	0	1	2	3	4	5	6	7	8	9
2. 倾听（抓住并理解当事人所提供的信息）	0	1	2	3	4	5	6	7	8	9
3. 重述（用一种简洁、具体、清晰的方式重复或重新表述当事人的话）	0	1	2	3	4	5	6	7	8	9
4. 开放式提问（提出问题，帮助当事人澄清或探索他们的想法或情感）	0	1	2	3	4	5	6	7	8	9
5. 情感反映（对于当事人强调他的感受的陈述进行重复或重新表述）	0	1	2	3	4	5	6	7	8	9
6. 针对探索的自我表露（表露你的经历、资质或感受等个人信息）	0	1	2	3	4	5	6	7	8	9
7. 有意沉默（使用沉默，允许当事人接触自己的想法或感受）	0	1	2	3	4	5	6	7	8	9
8. 挑战（指出当事人没有意识到的，或是他不愿意或不能改变的差异、矛盾、防御或非理性信念）	0	1	2	3	4	5	6	7	8	9
9. 解释（比当事人所说的更深入一点，给当事人提供一种看待他的行为、想法或感受的新方法）	0	1	2	3	4	5	6	7	8	9
10. 领悟性自我表露（表露在过去你曾获得一些个人领悟的经历）	0	1	2	3	4	5	6	7	8	9
11. 即时化（表露你对当事人、治疗关系，或是与当事人相关的你自己的即时感受）	0	1	2	3	4	5	6	7	8	9
12. 提供信息（教导或给当事人提供数据、意见、事实、资源或问题的答案）	0	1	2	3	4	5	6	7	8	9

[①] 改编自一种调查工具，其反应均在如下文章中得到分析和呈现：R. W. Lent, C. E. Hill, and M. A. Hoffman, "Development and Validation of the Counselor Activity Self-Efficacy Scales," 2003, *Journal of Counseling Psychology*, *50*, pp. 97–108；这种未被公开的调查工具的版权归主要作者。ⓒ 2003 by R. W. Lent. 经许可同意使用。

续表

13. 直接指导（给当事人提供建议、指示或劝告，暗示当事人要采取的行动）	0	1	2	3	4	5	6	7	8	9
14. 角色扮演和行为演练（帮助当事人在会谈中进行角色扮演或行为演练）	0	1	2	3	4	5	6	7	8	9
15. 家庭作业（开发并布置在两次会谈之间当事人需要完成的任务）	0	1	2	3	4	5	6	7	8	9

第二部分

指导语：请指出你对自己在未来一周，针对大多数当事人能有效使用下列每项助人技术的自信程度。

```
没有自信              有些自信              完全自信
 0    1    2    3    4    5    6    7    8    9
```

你对自己在未来一周，针对大多数当事人能有效使用这些技术的自信程度有多高？

1. 保持会谈"在轨道上"并且聚焦	0	1	2	3	4	5	6	7	8	9
2. 在当事人需要的时候，使用最恰当的助人技术进行反应	0	1	2	3	4	5	6	7	8	9
3. 帮助你的当事人探索他的想法、感受和行为	0	1	2	3	4	5	6	7	8	9
4. 帮助你的当事人从"深"层次谈论他所关注的问题	0	1	2	3	4	5	6	7	8	9
5. 在你的当事人说完后，知道接下来该做些或说些什么	0	1	2	3	4	5	6	7	8	9
6. 帮助你的当事人设立现实的咨询目标	0	1	2	3	4	5	6	7	8	9
7. 帮助你的当事人理解他的想法、感受和行动	0	1	2	3	4	5	6	7	8	9
8. 对你的当事人或其咨询问题进行清晰的概念化	0	1	2	3	4	5	6	7	8	9
9. 一直能意识到你在会谈中的意图（如你进行干预的意图）	0	1	2	3	4	5	6	7	8	9
10. 帮助你的当事人决定在解决其问题时该采取哪些行动	0	1	2	3	4	5	6	7	8	9

第三部分

指导语：请指出你对自己在未来一周，能有效应对如下任一种当事人类型、问题或情况的自信程度（"有效应对"是指你具备以下能力：发展出成功的治疗计划，提出精练的会谈内反应，在困难情境下维持镇定，并帮助当事人解决他的问题）。

```
没有自信              有些自信              完全自信
 0    1    2    3    4    5    6    7    8    9
```

当你在未来一周面对一个……的当事人时，你对自己能有效应对的自信程度有多高？

1. 临床诊断为抑郁	0	1	2	3	4	5	6	7	8	9
2. 遭到性虐待	0	1	2	3	4	5	6	7	8	9
3. 自杀的	0	1	2	3	4	5	6	7	8	9
4. 最近经历了一个创伤性的事件（如身体或心理的伤害或虐待）	0	1	2	3	4	5	6	7	8	9
5. 极度焦虑	0	1	2	3	4	5	6	7	8	9
6. 表现出严重的混乱思维的迹象	0	1	2	3	4	5	6	7	8	9
7. 你觉得有性吸引力的	0	1	2	3	4	5	6	7	8	9

续表

8. 要解决在你自己看来很难解决的问题	0	1	2	3	4	5	6	7	8	9
9. 与你的核心价值观或信念有冲突的（如涉及宗教、性别）	0	1	2	3	4	5	6	7	8	9
10. 与你在某个或某些重要的方面不同（如种族、性别、年龄、社会经济地位）	0	1	2	3	4	5	6	7	8	9
11. 不会进行"心理层面的思考"或反省	0	1	2	3	4	5	6	7	8	9
12. 被你性吸引	0	1	2	3	4	5	6	7	8	9
13. 你会产生消极反应（如厌烦、讨厌）	0	1	2	3	4	5	6	7	8	9
14. 在治疗中陷入僵局	0	1	2	3	4	5	6	7	8	9
15. 想要的比你愿意给予的更多（如接触频率或问题解决方法等方面）	0	1	2	3	4	5	6	7	8	9
16. 在会谈中表现出操纵行为	0	1	2	3	4	5	6	7	8	9

附录 L
过程记录

助人者姓名：_____ 日期：_____

指导语：请在你的会谈后尽快完成这些过程记录。尽可能诚实地作答。将完成后的表格交给你的督导师，然后你们可以讨论你对于会谈的反应。

1. 外显内容：当事人谈论了些什么？

2. 内隐内容：当事人谈论的东西是否有一些潜在的含义？

3. 防御和改变的障碍：当事人如何避免焦虑？

4. 当事人的歪曲或移情：当事人在哪些方面对你的反应与他/她对其生活中重要他人的反应相同？

5. 反移情：你的情绪、态度和行为反应在哪些方面被你与当事人的互动刺激？

6. 个人评估：你如何评估你的干预？如果可以，你会做出哪些不同的干预？为什么？

助人会谈说明

你需要带到会谈中的东西：
1. 数码录音机，或具有录音功能的手机/笔记本电脑
2. 知情同意书
3. 3份会谈回顾表
4. 当事人会谈过程和效果问卷（Client SPOM）
5. 助人者会谈过程和效果问卷（Helper SPOM）
6. 助人者意图清单
7. 当事人反应系统表

提前测试录音设备，以确保它能正常工作，并且在转录会谈内容时能听清楚。

尽可能提前10分钟到达。

学生组成三人小组。每个学生将与他/她所在组的两个同学中的一个（即当事人）进行 20 分钟的助人会谈（即成为助人者）。小组的第三名成员担任观察员。三人小组中的每个学生轮流扮演所有 3 个角色（助人者、当事人、观察员），每组共进行 3 次每次 20 分钟的助人会谈。一开始，学生应该迅速决定谁先扮演哪个角色。每组必须进行 3 次每次 20 分钟的训练并回顾每一次会谈。所以，对学生来说，高效利用时间是非常重要的。一旦角色确定，每名参与者都要签署同意书。

助人者说明：

1. 给观察员分发观察员版本的会谈回顾表，让他/她在助人会谈期间完成。
2. 打开设备。
3. 对当事人说："你好，我的名字是_____。我是一名学习助人技术的本科生。我们今天有 20 分钟的谈话时间。在我们的会谈结束后，我们将完成一些测量和回顾录音。我们今天在这里谈论的一切都会保密。唯一的例外是，如果你表达了伤害自己或他人的想法，或者你提到了童年遭受的身体或性虐待。你有什么疑问吗？你想谈些什么？"
4. 练习 20 分钟。一定要完成至少 20 个谈话轮。尽量提供帮助。
5. 当还剩 5 分钟的时候，给当事人一个提醒，比如，"我们还有 5 分钟的谈话时间"。
6. 20 分钟后停止录音。
7. 给你的当事人学生一份当事人版的**会谈过程和效果问卷**（SPOM-C），让他/她填写。
8. 填写助人者版的**会谈过程和效果问卷**（SPOM-H）。
9. 进行会谈回顾：

当观察员在每个发言环节读你说的内容时，你应该：

(1) 记录你说话的意图；每个谈话轮最多可以编码 3 个意图（使用助人者意图清单）。
(2) 然后用 1～9 的分数来评价谈话轮的帮助程度。重复评价每个谈话轮。

10. 收集由助人者和观察员填写的会谈回顾表。收集由当事人完成的会谈过程和效果问卷。

当你离开助人会谈时，你应该有 5 个表格：

1. **助人者会谈过程和效果问卷**（SPOM-H；当你是一名助人者时，你对自己的干预行为有自己的评级）
2. **会谈回顾表——助人者版本**
3. **当事人会谈过程和效果问卷**（SPOM-C；这反映了当事人对你的评价）
4. **会谈回顾表——助人者版本**
5. **会谈回顾表——观察员版本**

当事人说明：

1. 聊 20 分钟安全的话题。
2. 完成助人者给你的**当事人会谈过程和效果问卷**（SPOM-C）。
3. 当观察员在回顾会谈期间助人者在每个谈话轮中所说的内容时，完成**会谈回顾表**中你的部分。在每个谈话轮中，你最多可以做出 3 个反应（使用反应系统）。然后用 1～9 的分数来评价谈话的帮助程度。重复评价每个谈话轮。
4. 填完当事人会谈过程和效果问卷（SPOM-C）和会谈回顾表后，交给助人者。

观察员说明：

坐在一个尽可能不显眼的地方观看整个会谈。

使用会谈回顾表，尽可能多地写下在每个谈话轮中，**助人者**（注意，只有助人者）说了什么。

在会谈结束后的回顾中，清楚地陈述谈话轮数，以确保当事人和助人者处于同一谈话轮，然后大声读出助人者在该谈话轮中所说的话。暂停以给当事人和助人者一些时间去做他们需要做的事情。

参考文献

Adler, G. (1984). Special problems for the therapist. *International Journal of Psychiatry in Medicine, 14*, 91–98.

Ainsworth, M. D. S. (1989). Attachments beyond infancy. *American Psychologist, 44*, 709–716. http://dx.doi.org/10.1037/0003-066X.44.4.709

Ainsworth, M. D. S., Blehar, M. C., Waters, E., & Wall, S. (1978). *Patterns of attachment: A psychological study of the Strange Situation*. Hillsdale, NJ: Erlbaum.

Alberti, R. E., & Emmons, M. L. (2017). *Your perfect right: Assertiveness and equality in your life and relationships* (10th ed.). Oakland, CA: Impact.

American Psychological Association, with Hill, C. E. (2013). *Dream work in practice* [DVD]. Washington, DC: American Psychological Association.

American Psychological Association. (2017a). *Ethical principles of psychologists and code of conduct* (2002, Amended June 1, 2010 and January 1, 2017). Retrieved from http://www.apa.org/ethics/code/index.aspx

American Psychological Association. (2017b). *Multicultural guidelines: An ecological approach to context, identity, and intersectionality*. Retrieved from http://www.apa.org/about/policy/multicultural-guidelines.pdf

Archer, D., & Akert, R. M. (1977). Words and everything else: Verbal and nonverbal cues in social interpretation. *Journal of Personality and Social Psychology, 35*, 443–449. http://dx.doi.org/10.1037/0022-3514.35.6.443

Archer, R., Forbes, Y., Metcalfe, C., & Winter, D. (2000). An investigation of the effectiveness of a voluntary sector psychodynamic counseling service. *British Journal of Medical Psychology, 73*, 401–412. http://dx.doi.org/10.1348/000711200160499

Arcineiga, G. M., & Anderson, T. C. (2008). Toward a fuller conception of machismo: Development of a traditional machismo and caballerismo scale. *Journal of Counseling Psychology, 55*, 19–33. http://dx.doi.org/10.1037/0022-0167.55.1.19

Arlow, J. A. (1995). Psychoanalysis. In R. J. Corsini & D. Wedding (Eds.), *Current psychotherapies* (5th ed., pp. 15–50). Itasca, IL: Peacock.

Arredondo, P., Toporek, R., Brown, S. P., Jones, J., Locke, D. C., Sanchez, J., & Stadler, H. (1996). Operationalization of the multicultural competencies. *Journal of Multicultural Counseling and Development, 24*, 42–78. http://dx.doi.org/10.1002/j.2161-1912.1996.tb00288.x

Atkinson, A. P., Dittrich, W. H., Gemmell, A. J., & Young, A. W. (2004). Emotion perception from dynamic and static body expressions in point-light and full-light displays. *Perception, 33*, 717–746. http://dx.doi.org/10.1068/p5096

Atkinson, D. R., Brady, S., & Casas, J. M. (1981). Sexual preference similarity, attitude similarity, and perceived counseling credibility and attractiveness. *Journal of Counseling Psychology, 28*, 504–509. http://dx.doi.org/10.1037/0022-0167.28.6.504

Atkinson, D. R., & Hackett, G. (1998). *Counseling diverse populations* (2nd ed.). Boston, MA: McGraw-Hill.

Atkinson, D. R., Morten, G., & Sue, D. W. (1998). *Counseling American minorities: A cross-cultural perspective* (5th ed.). Boston, MA: McGraw-Hill.

Axelson, J. A. (1999). *Counseling and development in a multicultural society* (3rd ed.). Pacific Grove, CA: Brooks/Cole.

Ayoko, O. B., & Hartel, C. E. J. (2003). The role of space as both a conflict trigger and a conflict control mechanism in heterogeneous workgroups. *Applied Psychology, 52*, 383–412. http://dx.doi.org/10.1111/1464-0597.00141

Bachelor, A. (1995). Clients' perception of the therapeutic alliance: A qualitative analysis. *Journal of Counseling Psychology, 42*, 323–337. http://dx.doi.org/10.1037/0022-0167.42.3.323

Bandura, A. (1965). Influence of models' reinforcement contingencies on the acquisition of imitative responses. *Journal of Personality and Social Psychology, 1*, 589–595. http://dx.doi.org/10.1037/h0022070

Bandura, A. (1969). *Principles of behavior modification*. New York, NY: Holt, Rinehart & Winston.

Bandura, A. (1977). *Social learning theory*. Englewood Cliffs, NJ: Prentice Hall.

Bandura, A. (1997). *Self-efficacy: The exercise of control*. New York, NY: Freeman.

Barkham, M., & Shapiro, D. A. (1986). Counselor verbal response modes and experienced empathy. *Journal of Counseling Psychology, 33*, 3–10. http://dx.doi.org/10.1037/0022-0167.33.1.3

Barsaglini, A., Sartori, G., Benetti, S., Pettersson-Yeo, W., & Mechelli, A. (2014). The effects of psychotherapy on brain function: A systematic and critical review. *Progress in Neurobiology, 114(March)*, 1–14. http://dx.doi.org/10.1016/j.pneurobio.2013.10.006

Basch, M. F. (1980). *Doing psychotherapy*. New York, NY: Basic Books.

Beals, K. P., Peplau, L. A., & Gable, S. L. (2009). Stigma management and well-being: The role of perceived social support, emotional processing, and suppression. *Personality and Social Psychology Bulletin, 35*, 867–879. http://dx.doi.org/10.1177/0146167209334783

Beattie, G., & Shovelton, H. (2005). Why the spontaneous images created by the hands during talk can help make TV advertisements more effective. *British Journal of Psychology, 96*, 21–37. http://dx.doi.org/10.1348/000712605X103500

Beauchamp, T. L., & Childress, J. F. (1994). *Principles of biomedical ethics* (4th ed.). New York, NY: Oxford University Press.

Beck, A. T. (1976). *Cognitive therapy and the emotional disorders*. New York, NY: International Universities Press.

Beck, A. T., & Emery, G. (1985). *Anxiety disorders and phobias: A cognitive perspective*. New York, NY: Basic Books.

Beck, A. T., & Freeman, A. (1990). *Cognitive therapy of the personality disorders*. New York, NY: Guilford Press.

Beck, A. T., Rush, A. J., Shaw, B. R., & Emery, G. (1979). *Cognitive therapy of depression*. New York, NY: Guilford Press.

Beck, J. S. (1995). *Cognitive therapy: Basics and beyond*. New York, NY: Guilford Press.

Benson, H. (1975). *The relaxation response*. New York, NY: Morrow.

Berman, A. L., Jobes, D. A., & Silverman, M. M. (2006). *Adolescent suicide: Assessment and intervention* (2nd ed.). Washington, DC: American Psychological Association. http://dx.doi.org/10.1037/11285-000

Bernstein, D. A., & Borkovec, T. D. (1973). *Progressive relaxation training*. Champaign, IL: Research Press.

Berry, J. W. (1997). Immigration, acculturation, and adaptation. *Applied Psychology*, *46*, 5–34.

Bianchi, E. C. (2016). American individualism rises and falls with the economy: Cross-temporal evidence that individualism declines when the economy falters. *Journal of Personality and Social Psychology*, *111*, 567–584. http://dx.doi.org/10.1037/pspp0000114

Bibring, E. (1954). Psychoanalysis and the dynamic psychotherapies. *Journal of the American Psychoanalytic Association*, *2*, 745–770. http://dx.doi.org/10.1177/000306515400200412

Blagys, M. D., & Hilsenroth, M. J. (2000). Distinctive features of short-term psychodynamic—A review of the comparative psychotherapy process literature. *Clinical Psychology: Science and Practice*, *7*, 167–188. http://dx.doi.org/10.1093/clipsy/7.2.167

Blanchard, M., & Farber, B. A. (2016). Lying in psychotherapy: Why and what clients don't tell their therapist about therapy and their relationship. *Counselling Psychology Quarterly*, *29*, 90–112. http://dx.doi.org/10.1080/09515070.2015.1085365

Blanck, G. (1966). Some technical implications of ego psychology. *The International Journal of Psycho-Analysis*, *47*, 6–13.

Blustein, D. L. (1987). Integrating career counseling and psychotherapy: A comprehensive treatment strategy. *Psychotherapy: Theory, Research, Practice, Training*, *24*, 794–799. http://dx.doi.org/10.1037/h0085781

Bohart, A. C., Elliott, R., Greenberg, L. S., & Watson, J. C. (2002). Empathy. In J. C. Norcross (Ed.), *Psychotherapy relationships that work: Therapist contributions and responsiveness to patients* (pp. 89–108). New York, NY: Oxford University Press.

Bohart, A. C., & Tallman, K. (1999). *How clients make therapy work: The process of active self-healing*. Washington, DC: American Psychological Association. http://dx.doi.org/10.1037/10323-000

Book, H. E. (1998). *How to practice brief psychodynamic psychotherapy: The core conflictual relationship theme method*. Washington, DC: American Psychological Association. http://dx.doi.org/10.1037/10251-000

Bowlby, J. (1969). *Attachment and loss: Vol. 1. Attachment*. New York, NY: Basic Books.

Bowlby, J. (1988). *A secure base*. New York, NY: Basic Books.

Boyer, S. P., & Hoffman, M. A. (1993). Counselor affective reactions to termination: Impact of counselor loss history and perceived client sensitivity to loss. *Journal of Counseling Psychology, 40*, 271–277. http://dx.doi.org/10.1037/0022-0167.40.3.271

Brainerd, C. J., & Reyna, V. R. (1998). When things that never happened are easier to "remember" than things that did. *Psychological Science, 9*, 484–489. http://dx.doi.org/10.1111/1467-9280.00089

Brammer, L. M., & MacDonald, G. (1996). *The helping relationship: Process and skills* (6th ed.). Boston, MA: Allyn & Bacon.

Breier, A., & Strauss, J. S. (1984). The role of social relationships in the recovery from psychotic disorders. *The American Journal of Psychiatry, 141*, 949–955. http://dx.doi.org/10.1176/ajp.141.8.949

Brown, D. (1985). Career counseling: Before, after, or instead of personal counseling. *Vocational Guidance Quarterly, 33*, 197–201. http://dx.doi.org/10.1002/j.2164-585X.1985.tb01310.x

Brown, D., & Brooks, L. (1991). *Career counseling techniques*. Boston, MA: Allyn & Bacon.

Brownell, K. D., Marlatt, G. A., Lichtenstein, E., & Wilson, G. T. (1986). Understanding and preventing relapse. *American Psychologist, 41*, 765–782. http://dx.doi.org/10.1037/0003-066X.41.7.765

Buber, M. (1958). *I and thou*. (R. G. Smith, Trans., 2nd ed.). Edinburgh, Scotland: T & T Clark.

Budman, S. H., & Gurman, A. S. (1988). *Theory and practice of brief therapy*. New York, NY: Guilford Press.

Bugental, J. T. (1965). *The search for authenticity*. New York, NY: Holt, Rinehart & Winston.

Burns, D. D. (1999). *The feeling good handbook* (rev. ed.). New York, NY: Plume/Penguin Books.

Burns, D. D., & Auerbach, A. (1996). Therapeutic empathy in cognitive-behavioral therapy: Does it really make a difference? In P. M. Salkovskis (Ed.), *Frontiers of cognitive therapy* (pp. 135–164). New York, NY: Guilford Press.

Cahill, A. J. (1981). Aggression revisited: The value of anger in therapy and other close relationships. *Adolescent Psychiatry, 9*, 539–549.

Carkhuff, R. R. (1969). *Human and helping relations* (Vols. 1 and 2). New York, NY: Holt, Rinehart & Winston.

Carkhuff, R. R. (1973). *The art of problem-solving*. Amherst, MA: Human Resource Development.

Carkhuff, R. R., & Anthony, W. A. (1979). *The skills of helping: An introduction to counseling skills*. Amherst, MA: Human Resources Development.

Carkhuff, R. R., & Berenson, B. G. (1967). *Beyond counseling and psychotherapy*. New York, NY: Holt, Rinehart & Winston.

Carroll, L. (1962). *Alice's adventures in wonderland*. Harmondsworth, England: Penguin Books. (Original work published 1865)

Cashdan, S. (1988). *Object relations therapy*. New York, NY: Norton.

Cass, V. V. (1979). Homosexuality identity formation: A theoretical model. *Journal of Homosexuality, 4*, 219–235. http://dx.doi.org/10.1300/J082v04n03_01

Cassidy, J., & Shaver, P. R. (Eds.). (2018). *Handbook of attachment: Theory, research, and clinical application* (3rd ed.). New York, NY: Guilford Press.

Castonguay, L., & Hill, C. E. (Eds.). (2007). *Insight in psychotherapy*. Washington, DC: American Psychological Association. http://dx.doi.org/10.1037/11532-000

Castonguay, L., & Hill, C. E. (Eds.). (2012). *Transformation in psychotherapy: Corrective experiences across cognitive behavioral, humanistic, and psychodynamic approaches*. Washington, DC: American Psychological Association. http://dx.doi.org/10.1037/13747-000

Castonguay, L., & Hill, C. E. (2017). *How and why are some therapists better than others?* Washington, DC: American Psychological Association.

Chao, M. M., & Kesebir, P. (2013). Culture: The grand web of meaning. In J. A. Hicks & C. Routledge (Eds.), *The experience of meaning in life: Classical perspectives, emerging themes, and controversies* (pp. 317–331). New York, NY: Springer. http://dx.doi.org/10.1007/978-94-007-6527-6_24

Chui, H., Hill, C. E., Ain, S., Ericson, S., Del Pino, H. G., Hummel, A., . . . Spangler, P. T. (2014). Training undergraduate students to use challenges. *The Counseling Psychologist, 42*, 758–777. http://dx.doi.org/10.1177/0011000014542599

Claiborn, C. D., Goodyear, R. K., & Horner, P. A. (2002). Feedback. In J. C. Norcross (Ed.), *Psychotherapy relationships that work: Therapist contributions and responsiveness to patients* (pp. 217–233). New York, NY: Oxford University Press.

Cobb, S. (1976). Presidential Address—1976. Social support as a moderator of life stress. *Psychosomatic Medicine, 38*, 300–314. http://dx.doi.org/10.1097/00006842-197609000-00003

Cole, P. M., Bruschi, C. J., & Tamang, B. L. (2002). Cultural differences in children's emotional reactions to difficult situations. *Child Development, 73*, 983–996. http://dx.doi.org/10.1111/1467-8624.00451

Conoley, C. W., Padula, M. A., Payton, D. S., & Daniels, J. A. (1994). Predictors of client implementation of counselor recommendations: Match with problem, difficulty level, and building on client strengths. *Journal of Counseling Psychology, 41*, 3–7. http://dx.doi.org/10.1037/0022-0167.41.1.3

Cooper, M. (2015). *An existential approach to counselling and psychotherapy: Contributions to a pluralistic approach*. Thousand Oaks, CA: Sage.

Cournoyer, R. J., & Mahalik, J. R. (1995). Cross-sectional study of gender role conflict examining college-aged and middle-aged men. *Journal of Counseling Psychology, 42*, 11–19. http://dx.doi.org/10.1037/0022-0167.42.1.11

Crenshaw, K. (1993). Beyond racism and misogyny: Black feminism and 2 Live Crew. In D. Tietjens Meyers (Ed.), *Feminist social thought* (pp. 245–264). New York, NY: Routledge.

Crits-Christoph, P., Barber, J. P., & Kurcias, J. S. (1991). Introduction and historical background. In P. Crits-Christoph & J. P. Barber (Eds.), *Handbook of short-term dynamic psychotherapy* (pp. 1–16). New York, NY: Basic Books.

Crits-Christoph, P., & Gibbons, M. B. C. (2002). Relational interpretations. In J. C. Norcross (Ed.), *Psychotherapy relationships that work: Therapist contributions and responsiveness to patients* (pp. 285–300). New York, NY: Oxford University Press.

Cunha, C., Gonçalves, M. M., Hill, C. E., Mendes, I., Ribeiro, A. P., Sousa, I., . . . Greenberg, L. S. (2012). Therapist interventions and client innovative moments in emotion-focused therapy for depression. *Psychotherapy, 49*, 536–548. http://dx.doi.org/10.1037/a0028259

Darwin, C. R. (1872). *The expression of the emotions in man and animals*. London, England: John Murray. http://dx.doi.org/10.1037/10001-000

Day-Vines, N. L., Wood, S. M., Grothaus, T., Craigen, L., Holman, A., Dotson-Blake, K., & Douglass, M. J. (2007). Broaching subjects of race, ethnicity, and culture during the counseling process. *Journal of Counseling & Development, 85*, 401–409. http://dx.doi.org/10.1002/j.1556-6678.2007.tb00608.x

Denham, S., & Kochanoff, A. T. (2002). Parental contributions to preschoolers' understanding of emotion. *Marriage & Family Review, 34*, 311–343. http://dx.doi.org/10.1300/J002v34n03_06

Denham, S. A., Mitchell-Copeland, J., Strandberg, K., Auberbach, S., & Blair, K. (1997). Parental contributions to preschoolers' emotional competence: Direct and indirect effects. *Motivation and Emotion, 21*, 65–86. http://dx.doi.org/10.1023/A:1024426431247

Denham, S. A., Zoller, D., & Couchoud, E. A. (1994). Socialization of preschoolers' emotion understanding. *Developmental Psychology, 30*, 928–936. http://dx.doi.org/10.1037/0012-1649.30.6.928

Deutsch, C. J. (1984). Self-reported sources of stress among psychotherapists. *Professional Psychology: Research and Practice, 15*, 833–845. http://dx.doi.org/10.1037/0735-7028.15.6.833

Dewald, P. A. (1971). *Psychotherapy: A dynamic approach*. New York, NY: Basic Books.

Diemer, M. A., Rapa, L. J., Voight, A. M., & McWhirter, E. H. (2016). Critical consciousness: A developmental approach to addressing marginalization and oppression. *Child Development Perspectives, 10*, 216–221. http://dx.doi.org/10.1111/cdep.12193

Duan, C., & Hill, C. E. (1996). The current states of empathy research. *Journal of Counseling Psychology, 43*, 261–274. http://dx.doi.org/10.1037/0022-0167.43.3.261

Duan, C., Hill, C., Jiang, G., Hu, B., Chui, H., Hui, K., . . . Yu, L. (2012). Therapist directives: Use and outcomes in China. *Psychotherapy Research, 22*, 442–457. http://dx.doi.org/10.1080/10503307.2012.664292

Duan, C., Hill, C. E., Jiang, G., Hu, B., Lei, Y., Chen, J., & Yu, L. (2013). The use of directives in counseling in China: The counselor perspective. *Counselling Psychology Quarterly, 28*, 57–77.

Duran, E., Firehammer, J., & Gonzalez, J. (2008). Liberation psychology as the path toward healing cultural soul wounds. *Journal of Counseling and Development, 86*, 288–295. http://dx.doi.org/10.1002/j.1556-6678.2008.tb00511.x

Edelstein, L. N., & Waehler, C. A. (2011). *What do I say? The therapist's guide to answering client questions*. Hoboken, NJ: Wiley. http://dx.doi.org/10.1002/9781118094730

Eells, T. D. (2007). *Handbook of psychotherapy case formulation* (2nd ed.). New York, NY: Guilford Press.

Egan, G. (1994). *The skilled helper* (5th ed.). Monterey, CA: Brooks/Cole.

Eibl-Eibesfeldt, I. (1971). *Love and hate: The natural history of behavior patterns*. New York, NY: Holt, Rinehart & Winston.

Ekman, P. (1993). Facial expression and emotion. *American Psychologist, 48*, 384–392. http://dx.doi.org/10.1037/0003-066X.48.4.384

Ekman, P., & Friesen, W. V. (1969). Nonverbal leakage and clues to deception. *Psychiatry, 32*, 88–106. http://dx.doi.org/10.1080/00332747.1969.11023575

Ekman, P., & Friesen, W. V. (1984). *Unmasking the face* (reprint). Palo Alto, CA: Consulting Psychologists Press.

Elliott, R. (1985). Helpful and nonhelpful events in brief counseling interviews: An empirical taxonomy. *Journal of Counseling Psychology, 32*, 307–322. http://dx.doi.org/10.1037/0022-0167.32.3.307

Elliott, R., Barker, C. B., Caskey, N., & Pistrang, N. (1982). Differential helpfulness of counselor verbal response modes. *Journal of Counseling Psychology, 29*, 354–361. http://dx.doi.org/10.1037/0022-0167.29.4.354

Elliott, R., Bohart, A. C., Watson, J. C., & Murphy, D. (2019). Empathy. In J. C. Norcross & M. J. Lambert (Eds.), *Psychotherapy relationships that work: Therapist contributions and responsiveness to patients* (3rd ed., pp. 89–108). Oxford, England: Oxford University Press.

Elliott, R., Greenberg, L. S., Watson, J., Timulak, L., & Freire, E. (2013). Research on humanistic-experiential psychotherapies. In M. J. Lambert (Ed.), *Bergin and Garfield's handbook of psychotherapy and behavior change* (6th ed., pp. 495–538). New York, NY: Wiley.

Elliott, R., Shapiro, D. A., Firth-Cozens, J., Stiles, W. B., Hardy, G. E., Llewelyn, S. P., & Margison, F. R. (1994). Comprehensive process analysis of insight events in cognitive-behavioral and psychodynamic-interpersonal psychotherapies. *Journal of Counseling Psychology, 41*, 449–463. http://dx.doi.org/10.1037/0022-0167.41.4.449

Elliott, R., Watson, J. C., Goldman, R. N., & Greenberg, L. S. (2004). *Learning emotion-focused therapy: The process-experiential approach to change*. Washington, DC: American Psychological Association. http://dx.doi.org/10.1037/10725-000

Ellis, A. (1962). *Reason and emotion in psychotherapy*. New York, NY: Lyle Stuart.

Ellis, A. (1995). Rational emotive behavior therapy. In R. Corsini & D. Wedding (Eds.), *Current psychotherapies* (5th ed., pp. 161–196). Itasca, IL: R. E. Peacock.

Erikson, E. H. (1963). *Childhood and society* (2nd ed.). New York, NY: Norton.

Etkin, A., Pittenger, C., Polam, H. J., & Kandel, E. R. (2005). Toward a neurobiology of psychotherapy: Basic science and clinical applications. *The Journal of Neuropsychiatry and Clinical Neurosciences, 17*, 145–158. http://dx.doi.org/10.1176/jnp.17.2.145

Eubanks, C. F., Muran, J. C., & Safran, J. D. (2018). Alliance rupture repair: A meta-analysis. *Psychotherapy, 55*, 508–519. http://dx.doi.org/10.1037/pst0000185

Falk, D., & Hill, C. E. (1992). Counselor interventions preceding client laughter in brief therapy. *Journal of Counseling Psychology, 39*, 39–45. http://dx.doi.org/10.1037/0022-0167.39.1.39

Farber, B. A. (1983). Psychotherapists' perceptions of stressful patient behavior. *Professional Psychology: Research and Practice, 14*, 697–705. http://dx.doi.org/10.1037/0735-7028.14.5.697

Farber, B. A., & Geller, J. D. (1994). Gender and representation in psychotherapy. *Psychotherapy: Theory, Research, Practice, Training, 31*, 318–326. http://dx.doi.org/10.1037/h0090216

Feldman, T. (2002). Technical considerations when handling questions in the initial phases of psychotherapy. *Journal of Contemporary Psychotherapy, 32*, 213–227. http://dx.doi.org/10.1023/A:1020549110989

Fitzpatrick, M. R., Stalikas, A., & Iwakabe, S. (2001). Examining counselor interventions and client progress in the context of the therapeutic alliance. *Psychotherapy: Theory, Research, Practice, Training, 38*, 160–170. http://dx.doi.org/10.1037/0033-3204.38.2.160

Flückiger, C., Del Re, A. C., Wampold, B. E., & Horvath, A. O. (2018). The alliance in adult psychotherapy: A meta-analysis synthesis. *Psychotherapy, 55*, 316–340. http://dx.doi.org/10.1037/pst0000172

Fonagy, P., Gergely, G., & Target, M. (2008). Psychoanalytic constructs and attachment theory and research. In J. Cassidy & P. Shaver (Eds.), *Handbook of attachment* (2nd ed., pp. 783–810). New York, NY: Guilford Press.

Fouad, N. A., & Brown, M. T. (2000). Role of race and social class in development: Implications for counseling psychology. In S. D. Brown & R. W. Lent (Eds.), *Handbook of counseling psychology* (3rd ed., pp. 379–408). New York, NY: Wiley.

Fragoso, J. M., & Kashubeck, S. (2000). Machismo, gender role conflict, and mental health in Mexican American men. *Psychology of Men & Masculinity, 1,* 87–97. http://dx.doi.org/10.1037/1524-9220.1.2.87

Frank, J. D., & Frank, J. B. (1991). *Persuasion and healing: A comparative study of psychotherapy* (3rd ed.). Baltimore, MD: Johns Hopkins University Press.

Frankish, C. J. (1994). Crisis centers and their role in treatment: Suicide prevention versus health promotion. *Death Studies, 18,* 327–339. http://dx.doi.org/10.1080/07481189408252681

Frankl, V. (1959). *Man's search for meaning.* New York, NY: Simon & Schuster.

Freire, P. (2000). *Pedagogy of the oppressed.* New York, NY: Continuum. (Original work published 1970)

Freud, S. (1933). *New introductory lectures on psychoanalysis* (J. H. Sprott, Trans.). New York, NY: Norton.

Freud, S. (1943). *A general introduction to psychoanalysis* (J. Riviere, Trans.). New York, NY: Garden City. (Original work published 1920)

Freud, S. (1949). *An outline of psychoanalysis* (J. Strachey, Trans.). New York, NY: Norton. (Original work published 1940)

Freud, S. (1953a). Fragment of an analysis of a case of hysteria. In J. Strachey (Ed.), *Standard edition of the complete psychological works of Sigmund Freud* (Vol. 7, pp. 15–122). London, England: Hogarth. (Original work published 1905)

Freud, S. (1953b). Remembering, repeating, and working through. In J. Strachey (Ed.), *Standard edition of the complete psychological works of Sigmund Freud* (Vol. 12, pp. 147–156). London, England: Hogarth. (Original work published 1914)

Freud, S. (1958). Recommendations to physicians practicing psychoanalysis. In J. Strachey (Trans. & Ed.), *The standard edition of the complete psychological works of Sigmund Freud* (Vol. 12, pp. 109–120). London, England: Hogarth Press. (Original work published 1912)

Freud, S. (1961). The ego and the id. In J. Strachey (Trans. & Ed.), *The standard edition of the complete psychological works of Sigmund Freud* (Vol. 19, pp. 3–66). London, England: Hogarth. (Original work published 1923)

Freud, S. (1963). *Character and culture.* Oxford, England: Crowell-Collier. (Original work published 1923)

Friedman, E. H. (1990). *Friedman's fables.* New York, NY: Guilford Press.

Fromm-Reichmann, F. (1950). *Principles of intensive psychotherapy.* Chicago, IL: University of Chicago Press.

Fukuyama, M. A., & Sevig, T. D. (2002). Spirituality in counseling across cultures: Many rivers to the sea. In P. B. Pedersen, J. G. Draguns, W. J. Lonner, & J. E. Trimble (Eds.), *Counseling across cultures* (5th ed., pp. 273–296). Thousand Oaks, CA: Sage.

Fuller, F., & Hill, C. E. (1985). Counselor and helpee perceptions of counselor intentions in relationship to outcome in a single counseling session. *Journal of Counseling Psychology, 32,* 329–338. http://dx.doi.org/10.1037/0022-0167.32.3.329

Gelfand, M. (2018). *Rule makers, rule breakers: How tight and loose cultures wire our worlds.* New York, NY: Scribner.

Geller, J. D., Cooley, R. S., & Hartley, D. (1981). Images of the psychotherapist: A theoretical and methodological perspective. *Imagination, Cognition and Personality, 1*, 123–146. http://dx.doi.org/10.2190/64EY-QLW8-765A-K0KH

Geller, J. D., & Farber, B. A. (1993). Factors influencing the process of internalization in psychotherapy. *Psychotherapy Research, 3*, 166–180. http://dx.doi.org/10.1080/10503309312331333769

Geller, S. (2017). *A practical guide to cultivating therapeutic presence.* Washington, DC: American Psychological Association.

Gelso, C. J., & Carter, J. A. (1985). The relationship in counseling and psychotherapy. *The Counseling Psychologist, 13*, 155–243. http://dx.doi.org/10.1177/0011000085132001

Gelso, C. J., & Carter, J. A. (1994). Components of the psychotherapy relationship: Their interaction and unfolding during treatment. *Journal of Counseling Psychology, 41*, 296–306. http://dx.doi.org/10.1037/0022-0167.41.3.296

Gelso, C. J., & Hayes, J. A. (1998). *The psychotherapy relationship: Theory, research, and practice.* New York, NY: Wiley.

Gelso, C. J., & Hayes, J. A. (2007). *Countertransference and the therapist's inner experience: Perils and possibilities.* Mahwah, NJ: Erlbaum.

Gelso, C. J., Williams, E. N., & Fretz, B. R. (2014). *Counseling psychology* (3rd ed.). Washington, DC: American Psychological Association.

Gendlin, E. T. (1996). *Focusing-oriented psychotherapy: A manual of the experiential method.* New York, NY: Guilford Press.

Glass, A. L., & Holyoak, L. J. (1986). *Cognition* (2nd ed.). New York, NY: Random House.

Goates-Jones, M. K., Hill, C. E., Stahl, J., & Doschek, E. (2009). Therapist response modes in the exploration stage: Timing and effectiveness. *Counselling Psychology Quarterly, 22*, 221–231. http://dx.doi.org/10.1080/09515070903185256

Godfrey, E. B., & Wolf, S. (2016). Developing critical consciousness or justifying the system? A qualitative analysis of attributions for poverty and wealth among low-income racial/ethnic minority and immigrant women. *Cultural Diversity and Ethnic Minority Psychology, 22*, 93–103. http://dx.doi.org/10.1037/cdp0000048

Goldfried, M. R. (2012). The corrective experience: A core principle for therapeutic change. In L. G. Castonguay & C. E. Hill (Eds.), *Transformation in psychotherapy: Corrective experiences across cognitive behavioral, humanistic, and psychodynamic approaches* (pp. 13–30). Washington, DC: American Psychological Association. http://dx.doi.org/10.1037/13747-002

Goldfried, M. R., & Davison, G. C. (1994). *Clinical behavior therapy* (expanded ed.). Oxford, England: Wiley.

Goldfried, M. R., & Trier, C. S. (1974). Effectiveness of relaxation as an active coping skill. *Journal of Abnormal Psychology, 83*, 348–355. http://dx.doi.org/10.1037/h0036923

Good, G. E., Robertson, J. M., O'Neil, J. M., Fitzgerald, L. E., Stevens, M., DeBord, K. A., & Braverman, D. G. (1995). Male gender role conflict: Psychometric issues and relations to psychological distress. *Journal of Counseling Psychology, 42*, 3–10. http://dx.doi.org/10.1037/0022-0167.42.1.3

Gourash, N. (1978). Help-seeking: A review of the literature. *American Journal of Community Psychology, 6*, 413–423. http://dx.doi.org/10.1007/BF00941418

Grace, M., Kivlighan, D. M., & Kunce, J. (1995). The effect of nonverbal skills training on counselor trainee nonverbal sensitivity and responsiveness and on session impact and working alliance ratings. *Journal of Counseling & Development, 73*, 547–552. http://dx.doi.org/10.1002/j.1556-6676.1995.tb01792.x

Greenberg, L. S. (2002). *Emotion-focused therapy: Coaching clients to work through their feelings.* New York, NY: Guilford Press.

Greenberg, L. S. (2015). *Emotion-focused therapy: Coaching clients to work through their feelings* (2nd ed.). Washington, DC: American Psychological Association. http://dx.doi.org/10.1037/14692-000

Greenberg, L. S., Rice, L. N., & Elliott, R. (1993). *Facilitating emotional change.* New York, NY: Guilford Press.

Greenson, R. R. (1967). *The technique and practice of psychoanalysis* (Vol. 1). Madison, CT: International Universities Press.

Greenwald, A. G., & Banaji, M. R. (1995). Implicit social cognition: Attitudes, self-esteem, and stereotypes. *Psychological Review, 102*, 4–27. http://dx.doi.org/10.1037/0033-295X.102.1.4

Grissom, G. R., Lyons, J. S., & Lutz, W. (2002). Standing on the shoulders of a giant: Development of an outcome management system based on the dose model and phase model of psychotherapy. *Psychotherapy Research, 12*, 397–412. http://dx.doi.org/10.1093/ptr/12.4.397

Gross, A. E., & McMullen, P. A. (1983). Models of the help-seeking process. In B. DePaulo, A. Nadler, & J. D. Fisher (Eds.), *New directions in helping* (Vol. 2, pp. 45–70). New York, NY: Academic Press.

Gupta, S., Hill, C. E., & Kivlighan, D. M., Jr. (2018). Client laughter in psychodynamic psychotherapy: Not a laughing matter. *Journal of Counseling Psychology, 65*, 463–473. http://dx.doi.org/10.1037/cou0000272

Gutierrez, L. M., & Lewis, E. A. (Eds.). (1999). *Empowering women of color.* New York, NY: Columbia University Press.

Haase, R. F., & Tepper, D. T. (1972). Nonverbal components of empathic communication. *Journal of Counseling Psychology, 19*, 417–424. http://dx.doi.org/10.1037/h0033188

Hackett, G. (1993). Career counseling and psychotherapy: False dichotomies and recommended remedies. *Journal of Career Assessment, 1*, 105–117. http://dx.doi.org/10.1177/106907279300100201

Haldeman, D. C. (2002). Gay rights, patient rights: The implications of sexual orientation conversion therapy. *Professional Psychology: Research and Practice, 33*, 260–264. http://dx.doi.org/10.1037/0735-7028.33.3.260

Haley, J. (1987). *Problem-solving therapy.* San Francisco, CA: Jossey-Bass.

Hall, E. T. (1963). A system for the notation of proxemic behavior. *American Anthropologist, 65*, 1003–1026. http://dx.doi.org/10.1525/aa.1963.65.5.02a00020

Hall, E. T. (1966). *The hidden dimension.* New York, NY: Doubleday.

Hanna, F. J., & Ritchie, M. H. (1995). Seeking the active ingredients of psychotherapeutic change: Within and outside the context of therapy. *Professional Psychology: Research and Practice, 26*, 176–183. http://dx.doi.org/10.1037/0735-7028.26.2.176

Harper, R. G., Wiens, A. N., & Matarazzo, J. D. (1978). *Nonverbal communication: The state of the art.* New York, NY: Wiley.

Hayes, J. A., Owen, J., & Bieschke, K. J. (2015). Therapist differences in symptom change with racial/ethnic minority clients. *Psychotherapy, 52*, 308–314. http://dx.doi.org/10.1037/a0037957

Hayes, J. A., Owen, J., & Nissen-Lie, H. A. (2013). The contribution of client culture to differential therapist effectiveness. In L. G. Castonguay & C. E. Hill (Eds.), *How and why are some therapists better than others?* (pp. 159–174). Washington, DC: American Psychological Association.

Hays, P. A. (2016). *Addressing cultural complexities in practice: Assessment, diagnosis, and therapy* (3rd ed.). Washington, DC: American Psychological Association. http://dx.doi.org/10.1037/14801-000

Helms, J. E. (1990). *Black and White racial identity: Theory, research, and practice*. Westport, CT: Greenwood.

Helms, J. E., & Cook, D. A. (1999). *Using race and culture in counseling and psychotherapy: Theory and practice*. Needham, MA: Allyn & Bacon.

Herr, E. L. (1989). Career development and mental health. *Journal of Career Development, 16*, 5–18. http://dx.doi.org/10.1007/BF01354263

Hill, C. E. (1975). A process approach for establishing counseling goals and outcomes. *The Personnel & Guidance Journal, 53*, 571–576. http://dx.doi.org/10.1002/j.2164-4918.1975.tb04586.x

Hill, C. E. (1978). Development of a counselor verbal response category system. *Journal of Counseling Psychology, 25*, 461–468. http://dx.doi.org/10.1037/0022-0167.25.5.461

Hill, C. E. (1989). *Therapist techniques and client outcomes: Eight cases of brief psychotherapy*. Newbury Park, CA: Sage.

Hill, C. E., (1992). An overview of four measures developed to test the Hill process model: Therapist intentions, therapist response modes, client reactions, and client behaviors. *Journal of Counseling & Development, 70*, 728–739. http://dx.doi.org/10.1002/j.1556-6676.1992.tb02156.x

Hill, C. E. (1996). *Working with dreams in psychotherapy*. New York, NY: Guilford Press.

Hill, C. E. (Ed.). (2004). *Dream work in therapy: Facilitating exploration, insight, and action*. Washington, DC: American Psychological Association. http://dx.doi.org/10.1037/10624-000

Hill, C. E. (2005a). The role of individual and marital therapy in my development. In J. D. Geller, J. C. Norcross, & D. E. Orlinsky (Eds.), *The psychotherapist's own psychotherapy: Patient and clinician perspectives* (pp. 129–144). New York, NY: Oxford University Press.

Hill, C. E. (2005b). Therapist techniques, client involvement, and the therapeutic relationship: Inextricably intertwined in the therapy process. *Psychotherapy: Theory, Research, Practice, Training, 42*, 431–442. http://dx.doi.org/10.1037/0033-3204.42.4.431

Hill, C. E. (2007). My personal reactions to Rogers (1957): The facilitative but neither necessary nor sufficient conditions of therapeutic personality change. *Psychotherapy, 44*, 260–264. http://dx.doi.org/10.1037/0033-3204.44.3.260

Hill, C. E. (2018). *Meaning in life: A therapist guide*. Washington, DC: American Psychological Association.

Hill, C. E., Carter, J. A., & O'Farrell, M. K. (1983). A case study of the process and outcome of time-limited counseling. *Journal of Counseling Psychology, 30*, 3–18. http://dx.doi.org/10.1037/0022-0167.30.1.3

Hill, C. E., Crook-Lyon, R. E., Hess, S. A., Goates-Jones, M., Roffman, M., Stahl, J., . . . Johnson, M. (2006). Prediction of session process and outcome in the Hill dream model: Contributions of client characteristics and the process of the three stages. *Dreaming*, *16*, 159–185. http://dx.doi.org/10.1037/1053-0797.16.3.159

Hill, C. E., Gelso, C. J., Chui, H., Spangler, P., Hummel, A., Huang, T., . . . Miles, J. R. (2014). To be or not to be immediate with clients: The use and effects of immediacy in psycho-dynamic/interpersonal psychotherapy. *Psychotherapy Research*, *3*, 299–315. http://dx.doi.org/10.1080/10503307.2013.812262

Hill, C. E., & Gormally, J. (1977). Effects of reflection, restatement, probe, and nonverbal behavior on client affect. *Journal of Counseling Psychology*, *24*, 92–97. http://dx.doi.org/10.1037/0022-0167.24.2.92

Hill, C. E., Helms, J. E., Spiegel, S. B., & Tichenor, V. (1988). Development of a system for categorizing client reactions to therapist interventions. *Journal of Counseling Psychology*, *35*, 27–36. http://dx.doi.org/10.1037/0022-0167.35.1.27

Hill, C. E., Helms, J. E., Tichenor, V., Spiegel, S. B., O'Grady, K. E., & Perry, E. S. (1988). The effects of therapist response modes in brief psychotherapy. *Journal of Counseling Psychology*, *35*, 222–233. http://dx.doi.org/10.1037/0022-0167.35.3.222

Hill, C. E., Kellems, I. S., Kolchakian, M. R., Wonnell, T. L., Davis, T. L., & Nakayama, E. Y. (2003). The therapist experience of being the target of hostile versus suspected-unasserted client anger: Factors associated with resolution. *Psychotherapy Research*, *13*, 475–491. http://dx.doi.org/10.1093/ptr/kpg040

Hill, C. E., Kline, K. V., O'Connor, S., Morales, K., Li, X., Kivlighan, D. M., Jr., & Hillman, J. (2018). Silence is golden: A mixed methods investigation of silence in one case of psychodynamic psychotherapy. *Psychotherapy*. Advance online publication. http://dx.doi.org/10.1037/pst0000196

Hill, C. E., & Knox, S. (2002). Therapist self-disclosure. In J. C. Norcross (Ed.), *Psychotherapy relationships that work: Therapist contributions and responsiveness to patients* (pp. 255–265). Oxford, England: Oxford University Press.

Hill, C. E., & Knox, S. (2009). Processing the therapeutic relationship. *Psychotherapy Research*, *19*, 13–29. http://dx.doi.org/10.1080/10503300802621206

Hill, C. E., & Knox, S. (2013). Training and supervision in psychotherapy. In M. J. Lambert (Ed.), *Handbook of psychotherapy and behavior change* (6th ed., pp. 775–811). New York, NY: Wiley.

Hill, C. E., Knox, S., Crook-Lyon, R. E., Hess, S. A., Miles, J., Spangler, P. T., & Pudasaini, S. (2014). Dreaming of you: Client and therapist dreams about each other during psychodynamic psychotherapy. *Psychotherapy Research*, *24*, 523–537. http://dx.doi.org/10.1080/10503307.2013.867461

Hill, C. E., Knox, S., Hess, S. A., Crook-Lyon, R. E., Goates-Jones, M. K., & Sim, W. (2007). The attainment of insight in the Hill dream model: A case study. In L. G. Castonguay & C. E. Hill (Eds.), *Insight in psychotherapy* (pp. 207–230). Washington, DC: American Psychological Association. http://dx.doi.org/10.1037/11532-010

Hill, C. E., Knox, S., & Pinto-Coelho, K. G. (2018). Therapist self-disclosure and immediacy: A qualitative meta-analysis. *Psychotherapy*, *55*, 445–460. http://dx.doi.org/10.1037/pst0000182

Hill, C. E., & Lambert, M. J. (2004). Methodological issues in studying psychotherapy processes and outcomes. In M. J. Lambert (Ed.), *Handbook of psychotherapy and behavior change* (5th ed., pp. 84–136). New York, NY: Wiley.

Hill, C. E., & Lent, R. W. (2006). A narrative and meta-analytic review of helping skills training: Time to revive a dormant area of inquiry. *Psychotherapy*, *43*, 154–172. http://dx.doi.org/10.1037/0033-3204.43.2.154

Hill, C. E., Lystrup, A., Kline, K., Gebru, N. M., Birchler, J., Palmer, G., . . . Pinto-Coelho, K. (2013). Aspiring to become a therapist: Personal strengths and challenges, influences, motivations, and expectations of future psychotherapists. *Counselling Psychology Quarterly, 26,* 267–293. http://dx.doi.org/10.1080/09515070.2013.825763

Hill, C. E., Nutt-Williams, E., Heaton, K. J., Thompson, B. J., & Rhodes, R. H. (1996). Therapist retrospective recall of impasses in long-term psychotherapy: A qualitative analysis. *Journal of Counseling Psychology, 43,* 207–217. http://dx.doi.org/10.1037/0022-0167.43.2.207

Hill, C. E., & O'Grady, K. E. (1985). List of therapist intentions illustrated in a case study and with therapists of varying theoretical orientations. *Journal of Counseling Psychology, 32,* 3–22. http://dx.doi.org/10.1037/0022-0167.32.1.3

Hill, C. E., Roffman, M., Stahl, J., Friedman, S., Hummel, A., & Wallace, C. (2008). Helping skills training for undergraduates: Outcomes and predictors of outcomes. *Journal of Counseling Psychology, 55,* 359–370. http://dx.doi.org/10.1037/0022-0167.55.3.359

Hill, C. E., Satterwhite, D. B., Larrimore, M. L., Mann, A. R., Johnson, V. C., Simon, R., . . . Knox, S. (2012). Attitudes about psychotherapy: A qualitative study of introductory psychology students who have never been in psychotherapy and the influence of attachment style. *Counselling & Psychotherapy Research, 12,* 13–24. http://dx.doi.org/10.1080/14733145.2011.629732

Hill, C. E., Sim, W., Spangler, P., Stahl, J., Sullivan, C., & Teyber, E. (2008). Therapist immediacy in brief psychotherapy: Case study II. *Psychotherapy: Theory, Research, Practice, Training, 45,* 298–315. http://dx.doi.org/10.1037/a0013306

Hill, C. E., Spangler, P. T., Chui, H., & Jackson, J. (2014). Training undergraduate students to use insight skills: Rationale, methods, and analyses. *The Counseling Psychologist, 42,* 702–728. http://dx.doi.org/10.1177/0011000014542598

Hill, C. E., Spangler, P. T., Jackson, J., & Chui, H. (2014). Training undergraduate students to use insight skills: Integrating results across three studies. *The Counseling Psychologist, 42,* 800–820. http://dx.doi.org/10.1177/0011000014542602

Hill, C. E., Sullivan, C., Knox, S., & Schlosser, L. Z. (2007). Becoming psychotherapists: Experiences of novice trainees in a beginning graduate class. *Psychotherapy, 44,* 434–449. http://dx.doi.org/10.1037/0033-3204.44.4.434

Hill, C. E., Thompson, B. J., Cogar, M. M., & Denman, D. W. (1993). Beneath the surface of long-term therapy: Therapist and client report of their own and each other's covert processes. *Journal of Counseling Psychology, 40,* 278–287. http://dx.doi.org/10.1037/0022-0167.40.3.278

Hill, C. E., Thompson, B. J., & Corbett, M. M. (1992). The impact of therapist ability to perceive displayed and hidden client reactions on immediate outcome in first sessions of brief therapy. *Psychotherapy Research, 2,* 143–155. http://dx.doi.org/10.1080/10503309212331332914

Hill, C. E., Thompson, B. J., & Ladany, N. (2003). Therapist use of silence in therapy: A survey. *Journal of Clinical Psychology, 59,* 513–524. http://dx.doi.org/10.1002/jclp.10155

Hill, C. E., Thompson, B. J., & Mahalik, J. R. (1989). Therapist interpretation. In C. E. Hill (Ed.), *Therapist techniques and client outcomes: Eight cases of brief psychotherapy* (pp. 284–310). Newbury Park, CA: Sage.

Honos-Webb, L., & Stiles, W. B. (1998). Reformulation of assimilation analysis in terms of voices. *Psychotherapy, 35,* 23–33. http://dx.doi.org/10.1037/h0087682

Hook, J. N., Davis, D. E., Owen, J., Worthington, E. L., & Utsey, S. O. (2013). Cultural humility: Measuring openness to culturally diverse clients. *Journal of Counseling Psychology, 60*, 353–366. http://dx.doi.org/10.1037/a0032595

Howard, K. I., Lueger, R. J., Maling, M. S., & Martinovich, Z. (1993). A phase model of psychotherapy outcome: Causal mediation of change. *Journal of Consulting and Clinical Psychology, 61*, 678–685. http://dx.doi.org/10.1037/0022-006X.61.4.678

Huang, T., & Hill, C. E. (2016). Corrective relational experiences: Corrective relational experiences in psychodynamic-interpersonal psychotherapy: Antecedents, types, consequences in relation to client attachment style. *Journal of Counseling Psychology, 63*, 183–197. http://dx.doi.org/10.1037/cou0000132

Hunter, M., & Struve, J. (1998). *The ethical use of touch in psychotherapy*. Thousand Oaks, CA: Sage. http://dx.doi.org/10.4135/9781483328102

Imel, Z. E., Barco, J. S., Brown, H., Baucom, B. R., Baer, J. S., Kircher, J., & Atkins, D. C. (2014). The association of therapist empathy and synchrony in vocally encoded arousal. *Journal of Counseling Psychology, 61*, 146–153. http://dx.doi.org/10.1037/a0034943

Ito, T. A., & Batholow, B. D. (2009). The neural correlates of race. *Trends in Cognitive Neuroscience, 13*, 524–531.

Ivey, A. E. (1994). *Intentional interviewing and counseling: Facilitating client development in a multicultural society* (3rd ed.). Pacific Grove, CA: Brooks/Cole.

Jackson, J., Hill, C. E., Spangler, P. T., Ericson, S., Merson, E., Liu, J., . . . Reen, G. (2014). Training undergraduate students to use interpretation. *The Counseling Psychologist, 42*, 778–799. http://dx.doi.org/10.1177/0011000014542600

Jacobson, E. (1929). *Progressive relaxation*. Chicago, IL: University of Chicago Press.

Joines, V. S. (1995). A developmental approach to anger. *Transactional Analysis Journal, 25*, 112–118. http://dx.doi.org/10.1177/036215379502500202

Joo, E. S., Hill, C. E., & Kim, Y. H. (in press). Modifying helping skills in Korea. *Psychotherapy Research*.

Jordan, J. V. (2018). *Relational–cultural therapy*. Washington, DC: American Psychological Association. http://dx.doi.org/10.1037/0000063-000

Jourard, S. M. (1971). *The transparent self*. New York, NY: VanNostrand Reinhold.

Jung, C. G. (1984). *Dream analysis*. Princeton, NJ: Princeton University Press.

Kabat-Zinn, J. (2003). Mindfulness-based interventions in context: Past, present, and future. *Clinical Psychology: Science and Practice, 10*, 144–156. http://dx.doi.org/10.1093/clipsy.bpg016

Kagan, N. (1984). Interpersonal process recall: Basic methods and research. In D. Larson (Ed.), *Teaching psychological skills: Models for giving psychology away* (pp. 229–244). Monterey, CA: Brooks/Cole.

Kaplan, A., Brooks, B., McComb, A. L., Shapiro, E. R., & Sodano, A. (1983). Women and anger in psychotherapy. *Women & Therapy, 2*, 29–40. http://dx.doi.org/10.1300/J015v02n02_04

Kasper, L., Hill, C. E., & Kivlighan, D. (2008). Therapist immediacy in brief psychotherapy: Case study I. *Psychotherapy: Theory, Research, Practice, Training, 45*, 281–287. http://dx.doi.org/10.1037/a0013305

Kazdin, A. E. (2013). *Behavior modification in applied settings* (7th ed.). Long Grove, IL: Waveland Press.

Kendon, A. (1967). Some functions of gaze-direction in social interaction. *Acta Psychologica, 26*, 22–63. http://dx.doi.org/10.1016/0001-6918(67)90005-4

Kertay, L., & Reviere, S. L. (1998). Touch in context. In E. W. Smith, P. R. Clance, & S. Imes (Eds.), *Touch in psychotherapy: Theory, research, and practice* (pp. 16–35). New York, NY: Guilford Press.

Kestenbaum, R. (1992). Feeling happy versus feeling good: The processing of discrete and global categories of emotional expressions by children and adults. *Developmental Psychology, 28*, 1132–1142. http://dx.doi.org/10.1037/0012-1649.28.6.1132

Kiesler, D. J. (1988). *Therapeutic metacommunication: Therapist impact disclosure as feedback in psychotherapy*. Palo Alto, CA: Consulting Psychologists Press.

Kiesler, D. J. (1996). *Contemporary interpersonal theory and research: Personality, psychopathology, and psychotherapy*. Oxford, England: Wiley.

Kim, B. S. K., & Abreu, J. M. (2001). Acculturation measurement: Theory, current instruments, and future directions. In J. G. Ponterotto, J. M. Casas, L. A. Suzuki, & C. M. Alexander (Eds.), *Handbook of multicultural counseling* (2nd ed., pp. 394–424). Thousand Oaks, CA: Sage.

Kim, B. S. K., Atkinson, D. R., & Umemoto, D. (2001). Asian cultural values and the counseling process: Current knowledge and directions for future research. *The Counseling Psychologist, 29*, 570–603. http://dx.doi.org/10.1177/0011000001294006

Kim, B. S. K., Atkinson, D. R., & Yang, P. H. (1999). The Asian Values Scale: Development, factor analysis, validation, and reliability. *Journal of Counseling Psychology, 46*, 342–352. http://dx.doi.org/10.1037/0022-0167.46.3.342

Kitchener, K. S. (1984). Intuition, critical evaluation and ethical principles: The foundation for ethical decisions for counseling psychology. *The Counseling Psychologist, 12*, 43–55. http://dx.doi.org/10.1177/0011000084123005

Kivlighan, D. M., Jr., Hill, C. E., Ross, K., Kline, K., Fuhrmann, A., & Sauber, L. (2018). Testing a mediation model of psychotherapy process and outcome in psychodynamic psychotherapy: Previous client distress, psychodynamic techniques, dyadic working alliance, and current client distress. *Psychotherapy Research*. Advance online publication. http://dx.doi.org/10.1080/10503307.2017.1420923

Kivlighan, D. M., & Schmitz, P. J. (1992). Counselor technical activity in cases with improving working alliances and continuing-poor working alliances. *Journal of Counseling Psychology, 39*, 32–38. http://dx.doi.org/10.1037/0022-0167.39.1.32

Kleinke, C. L. (1986). Gaze and eye contact: A research review. *Psychological Bulletin, 100*, 78–100. http://dx.doi.org/10.1037/0033-2909.100.1.78

Knox, S., Burkard, A. W., Jackson, J. A., Schaack, A. M., & Hess, S. (2006). Therapists-in-training who experience a client suicide: Implications for supervision. *Professional Psychology: Research and Practice, 37*, 547–557. http://dx.doi.org/10.1037/0735-7028.37.5.547

Knox, S., Cook, J., Knowlton, G., & Hill, C. E. (2018). Therapists' experiences with internal representations of clients. *Counselling Psychology Quarterly, 31*, 353–374.

Knox, S., Goldberg, J. L., Woodhouse, S., & Hill, C. E. (1999). Clients' internal representations of their therapists. *Journal of Counseling Psychology, 46*, 244–256. http://dx.doi.org/10.1037/0022-0167.46.2.244

Knox, S., Hess, S. A., Petersen, D. A., & Hill, C. E. (1997). A qualitative analysis of client perceptions of the effects of helpful therapist self-disclosure in long-term therapy. *Journal of Counseling Psychology, 44*, 274–283. http://dx.doi.org/10.1037/0022-0167.44.3.274

Kraft, H. S. (2007). *Rule number two: Lessons I learned in a combat hospital*. New York, NY: Little, Brown.

Ladany, N., Hill, C. E., Thompson, B. J., & O'Brien, K. M. (2004). Therapist perspectives on using silence in therapy: A qualitative study. *Counselling & Psychotherapy Research, 4,* 80–89. http://dx.doi.org/10.1080/14733140412331384088

Ladany, N., O'Brien, K. M., Hill, C. E., Melincoff, D. S., Knox, S., & Petersen, D. A. (1997). Sexual attraction toward clients, use of supervision, and prior training: A qualitative study of psychotherapy predoctoral psychology interns. *Journal of Counseling Psychology, 44,* 413–424. http://dx.doi.org/10.1037/0022-0167.44.4.413

Laing, R. D., & Esterson, A. (1970). *Sanity, madness, and the family*. Middlesex, England: Penguin.

Lambert, M. J. (2013). The efficacy and effectiveness of psychotherapy. In M. J. Lambert (Ed.), *Handbook of psychotherapy and behavior change* (6th ed., pp. 169–209). New York, NY: Wiley.

Lang, P. J., Melamed, B. G., & Hart, J. (1970). A psychophysiological analysis of fear modification using an automated desensitization procedure. *Journal of Abnormal Psychology, 76,* 220–234. http://dx.doi.org/10.1037/h0029875

Lauver, P., & Harvey, D. R. (1997). *The practical counselor: Elements of effective helping*. Pacific Grove, CA: Brooks/Cole.

Levy, L. H. (1963). *Psychological interpretation*. New York, NY: Holt, Rinehart & Winston.

Liddle, B. J. (1997). Gay and lesbian client's selection of therapists and utilization of therapy. *Psychotherapy: Theory, Research, Practice, Training, 34,* 11–18. http://dx.doi.org/10.1037/h0087742

Lieberman, M. D., Eisenberger, N. I., Crockett, M. J., Tom, S. M., Pfeifer, J. H., & Way, B. M. (2007). Putting feelings into words: Affect labeling disrupts amygdala activity in response to affective stimuli. *Psychological Science, 18,* 421–428. http://dx.doi.org/10.1111/j.1467-9280.2007.01916.x

Lieblich, A., McAdams, D. P., & Josselson, R. (Eds.). (2004). *Healing plots: The narrative basis for psychotherapy*. Washington, DC: American Psychological Association. http://dx.doi.org/10.1037/10682-000

Loftus, E. (1988). *Memory*. New York, NY: Ardsley House.

Luborsky, L., & Crits-Christoph, P. (1990). *Understanding transference: The CCRT method*. New York, NY: Basic Books.

Lynch, C. (1975). The freedom to get mad: Impediments to expressing anger and how to deal with them. *Family Therapy, 2,* 101–122.

Madigan, S. (2011). *Narrative therapy*. Washington, DC: American Psychological Association.

Mahler, M. S. (1968). *On human symbiosis of the vicissitudes of individuation*. New York, NY: International Universities Press.

Mahrer, A. R., Gagnon, R., Fairweather, D. R., Boulet, D. B., & Herring, C. B. (1994). Client commitment and resolve to carry out postsession behaviors. *Journal of Counseling Psychology, 41,* 407–414. http://dx.doi.org/10.1037/0022-0167.41.3.407

Maki, M. T., & Kitano, H. H. L. (2002). Counseling Asian Americans. In P. B. Pedersen, J. G. Draguns, W. J. Lonner, & J. E. Trimble (Eds.), *Counseling across cultures* (5th ed., pp. 109–131). Thousand Oaks, CA: Sage.

Malan, D. H. (1976a). *The frontier of brief psychotherapy*. New York, NY: Plenum.

Malan, D. H. (1976b). *Toward the validation of dynamic psychotherapy: A replication.* New York, NY: Plenum. http://dx.doi.org/10.1007/978-1-4615-8753-8

Mallinckrodt, B. (2000). Attachment, social competencies, social support, and interpersonal process in psychotherapy. *Psychotherapy Research, 10,* 239–266. http://dx.doi.org/10.1093/ptr/10.3.239

Mann, J. (1973). *Time-limited psychotherapy.* Cambridge, MA: Harvard University Press.

Markus, H., & Kitayama, S. (1991). Culture and the self: Implications for cognition, emotion, and motivation. *Psychological Review, 98,* 224–253. http://dx.doi.org/10.1037/0033-295X.98.2.224

Marmarosh, C. L., Thompson, B. J., Hill, C. E., Hollman, S. N., & Megivern, M. (2017). Therapists-in-training experiences of working with transfer clients: One relationship terminates and another begins. *Psychotherapy, 54,* 102–113.

Maroda, K. J. (2010). *Psychodynamic techniques: Working with emotion in the therapeutic relationship.* New York, NY: Guilford Press.

Martin, J., Martin, W., & Slemon, A. G. (1989). Cognitive-mediational models of action-act sequences in counseling. *Journal of Counseling Psychology, 36,* 8–16. http://dx.doi.org/10.1037/0022-0167.36.1.8

Marx, J. A., & Gelso, C. J. (1987). Termination of individual counseling in a university counseling center. *Journal of Counseling Psychology, 34,* 3–9. http://dx.doi.org/10.1037/0022-0167.34.1.3

Maslow, A. (1970). *Motivation and personality* (rev. ed.). New York, NY: Harper & Row.

Matarazzo, R. G., Phillips, J. S., Wiens, A. N., & Saslow, G. (1965). Learning the art of interviewing: A study of what beginning students do and their pattern of change. *Psychotherapy: Theory, Research, & Practice, 2,* 49–60. http://dx.doi.org/10.1037/h0088611

Matsakis, A. (1998). *Managing client anger: What to do when a client is angry at you.* Oakland, CA: New Harbinger.

Matsumoto, D., Kudoh, T., Scherer, K., & Wallbott, H. (1988). Antecedents of and reactions to emotions in the United States and Japan. *Journal of Cross-Cultural Psychology, 19,* 267–286. http://dx.doi.org/10.1177/0022022188193001

Mayotte-Blum, J., Slavin-Mulford, J., Lehmann, M., Pescale, F., Becker-Matero, N., & Hilsenroth, M. (2012). Therapeutic immediacy across long-term psychodynamic psychotherapy: An evidence-based case study. *Journal of Counseling Psychology, 59,* 27–40. http://dx.doi.org/10.1037/a0026087

McCullough, L., Kuhn, N., Andrews, S., Kaplan, A., Wolf, J., & Hurley, C. L. (2003). *Treating affect phobia: A manual for short-term dynamic psychotherapy.* New York, NY: Guilford.

McElwain, N. L., Halberstadt, A. G., & Volling, B. L. (2007). Mother- and father-reported reactions to children's negative emotions: Relations to young children's emotional understanding and friendship quality. *Child Development, 78,* 1407–1425. http://dx.doi.org/10.1111/j.1467-8624.2007.01074.x

McGoldrick, M. (Ed.). (1998). *Re-visioning family therapy: Race, culture, and gender in clinical practice.* New York, NY: Guilford Press.

McGoldrick, M., Giordano, J., & Garcia-Preto, N. (Eds.). (2005). *Ethnicity and family therapy* (3rd ed.). New York, NY: Guilford Press.

McGough, E. (1975). *Understanding body talk.* New York, NY: Scholastic Book Service.

McLeod, J., & McLeod, J. (2011). *Counselling skills: A practical guide for counselors and helping professionals* (2nd ed.). Berkshire, England: McGraw-Hill Open University Press.

McWhirter, E. H. (1994). *Counseling for empowerment.* Alexandria, VA: American Counseling Association.

McWilliams, N. (2004). *Psychoanalytic psychotherapy: A practitioner's guide.* New York, NY: Guilford Press.

McWilliams, N. (2011). *Psychoanalytic diagnosis: Understanding personality structure in the clinical process.* New York, NY: Guilford Press.

Meador, B. D., & Rogers, C. R. (1973). Client-centered therapy. In R. Corsini (Ed.), *Current psychotherapies* (pp. 119–166). Itasca, IL: Peacock.

Meara, N. M., Schmidt, L. D., & Day, J. D. (1996). Principles and virtues: A foundation for ethical decisions, policies, and character. *The Counseling Psychologist, 24,* A-ll. http://dx.doi.org/10.1177/0011000096241002

Medin, D. L., & Ross, B. H. (1992). *Cognitive psychology.* New York, NY: Harcourt Brace Jovanovich.

Meichenbaum, D., & Turk, D. C. (1987). *Facilitating treatment adherence: A practitioner's handbook.* New York, NY: Plenum.

Mendel, W. M. (1964). The phenomenon of interpretation. *The American Journal of Psychoanalysis, 24,* 184–189. http://dx.doi.org/10.1007/BF01872049

Meyer, B., & Pilkonis, P. A. (2002). Attachment style. In J. C. Norcross (Ed.), *Psychotherapy relationships that work: Therapist contributions and responsiveness to patients* (pp. 367–382). Oxford, England: Oxford University Press.

Mickelson, D., & Stevic, R. (1971). Differential effects of facilitative and non-facilitative behavioral counselors. *Journal of Counseling Psychology, 18,* 314–319. http://dx.doi.org/10.1037/h0031231

Mikulincer, M., & Shaver, P. R. (2007). *Attachment in adulthood: Structure, dynamics, and change.* New York, NY: Guilford Press.

Miller, W. R., Benefield, R. G., & Tonigan, J. S. (1993). Enhancing motivation for change in problem drinking: A controlled comparison of two therapist styles. *Journal of Consulting and Clinical Psychology, 61,* 455–461. http://dx.doi.org/10.1037/0022-006X.61.3.455

Minuchin, S. (1974). *Families and family therapy.* Cambridge, MA: Harvard University Press.

Mitchell, S. A. (1993). *Hope and dread in psychoanalysis.* New York, NY: Basic Books.

Montagu, A. (Ed.). (1971). *Touching: The significance of the human skin.* New York, NY: Columbia University Press.

Morales, K., Keum, B. T., Kivlighan, D. M., Jr., Hill, C. E., & Gelso, C. J. (2018). Therapist effects due to client racial/ethnic status when examining linear growth for client- and therapist-rated working alliance and real relationship. *Psychotherapy, 55,* 9–19. http://dx.doi.org/10.1037/pst0000135

Morelli, S. A., Ong, D. C., Makati, R., Jackson, M. O., & Zaki, J. (2017). Empathy and well-being correlate with centrality in different social networks. *Proceedings of the National Academy of Sciences of the United States of America, 114*(37), 9843–9847. http://dx.doi.org/10.1073/pnas.1702155114

Muran, J. C. (Ed.). (2007). *Dialogues on difference: Studies of diversity in the therapeutic relationship.* Washington, DC: American Psychological Association. http://dx.doi.org/10.1037/11500-000

Murdock, N. (1991). Case conceptualization: Applying theory to individuals. *Counselor Education and Supervision, 30,* 355–365. http://dx.doi.org/10.1002/j.1556-6978.1991.tb01216.x

Nadal, K. (2018). *Microaggressions and traumatic stress: Theory, research, and clinical treatment.* Washington, DC: American Psychological Association.

National Institute of Mental Health. (2016). *Suicide.* Retrieved from https://www.nimh.nih.gov/health/statistics/suicide.shtml

Natterson, J. M. (1993). Dreams: The gateway to consciousness. In G. Delaney (Ed.), *New directions in dream interpretation* (pp. 41–76). Albany: State University of New York Press.

Neff, K. (2011). *Self-compassion: Stop beating yourself up and leave insecurity behind.* New York, NY: HarperCollins.

Newman, C. R. (1997). Maintaining professionalism in the face of emotional abuse from clients. *Cognitive and Behavioral Practice, 4,* 1–29. http://dx.doi.org/10.1016/S1077-7229(97)80010-7

Nichols, M., & Schwartz, R. (1991). *Family therapy: Concepts and methods* (2nd ed.). Boston, MA: Allyn & Bacon.

Nirenberg, G. I., & Calero, H. H. (1971). *How to read a person like a book.* New York, NY: Hawthorn Books.

Nisbett, R. E., & Wilson, T. D. (1977). Telling more than we can know: Verbal reports on mental processes. *Psychological Review, 84,* 231–259. http://dx.doi.org/10.1037/0033-295X.84.3.231

Norman, S. L. (1982). Nonverbal communication: Implications for and use by counselors. *Individual Psychology: Journal of Adlerian Theory & Research, 38,* 353–359.

Nutt-Williams, E., & Hill, C. E. (1996). The relationship between therapist self-talk and counseling process variables for novice therapists. *Journal of Counseling Psychology, 43,* 170–177. http://dx.doi.org/10.1037/0022-0167.43.2.170

O'Neil, J. M. (1981). Male sex-role conflicts, sexism, and masculinity: Psychological implications for men, women, and the counseling psychologist. *The Counseling Psychologist, 9,* 61–80. http://dx.doi.org/10.1177/001100008100900213

Orlinsky, D. E., & Geller, J. D. (1993). Patients' representations of their therapists and therapy: New measures. In N. E. Miller, L. Luborsky, J. P. Barber, & J. P. Docherty (Eds.), *Psychodynamic treatment research: A handbook for psychodynamic research* (pp. 423–466). New York, NY: Basic Books.

Orlinsky, D. E., & Ronnestad, M. H. (2005). *How psychotherapists develop: A study of therapeutic work and professional growth.* Washington, DC: American Psychological Association. http://dx.doi.org/10.1037/11157-000

Ormont, L. R. (1984). The leader's role in dealing with aggression in groups. *International Journal of Group Psychotherapy, 34,* 553–572. http://dx.doi.org/10.1080/00207284.1984.11732560

Ovtscharoff, W., Jr., & Braun, K. (2001). Maternal separation and social isolation modulate the postnatal development of synaptic composition in the infralimbic cortex of *Octodon degus. Neuroscience, 104,* 33–40. http://dx.doi.org/10.1016/S0306-4522(01)00059-8

Owen, J., Imel, Z., Adelson, J., & Rodolfa, E. (2012). "No-show": Therapist racial/ethnic disparities in client unilateral termination. *Journal of Counseling Psychology, 59,* 314–320. http://dx.doi.org/10.1037/a0027091

Owen, J., Tao, K. W., Drinane, J. M., Hook, J., Davis, D. E., & Kune, N. F. (2016). Client perceptions of therapists' multicultural orientation: Cultural (missed) opportunities and cultural humility. *Professional Psychology: Research and Practice, 47,* 30–37. http://dx.doi.org/10.1037/pro0000046

Oyserman, D., Coon, H. M., & Kemmelmeier, M. (2002). Rethinking individualism and collectivism: Evaluation of theoretical assumptions and meta-analyses. *Psychological Bulletin, 128,* 3–72. http://dx.doi.org/10.1037/0033-2909.128.1.3

Paul, G. L. (1969). Outcome of systematic desensitization: II. Controlled investigations of individual treatment, technique variations, and current status. In C. M. Franks (Ed.), *Behavior therapy: Appraisal and status* (pp. 105–159). New York, NY: McGraw-Hill.

Pedersen, P. B. (1991). Multiculturalism as a generic approach to counseling. *Journal of Counseling & Development, 70*, 6–12. http://dx.doi.org/10.1002/j.1556-6676.1991.tb01555.x

Pedersen, P. B. (1997). *Culture-centered counseling interventions: Striving for accuracy.* Thousand Oaks, CA: Sage.

Pedersen, P. B., Draguns, J. G., Lonner, W. J., & Trimble, J. E. (Eds.). (2002). *Counseling across cultures* (5th ed.). Thousand Oaks, CA: Sage.

Pedersen, P. B., & Ivey, A. (1993). *Culture-centered counseling and interviewing skills: A practical guide.* Westport, CT: Praeger.

Pederson, E. L., & Vogel, D. L. (2007). Male gender role conflict and willingness to seek counseling: Testing a mediation model on college-aged men. *Journal of Counseling Psychology, 54*, 373–384. http://dx.doi.org/10.1037/0022-0167.54.4.373

Pekarik, G. (1983). Follow-up adjustment of outpatient dropouts. *American Journal of Orthopsychiatry, 53*, 501–511. http://dx.doi.org/10.1111/j.1939-0025.1983.tb03394.x

Pekarik, G. (1985). Coping with dropouts. *Professional Psychology: Research and Practice, 16*, 114–123. http://dx.doi.org/10.1037/0735-7028.16.1.114

Pekarik, G. (1992). Posttreatment adjustment of clients who drop out early vs. late in treatment. *Journal of Clinical Psychology, 48*, 379–387. http://dx.doi.org/10.1002/1097-4679(199205)48:3<379::AID-JCLP2270480317>3.0.CO;2-P

Peluso, P. R., & Freund, R. R. (2018). Therapist and client emotional expression and therapy outcomes: A meta-analysis. *Psychotherapy, 55*, 461–472. http://dx.doi.org/10.1037/pst0000165

Perls, F. S. (1969). *Gestalt therapy verbatim.* Moab, UT: Real People Press.

Perls, F. S., Hefferline, R. F., & Goodman, P. (1951). *Gestalt therapy.* New York, NY: Julian Press.

Piper, W. E. (2008). Underutilization of short-term group therapy: Enigmatic or understandable? *Psychotherapy Research, 18*, 127–138. http://dx.doi.org/10.1080/10503300701867512

Pipes, R., & Davenport, D. (1999). *Introduction to psychotherapy: Common clinical wisdom* (2nd ed.). Needham Heights, MA: Allyn & Bacon.

Plutchik, R., Conte, H. R., & Karasu, T. B. (1994). Critical incidents in psychotherapy. *American Journal of Psychotherapy, 48*, 75–84. http://dx.doi.org/10.1176/appi.psychotherapy.1994.48.1.75

Poortinga, Y. H. (1990). Toward a conceptualization of culture for psychology. *Cross-Cultural Psychology Bulletin, 24*, 2–10.

Pope, K. S., Keith-Spiegel, P., & Tabachnick, B. G. (1986). Sexual attraction to clients. The human therapist and the (sometimes) inhuman training system. *American Psychologist, 41*, 147–158. http://dx.doi.org/10.1037/0003-066X.41.2.147

Pope, K. S., Sonne, J. L., & Holroyd, J. (1993). *Sexual feelings in psychotherapy: Explorations for therapists and therapists-in-training.* Washington, DC: American Psychological Association. http://dx.doi.org/10.1037/10124-000

Pope, K. S., & Tabachnick, B. (1993). Therapists' anger, hate, fear, and sexual feelings: National survey of therapists' responses, client characteristics, critical events, formal complaints, and training. *Professional Psychology: Research and Practice, 24*, 142–152. http://dx.doi.org/10.1037/0735-7028.24.2.142

Premack, D. (1959). Toward empirical behavioral laws: 1. Positive reinforcement. *Psychological Review, 66*, 219–233. http://dx.doi.org/10.1037/h0040891

Prochaska, J. O., Norcross, J. C., & DiClemente, C. C. (1994). *Changing for good: The revolutionary program that explains the six stages of change and teaches you how to free yourself from bad habits*. New York, NY: Guilford Press.

Prochaska, J. O., Norcross, J. C., & DiClemente, C. C. (2005). Stages of change: Prescriptive guidelines. In G. P. Koocher, J. C. Norcross, & S. S. Hill (Eds.), *Psychologists' desk reference* (2nd ed., pp. 226–231). New York, NY: Oxford University Press.

Provine, R. R. (1993). Laughter punctuates speech: Linguistic, social and gender contexts of laughter. *Ethology, 95*, 291–298. http://dx.doi.org/10.1111/j.1439-0310.1993.tb00478.x

Provine, R. R. (2001). *Laughter: A scientific investigation*. New York, NY: Viking.

Ramseyer, F., & Tschacher, W. (2011). Nonverbal synchrony in psychotherapy: Coordinated body movement reflects relationship quality and outcome. *Journal of Consulting and Clinical Psychology, 79*, 284–295. http://dx.doi.org/10.1037/a0023419

Reid, J. R., & Finesinger, J. E. (1952). The role of insight in psychotherapy. *The American Journal of Psychiatry, 108*, 726–734. http://dx.doi.org/10.1176/ajp.108.10.726

Reik, T. (1935). *Surprise and the psychoanalyst*. London, England: Routledge.

Reik, T. (1948). *Listening with the third ear*. New York, NY: Grove.

Rennie, D. L. (1994). Clients' deference in psychotherapy. *Journal of Counseling Psychology, 41*, 427–437. http://dx.doi.org/10.1037/0022-0167.41.4.427

Rhodes, R. H., Hill, C. E., Thompson, B. J., & Elliott, R. (1994). Client retrospective recall of resolved and unresolved misunderstanding events. *Journal of Counseling Psychology, 41*, 473–483. http://dx.doi.org/10.1037/0022-0167.41.4.473

Richardson, M. S. (1993). Work in people's lives: A location for counseling psychologists. *Journal of Counseling Psychology, 40*, 425–433. http://dx.doi.org/10.1037/0022-0167.40.4.425

Richie, B. E. (2001). Challenges incarcerated women face as they return to their communities: Findings from life history interviews. *Crime & Delinquency, 47*, 368–389. http://dx.doi.org/10.1177/0011128701047003005

Rimm, D. C., & Masters, J. C. (1979). *Behavior therapy: Techniques and empirical findings*. New York, NY: Academic Press.

Robitschek, C. G., & McCarthy, P. R. (1991). Prevalence of counselor self-reference in the therapeutic dyad. *Journal of Counseling & Development, 69*, 218–221. http://dx.doi.org/10.1002/j.1556-6676.1991.tb01490.x

Rogers, C. R. (1942). *Counseling and psychotherapy*. Boston, MA: Houghton Mifflin.

Rogers, C. R. (1951). *Client-centered therapy: Its current practice, implications, and theory*. Boston, MA: Houghton Mifflin.

Rogers, C. R. (1957). The necessary and sufficient conditions of therapeutic personality change. *Journal of Consulting Psychology, 21*, 95–103. http://dx.doi.org/10.1037/h0045357

Rogers, C. R. (1959). A theory of therapy, personality, and interpersonal relationships, as developed in the client-centered framework. In S. Koch (Ed.), *Psychology: A study of a science: Vol. 3. Formulations of the person and the social context* (pp. 184–256). New York, NY: McGraw-Hill.

Rogers, C. R. (Ed.). (1967). *The therapeutic relationship and its impact: A study of psychotherapy with schizophrenics*. Madison: University of Wisconsin Press.

Rogers, C. R. (1980). *A way of being*. Boston, MA: Houghton Mifflin.

Rogers, C. R., & Dymond, R. (1954). *Psychotherapy and personality change*. Chicago, IL: University of Chicago Press.

Rose, A. J., Carlson, W., & Waller, E. M. (2007). Prospective associations of co-rumination with friendship and emotional adjustment: Considering the socioemotional trade-offs of co-rumination. *Developmental Psychology, 43*, 1019–1031. http://dx.doi.org/10.1037/0012-1649.43.4.1019

Rudd, M. D., Joiner, T. E., Jobes, D. A., & King, C. A. (1999). The outpatient treatment of suicidality: An integration of science and recognition of its limitations. *Professional Psychology: Research and Practice, 30*, 437–446. http://dx.doi.org/10.1037/0735-7028.30.5.437

Safran, J. D., Crocker, P., McMain, S., & Murray, P. (1990). Therapeutic alliance rupture as a therapy event for empirical investigation. *Psychotherapy: Theory, Research, Practice, Training, 27*, 154–165. http://dx.doi.org/10.1037/0033-3204.27.2.154

Safran, J. D., & Muran, J. C. (2000). *Negotiating the therapeutic alliance: A relational treatment guide*. New York, NY: Guilford Press.

Safran, J. D., Muran, J. C., Samstag, L. W., & Stevens, C. (2002). Repairing alliance ruptures. In J. C. Norcross (Ed.), *Psychotherapy relationships that work: Therapist contributions and responsiveness to patients* (pp. 235–254). Oxford, England: Oxford University Press.

Satir, V. M. (1988). *The new people making*. Palo Alto, CA: Science and Behavior Books.

Savickas, M. L. (1994). Vocational psychology in the postmodern era: Comment on Richardson (1993). *Journal of Counseling Psychology, 41*, 105–107. http://dx.doi.org/10.1037/0022-0167.41.1.105

Scheel, M. J., Hanson, W. E., & Razzhavaikina, T. I. (2004). The process of recommending homework in psychotherapy: A review of therapist delivery methods, client acceptability, and factors that affect compliance. *Psychotherapy: Theory, Research, Practice, Training, 41*, 38–55. http://dx.doi.org/10.1037/0033-3204.41.1.38

Scheel, M. J., Seaman, S., Roach, K., Mullin, T., & Mahoney, K. B. (1999). Client implementation of therapist recommendations predicted by client perception of fit, difficulty of implementation, and therapist influence. *Journal of Counseling Psychology, 46*, 308–316. http://dx.doi.org/10.1037/0022-0167.46.3.308

Schore, J. R., & Schore, A. N. (2008). Modern attachment theory: The central role of affect regulation in development and treatment. *Clinical Social Work Journal, 36*, 9–20. http://dx.doi.org/10.1007/s10615-007-0111-7

Segal, Z. V., Williams, J. M. G., & Teasdale, J. D. (2002). *Mindfulness-based cognitive therapy for depression*. New York, NY: Guilford Press.

Segall, M. H. (1979). *Cross-cultural psychology*. Monterey, CA: Brooks-Cole.

Shakespeare, W. (1980). *Macbeth*. New York, NY: Bantam. (Original work published 1603)

Shapiro, E. G. (1984). Help-seeking: Why people don't. *Research in the Sociology of Organizations, 3*, 213–236.

Shapiro, S. L., & Carlson, L. E. (2017). *The art and science of mindfulness: Integrating mindfulness into psychology and the helping professions* (2nd ed.). Washington, DC: American Psychological Association. http://dx.doi.org/10.1037/0000022-000

Shedler, J. (2010). The efficacy of psychodynamic psychotherapy. *American Psychologist, 65*, 98–109. http://dx.doi.org/10.1037/a0018378

Shelton, K., & Delgado-Romero, E. A. (2013). Sexual orientation microaggressions: The experience of lesbian, gay, bisexual, and queer clients in psychotherapy. *Psychology of Sexual Orientation and Gender Diversity, 1*, 59–70. http://dx.doi.org/10.1037/2329-0382.1.S.59

Singer, E. (1970). *New concepts in psychotherapy.* New York, NY: Basic Books.

Skinner, B. R. (1953). *Science and human behavior.* New York, NY: Macmillan.

Skovholt, T. M., & Jennings, L. (2004). *Master therapists: Exploring expertise in therapy and counseling.* New York, NY: Pearson/Allyn & Bacon.

Skovholt, T. M., & Rivers, D. A. (2003). *Skills and procedures of helping.* Denver, CO: Love.

Smith, E. W. L. (1998). A taxonomy and ethics of touch. In E. W. Smith, P. R. Clance, & S. Imes (Eds.), *Touch in psychotherapy: Theory, research, and practice* (pp. 36–51). New York, NY: Guilford Press.

Smith, M. L., Glass, G. V., & Miller, T. J. (1980). *The benefits of psychotherapy.* Baltimore, MD: Johns Hopkins University Press.

Snyder, J. E., Hill, C. E., & Derksen, T. P. (1972). Why some students do not use university counseling facilities. *Journal of Counseling Psychology, 19*, 263–268. http://dx.doi.org/10.1037/h0033075

Sokoloff, N. J., & Dupont, I. (2005). Domestic violence at the intersections of race, class, and gender: Challenges and contributions to understanding violence against marginalized women in diverse communities. *Violence Against Women, 11*, 38–64. http://dx.doi.org/10.1177/1077801204271476

Spangler, P. T., Hill, C. E., Dunn, M. G., Hummel, A., Walden, T., Liu, J., . . . Salahuddin, N. (2014). Training undergraduate students to use immediacy. *The Counseling Psychologist, 42*, 729–757. http://dx.doi.org/10.1177/0011000014542835

Spangler, P., Hill, C. E., Mettus, C., Guo, A. H., & Heymsfield, L. (2009). Therapist perspectives on their dreams about clients: A qualitative investigation. *Psychotherapy Research, 19*, 81–95. http://dx.doi.org/10.1080/10503300802430665

Speisman, J. C. (1959). Depth of interpretation and verbal resistance in psychotherapy. *Journal of Consulting Psychology, 23*, 93–99. http://dx.doi.org/10.1037/h0047679

Spokane, A. R. (1989). Are there psychological and mental health consequences of difficult career decisions? *Journal of Career Development, 16*, 19–23. http://dx.doi.org/10.1007/BF01354264

Stadter, M. (1996). *Object relations brief therapy: The therapeutic relationship in short-term work.* Northvale, NJ: Jason Aronson.

Stahl, J., & Hill, C. E. (2008). A comparison of four methods for assessing natural helping ability. *Journal of Community Psychology, 36*, 289–298. http://dx.doi.org/10.1002/jcop.20195

Stenzel, C. L., & Rupert, P. A. (2004). Psychologists' use of touch in individual psychotherapy. *Psychotherapy: Theory, Research, Practice, Training, 41*, 332–345. http://dx.doi.org/10.1037/0033-3204.41.3.332

Strong, S. R., & Claiborn, C. D. (1982). *Change through interaction: Social psychological processes of counseling and psychotherapy.* New York, NY: Wiley.

Strupp, H. H., & Binder, J. L. (1984). *Psychotherapy in a new key: A guide to time-limited dynamic psychotherapy.* New York, NY: Basic Books.

Strupp, H. H., & Hadley, S. W. (1977). A tripartite model of mental health and therapeutic outcomes. With special reference to negative effects in psychotherapy. *American Psychologist, 32*, 187–196. http://dx.doi.org/10.1037/0003-066X.32.3.187

Sue, D., Sue, D. W., & Sue, S. (1994). *Understanding abnormal behavior* (4th ed.). Princeton, NJ: Houghton Mifflin.

Sue, D. W., Capodilupo, C. M., Torino, G. C., Bucceri, J. M., Holder, A. M., Nadal, K. L., & Esquilin, M. (2007). Racial microaggressions in everyday life: Implications for clinical practice. *American Psychologist, 62*, 271–286. http://dx.doi.org/10.1037/0003-066X.62.4.271

Sue, D. W., & Sue, D. (1999). *Counseling the culturally different: Theory and practice* (3rd ed.). New York, NY: Wiley.

Sue, D. W., & Sue, D. (2016). *Counseling the culturally diverse* (7th ed.). Hoboken, NJ: Wiley.

Suinn, R. M. (1985). Imagery rehearsal applications to performance enhancement. *The Behavior Therapist, 8*, 155–159.

Summers, R. E., & Barber, J. P. (2010). *Psychodynamic therapy: A guide to evidence-based practice*. New York, NY: Guilford Press.

Swift, J., & Greenberg, R. (2015). *Premature termination in psychotherapy: Strategies for engaging clients and improving outcomes*. Washington, DC: American Psychological Association.

Swift, J. K., & Greenberg, R. P. (2012). Premature discontinuation in adult psychotherapy: A meta-analysis, *Journal of Consulting and Clinical Psychology, 80*, 547–559. http://dx.doi.org/10.1037/a0028226

Teyber, E. (2006). *Interpersonal process in psychotherapy: A relational approach* (5th ed.). Pacific Grove, CA: Brooks/Cole.

Teyber, E., & Teyber, F. H. (2017). *Interpersonal process in psychotherapy: An integrative model* (7th ed.). Boston, MA: Cengage Learning.

Thompson, V. L., & Alexander, H. (2006). Therapists' race and African American clients' reactions to therapy. *Psychotherapy: Theory, Research, Practice, Training, 43*, 99–110. http://dx.doi.org/10.1037/0033-3204.43.1.99

Tinsley, H. E. A., de St. Aubin, T. M., & Brown, M. T. (1982). College students' help-seeking preferences. *Journal of Counseling Psychology, 29*, 523–533. http://dx.doi.org/10.1037/0022-0167.29.5.523

Tipton, M. V., & Hill, C. E. (2019). Exploratory analyses of intake sessions in psychodynamic psychotherapy: Do processes differ for engager versus nonengager clients? *Counselling Psychology Quarterly*. Advance online publication. http://dx.doi.org/10.1080/09515070.2019.1610723

Truax, C. B. (1966). Reinforcement and nonreinforcement in Rogerian psychotherapy. *Journal of Abnormal Psychology, 71*, 1–9. http://dx.doi.org/10.1037/h0022912

Truax, C. B., & Carkhuff, R. R. (1967). *Toward effective counseling and psychotherapy*. Chicago, IL: Aldine.

Tummala-Narra, P. (2016). *Psychoanalytic theory and cultural competence in psychotherapy*. Washington, DC: American Psychological Association. http://dx.doi.org/10.1037/14800-000

Van den Stock, J., Righart, R., & de Gelder, B. (2007). Body expressions influence recognition of emotions in the face and voice. *Emotion, 7*, 487–494. http://dx.doi.org/10.1037/1528-3542.7.3.487

van Wormer, L. (1996). Teaching/learning the language of therapy: Guidelines for teacher and student. *Issues in Social Work Education, 16*, 28–47.

Vance, J. D. (2016). *Hillbilly elegy: A memoir of a family and culture in crisis*. New York, NY: HarperCollins.

Vivino, B. L., Thompson, B. J., Hill, C. E., & Ladany, N. (2009). Compassion in psychotherapy: The perspective of therapists nominated as compassionate. *Psychotherapy Research*, *19*, 157–171. http://dx.doi.org/10.1080/10503300802430681

Wachtel, P. L. (2008). *Relational theory and the practice of psychotherapy*. New York, NY: Guilford Press.

Waehler, C. A., & Grandy, N. M. (2016). Beauty from the beast: Avoiding errors in responding to client questions. *Psychotherapy*, *53*, 278–283. http://dx.doi.org/10.1037/pst0000082

Wampold, B. E. (2001). *The great psychotherapy debate: Models, methods, and findings*. Mahwah, NJ: Erlbaum.

Wampold, B. E., & Imel, Z. E. (2015). *The great psychotherapy debate: Models, methods, and findings* (2nd ed.). New York, NY: Routledge.

Ward, D. E. (1984). Termination of individual counseling: Concepts and strategies. *Journal of Counseling & Development*, *63*, 21–25. http://dx.doi.org/10.1002/j.1556-6676.1984.tb02673.x

Waters, D. B., & Lawrence, E. C. (1993). *Competence, courage, and change: An approach to family therapy*. New York, NY: Norton.

Watson, D. L., & Tharp, R. G. (2013). *Self-directed behavior: Self-modification for personal adjustment* (10th ed.). Belmont, CA: Wadsworth, Cengage Learning.

Watzlawick, P., Weakland, J. H., & Fisch, R. (1974). *Change: Principles of problem formation and problem resolution*. New York, NY: Norton.

Webster, D. W., & Fretz, B. R. (1978). Asian-American, Black and White college students' preference for help-giving sources. *Journal of Counseling Psychology*, *25*, 124–130. http://dx.doi.org/10.1037/0022-0167.25.2.124

Weinrach, S. G., & Thomas, K. R. (2004). THE AMCD Multicultural Counseling Competencies: A critically flawed initiative. *Journal of Mental Health Counseling*, *26*, 81–93. http://dx.doi.org/10.17744/mehc.26.1.p20t16tdhpgcxm3q

Weiss, J., Sampson, H., & the Mount Zion Psychotherapy Research Group. (1986). *The psychoanalytic process: Theory, clinical observations, and empirical research*. New York, NY: Guilford Press.

West, C. M. (2004). Black women and intimate partner violence: New directions for research. *Journal of Interpersonal Violence*, *19*, 1487–1493. http://dx.doi.org/10.1177/0886260504269700

Whiston, S. C. (2005). *Principles and applications of assessment in counseling*. Belmont, CA: Thomson, Brooks/Cole.

White, M. (2007). *Maps of narrative practice*. New York, NY: Norton.

Wierzbicki, M., & Pekarik, G. (1993). A meta-analysis of psychotherapy dropout. *Professional Psychology: Research and Practice*, *24*, 190–195. http://dx.doi.org/10.1037/0735-7028.24.2.190

Williams, E. N., Hayes, J. A., & Fauth, J. (2008). Therapist self-awareness: Interdisciplinary connections and future directions. *Handbook of counseling psychology* (4th ed., pp. 303–319). New York, NY: Wiley.

Williams, E. N., Hurley, K., O'Brien, K., & DeGregorio, A. (2003). Development and validation of the Self-Awareness and Management Strategies (SAMS) Scales for therapists. *Psychotherapy: Theory, Research, Practice, Training*, *40*, 278–288. http://dx.doi.org/10.1037/0033-3204.40.4.278

Williams, E. N., Judge, A., Hill, C. E., & Hoffman, M. A. (1997). Experiences of novice therapists in prepracticum: Trainees', clients', and supervisees' perceptions of therapists' personal reactions and management strategies. *Journal of Counseling Psychology, 44,* 390–399. http://dx.doi.org/10.1037/0022-0167.44.4.390

Wonnell, T. L., & Hill, C. E. (2000). Effects of including the action stage in dream interpretation. *Journal of Counseling Psychology, 47,* 372–379. http://dx.doi.org/10.1037/0022-0167.47.3.372

Wonnell, T. L., & Hill, C. E. (2005). Predictors of intention to act and implementation of action in dream sessions: Therapist skills, level of difficulty of action plan, and client involvement. *Dreaming, 15,* 129–141. http://dx.doi.org/10.1037/1053-0797.15.2.129

Yalom, I. D. (1980). *Existential psychotherapy.* New York, NY: Basic Books.

Yalom, I. D., & Leszcz, M. (2005). *Theory and practice of group psychotherapy* (5th ed.). New York, NY: Basic Books.

Young, M. E. (2001). *Learning the art of helping: Building blocks and techniques.* Upper Saddle River, NJ: Prentice-Hall.

Zunker, V. G. (1994). *Career counseling: Applied concepts and life planning* (4th ed.). Pacific Grove, CA: Brooks/Cole.

译后记

《助人技术》（第3版）翻译出版后，非常受欢迎，目前国内大多数的咨询师训练项目都将其作为指定教材。希尔教授在书里提出了助人技术的三阶段模型，将主要的咨询理论整合到一起，并根据每个阶段的目标提供相应的技术，将一个纷繁复杂的领域整理得条理清晰、通俗易懂，使得学习和教授助人技术的人都看到了希望。

希尔教授是心理咨询过程与效果研究领域最有影响力的研究者之一。她的研究一直和临床实践紧密结合，让人印象深刻，其中就包括对新手咨询师训练的研究、对各种助人技术的研究。书中介绍的技术，她几乎都研究过一遍。她还在书中提供了各种研究工具，鼓励学习者利用这些工具来学习助人技术。在第5版中，希尔教授特别关注文化的影响，专门介绍了和段昌明教授、江光荣教授一起在中国进行的咨询师指导性的研究，很有启发。和第3版相比，这一版在每章最后还增加了一个研究概要的板块，介绍一项和本章内容相关的实证研究。我觉得这是一种非常好的设计，可以让学习助人技术的人一开始就看到这些实践智慧是如何被研究的。在这个领域，很多人都觉得临床实践和科学研究之间存在着无法跨越的鸿沟，而希尔教授和她的著作就提供了一个将研究和实践结合得如此之好的示范。

2017年底，我有幸到美国马里兰大学跟随希尔教授学习。她在心理系有一个小诊所，提供咨询服务，学生可以在这里实习，同时也进行各种研究。我也听过她给本科生上的助人技术课，见过她带学生进行助人技术的实验室练习，就和书中介绍的一模一样。回国之后，我也尝试按照她的方法在学校教授助人技术，用附录中的《咨询活动自我效能感量表》测量学生在学习过程中的变化，目前看效果不错。这些亲身经历也让我更加确信本书的价值。

很荣幸能将希尔教授的新版著作翻译出版。我的学生也进行了协助，除了尹娜和杨雪参与翻译并协助统稿外，胡英哲、刘姝君、宋星瑶、唐巍戈、曹银霞、季欣然、马璐瑶、谭凤娥也参与了部分翻译工作。另外，也特别感谢第3版江光荣教授团队的翻译，为本次翻译节省了不少工作量。虽然翻译过程花费了大量时间，但仍时常感到对文字的驾驭有点力不从心，疏漏在所难免，还望大家不吝指正。

朱旭
2023年9月于武汉

心理咨询与治疗丛书

ISBN	书名	作者
978-7-300-33225-3	助人技术：探索、领悟、行动三阶段模式（第5版）	克拉拉·E. 希尔
978-7-300-19858-3	心理咨询导论（第6版）	塞缪尔·格莱丁
978-7-300-30253-9	团体心理治疗（第10版）	玛丽安娜·施奈德·科里 等
978-7-300-15395-7	心理咨询的伦理与实践	莱恩·斯佩里
978-7-300-19167-6	认知行为疗法：技术与应用	大卫·韦斯特布鲁克 等
978-7-300-21889-2	儿童心理咨询（第8版）	唐娜·亨德森
978-7-300-18423-4	心理治疗师的会谈艺术	比尔·麦克亨利
978-7-300-22848-8	叙事疗法	卡特里娜·布朗 等
978-7-300-23385-7	人为中心疗法	伊万·吉伦
978-7-300-16870-8	朋辈心理咨询：技巧、伦理与视角（第2版）	文森特·J. 丹德烈亚
978-7-300-29975-4	儿童心理咨询	杨琴
978-7-300-30251-5	心理咨询与治疗伦理	安芹
978-7-300-32135-6	孤独症儿童康复指导：自然发展行为干预模式	伊冯娜·布鲁因斯马 等

* * * *

了解图书详情，请登录中国人民大学出版社官方网站：
www.crup.com.cn

Helping Skills: Facilitating Exploration, Insight, and Action, Fifth Edition
by Clara E. Hill, PhD
Copyright © 2020 by the American Psychological Association
This Work was originally published in English under the title of: Helping Skills: Facilitating Exploration, Insight, and Action, Fifth Edition as a publication of the American Psychological Association in the United States of America. Copyright © 2020 by the American Psychological Association (APA). The Work has been translated and republished in the Chinese Simplified language by permission of the APA. This translation cannot be republished or reproduced by any third party in any form without express written permission of the APA. No part of this publication may be reproduced or distributed in any form or by any means or stored in any database or retrieval system without prior permission of the APA.
Simplified Chinese translation copyright © 2024 by China Renmin University Press Co., Ltd.
All Rights Reserved.

图书在版编目（CIP）数据

助人技术：探索、领悟、行动三阶段模式：第5版 / （美）克拉拉·E. 希尔（Clara E. Hill）著；朱旭等译. -- 北京：中国人民大学出版社，2025.1. --（心理咨询与治疗丛书）. -- ISBN 978-7-300-33225-3

Ⅰ. B841

中国国家版本馆CIP数据核字第2024C4X051号

心理咨询与治疗丛书

助人技术（第5版）

探索、领悟、行动三阶段模式

[美] 克拉拉·E. 希尔　著

朱旭　尹娜　杨雪　等译

Zhuren Jishu

出版发行	中国人民大学出版社		
社　　址	北京中关村大街31号	邮政编码	100080
电　　话	010-62511242（总编室）	010-62511770（质管部）	
	010-82501766（邮购部）	010-62514148（门市部）	
	010-62515195（发行公司）	010-62515275（盗版举报）	
网　　址	http://www.crup.com.cn		
经　　销	新华书店		
印　　刷	涿州市星河印刷有限公司		
开　　本	787 mm×1092 mm　1/16	版　次	2025年1月第1版
印　　张	27 插页2	印　次	2025年5月第3次印刷
字　　数	643 000	定　价	99.00元

版权所有　侵权必究　印装差错　负责调换